Helga Baum

Eichfeldtheorie

Eine Einführung
in die Differentialgeometrie
auf Faserbündeln

2., vollständig überarbeitete Auflage 2014

 Springer Spektrum

Helga Baum
Institut für Mathematik
Humboldt-Universität Berlin
Berlin, Deutschland

ISBN 978-3-642-38538-4   ISBN 978-3-642-38539-1   (eBook)
DOI 10.1007/978-3-642-38539-1
Die Deutsche Nationalbibliothek verzeichnet diese Publikation in der Deutschen Nationalbibliografie;
detaillierte bibliografische Daten sind im Internet über http://dnb.d-nb.de abrufbar.

Mathematics Subject Classification (2010): 53-01, 55R10, 53C05, 53C29, 57R20

Springer Spektrum

Springer Spektrum ist eine Marke von Springer DE. Springer DE ist Teil der Fachverlagsgruppe
Springer Science+Business Media
www.springer-spektrum.de

Für

Mischa, Bine und Anja

und

Prof. Dr. Rolf Sulanke

meinen ersten Lehrer
auf dem Gebiet der Differentialgeometrie

Vorwort

Dieses Lehrbuch ist aus einer einsemestrigen Vorlesung über Eichfeldtheorie entstanden, die ich seit Anfang der 90er Jahre mehrfach an der Humboldt-Universität als Teil meines viersemestrigen Differentialgeometrie-Kurses im Hauptstudium gehalten habe. Es richtet sich an Studierende der Mathematik und der Physik, die die grundlegenden Begriffe und Methoden der Differentialgeometrie auf Faserbündeln kennenlernen möchten. Diese Methoden gehören zum ‚Handwerkszeug' für alle, die geometrische Probleme auf gekrümmten Räumen verstehen und bearbeiten wollen oder sich z. B. für die Beziehung zwischen Geometrie, Topologie und der Analysis geometrisch definierter Operatoren interessieren. In der theoretischen Physik nutzt man Faserbündelmethoden zur mathematischen Modellierung der vier grundlegenden Wechselwirkungen, Gravitation, Elektromagnetismus, schwache Wechselwirkung und starke Wechselwirkung. Die solide Kenntnis der den Modellen zugrunde liegenden differentialgeometrischen Methoden kann deshalb auch das Verständnis der physikalischen Literatur zur Eichfeldtheorie erleichtern.

Ich setze in dem Buch voraus, dass der Leser mit der Differential- und Integralrechnung auf Mannigfaltigkeiten und mit den Grundbegriffen der Riemannschen Geometrie vertraut ist.

In Kap. 1 werden Lie-Gruppen und ihre Lie-Algebren eingeführt. Wir behandeln grundlegende Eigenschaften dieser Gruppen und Algebren, die im vorliegenden Buch benötigt werden. Dies sind insbesondere die Exponential-Abbildung einer Lie-Gruppe, die adjungierte Darstellung und die Killing-Form sowie Liesche Transformationsgruppen und homogene Räume. Tiefer liegende Resultate zur Strukturtheorie von Lie-Gruppen und -Algebren bzw. zur Klassifikation von Darstellungen sind Gegenstand eigenständiger Vorlesungen und werden hier nicht behandelt.

In Kap. 2 führen wir die lokal-trivialen Faserungen ein, die das Grundobjekt der Untersuchungen dieses Buches sind. Insbesondere besprechen wir Hauptfaserbündel, das sind lokal-triviale Faserungen, deren Fasern Lie-Gruppen sind, sowie die zu ihnen assoziierten Faser- und Vektorbündel. Wir lernen Methoden kennen, mit denen man neue Bündel konstruieren und solche, mit denen man Bündel reduzieren und erweitern kann, und besprechen eine Reihe von wichtigen Beispielen. Die Homotopieklassifizierungssätze für Hauptfaserbündel, die einem sagen, wie viele G-Hauptfaserbündel es über einer gegebenen Mannigfaltigkeit gibt, haben wir nicht in dieses Buch aufgenommen. Man findet sie in den Lehrbüchern von D. Husemoller [H94] und T. tom Dieck [tD91].

Kapitel 3 enthält die Grundlagen der Differentialrechnung auf Hauptfaserbündeln und den zu ihnen assoziierten Vektorbündeln. Grundlegend ist dabei der Begriff des Zusammenhangs bzw. – dazu äquivalent – der einer Zusammenhangsform auf einem Hauptfaserbündel. Ein Zusammenhang ermöglicht es, Parallelverschiebungen zwischen den Fasern der betrachteten Bündel zu definieren und die Fasern dadurch zu vergleichen. Mit seiner Hilfe kann man einen geeigneten Ableitungsbegriff für Differentialformen mit Werten in assoziierten Vektorbündeln erklären, der das gewöhnliche Differential verallgemeinert. Insbesondere ist jedem Zusammenhang auf einem Hauptfaserbündel eine kovariante Ableitung zugeordnet, mit der Schnitte in den assoziierten Vektorbündeln abgeleitet werden. Wir diskutieren des Weiteren die Krümmungsform eines Zusammenhangs, die in gewissem Sinne die Abweichung von der Trivialität des Bündels misst, und beschreiben das Verhalten aller betrachteten Größen unter Eichtransformationen. Abschließend erläutern wir die eingeführten Begriffe am Beispiel von Hauptfaserbündeln mit der Strukturgruppe S^1.

Im Kap. 4 beschäftigen wir uns dann mit der sogenannten Holonomiegruppe eines Zusammenhangs. Das ist diejenige Gruppe, die entsteht, wenn man ein fixiertes Element einer Faser des Bündels entlang von Wegen, die im Fußpunkt der Faser geschlossen sind, parallel verschiebt. Diese Gruppe ist die kleinste Untergruppe der Strukturgruppe des Hauptfaserbündels, auf die sich das Bündel und sein Zusammenhang reduzieren lassen, ohne die Differentialrechnung auf den assoziierten Vektorbündeln zu verändern. Wir behandeln Eigenschaften der Holonomiegruppe und beweisen den Satz von Ambrose und Singer, der angibt, wie man die Holonomiegruppe mit Hilfe der Krümmung des Zusammenhangs berechnen kann. Am Ende des Kapitels erklären wir, was Krümmung und Holonomie eines Zusammenhangs mit der Existenz paralleler Schnitte in assoziierten Vektorbündeln zu tun haben. Besonders nützlich ist das sogenannte Holonomieprinzip, das es ermöglicht, durch Bestimmung der Fixelemente der Wirkung der Holonomiegruppe auf rein algebraische Weise zu entscheiden, wie viele parallele Schnitte ein assoziiertes Vektorbündel besitzt.

In Kap. 5 wenden wir die allgemeine Holonomietheorie auf den speziellen Fall des Levi-Civita-Zusammenhangs semi-Riemannscher Mannigfaltigkeiten an. Jeder Riemannschen oder pseudo-Riemannschen Mannigfaltigkeit wird dadurch ihre Holonomiegruppe zugeordnet. Wir diskutieren die Frage, welche Gruppen als Holonomiegruppen einfach-zusammenhängender semi-Riemannscher Mannigfaltigkeiten auftreten können und welche speziellen geometrischen Eigenschaften in der Holonomiegruppe kodiert sind. Der erste Schritt ist dabei der Zerlegungssatz von de Rham und Wu, der besagt, dass man jede einfach-zusammenhängende geodätisch vollständige semi-Riemannsche Mannigfaltigkeit in ein Produkt unzerlegbarer Faktoren zerlegen kann. Danach braucht man sich zur Bestimmung der Holonomiegruppen nur noch mit den unzerlegbaren Faktoren zu beschäftigen. Als ersten Fall betrachten wir dann die Holonomiegruppen symmetrischer Räume und zeigen, wie man die Holonomiegruppe in diesem Fall aus den algebraischen Daten des symmetrischen Raumes erhält. Insbesondere beweisen wir, dass die Holonomiegruppe durch die Isotropiedarstellung des symmetrischen Raumes gegeben ist. Man kann die Holonomiegruppen symmetrischer Räume deshalb an den Daten ablesen, die bei der Klassifikation symmetrischer Räume entstehen. Die irreduziblen symmetrischen Räume sind vollständig klassifiziert. Man kennt somit auch alle in dieser Situation auftretenden Holonomiegruppen. Als nächstes wenden wir uns dem nicht-symmetrischen Fall zu. Die Holonomiegruppen irreduzibler Mannigfaltigkeiten wurden in den 50er Jahren von Marcel Berger klassifiziert. Im nicht-symmetrischen Fall tritt nur eine kurze Liste von möglichen Gruppen auf, die in der sogenannnten Berger-Liste zusammengefasst sind. Wir geben diese Liste für Riemannsche Mannigfaltigkeiten an, beschreiben die speziellen Geometrien, die zu den Holonomiegruppen in der Riemannschen Berger-Liste gehören und geben einen kurzen Überblick über die Beweisideen, die zu dieser Liste führen. Am Ende des Kapitels wenden wir uns noch einmal den pseudo-Riemannschen Metriken zu. In diesem Fall ist die Klassifikation der Holonomiegruppen und auch die der symmetrischen Räume noch unvollständig. Neben den irreduziblen Holonomiedarstellungen, die man kennt (pseudo-Riemannsche Berger-Liste und Holonomiegruppen halbeinfacher symmetrischer Räume), treten auch Holonomiedarstellungen auf, die zwar unzerlegbar sind, aber einen ausgearteten invarianten Unterraum besitzen. Wir beenden das Kap. 5 mit einem Überblick über die vor kurzem erzielten Klassifikationsresultate für die Holonomiegruppen von Lorentz-Mannigfaltigkeiten.

In Kap. 6 beschäftigen wir uns mit charakteristischen Klassen. Charakteristische Klassen sind Kohomologieklassen, die man Hauptfaser- oder Vektorbündeln zuordnet. Betrachtet man die charakteristischen Klassen in der de Rham-Kohomologie, so kann man sie durch die Krümmungsform von Zusammenhängen des Bündels beschreiben. Nach der Darstellung des allgemeinen Formalismus, des Weil-Homomorphismus, der zu solchen Kohomologieklassen führt, besprechen wir die Chern-Klassen komplexer Vektorbündel, die Pontrjagin-Klassen reeller Vektorbündel und die Euler-Klasse orientierter Vektorbündel. Dabei interessiert uns insbesondere die Beziehung dieser Klassen zu den Krümmungen der Bündel bzw. der Mannigfaltigkeiten. Abschließend zeigen wir, wie man mittels formaler Potenzreihen weitere Kohomologieklassen erzeugen kann, die z. B. in den Indexsätzen elliptischer Operatoren auftreten.

Kapitel 7 ist dem Yang-Mills-Funktional gewidmet. Das Yang-Mills-Funktional ist ein eichinvariantes Funktional auf dem Raum aller Zusammenhänge eines Hauptfaserbündels, das jeder Zusammenhangsform des Bündels das Integral der Länge seiner Krümmungsform zuordnet. Zuerst leiten wir die Euler-Lagrange-Gleichung für die kritischen Punkte des Yang-Mills-Funktionals her. Im Falle eines $U(1)$-Bündels sind dies gerade die Maxwellschen Gleichungen für ein elektromagnetisches Feld. Anschließend betrachten wir den Fall von Bündeln über 4-dimensionalen Riemannschen Mannigfaltigkeiten. In diesem Fall kann man das Yang-Mills-Funktional durch die 1. Pontrjagin-Klasse des adjungierten Bündels von unten abschätzen. Die Minima des Yang-Mills-Funktionals sind die selbstdualen bzw. anti-selbstdualen Zusammenhänge. Als Beispiel besprechen wir abschließend selbstduale $SU(2)$-Zusammenhänge über $\mathbb{R}^4$ bzw. S^4, die sogenannten BPST-Instantonen.

Im Anhang sind einige Begriffe und Sätze aus der Differentialgeometrie zusammengestellt, die in diesem Lehrbuch vorausgesetzt und häufig verwendet werden. Insbesondere in Kap. 5 benutzen wir Resultate aus der Riemannschen Geometrie, die der Leser im Anhang nachlesen kann, falls er damit nicht vertraut ist.

Jedes Kapitel des Buches schließt mit Aufgaben ab, die zum eigenen Üben und Vertiefen des dargestellten Stoffes gedacht sind. Am Ende des Buches findet man Lösungen zu diesen Aufgaben, die man sich erst ansehen sollte, nachdem man die Aufgaben selbst gelöst oder das zumindest versucht hat.

Für diejenigen, die sich wundern werden, dass der Name Eichfeld außer im Titel im ganzen Buch nicht vorkommt, sei hier bemerkt, dass ‚Eichfeld' der von Physikern benutzte Name für die Zusammenhangsform auf einem Hauptfaserbündel ist. Die Krümmungsform des Zusammenhangs beschreibt die Feldstärke des dabei modellierten Feldes. Dieses Lehrbuch verfolgt nicht das Ziel, physikalisch realistische Eichfeldtheorien und ihre physikalische Bedeutung zu beschreiben. Dazu gibt es umfangreiche physikalische Literatur. Das Yang-Mills-Funktional findet man dort als Summanden in den Lagrange-Funktionalen physikalisch realistischer Eichfeldtheorien wieder. Es ist bemerkenswert, wie sehr mathematische Methoden, die ihren Ursprung in dem Versuch der mathematischen Modellierung physikalischer Erscheinungen haben, die Entwicklung der Mathematik selbst befruchtet haben. Wir haben an einigen Stellen des Buches Hinweise auf wichtige mathematische Entwicklungen und Ausblicke auf offene mathematische Probleme angefügt, die mit den hier behandelten Themen zusammenhängen.

Ich habe vor vielen Jahren selbst an der Humboldt-Universität studiert und viele Vorlesungen über Differentialgeometrie, insbesondere auch über Lie-Gruppen und homogene Räume und über Differentialgeometrie auf Faserbündeln bei Prof. Dr. Rolf Sulanke gehört, von denen ich wie viele andere sehr profitiert habe. Mein Interesse an Differentialgeometrie und Vieles in meinen eigenen Vorlesungen basiert auf dem bei ihm Gelernten. Deshalb sind Ähnlichkeiten mit einigen Teilen des Lehrbuches „Differentialgeometrie und Faserbündel" von R. Sulanke und P. Wintgen (siehe [SW72]) auch kein Zufall. Ich möchte mich auch an dieser Stelle nach langer Zeit bei Rolf Sulanke nochmals ganz herzlich für diese Vorlesungen bedanken.

Mein weiterer Dank geht an alle Diplomanden und Doktoranden, die in vielen Stadien der Arbeit an diesem Manuskript Teile davon gelesen und mich auf Fehler oder Unklarheiten hingewiesen haben, insbesondere an Alexander Binder, Luise Fehlinger, Ramona Ziese, Sergej Schidlowski, Thomas Ueckerdt, Annegret Schalke, Carsten Falk und Peter Schemel. Besonders danke ich Kay Dimler, der das gesamte Manuskript technisch durchgesehen und mir mit vielen Verbesserungen und Hinweisen sehr geholfen hat. Ich danke Carsten Falk für die Ausarbeitung von Lösungen zu einem Teil der Aufgaben, Ramona Ziese für die Hilfe bei der Anfertigung des Index, Thomas Neukirchner für das Titelbild und Mischa Baum für die Skizzen im Buch. Nicht zuletzt danke ich dem Springer-Verlag für die Bereitschaft, dieses Lehrbuch in das Verlagsprogramm aufzunehmen.

Ich habe mich beim Schreiben des Manuskriptes um große Sorgfalt bemüht. Trotzdem werden sich Fehler eingeschlichen haben. Über jeden Hinweis dazu würde ich mich freuen.

Berlin, November 2008 Helga Baum

Seit Erscheinen der ersten Auflage des Buches habe ich viele Hinweise und Meinungen von Kolleginnen und Kollegen und von Studierenden zu dem Text bekommen, die Fragen gestellt, mich auf Fehler hingewiesen und Wünsche für Ergänzungen und Präzisierungen geäußert haben. In der zweiten Auflage habe ich viele dieser Hinweise eingearbeitet. Ich möchte mich besonders bei Nicolas Ginoux, Dorothee Schüth, Uwe Semmelmann und Norbert Straumann und bei meinen Mitarbeitern und Studenten, vor allem bei Sergej Schidlowski, Felix Günther, Katharina Baum, Christoph Stadtmüller, Daniel Schliebner und Andre Lischewski bedanken. Über Kommentare und Hinweise würde ich mich auch weiterhin sehr freuen.

Berlin, September 2013 Helga Baum

Inhaltsverzeichnis

Lie-Gruppen und homogene Räume

1

1.1 Lie-Gruppen und ihre Algebren

Zu den grundlegenden Objekten, die in der Eichfeldtheorie auftreten, gehören Gruppen mit differenzierbarer Struktur. Im ersten Kapitel werden wir einige grundlegende Eigenschaften und Aussagen über solche Gruppen behandeln, die wir später benötigen werden.

Definition 1.1 *Eine Gruppe G, die zusätzlich mit einer differenzierbaren Struktur[1] versehen ist, heißt Lie-Gruppe, wenn die Abbildung*

$$G \times G \longrightarrow G$$
$$(g, a) \longmapsto g \cdot a^{-1}$$

glatt ist.

Viele gut bekannte Gruppen sind Lie-Gruppen. Wir nennen zur Illustration zunächst einige Beispiele für Lie-Gruppen, die häufig vorkommen. Das sind:

1. Der Vektorraum $\mathbb{R}^n$ mit der Addition von Vektoren als Gruppenoperation und der durch die Koordinaten gegebenen Mannigfaltigkeitsstruktur.
2. Die Sphäre $S^1 := \{z \in \mathbb{C} \mid |z| = 1\}$ mit der Multiplikation von komplexen Zahlen als Gruppenoperation und der durch die Einbettung in den $\mathbb{R}^2$ gegebenen Mannigfaltigkeitsstruktur.
3. Die Gruppen $GL(n, \mathbb{R})$ bzw. $GL(n, \mathbb{C})$ als offene Untermannigfaltigkeit des $\mathbb{R}^{n^2}$ bzw. des $\mathbb{R}^{2n^2}$.

---

[1] Mit differenzierbarer Struktur meinen wir immer die Struktur einer *glatten* (d. h. C^∞) Mannigfaltigkeit. Alle in diesem Buch betrachteten Mannigfaltigkeiten sind glatt. Wir sagen deshalb oft kurz nur „Mannigfaltigkeit".

H. Baum, *Eichfeldtheorie*, Springer-Lehrbuch Masterclass,
DOI: 10.1007/978-3-642-38539-1_1, © Springer-Verlag Berlin Heidelberg 2014

4. Sind G und H zwei Lie-Gruppen, so ist das Gruppenprodukt $G \times H$, versehen mit dem Produkt der differenzierbaren Strukturen, ebenfalls eine Lie-Gruppe.

5. In Abschn. 1.4 werden wir zeigen, dass jede (topologisch) abgeschlossene Untergruppe einer Lie-Gruppe wieder eine Lie-Gruppe ist. Insbesondere sind also die Matrizengruppen $SL(n, \mathbb{R})$, $SL(n, \mathbb{C})$, $O(n)$, $SO(n)$, $U(n)$, $SU(n)$, $Sp(n)$, $O(p, q)$, $SO(p, q)$, $U(p, q)$, $SU(p, q)$ und $Sp(p, q)$ Lie-Gruppen.

6. In der Riemannschen Geometrie betrachtet man Gruppen von Diffeomorphismen mit speziellen geometrischen Eigenschaften, z. B. die Gruppe aller Isometrien oder die Gruppe aller konformen Abbildungen einer semi-Riemannschen Mannigfaltigkeit. Man kann zeigen, dass auch diese Gruppen Lie-Gruppen sind.

Definition 1.2 *Sei V ein Vektorraum[2] und $[\cdot, \cdot] : V \times V \to V$ eine schiefsymmetrische bilineare Abbildung, die die Jacobi-Identität*

$$[[u, v], w] + [[v, w], u] + [[w, u], v] = 0 \text{ für alle } u, v, w \in V$$

erfüllt. Dann heißt $(V, [\cdot, \cdot])$ Lie-Algebra und $[\cdot, \cdot]$ Kommutator oder Lie-Klammer.

Auch hier nennen wir zur Illustration zunächst einige Beispiele für gut bekannte und häufig auftretende Lie-Algebren:

1. $\mathbb{R}^n$ mit $[\cdot, \cdot] := 0$.

2. $\mathbb{R}^3$ mit dem durch das Vektorprodukt gegebenen Kommutator:
   $[v, w] := v \times w$.

3. Jede assoziative Algebra $(A, \cdot)$ mit dem Kommutator $[a, b] := a \cdot b - b \cdot a$. Insbesondere ist die Algebra $End(V)$ aller Endomorphismen eines Vektorraumes bzw. die Algebra $M(n, \mathbb{K})$ aller $(n \times n)$-Matrizen eine Lie-Algebra.

4. Die spurfreien Matrizen $\mathfrak{sl}(n, \mathbb{R}) = \{X \in M(n, \mathbb{R}) \mid \mathrm{Tr}(X) = 0\}$.

5. Die schiefsymmetrischen Matrizen $\mathfrak{so}(n) = \{X \in M(n, \mathbb{R}) \mid X^t = -X\}$.

6. Der Vektorraum $\mathfrak{X}(M)$ der glatten Vektorfelder einer glatten Mannigfaltigkeit M mit dem Vektorfeld-Kommutator.

7. Der Vektorraum aller Killingfelder einer semi-Riemannschen Mannigfaltigkeit mit dem Vektorfeld-Kommutator.

8. Der Vektorraum aller konformen Vektorfelder einer semi-Riemannschen Mannigfaltigkeit mit dem Vektorfeld-Kommutator.

Wir wollen nun jeder Lie-Gruppe G eine endlich-dimensionale reelle Lie-Algebra zuordnen. Dazu führen wir zunächst folgende Bezeichnungen ein. Für ein festes Element $g \in G$ heißen die Diffeomorphismen

---

[2] Wir werden in diesem Buch nur reelle und komplexe Vektorräume betrachten.

$$L_g : x \in G \longrightarrow g \cdot x \in G \qquad \textit{Linkstranslation,}$$

$$R_g : x \in G \longrightarrow x \cdot g \in G \qquad \textit{Rechtstranslation,}$$

$$\alpha_g = L_g \circ R_g^{-1} : G \longrightarrow G \qquad \textit{innerer Automorphismus.}$$

Ist M eine Mannigfaltigkeit, $F : M \to M$ ein Diffeomorphismus und $X \in \mathfrak{X}(M)$ ein Vektorfeld auf M, dann bezeichne $dF(X)$ das durch

$$dF(X)(x) := dF_{F^{-1}(x)}X(F^{-1}(x)), \quad x \in M,$$

definierte Vektorfeld. Bekanntlich gilt

$$dF([X, Y]) = [dF(X), dF(Y)] \quad \text{für alle } X, Y \in \mathfrak{X}(M). \tag{1.1}$$

Ein Vektorfeld $X \in \mathfrak{X}(G)$ auf einer Lie-Gruppe G heißt *linksinvariant (rechtsinvariant)*, falls $dL_g(X) = X$ (bzw. $dR_g(X) = X$) für alle $g \in G$ gilt. Wegen (1.1) ist der Vektorraum

$$\mathfrak{g} := \{X \in \mathfrak{X}(G) \mid X \text{ ist linksinvariant}\}$$

mit dem Vektorfeld-Kommutator $[\cdot, \cdot]$ eine Lie-Algebra.

Definition 1.3 *Die Lie-Algebra der linksinvarianten Vektorfelder $(\mathfrak{g}, [\cdot, \cdot])$ heißt Lie-Algebra der Lie-Gruppe G.*

Offensichtlich ist jedes linksinvariante Vektorfeld $X \in \mathfrak{g}$ durch den Vektor $X(e) \in T_eG$ im Tangentialraum an das 1-Element $e \in G$ eindeutig bestimmt, denn es gilt

$$X(g) = dL_g(X(e)) \qquad \text{für } g \in G. \tag{1.2}$$

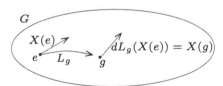

Deshalb werden wir im Folgenden oft $\mathfrak{g}$ und T_eG in diesem Sinne identifizieren.

Beispiel 1.1 Sei $G = GL(n, \mathbb{R})$ die Lie-Gruppe aller invertierbaren reellen $(n \times n)$-Matrizen. Die zugehörige Lie-Algebra ist der Vektorraum $\mathfrak{g} = \mathfrak{gl}(n, \mathbb{R})$ aller reellen $(n \times n)$-Matrizen mit dem Kommutator

$$[X, Y] = X \circ Y - Y \circ X, \quad X, Y \in \mathfrak{g}.$$

Dies ist leicht einzusehen: Da $G = GL(n, \mathbb{R})$ eine offene Untermannigfaltigkeit von $\mathbb{R}^{n^2}$ ist, kann man den Tangentialraum T_EG an die Einheitsmatrix E mit dem $\mathbb{R}^{n^2} = \mathfrak{gl}(n, \mathbb{R})$ identifizieren. Sei $X \in T_EG$ und $\gamma_X : I \to G$ eine glatte Kurve in $G = GL(n, \mathbb{R})$ mit

$\gamma_X(0) = E$ und $\gamma_X'(0) = X$. Für das durch X gemäß (1.2) erzeugte linksinvariante Vektorfeld $\tilde{X}$ gilt dann

$$\tilde{X}(A) = dL_A(X) = \frac{d}{dt}\big(L_A(\gamma_X(t))\big)_{t=0}$$

$$= \frac{d}{dt}\big(A \circ \gamma_X(t)\big)_{t=0} = A \circ X.$$

Da der Kommutator von Vektorfeldern auf Untermannigfaltigkeiten durch Richtungsableitungen berechnet werden kann, folgt:

$$[X, Y] = [\tilde{X}, \tilde{Y}](E) = \tilde{X}(\tilde{Y})(E) - \tilde{Y}(\tilde{X})(E)$$

$$= \frac{d}{dt}\big(\tilde{Y}(\gamma_X(t))\big)_{t=0} - \frac{d}{dt}\big(\tilde{X}(\gamma_Y(t))\big)_{t=0}$$

$$= \frac{d}{dt}\big(\gamma_X(t) \circ Y - \gamma_Y(t) \circ X\big)_{t=0}$$

$$= X \circ Y - Y \circ X.$$

Beispiel 1.2 Sind $(\mathfrak{g}, [\cdot, \cdot]_{\mathfrak{g}})$ und $(\mathfrak{h}, [\cdot, \cdot]_{\mathfrak{h}})$ Lie-Algebren, so ist die direkte Summe $\mathfrak{g} \oplus \mathfrak{h}$ der Vektorräume mit dem Kommutator

$$[X_1 + Y_1, X_2 + Y_2] := [X_1, X_2]_{\mathfrak{g}} + [Y_1, Y_2]_{\mathfrak{h}}, \quad X_1, X_2 \in \mathfrak{g}, Y_1, Y_2 \in \mathfrak{h}$$

eine Lie-Algebra. Sind G und H zwei Lie-Gruppen mit den zugehörigen Lie-Algebren $\mathfrak{g}$ und $\mathfrak{h}$, so ist $\mathfrak{g} \oplus \mathfrak{h}$ die Lie-Algebra der Lie-Gruppe $G \times H$.

Definition 1.4 *1. Seien G_1 und G_2 zwei Lie-Gruppen und $\psi : G_1 \to G_2$ ein Gruppen-Homomorphismus. Ist ψ zusätzlich glatt, so nennt man ψ einen Lie-Gruppen-Homomorphismus.*
2. Seien $(V_1, [\cdot, \cdot]_1), (V_2, [\cdot, \cdot]_2)$ zwei Lie-Algebren und $\varphi : V_1 \to V_2$ eine lineare Abbildung. φ heißt Lie-Algebren-Homomorphismus, falls

$$[\varphi(v), \varphi(w)]_2 = \varphi([v, w]_1) \quad \text{für alle } v, w \in V_1.$$

Satz 1.1 *Sei $\psi : G_1 \longrightarrow G_2$ ein Lie-Gruppen-Homomorphismus und seien $\mathfrak{g}_1$ bzw. $\mathfrak{g}_2$ die Lie-Algebren der Lie-Gruppen G_1 bzw. G_2. Für $X \in \mathfrak{g}_1$ bezeichne $\psi_* X \in \mathfrak{g}_2$ das durch den Vektor $d\psi_e(X(e)) \in T_e G_2$ definierte linksinvariante Vektorfeld. Dann ist die Abbildung*

$$\psi_* : \mathfrak{g}_1 \longrightarrow \mathfrak{g}_2$$

$$X \longmapsto \psi_* X$$

ein Lie-Algebren-Homomorphismus.

Beweis Sei e das neutrale Element von G_1. Da das Differential $d\psi_e$ linear ist, ist auch ψ_* eine lineare Abbildung. Wir zeigen, dass die Vektorfelder X und $\psi_* X$ ψ-verknüpft sind,

d. h., dass

$$(\psi_* X)(\psi(g)) = (d\psi_g)(X(g)) \quad \text{für alle } g \in G_1.$$

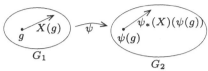

Auf Grund der Definition von $\psi_* X$ gilt:

$$
\begin{aligned}
(\psi_* X)(\psi(g)) &= dL_{\psi(g)}(d\psi_e(X(e)) \\
&= d(L_{\psi(g)} \circ \psi)_e X(e) \\
&= d(\psi \circ L_g)_e X(e) \\
&= d\psi_g(dL_g X(e)) = d\psi_g(X(g)).
\end{aligned}
$$

Für den Kommutator ψ-verknüpfter Vektorfelder gilt also

$$[\psi_* X, \psi_* Y] = \psi_*[X, Y].$$

Folglich ist ψ_* ein Lie-Algebren-Homomorphismus. $\qquad\square$

1.2 Die Exponential-Abbildung einer Lie-Gruppe

Im folgenden Abschnitt beweisen wir spezielle Eigenschaften von linksinvarianten Vektorfeldern auf Lie-Gruppen, die es uns gestatten, angepasste Koordinaten einzuführen.

Satz 1.2 *Sei G eine Lie-Gruppe und $\mathfrak{g}$ ihre Lie-Algebra. φ_X bezeichne die maximale Integralkurve eines linksinvarianten Vektorfeldes $X \in \mathfrak{g}$ durch das neutrale Element $e \in G$. Dann gilt:*

1. φ_X ist auf ganz $\mathbb{R}$ definiert.

2. $\varphi_X : \mathbb{R} \longrightarrow G$ ist ein Homomorphismus der Lie-Gruppen, d. h.

$$\varphi_X(0) = e \quad \text{und} \quad \varphi_X(s+t) = \varphi_X(s) \cdot \varphi_X(t) \quad \text{für alle } s, t \in \mathbb{R}.$$

3. $\varphi_{sX}(t) = \varphi_X(s \cdot t)$ für alle $s, t \in \mathbb{R}$.

Beweis Sei $\varphi_X : I = (t_{\min}, t_{\max}) \subset \mathbb{R} \longrightarrow G$ die maximale Integralkurve von X durch e, d. h. $\varphi_X(0) = e$ und $\dot\varphi_X(t) = X(\varphi_X(t))$, wobei $\dot\varphi$ die Ableitung von φ nach t bezeichnet. Wir zeigen zunächst, dass für alle $s, t \in I$ mit $s + t \in I$

$$\varphi_X(s+t) = \varphi_X(s) \cdot \varphi_X(t)$$

gilt. Sei dazu $s \in I$ ein fester Parameter und $g := \varphi_X(s) \in G$. Wir betrachten die glatten Kurven

$$\eta : \tau \in I \longrightarrow g \cdot \varphi_X(\tau) \in G,$$
$$\tilde{\eta} : \tau \in (t_{\min} - s, t_{\max} - s) \longrightarrow \varphi_X(\tau + s) \in G.$$

η und $\tilde{\eta}$ sind Integralkurven von X durch $g \in G$, denn $\eta(0) = g \cdot \varphi_X(0) = g$, $\tilde{\eta}(0) = \varphi_X(s) = g$ und

$$\dot{\eta}(\tau) = dL_g(\dot{\varphi}_X(\tau)) = dL_g(X(\varphi_X(\tau))) = X(g \cdot \varphi_X(\tau)) = X(\eta(\tau)),$$
$$\dot{\tilde{\eta}}(\tau) = \dot{\varphi}_X(\tau + s) = X(\varphi_X(\tau + s)) = X(\tilde{\eta}(\tau)).$$

Auf Grund der Eindeutigkeit von Integralkurven stimmen η und $\tilde{\eta}$ auf dem gemeinsamen Definitionsbereich $I \cap (t_{\min} - s, t_{\max} - s)$ überein. Somit gilt für alle $t \in I$ mit $t + s \in I$:

$$\eta(t) = \varphi_X(s) \cdot \varphi_X(t) = \tilde{\eta}(t) = \varphi_X(s + t).$$

Wir zeigen nun, dass φ_X auf ganz $\mathbb{R}$ definiert ist.
Angenommen, $t_{\max} < \infty$. Sei $\alpha := \min(t_{\max}, |t_{\min}|)$. Wir betrachten die Kurve $\eta(s) := \varphi_X(\frac{\alpha}{2}) \cdot \varphi_X(s - \frac{\alpha}{2})$. Dann ist $\eta(0) = \varphi_X(\frac{\alpha}{2}) \cdot \varphi_X(-\frac{\alpha}{2}) = \varphi_X(0) = e$ und mit $g := \varphi_X(\frac{\alpha}{2})$ gilt:

$$\dot{\eta}(s) = dL_g\left(\dot{\varphi}_X\left(s - \frac{\alpha}{2}\right)\right) = dL_g\left(X\left(\varphi_X\left(s - \frac{\alpha}{2}\right)\right)\right)$$
$$= X\left(g \cdot \varphi_X\left(s - \frac{\alpha}{2}\right)\right) = X\left(\varphi_X\left(\frac{\alpha}{2}\right) \cdot \varphi_X\left(s - \frac{\alpha}{2}\right)\right)$$
$$= X(\eta(s)).$$

Das bedeutet aber, dass η die Integralkurve φ_X von X über $t_{\max}$ hinaus fortsetzt, was im Widerspruch zur Maximalität von φ_X steht. Also war die Annahme $t_{\max} < \infty$ falsch. Analog zeigt man, dass $t_{\min} = -\infty$. Die Integralkurve φ_X ist folglich auf ganz $\mathbb{R}$ definiert. Wir zeigen abschließend, dass $\varphi_{sX}(t) = \varphi_X(s \cdot t)$.
Sei dazu $\delta(t) := \varphi_X(s \cdot t)$. Dann ist $\delta(0) = \varphi_X(0) = e$ und

$$\dot{\delta}(t) = s\dot{\varphi}_X(s \cdot t) = sX(\varphi_X(s \cdot t)) = sX(\delta(t)).$$

Folglich ist δ die Integralkurve von sX durch e, d.h. $\varphi_{sX}(t) = \varphi_X(s \cdot t)$. $\square$

Definition 1.5 *Sei $\mathfrak{g}$ die Lie-Algebra von G. Die Abbildung*

$$\exp : \mathfrak{g} \longrightarrow G$$
$$X \longmapsto \varphi_X(1)$$

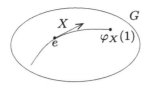

heißt Exponentialabbildung der Lie-Gruppe G.

Nach Satz 1.2 ist die Kurve $t \in \mathbb{R} \mapsto \varphi_X(t) = \varphi_{tX}(1) = \exp tX$ die maximale Integralkurve von X durch $e \in G$ und die Kurve $t \in \mathbb{R} \mapsto g \cdot \exp tX$ die maximale Integralkurve von X durch $g \in G$.

Beispiel 1.3 Wir betrachten als Beispiel wieder die Gruppe $GL(n, \mathbb{R})$ aller invertierbaren Matrizen mit ihrer Lie-Algebra $\mathfrak{gl}(n, \mathbb{R})$. Für diese Gruppe stimmt die Exponentialabbildung mit dem üblichen Exponential von Matrizen überein, d. h., es gilt

$$\exp X = e^X = \sum_{n=0}^{\infty} \frac{X^n}{n!}.$$

Der folgende Satz beschreibt eine sehr wichtige Beziehung zwischen Lie-Gruppen-Homomorphismen und ihren Ableitungen.

Satz 1.3 *Sei $\psi : G_1 \to G_2$ ein Lie-Gruppen-Homomorphismus. Dann gilt*

$$\psi(\exp X) = \exp(\psi_* X)$$

für alle Elemente X in der Lie-Algebra von G_1.

Beweis Wir betrachten $\gamma(t) := \psi(\exp tX)$. Dann gilt $\gamma(0) = \psi(e_1) = e_2$, wobei e_i das neutrale Element in G_i bezeichnet, und

$$\begin{aligned}
\dot{\gamma}(t) &= d\psi_{\exp tX}\big(X(\exp tX)\big) = d\psi_{\exp tX}\big(dL_{\exp tX}(X(e_1))\big) \\
&= dL_{\psi(\exp tX)} d\psi_{e_1}\big(X(e_1)\big) = (\psi_* X)\big(\psi(\exp(tX))\big) \\
&= (\psi_* X)\big(\gamma(t)\big).
\end{aligned}$$

Folglich ist γ die Integralkurve des linksinvarianten Vektorfeldes $\psi_* X$ durch das neutrale Element $e_2 \in G_2$, was die Behauptung liefert. $\qquad\square$

Als nächstes beweisen wir einige grundlegende Eigenschaften der Exponentialabbildung.

Satz 1.4 *Die Exponentialabbildung $\exp : \mathfrak{g} \longrightarrow G$ ist glatt und ein lokaler Diffeomorphismus um den Nullvektor $o \in \mathfrak{g}$. Weiterhin gilt:*

1. $\exp(o) = e$,
2. $\exp(-X) = (\exp X)^{-1}$,
3. $\exp((t + s)X) = \exp(sX) \cdot \exp(tX)$, $\quad s, t \in \mathbb{R}, X \in \mathfrak{g}$.

Beweis Die Glattheit der Exponentialabbildung folgt aus den Standardsätzen über die glatte Abhängigkeit der Lösung von linearen Differentialgleichungen von den Anfangswerten. Die Eigenschaften 1., 2., 3. folgen aus Satz 1.2. Es bleibt zu zeigen, dass

$$d\exp_o : T_o\mathfrak{g} \simeq \mathfrak{g} \longrightarrow T_eG \simeq \mathfrak{g}$$

ein Isomorphismus, d. h., dass exp ein lokaler Diffeomorphismus um $o \in \mathfrak{g}$ ist. Um das zu zeigen, wählen wir ein linksinvariantes Vektorfeld $X \in \mathfrak{g}$. Dann gilt

$$d\exp_o(X) = \frac{d}{dt}\big(\exp(o + tX)\big)_{t=0} = \frac{d}{dt}\big(\exp tX\big)_{t=0} = X(e).$$

Identifizieren wir T_eG mit $\mathfrak{g}$, so erhalten wir sogar $d\exp_o = \mathrm{Id}_\mathfrak{g}$.   □

Mit Hilfe der Exponentialabbildung können wir spezielle Koordinaten auf der Lie-Gruppe G einführen. Sei $W(e) \subset G$ eine offene Menge in G, die das diffeomorphe Bild einer bzgl. o sternförmigen Umgebung $V(o) \subset \mathfrak{g}$ ist. Für $g \in G$ setzen wir

$$W(g) := L_g(W(e)) \quad \text{und} \quad \varphi_g := \exp^{-1} \circ L_{g^{-1}} : W(g) \longrightarrow V(o) \subset \mathfrak{g} \simeq \mathbb{R}^n.$$

Dann ist $(W(g), \varphi_g)$ eine zulässige Karte der Mannigfaltigkeit G um g. Die Umgebung $W(g)$ heißt *Normalenumgebung von g* und die durch die Kartenabbildung φ_g gegebenen Koordinaten *Normalkoordinaten um g*.

Satz 1.5 *Sei G eine Lie-Gruppe und bezeichne G^0 die Zusammenhangskomponente des neutralen Elementes e von G. Dann ist G^0 eine Untergruppe von G. Sie ist offen, abgeschlossen und bogenzusammenhängend in G und wird von einer beliebigen Umgebung[3] des neutralen Elementes e erzeugt. Insbesondere gilt für jede Normalenumgebung $W = \exp(V)$ von e*

$$G^0 = \bigcup_{k=1}^{\infty} W^k = \{w_1 \cdot \ldots \cdot w_k \mid w_1, \ldots, w_k \in W,\ k \in \mathbb{N}\}.$$

Beweis Da die Abbildung $(g, a) \in G \times G \to g \cdot a^{-1} \in G$ stetig ist und das Bild zusammenhängender Mengen bei stetigen Abbildungen zusammenhängend bleibt, ist G^0 eine Untergruppe von G. Die Teilmenge $G^0 \subset G$ ist offen, abgeschlossen und bogenzusammenhängend, da dies für jede Zusammenhangskomponente einer Mannigfaltigkeit gilt. Die letzte Aussage des Satzes folgt dann aus einem allgemeinen Resultat für topologische Grup-

---

[3] Unter einer Umgebung eines Punktes x verstehen wir in diesem Buch immer eine *offene* Menge, die x enthält.

pen: Eine zusammenhängende topologische Gruppe wird von einer beliebigen Umgebung ihres neutralen Elementes erzeugt (siehe Aufgabe 1.1).   □

Für spätere Anwendungen beweisen wir die folgende Produktformel für die Exponentialabbildung.

Satz 1.6 *Sei G eine Lie-Gruppe und* $\mathfrak{g}$ *ihre Lie-Algebra. Dann gilt*

$$\exp tX \cdot \exp tY = \exp(t(X + Y) + O(t^2)),$$

wobei $X, Y \in \mathfrak{g}$ *und* $|t| < \varepsilon$, ε *hinreichend klein.*

Beweis Wir wählen Normalkoordinaten (W, φ) um $e \in G$. Sei $(X_1, \ldots X_n)$ eine Basis in $\mathfrak{g}$ und $\varphi : W \to \mathbb{R}^n$ die Karte

$$\varphi\big(\exp(x_1 X_1 + \cdots + x_n X_n)\big) = (x_1, \ldots x_n).$$

Da die Multiplikation in G stetig ist, gibt es eine Umgebung U des neutralen Elementes mit $U \cdot U \subset W$. Wir betrachten die Gruppenmultiplikation in den Karten $(U \times U, \varphi \times \varphi)$ und (W, φ):

$$
\begin{array}{ccc}
U \times U \subset G \times G & \longrightarrow & W \subset G \\
\Big\downarrow{\scriptstyle \varphi \times \varphi} & & \Big\downarrow{\scriptstyle \varphi} \\
\tilde{U} \times \tilde{U} \subset \mathbb{R}^n \times \mathbb{R}^n & \xrightarrow{\ \tilde{\mu}\ } & \tilde{W} \subset \mathbb{R}^n
\end{array}
$$

Dabei ist $\tilde{\mu}(x, 0) = x$ und $\tilde{\mu}(0, y) = y$. Die Taylorformel für $\tilde{\mu}$ um $(0, 0)$ ergibt:

$$\tilde{\mu}(x, y) = \tilde{\mu}(0, 0) + \sum_{j=1}^{n} \frac{\partial \tilde{\mu}}{\partial x_j}(0, 0)x_j + \sum_{j=1}^{n} \frac{\partial \tilde{\mu}}{\partial y_j}(0, 0)y_j + O(2) = 0 + x + y + O(2),$$

wobei $O(2)$ für Ableitungen ab der zweiten Ordnung steht. Damit ist gezeigt, dass

$$\exp(X) \cdot \exp(Y) = \exp\big(X + Y + O(2)\big)$$

für hinreichend kleine Vektoren X und Y.   □

Satz 1.6 ist ein Spezialfall der Baker-Campbell-Hausdorff-Formel.[4] Liegen mit $X, Y \in \mathfrak{g}$ zwei Vektoren vor, für die das Produkt $\exp(X) \cdot \exp(Y)$ in einer Normalenumgebung $W(e) \subset G$ liegt, so existiert nach Satz 1.4 genau ein Vektor $X \star Y \in \exp^{-1}(W) \subset \mathfrak{g}$ mit $\exp(X) \cdot \exp(Y) = \exp(X \star Y)$. Der Vektor $X \star Y$ heißt *Campbell-Hausdorff-Produkt von X und Y* und hat die folgende Darstellung:

---

[4] Die genaue Formel findet man z. B. im Buch von S. Helgason [He01].

$$X \star Y = X + Y + \frac{1}{2}[X, Y] - \frac{1}{12}\{[[X, Y], X] + [[Y, X], Y]\}$$
$$+ \text{ weitere Kommutatoren.}$$

Aus Satz 1.4 folgt insbesondere, dass die durch ein Element $X \in \mathfrak{g}$ definierte Abbildung

$$f : t \in \mathbb{R} \longrightarrow \exp tX \in G$$

ein glatter Gruppenhomomorphismus ist. Wir zeigen als nächstes, dass jeder *stetige* Gruppenhomomorphismus von $\mathbb{R}$ nach G in dieser Form darstellbar ist.

Satz 1.7 *Sei G eine Lie-Gruppe mit der Lie-Algebra $\mathfrak{g}$ und $\psi : \mathbb{R} \longrightarrow G$ ein stetiger Gruppenhomomorphismus. Dann gibt es ein Element $X \in \mathfrak{g}$ mit $\psi(t) = \exp tX$ für alle $t \in \mathbb{R}$. Insbesondere ist jeder stetige Gruppenhomomorphismus $\psi : \mathbb{R} \longrightarrow G$ auch glatt.*

Beweis Es sei $W = \exp(V(o))$ eine Normalenumgebung um $e \in G$. Da $\psi : \mathbb{R} \to G$ stetig ist und $\psi(0) = e$ gilt, existiert ein $\varepsilon > 0$ mit $\psi(t) \in W$ für alle t mit $|t| \le \varepsilon$. Sei $Y \in V(o)$ der Vektor mit $\exp(Y) = \psi(\varepsilon)$ und $X := \frac{Y}{\varepsilon}$. Wir zeigen

$$\psi(t) = \exp(tX) =: f(t) \quad \text{für alle } t \in \mathbb{R}.$$

Dazu betrachten wir die Menge $K := \{t \in \mathbb{R} \mid f(t) = \psi(t)\} \subset \mathbb{R}$. Da die Abbildungen $f, \psi : \mathbb{R} \longrightarrow G$ Gruppenhomomorphismen sind, ist $K \subset \mathbb{R}$ eine Untergruppe. K ist außerdem abgeschlossen und enthält 0 und ε. Jede nicht-triviale Untergruppe von $\mathbb{R}$ ist entweder $\mathbb{R}$ selbst oder eine diskrete Gruppe der Form $K_d := \{n \cdot d \mid n \in \mathbb{Z}\}$, wobei d das kleinste positive Element von K ist. Wir zeigen, dass $K = \mathbb{R}$ gilt. Angenommen, es wäre $K = K_d$. Da $\varepsilon \in K$, ist $\frac{d}{2} < \varepsilon$. Somit folgt:

$$\left(f\left(\frac{d}{2}\right) \right)^2 = \left(\exp \frac{d}{2} X \right)^2 = \exp dX = f(d) = \psi(d) = \left(\psi\left(\frac{d}{2}\right) \right)^2.$$

Die Gruppenelemente $f(d)$ und $\psi(d)$ liegen in W. Aus

$$2 \exp^{-1}\left(f\left(\frac{d}{2}\right) \right) = \exp^{-1}\left(f\left(\frac{d}{2}\right)^2 \right) = \exp^{-1}\left(\psi\left(\frac{d}{2}\right)^2 \right) = 2 \exp^{-1}\left(\psi\left(\frac{d}{2}\right) \right)$$

folgt $\psi(\frac{d}{2}) = f(\frac{d}{2})$. Dann wäre aber d nicht das kleinste Element von K. Also war die Annahme $K = K_d$ falsch. Somit gilt $K = \mathbb{R}$. $\qquad\square$

In Verallgemeinerung des eben bewiesenen Resultates zeigen wir, dass jeder *stetige* Gruppenhomomorphismus zwischen beliebigen Lie-Gruppen glatt ist. Zunächst verallgemeinern wir Satz 1.4.

Satz 1.8 *Sei G eine Lie-Gruppe und $\mathfrak{g}$ ihre Lie-Algebra, für die eine Vektorraumzerlegung $\mathfrak{g} = V_1 \oplus \ldots \oplus V_r$ gegeben ist. Dann ist die Abbildung*

$$\phi : \mathfrak{g} = V_1 \oplus \ldots \oplus V_r \longrightarrow G$$
$$v_1 + \cdots + v_r \longmapsto \exp(v_1) \cdot \ldots \cdot \exp(v_r)$$

ein lokaler Diffeomorphismus um $o \in \mathfrak{g}$.

Beweis Der Beweis verläuft analog zu Satz 1.4. Wir betrachten das Differential

$$d\phi_o : T_0\mathfrak{g} \simeq \mathfrak{g} = V_1 \oplus \ldots \oplus V_r \to T_eG \simeq \mathfrak{g} = V_1 \oplus \ldots \oplus V_r.$$

Für $X_i \in V_i$ erhalten wir

$$d\phi_o(X_i) = \frac{d}{dt}\big(\phi(tX_i)\big)|_{t=0} = \frac{d}{dt}\big(\exp(o) \cdot \ldots \cdot \exp(tX_i) \cdot \ldots \cdot \exp(o)\big)|_{t=0}$$
$$= \frac{d}{dt}\big(\exp(tX_i)\big)|_{t=0} = X_i. \qquad \qquad \square$$

Satz 1.9 *Jeder stetige Gruppenhomomorphismus $\psi : G_1 \to G_2$ zwischen Lie-Gruppen G_1 und G_2 ist glatt.*

Beweis Sei $\mathfrak{g}_1$ die Lie-Algebra von G_1 und $\mathfrak{g}_2$ die Lie-Algebra von G_2. Wir fixieren eine Basis $(X_1, \ldots, X_n)$ in $\mathfrak{g}_1$. Dann ist $\psi_i : t \in \mathbb{R} \to \psi(\exp tX_i) \in G_2$ ein stetiger Gruppenhomomorphismus. Nach Satz 1.7 existiert ein $Y_i \in \mathfrak{g}_2$, so dass

$$\psi_i(t) = \psi(\exp tX_i) = \exp tY_i.$$

Die Abbildung $\chi : \mathfrak{g}_1 \to G_2$, definiert durch

$$\chi(t_1X_1 + \cdots + t_nX_n) := \exp(t_1 Y_1) \cdot \ldots \cdot \exp(t_n Y_n),$$

ist glatt. Sei $\phi : \mathfrak{g}_1 \to G_1$ die in Satz 1.8 betrachtete Abbildung

$$\phi(t_1X_1 + \cdots + t_nX_n) = \exp(t_1X_1) \cdot \ldots \cdot \exp(t_nX_n).$$

Da ϕ ein lokaler Diffeomorphismus um $o \in \mathfrak{g}_1$ ist, gilt $\psi = \chi \circ \phi^{-1}$ auf einer Normalenumgebung $W(e) \subset G_1$. Das zeigt, dass ψ auf $W(e)$ glatt ist. Da

$$\psi(g \cdot a) = \psi(g) \cdot \psi(a) = L_{\psi(g)}(\psi(a)),$$

ist ψ auch glatt auf der Normalenumgebung $W(g) = L_g(W(e))$ des Punktes $g \in G_1$. $\square$

Als weitere Folgerung aus den Eigenschaften der Exponentialabbildung erhalten wir die folgende Aussage über die Struktur abelscher Lie-Gruppen. Dabei nennen wir eine Lie-Gruppe *abelsch*, wenn ihr Gruppenprodukt kommutativ ist.

Satz 1.10 *Sei G eine zusammenhängende abelsche Lie-Gruppe. Dann ist G diffeomorph zu einem Produkt $T^k \times \mathbb{R}^m$ aus einem Torus und einem Euklidischen Raum.*

Beweis Wir zeigen zunächst, dass die Exponentialabbildung $\exp : \mathfrak{g} \to G$ im Fall abelscher Gruppen ein Gruppenhomomorphismus ist. Für $X, Y \in \mathfrak{g}$ und hinreichend großes $N \in \mathbb{N}_0$ gilt nach Satz 1.4 und 1.6

$$
\begin{aligned}
\exp(X) \cdot \exp(Y) &= \left(\exp\left(\frac{X}{N}\right)\right)^N \cdot \left(\exp\left(\frac{Y}{N}\right)\right)^N \\
&= \left(\exp\left(\frac{X}{N}\right) \cdot \exp\left(\frac{Y}{N}\right)\right)^N \\
&= \left(\exp\left(\frac{1}{N}(X + Y) + 0\left(\frac{1}{N^2}\right)\right)\right)^N \\
&= \exp\left(X + Y + 0\left(\frac{1}{N}\right)\right).
\end{aligned}
$$

Mit $N \to \infty$ folgt $\exp(X) \cdot \exp(Y) = \exp(X + Y)$. Da G eine zusammenhängende Lie-Gruppe ist, wird sie von der Normalenumgebung $W(e) \subset G$ erzeugt, d.h., jedes $g \in G$ ist in der Form

$$
g = \exp(X_1) \cdot \exp(X_2) \cdot \ldots \cdot \exp(X_n) = \exp(X_1 + \cdots + X_n), \quad X_i \in \mathfrak{g},
$$

darstellbar. Folglich ist $\exp : \mathfrak{g} \to G$ ein surjektiver Gruppenhomomorphismus. Da $\exp : \mathfrak{g} \to G$ ein lokaler Diffeomorphismus ist, ist $K = \operatorname{Ker} \exp \subset \mathfrak{g}$ ein diskreter Normalteiler. Also gilt

$$
G \simeq \mathfrak{g}/K = T^k \times \mathbb{R}^m. \qquad \square
$$

Sei $v \in T_e G$ und X das von v erzeugte linksinvariante Vektorfeld auf G. Dann ist $g(t) = \exp(tX)$ die Integralkurve von X durch $e \in G$, d.h., $g(t)$ ist eine glatte Kurve mit

$$
\dot{g}(t) = X(g(t)) = dL_{g(t)}(v) \quad \text{und} \quad g(0) = e.
$$

Abschließend wollen wir die Existenz solcher Kurven $g(t)$ für nichtkonstante Kurven $v(t)$ in $T_e G$ beweisen.

Satz 1.11 *Es sei G eine Lie-Gruppe und $v : [0, 1] \to T_e G$ eine stetige Kurve. Dann existieren eindeutig bestimmte C^1-Kurven $g, a : [0, 1] \to G$, die folgende Differentialgleichungen lösen:*

$$
\dot{g}(t) = dL_{g(t)}(v(t)) \quad und \quad g(0) = e, \tag{1.3}
$$

$$
\dot{a}(t) = dR_{a(t)}(v(t)) \quad und \quad a(0) = e. \tag{1.4}
$$

Beweis Wir beweisen nur die Existenz und Eindeutigkeit von $g(t)$. Der Beweis für $a(t)$ wird analog geführt. OBdA können wir annehmen, dass die stetige Kurve v auf ganz $\mathbb{R}$ definiert ist. Der Beweis der Existenz der Lösung $g(t)$ von (1.3) basiert auf dem Studium der Integralkurven des Vektorfeldes Z auf $G \times \mathbb{R}$, das mittels

$$
Z(g, s) = \left(dL_g(v(s)), \frac{\partial}{\partial s}(s)\right) \in T_{(g,s)}(G \times \mathbb{R})
$$

definiert ist. Wir bezeichnen mit $\phi_t(z)$ die Integralkurve von Z durch $z \in G \times \mathbb{R}$. Für die Integralkurve $\phi_t(e, 0) = (g(t), t)$ gilt $\dot{g}(t) = dL_{g(t)}(v(t))$ und $g(0) = e$. Lokale Lösungen $g(t)$ von (1.3) existieren also immer, es bleibt zu zeigen, dass g auf dem ganzen Intervall $[0, 1]$ definiert ist. Sei $(e, s) \in G \times \mathbb{R}$. Da $\{e\} \times [0, 1] \subset G \times \mathbb{R}$ kompakt ist, gibt es ein $\delta > 0$, so dass die Integralkurven $\phi_t(e, s)$ für alle $s \in [0, 1]$ und $|t| < \delta$ existieren. Wir fixieren eine Zerlegung $0 = t_0 < t_1 < \cdots < t_r = 1$ von $[0, 1]$ mit $|t_r - t_{r-1}| < \delta$. Auf dem Intervall $[0, t_1]$ haben wir bereits eine Lösung $g(t)$ von (1.3). Die Integralkurve $\phi_t(e, t_1)$ mit $0 \leq t \leq t_2 - t_1$ hat die Form $\phi_t(e, t_1) = (b(t), t + t_1)$, wobei $\dot{b}(t) = dL_{b(t)}(v(t + t_1))$ und $b(0) = e$ gilt. Wir setzen nun die Kurve $g(t)$ auf das Intervall $[t_1, t_2]$ stetig durch

$$g(t) := g(t_1) \cdot b(t - t_1), \quad t \in [t_1, t_2],$$

fort. Differenzieren ergibt

$$\dot{g}(t) = dL_{g(t_1)}\dot{b}(t - t_1) = dL_{g(t_1)}\, dL_{b(t-t_1)}\,(v(t)) = dL_{g(t)}(v(t)),$$

folglich haben wir die Lösung von (1.3) auf dem Intervall $[0, t_2]$. Wir fahren auf diese Weise für jeden Teilungsschritt fort und erhalten insgesamt eine C^1-Lösung $g : [0, 1] \rightarrow G$ von (1.3). Die Eindeutigkeit folgt aus Standardsätzen über gewöhnliche Differentialgleichungen. $\qquad\square$

Die Lösungen der Anfangswertprobleme (1.3) und (1.4) sind glatt bzw. stückweise glatt, falls die Kurve $v(t)$ diese Eigenschaft hat.

1.3   Die adjungierte Darstellung

Die adjungierte Darstellung ist ein spezieller Homomorphismus einer Lie-Gruppe G in die Gruppe $GL(\mathfrak{g})$ aller invertierbaren linearen Abbildungen auf der Lie-Algebra $\mathfrak{g}$ von G. Bevor wir diese Darstellung betrachten, stellen wir einige grundlegende Begriffe und Fakten über Darstellungen zusammen.

Definition 1.6 *Sei G eine Lie-Gruppe, $(A, [\cdot, \cdot])$ eine Lie-Algebra und V ein Vektorraum über dem Körper der reellen oder komplexen Zahlen. Ein Lie-Gruppen-Homomorphismus $\rho : G \longrightarrow GL(V)$ heißt auch Darstellung der Lie-Gruppe G über dem Vektorraum V. Unter einer Darstellung der Lie-Algebra A über V versteht man einen Lie-Algebren-Homomorphismus $\varphi : A \rightarrow \mathfrak{gl}(V)$, d. h. eine lineare Abbildung, für die gilt*

$$\varphi([X, Y]) = \varphi(X) \circ \varphi(Y) - \varphi(Y) \circ \varphi(X), \qquad X, Y \in A.$$

Der Vektorraum V heißt dann Darstellungsraum.

Im Folgenden werden wir für Darstellungen oft abkürzend die Symbolik (G, ρ) oder (V, ρ) benutzen.

Sei G eine Lie-Gruppe mit der Lie-Algebra $\mathfrak{g}$. Ist $\rho : G \longrightarrow GL(V)$ eine Darstellung der Lie-Gruppe G über V, so ist nach Satz 1.1 das Differential $\rho_\star : \mathfrak{g} \longrightarrow \mathfrak{gl}(V)$ eine Darstellung der Lie-Algebra $\mathfrak{g}$ über V.

Aus gegebenen Darstellungen kann man neue erzeugen. Sind z. B. (V, ρ) und (W, σ) zwei Darstellungen der Lie-Gruppe G über dem Vektorraum V bzw. W, so ergibt sich eine Darstellung von G über der direkten Summe $V \oplus W$

$$\rho \oplus \sigma : G \longrightarrow GL(V \oplus W)$$
$$g \longmapsto (\rho \oplus \sigma)(g)$$

durch

$$(\rho \oplus \sigma)(g)(v \oplus w) := \rho(g)v \oplus \sigma(g)w.$$

Wir nennen diese Darstellung direkte Summe der Darstellungen (V, ρ) und (W, σ) und bezeichnen sie auch mit $(V, \rho) \oplus (W, \sigma)$. Auf die analoge Weise werden Darstellungen von G über dem Tensorprodukt $V \otimes W$, den Homomorphismen $Hom(V, W)$, dem dualen Raum V^* bzw. dem Raum der k-Formen $\Lambda^k(V^*)$ definiert. Wir geben hier nur kurz die dem Element $g \in G$ jeweils zugeordneten linearen Abbildungen an:

$$(\rho \otimes \sigma)(g)(v \otimes w) := \rho(g)v \otimes \sigma(g)w,$$
$$hom_{\rho,\sigma}(g)(F)(v) := \sigma(g)F(\rho(g^{-1})v),$$
$$\rho^*(g)(L)(v) := L(\rho(g^{-1})v),$$
$$\rho_k(g)(L_1 \wedge \ldots \wedge L_k) := \rho^*(g)L_1 \wedge \ldots \wedge \rho^*(g)L_k.$$

Definition 1.7 *Eine Darstellung $\rho : G \to GL(V)$ über einem n-dimensionalen euklidischen bzw. hermiteschen Vektorraum $(V, \langle \cdot, \cdot \rangle_V)$ heißt orthogonal bzw. unitär, falls das Skalarprodukt $\langle \cdot, \cdot \rangle$ G-invariant ist, d. h., falls*

$$\langle \rho(g)v, \rho(g)w \rangle_V = \langle v, w \rangle_V \quad \text{für alle } v, w \in V, g \in G.$$

Wir zeigen als nächstes, dass jede Darstellung einer kompakten Lie-Gruppe orthogonal bzw. unitär ist.

Satz 1.12 *Sei G eine kompakte Lie-Gruppe und $\rho : G \longrightarrow GL(V)$ eine Darstellung von G über einem reellen oder komplexen Vektorraum V. Dann existiert ein G-invariantes euklidisches bzw. hermitesches Skalarprodukt auf V, d. h., die Darstellung ist orthogonal bzw. unitär.*

Beweis Sei $(X_1, \ldots X_n)$ eine Basis in T_eG und bezeichne $X_i^* \in \mathfrak{X}(G)$ die durch X_i definierten rechtsinvarianten Vektorfelder: $X_i^*(g) := dR_g(X_i)$. Wir betrachten die dualen

1-Formen $(\omega^1, \ldots, \omega^n)$ zu $(X_1^*, \ldots, X_n^*)$. Dann ist die n-Form $\omega = \omega^1 \wedge \ldots \wedge \omega^n$ eine rechtsinvariante Volumenform auf G. Sei $\langle \cdot, \cdot \rangle$ ein beliebiges positiv definites Skalarprodukt auf V. Da G kompakt ist, definiert

$$(v, w) := \int_G \langle \rho(g)v, \rho(g)w \rangle \omega_g$$

ein neues positiv definites Skalarprodukt auf V und wegen der Rechtsinvarianz von ω gilt:

$$\begin{aligned}
(\rho(a)v, \rho(a)w) &= \int_G \langle \rho(ga)v, \rho(ga)w \rangle \omega_g \\
&= \int_G R_a^*(\langle \rho(g)v, \rho(g)w \rangle \omega_g) \\
&= \int_{R_a(G)} \langle \rho(g)v, \rho(g)w \rangle \omega_g \\
&= (v, w). \qquad \qquad \qquad \qquad \square
\end{aligned}$$

Ergänzend bemerken wir den folgenden Fakt.

Satz 1.13 *Ist $\rho : G \to GL(V)$ eine Darstellung einer Lie-Gruppe und $\langle \cdot, \cdot \rangle$ ein G-invariantes Skalarprodukt[5] auf V, d. h.*

$$\langle \rho(g)v, \rho(g)w \rangle = \langle v, w \rangle \qquad \forall g \in G, v, w \in V. \qquad (1.5)$$

Dann gilt

$$\langle \rho_*(X)v, w \rangle + \langle v, \rho_*(X)w \rangle = 0 \qquad \forall X \in \mathfrak{g}, v, w \in V. \qquad (1.6)$$

Ist G zusammenhängend, so sind (1.5) und (1.6) äquivalent.

Beweis Seien $X \in \mathfrak{g}$ und $v, w \in V$. Aus (1.5) folgt mit Satz 1.3

$$\begin{aligned}
\langle v, w \rangle &= \langle \rho(\exp(tX))v, \rho(\exp(tX))w \rangle \\
&= \langle e^{t\rho_*(X)}v, e^{t\rho_*(X)}w \rangle.
\end{aligned}$$

Leiten wir diese Gleichung nach t ab und setzen $t = 0$, so folgt (1.6). Sei nun G zusammenhängend und gelte (1.6). Die Gruppe G wird von einer Normalenumgebung ihres neutralen Elementes e erzeugt (siehe Satz 1.5). Da ρ ein Homomorphismus ist, genügt es zum Nachweis von (1.5) zu zeigen, dass

$$\langle \rho(\exp(tX))v, \rho(\exp(tX))w \rangle = \langle v, w \rangle \qquad (1.7)$$

für jedes $X \in \mathfrak{g}$, $t \in \mathbb{R}$ und $v, w \in V$ gilt. Setzen wir für fixierte $X \in \mathfrak{g}$, $v, w \in V$

---

[5] In diesem Buch benutzen wir den Begriff *Skalarprodukt* für eine *nichtausgeartete* bilineare bzw. hermitesche Form auf V. Positiv definit wird nicht gefordert.

$$F(t) := \langle\, \rho(\exp(tX))v,\, \rho(\exp(tX))w\,\rangle = \langle e^{t\rho_*(X)}v,\, e^{t\rho_*(X)}w\rangle,$$

so folgt für die Ableitung von F

$$F'(t) = \langle\rho_*(X)e^{t\rho_*(X)}v,\, e^{t\rho_*(X)}w\rangle + \langle\, e^{t\rho_*(X)}v,\, \rho_*(X)e^{t\rho_*(X)}w\,\rangle.$$

Die Invarianzeigenschaft (1.6) liefert $F'(t) = 0$ für alle $t \in \mathbb{R}$. F ist also konstant und $F(t) = F(0) = \langle v, w\rangle$. Damit ist (1.7) gezeigt. $\qquad\square$

Definition 1.8 *Eine Darstellung $\rho : G \to GL(V)$ heißt irreduzibel, falls kein echter Unterraum $W \subset V$ existiert, für den $\rho(G)W \subset W$ gilt.*

Satz 1.14 *Sei $\rho : G \to GL(V)$ eine Darstellung einer kompakten Lie-Gruppe über einem endlich-dimensionalen Vektorraum. Dann zerlegt sich (V, ρ) in die direkte Summe von irreduziblen orthogonalen bzw. unitären G-Darstellungen, d. h.*

$$(V, \rho) = (V_1, \rho_1) \oplus \ldots \oplus (V_n, \rho_n),$$

wobei (V_i, ρ_i) irreduzible orthogonale bzw. unitäre G-Darstellungen sind.

Beweis Nach Satz 1.12 gibt es auf V ein G-invariantes euklidisches bzw. hermitesches Skalarprodukt $(\cdot, \cdot)$. Angenommen $\rho : G \to GL(V)$ ist nicht irreduzibel. Dann existiert ein echter $\rho(G)$-invarianter Unterraum $W \subset V$. Sei $W^\perp$ das orthogonale Komplement von W bezüglich des G-invarianten Skalarproduktes $(\cdot, \cdot)$. Dann gilt $\rho(G)W^\perp \subset W^\perp$, d. h., wir haben eine Zerlegung $V = W \oplus W^\perp$ in zwei $\rho(G)$-invariante Teilräume, die wir dann gegebenenfalls weiter zerlegen können. Die Einschränkung von $\rho(g)$ und $(\cdot, \cdot)$ auf diese Teilräume liefert die G-Darstellungen (V_i, ρ_i). Da V endlich-dimensional ist, folgt die Behauptung. $\qquad\square$

Satz 1.14 gilt im Allgemeinen nicht mehr, wenn die Gruppe G nicht kompakt ist. Betrachten wir zum Beispiel die Wirkung der Gruppe $G = \left\{\begin{pmatrix} 1 & a \\ 0 & 1 \end{pmatrix} \mid a \in \mathbb{R}\right\}$ durch Matrizenmultiplikation auf $\mathbb{R}^2$. Dann ist ein 1-dimensionaler Unterraum $W \subset \mathbb{R}^2$ genau dann G-invariant, wenn er vom Vektor $(1, 0)^t$ erzeugt wird. Der invariante Unterraum $\mathbb{R}(1, 0)^t$ hat folglich kein invariantes Komplement.

Wir kommen nun zur Definition der adjungierten Darstellung einer Lie-Gruppe G über ihrer eigenen Lie-Algebra $\mathfrak{g}$. Für ein Element $g \in G$ betrachten wir den inneren Automorphismus

$$\alpha_g := L_g \circ R_{g^{-1}} : G \to G.$$

Das Differential $(\alpha_g)_* : \mathfrak{g} \to \mathfrak{g}$ ist ein Isomorphismus der Lie-Algebra $\mathfrak{g}$ von G und wir erhalten

Satz 1.15 *1. Die Abbildung* $\mathrm{Ad} : g \in G \longrightarrow (\alpha_g)_* \in GL(\mathfrak{g})$ *ist eine Darstellung der Lie-Gruppe G.*
2. Für das Differential $\mathrm{ad} := \mathrm{Ad}_* : \mathfrak{g} \longrightarrow \mathfrak{gl}(\mathfrak{g})$ *von* Ad *gilt*

$$\mathrm{ad}(X)(Y) = [X, Y].$$

3. Sei Z(G) das Zentrum der Lie-Gruppe G. Dann gilt $Z(G) \subset \mathrm{Ker}\,\mathrm{Ad}$ *und* $Z(G) = \mathrm{Ker}\,\mathrm{Ad}$, *falls G zusammenhängend ist.*

Beweis Die Abbildung $\mathrm{Ad} : G \to GL(\mathfrak{g})$ ist ein Homomorphismus, da

$$\mathrm{Ad}(ga) = (\alpha_{ga})_* = (\alpha_g \circ \alpha_a)_* = (\alpha_g)_* \circ (\alpha_a)_* = \mathrm{Ad}(g) \circ \mathrm{Ad}(a).$$

Für $X \in \mathfrak{g}$ und hinreichend kleine $t \in \mathbb{R}$ folgt aus Satz 1.3

$$\mathrm{Ad}(g)X = \frac{1}{t}\left(\exp^{-1}(\alpha_g(\exp tX))\right) = \frac{1}{t}\left(\exp^{-1}(g \cdot \exp tX \cdot g^{-1})\right).$$

Dies zeigt die Stetigkeit von Ad. Wegen Satz 1.9 ist Ad auch glatt.
Wir zeigen als nächstes $\mathrm{ad}(X)Y = [X, Y]$ für $X, Y \in \mathfrak{g}$. Wir benutzen dazu die Darstellung des Kommutators zweier Vektorfelder als Lie-Ableitung. Sei $t \in \mathbb{R} \to \varphi_t(x) \in G$ die Integralkurve des linksinvarianten Vektorfeldes $X \in \mathfrak{X}(G)$ durch $x \in G$. Dann ist

$$[X, Y](x) = \frac{d}{dt}\left(d\varphi_{-t}(Y(\varphi_t(x)))\right|_{t=0}.$$

Wie wir in Abschn. 1.2 gesehen hatten, ist $\varphi_t(g) = g \cdot \exp(tX) = R_{\exp(tX)}(g)$.
Dann gilt

$$\mathrm{ad}(X)Y = \mathrm{Ad}_*(X)Y = \frac{d}{dt}\left(\mathrm{Ad}(\exp tX)\right)\big|_{t=0} Y$$

$$= \frac{d}{dt}\left(dR_{\exp(-tX)} \circ dL_{\exp tX}(Y)\right)\big|_{t=0}$$

$$= \frac{d}{dt}\left(dR_{\exp(-tX)}(Y(\exp tX))\right)\big|_{t=0}$$

$$= [X, Y].$$

Zum Beweis der 3. Behauptung bemerken wir, dass g genau dann im Zentrum von G liegt, wenn $\alpha_g = \mathrm{Id}_G$ gilt. Folglich ist $Z(G) \subset \mathrm{Ker}\,\mathrm{Ad}$. Sei nun G zusammenhängend und $g \in \mathrm{Ker}\,\mathrm{Ad}$. Da G als zusammenhängende Lie-Gruppe von einer Normalenumgebung des 1-Elementes erzeugt wird (Satz 1.5), genügt es zu zeigen, dass $\exp tX = \alpha_g(\exp tX)$ für alle

$X \in \mathfrak{g}$, $t \in \mathbb{R}$. Wir betrachten den Homomorphismus

$$\psi : t \in \mathbb{R} \to \alpha_g(\exp tX) \in G.$$

Nach Satz 1.7 existiert ein $Y \in \mathfrak{g}$ so, dass $\exp tY = \alpha_g(\exp tX)$ für alle $t \in \mathbb{R}$. Differenzieren wir diese Gleichung in $t = 0$, so folgt

$$Y(e) = \frac{d}{dt}(\exp tY)\,|_{t=0} = (d\alpha_g)_e(X(e))$$
$$= \mathrm{Ad}(g)(X(e)) = X(e).$$

Demnach ist $X = Y$ und somit $\alpha_g = \mathrm{Id}_G$. $\qquad\qquad\qquad\qquad\qquad\qquad\qquad\qquad\quad \square$

Definition 1.9 *Die Darstellung* $\mathrm{Ad} : G \to GL(\mathfrak{g})$ *heißt adjungierte Darstellung der Lie-Gruppe G. Die Darstellung* $\mathrm{ad} : \mathfrak{g} \to \mathfrak{gl}(\mathfrak{g})$ *heißt adjungierte Darstellung der Lie-Algebra* $\mathfrak{g}$.

Als erste Anwendung der adjungierten Darstellung erhalten wir die folgende Beziehung zwischen abelschen Lie-Gruppen und abelschen Lie-Algebren. Eine Lie-Gruppe ist *abelsch*, wenn das Gruppenprodukt kommutativ ist. Eine Lie-Algebra $\mathfrak{g}$ nennt man *abelsch*, wenn für ihren Kommutator $[\cdot,\cdot]_{\mathfrak{g}} = 0$ gilt.

Folgerung 1.1 *Ist G eine abelsche Lie-Gruppe, so ist ihre Lie-Algebra* $\mathfrak{g}$ *abelsch. Ist umgekehrt G eine zusammenhängende Lie-Gruppe mit abelscher Lie-Algebra* $\mathfrak{g}$, *so ist G abelsch.*

Beweis Ist G eine abelsche Lie-Gruppe, so gilt $G = Z(G) = \mathrm{Ker}\,\mathrm{Ad}$. Folglich ist $\mathrm{Ad} : G \to GL(\mathfrak{g})$ eine konstante Abbildung und somit $\mathrm{ad} = \mathrm{Ad}_* = 0$. Aus Satz 1.15 folgt für den Kommutator von $\mathfrak{g} : [\cdot,\cdot]_{\mathfrak{g}} = 0$, also ist $\mathfrak{g}$ abelsch.

Sei nun G zusammenhängend und die Lie-Algebra $\mathfrak{g}$ abelsch. Dann gilt $\mathrm{ad} = 0 = (\mathrm{Ad})_*$ und folglich

$$\mathrm{Ad}(\exp tX) = \exp(t\,\mathrm{Ad}_*(X)) = \exp(o) = \mathrm{Id} \in GL(\mathfrak{g})$$

für alle $t \in \mathbb{R}$, $X \in \mathfrak{g}$. Da G zusammenhängend ist, wird G von einer Normalenumgebung des 1-Elementes erzeugt. Folglich gilt $\mathrm{Ad}(g) = \mathrm{Id}$ für alle $g \in G$. Da G zusammenhängend ist, folgt außerdem nach Satz 1.15, dass $G = \mathrm{Ker}\,\mathrm{Ad} = Z(G)$. Somit ist die Gruppe G abelsch. $\qquad\qquad\qquad\qquad\qquad\qquad\qquad\qquad\qquad\qquad\qquad\qquad\qquad\qquad\quad \square$

Abschließend beschäftigen wir uns in diesem Abschnitt mit speziellen Skalarprodukten auf Lie-Algebren und den Eigenschaften der von ihnen erzeugten Metriken auf den zugehörigen Lie-Gruppen. Dazu betrachten wir zunächst die sogenannte kanonische Form einer Lie-Gruppe G - eine 1-Form auf G, die jeden Tangentialvektor an G durch Linkstranslation in das 1-Element von G verschiebt.

Definition 1.10 *Sei G eine Lie-Gruppe mit der Lie-Algebra* $\mathfrak{g}$. *Die 1-Form* $\mu_G \in \Omega^1(G, \mathfrak{g})$,[6] *definiert durch*

$$(\mu_G)_g(X_g) := dL_{g^{-1}}(X_g) \in T_e G \simeq \mathfrak{g} \qquad \forall\, g \in G, X_g \in T_g G,$$

heißt kanonische Form von G. Andere, häufig benutzte Namen für μ_G *sind Strukturform oder Maurer-Cartan-Form.*

Die kanonische Form μ_G ordnet jedem linksinvarianten Vektorfeld X auf G den erzeugenden Vektor $X(e)$ zu, sie beschreibt also die Identifizierung von $\mathfrak{g}$ mit $T_e G$.

Satz 1.16 *Die kanonische Form* μ_G *von G hat die folgenden Invarianz-Eigenschaften bei Links- und Rechtstranslation:*

$$L_g^* \mu_G = \mu_G,$$
$$R_g^* \mu_G = \mathrm{Ad}(g^{-1}) \circ \mu_G \qquad \text{für alle } g \in G.$$

Beweis Die Linksinvarianz folgt unmittelbar aus der Definition. Zum Nachweis der 2. Formel wählen wir $v \in T_a G$ und $g \in G$ und erhalten

$$(R_g^* \mu_G)_a(v) = (\mu_G)_{ag}(dR_g(v)) = dL_{(ag)^{-1}} dR_g(v)$$
$$= dL_{g^{-1}} dR_g dL_{a^{-1}}(v) = \mathrm{Ad}(g^{-1})(\mu_G)_a(v). \qquad \square$$

Eine Metrik h auf einer Lie-Gruppe G heißt *linksinvariant* (bzw. *rechtsinvariant*), wenn $L_g^* h = h$ (bzw. $R_g^* h = h$) für alle $g \in G$ gilt. Ist h sowohl links- als auch rechtsinvariant, so nennt man h *biinvariant*. Aus jedem Skalarprodukt $\langle \cdot, \cdot \rangle$ auf $\mathfrak{g}$ erhält man eine linksinvariante Metrik $h_{\langle \cdot, \cdot \rangle}$ durch

$$h_{\langle \cdot, \cdot \rangle}(X, Y) := \langle \mu_G(X), \mu_G(Y) \rangle, \qquad X, Y \text{ Vektorfelder auf } G,$$

oder mit anderen Worten durch

$$(h_{\langle \cdot, \cdot \rangle})_g(v, w) := \langle dL_{g^{-1}} v, dL_{g^{-1}} w \rangle, \qquad g \in G, v, w \in T_g G.$$

Andererseits ist für eine linksinvariante Metrik h auf G die Bilinearform $h_e : T_e G \times T_e G \to \mathbb{R}$ ein Skalarprodukt auf $\mathfrak{g} \simeq T_e G$. Die Menge der linksinvarianten Metriken auf einer Lie-Gruppe G steht also in bijektiver Beziehung zur Menge der Skalarprodukte auf ihrer Lie-Algebra $\mathfrak{g}$.

Satz 1.17 *Sei G eine Lie-Gruppe mit Lie-Algebra* $\mathfrak{g}$ *und h eine linksinvariante Metrik auf G. Dann ist h genau dann biinvariant, wenn das zu h gehörende Skalarprodukt* $h_e =: \langle \cdot, \cdot \rangle$

---

[6] $\Omega^k(N, V)$ bezeichnet den Raum der glatten k-Formen auf der Mannigfaltigkeit N mit Werten im Vektorraum V. Leser, die mit diesem Begriff nicht vertraut sind, finden eine Erklärung im Anhang A.2.

Ad-invariant ist, d. h., wenn

$$\langle \mathrm{Ad}(g)v, \mathrm{Ad}(g)w \rangle = \langle v, w \rangle \qquad \forall\, g \in G,\, v, w \in \mathfrak{g}.$$

Beweis Seien X und Y zwei Vektorfelder auf G. Wir erhalten mit Satz 1.16:

$$(R_g^* h)(X, Y) = h(dR_g(X), dR_g(Y)) = \langle \mu_G(dR_g(X)), \mu_G(dR_g(Y)) \rangle$$
$$= \langle \mathrm{Ad}(g^{-1})\,\mu_G(X),\ \mathrm{Ad}(g^{-1})\,\mu_G(Y) \rangle.$$

Daraus folgt die Behauptung des Satzes.   □

Biinvariante Metriken auf Lie-Gruppen haben sehr schöne geometrische Eigenschaften. Wir verweisen den mit Riemannscher Geometrie vertrauten Leser dazu auf die Aufgaben 1.9 und 1.10 am Ende des Kapitels. Abschließend lernen wir eine spezielle Ad-invariante Bilinearform auf Lie-Algebren kennen, die sogenannte *Killing-Form*, die sich auch als wichtiges Hilfsmittel für die Untersuchung der Struktur von Lie-Algebren erwiesen hat.

Definition 1.11 *Sei $\mathfrak{g}$ eine Lie-Algebra über dem Körper $\mathbb{K}$. Die Bilinearform*

$$B_{\mathfrak{g}} : \mathfrak{g} \times \mathfrak{g} \longrightarrow \mathbb{K}$$
$$(X, Y) \longmapsto \mathrm{Tr}\,(\mathrm{ad}(X) \circ \mathrm{ad}(Y))$$

heißt Killing-Form[7] von $\mathfrak{g}$. Dabei bezeichnet Tr die Spur des Endomorphismus. Ist G eine Lie-Gruppe mit der Lie-Algebra $\mathfrak{g}$, so nennt man $B_{\mathfrak{g}}$ auch oft die Killing-Form von G und bezeichnet sie mit $B_G := B_{\mathfrak{g}}$.

Die Killing-Form hat die folgenden Invarianz-Eigenschaften.

Satz 1.18 *Sei G eine Lie-Gruppe mit der Lie-Algebra $\mathfrak{g}$ und bezeichne $B_{\mathfrak{g}}$ die dazu gehörige Killing-Form. Des Weiteren sei $\sigma : \mathfrak{g} \to \mathfrak{g}$ ein Lie-Algebren-Isomorphismus. Dann gilt*

$$B_{\mathfrak{g}}(\sigma(X), \sigma(Y)) = B_{\mathfrak{g}}(X, Y) \qquad \forall\, X, Y \in \mathfrak{g}. \tag{1.8}$$

Insbesondere gilt für die adjungierten Darstellungen

$$B_{\mathfrak{g}}(\mathrm{Ad}(g)X, \mathrm{Ad}(g)Y) = B_{\mathfrak{g}}(X, Y), \tag{1.9}$$
$$B_{\mathfrak{g}}(\mathrm{ad}(X)(Y), Z) + B_{\mathfrak{g}}(Y, \mathrm{ad}(X)(Z)) = 0, \tag{1.10}$$

wobei $g \in G$ und $X, Y, Z \in \mathfrak{g}$.

Beweis Da $\sigma([X, Y]) = [\sigma X, \sigma Y]$ und $\mathrm{ad}(X)Y = [X, Y]$, folgt

$$\mathrm{ad}(\sigma X)Y = [\sigma X, Y] = \sigma([X, \sigma^{-1}Y]) = \sigma \circ \mathrm{ad}(X)(\sigma^{-1}(Y))$$

---

[7] Der Name Killing-Form geht auf Wilhelm Karl Joseph Killing (10.05.1847–11.02.1923) zurück und hat demnach nichts mit Mord und Totschlag zu tun.

und somit $\mathrm{ad}(\sigma X) = \sigma \circ \mathrm{ad}(X) \circ \sigma^{-1}$. Für die Killing-Form erhalten wir daraus

$$
\begin{aligned}
B_{\mathfrak{g}}(\sigma X, \sigma Y) &= \mathrm{Tr}(\mathrm{ad}(\sigma X) \circ \mathrm{ad}(\sigma Y)) \\
&= \mathrm{Tr}(\sigma \circ \mathrm{ad}(X) \circ \mathrm{ad}(Y) \circ \sigma^{-1}) \\
&= \mathrm{Tr}(\mathrm{ad}(X) \circ \mathrm{ad}(Y)) \\
&= B_{\mathfrak{g}}(X, Y).
\end{aligned}
$$

Für jedes $g \in G$ ist $\mathrm{Ad}(g) : \mathfrak{g} \to \mathfrak{g}$ ein Isomorphismus der Lie-Algebra. Formel (1.9) ist also ein Spezialfall von (1.8). Die Formel (1.10) ist wegen $\mathrm{Ad}_* = \mathrm{ad}$ eine Folgerung aus Satz 1.13. □

Die in den folgenden Beispielen aufgeführten Formeln für die Killing-Form erhält man durch direktes Nachrechnen.

Beispiel 1.4 Ist G abelsch, so gilt $B_{\mathfrak{g}} = 0$.

Beispiel 1.5 Für die Lie-Algebra $\mathfrak{g} = \mathfrak{gl}(n, \mathbb{R})$ gilt

$$
B_{\mathfrak{gl}(n,\mathbb{R})}(X, Y) = 2n\, \mathrm{Tr}(X \circ Y) - 2\, \mathrm{Tr}(X) \cdot \mathrm{Tr}(Y).
$$

Beispiel 1.6 Sei $\mathfrak{g}$ eine Lie-Algebra. Einen Unterraum $\mathfrak{h} \subset \mathfrak{g}$ mit $[\mathfrak{h}, \mathfrak{g}]_{\mathfrak{g}} \subset \mathfrak{h}$ nennt man *Ideal* von $\mathfrak{g}$. Ein Ideal ist mit der Einschränkung des Kommutators von $\mathfrak{g}$ offensichtlich selbst eine Lie-Algebra.
Ist $\mathfrak{h} \subset \mathfrak{g}$ ein Ideal, so gilt

$$
B_{\mathfrak{g}} \mid_{\mathfrak{h} \times \mathfrak{h}} = B_{\mathfrak{h}}.
$$

Als Anwendung erhält man für die Lie-Algebra der spurfreien Matrizen

$$
\mathfrak{sl}(n, \mathbb{R}) = \{X \in \mathfrak{gl}(n, \mathbb{R}) \mid \mathrm{Tr}(X) = 0\},
$$

die ein Ideal in $\mathfrak{gl}(n, \mathbb{R})$ bilden,

$$
B_{\mathfrak{sl}(n,\mathbb{R})}(X, Y) = 2n\, \mathrm{Tr}(X \circ Y).
$$

Beispiel 1.7 Die Einschränkungsregel aus dem letzten Beispiel gilt im Allgemeinen nicht. Betrachten wir zum Beispiel die Lie-Algebra der schief-symmetrischen Matrizen

$$
\mathfrak{so}(n) = \{X \in \mathfrak{gl}(n, \mathbb{R}) \mid X + X^t = 0\}.
$$

$\mathfrak{so}(n)$ ist kein Ideal in $\mathfrak{gl}(n, \mathbb{R})$ und es gilt

$$
B_{\mathfrak{so}(n)}(X, Y) = (n - 2)\, \mathrm{Tr}(X \circ Y).
$$

Die Killing-Formen von $SL(n, \mathbb{R})$ ($n \geq 2$) bzw. von $SO(n)$ ($n \geq 3$) sind nicht-ausgeartet. Lie-Gruppen bzw. Lie-Algebren mit nicht-ausgearteter Killing-Form nennt man auch *halbeinfach*. Diese Klasse von Lie-Gruppen bzw. Lie-Algebren kann man vollständig klassifizieren. Wir verweisen den interessierten Leser dazu auf Bücher über Lie-Gruppen-Theorie, z. B. auf [K02]. Insbesondere besitzen solche Lie-Gruppen eine von der Killing-Form erzeugte biinvariante semi-Riemannsche Einstein-Metrik (siehe Aufgabe 1.10). Wir beweisen hier noch

Satz 1.19 *Sei G eine kompakte Lie-Gruppe. Dann ist ihre Killing-Form negativ semidefinit.*

Beweis Sei $\mathfrak{g}$ die Lie-Algebra der kompakten Lie-Gruppe G und $B_{\mathfrak{g}}$ ihre Killing-Form. Nach Satz 1.12 existiert auf $\mathfrak{g}$ ein $\text{Ad}(G)$-invariantes Euklidisches Skalarprodukt $\langle \cdot, \cdot \rangle$. Durch Differenzieren erhält man

$$\langle \text{ad}(X)Y, Z \rangle + \langle Y, \text{ad}(X)Z \rangle = 0 \qquad \forall\, X, Y, Z \in \mathfrak{g}.$$

Sei $X \in \mathfrak{g}$ und (X_{ij}) die zu $\text{ad}(X)$ gehörende Matrix bzgl. einer fixierten orthonormalen Basis in $(\mathfrak{g}, \langle \cdot, \cdot \rangle)$. Dann ist (X_{ij}) schiefsymmetrisch und es gilt

$$B_{\mathfrak{g}}(X, X) = \text{Tr}\left(\text{ad}(X) \circ \text{ad}(X) \right) = \text{Tr}\left((X_{ij}) \circ (X_{kl}) \right)$$

$$= \sum_{j,k=1}^{n} X_{kj} X_{jk} = - \sum_{j,k=1}^{n} X_{kj}^2 \leq 0. \qquad \square$$

Insbesondere ist die Killing-Form jeder kompakten, halbeinfachen Lie-Gruppe negativ definit.

1.4   Lie-Untergruppen

In diesem Abschnitt betrachten wir Untergruppen von Lie-Gruppen. Wir geben Kriterien dafür an, dass eine Untergruppe einer Lie-Gruppe selbst eine Lie-Gruppe ist.

Definition 1.12 *Es sei G eine Lie-Gruppe und* $(\mathfrak{g}, [\cdot, \cdot]_{\mathfrak{g}})$ *eine Lie-Algebra.*

1. *Eine Untergruppe $H \subset G$, die zusätzlich mit einer glatten Mannigfaltigkeitsstruktur versehen ist, heißt Lie-Untergruppe von G, wenn die Gruppenoperationen in H glatt sind und die Inklusionsabbildung $\iota : H \hookrightarrow G$ eine glatte Immersion ist, d. h., wenn H mit dieser Mannigfaltigkeitsstruktur sowohl eine Lie-Gruppe als auch eine Untermannigfaltigkeit[8] von G ist.*

---

[8] Achtung: Der Begriff *Untermannigfaltigkeit* wird in der Literatur nicht einheitlich benutzt. Zu dem hier benutzten Begriff der Untermannigfaltigkeit verweisen wir auf den Anhang A.3.

2. *Eine Lie-Untergruppe $H \subset G$ heißt topologische Lie-Untergruppe, falls die Mannigfaltig-keitstopologie von H mit der durch G induzierten Topologie übereinstimmt.*

3. *Ein linearer Unterraum $\mathfrak{h} \subset \mathfrak{g}$ heißt Lie-Unteralgebra von $\mathfrak{g}$, falls $[\mathfrak{h}, \mathfrak{h}]_\mathfrak{g} \subset \mathfrak{h}$ gilt.*

Lie-Unteralgebren $\mathfrak{h} \subset \mathfrak{g}$ sind also mit dem auf $\mathfrak{h}$ eingeschränkten Kommutator von $\mathfrak{g}$ selbst Lie-Algebren. Ist $\varphi : \mathfrak{g}_1 \to \mathfrak{g}_2$ ein Homomorphismus von Lie-Algebren, so ist das Bild von φ eine Lie-Unteralgebra in $\mathfrak{g}_2$ und der Kern von φ ein Ideal in $\mathfrak{g}_1$.

Seien H eine Lie-Untergruppe der Lie-Gruppe G und $\mathfrak{h}$ bzw. $\mathfrak{g}$ die Lie-Algebren von H bzw. G. Da die Inklusionsabbildung $\iota : H \hookrightarrow G$ ein Lie-Gruppen-Homomorphismus ist, ist ihr Differential $\iota_* : \mathfrak{h} \hookrightarrow \mathfrak{g}$ ein Lie-Algebren-Homomorphismus. $\iota_*(\mathfrak{h}) \subset \mathfrak{g}$ ist also eine Lie-Unteralgebra von $\mathfrak{g}$. ι_* ist außerdem injektiv. Im Folgenden identifizieren wir die Lie-Algebra $\mathfrak{h}$ immer mit ihrem Bild $\iota_*(\mathfrak{h}) \subset \mathfrak{g}$ und betrachten $\mathfrak{h}$ als Lie-Unteralgebra von $\mathfrak{g}$. Wenden wir Satz 1.3 auf die Inklusion $\iota : H \hookrightarrow G$ an, so erhalten wir das kommutative Diagramm

$$
\begin{array}{ccc}
\mathfrak{h} & \xrightarrow{\ \iota_*\ } & \mathfrak{g} \\
{\scriptstyle \exp^H}\Big\downarrow & & \Big\downarrow{\scriptstyle \exp^G} \\
H & \xrightarrow{\ \iota\ } & G
\end{array}
$$

d. h., es gilt $\exp^H = \exp^G|_\mathfrak{h}$.

Nun zum ersten Resultat dieses Abschnitts:

Satz 1.20 *Sei G eine Lie-Gruppe und $H \subset G$ eine topologische Lie-Untergruppe. Dann ist H abgeschlossen in G.*

Beweis Sei $(h_n)_{n\in\mathbb{N}}$ eine Folge von Elementen von H, die in G gegen $g \in G$ konvergiert. Wir müssen zeigen, dass $g \in H$ ist. Sei $U \subset H$ eine Normalenumgebung von $e \in H$ und $\widetilde{U} := (\exp^H)^{-1}(U) \subset \mathfrak{h}$. Wir wählen eine offene Umgebung $0 \in \widetilde{V} \subset \widetilde{U}$ mit kompaktem Abschluss $\mathrm{cl}(\widetilde{V}) \subset \widetilde{U}$. Dann ist $V = \exp(\widetilde{V}) \subset H$ offen und $\mathrm{cl}(V) = \exp(\mathrm{cl}(\widetilde{V})) \subset H$ kompakt. Da $H \subset G$ mit der Teilraumtopologie versehen ist, existiert eine offene Umgebung $W \subset G$ von $e \in G$ mit $W \cap H = V$. Sei nun $\widetilde{W} \subset \mathfrak{g}$ eine offene Umgebung von $0 \in \mathfrak{g}$ mit $\exp(-\widetilde{W}) \cdot \exp(\widetilde{W}) \subset W$.

Wegen $h_n \to g$ existiert ein $n_0 \in \mathbb{N}$ mit $h_n \in g \cdot \exp(\widetilde{W})$ für alle $n \geq n_0$. Dann ist

$$
h_{n_0}^{-1} \cdot h_n \in \left(\exp(-\widetilde{W}) g^{-1} g \exp(\widetilde{W}) \right) \cap H \subset W \cap H = V.
$$

Nach Konstruktion von V existiert demnach eine Folge (x_n) in $\widetilde{V}$ mit $h_{n_0}^{-1} \cdot h_n = \exp(x_n)$ für $n \geq n_0$. Wegen der Kompaktheit von $\mathrm{cl}(\widetilde{V})$ existiert eine konvergente Teilfolge $(x_{n_j})_{j\in\mathbb{N}}$ mit $x_{n_j} \to z \in \mathrm{cl}(\widetilde{V}) \subset \mathfrak{h}$. Dann folgt wegen $\exp(z) \in H$:

$$
h_{n_j} = h_{n_0} \cdot \exp(x_{n_j}) \to h_{n_0} \cdot \exp(z) \in H.
$$

Andererseits ist nach Voraussetzung $h_{n_j} \to g$, d. h. $g = h_{n_0} \cdot \exp(z) \in H$. $\qquad\square$

Unser Ziel ist es nun, die Umkehrung von Satz 1.20 zu zeigen, also dass jede *abgeschlossene* Untergruppe H einer Lie-Gruppe G eine topologische Lie-Untergruppe ist. Das liefert uns ein reiches Beispielreservoir für Lie-Gruppen und eine Methode, deren Lie-Algebren zu berechnen.

Ein Kandidat für die zu H gehörige Lie-Algebra ist offensichtlich

$$\mathfrak{h} := \{X \in \mathfrak{g} \mid \exp(tX) \in H \quad \text{für alle } t \in \mathbb{R}\}.$$

Zunächst werden wir zeigen, dass $\mathfrak{h}$ tatsächlich ein Vektorraum ist. Danach werden wir auf H einen glatten Atlas definieren, mit dem H eine topologische Lie-Untergruppe mit der Lie-Algebra $\mathfrak{h}$ wird.

Lemma 1.1 *Sei* $(X_n)_{n \in \mathbb{N}}$ *eine Nullfolge von nichttrivialen Vektoren in* $\mathfrak{g}$ *mit* $\exp(X_n) \in H$ *für jedes n. Wir setzen voraus, dass der Grenzwert* $X := \lim\limits_{n \to \infty} \frac{X_n}{\|X_n\|}$ *existiert. Dann gilt*

$$\exp(tX) \in H \quad \text{für alle } t \in \mathbb{R}.$$

Beweis Sei $t \in \mathbb{R}$ eine fixierte Zahl und $c_n := \max\{k \in \mathbb{Z} \mid k \cdot \|X_n\| < t\}$. Dann gilt: $c_n \|X_n\| < t \leq (c_n + 1)\|X_n\|$. Da $(X_n)_{n \in \mathbb{N}}$ eine Nullfolge ist, folgt $\lim\limits_{n \to \infty} c_n \|X_n\| = t$. Mit Satz 1.14 erhalten wir

$$\exp(c_n X_n) = (\exp X_n)^{c_n} = \exp\left(c_n \|X_n\| \cdot \frac{X_n}{\|X_n\|}\right) \in H.$$

Somit konvergiert die Folge $(\exp(c_n X_n))_{n \in \mathbb{N}}$ gegen $\exp tX$. Da H abgeschlossen ist, folgt $\exp tX \in H$ für alle $t \in \mathbb{R}$.   □

Lemma 1.2 *Die Menge* $\mathfrak{h} := \{X \in \mathfrak{g} \mid \exp tX \in H \text{ für alle } t \in \mathbb{R}\}$ *ist ein linearer Unterraum von* $\mathfrak{g}$.

Beweis Ist $X \in \mathfrak{h}$ und $s \in \mathbb{R}$, so folgt aus der Definition von $\mathfrak{h}$, dass $sX \in \mathfrak{h}$. Seien $X, Y \in \mathfrak{h}$. Nach Satz 1.6 gilt für hinreichend kleine t

$$\exp tX \cdot \exp tY = \exp(t(X + Y) + O(t^2)) \in H.$$

Sei $t(X + Y) + O(t^2) = t(X + Y + Z(t))$. Wir wählen eine Nullfolge hinreichend kleiner positiver Zahlen $t_n \to 0$ so, dass

$$X_n = t_n(X + Y + Z(t_n)) \neq 0.$$

Dann gilt $\exp X_n \in H$ und

$$\frac{X_n}{\|X_n\|} = \frac{X + Y + Z(t_n)}{\|X + Y + Z(t_n)\|} \xrightarrow[n \to \infty]{} \frac{X + Y}{\|X + Y\|}.$$

Aus Lemma 1.1 folgt $\exp(t\frac{X+Y}{\|X+Y\|}) \in H$ für alle $t \in \mathbb{R}$, d. h. $X + Y \in \mathfrak{h}$.   □

Lemma 1.3 *Sei* $\mathfrak{h} = \{X \in \mathfrak{g} \mid \exp tX \in H \text{ für alle } t \in \mathbb{R}\}$ *und* $\mathfrak{m} \subset \mathfrak{g}$ *ein algebraisches Komplement zu* $\mathfrak{h}$, *d.h.* $\mathfrak{g} = \mathfrak{m} \oplus \mathfrak{h}$. *Dann existiert eine offene Umgebung* $V_\mathfrak{m} \subset \mathfrak{m}$ *des Nullvektors* $o \in \mathfrak{m}$ *so, dass* $\exp(V_\mathfrak{m} \backslash \{o\}) \cap H = \emptyset$.

Beweis Angenommen, für jede Umgebung $V_\mathfrak{m}$ des Nullvektors in $\mathfrak{m}$ gilt $\exp(V_\mathfrak{m} \backslash \{o\}) \cap H \neq \emptyset$. Dann gibt es eine Nullfolge $(X_n)_{n \in \mathbb{N}}$ in $\mathfrak{m}$ mit $\exp(X_n) \in H$. Sei $\mathfrak{k}$ die Menge

$$\mathfrak{k} := \{X \in \mathfrak{m} \mid 1 \leq \| X \| \leq 2\}$$

und sei für jedes $n \in \mathbb{N}$ eine Zahl $c_n \in \mathbb{N}$ so gewählt, dass $c_n X_n \in \mathfrak{k}$ gilt. Da $\mathfrak{k}$ kompakt ist, existiert eine konvergente Teilfolge $(c_{n_i} X_{n_i})_i$, die gegen ein $X \in \mathfrak{k}$ konvergiert. Dann gilt

$$\frac{X_{n_i}}{\| X_{n_i} \|} = \frac{c_{n_i} X_{n_i}}{\| c_{n_i} X_{n_i} \|} \longrightarrow \frac{X}{\| X \|}.$$

Aus dem Lemma 1.1 folgt $\exp(t \frac{X}{\|X\|}) \in H$ für alle $t \in \mathbb{R}$ und somit $X \in \mathfrak{h}$.
Da aber $X \in \mathfrak{k} \subset \mathfrak{m}$ im Komplement von $\mathfrak{h}$ liegt, erhalten wir $X = o$ im Widerspruch zu $1 \leq \| X \| \leq 2$. $\square$

Mit diesen Vorbereitungen beweisen wir.

Satz 1.21 *Sei* G *eine Lie-Gruppe mit der Lie-Algebra* $\mathfrak{g}$ *und* $H \subset G$ *eine abgeschlossene Untergruppe von* G. *Dann ist* H *eine topologische Lie-Untergruppe von* G, *insbesondere selbst eine Lie-Gruppe mit der Lie-Algebra*

$$\mathfrak{h} = \{X \in \mathfrak{g} \mid \exp tX \in H \text{ für alle } t \in \mathbb{R}\}.$$

Beweis Sei r die Dimension von $\mathfrak{h}$. Wir zeigen, dass H eine r-dimensionale topologische Untermannigfaltigkeit von G ist. Dazu müssen wir um jeden Punkt $a \in H$ eine Karte $(U, \varphi = (x_1, \ldots, x_n))$ von G angeben mit

$$\varphi(U \cap H) = \varphi(U) \cap \{x_1 = \ldots = x_{n-r} = 0\}. \tag{1.11}$$

Sei $\mathfrak{g} = \mathfrak{m} \oplus \mathfrak{h}$ und $\phi : \mathfrak{g} \to G$ die Abbildung

$$\phi : \mathfrak{g} = \mathfrak{m} \oplus \mathfrak{h} \longrightarrow G$$
$$X \oplus Y \longmapsto \exp(X) \cdot \exp(Y).$$

Nach Satz 1.8 ist ϕ ein Diffeomorphismus auf einer Umgebung $V = V_\mathfrak{m} \times V_\mathfrak{h} \subset \mathfrak{m} \oplus \mathfrak{h}$ um den Nullvektor, wobei $V_\mathfrak{m} \subset \mathfrak{m}$ entsprechend Lemma 1.3 so gewählt werden kann, dass $\exp(V_\mathfrak{m} \backslash \{o\}) \cap H = \emptyset$ gilt. Dann ist $(U = \phi(V), \phi^{-1})$ eine zulässige Karte von G um $e \in G$ mit der Eigenschaft

$$\phi^{-1}(U \cap H) = \{o\} \times V_\mathfrak{h} = \phi^{-1}(U) \cap (\{o\} \times \mathbb{R}^r).$$

(U, ϕ^{-1}) ist also eine Untermannigfaltigkeitskarte um $e \in H$. Für ein beliebiges Element $a \in H$ erfüllt die Karte $(L_a(U), \phi^{-1} \circ L_{a^{-1}})$ die Bedingung (1.11). Folglich ist H eine r-dimensionale topologische Untermannigfaltigkeit von G, also eine topologische Lie-Untergruppe. Die Elemente $X \in \mathfrak{h}$ sind linksinvariante Vektorfelder auf H, die Dimension des Vektorraumes $\mathfrak{h}$ und der Mannigfaltigkeit H stimmen übereinstimmen. Also ist $\mathfrak{h}$ die Lie-Algebra von H. $\square$

Beispiel 1.8 *Die spezielle lineare Gruppe*

$$SL(n, \mathbb{R}) = \{A \in GL(n, \mathbb{R}) \mid \det A = 1\}.$$

$SL(n, \mathbb{R})$ ist eine abgeschlossene Untergruppe der Lie-Gruppe $GL(n, \mathbb{R})$. Nach Satz 1.8 ist $SL(n, \mathbb{R})$ eine Lie-Gruppe mit der Lie-Algebra

$$\mathfrak{sl}(n, \mathbb{R}) = \{X \in \mathfrak{gl}(n; \mathbb{R}) \mid \det(e^{tX}) = 1 \quad \text{für alle } t \in \mathbb{R}\}.$$

Aus $\det(e^X) = e^{\operatorname{Tr}(X)}$ folgt insbesondere $\frac{d}{dt}(\det(e^{tX}))\big|_{t=0} = \operatorname{Tr}(X)$. Also ist eine Matrix X genau dann in $\mathfrak{sl}(n, \mathbb{R})$, wenn $\operatorname{Tr}(X) = 0$ gilt:

$$\mathfrak{sl}(n, \mathbb{R}) = \{X \in \mathfrak{gl}(n, \mathbb{R}) \mid \operatorname{Tr}(X) = 0\}.$$

Beispiel 1.9 *Invarianzgruppen nichtausgearteter Formen*
Sei $\mathbb{K}$ der Körper der reellen oder komplexen Zahlen oder der Schiefkörper der Quaternionen und bezeichne $\langle \cdot, \cdot \rangle$ eine nichtausgeartete bilineare ($\mathbb{K} = \mathbb{R}$) oder hermitesche ($\mathbb{K} = \mathbb{C}, \mathbb{H}$) Form auf $\mathbb{K}^n$. Die Invarianzgruppe dieser Form, die sogenannte *Automorphismengruppe von* $(\mathbb{K}^n, \langle \cdot, \cdot \rangle)$,

$$H = Aut(\mathbb{K}^n, \langle \cdot, \cdot \rangle)$$
$$:= \{A : \mathbb{K}^n \to \mathbb{K}^n \mid A \text{ linear und } \langle Ax, Ay \rangle = \langle x, y \rangle \text{ für alle } x, y \in \mathbb{K}^n\},$$

ist eine abgeschlossene Untergruppe von $GL(n, \mathbb{K})$, also eine Lie-Gruppe. Wir wollen ihre Lie-Algebra $\mathfrak{h}$ bestimmen. Für eine lineare Abbildung $A : \mathbb{K}^n \to \mathbb{K}^n$ gibt es eine eindeutig bestimmte adjungierte Abbildung A^* mit

$$\langle Ax, y \rangle = \langle x, A^* y \rangle \qquad \text{für alle } x, y \in \mathbb{K}^n.$$

Für die adjungierte Abbildung gilt offensichtlich

$$\frac{d}{dt}(A(t)^*) = (A'(t))^* \qquad \text{und} \qquad e^{A^*} = (e^A)^*,$$

wobei $A(t)$ eine differenzierbare Familie von linearen Abbildungen bezeichnet. Wir zeigen

$$\mathfrak{h} \simeq \{X \in \mathfrak{gl}(n, \mathbb{K}) \mid X = -X^*\}. \tag{1.12}$$

Aus der Definition von H und A^* folgt bei Identifizierung der linearen Abbildungen mit Matrizen

$$H \simeq \{A \in GL(n, \mathbb{K}) \mid A^*A = E\}. \qquad (1.13)$$

Somit ist nach Satz 1.21 die Matrix X genau dann in $\mathfrak{h}$, wenn sie für alle $t \in \mathbb{R}$ die Bedingung

$$(e^{tX})^* e^{tX} = e^{tX^*} e^{tX} = E$$

erfüllt. Die Ableitung dieser Bedingung liefert für Matrizen X aus $\mathfrak{h}$ die Eigenschaft $X^* = -X$. Ist andererseits Letzteres erfüllt, so kommutieren X und X^* und es gilt $e^{tX^*} e^{tX} = e^{t(X+X^*)} = e^0 = E$ für alle $t \in \mathbb{R}$. X liegt folglich in $\mathfrak{h}$. Damit haben wir (1.12) bewiesen.

Wir betrachten als erstes Beispiel den $\mathbb{R}^n$ mit dem Skalarprodukt $\langle \cdot, \cdot \rangle_{p,q}$

$$\langle x, y \rangle_{p,q} := -x_1 y_1 - \cdots - x_p y_p + x_{p+1} y_{p+1} + \cdots + x_n y_n.$$

Hierbei ist $n = p + q$ und $0 \le p \le n$. Die Invarianzgruppe dieses Skalarproduktes heißt (pseudo-)orthogonale Gruppe und wird mit $O(p, q)$ bezeichnet. Für eine Matrix $A \in O(p, q)$ gilt $A^* = J_{p,q} A^t J_{p,q}$, wobei $J_{p,q} = \begin{pmatrix} -I_p & 0 \\ 0 & I_q \end{pmatrix}$ und I_k die Einheitsmatrix in $GL(k, \mathbb{R})$ ist. Entsprechend den Formeln (1.13) und (1.12) gilt für die Lie-Gruppe $O(p, q)$ und ihre Lie-Algebra $\mathfrak{o}(p, q)$

$$O(p, q) = \{A \in GL(n, \mathbb{R}) \mid A^t J_{p,q} A = J_{p,q}\},$$
$$\mathfrak{o}(p, q) = \{X \in \mathfrak{gl}(n, \mathbb{R}) \mid X^t J_{p,q} + J_{p,q} X = 0\}.$$

Als zweites Beispiel betrachten wir den $\mathbb{R}^{2n}$ mit der symplektischen Form ω_0

$$\omega_0(x, y) = \sum_{j=1}^{n} x_j y_{n+j} - x_{n+j} y_j.$$

Die Invarianzgruppe dieser nichtausgearteten Form heißt symplektische Gruppe und wird mit $Sp(2n, \mathbb{R})$ bezeichnet. Für eine Matrix $A \in Sp(2n, \mathbb{R})$ gilt $A^* = -F_n A^t F_n$, wobei $F_n = \begin{pmatrix} 0 & I_n \\ -I_n & 0 \end{pmatrix}$.

Aus (1.13) und (1.12) folgt für die symplektische Gruppe und ihre Lie-Algebra

$$Sp(2n, \mathbb{R}) = \{A \in GL(2n, \mathbb{R}) \mid A^t F_n A = F_n\},$$
$$\mathfrak{sp}(2n, \mathbb{R}) = \{X \in \mathfrak{gl}(2n, \mathbb{R}) \mid X^t F_n + F_n X = 0\}.$$

Die Bestimmung der Lie-Algebren für andere Automorphismengruppen geht analog. Wir fassen einige Spezialfälle in der folgenden Tabelle zusammen.

H		Relation	$\mathfrak{h}$	Relation
$SL(n, \mathbb{K})$	$\subset GL(n, \mathbb{K})$	$\det A = 1$	$\mathfrak{sl}(n, \mathbb{K})$	$\operatorname{Tr} X = 0$
$Sp(2n, \mathbb{K})$	$\subset GL(2n, \mathbb{K})$	$A^t F A = F$	$\mathfrak{sp}(2n, \mathbb{K})$	$X^t F + F X = 0$
$O(n)$	$\subset GL(n, \mathbb{R})$	$A^t A = E$	$\mathfrak{o}(n)$	$X^t + X = 0$
$SO(n)$	$\subset GL(n, \mathbb{R})$	$A^t A = E, \det A = 1$	$\mathfrak{so}(n)$	$X^t + X = 0$
$U(n)$	$\subset GL(n, \mathbb{C})$	$\bar{A}^t A = E$	$\mathfrak{u}(n)$	$\bar{X}^t + X = 0$
$SU(n)$	$\subset GL(n, \mathbb{C})$	$\bar{A}^t A = E, \det A = 1$	$\mathfrak{su}(n)$	$\bar{X}^t + X = 0, \operatorname{Tr} X = 0$
$Sp(n)$	$\subset GL(n, \mathbb{H})$	$\bar{A}^t A = E$	$\mathfrak{sp}(n)$	$\bar{X}^t + X = 0$
$O(p, q)$	$\subset GL(n, \mathbb{R})$	$A^t J A = J$	$\mathfrak{o}(p, q)$	$X^t J + J X = 0$
$SO(p, q)$	$\subset GL(n, \mathbb{R})$	$A^t J A = J, \det A = 1$	$\mathfrak{so}(p, q)$	$X^t J + J X = 0$
$U(p, q)$	$\subset GL(n, \mathbb{C})$	$\bar{A}^t J A = J$	$\mathfrak{u}(p, q)$	$\bar{X}^t J + J X = 0$
$SU(p, q)$	$\subset GL(n, \mathbb{C})$	$\bar{A}^t J A = J, \det A = 1$	$\mathfrak{su}(p, q)$	$\bar{X}^t J + J X = 0, \operatorname{Tr} X = 0$
$Sp(p, q)$	$\subset GL(n, \mathbb{H})$	$\bar{A}^t J A = J$	$\mathfrak{sp}(p, q)$	$\bar{X}^t J + J X = 0$

In dieser Tabelle ist $J = J_{p,q}$, $F = F_n$ und $\operatorname{Tr} X$ die Spur der Matrix X.

Eine ausführliche Behandlung der Eigenschaften der klassischen Lie-Gruppen findet der interessierte Leser in dem Buch [He90].

Ist H eine Lie-Untergruppe einer Lie-Gruppe G, so ist ihre Lie-Algebra $\mathfrak{h}$ eine Lie-Unteralgebra der Lie-Algebra $\mathfrak{g}$ von G. Wir wollen im Folgenden die Umkehrung dieser Aussage beweisen:

Satz 1.22 *Sei G eine Lie-Gruppe mit der Lie-Algebra $\mathfrak{g}$ und $\mathfrak{h} \subset \mathfrak{g}$ eine Lie-Unteralgebra. Dann existiert eine eindeutig bestimmte zusammenhängende Lie-Untergruppe $H \subset G$ mit der Lie-Algebra $\mathfrak{h}$.*

Beweis Für den Beweis benutzen wir den Satz von Frobenius, der im Anhang A.4 zu finden ist. Wir fixieren eine Basis $(X_1, \ldots, X_r)$ von $\mathfrak{h}$ und betrachten die folgende geometrische Distribution E auf der Lie-Gruppe G:

$$E : g \in G \longrightarrow E_g := \{X(g) \in T_g G \mid X \in \mathfrak{h} \subset \mathfrak{g}\} = \operatorname{span}(X_1(g), \ldots, X_r(g)).$$

Wir zeigen zunächst, dass E involutiv ist: Zwei Vektorfelder X und Y auf G mit Werten in E lassen sich in der Form

$$X(g) = \sum_{i=1}^{r} f_i(g) X_i(g) \qquad \text{und} \qquad Y(g) = \sum_{i=1}^{r} h_i(g) X_i(g)$$

darstellen, wobei f_i und h_i glatte Funktionen auf G sind. Dann folgt für den Kommutator:

$$[X, Y] = \sum_{i,j=1}^{r} f_i h_j [X_i, X_j] + f_i X_i(h_j) X_j - h_j X_j(f_i) X_i.$$

Wegen $[X_i, X_j] \in \mathfrak{h}$ nimmt das Vektorfeld $[X, Y]$ seine Werte ebenfalls in E an, E ist also involutiv. Nach dem Satz von Frobenius existiert dann eine maximale zusammenhängende Integralmannigfaltigkeit $H \subset G$ von E durch $e \in G$. Wir zeigen, dass H eine Untergruppe von G ist: Sei $a \in H$. Dann ist $L_{a^{-1}}(H)$, versehen mit der durch die Linkstranslation $L_{a^{-1}}$ übertragenen Mannigfaltigkeitsstruktur ebenfalls eine zusammenhängende Untermannigfaltigkeit von G. Wegen der Linksinvarianz der Vektorfelder in $\mathfrak{h}$ gilt

$$T_{a^{-1}h}(L_{a^{-1}}H) = dL_{a^{-1}}(T_h H) = dL_{a^{-1}}(\{X(h) \mid X \in \mathfrak{h}\})$$
$$= \{X(a^{-1}h) \mid X \in \mathfrak{h}\} = E_{a^{-1}h},$$

also ist $L_{a^{-1}}H$ ebenfalls eine zusammenhängende Integralmannigfaltigkeit von E durch $e \in G$. Da H maximal mit dieser Eigenschaft ist, folgt $L_{a^{-1}}H \subset H$ für alle $a \in H$. Also liegt mit zwei Elementen $a, h \in H$ auch $a^{-1}h \in H$, H ist demnach eine Untergruppe von G. Da H eine Untermannigfaltigkeit von G ist, ist die Inklusion $\iota : H \hookrightarrow G$ ein regulärer Gruppenhomomorphismus. Es bleibt zu zeigen, dass H selbst eine Lie-Gruppe ist, d.h., dass die Gruppenmultiplikation $\mu : (a, h) \in H \times H \longmapsto a^{-1}h \in H$ glatt ist. Sei $\tilde{\mu} : G \times G \longrightarrow G$ die entsprechende Gruppenmultiplikation in G. $\tilde{\mu}$ ist glatt, da G eine Lie-Gruppe ist, außerdem kommutiert folgendes Diagramm:

Die Glattheit von μ folgt dann aus dem zweiten Teil des Satzes von Frobenius. Da $\mathfrak{h} = E_e = T_e H$, ist die Unteralgebra $\mathfrak{h} \subset \mathfrak{g}$ die Lie-Algebra der Lie-Gruppe H. Damit ist die Existenzaussage des Satzes bewiesen.

Es bleibt die Eindeutigkeit von H zu zeigen. Sei $\tilde{H}$ eine weitere zusammenhängende Lie-Untergruppe von G mit der Lie-Algebra $\mathfrak{h}$. Dann ist $\tilde{H}$ ebenfalls eine Integralmannigfaltigkeit von E durch $e \in G$. Wegen der Maximalität von H ist $\tilde{H} \subset H$. Nun sind die Normalumgebungen $U(e) := \{\exp(tX) \mid X \in \mathfrak{h}, |t| < \varepsilon\}$ in H und $\tilde{H}$ enthalten. Da H und $\tilde{H}$ zusammenhängend sind, erzeugt $U(e)$ sowohl H als auch $\tilde{H}$, d.h. $H = \tilde{H}$. $\qquad \square$

Wie wir aus Satz 1.21 wissen, ist jede *abgeschlossene* Untergruppe einer Lie-Gruppe eine Lie-Untergruppe. Wir wollen das gleiche jetzt für eine weitere Klasse zusammenhängender aber nicht notwendig abgeschlossener Untergruppen beweisen.

Satz 1.23 *Sei G eine Lie-Gruppe und $H \subset G$ eine Untergruppe von G, die folgende Eigenschaft hat: Zu jedem $h \in H$ gibt es eine stückweise glatte Kurve $\gamma : I \longrightarrow G$ mit Bild in H, die das neutrale Element e mit h verbindet. Dann ist H eine Lie-Untergruppe von G.*

Beweis Wir identifizieren im Folgenden wie üblich den Tangentialraum $T_e G$ mit der Lie-Algebra $\mathfrak{g}$ von G und betrachten die Teilmenge

$$S := \left\{ X \in T_e G \,\middle|\, \begin{array}{l} \text{es existiert } \gamma : I \to G \text{ stückweise glatt} \\ \gamma(0) = e, \gamma'(0) = X, \operatorname{Im}(\gamma) \subset H \end{array} \right\} \subset \mathfrak{g}.$$

Wir zeigen zunächst, dass S eine Unteralgebra von $\mathfrak{g}$ ist:
Seien $X, Y \in S$ und $x(t)$ bzw. $y(t)$ entsprechende Kurven in H mit $x'(0) = X$ und $y'(0) = Y$.
Für $r \in \mathbb{R}$ ist die Kurve $z(t) := x(rt)$ glatt mit $z(0) = e$ und $z'(0) = rX$. Also ist $rX \in S$.
Die Kurve $\eta(t) = x(t) \cdot y(t)$ ist ebenfalls glatt mit Bild in H und erfüllt $\eta(0) = e$ und
$\eta'(0) = x'(0) + y'(0)$. Folglich ist $X + Y \in S$. Damit ist S ein Unterraum. Es bleibt zu zeigen,
dass $[X, Y] \in S$. Dazu betrachten wir ein Element $h \in H$ und die Kurve $\mu(t) = hx(t)h^{-1} = \alpha_h(x(t))$. Die Kurve μ ist glatt, das Bild liegt in H, $\mu(0) = e$ und $\mu'(0) = \operatorname{Ad}(h)x'(0)$.
Folglich gilt $\operatorname{Ad}(h)X \in S$ für alle $h \in H$. Für die Kurve $y(t)$ folgt damit $\operatorname{Ad}(y(t))X \in S$. Die
Ableitung dieser Kurve ergibt

$$\operatorname{ad}(y'(0))X = \operatorname{ad}(Y)X = [Y, X] \in S.$$

Damit ist bewiesen, dass S eine Lie-Unteralgebra von $\mathfrak{g}$ ist. Nach Satz 1.22 existiert eine
Lie-Untergruppe K von G mit der Lie-Algebra S. Es bleibt zu zeigen, dass $K = H$.
Wir zeigen zuerst $H \subset K$. Sei $h \in H$ und $\gamma : [0, 1] \to G$ eine stückweise glatte Kurve mit
Bild in H und $\gamma(0) = e$, $\gamma(1) = h$. Sei $s \in [0, 1]$ ein fixierter Parameter und ν_s die Kurve
$\nu_s(t) = \gamma(s)^{-1}\gamma(t)$. Dann ist $\nu_s'(s) = dL_{\gamma(s)^{-1}}(\gamma'(s)) \in S$ und folglich $\gamma'(s) \in dL_{\gamma(s)}S$.
Entsprechend dem Beweis von Satz 1.22 ist

$$g \in G \longrightarrow S_g := dL_g(S)$$

die geometrische Distribution, die die Lie-Gruppe K als maximale Integralmannigfaltigkeit
hat. Nach dem Satz von Frobenius liegt jede stückweise glatte Kurve, deren Tangential-
vektoren alle in der Distribution S liegen, vollständig in K. Folglich ist $\operatorname{Im}(\gamma) \subset K$, also
insbesondere $h \in K$.
Um $K \subset H$ zu zeigen, fixieren wir eine Basis $(X_1, \ldots, X_r)$ von S und entsprechende Kurven
$x_1(t), \ldots, x_r(t)$ in H mit $x_j(0) = e$ und $x_j'(0) = X_j$. Die Abbildung $f : U \longrightarrow H \subset K$

$$f(t_1, \ldots, t_r) := x_1(t_1) \cdot \ldots \cdot x_r(t_r) \in H \subset K$$

bildet stückweise glatt von einer offenen Umgebung U des Nullvektors im $\mathbb{R}^r$ in die Untermannigfaltigkeit K von G ab. Da die Vektoren $X_1, \ldots, X_r$ eine Basis in S bilden, ist das
Differential von f im Nullvektor regulär, also f ein lokaler Diffeomorphismus um 0. Wählen
wir U hinreichend klein, so können wir annehmen, dass f die Menge U diffeomorph auf
die offene Teilmenge $f(U) \subset K$ abbildet. Da K zusammenhängend ist, wird K von $f(U)$
erzeugt. Da aber nach Definition von f die Menge $f(U)$ in H liegt, ist $K \subset H$. $\qquad \square$

1.5 Transformationsgruppen und homogene Räume

In diesem Abschnitt betrachten wir Mannigfaltigkeiten, auf denen eine Lie-Gruppe G glatt und transitiv wirkt. Wir werden zeigen, dass sich solche Mannigfaltigkeiten als Faktorräume G/H für eine abgeschlossene Untergruppe $H \subset G$ darstellen lassen. Andererseits trägt jeder solche Faktorraum G/H eine kanonische Mannigfaltigkeitsstruktur, so dass G glatt und transitiv wirkt.

Definition 1.13 *Sei M eine Mannigfaltigkeit und G eine Lie-Gruppe. Man sagt: G wirkt von links auf M, falls eine glatte Abbildung*

$$\phi : (g, x) \in G \times M \longmapsto g \cdot x \in M$$

gegeben ist, für die folgende Eigenschaften gelten:

1. Für jedes $g \in G$ ist die Abbildung $l_g : x \in M \longmapsto g \cdot x \in M$ ein Diffeomorphismus.
2. $x = e \cdot x$ für alle $x \in M$, wobei e das 1-Element von G ist.
3. $g \cdot (a \cdot x) = (g \cdot a) \cdot x$ für alle $x \in M$, $g, a \in G$.

Ist eine solche Wirkung von G auf M gegeben, so nennt man das Paar $[M, G]$ auch *Liesche Transformationsgruppe*. Eine G-Wirkung $\phi : G \times M \to M$ heißt *transitiv*, falls zu jedem Paar $x, y \in M$ ein $g \in G$ existiert mit $g \cdot x = y$. Die Wirkung heißt *einfach-transitiv*, falls sie transitiv ist und das Element g eindeutig bestimmt ist. Sie heißt *frei*, falls $l_g : M \to M$ fixpunktfrei für alle $g \neq e$ ist. Die Wirkung heißt *effektiv*, falls $l_g = \mathrm{Id}_M$ nur für $g = e$ gilt. Analog definiert man diese Begriffe für eine Rechtswirkung $\phi : M \times G \to M$. In diesem Fall bezeichnet r_g den Diffeomorphismus $r_g : x \in M \mapsto x \cdot g := \phi(x, g) \in M$.

Definition 1.14 *Eine Mannigfaltigkeit M, auf der eine Lie-Gruppe G transitiv wirkt, heißt homogener Raum.*

Beispiel 1.10 Die Lie-Gruppe $GL(n, \mathbb{R})$ wirkt von links auf $\mathbb{R}^n$ durch die Matrizenmultiplikation $\phi(A, x) := Ax$. Diese Wirkung ist transitiv auf $\mathbb{R}^n \backslash \{o\}$, wobei o den Nullvektor von $\mathbb{R}^n$ bezeichnet.

Beispiel 1.11 Die orthogonale Gruppe $O(n)$ wirkt transitiv auf der Sphäre $S^{n-1}(r) = \{x \in \mathbb{R}^n \mid \| x \| = r\}$ vom Radius r im $\mathbb{R}^n$, aber nicht transitiv auf $\mathbb{R}^n \backslash \{o\}$.

Beispiel 1.12 Wir betrachten die spezielle unitäre Gruppe $SU(2)$ und ihre 3-dimensionale Lie-Algebra

$$\mathfrak{su}(2) = \{X \in \mathfrak{sl}(2, \mathbb{C}) \mid \bar{X}^t + X = 0\}$$

$$= \left\{ \begin{pmatrix} ix_1 & x_2 + ix_3 \\ -x_2 + ix_3 & -ix_1 \end{pmatrix} \mid (x_1, x_2, x_3)^t \in \mathbb{R}^3 \right\} \simeq \mathbb{R}^3.$$

Wir identifizieren einen Vektor $x = (x_1, x_2, x_3)^t \in \mathbb{R}^3$ mit der durch ihn definierten Matrix $X(x) \in \mathfrak{su}(2)$ und bezeichnen mit $\varphi(X(x)) = x$ die inverse Zuordnung. Dann gilt $\det(X(x)) = \langle x, x \rangle_{\mathbb{R}^3}$. Die adjungierte Darstellung von $SU(2)$ über $\mathfrak{su}(2)$ liefert eine Wirkung von $SU(2)$ über dem 3-dimensionalen Euklidischen Raum $\mathbb{R}^3$:

$$(A, x) \in SU(2) \times \mathbb{R}^3 \longrightarrow l_A(x) = \varphi(AX(x)A^{-1}) \in \mathbb{R}^3.$$

Die Abbildung $l_A : \mathbb{R}^3 \to \mathbb{R}^3$ ist speziell-orthogonal. Man kann zeigen, dass der Homomorphismus

$$\rho : A \in SU(2) \longrightarrow l_A \in SO(3)$$

eine 2-fache Überlagerung der speziellen orthogonalen Gruppe $SO(3)$ ist.

Beispiel 1.13 Wir betrachten die spezielle lineare Gruppe $SL(2, \mathbb{C})$ und definieren eine Wirkung dieser Gruppe auf dem 4-dimensionalen Minkowski-Raum $\mathbb{R}^{1,3}$. Dazu identifizieren wir zunächst den Minkowski-Raum mit dem Vektorraum $\mathcal{H}(2)$ der hermiteschen (2×2)-Matrizen: Seien

$$\sigma_1 = \begin{pmatrix} 0 & 1 \\ 1 & 0 \end{pmatrix}, \quad \sigma_2 = \begin{pmatrix} 0 & -i \\ i & 0 \end{pmatrix}, \quad \sigma_3 = \begin{pmatrix} 1 & 0 \\ 0 & -1 \end{pmatrix}$$

die Pauli-Matrizen und $\sigma_0 = \begin{pmatrix} 1 & 0 \\ 0 & 1 \end{pmatrix}$. Dann ist die Abbildung

$$\mathbb{R}^{1,3} \longrightarrow \mathcal{H}(2)$$

$$x = (x^0, x^1, x^2, x^3) \longmapsto X(x) := \sum_{k=0}^{3} x^k \sigma_k = \begin{pmatrix} x^0 + x^3 & x^1 - ix^2 \\ x^1 + ix^2 & x^0 - x^3 \end{pmatrix}$$

ein Isomorphismus. Die inverse Abbildung ist durch

$$X \in \mathcal{H}(2) \longmapsto \left(x^k := \frac{1}{2} \operatorname{Tr} \left(\sigma_k \circ X \right) \right)_{k=0,\ldots,3} \in \mathbb{R}^{1,3}$$

gegeben. Ist $X \in \mathcal{H}(2)$ und $A \in SL(2; \mathbb{C})$, so ist $A X \bar{A}^t$ ebenfalls in $\mathcal{H}(2)$. Dies gestattet es, die folgende Wirkung von $SL(2, \mathbb{C})$ auf dem Minkowski-Raum zu definieren:

$$\phi : SL(2, \mathbb{C}) \times \mathbb{R}^{1,3} \longrightarrow \mathbb{R}^{1,3} \simeq \mathcal{H}(2)$$

$$(A, x) \longmapsto A X(x) \bar{A}^t.$$

Für die Determinante der hermiteschen Matrix $X(x)$ gilt

$$\det X(x) = (x^0)^2 - (x^1)^2 - (x^2)^2 - (x^3)^2.$$

Folglich erhält die Transformation

$$l_A : \mathbb{R}^{1,3} \longrightarrow \mathbb{R}^{1,3}$$
$$x \longmapsto \phi(A, x)$$

die Minkowski-Metrik $\eta(x, y) = -x^0 y^0 + x^1 y^1 + x^2 y^2 + x^3 y^3$. Man kann zeigen, dass der Lie-Gruppen-Homomorphismus

$$\rho : A \in SL(2, \mathbb{C}) \longmapsto l_A \in SO_0(1, 3)$$

eine 2-fache Überlagerung der eigentlichen Lorentzgruppe $SO^0(1, 3)$, d. h. der Zusammen-gangskomponente des 1-Elementes von $O(1, 3)$, ist.

Sei G eine Lie-Gruppe und $H \subset G$ eine abgeschlossene Untergruppe. Wir nennen zwei Elemente $g_1, g_2 \in G$ äquivalent ($g_1 \sim_H g_2$), falls es ein $h \in H$ mit $g_1 = g_2 \cdot h$ gibt. Mit $[g] := \{g \cdot h \mid h \in H\} = gH$ sei die Äquivalenzklasse eines Elementes $g \in G$ bezeichnet.

$$G/H := \bigcup_{g \in G} [g]$$

sei die Menge der Äquivalenzklassen und $\pi : G \to G/H$ die natürliche Projektion $\pi(g) = [g]$. Wir zeigen nun, dass der Faktorraum G/H ein homogener Raum ist.

Satz 1.24 *Sei H eine abgeschlossene Untergruppe einer Lie-Gruppe G. Dann existiert auf dem Faktorraum G/H eine Mannigfaltigkeitsstruktur so, dass gilt:*

1. *Die Projektion $\pi : G \to G/H$ ist glatt.*
2. *Mit der Linkswirkung $(g, [a]) \in G \times G/H \mapsto [ga] \in G/H$ ist G/H ein homogener Raum.*
3. *Es existieren „lokale Schnitte in $\pi : G \to G/H$", d. h., zu jeder Äquivalenzklasse $[a] \in G/H$ existiert eine Umgebung $W([a]) \subset G/H$ und eine glatte Abbildung $s_{[a]} : W([a]) \to G$ mit $\pi \circ s_{[a]} = \mathrm{Id}_{W([a])}$.*

Beweis Wir versehen die Menge der Äquivalenzklassen G/H mit der durch $\pi : G \to G/H$ definierten Faktortopologie. Da H eine abgeschlossene Teilmenge von G und π eine offene Abbildung ist, ist G/H ein Hausdorff-Raum mit abzählbarer Basis. Wir definieren nun um jeden Punkt $[g] \in G/H$ eine Karte: Dazu verfahren wir wie im Beweis von Satz 1.21. Sei $\mathfrak{h}$ die Lie-Algebra von H, $\mathfrak{m} \subset \mathfrak{g}$ ein algebraisches Komplement von $\mathfrak{h}$ in $\mathfrak{g}$ und ϕ der lokale Diffeomorphismus um den Nullvektor $o \in \mathfrak{g}$

$$\phi : \mathfrak{g} = \mathfrak{m} \oplus \mathfrak{h} \longrightarrow G$$
$$X \oplus Y \longmapsto \exp(X) \cdot \exp(Y).$$

Wir verkleinern die im Beweis von Satz 1.21 angegebene Umgebung $V = V_{\mathfrak{m}} \times V_{\mathfrak{h}}$ noch einmal auf eine Umgebung $W = W_{\mathfrak{m}} \times W_{\mathfrak{h}} \subset V_{\mathfrak{m}} \times V_{\mathfrak{h}}$ derart, dass $(\exp W)^{-1} \cdot \exp W \subset U$. Dann prüft man leicht nach, dass für jedes $g \in G$ die Abbildung

$$\varphi_{[g]} : W_{\mathfrak{m}} \xrightarrow{\exp} G \xrightarrow{L_g} G \xrightarrow{\pi} G/H$$

ein Homöomorphismus auf ihr Bild ist. Folglich ist $(\varphi_{[g]}(W_{\mathfrak{m}}), \varphi_{[g]}^{-1})$ eine Karte um $[g] \in G/H$. Für zwei solche Karten, deren Kartenbereiche einen gemeinsamen Durchschnitt haben, gilt

$$\varphi_{[a]}^{-1} \circ \varphi_{[g]}(X) = pr_{\mathfrak{m}} \circ \phi^{-1}(L_{a^{-1}g}\exp(X)), \; X \in W_{\mathfrak{m}},$$

wobei $pr_{\mathfrak{m}}$ die Projektion von $\mathfrak{g}$ auf $\mathfrak{m}$ bezeichnet. Da alle Abbildungen auf der rechten Seite glatt sind, sind die Kartenübergänge glatte Abbildungen. Demnach ist

$$\mathcal{A} = \{(\varphi_{[g]}(W_{\mathfrak{m}}), \varphi_{[g]}^{-1}) \mid g \in G\}$$

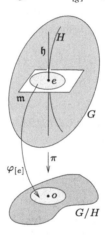

ein glatter Atlas auf G/H.

Wir zeigen nun, dass die Projektion $\pi : G \to G/H$ bezüglich dieser Mannigfaltigkeitsstruktur glatt ist. Dazu betrachten wir die Kartendarstellung von π um $g \in G$ in den Karten $(L_g \circ \phi(W), (L_g \circ \phi)^{-1})$ um $g \in G$ und $(\varphi_{[g]}(W_{\mathfrak{m}}), \varphi_{[g]}^{-1})$ um $[g] \in G/H$. Benutzt man die Definition von $\varphi_{[g]}$, so erhält man für die Kartendarstellung der Projektion π

$$\varphi_{[g]}^{-1} \circ \pi \circ (L_g \circ \phi) = pr_{\mathfrak{m}}.$$

π ist folglich glatt. Auf analoge Weise zeigt man die Glattheit der Linkswirkung von G auf G/H. Die Transitivität der Wirkung folgt aus den Gruppeneigenschaften von G. Somit ist G/H ein homogener Raum.

Lokale Schnitte für $\pi : G \to G/H$ erhält man auf folgende Weise:

Für $[g] \in G/H$ betrachten wir den Kartenbereich $W([g]) := \varphi_{[g]}(W_{\mathfrak{m}})$ und die glatte Abbildung

$$s_{[g]} := L_g \circ \exp \circ \varphi_{[g]}^{-1} : W([g]) \longrightarrow G.$$

Sei $[a] \in W([g])$. Dann existiert genau ein $X_{\mathfrak{m}} \in W_{\mathfrak{m}}$ mit

$$[a] = \varphi_{[g]}(X_\mathfrak{m}) = \pi L_g \exp X_\mathfrak{m} = \pi L_g \exp \varphi_{[g]}^{-1}[a] = \pi(s_{[g]}[a]).$$

Folglich ist $s_{[g]}$ ein lokaler Schnitt.   □

Wenn wir im Folgenden von abgeschlossenen Untergruppen H einer Lie-Gruppe G und von homogenen Räumen G/H reden, so seien diese immer mit den in Satz 1.21 und 1.24 beschriebenen Mannigfaltigkeitsstrukturen versehen.

Wir zeigen als nächstes, dass sich jeder homogene Raum $[M, G]$ in der Form $M = G/H$ für eine geeignete abgeschlossene Untergruppe $H \subset G$ darstellen lässt. Für einen Punkt $x \in M$ bezeichnet $G_x \subset G$ den Stabilisator von x:

$$G_x := \{g \in G \mid gx = x\}.$$

G_x ist offensichtlich eine abgeschlossene Untergruppe von G. Es gilt

Satz 1.25 *Sei G eine Lie-Gruppe, die von links transitiv auf M wirkt, und $x \in M$. Dann ist die Abbildung*

$$\Psi : [a] \in G/G_x \longmapsto a \cdot x \in M$$

ein G-äquivarianter Diffeomorphismus, d. h., es gilt $\Psi(g \cdot [a]) = g \cdot \Psi([a])$ für alle $a, g \in G$.

Beweis Da G transitiv auf M wirkt, ist Ψ korrekt definiert und bijektiv. Die Vertauschbarkeit von Ψ mit der G-Wirkung folgt aus der Definition. Es bleibt zu zeigen, dass Ψ ein Diffeomorphismus ist. Sei $\beta : G \to M$ die glatte Abbildung $\beta(g) = g \cdot x$. β ist ein Lift von Ψ, d. h. $\Psi \circ \pi = \beta$. Analog wie im Beweis von Satz 1.24 zeigt man, dass die Kartendarstellungen von Ψ glatt sind. Es genügt nun zu zeigen, dass für jeden Punkt $[a] \in G/G_x$ das Differential

$$d\Psi_{[a]} : T_{[a]}G/G_x \to T_{\Psi([a])}M$$

ein Isomorphismus ist. Bezeichnen wir die Linkswirkung des Elementes $a \in G$ auf G/G_x und auf M der Einfachheit halber in beiden Fällen mit l_a, so gilt

$$d\Psi_{[a]} \circ (dl_a)_{[e]} = (dl_a)_x \circ d\Psi_{[e]}.$$

Es reicht also aus, die Isomorphie von $d\Psi_{[e]}$ für das triviale Elements $e \in G$ zu zeigen. Aus Satz 1.24 folgt $T_{[e]}(G/G_x) = d\varphi_{[e]}(\mathfrak{m})$, wobei $\mathfrak{m} \subset \mathfrak{g}$ ein algebraisches Komplement der Lie-Algebra $\mathfrak{h}$ von G_x ist. Für $X \in \mathfrak{m}$ erhalten wir

$$d\Psi_{[e]}(d\varphi_{[e]}(X)) = d(\Psi \circ \pi \circ \exp)(X) = d(\beta \circ \exp)(X) = d\beta_e(X).$$

Die Abbildung $d\beta_e : \mathfrak{g} \to T_x M$ hat den Kern $\mathfrak{h}$, folglich ist

$$d\Psi_{[e]} : T_{[e]}(G/G_x) \to T_x M$$

ein Isomorphismus.   □

Beispiel 1.14 Sei $S^n \subset \mathbb{R}^{n+1}$ die Sphäre vom Radius 1. Die spezielle orthogonale Gruppe $SO(n + 1)$ wirkt transitiv auf S^n. Der Stabilisator des Vektors $e_{n+1} = (0, 0, \ldots, 0, 1)^t$ ist die Untergruppe $SO(n) \hookrightarrow SO(n + 1)$, eingebettet durch $A \mapsto \begin{pmatrix} A & 0 \\ 0 & 1 \end{pmatrix}$. Folglich kann man S^n als homogenen Raum $S^n = SO(n + 1)/SO(n)$ darstellen.

Beispiel 1.15 Sei $\mathbb{R}P^n$ der n-dimensionale reell-projektive Raum. $\mathbb{R}P^n$ ist die Mannigfaltigkeit aller Geraden durch o im $\mathbb{R}^{n+1}$. Die Gruppe $SO(n + 1)$ wirkt transitiv auf $\mathbb{R}P^n$. Der Stabilisator der Geraden $\mathbb{R}e_{n+1}$ ist die Untergruppe

$$O(n) = \left\{ \begin{pmatrix} A & 0 \\ 0 & \det A \end{pmatrix} \mid A \in O(n) \right\} \subset SO(n + 1).$$

Also haben wir

$$\mathbb{R}P^n = SO(n + 1)/O(n).$$

Beispiel 1.16 Sei $\mathbb{C}P^n$ der n-dimensionale komplex-projektive Raum. $\mathbb{C}P^n$ ist die Mannigfaltigkeit aller 1-dimensionalen komplexen Unterräume des $\mathbb{C}^{n+1}$. Wie im Beispiel 2 erhält man

$$\mathbb{C}P^n = SU(n + 1)/S(U(1) \times U(n)).$$

Beispiel 1.17 Bezeichne $\mathbb{K}$ die reellen oder komplexen Zahlen oder die Quaternionen und $\langle \cdot, \cdot \rangle_{\mathbb{K}^n}$ das entsprechende Standard-Skalarprodukt. Unter der Stiefel-Mannigfaltigkeit $V_k(\mathbb{K}^n)$ versteht man die Menge der k-Tupel von orthonormalen Vektoren im $\mathbb{K}^n$

$$V_k(\mathbb{K}^n) = \{(v_1, \ldots, v_k) \mid v_i \in \mathbb{K}^n, \langle v_i, v_j \rangle_{\mathbb{K}^n} = \delta_{ij}\}.$$

Diese Menge kann man mit einer Mannigfaltigkeitsstruktur versehen. Die orthogonale Gruppe $O(n)$ wirkt transitiv auf $V_k(\mathbb{R}^n)$ durch

$$A \cdot (v_1, \ldots v_k) = (Av_1, \ldots Av_k).$$

Der Stabilisator des k-Tupels $(e_{n-k+1}, \ldots, e_n)$ ist die Untergruppe

$$O(n - k) = \left\{ \begin{pmatrix} A & 0 \\ 0 & E \end{pmatrix} \mid A \in O(n - k) \right\} \subset O(n).$$

(Hierbei bezeichnet $e_i = (0, \ldots, 0, 1, 0, \ldots)$ und E die Einheitsmatrix.) Demnach ist $V_k(\mathbb{R}^n)$ als homogener Raum

$$V_k(\mathbb{R}^n) = O(n)/O(n - k)$$

darstellbar. Analog erhält man

$$V_k(\mathbb{C}^n) = U(n)/U(n - k),$$
$$V_k(\mathbb{H}^n) = Sp(n)/Sp(n - k).$$

Beispiel 1.18 Unter der Grassmann-Mannigfaltigkeit $G_k(\mathbb{K}^n)$ versteht man die Menge aller k-dimensionalen Unterräume von $\mathbb{K}^n$. Auch diese Menge trägt eine Mannigfaltigkeitsstruktur und ist auf folgende Weise als homogener Raum darstellbar:

$$G_k(\mathbb{R}^n) = O(n)/(O(k) \times O(n - k)),$$

$$G_k(\mathbb{C}^n) = U(n)/(U(k) \times U(n - k)),$$

$$G_k(\mathbb{H}^n) = Sp(n)/(Sp(k) \times Sp(n - k)).$$

Man kann eine Mannigfaltigkeit M ggf. auf verschiedene Weise in der Form G/H darstellen, da verschiedene Gruppen transitiv auf M wirken können. Eine besonders nützliche Darstellung als Faktorraum ist die als sogenannter *reduktiver* homogener Raum.

Definition 1.15 *Sei $H \subset G$ eine abgeschlossene Untergruppe einer Lie-Gruppe, $\mathfrak{h}$ die Lie-Algebra von H und $\mathfrak{g}$ die Lie-Algebra von G. Der homogene Raum G/H heißt reduktiv, falls es eine Vektorraum-Zerlegung $\mathfrak{g} = \mathfrak{h} \oplus \mathfrak{m}$ der Lie-Algebra $\mathfrak{g}$ gibt, so dass*

$$\mathrm{Ad}(H)\mathfrak{m} \subset \mathfrak{m}$$

gilt.

Die Sphäre S^n hat z. B. die reduktive Darstellung $S^n = SO(n + 1)/SO(n)$ (Beispiel 1.14). Eine weitere (nicht-reduktive) Darstellung von S^n als homogener Raum ist in Aufgabe 1.11. am Ende des Kapitels beschrieben.

1.6 Fundamentale Vektorfelder

Wirkt eine Lie-Gruppe G auf einer glatten Mannigfaltigkeit M, so definiert jedes Element der Lie-Algebra $\mathfrak{g}$ von G ein spezielles Vektorfeld auf M, das sogenannte *fundamentale Vektorfeld*, das auch in der Eichfeldtheorie eine wichtige Rolle spielt.

Definition 1.16 *Sei $[M, G]$ eine Links-Transformationsgruppe und $X \in \mathfrak{g}$. Das Vektorfeld $\widetilde{X}$ auf M,*

$$\widetilde{X}(x) := \frac{d}{dt}\left(\exp(-tX) \cdot x\right)|_{t=0},$$

heißt das zu X gehörende fundamentale Vektorfeld. Ist $[M, G]$ eine Rechtstransformationsgruppe, so ist das fundamentale Vektorfeld definiert durch

$$\widetilde{X}(x) := \frac{d}{dt}\left(x \cdot \exp(tX)\right)|_{t=0}.$$

Satz 1.26 *Sei $[M, G]$ eine Liesche Transformationsgruppe.*

1. Die Abbildung

$$\mathfrak{g} \longrightarrow \mathfrak{X}(M)$$
$$X \longmapsto \widetilde{X}$$

ist linear und es gilt $\widetilde{[X, Y]} = [\widetilde{X}, \widetilde{Y}]$. *Insbesondere bildet die Menge der fundamentalen Vektorfelder eine Lie-Unteralgebra der Lie-Algebra aller Vektorfelder.*

2. *Wirkt die Zusammenhangskomponente der Einheit von G effektiv auf M, so ist*

$$\mathfrak{g} \longrightarrow \{\widetilde{X} \in \mathfrak{X}(M) \mid X \in \mathfrak{g}\}$$

ein Lie-Algebren-Isomorphismus.

3. *Wirkt G von rechts auf M, so gilt für alle* $a \in G$ *und* $X \in \mathfrak{g}$

$$(dr_a)(\widetilde{X}) = \widetilde{\mathrm{Ad}(a^{-1})X}.$$

Für eine Linkswirkung gilt

$$(dl_a)(\widetilde{X}) = \widetilde{\mathrm{Ad}(a)X}.$$

Beweis Wir führen den Beweis hier für Rechtswirkungen. Für Linkswirkungen schließt man analog. Sei $x \in M$ fixiert und bezeichne $\varphi_x : G \to M$ die Abbildung $\varphi_x(g) = x \cdot g$. Für ein linksinvariantes Vektorfeld $X \in \mathfrak{g}$ gilt

$$(d\varphi_x)_a(X(a)) = d\varphi_x(dL_a(X(e))) = \frac{d}{dt}\big(\varphi_x(L_a(\exp tX))\big)|_{t=0}$$

$$= \frac{d}{dt}\big(x \cdot a \cdot \exp tX\big)|_{t=0} = \widetilde{X}(x \cdot a) = \widetilde{X}(\varphi_x(a)).$$

Folglich sind $X \in \mathfrak{g} \subset \mathfrak{X}(G)$ und $\widetilde{X} \in \mathfrak{X}(M)$ φ_x-verknüpft für alle $x \in M$. Damit erhält man

$$[\widetilde{X}, \widetilde{Y}] = \widetilde{[X, Y]}.$$

Die Linearität der Zuordnung $X \in \mathfrak{g} \to \widetilde{X} \in \mathfrak{X}(M)$ folgt aus der Linearität des Differentials $(d\varphi_x)_a$. Sei G^0 die Zusammenhangskomponente von $e \in G$. Wir zeigen, dass die Zuordnung $X \in \mathfrak{g} \to \widetilde{X} \in \mathfrak{X}(M)$ injektiv ist, falls G^0 effektiv wirkt. Sei $\widetilde{X} = 0$. Dann ist jeder Punkt von M eine Nullstelle von $\widetilde{X}$, folglich bewegt der Fluss von $\widetilde{X}$ die Punkte von M nicht. Wir erhalten

$$x \cdot \exp tX = x \qquad \text{für alle } x \in M, t \in \mathbb{R}.$$

Für hinreichend kleine $t_0 \in \mathbb{R}$ liegt $g_0 = \exp t_0 X$ in einer Normalenumgebung des 1-Elementes von G^0. Da G^0 effektiv auf M wirkt, folgt aus $r_{g_0} = \mathrm{Id}_M$ dass $g_0 = e$, also $X = 0$ ist. Sei nun $x \in M$, $a \in G$ und $X \in \mathfrak{g}$. Dann gilt:

$$(dr_a(\widetilde{X}))(x) = (dr_a)_{xa^{-1}}(\widetilde{X}(xa^{-1}))$$

$$= (dr_a)_{xa^{-1}} \left(\frac{d}{dt}(xa^{-1} \cdot \exp tX)|_{t=0} \right)$$

$$= \frac{d}{dt}\left(x \cdot (a^{-1} \cdot \exp tX \cdot a) \right)|_{t=0}$$

$$= \frac{d}{dt}\left(x \cdot (\alpha_{a^{-1}} \exp tX) \right)|_{t=0}$$

$$= \frac{d}{dt}\left(x \cdot \exp(t \operatorname{Ad}(a^{-1})X) \right)|_{t=0}$$

$$= (\widetilde{\operatorname{Ad}(a^{-1})X})(x). \qquad \square$$

Wir beweisen abschließend eine im Folgenden häufig benutzte Ableitungsregel für Transformationsgruppen.

Satz 1.27 *Es sei* $[M, G]$ *eine von rechts wirkende Transformationsgruppe. Sei* $x(t)$ *eine Kurve in der Mannigfaltigkeit* M *mit* $x(0) = x$, $g(t)$ *eine Kurve in der Lie-Gruppe* G *mit* $g(0) = g$ *und bezeichne* $z(t)$ *die Kurve* $z(t) := x(t) \cdot g(t)$ *in* M. *Dann gilt folgende Formel für den Tangentialvektor der Kurve* $z(t)$ *in* $t = 0$:

$$\dot{z}(0) = dr_g(\dot{x}(0)) + (\widetilde{dL_{g^{-1}}\dot{g}(0)}) (x \cdot g). \qquad (1.14)$$

Dabei bezeichnet $\widetilde{X}$ *das von einem Element* X *der Lie-Algebra von* G *erzeugte fundamentale Vektorfeld auf* M.

Beweis Sei $\phi : M \times G \to M$ die G-Wirkung auf M. In den folgenden Rechnungen benutzen wir die kanonische Identifizierung des Tangentialraums von $M \times G$ mit denen der Faktoren M und G

$$T_{(x,g)}(M \times G) \simeq T_x M \oplus T_g G.$$

Mit $r_g : M \to M$ und $\varphi_x : G \to M$ bezeichnen wir die durch $r_g(x) := x \cdot g$ und $\varphi_x(g) := x \cdot g$ definierten Abbildungen. Wir erhalten

$$\dot{z}(0) = \frac{d}{dt}\left(\phi(x(t), g(t)) \right)|_{t=0} = d\phi_{(x,g)}(\dot{x}(0), \dot{g}(0))$$

$$= d\phi_{(x,g)}(\dot{x}(0), 0) + d\phi_{(x,g)}(0, \dot{g}(0))$$

$$= \frac{d}{dt}\left(\phi(x(t), g) \right)|_{t=0} + \frac{d}{dt}\left(\phi(x, g(t)) \right)|_{t=0}$$

$$= \frac{d}{dt}\left(r_g(x(t)) \right)|_{t=0} + \frac{d}{dt}\left(\varphi_x(g(t)) \right)|_{t=0}$$

$$= dr_g(\dot{x}(0)) + d\varphi_x(\dot{g}(0)).$$

Sei $X \in \mathfrak{g}$ das vom Vektor $dL_{g^{-1}}\dot{g}(0) \in T_e G$ erzeugte linksinvariante Vektorfeld in $\mathfrak{g}$. Aus dem Beweis von Satz 1.26 wissen wir, dass

$$\widetilde{X}(x \cdot g) = d\varphi_x(X(g)) = d\varphi_x(\dot{g}(0)).$$

Damit ist die Formel (1.14) bewiesen.   □

1.7   Aufgaben zu Kapitel 1

1.1. Eine Gruppe G, die zusätzlich mit einer Topologie versehen ist, heißt *topologische Gruppe*, wenn die Abbildung

$$G \times G \longrightarrow G$$
$$(g, a) \longmapsto g \cdot a^{-1}$$

stetig ist. Sei G eine zusammenhängende topologische Gruppe und U eine beliebige Umgebung des neutralen Elementes von G. Zeigen Sie, dass die Menge U die Gruppe G erzeugt.

1.2. Zeigen Sie, dass es genau zwei 2-dimensionale, zueinander nicht isomorphe reelle Lie-Algebren gibt. Geben Sie in beiden Fällen eine Lie-Gruppe mit der entsprechenden Lie-Algebra an.

1.3. Zeigen Sie, dass die Sphäre S^3 die Struktur einer Lie-Gruppe trägt. Warum kann es keine Lie-Gruppen-Struktur auf der Sphäre S^2 geben?

1.4. Zeigen Sie, dass die Lie-Algebra der speziellen orthogonalen Gruppe $SO(3)$ isomorph zur Lie-Algebra $(\mathbb{R}^3, \times)$ ist, wobei $\times$ das Vektorprodukt im $\mathbb{R}^3$ bezeichnet.

1.5. Für $A \in GL(n, \mathbb{R})$ und $v \in \mathbb{R}^n$ bezeichne $F_{A,v}$ die folgende Abbildung auf dem $\mathbb{R}^n$:

$$F_{A,v}(x) := Ax + v, \qquad x \in \mathbb{R}^n.$$

Zeigen Sie, dass die affine Gruppe $Aff(\mathbb{R}^n) := \{F_{A,v} \mid A \in GL(n, \mathbb{R}), v \in \mathbb{R}^n\}$ eine Lie-Gruppe ist und bestimmen Sie ihre Lie-Algebra.

1.6. Sei $SO(n)$ die spezielle orthogonale Gruppe und $\mathfrak{so}(n)$ ihre Lie-Algebra, betrachtet als Menge der schiefsymmetrischen Abbildungen des $\mathbb{R}^n$. Weiterhin bezeichne ρ_2 die durch die Matrizenwirkung von $SO(n)$ auf $\mathbb{R}^n$ induzierte Darstellung von $SO(n)$ auf dem Raum der alternierenden Tensoren $\mathbb{R}^n \wedge \mathbb{R}^n$. Wir betrachten die lineare Abbildung $\phi : \mathbb{R}^n \wedge \mathbb{R}^n \to \mathfrak{so}(n)$, die durch

$$\phi(v \wedge w) = X_{v,w}, \quad \text{wobei } X_{v,w}(z) := \langle v, z \rangle w - \langle w, z \rangle v \quad \text{für } z \in \mathbb{R}^n,$$

gegeben ist. Zeigen Sie, dass ϕ ein linearer Isomorphismus ist, der mit der Wirkung $(\rho_2)_*$ von $\mathfrak{so}(n)$ auf $\mathbb{R}^n \wedge \mathbb{R}^n$ und der durch die adjungierte Darstellung ad definierten Wirkung von $\mathfrak{so}(n)$ auf $\mathfrak{so}(n)$ kommutiert.

1.7. Bestimmen Sie die Signatur der Killing-Formen von $\mathfrak{sl}(2, \mathbb{R})$ und von $\mathfrak{su}(2)$.

1.8. Es sei $\mathfrak{so}(p, q)$ die Lie-Algebra der pseudo-orthogonalen Gruppe $O(p, q)$. Zeigen Sie, dass für die Killing-Form von $\mathfrak{so}(p, q)$ die Formel

$$B_{\mathfrak{so}(p,q)}(X, Y) = (n - 2) \operatorname{Tr}(X \circ Y)$$

mit $n = p + q$ gilt. Zeigen Sie, dass die Killing-Form $B_{\mathfrak{so}(p,q)}$ nicht-ausgeartet ist und bestimmen Sie ihre Signatur.

1.9. (*Metriken konstanter Krümmung auf Lie-Gruppen.*)

a) Es sei h die linksinvariante Metrik auf $SU(2)$, die durch das Skalarprodukt

$$\langle X, Y \rangle_{\mathfrak{su}(2)} := -\frac{1}{2} \operatorname{Tr}(X \circ Y)$$

auf der Lie-Algebra $\mathfrak{su}(2)$ von $SU(2)$ gegeben ist. Zeigen Sie, dass $(SU(2), h)$ eine Riemannsche Mannigfaltigkeit ist, die isometrisch zur Sphäre S^3 mit der Standardmetrik ist. (Insbesondere ist $(SU(2), h)$ eine vollständige Riemannsche Mannigfaltigkeit konstanter Schnittkrümmung 1.)

b) Es sei b die linksinvariante Metrik auf $SU(1, 1)$, die durch das Skalarprodukt

$$\langle X, Y \rangle_{\mathfrak{su}(1,1)} := +\frac{1}{2} \operatorname{Tr}(X \circ Y)$$

auf der Lie-Algebra $\mathfrak{su}(1, 1)$ von $SU(1, 1)$ gegeben ist. Zeigen Sie, dass durch $(SU(1, 1), b)$ eine Lorentz-Mannigfaltigkeit gegeben ist, die isometrisch zum 3-dimensionalen AdS-Raum $H^{1,2} := \{x \in \mathbb{R}^4 | \langle x, x \rangle_{2,2} = -1\}$ mit der durch $\langle , \rangle_{2,2}$ induzierten Lorentz-Metrik ist. (Insbesondere ist $(SU(1, 1), b)$ eine vollständige Lorentz-Mannigfaltigkeit konstanter Schnittkrümmung -1.)

1.10. (*Geometrie von Lie-Gruppen mit biinvarianter Metrik.*)

Sei G eine zusammenhängende Lie-Gruppe mit der Lie-Algebra $\mathfrak{g}$ und sei h eine biinvariante Metrik auf G. Zeigen Sie:

a) Für den Levi-Civita-Zusammenhang und die Krümmung von (G, h) gilt

$$\nabla_X Y = \frac{1}{2}[X, Y], \qquad\qquad\qquad X, Y \in \mathfrak{g},$$

$$R(X, Y)Z = -\frac{1}{4}[[X, Y], Z], \qquad\qquad X, Y, Z \in \mathfrak{g},$$

$$Ric(X, Y) = -\frac{1}{4}B_{\mathfrak{g}}(X, Y), \qquad\qquad X, Y \in \mathfrak{g}.$$

(Ist also h insbesondere die durch die Killing-Form einer halbeinfachen Lie-Gruppe G definierte biinvariante semi-Riemannsche Metrik, dann ist (G, h) ein Einstein-Raum.)

b) Die Geodäten von (G, h) stimmen mit den Integralkurven der linksinvarianten Vektorfelder überein, d. h., jede Geodäte γ mit $\gamma(0) = g \in G$ hat die Form

$$\gamma(t) = g \cdot \exp(tX), \quad t \in \mathbb{R},$$

für ein $X \in \mathfrak{g}$. Insbesondere ist die semi-Riemannsche Mannigfaltigkeit (G, h) geodätisch vollständig.

c) (G, h) ist ein symmetrischer Raum, d. h., für jedes $a \in G$ existiert eine Isometrie $s_a : G \longrightarrow G$ mit

$$s_a(a) = a \quad\text{und}\quad (ds_a)_a = -\operatorname{Id}_{T_a G}.$$

(Hinweis: Betrachten Sie die Abbildung s_a mit $s_a(g) := a \cdot g^{-1} \cdot a$.)

d) Ist die Killing-Form $B_{\mathfrak{g}}$ der Lie-Gruppe G negativ definit, so ist G kompakt und ihre Fundamentalgruppe endlich.

(Hinweis: Hierzu benötigt man den Satz von Bonnet-Myers, der eine Aussage über den Zusammenhang zwischen Topologie und Krümmung macht.)

1.11. Es bezeichne $C := \{x \in \mathbb{R}^{1, n+1} \mid \langle x, x \rangle_{1, n+1} = 0\}$ den Lichtkegel im (n + 2)-dimensionalen Minkowski-Raum und $PC := \{\mathbb{R}x \mid x \in C \setminus \{\mathbf{o}\}\}$ seine Projektivierung.

a) Zeigen Sie, dass PC diffeomorph zur Sphäre S^n ist. Veranschaulichen Sie dies an einem Bild.

b) Zeigen Sie, dass die pseudo-orthogonale Gruppe $O(1, n + 1)$ transitiv auf PC wirkt. Bestimmen Sie den Stabilisator des Punktes $\mathbb{R}(1, 0, \ldots, 0, 1) \in PC$.

1.12. Es sei $[F, G]$ eine Liesche Transformationsgruppe, wobei die Lie-Gruppe G von links auf F wirke. Zeigen Sie, dass durch

$$(g, X) \in G \times TF \longrightarrow dl_g(X) \in TF$$

eine G-Wirkung auf dem Tangentialbündel von F gegeben ist. Das Paar $[TF, G]$ ist also eine Liesche Transformationsgruppe.

1.13. Formulieren und beweisen Sie die zu Satz 1.27 analoge Produktformel für von links wirkende Lie-Gruppen.

Hauptfaserbündel und assoziierte Faserbündel 2

2.1 Lokal-triviale Faserungen

In diesem Abschnitt definieren wir die grundlegenden Objekte, mit denen wir uns in diesem Buch beschäftigen wollen, die lokal-trivialen Faserbündel.

Definition 2.1 *Es seien* $\pi : E \longrightarrow M$ *eine glatte Abbildung zwischen zwei Mannigfaltigkeiten[1] und F eine weitere Mannigfaltigkeit. Das Tupel* $(E, \pi, M; F)$ *heißt lokal-triviale Faserung (oder lokal-triviales Bündel) mit dem Fasertyp F, falls es um jeden Punkt* $x \in M$ *eine Umgebung[2]* $U \subset M$ *und einen Diffeomorphismus* $\phi_U : \pi^{-1}(U) \longrightarrow U \times F$ *gibt, so dass* $pr_1 \circ \phi_U = \pi$ *gilt.*

Man kann sich den Raum E also als zusammengeklebte „Zylinder" der Form $U \times F$ vorstellen. Der Raum E heißt der *Totalraum*, M der *Basisraum*, π die *Projektion* und F der *Fasertyp* der Faserung. Die Untermannigfaltigkeit $E_x = \pi^{-1}(x) \subset E$ nennen wir *Faser über* $x \in M$. Das in der Definition gegebene Paar (U, ϕ_U) heißt *Bündelkarte* oder *lokale Trivialisierung über U*.

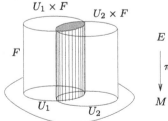

---

[1] Wir erinnern daran, dass alle Mannigfaltigkeiten in diesem Buch glatt sind.

[2] Mit *Umgebung von x* ist in diesem Buch immer eine *offene* Menge gemeint, die x enthält.

H. Baum, *Eichfeldtheorie*, Springer-Lehrbuch Masterclass,
DOI: 10.1007/978-3-642-38539-1_2, © Springer-Verlag Berlin Heidelberg 2014

Mit E_V bezeichnen wir die Menge der Fasern über $V \subset M$. Ist V offen, so ist $(E_V, \pi, V; F)$ ebenfalls eine lokal-triviale Faserung, das *Teilbündel* über V. Für jedes $x \in M$ ist die durch die Bündelkarte (U, ϕ_U) gegebene Abbildung

$$\phi_{Ux} := pr_2 \circ \phi_U\big|_{E_x} : E_x \longrightarrow F$$

ein Diffeomorphismus zwischen der Faser und dem Fasertyp. Sei $\mathcal{U} = \{U_i\}_{i \in \Lambda}$ eine offene Überdeckung von M und $\{(U_i, \phi_i)\}_{i \in \Lambda}$ ein Atlas von Bündelkarten. Die Abbildungen

$$\phi_i \circ \phi_k^{-1} : (U_i \cap U_k) \times F \longrightarrow (U_i \cap U_k) \times F$$

heißen *Übergangsfunktionen zwischen den Bündelkarten* (U_k, ϕ_k) *und* (U_i, ϕ_i). Sie definieren Abbildungen von den Schnittmengen $U_i \cap U_k$ in die Gruppe der Diffeomorphismen[3] von F

$$\begin{aligned} \phi_{ik} : U_i \cap U_k &\longrightarrow Diff(F) \\ x &\longmapsto \phi_{ix} \circ \phi_{kx}^{-1} : F \to F, \end{aligned}$$

die die sogenannten *Cozyklusbedingungen*

$$\phi_{ik}(x) \circ \phi_{kj}(x) = \phi_{ij}(x) \quad \text{und} \quad \phi_{ii}(x) = \mathrm{Id}_F \tag{2.1}$$

erfüllen. Die Abbildungen $\{\phi_{ik}\}_{i,k \in \Lambda}$ heißen *Cozyklen des Bündels*.

Wenn keine Missverständnisse möglich sind, bezeichnen wir eine lokal-triviale Faserung $(E, \pi, M; F)$ auch kurz nur mit E.

Definition 2.2 *Zwei lokal-triviale Faserungen* $(E, \pi, M; F)$ *und* $(\widetilde{E}, \widetilde{\pi}, M; \widetilde{F})$ *über dem gleichen Basisraum M heißen* isomorph, *wenn es einen Diffeomorphismus $H : E \longrightarrow \widetilde{E}$ gibt, so dass $\widetilde{\pi} \circ H = \pi$.*

Wir schreiben für isomorphe Faserungen auch oft kurz einfach $E \simeq \widetilde{E}$ oder $E = \widetilde{E}$, falls keine Missverständnisse möglich sind.

Beispiel 2.1 Seien M und F Mannigfaltigkeiten und $pr_1 : M \times F \longrightarrow M$ die Projektion auf die erste Komponente. Dann ist $\underline{F} := (M \times F, pr_1, M; F)$ eine lokal-triviale Faserung mit einem Bündelatlas aus einer Karte $\{(M \times F, \mathrm{Id})\}$. Wir nennen jede Faserung, die isomorph zu dieser Faserung ist, *trivial*.

Beispiel 2.2 Jede Überlagerung $p : \widetilde{M} \longrightarrow M$ mit bogenzusammenhängendem Totalraum $\widetilde{M}$ ist eine lokal-triviale Faserung. Der Fasertyp ist in diesem Fall ein diskreter topologischer Raum, der sich bijektiv auf den Faktorraum $\pi_1(M, x)/p_\sharp(\pi_1(\widetilde{M}, \widetilde{x}))$ abbilden lässt.

Beispiel 2.3 Sei M eine n-dimensionale Mannigfaltigkeit. Die folgenden Bündel über M sind lokal-triviale Faserungen:

---

[3] Mit *Diff* (M) bezeichnen wir die Gruppe der Diffeomorphismen einer Mannigfaltigkeit M.

das Tangentialbündel $(TM, \pi, M; \mathbb{R}^n)$,
das Cotangentialbündel $(T^*M, \pi, M; \mathbb{R}^n)$,
das Bündel der k-Formen $(\Lambda^k M, \pi, M; \mathbb{R}^{\lambda_k})$, mit $\lambda_k = \binom{n}{k}$,
das Bündel der (r, s)-Tensoren $(T^{r,s}M, \pi, M; \mathbb{R}^{n^{r+s}})$.

Die Topologie und Differentialstruktur des Totalraumes einer lokal-trivialen Faserung $(E, \pi, M; F)$ ist wegen der Glattheit der Bündelkarten durch diejenige von M und F eindeutig bestimmt. Dies können wir uns für die Konstruktion neuer Bündel zu Nutze machen. Zunächst vereinbaren wir noch eine Bezeichnung.

Definition 2.3 *Seien M und F Mannigfaltigkeiten und $\pi : E \longrightarrow M$ eine surjektive Abbildung von einer Menge E auf M. Ist $U \subset M$ eine offene Menge und $\phi_U : \pi^{-1}(U) \longrightarrow U \times F$ eine bijektive Abbildung mit $pr_1 \circ \phi_U = \pi|_{E_U}$, so nennen wir (U, ϕ_U) formale Bündelkarte von E. Eine Familie $\{(U_i, \phi_{U_i})\}_{i \in \Lambda}$ von formalen Bündelkarten von E (bzgl. π) nennen wir formalen Bündelatlas von E, wenn $\{U_i\}_{i \in \Lambda}$ eine offene Überdeckung von M ist.*

Satz 2.1 *1. Seien M und F Mannigfaltigkeiten und E eine Menge mit einer bijektiven Abbildung $\pi : E \longrightarrow M$. Weiterhin sei $\{(U_i, \phi_{U_i})\}_{i \in \Lambda}$ ein formaler Bündelatlas von E (bzgl. π), so dass alle Übergangsfunktionen*

$$\phi_i \circ \phi_k^{-1} : (U_i \cap U_k) \times F \longrightarrow (U_i \cap U_k) \times F, \qquad i, k \in \Lambda,$$

glatt sind. Dann gibt es eine eindeutig bestimmte Topologie und Mannigfaltigkeitsstruktur auf E derart, dass $(E, \pi, M; F)$ eine (glatte) lokal-triviale Faserung mit dem (glatten) Bündelatlas $\{(U_i, \phi_i)\}_{i \in \Lambda}$ wird.
2. Seien $(E, \pi, M; F)$ und $(\widetilde{E}, \widetilde{\pi}, M; \widetilde{F})$ (glatte) lokal-triviale Faserungen über M und $H : E \longrightarrow \widetilde{E}$ eine bijektive Abbildung mit $\widetilde{\pi} \circ H = \pi$. Seien weiterhin für alle Karten zweier Bündelatlanten $\{(U_i, \phi_i)\}$ von E bzw. $\{(U_i, \widetilde{\phi}_i)\}$ von $\widetilde{E}$ die Kartendarstellungen

$$\widetilde{\phi}_i \circ H \circ \phi_k^{-1} : (U_i \cap U_k) \times F \longrightarrow (U_i \cap U_k) \times \widetilde{F}$$

Diffeomorphismen. Dann ist $H : E \longrightarrow \widetilde{E}$ ein Diffeomorphismus.

Beweis Wir können oBdA voraussetzen, dass die Mengen U_i Kartenbereiche von M sind. Eine Menge $O \subset E$ sei per Definition offen, wenn für jede formale Bündelkarte (U_i, ϕ_i), $i \in \Lambda$, die Menge $\phi_i(O \cap \pi^{-1}(U_i)) \subset U_i \times F$ offen in der durch M und F gegebenen Produkttopologie auf $U_i \times F$ ist. Dies definiert eine Topologie auf E, die hausdorffsch ist und eine abzählbare Basis besitzt. Zur Definition der Mannigfaltigkeitsstruktur auf E betrachten wir zusätzlich zum formalen Bündelatlas $\{(U_i, \phi_i)\}_{i \in \Lambda}$ einen glatten Atlas $\{(U_i, \varphi_i)\}_{i \in \Lambda}$ von M und einen glatten Atlas $\{(V_j, \psi_j)\}_{j \in \gamma}$ von F. Die Karte (W_{ij}, θ_{ij}) auf E sei definiert durch

$$W_{ij} := \phi_i^{-1}(U_i \times V_j) \subset E,$$
$$\theta_{ij} := (\varphi_i \times \psi_j) \circ \phi_i : W_{ij} \longrightarrow \varphi_i(U_i) \times \psi_j(V_j) \subset \mathbb{R}^n \times \mathbb{R}^r,$$

wobei n die Dimension von M und r die Dimension von F bezeichnen. Dann ist $\{(W_{ij}, \theta_{ij}) \mid i \in \Lambda, j \in \Upsilon\}$ ein glatter Atlas auf E und für die dadurch auf E definierte Differentialstruktur sind die Projektion π und die formalen Bündelkarten (U_i, ϕ_i) glatt. Man überzeugt sich schnell davon, dass die auf E definierte Topologie und Differentialstruktur eindeutig bestimmt ist und nicht von den gewählten Atlanten abhängt. Die zweite Aussage des Satzes folgt unmittelbar aus der differenzierbaren Struktur der Totalräume E und $\widetilde{E}$. $\square$

Eine Methode, um neue Bündel aus vorhandenen zu erhalten, ist das ‚Zurückziehen'. Wir betrachten dazu eine glatte Abbildung $f : N \longrightarrow M$ und eine lokal-triviale Faserung $\xi = (E, \pi, M; F)$ über dem Bildraum M. Die zurückgezogene Faserung $f^*\xi := (f^*E, \overline{\pi}, N; F)$ definieren wir durch

$$f^*E := \{(y, e) \in N \times E \mid f(y) = \pi(e)\} \subset N \times E,$$
$$\overline{\pi}(y, e) := y.$$

Offensichtlich kommutiert das Diagramm

$$\begin{array}{ccc} f^*E & \overset{pr_2}{\longrightarrow} & E \\ \downarrow \overline{\pi} & & \downarrow \pi \\ N & \overset{f}{\longrightarrow} & M. \end{array}$$

Satz 2.2 $f^*\xi = (f^*E, \overline{\pi}, N; F)$ *ist eine lokal-triviale Faserung über* N *(die durch f induzierte Faserung über N).*

Beweis Sei $\{(U_i, \phi_i)\}$ ein Bündelatlas von ξ. Wir betrachten die offenen Mengen $V_i := f^{-1}(U_i) \subset N$ und die bijektiven Abbildungen

$$\psi_i : \overline{\pi}^{-1}(V_i) = (f^*E)_{V_i} \longrightarrow V_i \times F$$
$$(y, e) \longmapsto (y, pr_2\phi_i(e)).$$

Dann sind

$$\psi_i \circ \psi_k^{-1} : (V_i \cap V_k) \times F \longrightarrow (V_i \cap V_k) \times F$$
$$(y, v) \longmapsto (y, pr_2\phi_i\phi_k^{-1}(f(y), v))$$

glatte Abbildungen. Entsprechend Satz 2.1 gibt es auf f^*E eine Mannigfaltigkeitsstruktur, so dass $f^*\xi$ eine (glatte) lokal-triviale Faserung mit dem Bündelatlas $\{(V_i, \psi_i)\}$ wird. $\square$

Definition 2.4 *Unter einem glatten Schnitt*[4] *in einer lokal-trivialen Faserung* $(E, \pi, M; F)$ *versteht man eine glatte Abbildung* $s : M \longrightarrow E$ *mit* $\pi \circ s = \mathrm{Id}_M$. *Einen Schnitt im Teilbündel*

---

[4] Im Folgenden werden wir nur glatte Schnitte betrachten und zur Abkürzung einfach Schnitt sagen.

E_U über einer offenen Menge $U \subset M$ nennt man lokalen Schnitt in E über U. Mit $\Gamma(E)$ bezeichnen wir die Menge der glatten Schnitte in E, mit $\Gamma(U, E) = \Gamma(E_U)$ die Menge der lokalen glatten Schnitte über U.

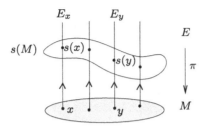

Für ein triviales Bündel $\underline{F} = (M \times F, pr_1, M; F)$ gilt offensichtlich $\Gamma(\underline{F}) = C^\infty(M, F)$. Die Schnitte $\Gamma(TM)$ des Tangentialbündels einer Mannigfaltigkeit M sind die glatten Vektorfelder auf M, die Schnitte $\Gamma(\Lambda^k(M))$ die glatten k-Formen auf M und die Schnitte $\Gamma(T^{r,s}(M))$ die glatten (r, s)-Tensorfelder auf M.

Abschließend beweisen wie die Existenz von globalen Schnitten für lokal-triviale Faserungen, deren Fasertyp diffeomorph zu einem reellen Vektorraum ist.

Satz 2.3 *Es sei $(E, \pi, M; F)$ eine lokal-triviale Faserung, deren Fasertyp F diffeomorph zu einem reellen Vektorraum $\mathbb{R}^m$ ist, und $A \subset M$ eine abgeschlossene Teilmenge. Dann kann man jeden auf A definierten glatten Schnitt $s : A \longrightarrow E$ zu einem globalen glatten Schnitt auf M fortsetzen.[5] Insbesondere existiert ein globaler glatter Schnitt in E, d. h. $\Gamma(E) \neq \emptyset$.*

Beweis Sei (U, ϕ_U) eine Bündelkarte von E, $A \subset M$ eine abgeschlossene Teilmenge von M und $s : A \longrightarrow E$ ein glatter Schnitt in E über A. Dann kann man den Schnitt $s|_{U \cap A} : A \cap U \longrightarrow E$ glatt auf die offene Menge U fortsetzen. Wir betrachten dazu die glatten reellwertigen Funktionen $f_1, \ldots, f_m : A \cap U \longrightarrow \mathbb{R}$, die mittels

$$\phi_U : E_{A \cap U} \longrightarrow U \times \mathbb{R}^m$$
$$s(x) \longmapsto (x, f_1(x), \ldots, f_m(x))$$

definiert sind. Eine auf einer abgeschlossenen Teilmenge einer Mannigfaltigkeit definierte reellwertige Funktion kann glatt auf die gesamte Mannigfaltigkeit fortgesetzt werden. Wir wählen glatte Fortsetzungen $\widehat{f}_i : U \longrightarrow \mathbb{R}$ von f_i und definieren die Fortsetzung $s_U : U \longrightarrow E$ durch

$$s_U(x) := \phi_U^{-1}((x, \widehat{f_1}(x), \ldots, \widehat{f_m}(x))).$$

Sei nun $\{(U_\alpha, \phi_\alpha)\}_{\alpha \in \Lambda}$ eine Überdeckung von E durch Bündelkarten, $\{\varphi_\alpha\}_{\alpha \in \Lambda}$ eine Zerlegung der 1 zur Überdeckung $\mathcal{U} = \{U_\alpha\}$ und $V_\alpha := \{x \in M \mid \varphi_\alpha(x) > 0\}$. Dann ist

---

[5] Eine auf einer abgeschlossenen Menge definierte Abbildung $f : A \subset M \longrightarrow E$ heißt glatt, falls es zu jedem $x \in A$ eine offene Umgebung $U(x) \subset M$ und eine glatte Abbildung $F_x : U(x) \longrightarrow E$ mit $F_x|_{U(x) \cap A} = f$ gibt.

$\{V_\alpha\}_{\alpha \in \Lambda}$ eine offene Überdeckung von M und die Abschlüsse cl $V_\alpha := \mathrm{supp}(\varphi_\alpha) \subset U_\alpha$ sind kompakt.

Für eine Teilmenge $J \subset \Lambda$ der Indexmenge Λ setzen wir $M_J := \bigcup_{\alpha \in J}$ cl V_α. Dann ist $M = M_\Lambda$. Wir betrachten das Mengensystem

$$\mathcal{T} := \{(\tau, J) \mid J \subset \Lambda, \ \tau : M_J \longrightarrow E \ \text{glatter Schnitt mit} \ \tau\big|_{M_J \cap A} = s\big|_{M_J \cap A}\}.$$

$\mathcal{T}$ ist nichtleer, da $(s_{U_\alpha}, \{\alpha\}) \in \mathcal{T}$. Außerdem ist $\mathcal{T}$ durch

$$(\tau', J') \leq (\tau'', J'') \ :\Longleftrightarrow \ J' \subset J'', \ \tau' = \tau''\big|_{M_{J'}}$$

halbgeordnet und jede wohlgeordnete Kette in $\mathcal{T}$ hat eine obere Schranke. Nach dem Zornschen Lemma gibt es somit ein maximales Element $(\widehat{s}, \widehat{J}) \in \mathcal{T}$. Um den Beweis abzuschließen, müssen wir $\widehat{J} = \Lambda$ zeigen. Angenommen, es gäbe ein $i_0 \in \Lambda \setminus \widehat{J}$. Es existiert ein glatter Schnitt $\tau_{i_0} : U_{i_0} \longrightarrow E$, so dass

$$\tau_{i_0}\big|_{A \cap \mathrm{cl}\, V_{i_0}} = s\big|_{A \cap \mathrm{cl}\, V_{i_0}} \quad \text{und}$$

$$\tau_{i_0}\big|_{M_{\widehat{J}} \cap \mathrm{cl}\, V_{i_0}} = \widehat{s}\big|_{M_{\widehat{J}} \cap \mathrm{cl}\, V_{i_0}}.$$

Sei $\widehat{J}' := \widehat{J} \cup \{i_0\}$ und der Schnitt $\widehat{s}' : M_{\widehat{J}'} \longrightarrow E$ durch

$$\widehat{s}' := \begin{cases} \widehat{s} & \text{auf } M_{\widehat{J}} \\ \tau_{i_0} & \text{auf cl } V_{i_0} \end{cases}$$

definiert. Dann ist $(\widehat{s}', \widehat{J}') \in \mathcal{T}$. Dies widerspricht aber der Maximalität von $(\widehat{s}, \widehat{J})$. Somit ist $M = M_{\widehat{J}}$ und $\widehat{s} : M \longrightarrow E$ der gesuchte glatte Schnitt mit $\widehat{s}\big|_A = s$. $\square$

2.2   Hauptfaserbündel

In diesem Abschnitt betrachten wir nun spezielle lokal-triviale Faserungen, deren Fasertyp eine Lie-Gruppe ist, die sogenannten Hauptfaserbündel.

Definition 2.5 *Sei G eine Lie-Gruppe und $\pi : P \longrightarrow M$ eine glatte Abbildung. Das Tupel $(P, \pi, M; G)$ heißt G-Hauptfaserbündel über M, falls gilt:*

1. *G wirkt von rechts als Liesche Transformationsgruppe auf P. Die Wirkung ist fasertreu und einfach transitiv auf den Fasern.*
2. *Es gibt einen Bündelatlas $\{(U_i, \phi_i)\}$ aus G-äquivarianten Bündelkarten, d. h., es gilt*
   a) *$\phi_i : \pi^{-1}(U_i) \longrightarrow U_i \times G$ ist ein Diffeomorphismus.*
   b) *$pr_1 \circ \phi_i = \pi$.*

c) $\phi_i(p \cdot g) = \phi_i(p) \cdot g$ *für alle* $p \in \pi^{-1}(U_i)$ *und* $g \in G$, *wobei* G *auf* $U_i \times G$ *durch*
$(x, a) \cdot g = (x, ag)$ *wirkt*.

Wir geben zwei weitere äquivalente Beschreibungen für Hauptfaserbündel an, die oft nützlich sind, wenn man prüfen will, ob ein Hauptfaserbündel vorliegt. Zunächst kann man die Trivialisierungen durch lokale Schnitte ersetzen.

Satz 2.4 *Sei* G *eine Lie-Gruppe und* $\pi : P \longrightarrow M$ *eine glatte Abbildung. Das Tupel* $(P, \pi, M; G)$ *ist genau dann ein* G-*Hauptfaserbündel, wenn gilt:*

1. G *wirkt von rechts als Liesche Transformationsgruppe auf* P. *Die Wirkung ist fasertreu und einfach transitiv auf den Fasern.*
2. *Es existieren eine offene Überdeckung* $\mathcal{U} = \{U_i\}_{i \in \Lambda}$ *von* M *und lokale Schnitte* $s_i : U_i \longrightarrow P$ *für jedes* $i \in \Lambda$.

Beweis Sei $s : U \longrightarrow P$ ein lokaler Schnitt und ψ_s die Abbildung

$$\psi_s : U \times G \longrightarrow P_U$$
$$(x, g) \longmapsto s(x) \cdot g.$$

Dann ist ψ_s bijektiv, glatt und G-äquivariant. Außerdem ist ψ_s eine Submersion, da

$$(d\psi_s)_{(x,g)}(X, Z) = dR_g(X) + \widetilde{dL_{g^{-1}}(Z)}(x \cdot g) \qquad \forall X \in T_x U, \ Z \in T_g G.$$

Folglich ist ψ_s ein Diffeomorphismus. Somit definiert $\phi_s := \psi_s^{-1} : P_U \to U \times G$ eine G-äquivariante Bündelkarte von P über U. Ist andererseits (U, ϕ_U) eine G-äquivariante Bündelkarte des Hauptfaserbündels P, so ist durch $s(x) := \phi_U^{-1}(x, e)$, wobei $x \in U$ und $e \in G$ das triviale Element der Lie-Gruppe G ist, ein lokaler Schnitt über U definiert. $\square$

Für das zweite Kriterium führen wir zunächst einen weiteren Begriff ein.

Definition 2.6 *Seien* M *eine Mannigfaltigkeit und* G *eine Lie-Gruppe. Weiterhin sei* $\mathcal{U} := \{U_i\}_{i \in \Lambda}$ *eine offene Überdeckung von* M *und* $\{g_{ij}\}_{i,j \in \Lambda}$ *eine Familie glatter Funktionen* $g_{ij} : U_i \cap U_j \to G$ *mit*

$$g_{ij}(x) \cdot g_{jk}(x) = g_{ik}(x) \qquad \forall x \in U_i \cap U_j \cap U_k, \qquad (2.2)$$
$$g_{ii}(x) = e \qquad \forall x \in U_i.$$

Dann nennt man die Familie $\{g_{ij}\}_{i,j \in \Lambda}$ G-*Cozyklen von* M.

Satz 2.5 *Sei* G *eine Lie-Gruppe und* $\pi : P \longrightarrow M$ *eine glatte Abbildung. Das Tupel* $(P, \pi, M; G)$ *ist genau dann ein* G-*Hauptfaserbündel, wenn es einen Bündelatlas* $\{(U_i, \phi_i)\}_{i \in \Lambda}$ *und* G-*Cozyklen* $\{g_{ij}\}_{i,j \in \Lambda}$ *zur Überdeckung* $\mathcal{U} = \{U_i\}_{i \in \Lambda}$ *gibt, so dass die Cozyklen* ϕ_{ij} *von* P *durch die Linkstranslationen mit* g_{ij}

$$\phi_{ij}(x) = L_{g_{ij}(x)} : G \longrightarrow G$$

gegeben sind.

Beweis Sei $\{(U_i, \phi_i)\}$ ein G-äquivarianter Bündelatlas eines G-Hauptfaserbündels P. Dann sind die Abbildungen

$$g_{ik} : U_i \cap U_k \longrightarrow G$$
$$x \longmapsto g_{ik}(x) := \phi_{ix}(\phi_{kx}^{-1}(e)) = \phi_{ik}(x)(e)$$

glatt, erfüllen die Cozyklusbedingung (2.2) und $\phi_{ik}(x)(g) = g_{ik}(x) \cdot g$. Ist andererseits ein Bündelatlas $\{(U_i, \phi_i)\}$ gegeben, dessen Cozyklen (2.1) durch Linkstranslationen mit G-Cozyklen der Form (2.2) gegeben sind, dann definieren wir die G-Wirkung auf P durch

$$p \cdot g := \phi_{ix}^{-1}(\phi_{ix}(p) \cdot g),$$

wobei $x \in U_i$ und $p \in P_x$. Diese Wirkung ist unabhängig von der gewählten Karte und erfüllt die gewünschten Bedingungen.   □

Beispiel 2.4 Das triviale Bündel $\underline{G} := (M \times G, pr_1, M; G)$ ist ein G-Hauptfaserbündel.

Beispiel 2.5 Sei $\xi = (P, \pi, M; G)$ ein G-Hauptfaserbündel über M und $f : N \longrightarrow M$ eine glatte Abbildung. Dann ist das induzierte Bündel $f^*\xi$ ein G-Hauptfaserbündel über N.

Beispiel 2.6 *Das homogene Bündel eines homogenen Raumes.*
Sei G eine Lie-Gruppe, $H \subset G$ eine abgeschlossene Untergruppe und G/H der entsprechende homogene Raum (siehe Abschn. 1.5). Bezeichne $\pi : G \to G/H$ die Projektion auf den Faktorraum. Dann ist $(G, \pi, G/H; H)$ ein H-Hauptfaserbündel. H wirkt von rechts wie erforderlich auf G, die Existenz der nötigen lokalen Schnitte ist im Satz 1.24 bewiesen.

Beispiel 2.7 *Die Hopfbündel über $\mathbb{C}P^n$ und $\mathbb{H}P^n$.*
Wir betrachten die Sphäre

$$S^{2n+1} = \{(w_0, \dots, w_n) \in \mathbb{C}^{n+1} \mid |w_0|^2 + \cdots + |w_n|^2 = 1\}$$

und die Lie-Gruppe S^1. S^1 wirkt von rechts auf S^{2n+1} durch

$$S^{2n+1} \times S^1 \longrightarrow S^{2n+1}$$
$$((w_0, \dots, w_n), z) \longmapsto (w_0 \cdot z, \dots, w_n \cdot z).$$

Den Faktorraum S^{2n+1}/S^1 können wir mit dem komplex-projektiven Raum $\mathbb{C}P^n$ aller komplexen Geraden im $\mathbb{C}^{n+1}$ durch $\{0\}$ identifizieren. Dann definiert die Projektion

$$\pi : \quad S^{2n+1} \quad \longrightarrow \mathbb{C}P^n \simeq S^{2n+1}/S^1$$
$$(w_0, \dots, w_n) \longmapsto [w_0 : \cdots : w_n]$$

ein S^1-Hauptfaserbündel über dem komplex-projektiven Raum $\mathbb{C}P^n$, das wir das *Hopf-bündel über* $\mathbb{C}P^n$ nennen. Ist speziell $n = 1$, so erhält man wegen $\mathbb{C}P^1 \simeq S^2$ ein S^1-Hauptfaserbündel $(S^3, \pi, S^2; S^1)$ über S^2.

Die lokalen Trivialisierungen sind durch die folgenden lokalen Schnitte über $U_j = \{[w_0 : \cdots : w_n] \mid w_j \neq 0\} \subset \mathbb{C}P^n$ gegeben:

$$s_j([w_0 : \cdots : w_n]) = \left(\frac{w_0}{w_j}, \ldots, \frac{w_{j-1}}{w_j}, 1, \frac{w_{j+1}}{w_j}, \ldots, \frac{w_n}{w_j}\right) \cdot \left(1 + \sum_{k \neq j} \frac{|w_k|^2}{|w_j|^2}\right)^{-\frac{1}{2}}.$$

Auf analoge Weise erhält man das *Hopfbündel über* $\mathbb{H}P^n$. Wir betrachten dazu die Sphäre $S^{4n+3} = \{(q_0, \ldots, q_n) \in \mathbb{H}^{n+1} \mid |q_0|^2 + \cdots + |q_n|^2 = 1\}$ und die Lie-Gruppe $S^3 = \{q \in \mathbb{H} \mid |q| = 1\}$. S^3 wirkt auf S^{4n+3} durch

$$S^{4n+3} \times S^3 \longrightarrow S^{4n+3}$$
$$((q_0, \ldots, q_n), q) \longmapsto (q_0 \cdot q, \ldots, q_n \cdot q).$$

Dann definiert die Projektion

$$\pi : \quad S^{4n+3} \quad \longrightarrow \mathbb{H}P^n = S^{4n+3}/S^3$$
$$(q_0, \ldots, q_n) \longmapsto [q_0 : \cdots : q_n]$$

ein S^3-Hauptfaserbündel über dem quaternionisch-projektiven Raum $\mathbb{H}P^n$, das wir das *Hopfbündel über* $\mathbb{H}P^n$ nennen. Ist speziell $n = 1$, so erhält man wegen $\mathbb{H}P^1 \simeq S^4$ ein S^3-Hauptfaserbündel $(S^7, \pi, S^4; S^3)$ über S^4. Die lokalen Schnitte werden analog zum komplexen Fall definiert.

Beispiel 2.8 Wir betrachten die Stiefel-Mannigfaltigkeit $V_k(\mathbb{R}^n)$ und die Grassmann-Mannigfaltigkeit $G_k(\mathbb{R}^n)$.

Die Projektion

$$\pi : \quad V_k(\mathbb{R}^n) \quad \longrightarrow G_k(\mathbb{R}^n)$$
$$(v_1, \ldots, v_k) \longmapsto \mathrm{span}(v_1, \ldots, v_k)$$

definiert ein Hauptfaserbündel über $G_k(\mathbb{R}^n)$ mit der orthogonalen Gruppe $O(k)$ als Strukturgruppe. Auf analoge Weise erhält man ein $U(k)$-Hauptfaserbündel $\pi : V_k(\mathbb{C}^n) \to G_k(\mathbb{C}^n)$ über der komplexen Grassmann-Mannigfaltigkeit.

Beispiel 2.9 *Das Reperbündel einer Mannigfaltigkeit.*

Sei M^n eine n-dimensionale Mannigfaltigkeit,

$$GL(M)_x := \{v_x = (v_1, \ldots, v_n) \mid v_x \text{ Basis in } T_x M\}$$

die Menge der Basen in $T_x M$ und

$$GL(M) := \bigcup_{x \in M} GL(M)_x$$

die disjunkte Vereinigung dieser Mengen von Basen. Die Projektion $\pi : GL(M) \longrightarrow M$ ist durch $\pi(v_x) := x$ gegeben. Die Gruppe $GL(n, \mathbb{R})$ wirkt von rechts auf der Menge $GL(M)$ durch

$$(v_1, \ldots, v_n) \cdot A := \left(\sum_i v_i A_{i1}, \ldots, \sum_i v_i A_{in} \right), \quad A = (A_{ij}).$$

Diese Wirkung ist fasertreu und einfach transitiv auf den Fasern. Ist $(U, \varphi = (x_1, \ldots, x_n))$ eine Karte der Mannigfaltigkeit M, so definiert die durch die Karte gegebene kanonische Basis einen lokalen Schnitt

$$s = \left(\frac{\partial}{\partial x_1}, \ldots, \frac{\partial}{\partial x_n} \right) : U \longrightarrow GL(M)$$

und dieser Schnitt eine formale Bündelkarte von $GL(M)$ über U. Die Topologie und die Mannigfaltigkeitsstruktur auf der Menge $GL(M)$ wird wie in Satz 2.1 erläutert mittels dieser formalen Bündelkarten definiert. Das entstehende $GL(n, \mathbb{R})$-Hauptfaserbündel $(GL(M), \pi, M; GL(n, \mathbb{R}))$ heißt das *Reperbündel über M*.

Jede zusätzliche geometrische Struktur auf M definiert auf analoge Weise ein Teilbündel des Reperbündels $GL(M)$.

a) Sei $(M, \mathcal{O}_M)$ eine orientierte Mannigfaltigkeit. Dann betrachten wir alle positiv orientierten Basen

$$GL(M)_x^+ := \{ v_x \in GL(M)_x \mid v_x \text{ positiv orientiert} \}.$$

Wir erhalten das $GL(n, \mathbb{R})^+$-Hauptfaserbündel aller positiv-orientierten Repere $(GL(M)^+, \pi, M; GL(n, \mathbb{R})^+)$.

b) Sei $(M^{p,q}, g)$ eine semi-Riemannsche Mannigfaltigkeit der Signatur (p, q). In diesem Fall betrachten wir die orthonormalen Basen

$$O(M, g)_x = \left\{ v_x = (v_1, \ldots, v_n) \in GL(M)_x \mid \left(g_x(v_i, v_j) \right) = \begin{pmatrix} -I_p & 0 \\ 0 & I_q \end{pmatrix} \right\}$$

und erhalten das $O(p, q)$-Hauptfaserbündel $(O(M, g), \pi, M; O(p, q))$ aller orthonormalen Repere.

c) Sei (M^{2n}, ω) eine symplektische Mannigfaltigkeit der Dimension $2n$. Dann betrachten wir die symplektischen Basen

$$Sp(M, \omega)_x = \left\{ v_x = (v_1, \ldots, v_{2n}) \in GL(M)_x \mid \left(\omega_x(v_i, v_j) \right) = \begin{pmatrix} 0 & I_n \\ -I_n & 0 \end{pmatrix} \right\}$$

und erhalten das $Sp(2n, \mathbb{R})$-Hauptfaserbündel $(Sp(M, \omega), \pi, M; Sp(2n, \mathbb{R}))$ der symplektischen Repere.

Definition 2.7 *Zwei G-Hauptfaserbündel $(P, \pi, M; G)$ und $(\widetilde{P}, \widetilde{\pi}, M; G)$ über dem gleichen Basisraum M heißen isomorph, falls es einen G-äquivarianten Diffeomorphismus $\Phi : P \to \widetilde{P}$ mit $\widetilde{\pi} \circ \Phi = \pi$ gibt.*

Die G-Äquivarianz ist dabei wesentlich!! Es gibt G-Hauptfaserbündel, die als Faserungen, aber nicht als Hauptfaserbündel isomorph sind. Als Beispiel betrachte man das Hopfbündel $\xi = (S^3, \pi, S^2; S^1)$ und die gleiche lokal-triviale Faserung $\widetilde{\xi} = (S^3, \pi, S^2; S^1)$ mit der Gruppenwirkung $(w_1, w_2) \cdot z = (w_1 \cdot z^{-1}, w_2 \cdot z^{-1})$. Wir überlassen dem Leser den Beweis als Übungsaufgabe.

Die Existenz der G-Wirkung auf einem Hauptfaserbündel hat die folgende starke Konsequenz:

Satz 2.6 *Ein G-Hauptfaserbündel $(P, \pi, M; G)$ ist genau dann trivial, wenn es einen globalen Schnitt besitzt.*

Beweis Sei $s : M \longrightarrow P$ ein globaler Schnitt. Dann ist

$$\begin{aligned} \Phi : M \times G &\longrightarrow P \\ (x, g) &\longmapsto s(x) \cdot g \end{aligned}$$

ein Hauptfaserbündel-Isomorphismus zwischen P und dem trivialen G-Hauptfaserbündel. Umgekehrt definiert ein gegebener Hauptfaserbündel-Isomorphismus $\Phi : M \times G \longrightarrow P$ durch $s(x) = \Phi(x, e)$ einen globalen Schnitt in P. $\qquad\square$

2.3   Assoziierte Faserbündel

In diesem Abschnitt werden wir sehen, wie man aus Hauptfaserbündeln durch „Ersetzen der Faser" neue Bündel konstruieren kann. Im Folgenden bezeichne $(P, \pi, M; G)$ ein G-Hauptfaserbündel über M und $[F, G]$ eine von links wirkende Transformationsgruppe. Auf dem Produkt $P \times F$ wirkt G von rechts durch

$$(p, v) \cdot g := (p \cdot g, g^{-1} \cdot v).$$

Mit

$$E := (P \times F)/G =: P \times_G F$$

bezeichnen wir den entsprechenden Faktorraum, mit $[p, v]$ die Äquivalenzklasse von (p, v) und mit

$$\hat{\pi} :\quad E \;\longrightarrow\; M$$
$$[p, v] \longmapsto \pi(p)$$

die Projektion.

Satz 2.7 *Das Tupel $(E, \hat{\pi}, M; F)$ ist eine lokal-triviale Faserung über M mit dem Fasertyp F (das zum Hauptfaserbündel P und der Transformationsgruppe $[F, G]$ assoziierte Faserbündel).*

Beweis Wir müssen zeigen, dass es einen Atlas von Bündelkarten für E gibt. Sei $x \in M$ und (U, ϕ_U) eine Bündelkarte des Hauptfaserbündels P um x

$$\phi_U : P_U \;\longrightarrow\; U \times G$$
$$p \;\longmapsto\; (\pi(p), \varphi_U(p)).$$

Da ϕ_U mit der G-Wirkung vertauscht, gilt gleiches für φ_U. Wir definieren jetzt

$$\psi_U :\quad E_U \;\longrightarrow\; U \times F$$
$$[p, v] \longmapsto (\pi(p), \varphi_U(p) \cdot v).$$

Wegen der G-Äquivarianz von φ_U ist ψ_U korrekt, d.h. unabhängig von der Wahl des Repräsentanten, definiert und bijektiv. (U, ψ_U) ist also eine formale Bündelkarte von E. Die Kartenübergänge

$$\psi_V \circ \psi_U^{-1} : (U \cap V) \times F \;\longrightarrow\; (U \cap V) \times F$$
$$(x, v) \;\longmapsto\; (x, \varphi_V(p) \cdot \varphi_U(p)^{-1} \cdot v)$$

sind glatt. Folglich gibt es auf der Menge E eine Topologie und Mannigfaltigkeitsstruktur, so dass $(E, \hat{\pi}, M; F)$ eine (glatte) lokal-triviale Faserung wird (siehe Satz 2.1). $\square$

Sehen wir uns die Kartenübergänge von P und dem assoziierten Bündel E genauer an, so stellen wir Folgendes fest: Seien $g_{ik} : U_i \cap U_k \longrightarrow G$ die durch den Bündelatlas $\{(U_i, \phi_i)\}_i$ von P definierten G-Cozyklen (siehe Satz 2.5). Die Übergangsfunktionen des in Satz 2.7 durch $\{(U_i, \phi_i)\}_i$ definierten Bündelatlanten $\{(U_i, \psi_i)\}_i$ von E erfüllen

$$\psi_{ik}(x)v = \psi_{ix}(\psi_{kx}^{-1}(v)) = \varphi_i(p) \cdot (\varphi_k(p)^{-1} \cdot v)$$

für jedes $p \in P_x$. Wählen wir ein $p_0 \in P_x$ mit $\varphi_k(p_0) = \phi_{kx}(p_0) = e$, so erhalten wir

$$\psi_{ik}(x)v = \varphi_i(p_0) \cdot v = (\phi_{ix}(\phi_{kx}^{-1}(e)) \cdot v = g_{ik}(x) \cdot v.$$

Die Cozyklen des Bündels E sind also durch die Linkswirkung $l_{g_{ik}(x)} \in \mathit{Diff}(F)$ der Cozyklen g_{ik} von P gegeben. Das liefert uns das folgende Konstruktionsprinzip für lokal-triviale Faserungen.

Satz 2.8 *Sei M eine Mannigfaltigkeit und [F, G] eine von links wirkende Transformations-gruppe. Sei weiterhin $\mathcal{U} = \{U_i\}_{i \in \Lambda}$ eine offene Überdeckung von M und $g_{ik} : U_i \cap U_k \longrightarrow G$, i, k $\in \Lambda$, eine Familie von G-Cozyklen. Dann gibt es (bis auf Isomorphie) genau eine lokal-triviale Faserung $(E, \widehat{\pi}, M; F)$, deren Cozyklen durch die Linkswirkungen $l_{g_{ik}(x)} \in Diff(F)$ ge-geben sind. Dieses Faserbündel ist assoziiert zum eindeutig bestimmten G-Hauptfaserbündel, dessen Cozyklen durch die Linkstranslationen $L_{g_{ik}(x)} \in Diff(G)$ gegeben sind.*

Beweis Wir konstruieren das Bündel E aus den vorgegebenen Daten. Betrachten wir zu-nächst die disjunkte Vereinigung

$$\widehat{E} := \dot{\bigcup_{i \in \Lambda}} U_i \times F.$$

Die in dieser Vereinigung auftretenden „Zylinder" verkleben wir über den Mengen $U_i \cap U_k \neq \emptyset$ mittels folgender Äquivalenzrelation: Zwei Elemente $(x_i, v_i) \in U_i \times F$ und $(x_k, v_k) \in U_k \times F$ seien äquivalent, falls $x_i = x_k = x \in U_i \cap U_k$ und $v_k = g_{ki}(x) \cdot v_i$ gilt. Die Äquivalenzklasse von (x_i, v_i) bezeichnen wir mit $[x_i, v_i]$. Wir setzen

$$E := \widehat{E}/_\sim \quad \text{und} \quad \widehat{\pi}([x, v]) = x.$$

Die Abbildungen

$$\begin{aligned} \psi_i : \quad E_{U_i} &\longrightarrow U_i \times F \\ [x_i, v] &\longmapsto (x_i, v) \end{aligned}$$

sind bijektiv und es gilt $\psi_{ix}(\psi_{kx}^{-1}(v)) = g_{ik}(x) \cdot v = l_{g_{ik}(x)}(v)$. Insbesondere ist

$$\begin{aligned} \psi_i \circ \psi_k^{-1} : (U_i \cap U_k) \times F &\longrightarrow (U_i \cap U_k) \times F \\ (x, v) &\longmapsto (x, g_{ik}(x) \cdot v) \end{aligned}$$

glatt. Folglich gibt es auf E eine Topologie und Mannigfaltigkeitsstruktur, so dass $(E, \pi, M; F)$ eine lokal-triviale Faserung wird. Die analoge Konstruktion machen wir mit der durch die Linkswirkung der Lie-Gruppe G auf sich selbst gegebenen Transformations-gruppe $[G, G]$. Nach Satz 2.5 entsteht dann ein G-Hauptfaserbündel P. Die Abbildung

$$\begin{aligned} P \times_G F &\longrightarrow E \\ [[x_i, g], v] &\longmapsto [x_i, g \cdot v] \end{aligned}$$

ist ein Isomorphismus der Faserbündel. Abschließend zeigen wir noch die Eindeutigkeit von E. Seien E und $\widetilde{E}$ zwei Faserbündel mit Bündelatlanten $\{(U_i, \psi_i)\}$ bzw. $\{(U_i, \widetilde{\psi}_i)\}$, deren Übergangsfunktionen durch die G-Cozyklen g_{ik} gegeben sind. Dann definieren wir einen Bündelisomorphismus $H : E \longrightarrow \widetilde{E}$ durch

$$
\begin{array}{ccc}
E_{U_i} & \xrightarrow{\ H\ } & \widetilde{E}_{U_i} \\
\psi_i \downarrow & & \uparrow \widetilde{\psi}_i^{-1} \\
U_i \times F & \xrightarrow{\ \text{Id}\ } & U_i \times F.
\end{array}
$$

Die Voraussetzungen an die Bündelkarten liefern schlussendlich die Unabhängigkeit von U_i. $\qquad\qquad\qquad\qquad\qquad\qquad\qquad\qquad\qquad\qquad\qquad\qquad\qquad\qquad\qquad\quad$ $\square$

Im Folgenden werden wir oft spezielle Diffeomorphismen zwischen dem Fasertyp F und den Fasern des zum G-Hauptfaserbündel P und dem G-Raum F assoziierten Faserbündels $E = P \times_G F$ benutzen:

Definition 2.8 *Sei $p \in P_x$ ein Punkt von P in der Faser über $x \in M$. Dann heißt*

$$
\begin{aligned}
[p] : F &\longrightarrow P_x \times_G F = E_x \\
v &\longmapsto [p, v]
\end{aligned} \tag{2.3}
$$

der von p definierte Faserdiffeomorphismus.

Offensichtlich gilt für den Faserdiffeomorphismus

$$
[p \cdot g] = [p] \circ l_g \qquad \text{für alle } p \in P, g \in G. \tag{2.4}
$$

Abschließend beweisen wir eine nützliche Interpretation der Schnitte in assoziierten Faserbündeln. Mit $C^\infty(P, F)^G$ bezeichnen wir die Menge der glatten G-äquivarianten Abbildungen von P in F:

$$
C^\infty(P, F)^G := \{\bar{s} \in C^\infty(P, F) \mid \bar{s}(p \cdot g) = g^{-1} \cdot \bar{s}(p) \ \ \forall \, p \in P, g \in G\}. \tag{2.5}
$$

Dann gilt.

Satz 2.9 *Sei $E := P \times_G F$ das zu einem G-Hauptfaserbündel P über M und einer Transformationsgruppe $[F, G]$ assoziierte Faserbündel. Dann kann man die Menge der glatten Schnitte in E mit der Menge der G-äquivarianten Abbildungen identifizieren:*

$$
\Gamma(E) \simeq C^\infty(P, F)^G.
$$

Beweis Sei $\bar{s} \in C^\infty(P, F)^G$ eine äquivariante Abbildung. Wir definieren den zugehörigen Schnitt $s : M \longrightarrow E$ durch $s(x) := [p, \bar{s}(p)] \in E_x$, wobei $p \in P_x$ ein beliebig gewähltes Element in der Faser über $x \in M$ ist. Wegen $[pg, \bar{s}(pg)] = [pg, g^{-1}\bar{s}(p)] = [p, \bar{s}(p)]$ hängt dies nicht von der Auswahl von p ab. Sei andererseits $s \in \Gamma(E)$ ein Schnitt in E und die Abbildung $\bar{s} : P \longrightarrow F$ definiert durch $\bar{s}(p) := [p]^{-1}s(x)$. Dann gilt $\bar{s}(pg) = [pg]^{-1}s(x) = g^{-1}[p]^{-1}s(x) = g^{-1}\bar{s}(p)$. Also ist $\bar{s} \in C^\infty(P, F)^G$. $\qquad\qquad\qquad\qquad$ $\square$

2.4 Vektorbündel

In diesem Abschnitt betrachten wir spezielle lokal-triviale Faserungen, deren Fasertyp ein endlich-dimensionaler Vektorraum ist.

Definition 2.9 *Eine lokal-triviale Faserung* $(E, \pi, M; V)$ *heißt* $\mathbb{K}$*-Vektorbündel vom Rang* $m < \infty$, *falls Folgendes gilt:*

1. *Der Fasertyp* V *ist ein* m*-dimensionaler Vektorraum über dem Körper* $\mathbb{K}$.
2. *Jede Faser* E_x *des Bündels ist ein* $\mathbb{K}$*-Vektorraum.*
3. *Es existiert ein Bündelatlas* $\{(U_i, \phi_i)\}_{i \in \Lambda}$ *von* E, *so dass die Faserdiffeomorphismen*

$$\phi_{ix} : E_x \longrightarrow V, \quad i \in \Lambda,$$

Vektorraum-Isomorphismen sind.

Ist $\mathbb{K} = \mathbb{R}$, *so heißt* E *reelles Vektorbündel, ist* $\mathbb{K} = \mathbb{C}$, *so heißt* E *komplexes Vektorbündel.*[6] *Vektorbündel mit 1-dimensionaler Faser nennt man Linienbündel.*

Definition 2.10 *Seien* $(E, \pi, M; V)$ *und* $(\widetilde{E}, \widetilde{\pi}, M; \widetilde{V})$ *zwei* $\mathbb{K}$*-Vektorbündel über der gleichen Basis-Mannigfaltigkeit. Eine Abbildung* $L : E \longrightarrow \widetilde{E}$ *heißt Vektorbündel-Homomorphismus, wenn sie glatt und fasertreu ist und die Einschränkung* $L|_{E_x} : E_x \longrightarrow \widetilde{E}_x$ *für jedes* $x \in M$ *linear ist. Zwei* $\mathbb{K}$*-Vektorbündel* $(E, \pi, M; V)$ *und* $(\widetilde{E}, \widetilde{\pi}, M; \widetilde{V})$ *heißen isomorph, wenn es einen Vektorbündel-Isomorphismus zwischen ihnen gibt.*

Der Raum der glatten Schnitte eines Vektorbündels ist ein Modul über dem Ring der glatten Funktionen. Für einen Schnitt $s \in \Gamma(E)$ und eine Funktion $f \in C^\infty(M, \mathbb{K})$ ist der Schnitt $fs \in \Gamma(E)$ dabei durch $(fs)(x) := f(x)s(x)$ definiert. Ein Vektorbündel-Homomorphismus $L : E \longrightarrow \widetilde{E}$ induziert eine lineare Abbildung auf den glatten Schnitten der Bündel, die wir ebenfalls mit L bezeichnen:

$$L : \Gamma(E) \longrightarrow \Gamma(\widetilde{E})$$
$$s \longmapsto Ls, \quad (Ls)(x) := L(s(x)).$$

Für Vektorbündel kann man die gleichen Operationen ausführen wie für Vektorräume.

1. Die Whitney-Summe

Seien E und $\widetilde{E}$ zwei $\mathbb{K}$-Vektorbündel über M mit dem Fasertyp V bzw. $\widetilde{V}$. Wir betrachten die Menge

$$E \oplus \widetilde{E} := \bigcup_{x \in M} E_x \oplus \widetilde{E}_x$$

und die Projektion

$$\pi_\oplus : (e_x, \widetilde{e}_x) \in E_x \oplus \widetilde{E}_x \longmapsto x \in M.$$

---

[6] Falls Missverständnisse ausgeschlossen sind, lassen wir die Angabe des Körpers weg.

Die Topologie und Differentialstruktur auf $E \oplus \widetilde{E}$ wird, wie in Satz 2.1 erläutert, durch formale Bündelkarten erklärt. Seien $(U, \phi_U = (\pi, \varphi_U))$ und $(U, \widetilde{\phi}_U = (\widetilde{\pi}, \widetilde{\varphi}_U))$ Bündelkarten von E bzw. $\widetilde{E}$ über der offenen Menge $U \subset M$. Dann ist

$$\phi_U : (E \oplus \widetilde{E})_U \longrightarrow U \times (V \oplus \widetilde{V})$$
$$(e, \widetilde{e}) \longmapsto (\pi(e), \varphi_U(e) \oplus \widetilde{\varphi}_U(\widetilde{e}))$$

eine formale Bündelkarte von $E \oplus \widetilde{E}$. Das Vektorbündel $(E \oplus \widetilde{E}, \pi_\oplus, M; V \oplus \widetilde{V})$ heißt *Whitney-Summe* von E und $\widetilde{E}$.

2. Das Tensorprodukt

Seien E und $\widetilde{E}$ Vektorbündel wie in obigem Beispiel. Wir betrachten die Menge

$$E \otimes \widetilde{E} := \bigcup_{x \in M} E_x \otimes_{\mathbb{K}} \widetilde{E}_x$$

und die Projektion

$$\pi_\otimes : (e_x, \widetilde{e}_x) \in E_x \otimes \widetilde{E}_x \longmapsto x \in M.$$

Die Topologie und Differentialstruktur auf $E \otimes \widetilde{E}$ wird durch die formalen Bündelkarten

$$\phi_U : (E \otimes \widetilde{E})_U \longrightarrow U \times (V \otimes_{\mathbb{K}} \widetilde{V})$$
$$(e, \widetilde{e}) \longmapsto (\pi(e), \varphi_U(e) \otimes \widetilde{\varphi}_U(\widetilde{e}))$$

erklärt. Das Vektorbündel $(E \otimes \widetilde{E}, \pi_\otimes, M; V \otimes \widetilde{V})$ heißt *Tensorprodukt der Bündel E und $\widetilde{E}$.*

3. Das duale Vektorbündel

Sei $(E, \pi, M; V)$ ein Vektorbündel und V^* der duale Vektorraum zu V. Wir betrachten die Menge

$$E^* := \bigcup_{x \in M} E_x^*$$

und die Projektion

$$\pi^* : L_x \in E_x^* \longmapsto x \in M.$$

Die Topologie und Differentialstruktur auf E^* wird durch die formalen Bündelkarten

$$\phi_U^* : \quad E_U^* \longrightarrow U \times V^*$$
$$L \in E_x^* \longmapsto (\pi(L), \varphi_U^*(L)) \quad \text{mit } \varphi_U^*(L)(v) = L(\phi_{Ux}^{-1}(v))$$

erklärt. $(E^*, \pi^*, M; V^*)$ heißt zu E *duales Vektorbündel.*

4. Das konjugierte Vektorbündel

Sei $(E, \pi, M; V)$ ein komplexes Vektorbündel und bezeichne $\overline{V}$ den konjugierten Vektorraum zu V, d. h. die abelsche Gruppe V mit der skalaren Multiplikation $(\lambda, v) \in \mathbb{C} \times V \longmapsto$

$\overline{\lambda} \cdot v \in \overline{V}$. Für eine Bündelkarte (U, ϕ_U) von E bezeichne $\overline{\phi}_{Ux} : \overline{E}_x \longrightarrow \overline{V}$ den durch ϕ_{Ux} induzierten Vektorraum-Isomorphismus. Wir betrachten die Menge

$$\overline{E} := \bigcup_{x \in M} \overline{E}_x$$

und die Projektion $\overline{\pi} : \overline{e}_x \in \overline{E}_x \longmapsto x \in M$. Die Topologie und Differentialstruktur auf $\overline{E}$ wird durch die formalen Bündelkarten

$$\overline{\phi}_U : \quad \overline{E}_U \quad \longrightarrow \quad U \times \overline{V}$$
$$\overline{e} \in \overline{E}_x \longmapsto (x, \overline{\phi}_{Ux}(\overline{e}))$$

erklärt. Das Vektorbündel $(\overline{E}, \overline{\pi}, M; \overline{V})$ heißt das zu E *konjugierte Bündel*.

5. Das Homomorphismenbündel

Seien E und $\widetilde{E}$ zwei $\mathbb{K}$-Vektorbündel über M mit dem Fasertyp V bzw. $\widetilde{V}$ und den Bündel-atlanten $\{(U, \phi_U)\}_{U \in \mathcal{U}}$ bzw. $\{(U, \widetilde{\phi}_U)\}_{U \in \mathcal{U}}$. Wir betrachten die Menge

$$Hom(E, \widetilde{E}) := \bigcup_{x \in M} Hom(E_x, \widetilde{E}_x)$$

und die Projektion $\hat{\pi} : L_x \in Hom(E_x, \widetilde{E}_x) \longmapsto x \in M$. Die Topologie und Differential-struktur auf $Hom(E, \widetilde{E})$ wird durch die formalen Bündelkarten

$$\hat{\phi}_U : Hom(E, \widetilde{E})_U \longrightarrow U \times Hom(V, \widetilde{V})$$
$$L_x \qquad \longmapsto (x, T) \quad \text{mit } T(v) := (\widetilde{\phi}_{Ux} \circ L_x \circ \phi_{Ux}^{-1})(v)$$

erklärt. Das Vektorbündel $(Hom(E, \widetilde{E}), \hat{\pi}, M; Hom(V, \widetilde{V}))$ heißt *Homomorphismenbündel von E nach $\widetilde{E}$*. Einem Vektorbündel-Homomorphismus $L : E \longrightarrow \widetilde{E}$ entspricht dann ein glatter Schnitt $x \in M \longmapsto L_x := L|_{E_x} \in Hom(E_x, \widetilde{E}_x)$ im Homomorphismenbündel und umgekehrt.

Jedes Vektorbündel ist zu einem Hauptfaserbündel mit linearer Strukturgruppe assoziiert. Um das einzusehen, betrachten wir ein Vektorbündel $(E, \pi, M; V)$ über M mit Fasertyp V und die lineare Liesche Gruppe $GL(V)$ aller Isomorphismen des Vektorraumes V. Des Weiteren bezeichne $\{(U_i, \psi_i)\}_{i \in \Lambda}$ einen Bündelatlas von E. Da die Übergangsfunktionen $\psi_{ik}(x) := \psi_{ix} \circ \psi_{kx}^{-1} : V \longrightarrow V$ linear sind, definieren sie Cozyklen

$$g_{ik} := \psi_{ik} : U_i \cap U_k \longrightarrow GL(V)$$

in $GL(V)$. Nach Satz 2.8 ist E assoziiert zum durch die Cozyklen $\{g_{ik}\}$ definierten Hauptfa-serbündel über M mit Strukturgruppe $GL(V)$.
Sei andererseits $(P, \pi, M; G)$ ein G-Hauptfaserbündel und $\rho : G \longrightarrow GL(V)$ eine Dar-stellung der Lie-Gruppe G über einem Vektorraum V. Die Darstellung ρ liefert eine

Linkswirkung von G auf V: $(g, v) \in G \times V \mapsto g \cdot v := \rho(g)v \in V$. Dann ist die dazu assoziierte lokal-triviale Faserung

$$E := P \times_{(G,\rho)} V$$

ein Vektorbündel mit der auf den Fasern $E_x = P_x \times_{(G,\rho)} V$ durch

$$\lambda[p, v] + \mu[p, w] := [p, \lambda v + \mu w], \quad p \in P, \ v, w \in V, \ \lambda, \mu \in \mathbb{K},$$

definierten Vektorraum-Struktur. Die durch ein $p \in P_x$ definierten Faserdiffeomorphismen $[p] : v \in V \longrightarrow [p, v] \in E_x$ sind lineare Isomorphismen.

Die Operationen $\oplus, \otimes, {}^*, {}^-, Hom, \ldots$ auf den Bündeln entsprechen den analogen Operationen für die Darstellungen. Sind $E = P \times_{(G,\rho)} V$ und $\widetilde{E} = P \times_{(G,\widetilde{\rho})} \widetilde{V}$ zwei zu G-Darstellungen assoziierte Vektorbündel, so ist beispielsweise das Tensorbündel gegeben durch

$$E \otimes \widetilde{E} = P \times_{(G,\rho \otimes \widetilde{\rho})} V \otimes \widetilde{V}.$$

Wir erläutern die Beziehung zwischen Vektorbündeln und Hauptfaserbündeln an zwei Beispielen.

Beispiel 2.10 *Die Tensorbündel einer Mannigfaltigkeit.*

Sei M^n eine n-dimensionale Mannigfaltigkeit, TM das Tangentialbündel, T^*M das Cotangentialbündel, $\Lambda^k(M)$ das Bündel der k-Formen, $T^{(r,s)}M$ das Bündel der (r, s)-Tensoren und $GL(M)$ das $GL(n, \mathbb{R})$-Hauptfaserbündel aller Repere von M. Bezeichne weiterhin $\rho : GL(n, \mathbb{R}) \longrightarrow GL(\mathbb{R}^n)$ die durch die Matrizenwirkung gegebene Darstellung von $GL(n, \mathbb{R})$ auf dem Vektorraum $\mathbb{R}^n$ und $\rho^* : GL(n, \mathbb{R}) \longrightarrow GL(\mathbb{R}^{n*})$ die dazu duale Darstellung, $\rho_k : GL(n, \mathbb{R}) \longrightarrow GL(\Lambda^k(T_x^*M))$ die induzierte Darstellung auf den k-Formen und $\rho_{(r,s)} : GL(n, \mathbb{R}) \longrightarrow GL(T^{r,s}(T_x^*M))$ die induzierte Darstellung auf den (r, s)-Tensoren. Dann sind die folgenden Vektorbündel isomorph:

$$TM \simeq GL(M) \times_{(GL(n,\mathbb{R}),\rho)} \mathbb{R}^n,$$
$$T^*M \simeq GL(M) \times_{(GL(n,\mathbb{R}),\rho^*)} \mathbb{R}^{n*},$$
$$\Lambda^k M \simeq GL(M) \times_{(GL(n,\mathbb{R}),\rho_k)} \Lambda^k(\mathbb{R}^{n*}),$$
$$T^{(r,s)}M \simeq GL(M) \times_{(GL(n,\mathbb{R}),\rho_{r,s})} T^{r,s}(\mathbb{R}^{n*}).$$

Den Isomorphismus zwischen dem Tangentialbündel und dem zum Reperbündel assoziierten Bündel beispielsweise erhält man durch

$$\Phi : \quad GL(M) \times_\rho \mathbb{R}^n \quad \longrightarrow \quad TM$$
$$[(s_1, \ldots, s_n), (x_1, \ldots, x_n)^t] \longmapsto \sum_{i=1}^n x_i s_i,$$

wobei $(s_1, \ldots, s_n)$ eine Basis in $T_x M$ bezeichne. Den Isomorphismus für das Cotangentialbündel erhält man durch

$$\Phi^* : \qquad GL(M) \times_{\rho^*} \mathbb{R}^{n*} \qquad \longrightarrow \quad T^*M$$
$$[(s_1, \ldots, s_n), (y_1, \ldots, y_n)^t] \longmapsto \sum_{i=1}^{n} y_i \sigma^i,$$

wobei $(\sigma^1, \ldots \sigma^n)$ die duale Basis zu $(s_1, \ldots, s_n)$ bezeichnet. Die Glattheit dieser Abbildungen erhält man mit Satz 2.1. In den beiden anderen Fällen schließt man analog.

Beispiel 2.11 *Das kanonische Linienbündel über $\mathbb{C}P^n$.*

Es sei $\mathbb{C}P^n$ der komplex-projektive Raum und $(S^{2n+1}, \pi, \mathbb{C}P^n; S^1)$ das Hopfbündel über $\mathbb{C}P^n$ (siehe Beispiel 2.7 in Abschn. 2.2). Wir betrachten die Menge

$$\gamma_n := \{(L, \xi) \in \mathbb{C}P^n \times \mathbb{C}^{n+1} \mid \xi \in L\}$$

und die Abbildung

$$\pi : (L, \xi) \in \gamma_n \longmapsto L \in \mathbb{C}P^n.$$

Des Weiteren bezeichne $\rho_k : S^1 \longrightarrow GL(\mathbb{C})$ für $k \in \mathbb{Z}$ die S^1-Darstellung über $\mathbb{C}$, die durch $\rho_k(z)v = z^k \cdot v$ gegeben ist. Dann gilt:

a) $(\gamma_n, \pi, \mathbb{C}P^n; \mathbb{C})$ ist ein komplexes Vektorbündel vom Rang 1 über $\mathbb{C}P^n$, das *kanonische Linienbündel über $\mathbb{C}P^n$.*

b) Die aus γ_n entstehenden Tensorbündel

$$\gamma_n^k := \underbrace{\gamma_n \otimes \ldots \otimes \gamma_n}_{k\text{-mal}} \quad (k > 0) \quad \text{bzw.} \quad \gamma_n^k := \underbrace{\gamma_n^* \otimes \ldots \otimes \gamma_n^*}_{|k|\text{-mal}} \qquad (k < 0)$$

sind assoziiert zum Hopfbündel und der Darstellung ρ_k, d. h.

$$\gamma_n^k \simeq S^{2n+1} \times_{(S^1, \rho_k)} \mathbb{C}.$$

Das zum Hopfbündel mittels der Darstellung ρ_0 assoziierte Vektorbündel ist trivial.

Um einzusehen, dass γ_n ein komplexes Vektorbündel ist, betrachten wir wieder die lokalen Schnitte $s_i : U_i \rightarrow S^{2n+1}$ des Hopfbündels aus Beispiel 2.7 in Abschn. 2.2 und definieren

$$\phi_i : (\gamma_n)_{U_i} \longrightarrow U_i \times \mathbb{C}$$
$$(L, \xi) \longmapsto (L, z), \qquad \text{wobei } \xi = s_i(L) \cdot z.$$

Diese Abbildungen sind bijektiv. Als Vektorraum-Struktur auf den Fasern $(\gamma_n)_L = \pi^{-1}(L) := \{(L, \xi) \mid \xi \in L\}$ von γ_n benutzen wir die durch die Vektorraum-Struktur von $\mathbb{C}^{n+1}$ auf den komplexen Graden kanonisch gegebene. Dann sind die Faserdiffeomorphismen $\phi_{iL} : (\gamma_n)_L \rightarrow \mathbb{C}$ offensichtlich Vektorraum-Isomorphismen. Seien $g_{ij} : U_i \cap U_j \rightarrow S^1$ die durch $s_j(L) = s_i(L) \cdot g_{ij}(L)$ gegebenen glatten Abbildungen. Für die Kartenübergänge von γ_n erhalten wir

$$\phi_j \circ \phi_i^{-1} : (U_i \cap U_j) \times \mathbb{C} \longrightarrow (U_i \cap U_j) \times \mathbb{C}$$
$$(L, z) \longmapsto (L, g_{ji}(L) \cdot z).$$

Diese Abbildungen sind glatt, folglich ist γ_n entsprechend Satz 2.1 ein (glattes) komplexes Vektorbündel vom Rang 1 über $\mathbb{C}P^n$. Den Isomorphismus zwischen γ_n und dem assoziierten Faserbündel $S^{2n+1} \times_{(S^1, \rho_1)} \mathbb{C}$ erhalten wir durch

$$F : S^{2n+1} \times_{(S^1, \rho_1)} \mathbb{C} \longrightarrow \gamma_n$$
$$[(w_0, \ldots, w_n), v] \longmapsto ([w_0 : \ldots : w_n], (w_0 v, \ldots, w_n v)).$$

F ist bijektiv und kommutiert mit den Projektionen. Die Glattheit zeigt man wiederum mit Satz 2.1.

Abschließend zeigen wir noch, dass jedes reelle Vektorbündel vom Rang m zu einem $O(m)$-Hauptfaserbündel und jedes komplexe Vektorbündel vom Rang m zu einem $U(m)$-Hauptfaserbündel assoziiert ist. Wir benutzen dazu Bündelmetriken.

Definition 2.11 *Eine Bündelmetrik auf einem reellen bzw. komplexen Vektorbündel E über M ist ein Schnitt $\langle \cdot, \cdot \rangle \in \Gamma(E^* \otimes \overline{E}^*)$, der jedem Punkt $x \in M$ eine nichtausgeartete symmetrische Bilinearform ($\mathbb{K} = \mathbb{R}$) bzw. eine nichtausgeartete hermitesche Form ($\mathbb{K} = \mathbb{C}$)*

$$\langle \cdot, \cdot \rangle_{E_x} := \langle \cdot, \cdot \rangle(x) : E_x \times E_x \to \mathbb{K}$$

zuordnet.

Ein Beispiel sind die semi-Riemannschen Metriken auf dem Tangentialbündel TM. Analog wie für Riemannsche Metriken beweist man

Satz 2.10 *Auf jedem komplexen bzw. reellen Vektorbündel existiert eine positiv-definite Bündelmetrik.*

Beweis Sei $(E, \pi, M; V)$ ein komplexes bzw. reelles Vektorbündel über der Mannigfaltigkeit M mit dem Fasertyp V. Wir betrachten einen Atlas von Bündelkarten $\{(U_i, \phi_i)\}_{i \in \Lambda}$ von E und eine Zerlegung der 1 $\{f_i\}_{i \in \Lambda}$ zur Überdeckung $\mathcal{U} = \{U_i\}_{i \in \Lambda}$. Sei $(e_1, \ldots, e_m)$ eine Basis in V. Dann definiert

$$s_{i\alpha} : U_i \longrightarrow E$$
$$x \longmapsto s_{i\alpha}(x) := \phi_i^{-1}(x, e_\alpha)$$

ein lokales Basisfeld $(s_{i1}, \ldots, s_{im})$ in E über U_i. Wir definieren eine Bündelmetrik $\langle \cdot, \cdot \rangle_i$ im Teilbündel E_{U_i} durch die Bedingung

$$\langle s_{i\alpha}(x), s_{i\beta}(x) \rangle_{ix} := \delta_{\alpha\beta} \quad \text{für } x \in U_i.$$

Dann liefert das „Verkleben" dieser lokalen Metriken mittels der Zerlegung der 1, d. h.

$$\langle \cdot, \cdot \rangle (x) := \sum_{i \in \Lambda} f_i(x) \langle \cdot, \cdot \rangle_{ix} ,$$

eine positiv definite Bündelmetrik auf E. □

Satz 2.11 1. *Jedes reelle Vektorbündel vom Rang m ist zu einem $O(m)$-Hauptfaserbündel assoziiert.*

2. *Jedes komplexe Vektorbündel vom Rang m ist zu einem $U(m)$-Hauptfaserbündel assoziiert.*

Beweis Sei E ein Vektorbündel vom Rang m über M. Wir fixieren eine positiv definite Bündelmetrik $\langle \cdot, \cdot \rangle$ auf E und betrachten die Menge der Basen

$$P_x := \{ s_x = (s_1, \dots, s_m) \mid s_x \text{ Basis in } E_x \text{ mit } \langle s_\alpha, s_\beta \rangle_x = \delta_{\alpha\beta} \}.$$

Dann ist durch

$$P := \bigcup_{x \in M} P_x : \xrightarrow{\ \pi\ } M$$
$$s_x \longmapsto x$$

ein $O(m)$- bzw. $U(m)$-Hauptfaserbündel über M gegeben und es gilt

$$P \times_{O(m)} \mathbb{R}^m \simeq E \quad \text{bzw.} \quad P \times_{U(m)} \mathbb{C}^m \simeq E,$$

wobei die Identifizierung durch $[(s_1, \dots, s_m), (x_1, \dots, x_m)] \longmapsto \sum_{\alpha=1}^m x_\alpha s_\alpha$ gegeben ist. □

Für zu einem G-Hauptfaserbündel assoziierte Vektorbündel kann man auf die folgende Weise eine explizite Bündelmetrik erhalten.

Satz 2.12 *Sei $(P, \pi, M; G)$ ein G-Hauptfaserbündel über M, $\rho : G \to GL(V)$ eine Darstellung von G über einem Vektorraum V und $\langle \cdot, \cdot \rangle_V$ ein G-invariantes symmetrisches $(\mathbb{K} = \mathbb{R})$ bzw. hermitesches $(\mathbb{K} = \mathbb{C})$ Skalarprodukt auf V. Dann ist auf dem assoziierten Vektorbündel $E = P \times_{(G,\rho)} V$ eine Bündelmetrik gegeben durch*

$$\langle e, \hat{e} \rangle_{E_x} := \langle v, \hat{v} \rangle_V \qquad \text{für } e, \hat{e} \in E_x, \tag{2.6}$$

wobei $e = [p, v]$ und $\hat{e} = [p, \hat{v}]$ für ein Element $p \in P_x$. Die Skalarprodukte $\langle \cdot, \cdot \rangle_V$ und $\langle \cdot, \cdot \rangle_{E_x}$ haben die gleiche Signatur.

Beweis Wir zeigen, dass $\langle \cdot, \cdot \rangle_{E_x}$ korrekt, d. h. unabhängig von der Wahl von $p \in P_x$, definiert ist. Sei $q \in P_x$ ein weiteres Element der Faser von P über $x \in M$ und $g \in G$ das eindeutig bestimmte Gruppenelement mit $q = p \cdot g$. Dann gilt $e = [p, v] = [pg, \rho(g^{-1})v] = [q, \rho(g^{-1})v]$ und $\hat{e} = [p, \hat{v}] = [q, \rho(g^{-1})\hat{v}]$. Da $\langle v, \hat{v} \rangle_V = \langle \rho(g^{-1})v, \rho(g^{-1})\hat{v} \rangle_V$ für alle $g \in G$, ist (2.6) unabhängig von der Wahl von p. □

2.5   Reduktion und Erweiterung von Hauptfaserbündeln

In diesem Abschnitt behandeln wir, wie man die Strukturgruppe eines Hauptfaserbündels ändern kann. Das ist in vielen Fällen nützlich, z. B. ermöglicht die Einschränkung auf eine kompakte Strukturgruppe die Definition von Bündelmetriken auf den assoziierten Vektorbündeln.

Definition 2.12 *Sei* $(P, \pi_P, M; G)$ *ein G-Hauptfaserbündel und* $\lambda : H \longrightarrow G$ *ein Homomorphismus von Lie-Gruppen. Eine* λ-*Reduktion von P ist ein Paar* (Q, f) *bestehend aus einem H-Hauptfaserbündel* $(Q, \pi_Q, M; H)$ *und einer glatten Abbildung* $f : Q \longrightarrow P$ *mit den folgenden Eigenschaften:*

1. $\pi_P \circ f = \pi_Q$ *und*
2. $f(q \cdot h) = f(q) \cdot \lambda(h)$ *für alle* $q \in Q$ *und* $h \in H$.

Die in dieser Definition geforderten Eigenschaften werden durch die Kommutativität des folgenden Diagramms beschrieben:

$$
\begin{array}{ccc}
Q \times H & \longrightarrow & Q \\
\downarrow{\scriptstyle f \times \lambda} & & \downarrow{\scriptstyle f} \quad \searrow{\scriptstyle \pi_Q} \\
P \times G & \longrightarrow & P \xrightarrow{\pi_P} M
\end{array}
$$

Ist speziell $H \subset G$ eine Lie-Untergruppe von G und $\lambda = \iota$ die Inklusionsabbildung, so nennt man eine λ-Reduktion (Q, f) auch kurz *H-Reduktion von P* oder *Reduktion von P auf H*.

Definition 2.13 *Zwei* λ-*Reduktionen* (Q, f) *und* $(\widetilde{Q}, \widetilde{f})$ *des Hauptfaserbündels P heißen isomorph, wenn es einen H-Hauptfaserbündel-Isomorphismus* $\phi : Q \longrightarrow \widetilde{Q}$ *gibt, für den* $\widetilde{f} \circ \phi = f$ *gilt. Mit* $\mathrm{Red}_\lambda(P)$ *bezeichnen wir die Menge der Isomorphieklassen von* λ-*Reduktionen von P.*

Beispiel 2.12 *Reduktionen des Reperbündels.*

Sei M eine n-dimensionale Mannigfaltigkeit mit dem Reperbündel $GL(M)$. Jede zusätzliche geometrische Struktur auf M liefert eine Reduktion des Reperbündels auf eine Untergruppe von $GL(n, \mathbb{R})$. Wir beschreiben dies am Beispiel der Metriken. Sei g eine semi-Riemannsche Metrik der Signatur (k, l) auf M, dann ist das in Abschn. 2.2 definierte Bündel $O(M, g)$ der orthonormalen Basen eine Reduktion des Reperbündels $GL(M)$ auf die orthogonale Gruppe $O(k, l)$. Die Abbildung λ ist in diesem Fall die Inklusion $\lambda = \iota : O(k, l) \hookrightarrow GL(n, \mathbb{R})$, die Abbildung f ebenfalls die Inklusion $f = \iota : O(M, g) \hookrightarrow GL(M)$.

Andererseits definiert jede $O(k, l)$-Reduktion $(Q, \pi_Q, M; O(k, l))$ des Reperbündels eine semi-Riemannsche Metrik g der Signatur (k, l) auf M. Um die Metrik zu definieren, betrachten wir für jeden Punkt $x \in M$ ein Element $q \in Q_x$ in der Faser über x.

Dann ist $f(q) = (v_1, \ldots, v_n)$ eine Basis in $T_x M$. Wir definieren g_x durch die Forderung $g_x(v_i, v_j) = \varepsilon_i \delta_{ij}$, wobei $\varepsilon_i = -1$ für $i = 1, \ldots, k$ und $\varepsilon_i = 1$ für $i = k+1, \ldots, n$. Die Invarianzeigenschaften von f haben zur Folge, dass g_x nicht von der Auswahl von $q \in Q_x$ abhängt. Die Glattheit des durch die Familie $\{g_x\}$ definierten Schnittes $g \in \Gamma(T^*M \otimes T^*M)$ folgt aus der Glattheit von f. g ist also eine semi-Riemannsche Metrik der Signatur (k, l) auf M.

Satz 2.13 *Sei $(P, \pi_P, M; G)$ ein G-Hauptfaserbündel über M und $\lambda : H \to G$ ein Homomorphismus von Lie-Gruppen. Dann existiert genau dann eine λ-Reduktion von P, wenn es eine Familie von G-Cozyklen $\{g_{ik}\}_{i,k \in \Lambda}$ von P gibt, die durch H-Cozyklen $h_{ik} : U_i \cap U_k \longrightarrow H$, $i, k \in \Lambda$, in der Form*

$$g_{ik}(x) = \lambda(h_{ik}(x)) \quad \text{für alle } x \in U_i \cap U_k$$

gegeben sind.

Beweis Sei zunächst das H-Hauptfaserbündel $(Q, \pi_Q, M; H)$ mit der Abbildung $f : Q \to P$ eine λ-Reduktion von P. Wir betrachten einen Bündelatlas $\{(U_i, \psi_i)\}_{i \in U}$ von Q und die entsprechende Familie von H-Cozyklen $h_{ik} : x \in U_i \cap U_k \longrightarrow \psi_{ix}(\psi_{kx}^{-1}(e)) \in H$. Aus der Bündelkarte (U_i, ψ_i) verschaffen wir uns eine Bündelkarte von P über U_i. Sei dazu $p \in P_x$ für ein $x \in U_i$. Da f mit den Projektionen kommutiert, existiert ein $q \in Q_x$ mit $p = f(q) \cdot g$. Wir definieren

$$\begin{aligned} \phi_i : P_{U_i} &\longrightarrow U_i \times G \\ p &\longmapsto (\pi_P(p), \lambda(\psi_{ix}(q)) \cdot g). \end{aligned}$$

Dieser Diffeomorphismus ist unabhängig von der Auswahl von q, G-äquivariant und für die entsprechenden Cozyklen gilt

$$g_{ik}(x) := \phi_{ix}(\phi_{kx}^{-1}(e)) = \lambda(h_{ik}(x)).$$

Sei andererseits $(P, \pi_P, M; G)$ ein G-Hauptfaserbündel, dessen Cozyklen $\{g_{ik}\}$ durch H-Cozyklen $h_{ik} : U_i \cap U_k \to H$ gegeben sind, d.h., es gelte $g_{ik}(x) = \lambda(h_{ik}(x))$. Nach Satz 2.5 definieren diese H-Cozyklen ein H-Hauptfaserbündel $(Q, \pi_Q, M; H)$ über M mit Bündelkarten $\psi_i : Q_{U_i} \to U_i \times H$ über U_i. Dann erhalten wir für die Teilbündel Abbildungen $f_i : Q_{U_i} \to P_{U_i}$ durch $f_i := \phi_i^{-1} \circ (\mathrm{Id}_{U_i} \times \lambda) \circ \psi_i$. Das Diagramm

$$\begin{array}{ccc} Q_{U_i} & \xrightarrow{f_i} & P_{U_i} \\ \downarrow \psi_i & & \downarrow \phi_i \\ U_i \times H & \xrightarrow{id \times \lambda} & U_i \times G \end{array}$$

kommutiert. Aus der Cozyklusbedingung folgt, dass $f_i = f_k$ auf $Q_{U_i \cap U_k}$. Damit haben wir eine Abbildung $f : Q \to P$ mit den erforderlichen Eigenschaften definiert. $\square$

Der Satz 2.13 zeigt uns auch Folgendes: Ist (Q, f) eine λ-Reduktion eines G-Hauptfaser-bündels P, so kann man Trivialisierungen von P und Q über der gleichen offenen Menge U so wählen, dass die Abbildung f bei Identifizierung $Q_U \simeq U \times H$ und $P_U \simeq U \times G$ durch $f|_{Q_U} \simeq \mathrm{Id}_U \times \lambda$ beschrieben ist. Dadurch übertragen sich lokale Eigenschaften von λ auf f. Ist λ zum Beispiel eine Überlagerungsabbildung, so gilt gleiches auch für f. Falls $H \subset G$ eine Lie-Untergruppe mit der Inklusionsabbildung λ ist, so ist auch $f : Q \to P$ eine injektive Immersion, also $f(Q)$ eine Untermannigfaltigkeit von P. Wenn H abgeschlossen in G ist, d. h. eine topologische Lie-Untergruppe, so ist mit λ auch $f : Q \to P$ eine Einbettung und $f(Q) \subset P$ eine topologische Untermannigfaltigkeit von P. Der nächste Satz gibt ein einfaches Kriterium dafür an, dass eine Teilmenge Q eines G-Hauptfaserbündels P die Struktur einer H-Reduktion von P trägt.

Satz 2.14 *Sei $H \subset G$ eine Lie-Untergruppe, $(P, \pi, M; G)$ ein G-Hauptfaserbündel und $Q \subset P$ eine Teilmenge mit den folgenden Eigenschaften:*

1. *$R_h(Q) = Q$ für alle $h \in H$.*
2. *Sind $q, \tilde{q} \in Q_x := Q \cap P_x$ und gilt $q = \tilde{q} \cdot g$, dann ist $g \in H$.*
3. *Für jeden Punkt $x \in M$ existiert eine offene Umgebung $U(x) \subset M$ und ein glatter Schnitt $s : U(x) \longrightarrow P$ mit $s\big(U(x)\big) \subset Q$.*

Dann ist Q eine Untermannigfaltigkeit von P, $(Q, \pi|_Q, M; H)$ ein H-Hauptfaserbündel und (Q, ι) eine H-Reduktion von P, wobei $\iota : Q \hookrightarrow P$ die Inklusion bezeichnet.

Beweis Sei $s : U \to P$ ein lokaler Schnitt in P mit $s(U) \subset Q$ und ϕ_U die zugehörige Bündelkarte von P

$$
\begin{aligned}
\phi_U : \quad & P_U \longrightarrow U \times G \\
& p = s(\pi(p))g \longmapsto (\pi(p), g).
\end{aligned}
$$

Auf Grund der Voraussetzungen *1.* und *2.* ist die Abbildung

$$
\psi_U := \phi_U\big|_{Q_U} : Q_U := P_U \cap Q \longrightarrow U \times H
$$

bijektiv, also eine formale Bündelkarte für Q. Wegen Voraussetzung *3.* lässt sich die Menge Q durch einen auf diese Weise gewählten formalen Bündelatlas $\{(U_i, \psi_{U_i} := \phi_{U_i}|_{Q_{U_i}})\}_{i \in \Lambda}$ überdecken. Die Kartenübergänge des G-Hauptfaserbündels P, $\phi_{U_j} \circ \phi_{U_i}^{-1} : (U_i \cap U_j) \times G \to (U_i \cap U_j) \times G$, sind glatt. Da $(U_i \cap U_j) \times H \subset (U_i \cap U_j) \times G$ Integralmannigfaltigkeit einer involutiven Distribution auf $(U_i \cap U_j) \times G$ ist (siehe Satz 1.22) sind die Abbildungen

$$
\psi_{U_j} \circ \psi_{U_i}^{-1} = \phi_{U_j} \circ \phi_{U_i}^{-1}\big|_{(U_i \cap U_j) \times H} : (U_i \cap U_j) \times H \to (U_i \cap U_j) \times H
$$

ebenfalls glatt in der Mannigfaltigkeitsstruktur von $(U_i \cap U_j) \times H$ (siehe Satz A.10). Wir über-tragen die Topologie und die Mannigfaltigkeitsstruktur von M und H wie in Satz 2.1 erläu-tert mit Hilfe des formalen Bündelatlas $\{(U_i, \psi_{U_i})\}_{i \in \Lambda}$ auf Q. Dadurch wird $(Q, \pi|_Q, M; H)$ ein H-Hauptfaserbündel über M und die Inklusion $\iota : Q \hookrightarrow P$ ist nach Konstruktion eine glatte Immersion. Das Paar (Q, ι) ist offensichtlich eine H-Reduktion von P. $\square$

Als nächstes beweisen wir ein Kriterium für die Reduzierbarkeit eines G-Hauptfaserbündels $(P, \pi_P, M; G)$ auf eine abgeschlossene Untergruppe $H \subset G$, das die Existenz von Schnitten in assoziierten Faserbündeln benutzt. Wir betrachten dazu die von den Linkstranslationen induzierte G-Wirkung auf dem homogenen Raum G/H

$$(g, [a]) \in G \times G/H \longmapsto [ga] \in G/H$$

und das zu P und dieser G-Wirkung assoziierte Faserbündel

$$E := P \times_G G/H \simeq P/H$$
$$[p, g \cdot H] \longmapsto (p \cdot g) \cdot H.$$

Satz 2.15 *Das G-Hauptfaserbündel $(P, \pi_P, M; G)$ ist genau dann auf die abgeschlossene Untergruppe $H \subset G$ reduzierbar, wenn das assoziierte Faserbündel $(E, \pi_E, M; G/H)$ einen globalen glatten Schnitt besitzt.*

Beweis Betrachten wir zunächst einen glatten Schnitt $s \in \Gamma(E)$. Wie wir in Satz 2.9 gezeigt hatten, entspricht diesem Schnitt eine G-äquivariante Abbildung $\bar{s} \in C^\infty(P, G/H)^G$. Wir definieren die Menge $Q \subset P$ durch

$$Q := \{p \in P \mid \bar{s}(p) = eH\}$$

und zeigen, dass Q mit der Projektion $\pi_Q := \pi_P|_Q$ ein H-Hauptfaserbündel ist. Wegen der G-Äquivarianz von $\bar{s}$ gilt

$$\bar{s}(ph) = h^{-1}\bar{s}(p) = h^{-1}eH = eH \quad \text{für alle } h \in H.$$

Folglich wirkt die Untergruppe H von rechts auf Q. Seien $q, \tilde{q} \in Q \cap P_x$. Dann gibt es genau ein $g \in G$, so dass $q = \tilde{q} \cdot g$. Da

$$\bar{s}(q) = eH = \bar{s}(\tilde{q}g) = g^{-1}\bar{s}(\tilde{q}) = g^{-1}eH = g^{-1}H,$$

liegt g in der Untergruppe H. Folglich ist die H-Wirkung auf Q fasertreu und einfach-transitiv auf den Fasern. Sei $\{(U_i, s_i)\}_{i \in \Lambda}$ eine Überdeckung von P durch lokale Schnitte, die Bündelkarten von P entsprechen (siehe Satz 2.4), und $\sigma_i : W_i \subset G/H \to G$ lokale Schnitte im homogenen Bündel mit $\bar{s} \circ s_i(U_i) \subset W_i$. Dann ist $g_i := \sigma_i \circ \bar{s} \circ s_i : U_i \to G$ eine glatte Abbildung. Wir betrachten den Schnitt $\tilde{s}_i : U_i \to P$, definiert durch

$$\tilde{s}_i(x) := s_i(x) \cdot g_i(x).$$

Wegen der Invarianzeigenschaft von $\bar{s}$ gilt

$$\bar{s}(\tilde{s}_i(x)) = g_i^{-1} \cdot \bar{s}(s_i(x)) = g_i^{-1} \cdot g_i \cdot H = eH.$$

Also ist $\tilde{s}_i : U_i \longrightarrow Q$ ein lokaler Schnitt in Q. Dies definiert die nötigen lokalen Trivialisierungen von Q und die Inklusion $\iota : Q \subset P$ erfüllt alle Eigenschaften einer H-Reduktion
von P.

Sei nun andererseits (Q, π_Q, M, H) mit $f : Q \longrightarrow P$ eine H-Reduktion von P. Dann ist
$f : Q \longrightarrow P$ eine Einbettung. Die Untergruppe H wirkt von links auf G. Dies definiert ein
G-Hauptfaserbündel $Q \times_H G$ über M und man prüft leicht nach, dass die Abbildung

$$F : Q \times_H G \longrightarrow P$$
$$[q, g] \longmapsto f(q)g$$

korrekt definiert und ein Isomorphismus der G-Hauptfaserbündel ist. Den gesuchten
Schnitt $\bar{s} : P \longrightarrow G/H$ definieren wir nun durch

$$\bar{s} : P \simeq Q \times_H G \longrightarrow G/H$$
$$[q, g] \longmapsto g^{-1}H.$$

Dann gilt die Invarianzbedingung

$$\bar{s}([q, g] \cdot a) = \bar{s}([q, ga]) = a^{-1}g^{-1}H = a^{-1}\bar{s}([q, g]) \quad \text{für alle } g, a \in G, \ q \in Q.$$

Folglich ist $\bar{s} \in C^\infty(P, G/H)^G$. $\square$

Als Anwendung dieses Kriteriums werden wir beweisen, dass man jedes G-Hauptfaser-
bündel mit nicht-kompakter Strukturgruppe G auf eine kompakte Gruppe reduzieren kann.
Wir benutzen dazu ein Ergebnis über die Struktur von Lie-Gruppen, das wir hier nur
zitieren, aber nicht beweisen wollen.

Sei G eine Lie-Gruppe. Jede kompakte Untergruppe von G ist abgeschlossen und somit nach
Satz 1.21 eine topologische Lie-Untergruppe von G. Eine kompakte Untergruppe $K \subset G$
heißt maximal-kompakt, wenn es keine größere, K enthaltende kompakte Untergruppe von
G gibt. Den folgenden Satz über maximal-kompakte Untergruppen findet man für lineare
Gruppen in [He90], Abschn. 2.3, und für den allgemeinen Fall in [HN91], Abschn. 3.7.

Satz 2.16 *1. Jede zusammenhängende Lie-Gruppe G enthält eine maximal-kompakte Untergruppe K. Jede andere kompakte Untergruppe $\widehat{K}$ von G lässt sich in K hinein konjugieren,
d. h., es gibt ein Element $g \in G$ mit $g\widehat{K}g^{-1} \subset K$.*
*2. Sei $K \subset G$ eine maximal-kompakte Untergruppe einer zusammenhängenden Lie-Gruppe
G. Dann gibt es eine zu einem reellen Raum $\mathbb{R}^r$ diffeomorphe Untermannigfaltigkeit $N \subset G$,
so dass die Abbildung*

$$N \times K \longrightarrow \ G$$
$$(n, k) \longmapsto n \cdot k$$

*ein Diffeomorphismus ist. Insbesondere ist der homogene Raum G/K diffeomorph zu einem
reellen Raum $\mathbb{R}^r$.*

Daraus erhalten wir

Satz 2.17 *Sei G eine zusammenhängende, nicht-kompakte Lie-Gruppe und $(P, \pi, M; G)$ ein G-Hauptfaserbündel über der Mannigfaltigkeit M. Dann lässt sich P auf jede maximal-kompakte Untergruppe $K \subset G$ reduzieren.*

Beweis Sei $K \subset G$ eine maximal-kompakte Untergruppe. Nach dem vorigen Satz ist der homogene Raum G/K diffeomorph zu einem reellen Vektorraum $\mathbb{R}^r$. Nach Satz 2.15 genügt es zu zeigen, dass es einen globalen Schnitt im assoziierten Faserbündel $E = P \times_G G/K$ gibt. Dies haben wir aber in Satz 2.3 bewiesen. $\square$

Der folgende Satz beschreibt, wie sich assoziierte Vektorbündel bei Reduktionen der Strukturgruppe verhalten.

Satz 2.18 *Sei $\lambda : H \longrightarrow G$ ein Homomorphismus von Lie-Gruppen und $\rho : G \longrightarrow GL(V)$ eine Darstellung von G. Sei weiterhin $(P, \pi, M; G)$ ein G-Hauptfaserbündel und (Q, f) eine λ-Reduktion von P. Dann sind die assoziierten Vektorbündel $P \times_{(G,\rho)} V$ und $Q \times_{(H,\rho\lambda)} V$ isomorph.*

Beweis Wir betrachten die Abbildung

$$\Psi : Q \times_{(H,\rho\lambda)} V \longrightarrow P \times_{(G,\rho)} V$$
$$[q, v] \longmapsto [f(q), v].$$

Ψ ist korrekt definiert, da folgende Gleichung gilt:

$$\Psi([qh, \rho\lambda(h^{-1})v]) = [f(q)\lambda(h), \rho(\lambda(h)^{-1})v] = [f(q), v].$$

Offensichtlich ist Ψ linear und fasertreu. Sei nun $\Psi([q, v]) = \Psi([\tilde{q}, \tilde{v}])$ für $q, \tilde{q} \in Q_x$, $v, \tilde{v} \in V$. Dann gibt es ein $h \in H$ mit $\tilde{q} = qh$. Wir erhalten $f(\tilde{q}) = f(q)\lambda(h)$ und daraus

$$[f(q), v] = [f(q)\lambda(h), \rho(\lambda(h)^{-1})v] = [f(\tilde{q}), \rho(\lambda(h)^{-1})v] = [f(\tilde{q}), \tilde{v}].$$

Folglich gilt $\tilde{v} = \rho(\lambda(h^{-1}))v$ und somit $[q, v] = [qh, \rho(\lambda(h^{-1}))v] = [\tilde{q}, \tilde{v}]$. Also ist Ψ injektiv. Sei jetzt $[p, v] \in P \times_G V$ ein beliebiges Element mit $p \in P_x$. Wir wählen ein beliebiges Element $q \in Q_x$. Dann gibt es ein $g \in G$, so dass $f(q) = pg$. Wir erhalten $\Psi([q, \rho(g^{-1})v]) = [f(q), \rho(g^{-1})v] = [p, v]$. Somit ist Ψ surjektiv. Die Glattheit von Ψ und Ψ^{-1} erhält man aus der Betrachtung der Bündelkarten. $\square$

Wir betrachten als nächstes eine zur Reduktion von Bündeln inverse Prozedur, die *Erweiterung von Hauptfaserbündeln*.

Sei $\lambda : H \longrightarrow G$ ein Homomorphismus von Lie-Gruppen. λ definiert eine H-Wirkung auf G durch

$$H \times G \longrightarrow G$$
$$(h, g) \longmapsto h \cdot g := \lambda(h)g.$$

Ist nun $(Q, \pi_Q, M; H)$ ein H-Hauptfaserbündel, so erhält man durch Assoziieren dieses H-Raumes G eine lokal-triviale Faserung $P := Q \times_H G$ über M mit Fasertyp G nach der in Abschn. 2.3 beschriebenen Prozedur.

Definition 2.14 *Das Bündel* $P := Q \times_H G$ *heißt* λ-*Erweiterung von* Q.

Satz 2.19 *Sei* $\lambda : H \longrightarrow G$ *ein Homomorphismus von Lie-Gruppen und* $(Q, \pi_Q, M; H)$ *ein* H-*Hauptfaserbündel.*

1. *Die* λ-*Erweiterung* $P := Q \times_H G$ *von* Q *ist ein* G-*Hauptfaserbündel über* M.
2. *Sei* $f : Q \longrightarrow P = Q \times_H G$ *die Abbildung* $f(q) = [q, e]$, *wobei* $e \in G$ *das 1-Element von* G *bezeichnet. Dann ist* (Q, f) *eine* λ-*Reduktion von* P.
3. *Sei* P *ein* G-*Hauptfaserbündel über* M *und* (Q, f) *eine* λ-*Reduktion von* P. *Dann ist* P *isomorph zur* λ-*Erweiterung von* Q.

Beweis Das Bündel $P := Q \times_H G$ ist als assoziiertes Faserbündel lokal-trivial. Die G-Wirkung auf P wird durch

$$(Q \times_H G) \times G \longrightarrow Q \times_H G$$
$$([q, a], g) \longmapsto [q, ag]$$

definiert. Diese Wirkung ist offensichtlich fasertreu und einfach-transitiv auf den Fasern. Ist $\phi_U : Q_U \to U \times H$ eine H-äquivariante Bündelkarte von Q mit $\phi_U(q) = (\pi(q), \varphi_U(q))$, so ist $\psi_U : P_U \to U \times G$ mit

$$\psi_U([q, g]) := (\pi(q), \varphi_U(q) \cdot g)$$

eine G-äquivariante Bündelkarte von P. P ist also ein G-Hauptfaserbündel. Die Abbildung $f : q \in Q \mapsto [q, e] \in P$ ist fasertreu und erfüllt

$$f(qh) = [qh, e] = [q, \lambda(h)e] = [q, e]\lambda(h) = f(q)\lambda(h).$$

Die Glattheit von f sieht man an ihrer Kartendarstellung. Folglich ist (Q, f) eine Reduktion von P. Zum Beweis der dritten Behauptung betrachten wir die Abbildung

$$\Psi : Q \times_H G \longrightarrow P$$
$$[q, g] \longmapsto f(q)g.$$

Diese Abbildung ist glatt, fasertreu und kommutiert mit der G-Wirkung auf beiden Bündeln. Dass die inverse Abbildung glatt ist, sieht man ebenfalls an ihrer lokalen Darstellung. Sei $s : U \to Q$ ein glatter lokaler Schnitt in Q. Dann ist $f \circ s : U \to P$ ein lokaler Schnitt in P, und die Abbildung $g : P_U \to G$ mit $p = f(s(\pi(p))) \cdot g(p)$ ist ebenfalls glatt. Die inverse Abbildung Ψ^{-1} ist lokal durch

$$\Psi^{-1}(p) = [s(\pi(p)), g(p)], \qquad p \in P_U,$$

gegeben und somit glatt. Dies zeigt insgesamt, dass Ψ ein Isomorphismus der G-Hauptfaser-
bündel ist. $\square$

Als Anwendung beweisen wir abschließend ein Kriterium für die Existenz von pseudo-
Riemannschen Metriken. Auf einer Mannigfaltigkeit M existiert immer eine Riemannsche
Metrik (siehe Satz 2.10). Für pseudo-Riemannsche Metriken gilt dies nicht mehr.

Satz 2.20 *Sei M eine Mannigfaltigkeit der Dimension n und (k, l) ein Tupel natürlicher Zahlen mit $k + l = n$. Dann existiert genau dann eine pseudo-Riemannsche Metrik der Signatur
(k, l) auf M, wenn es ein reelles Vektorbündel ξ vom Rang k und ein reelles Vektorbündel η
vom Rang l über M gibt, so dass $TM = \xi \oplus \eta$ gilt.*

Beweis Sei $TM = \xi \oplus \eta$. Wir wählen eine beliebige Riemannsche Metrik r auf M und
setzen

$$g\big|_{\xi \times \xi} := -r\big|_{\xi \times \xi}, \quad g\big|_{\eta \times \eta} := r\big|_{\eta \times \eta}, \quad g\big|_{\xi \times \eta} := 0.$$

Dann ist g eine pseudo-Riemannsche Metrik der Signatur (k, l). Sei umgekehrt g eine pseudo-Riemannsche Metrik der Signatur (k, l). Dann betrachten wir das Bündel aller g-orthonormalen Repere $O(M, g)$. Die Strukturgruppe von $O(M, g)$ ist die pseudo-
orthogonale Gruppe $O(k, l)$, die nicht kompakt ist. Wir betrachten das Produkt $O(k) \times O(l)$
der orthogonalen Gruppen als Untergruppe von $O(k, l)$

$$(A, B) \in O(k) \times O(l) \longrightarrow \begin{pmatrix} A & 0 \\ 0 & B \end{pmatrix} \in O(k, l).$$

$O(k) \times O(l) \subset O(k, l)$ ist eine maximal-kompakte Untergruppe in $O(k, l)$. Nach Satz 2.17
kann man das $O(k, l)$-Hauptfaserbündel $O(M, g)$ auf die kompakte Gruppe $(O(k) \times O(l))$
reduzieren. Sei (Q, f) eine solche Reduktion. Nach Satz 2.18 gilt dann

$$\begin{aligned}
TM &\simeq GL(M) \times_{GL(n, \mathbb{R})} \mathbb{R}^n \\
&\simeq O(M, g) \times_{O(k, l)} \mathbb{R}^n \\
&\simeq Q \times_{(O(k) \times O(l))} (\mathbb{R}^k \oplus \mathbb{R}^l) \\
&\simeq (Q \times_{O(k)} \mathbb{R}^k) \oplus (Q \times_{O(l)} \mathbb{R}^l) \\
&=: \xi \oplus \eta.
\end{aligned}$$
$\square$

2.6 Aufgaben zu Kapitel 2

2.1. Es sei $(E, \pi, M; F)$ eine lokal-triviale Faserung mit dem Fasertyp F. Für einen Punkt
$e \in E$, der in der Faser über $x \in M$ liegt, sei

$$Tv_e E := T_e(E_x) \subset T_e E.$$

Wir nennen Tv_eE den *vertikalen Tangentialraum von E im Punkt* $e \in E$. Zeigen Sie, dass

$$TvE := \bigcup_{e \in E} Tv_eE$$

der Totalraum einer lokal-trivialen Faserung über M ist. TvE heißt das *vertikale Tangentialbündel von E*.

2.2. Sei $V_k(\mathbb{R}^n)$ die Stiefel-Mannigfaltigkeit, $G_k(\mathbb{R}^n)$ die Grassmann–Mannigfaltigkeit und $\pi : V_k(\mathbb{R}^n) \longrightarrow G_k(\mathbb{R}^n)$ die Abbildung, die jedem k-Tupel $(v_1, \ldots, v_k)$ von orthonormalen Vektoren den von ihnen erzeugten k-dimensionalen Unterraum des $\mathbb{R}^n$ zuordnet. Beweisen Sie, dass $(V_k(\mathbb{R}^n), \pi, G_k(\mathbb{R}^n); O(k))$ ein $O(k)$-Hauptfaserbündel ist.

2.3. Zwei Metriken g und $\widetilde{g}$ auf einer Mannigfaltigkeit M heißen *konform-äquivalent* ($g \sim \widetilde{g}$), wenn es eine glatte reellwertige Funktion σ auf M gibt mit $\widetilde{g} = e^\sigma g$. Die Äquivalenzklasse $c := [g] := \{\widetilde{g} \mid \widetilde{g} \sim g\}$ heißt *konforme Struktur* auf M und das Paar (M, c) *konforme Mannigfaltigkeit*. Sei (M, c) eine konforme Mannigfaltigkeit. Eine Basis $s_x = (s_1, \ldots, s_n)$ in T_xM nennen wir konform, wenn s_x orthonormal bzgl. einer Metrik $g \in c$ ist. Zeigen Sie, dass die Menge aller konformen Basen ein Hauptfaserbündel über M bildet. Welche Gruppe tritt in diesem Fall als Strukturgruppe auf ?

2.4. Wir betrachten folgende S^1-Wirkung auf S^3:

$$\big((w_1, w_2), z\big) \in S^3 \times S^1 \longmapsto (w_1 \cdot z^{-1}, w_2 \cdot z^{-1}) \in S^3.$$

Zeigen Sie, dass dadurch ein zum Hopfbündel nicht-isomorphes S^1-Hauptfaserbündel entsteht.

2.5. Es seien $(P, \pi, X; G)$ und $(\widetilde{P}, \widetilde{\pi}, \widetilde{X}; G)$ zwei G-Hauptfaserbündel und $f : \widetilde{X} \longrightarrow X$ eine glatte Abbildung. Beweisen Sie:
Die G-Hauptfaserbündel f^*P und $\widetilde{P}$ über $\widetilde{X}$ sind genau dann isomorph, wenn es eine glatte G-äquivariante Abbildung $F : \widetilde{P} \longrightarrow P$ gibt, für die $\pi \circ F = f \circ \widetilde{\pi}$ gilt.

2.6. Es sei $[F, G]$ eine Liesche Transformationsgruppe und $[TF, G]$ die Liesche Transformationsgruppe, die durch Differenzieren der G-Wirkung entsteht (siehe Aufgabe 1.12). Wir betrachten ein G-Hauptfaserbündel $(P, \pi, M; G)$ und die assoziierte lokal-triviale Faserung $E := P \times_G F$. Zeigen Sie, dass das in Aufgabe 2.1 definierte vertikale Tangentialbündel TvE ebenfalls zu P assoziiert ist. Es gilt:

$$TvE \simeq P \times_G TF.$$

2.7. Es sei $M = G/H$ ein reduktiver homogener Raum, $\mathfrak{g}$ die Lie-Algebra von G, $\mathfrak{h}$ die Lie-Algebra von H und $\mathfrak{g} = \mathfrak{h} \oplus \mathfrak{m}$ eine Vektorraum-Zerlegung von $\mathfrak{g}$ mit $\mathrm{Ad}(H)\mathfrak{m} \subset \mathfrak{m}$. Dann erhält man mittels der adjungierten Darstellung Ad eine H-Wirkung auf $\mathfrak{m}$ und auf $GL(\mathfrak{m})$, wobei letztere durch

$$\widehat{\mathrm{Ad}}(h)B = \mathrm{Ad}(h) \circ B, \qquad B \in GL(\mathfrak{m}),$$

gegeben ist. Beweisen Sie, dass das Tangentialbündel und das Reperbündel von M auf folgende Weise als assoziierte Faserbündel aus dem homogenen Hauptfaserbündel $(G, \pi, G/H; H)$ entstehen:

$$TM \simeq G \times_{[\mathrm{Ad}, H]} \mathfrak{m} \qquad \text{bzw.} \qquad GL(M) \simeq G \times_{[\widehat{\mathrm{Ad}}, H]} GL(\mathfrak{m}).$$

2.8. Es sei M^n eine n-dimensionale Mannigfaltigkeit, G eine Lie-Gruppe und $\rho : G \to GL(\mathbb{R}^n)$ eine Darstellung von G. Unter einer *G-Struktur auf M* verstehen wir ein Paar (P, θ), bestehend aus einem G-Hauptfaserbündel $(P, \pi, M; G)$ über M und einer 1-Form $\theta \in \Omega^1(P, \mathbb{R}^n)$ auf P mit Werten in $\mathbb{R}^n$, die folgende Eigenschaften hat:

1. $R_g^* \theta = \rho(g^{-1}) \circ \theta$ für alle $g \in G$.
2. $\mathrm{Ker}\,\theta_u = Tv_u P$ für alle $u \in P$.

Beweisen Sie, dass die Menge der G-Strukturen in bijektiver Beziehung zur Menge der Reduktionen der Reperbündels $GL(M)$ bzgl. des Homomorphismus $\rho : G \to GL(\mathbb{R}^n)$ steht.

Zusammenhänge in Hauptfaserbündeln 3

In diesem Kapitel werden wir die notwendigen Begriffe und Konzepte für die Differentialrechnung auf Hauptfaserbündeln und ihren assoziierten Vektorbündeln bereitstellen. Der zentrale Begriff dafür ist der eines Zusammenhangs im Hauptfaserbündel, der es uns ermöglicht, horizontale Richtungen im Totalraum des Bündels auszuzeichnen und dadurch Schnitte in assoziierten Vektorbündeln abzuleiten.

3.1 Zusammenhänge, Definition und Beispiele

Bevor wir beginnen, erinnern wir an den Begriff der geometrischen Distribution auf einer Mannigfaltigkeit N. Eine Zuordnung

$$\mathcal{E} : x \in N \longmapsto E_x \subset T_x N,$$

die jedem Punkt $x \in N$,auf glatte Weise' einen r-dimensionalen Unterraum E_x des Tangentialraumes $T_x N$ zuordnet, heißt *geometrische Distribution vom Rang r auf N*. ,Auf glatte Weise' bedeutet hier, dass es zu jedem $x \in N$ eine Umgebung $U \subset N$ und glatte lokale Vektorfelder $X_1, X_2, \ldots, X_r$ auf U gibt, so dass

$$E_y = \mathrm{span}\,(X_1(y), \ldots, X_r(y)) \quad \text{für alle } y \in U.$$

Sei nun $(P, \pi, M; G)$ ein glattes G-Hauptfaserbündel über der Mannigfaltigkeit M. Wir bezeichnen die G-Wirkung auf dem Totalraum P im Folgenden immer mit dem Symbol R_g:

$$\begin{aligned} P \times G &\longrightarrow P \\ (u, g) &\longmapsto R_g(u) := u \cdot g. \end{aligned}$$

H. Baum, *Eichfeldtheorie*, Springer-Lehrbuch Masterclass,
DOI: 10.1007/978-3-642-38539-1_3, © Springer-Verlag Berlin Heidelberg 2014

Auf P gibt es eine kanonische geometrische Distribution, die durch die Tangentialräume an die Fasern des Bündels gebildet wird. Da die Projektion $\pi : P \to M$ eine Submersion ist, ist jede Faser P_x über einem Punkt $x \in M$ eine topologische Untermannigfaltigkeit von P. Wir bezeichnen den Tangentialraum an P_x im Punkt $u \in P_x$ mit

$$Tv_u P := T_u(P_x) \subset T_u P$$

und nennen ihn den *vertikalen Tangentialraum* von P im Punkt u. Im ersten Satz dieses Kapitels geben wir eine Charakterisierung der vertikalen Tangentialräume durch die Lie-Algebra $\mathfrak{g}$ von G an, die wir im Folgenden ständig benutzen werden.

Satz 3.1 *Für den vertikalen Tangentialraum $Tv_u P$ gilt:*

1. *$Tv_u P = \operatorname{Ker} d\pi_u$.*
2. *Die Abbildung*

$$X \in \mathfrak{g} \longmapsto \widetilde{X}(u) := \frac{d}{dt}\big(u \cdot \exp(tX)\big)|_{t=0} \in Tv_u P,$$

die jedem Element der Lie-Algebra von G das von ihm erzeugte fundamentale Vektorfeld auf P im Punkt $u \in P$ zuordnet, ist ein linearer Isomorphismus. Es ist also

$$Tv_u P = \{\widetilde{X}(u) \mid X \in \mathfrak{g}\}.$$

Beweis Die erste Behauptung folgt aus dem Satz vom regulären Wert (siehe Satz A.11 im Anhang). Um die zweite Behauptung einzusehen, erinnern wir uns zunächst daran, dass die Abbildung

$$X \in \mathfrak{g} \longmapsto \widetilde{X}(u) \in Tv_u P$$

linear ist (siehe Satz 1.26). Da die Dimension von $\mathfrak{g}$ mit der der Fasern des Hauptfaserbündels übereinstimmt, genügt es zu zeigen, dass diese Abbildung injektiv ist. Sei also $\widetilde{X}(u) = 0$. Dann ist die Integralkurve von $\widetilde{X}$ durch u konstant, d. h., es gilt $u = u \cdot \exp tX$ für alle $t \in \mathbb{R}$. Da die Exponential-Abbildung ein lokaler Diffeomorphismus um den Nullvektor und die G-Wirkung auf P frei ist, folgt $X = 0$. $\qquad\qquad\square$

Die zweite Aussage von Satz 3.1 besagt insbesondere, dass die vertikalen Tangentialräume eine geometrische Distribution auf dem Totalraum P des Hauptfaserbündels definieren,

$$Tv : u \in P \longmapsto Tv_u P \subset T_u P.$$

Diese Distribution ist offensichtlich rechtsinvariant, d. h., es gilt $dR_g(Tv_u P) = Tv_{u \cdot g} P$ für alle $u \in P$ und $g \in G$. Wir nennen $TvP \subset TP$ das *vertikale Tangentialbündel von P*. Einen zum vertikalen Tangentialraum $Tv_u P \subset T_u P$ komplementären Vektorraum nennt man *horizontalen Tangentialraum* an P im Punkt $u \in P$. Unter einem *Zusammenhang auf dem Hauptfaserbündel* $(P, \pi, M; G)$ versteht man eine mit der G-Wirkung und der glatten Struktur verträgliche Auswahl von horizontalen Tangentialräumen von P.

Definition 3.1 *Ein Zusammenhang auf dem Hauptfaserbündel $(P, \pi, M; G)$ ist eine geometrische Distribution aus horizontalen Tangentialräumen*

$$Th : u \in P \longmapsto Th_u P \subset T_u P,$$

die rechtsinvariant ist, d. h., für alle $g \in G$ und $u \in P$ gilt

$$dR_g(Th_u P) = Th_{u \cdot g} P.$$

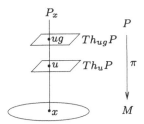

Wir nennen $ThP \subset TP$ das *horizontale Tangentialbündel*. Vektoren aus den vertikalen Tangentialräumen von P nennen wir *vertikal*, solche aus den horizontalen Tangentialräumen *horizontal*. Die Projektionen $pr_v : TP \to TvP$ und $pr_h : TP \to ThP$ auf die vertikalen bzw. horizontalen Tangentialvektoren sind glatt. Die erste Aussage von Satz 3.1 zeigt, dass das Differential der Projektion π

$$d\pi_u : Th_u P \longrightarrow T_{\pi(u)} M$$

ein linearer Isomorphismus von den horizontalen Tangentialräumen auf den entsprechenden Tangentialraum von M ist.

Im Folgenden besprechen wir weitere Möglichkeiten, Zusammenhänge auf Hauptfaserbündeln zu charakterisieren. Die erste ist die Charakterisierung eines Zusammenhangs durch gewisse 1-Formen auf P mit Werten in der Lie-Algebra $\mathfrak{g}$. Den Raum der k-Formen auf einer Mannigfaltigkeit N mit Werten in einem Vektorraum V bezeichnen wir mit $\Omega^k(N, V)$. Bei Bedarf findet der Leser die Definition solcher k-Formen im Anhang.

Definition 3.2 *Unter einer Zusammenhangsform auf dem Hauptfaserbündel $(P, \pi, M; G)$ verstehen wir eine 1-Form $A \in \Omega^1(P, \mathfrak{g})$, die folgende Eigenschaften hat:*

1. $R_g^* A = \mathrm{Ad}(g^{-1}) \circ A$ *für alle $g \in G$,*
2. $A(\widetilde{X}) = X$ *für alle $X \in \mathfrak{g}$.*

Die Menge der Zusammenhangsformen auf P bezeichnen wir mit $\mathcal{C}(P)$.

Satz 3.2 *Die Zusammenhänge und die Zusammenhangsformen auf einem Hauptfaserbündel $(P, \pi, M; G)$ stehen in bijektiver Beziehung zueinander:*

1. *Sei $Th : u \in P \longmapsto Th_u P$ ein Zusammenhang auf P. Dann ist durch*

$$A_u(\widetilde{X}(u) \oplus Y_h) := X \qquad \forall \ u \in P, \ X \in \mathfrak{g}, \ Y_h \in Th_uP,$$

eine Zusammenhangsform auf P definiert.

2. *Ist* $A \in \Omega^1(P; \mathfrak{g})$ *eine Zusammenhangsform auf P, so ist*

$$Th : u \in P \longmapsto Th_uP := \operatorname{Ker} A_u$$

ein Zusammenhang auf P.

Beweis Zu 1) Nach Definition von A gilt für alle fundamentalen Vektorfelder $\widetilde{X}$ die Bedingung $A(\widetilde{X}) = X \in \mathfrak{g}$. Für die fundamentalen Vektorfelder gilt außerdem nach Satz 1.26

$$dR_g(\widetilde{X}(u)) = \big(\widetilde{\operatorname{Ad}(g^{-1})X}\big)(ug).$$

Ist Y_h horizontal im Punkt u, so ist $dR_g(Y_h)$ horizontal im Punkt ug. Daraus erhält man

$$
\begin{aligned}
(R_g^*A)_u(\widetilde{X}(u) + Y_h) &= A_{ug}(dR_g(\widetilde{X}(u)) + dR_g Y_h) \\
&= A_{ug}(\widetilde{\operatorname{Ad}(g^{-1})X}(ug) + dR_g Y_h) \\
&= \operatorname{Ad}(g^{-1})X \\
&= \operatorname{Ad}(g^{-1}) \circ A_u(\widetilde{X}(u) + Y_h).
\end{aligned}
$$

Folglich gilt

$$R_g^*A = \operatorname{Ad}(g^{-1}) \circ A.$$

Zu 2) Wir müssen zeigen, dass $\operatorname{Ker} A$ eine rechtsinvariante glatte Auswahl von horizontalen Tangentialräumen ist:

Horizontalität: Sei $Y \in \operatorname{Ker} A_u \cap Tv_uP$. Dann ist Y der Wert eines fundamentalen Vektorfeldes, d. h. $Y = \widetilde{X}(u)$ für ein $X \in \mathfrak{g}$. Daraus folgt $0 = A(Y) = X$ und somit $Y = 0$. $\operatorname{Ker} A_u$ ist also transversal zu Tv_uP. Da A_u nach Definition surjektiv ist, gilt

$$\dim \operatorname{Ker} A_u = \dim T_uP - \dim \mathfrak{g} = \dim T_uP - \dim Tv_uP.$$

Somit ist $T_uP = \operatorname{Ker} A_u \oplus Tv_uP$.

Rechtsinvarianz: Sei $Y \in T_uP$ ein Vektor mit $A_u(Y) = 0$. Dann erhält man

$$A_{ug}(dR_g Y) = (R_g^*A)_u(Y) = \operatorname{Ad}(g^{-1})(A_u(Y)) = 0.$$

Glattheit: Wir fixieren eine Karte $(W, (x_1, \ldots, x_m))$ um $u \in P$ und eine Basis $(a_1, \ldots, a_r)$ in der Lie-Algebra $\mathfrak{g}$. Sei $Y = \sum_i \xi_i \frac{\partial}{\partial x_i}(u) \in T_uP$ die Basisdarstellung von $Y \in T_uP$. Da die Zusammenhangsform A differenzierbar ist, gilt $A(\frac{\partial}{\partial x_i}) = \sum_j A_{ij}a_j$, wobei A_{ij} glatte Funktionen auf W sind. Ein Vektor Y liegt genau dann im Kern von A_u, wenn

$$\sum_i \xi_i A_{ij} = 0 \quad \text{für alle } j = 1, \ldots, r$$

gilt. Die Lösungen ξ_i dieses linearen Gleichungssystems hängen glatt von u ab. Folglich wird Ker A lokal durch glatte Vektorfelder aufgespannt. $\square$

Für eine weitere Charakterisierung von Zusammenhängen benutzt man lokale 1-Formen auf der Basis-Mannigfaltigkeit des Hauptfaserbündels.
Sei $A \in \Omega^1(P, \mathfrak{g})$ eine Zusammenhangsform auf dem Hauptfaserbündel P und bezeichne $s : U \subset M \longrightarrow P$ einen lokalen Schnitt in P. Die 1-Form

$$A^s := A \circ ds \in \Omega^1(U, \mathfrak{g})$$

heißt die durch s bestimmte *lokale Zusammenhangsform*. Wählt man verschiedene lokale Schnitte über der gleichen Umgebung U, so kann man den Unterschied der zugehörigen lokalen Zusammenhangsformen berechnen.
Seien $s_i : U_i \longrightarrow P$ und $s_j : U_j \longrightarrow P$ lokale Schnitte in P mit $U_i \cap U_j \neq \emptyset$. Dann gibt es eine glatte Übergangsfunktion $g_{ij} : U_i \cap U_j \longrightarrow G$ zwischen diesen Schnitten, d. h.

$$s_i(x) = s_j(x) \cdot g_{ij}(x) \quad \text{für alle } x \in U_i \cap U_j.$$

Im Folgenden bezeichnet $\mu_G \in \Omega^1(G, \mathfrak{g})$ die kanonische 1-Form (Maurer-Cartan-Form) der Lie-Gruppe G

$$\mu_G(Y_g) := dL_{g^{-1}}(Y_g), \quad Y_g \in T_g G,$$

und $\mu_{ij} := g_{ij}^* \mu_G$ die auf $U_i \cap U_j$ zurückgezogenen kanonischen 1-Formen

$$\mu_{ij}(X) = dL_{g_{ij}^{-1}(x)}(dg_{ij}(X)), \quad X \in T_x(U_i \cap U_j).$$

Mit diesen Bezeichnungen gilt.

Satz 3.3 *Zusammenhänge in Hauptfaserbündeln können auf die folgende Weise durch lokale Zusammenhangsformen charakterisiert werden:*

1. *Sei $A \in \Omega^1(P, \mathfrak{g})$ eine Zusammenhangsform im Hauptfaserbündel P und seien (s_i, U_i) und (s_j, U_j) lokale Schnitte in P mit $U_i \cap U_j \neq \emptyset$. Dann gilt*

$$A^{s_i} = \mathrm{Ad}(g_{ij}^{-1}) \circ A^{s_j} + \mu_{ij}.$$

2. *Ist umgekehrt eine Überdeckung des Bündels P durch lokale Schnitte $\{(s_i, U_i)\}_{i \in \Lambda}$ und eine Familie von lokalen 1-Formen $\{A_i \in \Omega^1(U_i, \mathfrak{g})\}_{i \in \Lambda}$ gegeben, so dass für $U_i \cap U_j \neq \emptyset$*

$$A_i = \mathrm{Ad}(g_{ij}^{-1}) \circ A_j + \mu_{ij} \tag{3.1}$$

gilt, so existiert eine Zusammenhangsform A auf P mit $A^{s_i} = A_i$ für alle $i \in \Lambda$.

Bevor wir Satz 3.3 beweisen, notieren wir folgende Spezialfälle, die in der physikalischen Literatur oft benutzt werden:

1. Ist $G \subset GL(r, \mathbb{K})$ eine Matrizengruppe, so gilt wegen der Linearität der Wirkung $dL_g X = gX$ und $\mathrm{Ad}(g)X = gXg^{-1}$ für alle $g \in G$ und $X \in \mathfrak{g}$. In diesem Fall lautet die Transformationsformel (3.1)

$$A_i = g_{ij}^{-1} \circ A_j \circ g_{ij} + g_{ij}^{-1}\, dg_{ij}.$$

2. Ist das Hauptfaserbündel P trivial, so existiert ein globaler Schnitt in P. Folglich ist in diesem Fall ein Zusammenhang in P durch eine 1-Form auf dem Basisraum M mit Werten in der Lie-Algebra $\mathfrak{g}$ gegeben.

Beweis von Satz 3.3. Zu 1) Sei $x \in U_i \cap U_j$, $X \in T_x M$ und $\gamma(t)$ eine Kurve durch x mit dem Tangentialvektor X, d. h. $\gamma(0) = x$ und $\dot\gamma(0) = X$. Mit der Produktregel für die Ableitung von Kurven in Transformationsgruppen aus Satz 1.27 erhalten wir

$$\begin{aligned}
ds_i(X) &= \frac{d}{dt}\big(s_i(\gamma(t))\big)|_{t=0}\\
&= \frac{d}{dt}\big(s_j(\gamma(t)) \cdot g_{ij}(\gamma(t))\big)|_{t=0}\\
&= dR_{g_{ij}(x)}(ds_j(X)) + \widetilde{\mu_{ij}(X)}(s_i(x)).
\end{aligned}$$

Daraus folgt

$$\begin{aligned}
A^{s_i}(X) &= A(ds_i(X))\\
&= A(dR_{g_{ij}(x)}ds_j(X)) + \mu_{ij}(X)\\
&= \mathrm{Ad}(g_{ij}(x)^{-1})A^{s_j}(X) + \mu_{ij}(X).
\end{aligned}$$

Zu 2) Seien $s_i : U_i \longrightarrow P$ lokale Schnitte und $A_i : TU_i \longrightarrow \mathfrak{g}$ lokale 1-Formen mit dem Transformationsverhalten (3.1). Wir zeigen zuerst, dass A_i eine Zusammenhangsform auf dem trivialen Teilbündel P_{U_i} definiert und setzen diese Zusammenhangsformen dann zu einer Zusammenhangsform auf P zusammen: Sei $x \in U_i$ und $u := s_i(x) \in P$ das Bild von x in P. Dann gilt

$$T_u P = T v_u P \oplus ds_i(T_x U_i).$$

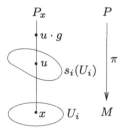

Wir definieren die 1-Form $A_u : T_u P \longrightarrow \mathfrak{g}$ in u durch

$$A_u(\widetilde{Y}(u) \oplus ds_i(X)) := A_i(X) + Y, \qquad Y \in \mathfrak{g}, X \in T_x U_i.$$

Im nach rechts verschobenen Punkt $ug \in P$ sei $A_{ug} : T_{ug}P \longrightarrow \mathfrak{g}$ definiert durch

$$A_{ug} := \mathrm{Ad}(g^{-1}) \circ A_u(dR_{g^{-1}}(\cdot)).$$

Dann gilt für jedes $Y \in \mathfrak{g}$

$$
\begin{aligned}
A_{ug}(\widetilde{Y}(ug)) &= \mathrm{Ad}(g^{-1}) A_u(dR_{g^{-1}}(\widetilde{Y}(ug))) \\
&= \mathrm{Ad}(g^{-1}) A_u(\widetilde{\mathrm{Ad}(g) Y}(u)) \\
&= \mathrm{Ad}(g^{-1}) \, \mathrm{Ad}(g) Y \\
&= Y.
\end{aligned}
$$

Für die rechtsverschobene 1-Form $R_a^* A$ erhält man

$$
\begin{aligned}
(R_a^* A)_{ug}(Z) &= A_{uga}(dR_a(Z)) \\
&= \mathrm{Ad}(a^{-1}) \, \mathrm{Ad}(g^{-1}) A_u\big(dR_{a^{-1}g^{-1}}(dR_a(Z))\big) \\
&= \mathrm{Ad}(a^{-1}) A_{ug}(Z),
\end{aligned}
$$

wobei $Z \in T_{ug}P$. Damit haben wir nachgewiesen, dass A eine Zusammenhangsform auf dem Teilbündel P_{U_i} ist. Als nächstes zeigen wir, dass die mittels (A_i, s_i) und (A_j, s_j) definierten Zusammenhangsformen A und $\widehat{A}$ auf dem Bündel $P_{U_i \cap U_j}$ übereinstimmen. Da die Zusammenhangsformen A und $\widehat{A}$ nach Definition auf den vertikalen Tangentialräumen übereinstimmen und außerdem durch $A_{s_i(x)}$ und $\widehat{A}_{s_j(x)}$ eindeutig bestimmt sind, genügt es zu zeigen, dass für den Punkt $u = s_i(x)$

$$\widehat{A}_u(ds_i(X)) = A_u(ds_i(X)) = A_i(X)$$

gilt. Sei $s_i(x) = s_j(x) \cdot g_{ij}(x)$, $X \in T_x M$ und $\gamma(t)$ eine Kurve durch x mit dem Tangentialvektor X. Dann erhält man unter Benutzung der Produktregel aus Satz 1.27

$$
\begin{aligned}
ds_i(X) &= \frac{d}{dt}\Big(s_j(\gamma(t)) \cdot g_{ij}(\gamma(t))\Big)\Big|_{t=0} \\
&= dR_{g_{ij}(x)}(ds_j(X)) + \widetilde{\mu_{ij}(X)}(s_j(x) \cdot g_{ij}(x)).
\end{aligned}
$$

Folglich gilt wegen der Transformationsformel (3.1)

$$
\begin{aligned}
\widehat{A}(ds_i(X)) &= \widehat{A}\Big(dR_{g_{ij}(x)}(ds_j(X)) + \widetilde{\mu_{ij}(X)}(s_j(x) \cdot g_{ij}(x))\Big) \\
&= \mathrm{Ad}(g_{ij}(x)^{-1})\widehat{A}(ds_j(X)) + \mu_{ij}(X) \\
&= \mathrm{Ad}(g_{ij}(x)^{-1})A_j(X) + \mu_{ij}(X) \\
&= A_i(X).
\end{aligned}
$$

Die 1-Formen A und $\widehat{A}$ stimmen somit auf $P_{U_i \cap U_j}$ überein. Die Familie von 1-Formen A_i mit dem Transformationsverhalten (3.1) definiert also eine Zusammenhangsform auf P. $\square$

Als nächstes betrachten wir einige spezielle Zusammenhänge.

Beispiel 3.1 *Der kanonische flache Zusammenhang.*

Wir betrachten das triviale G-Hauptfaserbündel $(P := M \times G, pr_1, M; G)$ über der Mannigfaltigkeit M. Dann gilt für den vertikalen Tangentialraum

$$Tv_{(x,g)}P = T_{(x,g)}(\{x\} \times G) \simeq T_g G.$$

Die fundamentalen Vektorfelder auf P stimmen bei dieser Identifizierung mit den linksinvarianten Vektorfeldern auf G überein, da für $Y \in \mathfrak{g}$ gilt

$$\widetilde{Y}(x,g) = \frac{d}{dt}\big((x,g) \cdot \exp(tY)\big)\big|_{t=0} = \frac{d}{dt}\big(x, g \cdot \exp(tY)\big)\big|_{t=0} = 0 \oplus dL_g(Y).$$

Wir wählen als horizontale Tangentialräume des Bündels P die Tangentialräume an M

$$Th_{(x,g)}P := T_{(x,g)}(M \times \{g\}) \simeq T_x M.$$

Dieser spezielle Zusammenhang Th auf P heißt *kanonischer flacher Zusammenhang*. Die zum kanonischen flachen Zusammenhang gehörende Zusammenhangsform ist durch die kanonische 1-Form der Lie-Gruppe G gegeben

$$A : T_{(x,g)}(M \times G) \simeq T_x M \oplus T_g G \longrightarrow \mathfrak{g}$$
$$X + Y \longmapsto dL_{g^{-1}}Y = \mu_G(Y).$$

Beispiel 3.2 *Linksinvariante Zusammenhänge auf reduktiven homogenen Räumen.*

Sei $H \subset G$ eine abgeschlossene Untergruppe einer Lieschen Gruppe G. $\mathfrak{g}$ bezeichne die Lie-Algebra von G und $\mathfrak{h}$ die Lie-Algebra von H. Der homogene Raum $M = G/H$ heißt *reduktiv*, falls es eine Vektorraum-Zerlegung $\mathfrak{g} = \mathfrak{h} \oplus \mathfrak{m}$ gibt, so dass $\mathrm{Ad}(H)\mathfrak{m} \subset \mathfrak{m}$ gilt. Sei nun G/H ein reduktiver homogener Raum und $(G, \pi, G/H; H)$ das homogene H-Hauptfaserbündel über G/H. Für das von einem Vektor $X \in \mathfrak{h} = T_e H$ erzeugte fundamentale Vektorfeld $\widetilde{X}$ auf G gilt

$$\widetilde{X}(g) = \frac{d}{dt}\big(g \cdot \exp(tX)\big)|_{t=0} = dL_g(X),$$

es stimmt also mit dem durch X erzeugten linksinvarianten Vektorfeld überein. Folglich ist der vertikale Tangentialraum in $g \in G$ gegeben durch $Tv_g G = dL_g(\mathfrak{h}) \subset T_g G$. Da $T_g G = dL_g(\mathfrak{h}) \oplus dL_g(\mathfrak{m})$, ist durch die linksinvariante Distribution

$$Th : g \in G \longrightarrow Th_g G := dL_g(\mathfrak{m}) \subset T_g G$$

ein Zusammenhang auf dem Hauptfaserbündel $(G, \pi, G/H; H)$ gegeben. Die Glattheit dieser Distribution ist klar, wir brauchen lediglich noch die Rechtsinvarianz von Th nachzuprüfen. Für $a \in H$ gilt wegen der Reduktivität der Zerlegung $\mathfrak{g} = \mathfrak{h} \oplus \mathfrak{m}$

$$dR_a(Th_g G) = dR_a \, dL_g \, \mathfrak{m} = dL_g \, dR_a \, \mathfrak{m}$$
$$= dL_g \, dL_a \, \mathrm{Ad}(a^{-1})\mathfrak{m} \subset dL_g \, dL_a \, \mathfrak{m} = dL_{ga}\mathfrak{m} = Th_{ga} G.$$

Die zu diesem Zusammenhang Th gehörende Zusammenhangsform ist nach Satz 3.2

$$A := pr_{\mathfrak{h}} \circ \mu_G \in \Omega^1(G, \mathfrak{h}),$$

wobei μ_G die kanonische 1-Form der Lieschen Gruppe G bezeichnet.

Beispiel 3.3 *Ein Zusammenhang auf dem Hopfbündel.*

Wir betrachten das Hopfbündel $(S^3, \pi, \mathbb{C}P^1; S^1)$ über dem $\mathbb{C}P^1$. Die Strukturgruppe dieses Bündels ist die Gruppe $S^1 \subset \mathbb{C}$, ihre Lie-Algebra identifizieren wir mit $i\mathbb{R}$. Die Sphäre S^3 betrachten wir als Teilmenge des komplexen Vektorraumes $\mathbb{C}^2$ und ihre Tangentialvektoren als Vektoren im $\mathbb{C}^2$, $T_{(w_1, w_2)}S^3 \subset T\mathbb{C}^2 \simeq \mathbb{C}^2$. Mit dw_j und $d\bar{w}_j$ seien die 1-Formen

$$dw_j(X_1, X_2) := X_j \quad \text{und} \quad d\bar{w}_j(X_1, X_2) := \bar{X}_j$$

auf S^3 bezeichnet. Wir zeigen, dass die 1-Form $A : TS^3 \longrightarrow i\mathbb{R}$ mit

$$A_{(w_1, w_2)} := \frac{1}{2}\{\bar{w}_1 dw_1 - w_1 d\bar{w}_1 + \bar{w}_2 dw_2 - w_2 d\bar{w}_2\} \tag{3.2}$$

eine Zusammenhangsform auf dem Hopfbündel ist.

Dazu müssen wir die beiden Invarianzeigenschaften aus der Definition der Zusammenhangsform nachweisen. Da die Lie-Gruppe S^1 abelsch ist, gilt für die adjungierte Darstellung $\mathrm{Ad}(z) = \mathrm{Id}$ für alle $z \in S^1$. Wir zeigen zuerst, dass $R_z^* A = A$ für alle $z \in S^1$ gilt. Sei

$$X = \frac{d}{dt}\big(w_1(t), w_2(t)\big)|_{t=0} = (w_1'(0), w_2'(0)) =: (X_1, X_2) \in T_{(w_1, w_2)}S^3.$$

Dann ist

$$dR_z(X) = \frac{d}{dt}\big(w_1(t) \cdot z, w_2(t) \cdot z\big)|_{t=0} = (w_1'(0) \cdot z, w_2'(0) \cdot z) = (X_1 z, X_2 z)$$

und wegen $z \in S^1$ folgt

$$(R_z^* A)_{(w_1, w_2)}(X) = A_{(w_1 z, w_2 z)}(dR_z(X)) = A_{(w_1 z, w_2 z)}(X_1 z, X_2 z)$$
$$\overset{(3.2)}{=} A_{(w_1, w_2)}(X).$$

Sei $ix \in i\mathbb{R}$ ein Element der Lie-Algebra von S^1. Für das davon erzeugte fundamentale Vektorfeld gilt nach Definition

$$(\widetilde{ix})(w_1, w_2) = \frac{d}{dt}(w_1 e^{itx}, w_2 e^{itx})|_{t=0} = (ixw_1, ixw_2).$$

Daraus folgt

$$A(\widetilde{ix}) = \frac{1}{2}\{\bar{w}_1 ixw_1 - w_1 \overline{ixw}_1 + \bar{w}_2 ixw_2 - w_2 \overline{ixw}_2\}$$
$$= ix(|w_1|^2 + |w_2|^2) = ix.$$

Somit ist nachgewiesen, dass A eine Zusammenhangsform auf dem Hopfbündel ist.

Beispiel 3.4 *Zusammenhänge auf dem Reperbündel.*

Sei M^n eine glatte Mannigfaltigkeit der Dimension n, TM das Tangentialbündel und $GL(M)$ das Reperbündel von M. Dann steht die Menge der kovarianten Ableitungen auf dem Tangentialbündel von M in bijektiver Beziehung zur Menge der Zusammenhänge auf dem Reperbündel $GL(M)$. Die Zuordnung zwischen den Zusammenhängen im Reperbündel und den kovarianten Ableitungen ist folgendermaßen gegeben:
Sei $A : T(GL(M)) \longrightarrow \mathfrak{gl}(n, \mathbb{R})$ eine Zusammenhangsform auf dem Reperbündel. Wir bezeichnen mit B_{ij} die $n \times n$-Matrix, in der in der i-ten Zeile und j-ten Spalte eine 1 und an allen anderen Stellen 0 steht. Dann kann man A mittels der Basis $(B_{ij})_{i,j=1,\ldots,n}$ von $\mathfrak{gl}(n, \mathbb{R})$ in der Form

$$A = \sum_{i,j=1}^{n} \omega_{ij} B_{ij}$$

darstellen, wobei $\omega_{ij} : T(GL(M)) \longrightarrow \mathbb{R}$ reelle 1-Formen sind. Sei $s := (s_1, \ldots, s_n) : U \longrightarrow GL(M)$ ein lokaler Schnitt im Reperbündel. Wir definieren die zu A gehörende kovariante Ableitung ∇ durch

$$\nabla_X s_k := \sum_{i=1}^{n} \omega_{ik}(ds(X)) s_i, \qquad k = 1, \ldots, n,$$

durch lineare Fortsetzung und die Produktregel

$$\nabla_X f s_k := X(f) s_k + f \nabla_X s_k \qquad \forall f \in C^\infty(U).$$

Die Transformationsformel (3.1) für die lokalen Zusammenhangsformen zeigt, dass ∇ eine korrekt, d. h. unabhängig von der Wahl des lokalen Repers, definierte kovariante Ableitung auf TM ist.
Sei andererseits ∇ eine kovariante Ableitung auf M und $s := (s_1, \ldots, s_n) : U \longrightarrow GL(M)$ ein lokaler Schnitt im Reperbündel. Dann gilt

$$\nabla s_k = \sum_{i=1}^{n} \omega_{ik} \otimes s_i$$

für reelle 1-Formen $\omega_{ik} \in \Omega^1(U)$. Wir definieren lokale 1-Formen $A_s \in \Omega^1(U, \mathfrak{gl}(n, \mathbb{R}))$ durch

$$A_s := \sum_{i,j=1}^{n} \omega_{ij} B_{ij}.$$

Die Familie $\{(A_s, s) \mid s \text{ lokaler Schnitt in } GL(M)\}$ dieser 1-Formen erfüllt die Transformationsregel (3.1) aus Satz 3.3, definiert also eine Zusammenhangsform auf dem Reperbündel. Wir überlassen dem Leser die Ausarbeitung der Details als Aufgabe 3.1.

Beispiel 3.5 *Der Levi-Civita-Zusammenhang einer semi-Riemannschen Mannigfaltigkeit.*

Wir betrachten eine semi-Riemannsche Mannigfaltigkeit (M^n, g), wobei g eine Metrik der Signatur (k, l) mit $n = k + l$ ist. Auf (M, g) gibt es eine eindeutig bestimmte metrische und torsionsfreie kovariante Ableitung

$$\nabla^{LC} : \Gamma(TM) \longrightarrow \Gamma(T^*M \otimes TM),$$

den Levi-Civita-Zusammenhang von (M, g).[1] Dem Levi-Civita-Zusammenhang ∇^{LC} entspricht eine Zusammenhangsform A^{LC} im Hauptfaserbündel aller orthonormalen Repere $(O(M, g), \pi, M; O(k, l))$ der semi-Riemannschen Mannigfaltigkeit. Wir geben diese Zusammenhangsform durch lokale Zusammenhangsformen mit dem erforderlichen Transformationsverhalten an.

Seien E_{ij} die $(n \times n)$-Matrizen

$$E_{ij} := \varepsilon_i B_{ji} - \varepsilon_j B_{ij}, \qquad \text{wobei } \varepsilon_i := \begin{cases} -1, & \text{falls } i = 1, \ldots, k, \\ 1, & \text{falls } i = k+1, \ldots, k+l, \end{cases}$$

und B_{ij} die in Beispiel 3.4 definierten Matrizen sind. Die Lie-Algebra $\mathfrak{o}(k, l)$ der orthogonalen Gruppe $O(k, l)$ wird von den Matrizen E_{ij} erzeugt

$$\mathfrak{o}(k, l) = \operatorname{span}\{E_{ij} \mid i < j\}.$$

Sei nun $s = (s_1, \ldots, s_n) : U \subset M \longrightarrow O(M, g)$ ein lokaler Schnitt im Bündel der orthonormalen Repere, d.h., $(s_1(x), \ldots, s_n(x))$ ist für jedes $x \in U$ eine g_x-orthonormale Basis in $(T_x M, g_x)$. Wir definieren eine lokale 1-Form $A_s : TU \to \mathfrak{o}(k, l)$ durch

$$A_s(X) := \sum_{i<j} \varepsilon_i \varepsilon_j \, g(\nabla^{LC}_X s_i, s_j) \, E_{ij} \ \in \mathfrak{o}(k, l).$$

---

[1] Der Leser findet im Anhang A.5 die Formel für den Levi-Civita-Zusammenhang und weitere Grundbegriffe der Riemannschen Geometrie, die in diesem Buch vorausgesetzt werden.

Die Familie $\{(A_s, s) \mid s$ lokaler Schnitt in $O(M, g)\}$ dieser 1-Formen erfüllt die Transformationsregel (3.1) aus Satz 3.3, definiert also eine Zusammenhangsform A^{LC} auf dem Bündel der orthonormalen Repere.

Analog zum Beispiel 3.4 zeigt man, dass die Menge der metrischen kovarianten Ableitungen auf dem Tangentialbündel TM in bijektiver Beziehung zur Menge der Zusammenhänge im Bündel der orthonormalen Repere $O(M, g)$ steht (siehe Aufgabe 3.2.)

Nachdem wir einige Beispiele von Zusammenhängen auf speziellen Hauptfaserbündeln besprochen haben, zeigen wir nun, dass es auf *jedem* Hauptfaserbündel überhaupt einen Zusammenhang gibt.

Satz 3.4 *Auf jedem Hauptfaserbündel existiert ein Zusammenhang.*

Beweis Es sei $(P, \pi, M; G)$ ein beliebiges G-Hauptfaserbündel über einer Mannigfaltigkeit M. Wir fixieren eine offene Überdeckung $\mathcal{U} = \{U_\alpha\}_{\alpha \in \Lambda}$ von M, über der das Bündel P trivial ist, d. h., es gelte $P_{U_\alpha} \simeq U_\alpha \times G$. Weiterhin sei $\{f_\alpha\}_{\alpha \in \Lambda}$ eine Zerlegung der 1 zu $\mathcal{U}$. Es bezeichne $A_\alpha \in \Omega^1(P_{U_\alpha}, \mathfrak{g})$ den kanonischen flachen Zusammenhang auf dem trivialen Teilbündel P_{U_α} (Beispiel 3.1). Wir definieren eine 1-Form $A \in \Omega^1(P, \mathfrak{g})$ durch

$$A := \sum_\alpha (f_\alpha \circ \pi) A_\alpha.$$

Ist $\widetilde{X}$ das von $X \in \mathfrak{g}$ erzeugte fundamentale Vektorfeld auf P, so gilt

$$A(\widetilde{X}(p)) = \sum_\alpha f_\alpha(\pi(p)) \, A_\alpha(\widetilde{X}(p)) = X.$$

Für die Rechtsverschiebung gilt

$$(R_g^* A)_p(Y) = A_{pg}(dR_g Y) = \sum_\alpha f_\alpha(\pi(p)) A_\alpha(dR_g(Y)) = \mathrm{Ad}(g^{-1}) \, A_p(Y).$$

A ist somit eine Zusammenhangsform auf P. $\square$

3.2   Der affine Raum aller Zusammenhänge

Nachdem wir im vorigen Abschnitt gesehen haben, dass es auf jedem Hauptfaserbündel einen Zusammenhang gibt, wollen wir nun untersuchen, wie groß die Menge aller Zusammenhänge eines Hauptfaserbündels ist. Es wird sich zeigen, dass diese Menge ein unendlich-dimensionaler affiner Raum ist. Um dies zu zeigen, führen wir zunächst einige Bezeichnungen ein.

In den vorausgegangenen Abschnitten des Buches haben wir bereits Differentialformen auf Mannigfaltigkeiten mit Werten in Vektorräumen benutzt. Wir benötigen im Folgenden eine Verallgemeinerung dieses Begriffes, nämlich Differentialformen mit Werten in Vektorbündeln, die wir auf analoge Weise definieren.

Sei E ein Vektorbündel über der Mannigfaltigkeit M. Eine *k-Form auf M mit Werten in E* ist eine glatte Zuordnung

$$\omega : x \in M \longrightarrow (\omega_x : T_xM \times \cdots \times T_xM \to E_x).$$
$$\text{multilinear und schiefsymmetrisch}$$

Die Glattheit von ω bedeutet, dass für beliebige glatte lokale Vektorfelder $X_1, \ldots, X_k$ auf einer offenen Teilmenge U von M der lokale Schnitt

$$s : x \in U \longrightarrow \omega_x(X_1(x), \ldots, X_k(x)) \in E_x \subset E_U$$

im Bündel E glatt ist. Eine k-Form auf M mit Werten in E ist also nichts anderes als ein glatter Schnitt im Vektorbündel $\Lambda^k T^*M \otimes E$. Wir bezeichnen die Menge dieser k-Formen mit

$$\Omega^k(M, E) := \Gamma(\Lambda^k T^*M \otimes E).$$

Die k-Form ω kann man auch als $C^\infty(M)$-multilineare und schiefsymmetrische Abbildung

$$\omega : \mathfrak{X}(M) \times \cdots \times \mathfrak{X}(M) \longrightarrow \Gamma(E)$$

auffassen. Dabei ist für jedes $x \in M$

$$\omega(X_1, \ldots, X_n)(x) := \omega_x(X_1(x), \ldots, X_n(x)) \in E_x.$$

Die k-Formen auf M mit Werten in einem Vektorraum V treten hierbei als Spezialfall auf. Es gilt

$$\Omega^k(M, V) = \Gamma(\Lambda^k M \otimes \underline{V})$$

für das triviale Bündel $\underline{V}$ über M mit der Faser V.

Die gewöhnlichen reell- bzw. komplexwertigen Differentialformen operieren auf den bündelwertigen Differentialformen mittels Dach-Produkt

$$\wedge : \Omega^k(M) \times \Omega^l(M, E) \longrightarrow \Omega^{k+l}(M, E)$$
$$(\sigma, \omega) \longmapsto \sigma \wedge \omega,$$

wobei für Tangentialvektoren $t_1, \ldots, t_{k+l} \in T_xM$

$$(\sigma \wedge \omega)_x(t_1, \ldots, t_{k+l})$$
$$:= \frac{1}{k!l!} \sum_{\tau \in \mathcal{S}_{k+l}} \text{sign}(\tau) \, \sigma_x(t_{\tau(1)}, \ldots, t_{\tau(k)}) \cdot \omega_x(t_{\tau(k+1)}, \ldots, t_{\tau(k+l)}).$$

Wie wir aus Abschn. 2.3 wissen, kann man Schnitte in zu G-Hauptfaserbündeln assoziierten Faserbündeln als G-invariante Funktionen auf dem Totalraum des Hauptfaserbündels ausdrücken (siehe Satz 2.9). Wir wollen nun eine analoge Beschreibung für k-Formen mit Werten in zu Hauptfaserbündeln assoziierten Vektorbündeln angeben.

Sei also $(P, \pi, M; G)$ ein G-Hauptfaserbündel über M, $\rho : G \to GL(V)$ eine G-Darstellung und $E := P \times_{(G,\rho)} V$ das dazu assoziierte Vektorbündel. Dann gilt

$$\Gamma(E) \simeq C^\infty(P, V)^{(G,\rho)} := \{s : P \to V \mid s(pg) = \rho(g^{-1})s(p),\ s \text{ glatt}\}.$$

Die k-Formen $\Omega^k(M, E)$ werden wir mit gewissen k-Formen aus $\Omega^k(P, V)$ identifizieren. Dazu definieren wir:

Definition 3.3 *Eine k-Form $\omega \in \Omega^k(P, V)$ auf P mit Werten in V heißt*

1. *horizontal, falls $\omega_p(X_1, \ldots, X_k) = 0$ gilt, sobald einer der Vektoren $X_i \in T_pP$ vertikal ist.*
2. *vom Typ ρ, falls $R_a^*\omega = \rho(a^{-1}) \circ \omega$ für alle $a \in G$ gilt.*

Wir bezeichnen die Menge der horizontalen k-Formen vom Typ ρ mit

$$\Omega_{hor}^k(P, V)^{(G,\rho)}.$$

Als Beispiel betrachten wir die Menge der Zusammenhangsformen $\mathcal{C}(P)$ von P. Sind A_1 und A_2 zwei Zusammenhangsformen auf P, so ist die Differenz $A_1 - A_2$ offensichtlich eine horizontale 1-Form vom Typ Ad. Ist andererseits A eine Zusammenhangsform auf P und ω eine horizontale 1-Form vom Typ Ad auf P mit Werten in der Lie-Algebra $\mathfrak{g}$ von G, so ist $\widetilde{A} := A + \omega$ ebenfalls eine Zusammenhangsform auf P. Die Menge aller Zusammenhangsformen $\mathcal{C}(P)$ ist folglich ein affiner Raum mit dem Vektorraum $\Omega_{hor}^1(P, \mathfrak{g})^{(G,\mathrm{Ad})}$.

Satz 3.5 *Der Vektorraum $\Omega^k(M, E)$ der k-Formen auf M mit Werten in E ist kanonisch isomorph zum Vektorraum $\Omega_{hor}^k(P, V)^{(G,\rho)}$ der horizontalen k-Formen auf P vom Typ ρ.*

Beweis Sei $p \in P_x$ ein Element in der Faser von P über dem Punkt $x \in M$ und $[p]$ der durch p definierte Faserisomorphismus von E

$$[p] : v \in V \longrightarrow [p, v] \in E_x.$$

Wir definieren eine lineare Abbildung $\Phi : \Omega_{hor}^k(P, V)^{(G,\rho)} \longrightarrow \Omega^k(M, E)$ auf folgende Weise:

Für $\overline{\omega} \in \Omega_{hor}^k(P, V)^{(G,\rho)}$ sei die k-Form ω durch die Familie der folgenden k-Formen $\omega_x \in \Lambda^k(T_x^*M) \otimes E_x$ gegeben:

$$\omega_x(t_1, \ldots, t_k) := [p, \overline{\omega}_p(X_1, \ldots, X_k)],$$

wobei $\pi(p) = x$, $t_1, \ldots, t_k \in T_xM$ und $X_1, \ldots, X_k \in T_pP$ mit $d\pi_p(X_j) = t_j$.

Da $\overline{\omega}$ horizontal ist, hängt ω nicht von der Wahl der Vektoren X_j ab. Sind nämlich $\widetilde{X}_j$ weitere Vektoren mit $d\pi(\widetilde{X}_j) = t_j$, so gilt $d\pi(\widetilde{X}_j - X_j) = 0$, folglich ist $\widetilde{X}_j - X_j$ vertikal. Damit folgt $\overline{\omega}(\ldots, \widetilde{X}_j - X_j, \ldots) = 0$.

Die ρ-Invarianz von $\overline{\omega}$ liefert die Unabhängigkeit von der Auswahl von $p \in P_x$. Sei $\widetilde{p} = pg$ und $Y_1, \ldots, Y_k \in T_{\widetilde{p}}P$ Vektoren, die sich auf $t_1, \ldots, t_k \in T_x M$ projizieren. Dann gilt

$$
\begin{aligned}
[\widetilde{p}, \overline{\omega}_{\widetilde{p}}(Y_1, \ldots, Y_k)] &= [pg, \overline{\omega}_{pg}(Y_1, \ldots, Y_k)] \\
&= [p, \rho(g)\,\overline{\omega}_{pg}(Y_1, \ldots, Y_k)] \\
&= [p, (R_{g^{-1}}^*\overline{\omega})_{pg}(Y_1, \ldots, Y_k)] \\
&= [p, \overline{\omega}_p(dR_{g^{-1}}Y_1, \ldots, dR_{g^{-1}}Y_k)] \\
&= [p, \overline{\omega}_p(X_1, \ldots, X_k)].
\end{aligned}
$$

Sei $s : U \subset M \longrightarrow P$ ein lokaler Schnitt in P und $T_1, \ldots, T_k$ lokale Vektorfelder auf U. Dann ist

$$
\omega(T_1, \ldots, T_k)\big|_U = [s, \overline{\omega}_{s(\cdot)}(ds(T_1), \ldots, ds(T_k))].
$$

Dies zeigt die Glattheit von ω. Folglich ist $\omega = \Phi(\overline{\omega}) \in \Omega^k(M, E)$.

Die Abbildung Φ ist bijektiv. Das Urbild $\overline{\omega} = \Phi^{-1}(\omega) \in \Omega_{hor}^k(P, V)^{(G,\rho)}$ von $\omega \in \Omega^k(M, E)$ ist gegeben durch

$$
\overline{\omega}_p(X_1, \ldots, X_k) := [p]^{-1}\omega_{\pi(p)}(d\pi(X_1), \ldots, d\pi(X_k)) \in V. \qquad \square
$$

Die Differenz zweier Zusammenhangsformen auf P ist eine horizontale 1-Form vom Typ Ad auf P mit Werten in der Lie-Algebra $\mathfrak{g}$. Das zu diesem Typ von Formen gehörende assoziierte Vektorbündel entsteht durch die adjungierte Darstellung der Lie-Gruppe G auf ihrer Lie-Algebra. Wir bezeichnen dieses Vektorbündel mit

$$
\mathrm{Ad}(P) := P \times_G \mathfrak{g}
$$

und nennen es das *adjungierte Bündel*.

Folgerung 3.1 *Die Menge der Zusammenhänge eines G-Hauptfaserbündels P über M ist ein affiner Raum mit dem Vektorraum $\Omega^1(M, \mathrm{Ad}(P))$.*

3.3 Parallelverschiebung in Hauptfaserbündeln

Die Auswahl eines Zusammenhangs in einem Hauptfaserbündel P ermöglicht es, eine Parallelverschiebung von Fasern von P und von Fasern in assoziierten Faserbündeln entlang von Kurven zu erklären. Dies soll in diesem Abschnitt erläutert werden.

In diesem Abschnitt ist $(P, \pi, M; G)$ ein G-Hauptfaserbündel mit fixiertem Zusammenhang Th und der dazugehörigen Zusammenhangsform A.

Definition 3.4 *Sei X ein Vektorfeld auf M. Ein Vektorfeld X^* auf P heißt horizontaler Lift von X, falls*

1. $X^*(p) \in Th_p(P)$ *und*
2. $d\pi_p(X^*(p)) = X(\pi(p))$

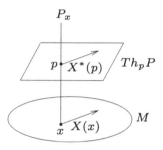

für alle $p \in P$ gilt.

Im folgenden Satz fassen wir die wichtigsten Eigenschaften horizontaler Lifte zusammen.

Satz 3.6 *1. Für jedes Vektorfeld X auf M gibt es einen eindeutig bestimmten horizontalen Lift X^* auf P. X^* ist rechtsinvariant.*
2. Ist andererseits Z ein horizontales und rechtsinvariantes Vektorfeld auf P, so existiert genau ein Vektorfeld X auf M mit $X^* = Z$.
3. Seien X und Y Vektorfelder und f eine glatte Funktion auf M. Dann gilt

$$X^* + Y^* = (X + Y)^*,$$
$$(fX)^* = (f \circ \pi)\, X^*,$$
$$[X, Y]^* = pr_h[X^*, Y^*].$$

4. Sei Z ein horizontales und $\widetilde{B}$ ein fundamentales Vektorfeld auf P und X ein Vektorfeld auf M. Dann ist der Kommutator $[\widetilde{B}, Z]$ ebenfalls horizontal und es gilt $[\widetilde{B}, X^*] = 0$.

Beweis Wir bezeichnen mit $pr_h : TP \to ThP$ die Projektion auf die horizontalen Tangentialräume. Da die Abbildung $d\pi_p : Th_pP \to T_{\pi(p)}M$ ein linearer Isomorphismus ist, ist die einzig mögliche Wahl eines horizontalen Liftes durch

$$X^*(p) := \left(d\pi \big|_{Th} \right)^{-1} (X(\pi(p)))$$

gegeben. Wir zeigen, dass das dadurch definierte Vektorfeld X^* glatt und rechtsinvariant ist. Um die Glattheit einzusehen, betrachten wir eine lokale Trivialisierung $\phi : P_U \simeq U \times G$ um den Punkt $\pi(p)$. Sei Y das glatte Vektorfeld $Y := d\phi^{-1}(X \oplus 0)$ auf P_U. Dann gilt $d\pi(Y) = X$ und folglich $X^* = pr_h Y$. Da Y und pr_h glatt sind, ist X^* glatt. Aus der

Rechtsinvarianz des Zusammenhangs Th erhält man $dR_g(X^*(p)) \in Th_{pg}P$. Folglich gilt $d\pi(dR_g X^*(p)) = d\pi(X^*(p)) = X(\pi(p))$. Die Eindeutigkeit des horizontalen Liftes liefert dann $dR_g(X^*(p)) = X^*(pg)$. Somit ist X^* rechtsinvariant.

Für ein horizontales und rechtsinvariantes Vektorfeld Z auf P definieren wir ein Vektorfeld X auf M durch

$$X(x) = d\pi_p(Z(p)) \qquad \text{für ein } p \in P_x.$$

X ist wegen der Rechtsinvarianz von Z korrekt (d. h. unabhängig von der Wahl von $p \in P_x$) definiert und erfüllt $X^* = Z$.

Die ersten beiden Rechenregeln für den horizontalen Lift aus der dritten Behauptung folgen unmittelbar. Die Aussage über den horizontalen Lift des Kommutators erhält man, da $d\pi$ mit dem Kommutator vertauscht

$$d\pi(pr_h[X^*, Y^*]) = d\pi([X^*, Y^*]) = [d\pi(X^*), d\pi(Y^*)] = [X, Y] = d\pi([X, Y]^*)$$

und der Eindeutigkeit des horizontalen Lifts.

Um die vierte Behauptung einzusehen, benutzen wir die Darstellung des Kommutators von Vektorfeldern als Lie-Ableitung. Sei Z ein horizontales Vektorfeld auf P, $B \in \mathfrak{g}$ und $\widetilde{B}$ das davon erzeugte fundamentale Vektorfeld auf P. Der Fluss von $\widetilde{B}$ ist durch die Schar von Diffeomorphismen

$$\begin{aligned} \varphi_t : P &\longrightarrow P \\ p &\longmapsto p \cdot \exp(tB) = R_{\exp(tB)}(p) \end{aligned}$$

gegeben. Für den Kommutator gilt dann

$$\begin{aligned} [\widetilde{B}, Z](p) &= (L_{\widetilde{B}} Z)(p) \\ &= \frac{d}{dt}\Big(d\varphi_{-t}\big(Z(\varphi_t(p))\big)\Big)\Big|_{t=0} \\ &= \frac{d}{dt}\Big(dR_{\exp(-tB)}\big(Z(p \cdot \exp(tB))\big)\Big)\Big|_{t=0}. \end{aligned} \qquad (3.3)$$

Da Z horizontal und der Zusammenhang rechtsinvariant ist, ist die Kurve, die in der Zeile (3.3) abgeleitet wird, eine Kurve im horizontalen Tangentialraum Th_pP. Folglich ist $[\widetilde{B}, Z]$ ein horizontales Vektorfeld. Ist speziell $Z = X^*$ für ein Vektorfeld X auf M, so ist Z zusätzlich rechtsinvariant und die in (3.3) abgeleitete Kurve ist konstant $Z(p)$. Folglich ist $[\widetilde{B}, X^*] = 0$. $\qquad \square$

Wir betrachten nun horizontale Lifte von Wegen im Basisraum M des Bündels P, wobei wir unter Wegen hier immer stückweise glatte Kurven verstehen.

Definition 3.5 *Ein Weg $\gamma^* : I \to P$ heißt horizontaler Lift des Weges $\gamma : I \to M$, falls*

1. *$\pi(\gamma^*(t)) = \gamma(t)$ für alle $t \in I$ und*
2. *die Tangentialvektoren $\dot{\gamma}^*(t)$ horizontal für alle $t \in I$ sind.*

Der folgende Satz über horizontale Lifte liefert uns das entscheidende Hilfsmittel für die Definition der Parallelverschiebung von Fasern in Hauptfaserbündeln.

Satz 3.7 *Sei $\gamma : I \to M$ ein Weg in M, $t_0 \in I$ und $u \in P_{\gamma(t_0)}$ ein Punkt in der Faser über $\gamma(t_0)$. Dann gibt es genau einen horizontalen Lift γ^*_u von γ mit $\gamma^*_u(t_0) = u$.*

Beweis Sei oBdA $I = [0, 1]$ und $t_0 = 0$. Da P lokal trivial ist, existiert ein Weg $\delta : I \longrightarrow P$ mit $\delta(0) = u$ und $\pi \circ \delta = \gamma$. Wir müssen diesen Weg δ zu einem horizontalen Weg abändern. Wir suchen also einen Weg $g : I \longrightarrow G$, für den der Weg $\gamma^*_u(t) := \delta(t) \cdot g(t)$ horizontal wird. Nach Definition der Zusammenhangsform A ist der Tangentialvektor $\dot{\gamma}^*_u(t)$ genau dann horizontal, wenn $A(\dot{\gamma}^*_u(t)) = 0$ gilt. Benutzen wir die Produktregel aus Satz 1.27 und die Invarianzeigenschaften der Zusammenhangsform, so erhalten wir, dass dies äquivalent zu

$$0 = A\left(dR_{g(t)}\dot{\delta}(t) + (\widetilde{dL_{g(t)^{-1}}\dot{g}(t)})(\gamma^*_u(t))\right)$$
$$= \mathrm{Ad}(g(t)^{-1})\,A(\dot{\delta}(t)) + dL_{g(t)^{-1}}\dot{g}(t)$$

ist. Diese Gleichung ist genau dann erfüllt, wenn

$$0 = dR_{g(t)}A(\dot{\delta}(t)) + \dot{g}(t).$$

Wir betrachten nun die stückweise glatte Kurve $Y := -A(\dot{\delta}(\cdot)) : I \to \mathfrak{g}$. Nach Satz 1.11 existiert genau ein Weg $g : I \to G$ mit $g(0) = e$ und $\dot{g}(t) = -dR_{g(t)}A(\dot{\delta}(t))$. Damit haben wir den Weg $g(t)$ gefunden, der aus δ den horizontalen Weg γ^*_u macht. $\qquad\square$

Die eindeutigen horizontalen Lifte von Kurven erlauben uns nun, Fasern des Hauptfaserbündels zu vergleichen.

Definition 3.6 *Sei $\gamma : [a, b] \to M$ ein Weg in M. Die Abbildung*

$$\mathcal{P}^A_\gamma : P_{\gamma(a)} \longrightarrow P_{\gamma(b)}$$
$$u \longmapsto \gamma^*_u(b)$$

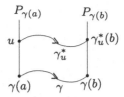

heißt Parallelverschiebung in P entlang γ bezüglich des Zusammenhangs A.

Aus der Definition des horizontalen Liftes γ_u^* von γ folgt sofort, dass die Parallelverschiebung $\mathcal{P}_\gamma^A$ nicht von der speziellen Wahl der Parametrisierung der Kurve γ abhängt, sie bleibt bei Umparametrisierungen von γ unverändert.

Sei $\gamma : [a, b] \to M$ ein Weg von x nach y und $\mu : [c, d] \to M$ ein Weg von y nach z. Im Folgenden bezeichnen wir mit $\mu * \gamma : [0, 1] \to M$ die Hintereinanderausführung von γ und μ, wobei wir zuerst γ und danach μ durchlaufen:

$$(\mu * \gamma)(t) := \begin{cases} \gamma(a + 2t(b - a)), & t \in \left[0, \frac{1}{2}\right], \\ \mu(c + (2t - 1)(d - c)), & t \in \left[\frac{1}{2}, 1\right]. \end{cases}$$

Des Weiteren sei mit $\gamma^- : [0, 1] \to M$ der *inverse Weg* bezeichnet, der das Bild von γ in der umgekehrten Richtung, also von y nach x durchläuft:

$$\gamma^-(t) := \gamma(b - t(b - a)).$$

Sind γ und μ glatte Kurven, so ist $\mu * \gamma$ im Allgemeinen nur stückweise glatt. Dies ist der Grund, warum wir nicht nur glatte Kurven, sondern stückweise glatte Kurven betrachten.

Aus Standardfakten der Theorie der gewöhnlichen Differentialgleichungen und der Rechtsinvarianz der horizontalen Tangentialräume erhält man den folgenden

Satz 3.8 *1. Seien γ und μ Wege in M, die x mit y bzw. y mit z verbinden, und bezeichne $\mu * \gamma$ den hintereinander ausgeführten Weg von x nach z. Dann gilt*

$$\mathcal{P}_{\mu*\gamma}^A = \mathcal{P}_\mu^A \circ \mathcal{P}_\gamma^A.$$

2. Die Parallelverschiebung ist ein Diffeomorphismus. Sei γ ein Weg in M und γ^- der dazu inverse Weg. Dann gilt

$$\left(\mathcal{P}_\gamma^A\right)^{-1} = \mathcal{P}_{\gamma^-}^A.$$

3. Die Parallelverschiebung ist G-äquivariant, d. h., es gilt

$$\mathcal{P}_\gamma^A \circ R_g = R_g \circ \mathcal{P}_\gamma^A \qquad \textit{für alle } g \in G.$$

Die Parallelverschiebung hängt im Allgemeinen vom Weg ab, wie das folgende einfache Beispiel zeigt.

Beispiel 3.6 Wir betrachten als einfachstes Beispiel die 2-fache Überlagerung der Sphäre $\pi : S^1 \longrightarrow S^1$, $z \in S^1 \mapsto z^2 \in S^1$. Da die Faser $\mathbb{Z}_2$ diskret ist, stimmt jeder horizontale Tangentialraum $Th_z S^1$ mit $T_z S^1$ überein. Betrachtet man nun 2 Punkte x, y in S^1 und die beiden verschiedenen verbindenden Kurvenstücke γ_1 und γ_2 zwischen ihnen, so erhält man bei Parallelverschiebung eines Punktes u in der Faser über x entlang γ_1 bzw. γ_2 die beiden verschiedenen Punkte der Faser über y.

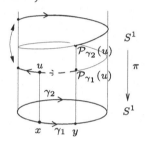

Beispiel 3.7 Sei $(P_0 = M \times G, pr_1, M; G)$ das triviale G-Hauptfaserbündel über M mit dem kanonischen flachen Zusammenhang $Th_{(x,g)}P_0 = T_x M$ und der zugehörigen Zusammenhangsform A_0. Der horizontale Lift eines beliebigen in $x \in M$ startenden Weges γ mit dem Anfangspunkt (x, g) ist durch $\gamma^*(t) = (\gamma(t), g)$ gegeben. Folglich ist in diesem Fall die Parallelverschiebung von x nach y

$$\mathcal{P}_\gamma^{A_0} : \{x\} \times G \longrightarrow \{y\} \times G$$
$$(x, g) \longmapsto (y, g)$$

unabhängig vom Weg γ.

Der folgende Satz zeigt, dass dies die einzig mögliche Situation ist, in der die Parallelverschiebung nicht vom Weg abhängt.

Satz 3.9 *Sei $(P, \pi, M; G)$ ein G-Hauptfaserbündel über einer zusammenhängenden Mannigfaltigkeit M, A eine Zusammenhangsform auf P und hänge die Parallelverschiebung in P bzgl. A nicht vom Weg ab. Dann ist (P, A) isomorph zum trivialen G-Hauptfaserbündel P_0 mit dem kanonischem flachen Zusammenhang A_0, d. h., es existiert ein Hauptfaserbündel-Isomorphismus $\Phi : P_0 \longrightarrow P$, für den $\Phi^*A = A_0$ bzw. $d\Phi(ThP_0) = Th_{\Phi(\cdot)}P$ gilt.*

Beweis Das Hauptfaserbündel P ist genau dann trivial, wenn es einen globalen Schnitt in P gibt (siehe Satz 2.6). Wir nennen einen Schnitt $s : M \to P$ horizontal bzgl. eines in P fixierten Zusammenhangs, falls $ds_x(T_x M) = Th_{s(x)}P$ für jeden Punkt $x \in M$ gilt.

1. Wir zeigen, dass (P, A) genau dann zu (P_0, A_0) isomorph ist, wenn ein globaler A-horizontaler Schnitt in P existiert.

Sei zunächst $\Phi : P_0 = M \times G \to P$ eine Trivialisierung des Hauptfaserbündels P mit $d\Phi(T_{(x,g)}(M \times \{g\})) = Th_{\Phi(x,g)}P$. Wir betrachten den durch die Trivialisierung gegebenen globalen Schnitt

$$s : M \longrightarrow P$$
$$x \longmapsto s(x) := \Phi(x, e).$$

Dieser Schnitt ist horizontal, da

$$ds(T_xM) = d\Phi_{(x,e)}(T_{(x,e)}(M \times \{e\})) = Th_{s(x)}P.$$

Sei andererseits $s : M \to P$ ein globaler A-horizontaler Schnitt in P. Wir betrachten die durch s definierte Trivialisierung Φ von P

$$\Phi : P_0 = M \times G \longrightarrow P$$
$$(x, g) \longmapsto s(x) \cdot g = R_g(s(x)).$$

Dann gilt

$$d\Phi_{(x,g)}(T_{(x,g)}(M \times \{g\})) = dR_g \, ds(T_xM) = dR_g \, Th_{s(x)}P = Th_{s(x) \cdot g}P.$$

2. Es bleibt nun zu zeigen, dass es einen globalen A-horizontalen Schnitt in P gibt, wenn die Parallelverschiebung nicht vom Weg abhängt. Dazu fixieren wir einen Punkt $x_0 \in M$ und ein Element $u \in P_{x_0}$ in der Faser über x_0.

Wir definieren den gesuchten globalen Schnitt durch

$$s(x) := \mathcal{P}_\gamma^A(u) = \gamma_u^*(1),$$

wobei $\gamma : [0, 1] \to M$ ein beliebiger Weg von x_0 nach x ist. Eine Überprüfung in lokalen Trivialisierungen zeigt, dass s glatt ist. s ist horizontal, da

$$ds(X) = \frac{d}{dt}\big(s(\delta(t))\big)|_{t=0} = \frac{d}{dt}\big(\delta_u^*(t)\big)|_{t=0} \in Th_{s(x)}P,$$

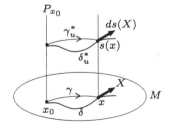

wobei δ eine Kurve in M durch x mit dem Tangentialvektor $X \in T_xM$ ist. $\qquad\square$

Die Parallelverschiebung im Hauptfaserbündel P induziert eine Parallelverschiebung in den zu P assoziierten Faserbündeln. Sei $(P, \pi, M; G)$ ein G-Hauptfaserbündel über M mit fixierter Zusammenhangsform A, $[F, G]$ eine Liesche Transformationsgruppe und $E := P \times_G F$ das dazu assoziierte Faserbündel. Sei $\gamma : [a, b] \longrightarrow M$ ein Weg in M. Die Abbildung

$$\mathcal{P}_\gamma^{E,A} : E_{\gamma(a)} \longrightarrow E_{\gamma(b)}$$
$$[p, v] \longmapsto [\mathcal{P}_\gamma^A(p), v] \tag{3.4}$$

ist korrekt definiert, da $\mathcal{P}_\gamma^A$ mit der G-Wirkung kommutiert. $\mathcal{P}_\gamma^{E,A}$ heißt die von A induzierte *Parallelverschiebung im Bündel E*. Für jeden horizontalen Lift γ^* von γ gilt

$$\mathcal{P}_\gamma^{E,A} = [\gamma^*(b)] \circ [\gamma^*(a)]^{-1}.$$

Ist E insbesondere ein Vektorbündel, so ist die Parallelverschiebung $\mathcal{P}_\gamma^{E,A}$ ein linearer Isomorphismus.

Beispiel 3.8 Sei (M^n, ∇) eine n-dimensionale Mannigfaltigkeit mit kovarianter Ableitung. ∇ definiert ebenfalls eine Parallelverschiebung im Tangentialbündel TM

$$\mathcal{P}_\gamma^\nabla : T_{\gamma(a)}M \longrightarrow T_{\gamma(b)}M$$
$$v \longmapsto X_v(b),$$

wobei X_v das durch $\frac{\nabla X_v}{dt} = 0$ und $X_v(a) = v$ eindeutig bestimmte Vektorfeld entlang γ ist. Wir wissen, dass das Tangentialbündel zum Reperbündel assoziiert ist:

$$TM = GL(M) \times_{GL(n, \mathbb{R})} \mathbb{R}^n.$$

Der kovarianten Ableitung ∇ entspricht eine Zusammenhangsform A^∇ in $GL(M)$. Die durch ∇ und A^∇ definierten Parallelverschiebungen stimmen überein:

$$\mathcal{P}_\gamma^\nabla = \mathcal{P}_\gamma^{A^\nabla}.$$

Wir überlassen dem Leser den Beweis als Übung.

3.4   Das absolute Differential eines Zusammenhangs

In diesem Abschnitt sei $(P, \pi, M; G)$ ein G-Hauptfaserbündel mit fixierter Zusammenhangsform A, $\rho : G \to GL(V)$ eine Darstellung von G und $E := P \times_G V$ das dazu assoziierte Vektorbündel über M. Analog zu den kovarianten Ableitungen auf dem Tangentialbündel TM definiert man kovariante Ableitungen für beliebige Vektorbündel.

Definition 3.7 *Eine lineare Abbildung*

$$\nabla : \Gamma(E) \longrightarrow \Gamma(T^*M \otimes E)$$

heißt kovariante Ableitung auf E, falls

$$\nabla(fe) = df \otimes e + f \cdot \nabla e \qquad \text{für alle } f \in C^\infty(M), e \in \Gamma(E).$$

In diesem Abschnitt werden wir sehen, wie man mit Hilfe von Zusammenhängen in Hauptfaserbündeln kovariante Ableitungen auf assoziierten Vektorbündeln erhält. Wir werden der Zusammenhangsform A auf P lineare Operatoren

$$d_A : \Omega^k(M, E) \longrightarrow \Omega^{k+1}(M, E)$$

für jedes $k \geq 0$ zuordnen und zeigen, dass dabei für $k = 0$ eine kovariante Ableitung entsteht. Im vorigen Abschnitt haben wir gesehen, dass die Differentialformen auf M mit Werten in E den horizontalen Differentialformen vom Typ ρ auf P mit Werten in V entsprechen. Wir benötigen also einen Differentialoperator, der den horizontalen Formen von Typ ρ auf P wieder horizontale Formen vom Typ ρ zuordnet.

Wir erinnern zunächst an die übliche Definition des Differentials von k-Formen auf P mit Werten in V.

$$d : \Omega^k(P, V) \longrightarrow \Omega^{k+1}(P, V)$$
$$\omega \longmapsto d\omega$$

ist gegeben durch

$$d\omega(X_0, \dots, X_k) := \sum_{i=0}^{k} (-1)^i X_i\big(\omega(X_0, \dots, \widehat{X}_i, \dots, X_k)\big) +$$
$$\sum_{0 \leq i < j \leq k} (-1)^{i+j} \omega([X_i, X_j], X_0, \dots, \widehat{X}_i, \dots, \widehat{X}_j, \dots, X_k),$$

wobei $X_0, \dots, X_k$ Vektorfelder auf P sind, und erfüllt bekanntlich $d \circ d = 0$.[2] Das folgende Beispiel zeigt, dass das Differential einer horizontalen k-Form nicht unbedingt horizontal sein muss. Wir betrachten dazu die Mannigfaltigkeit $M = \mathbb{R}$, die Liesche Gruppe $G = [\mathbb{R}, +]$ und das triviale $\mathbb{R}$-Hauptfaserbündel $P = \mathbb{R} \times \mathbb{R}$ über M mit dem kanonischen flachen Zusammenhang. Für jede glatte Funktion $f \in C^\infty(P, \mathbb{R})$ ist durch $\omega_{(t,s)} = f(t, s)dt$ eine horizontale 1-Form $\omega \in \Omega^1(P, \mathbb{R})$ definiert. Das Differential $d\omega = \frac{\partial f}{\partial s} ds \wedge dt$ ist dagegen nur dann horizontal, wenn ω geschlossen ist, d. h. wenn $d\omega = 0$.

Um diesen Nachteil zu beseitigen, ändern wir das Differential d mit Hilfe des auf P gegebenen Zusammenhangs ab:

Definition 3.8 *Die lineare Abbildung $D_A : \Omega^k(P, V) \longrightarrow \Omega^{k+1}(P, V)$ mit*

$$(D_A\omega)_p(t_0, \dots, t_k) := d\omega_p(pr_h t_0, \dots, pr_h t_k), \qquad t_i = \in T_pP, \qquad (3.5)$$

---

[2] Dabei bedeutet ein ⌢ über einem Vektor, dass er beim Einsetzen weggelassen wird.

heißt das durch A definierte absolute Differential auf P.

Der folgende Satz zeigt, dass diese abgeänderte Ableitung D_A auch die Invarianzeigenschaften der Formen erhält, und stellt außerdem eine weitere nützliche Formel bereit, die D_A mit dem gewöhnlichen Differential d vergleicht.

Satz 3.10 *Das durch A definierte absolute Differential bildet horizontale Differentialformen vom Typ ρ in eben solche ab, d. h.*

$$D_A : \Omega_{hor}^k(P, V)^{(G,\rho)} \longrightarrow \Omega_{hor}^{k+1}(P, V)^{(G,\rho)}.$$

Für jede k-Form $\omega \in \Omega_{hor}^k(P, V)^{(G,\rho)}$ gilt

$$D_A\omega = d\omega + \rho_*(A) \wedge \omega, \qquad (3.6)$$

wobei der zweite Summand durch

$$(\rho_*(A) \wedge \omega)(t_0, \ldots, t_k) := \sum_{i=0}^{k}(-1)^i \, \rho_*(A(t_i))\big(\omega(t_0, \ldots, \widehat{t_i}, \ldots, t_k)\big)$$

definiert ist.

Beweis Sei $\omega \in \Omega_{hor}^k(P, V)^{(G,\rho)}$. Da für jeden vertikalen Vektor die Horizontalprojektion verschwindet, ist $D_A\omega$ horizontal. Wir müssen also nur die G-Invarianz überprüfen. Aus der G-Invarianz von ω folgt

$$\begin{aligned}
(R_g^* D_A\omega)(t_0, \ldots, t_k) &= (D_A\omega)(dR_g t_0, \ldots, dR_g t_k) \\
&= d\omega(pr_h dR_g t_0, \ldots, pr_h dR_g t_k) \\
&= d\omega(dR_g pr_h t_0, \ldots, dR_g pr_h t_k) \\
&= (R_g^* d\omega)(pr_h t_0, \ldots, pr_h t_k) \\
&= d(R_g^* \omega)(pr_h t_0, \ldots, pr_h t_k) \\
&= d(\rho(g^{-1}) \circ \omega)(pr_h t_0, \ldots, pr_h t_k) \\
&= \rho(g^{-1}) \circ d\omega(pr_h t_0, \ldots, pr_h t_k) \\
&= \rho(g^{-1})((D_A\omega)(t_0, \ldots, t_k)).
\end{aligned}$$

Die Form $D_A\omega$ ist also ebenfalls vom Typ ρ.

Da sich jeder Tangentialvektor $t_i \in T_pP$ in einen horizontalen und einen vertikalen Teil zerlegt, genügt es, die Formel (3.6) auf vertikalen bzw. horizontalen Vektoren t_i zu überprüfen.

Seien alle Vektoren t_i horizontal. Dann gilt die Behauptung wegen

$$(D_A\omega)(t_0, \ldots, t_k) = d\omega(t_0, \ldots, t_k) \quad \text{und} \quad A(t_i) = 0.$$

Seien nun mindestens zwei der Vektoren t_i vertikal und der Rest horizontal. Da ω und $D_A\omega$ horizontal sind, ist

$$(D_A\omega)(t_0, \ldots, t_k) = 0 \quad \text{und} \quad (\rho_*(A) \wedge \omega)(t_0, \ldots, t_k) = 0.$$

Es genügt also zu zeigen, dass $d\omega(t_0, \ldots, t_k) = 0$ gilt. Einen vertikalen Vektor $t \in T_{v_p}P$ kann man durch ein fundamentales Vektorfeld fortsetzen, d.h., es gilt $t = \widetilde{X}(p)$ für ein $X \in \mathfrak{g}$. Der Kommutator von fundamentalen Vektorfeldern ist wegen $[\widetilde{X}, \widetilde{Y}] = \widetilde{[X, Y]}$ wieder vertikal. Folglich wird in jeden Summanden bei der Berechnung von $d\omega$ ein vertikaler Vektor eingesetzt, so dass sich wegen der Horizontalität von ω Null ergibt. Als letztes überprüfen wir Formel (3.6), wenn genau einer der eingesetzten Vektoren vertikal und der Rest horizontal ist. Seien also t_0 vertikal und $t_1, \ldots, t_k$ horizontal. Dann gibt es ein $X \in \mathfrak{g}$ mit $t_0 = \widetilde{X}(p)$ und Vektorfelder $V_1, \ldots, V_k$ auf M mit $V_i^*(p) = t_i$. Wir erhalten in diesem Fall

$$(D_A\omega)(t_0, \ldots, t_k) = d\omega(pr_h t_0, t_1, \ldots, t_k) = 0,$$
$$(\rho_*(A) \wedge \omega)(t_0, \ldots, t_k) = \rho_*(A(t_0))(\omega(t_1, \ldots, t_k)) = \rho_*(X)(\omega(t_1, \ldots, t_k))$$

und

$$(d\omega)(t_0, \ldots, t_k) = \widetilde{X}\big(\omega(V_1^*, \ldots, V_k^*)\big)(p)$$
$$+ \sum_{i=1}^{k} (-1)^i \omega([\widetilde{X}, V_i^*], V_1^*, \ldots, \widehat{V_i^*}, \ldots, V_k^*)(p).$$

Nach Satz 3.6 gilt $[\widetilde{X}, V_i^*] = 0$, so dass

$$d\omega(t_0, \ldots, t_k) = \widetilde{X}\big(\omega(V_1^*, \ldots, V_k^*)\big)(p)$$
$$= \frac{d}{dt}\Big(\omega\big(V_1^*(p \cdot \exp tX), \ldots, V_k^*(p \cdot \exp tX)\big)\Big)\Big|_{t=0}.$$

Horizontale Lifte sind rechtsinvariant, somit ist

$$V_i^*(p \cdot \exp tX) = dR_{\exp tX}(V_i^*(p)) = dR_{\exp tX}(t_i).$$

Daraus folgt

$$d\omega(t_0, \ldots, t_k) = \frac{d}{dt}\Big(R_{\exp tX}^*\omega(t_1, \ldots, t_k)\Big)\Big|_{t=0}$$
$$= \frac{d}{dt}\Big(\rho\big(\exp(-tX)\big)\,\omega(t_1, \ldots, t_k)\Big)\Big|_{t=0}$$
$$= \frac{d}{dt}\Big(e^{-t\rho_*(X)}\omega(t_1, \ldots, t_k)\Big)\Big|_{t=0}$$
$$= -\rho_*(X)(\omega(t_1, \ldots, t_k)). \qquad \square$$

Da wir die Differentialformen $\Omega^k_{hor}(P, V)^{(G,\rho)}$ und $\Omega^k(M, E)$ nach Satz 3.5 miteinander identifizieren können, induziert das absolute Differential D_A eine entsprechende lineare Abbildung d_A auf den k-Formen auf M mit Werten im Vektorbündel E:

$$d_A : \Omega^k(M, E) \longrightarrow \Omega^{k+1}(M, E)$$
$$\omega \longmapsto d_A\omega \quad \text{mit } \overline{d_A\omega} := D_A\overline{\omega},$$

wobei $\overline{\sigma} \in \Omega^k_{hor}(P, V)^{(G,\rho)}$ die $\sigma \in \Omega^k(M, E)$ entsprechende Differentialform ist. Die Identifizierung der Formenräume liefert die folgenden Beschreibungen des Operators d_A:

$$(d_A\omega)_x(t_0, \dots, t_k) = [p, d\overline{\omega}_p(t_0^*, \dots, t_k^*)], \tag{3.7}$$

$$(d_A\omega)_x(t_0, \dots, t_k) = [s(x), (D_A\overline{\omega})_{s(x)}(ds(t_0), \dots, ds(t_k))], \tag{3.8}$$

wobei p einen Punkt in der Faser P_x über x, t_i Vektoren in T_xM, $t_i^* \in T_pP$ ihre horizontalen Lifte und $s : U \subset M \to P$ einen lokalen Schnitt um $x \in M$ bezeichnen.

Beispiel 3.9 Für die triviale G-Darstellung $\rho : G \to GL(V)$ stimmt der Operator d_A mit dem gewöhnlichen Differential d überein. Gilt nämlich $\rho(g) = \mathrm{Id}_V$ für alle $g \in G$, so ist $\rho_* = 0$. Wegen (3.6) ist $D_A = d$ auf den Differentialformen

$$\Omega^k_{hor}(P, V)^{(G,\rho)} = \{\overline{\omega} \in \Omega^k(P, V) \mid \overline{\omega} \text{ rechtsinvariant und horizontal}\}.$$

Das assoziierte Vektorbündel E ist trivial:

$$E = P \times_G V \ \simeq \ \underline{V}$$
$$[p, v] \longmapsto (\pi(p), v),$$

folglich entsprechen die Differentialformen mit Werten in E den gewöhnlichen Differentialformen auf M mit Werten in V:

$$\Omega^k(M, E) \simeq \Omega^k(M, V).$$

Für die Differentiale der einander zugeordneten Formen auf M und P gilt $\overline{d\omega} = d\overline{\omega}$. Wir erhalten also für die triviale Darstellung ρ

$$d_A = d : \Omega^k(M, V) \longrightarrow \Omega^{k+1}(M, V)$$

für alle Zusammenhangsformen A auf P.

Im nächsten Abschnitt werden wir feststellen, dass im Gegensatz zum gewöhnlichen Differential, das $d \circ d = 0$ erfüllt, für das von A induzierte Differential $d_A \circ d_A$ im Allgemeinen von Null verschieden ist. Der Operator d_A erfüllt aber die gleiche Produktregel für das Dachprodukt wie das gewöhnliche Differential.

Satz 3.11 *Sei* $d_A : \Omega^*(M, E) \longrightarrow \Omega^{*+1}(M, E)$ *das von der Zusammenhangsform A indu-zierte Differential. Dann gilt für alle k-Formen* $\sigma \in \Omega^k(M)$ *und l-Formen* $\omega \in \Omega^l(M, E)$ *mit* $k, l \geq 0$, *dass*

$$d_A(\sigma \wedge \omega) = d\sigma \wedge \omega + (-1)^k \sigma \wedge d_A\omega. \tag{3.9}$$

Beweis Wir führen die Behauptung mittels Formel (3.7) auf die analoge Aussage für vektorwertige Differentialformen zurück. Der k-Form $\sigma \in \Omega^k(M)$ entspricht nach Satz 3.5 eine horizontale rechtsinvariante reell- bzw. komplexwertige k-Form $\overline{\sigma} \in \Omega^k(P)$. Das Differential $d\overline{\sigma} \in \Omega^{k+1}(P)$ ist ebenfalls horizontal und rechtsinvariant und die zu $d\sigma \in \Omega^{k+1}(M)$ gehörende Differentialform auf P. Der l-Form $\omega \in \Omega^l(M, E)$ entspreche die l-Form $\overline{\omega} \in \Omega^l_{hor}(P, V)^{(G, \rho)}$. Offensichtlich gilt $\overline{\sigma \wedge \omega} = \overline{\sigma} \wedge \overline{\omega}$. Mit (3.7) erhalten wir

$$\begin{aligned}
d_A(\sigma \wedge \omega)_x (t_0, \ldots, t_{k+l}) &= [p, d\,\overline{(\sigma \wedge \omega)}_p(t_0^*, \ldots, t_{k+l}^*)] \\
&= [p, d(\overline{\sigma} \wedge \overline{\omega})_p(t_0^*, \ldots, t_{k+l}^*)] \\
&= [p, (d\overline{\sigma} \wedge \overline{\omega} + (-1)^k \overline{\sigma} \wedge d\overline{\omega})_p(t_0^*, \ldots, t_{k+l}^*)] \\
&= (d\sigma \wedge \omega + (-1)^k \sigma \wedge d_A\omega)_x(t_0, \ldots, t_{k+l}). \qquad \square
\end{aligned}$$

Wir sehen uns nun den Operator d_A auf den Formen vom Grad $k = 0$ genauer an. Wegen $\Gamma(E) = \Omega^0(M, E)$ und $\Omega^1(M, E) = \Gamma(T^*M \otimes E)$ ist dies ein linearer Operator

$$d_A : \Gamma(E) \longrightarrow \Gamma(T^*M \otimes E).$$

Nach Satz 3.11 erfüllt er die Produktregel

$$d_A(f\,e) = df \otimes e + f\,d_A e \qquad \text{für alle } f \in C^\infty(M), \ e \in \Gamma(E),$$

ist also eine kovariante Ableitung auf dem Vektorbündel E.

Definition 3.9 *Wir nennen*

$$\nabla^A := d_A\big|_{\Omega^0(M, E)} : \Gamma(E) \longrightarrow \Gamma(T^*M \otimes E)$$

die durch die Zusammenhangsform A induzierte kovariante Ableitung auf E.

Aus Satz 3.11 erhalten wir insbesondere die folgende Produktregel für k-Formen $\sigma \in \Omega^k(M)$ und Schnitte $e \in \Gamma(E)$:

$$d_A(\sigma \otimes e) = d\sigma \otimes e + (-1)^k \sigma \wedge \nabla^A e. \tag{3.10}$$

Der nächste Satz enthält eine nützliche explizite Formel, die die kovariante Ableitung ∇^A durch die Zusammenhangsform A ausdrückt.

Satz 3.12 *Sei P ein G-Hauptfaserbündel über M, $\rho : G \to GL(V)$ eine G-Darstellung und $E = P \times_G V$ das assoziierte Vektorbündel. Weiterhin sei A eine Zusammenhangsform auf P und ∇^A die durch A induzierte kovariante Ableitung auf E. Dann gilt folgende lokale Formel für die kovariante Ableitung eines Schnittes $e \in \Gamma(E)$ in Richtung des Vektorfeldes X:*

$$(\nabla^A_X e)(x) = \left[s(x), dv_x(X_x) + \rho_*\big(A^s(X_x)\big)v(x) \right] \in E_x, \tag{3.11}$$

wobei $s : U \to P_U$ ein lokaler Schnitt in P um $x \in M$, $v \in C^\infty(U, V)$ eine glatte Funktion mit $e_{|U} = [s, v]$, $A^s = A \circ ds$ die lokale Zusammenhangsform und X_x der Wert des Vektorfeldes X im Punkt x ist.

Beweis Ist $s : U \to P_U$ ein lokaler Schnitt, so existiert eine eindeutig bestimmte glatte Funktion $v : U \to V$, so dass $e(x) = [s(x), v(x)] \in E_x$ für alle $x \in U$. Der Schnitt $e \in \Gamma(E)$ lässt sich andererseits durch eine glatte invariante Funktion $\bar{e} \in C^\infty(P, V)^{(G,\rho)}$ in der Form $e(x) = [p, \bar{e}(p)] \in E_x$ mit $p \in P_x$ darstellen. Dann gilt $v(x) = \bar{e}(s(x))$ und wir erhalten mittels Satz 3.10

$$\begin{aligned}
(\nabla^A_X e)(x) &= (d_A e)_x(X_x) \\
&= [s(x), (D_A \bar{e})(ds_x(X_x))] \\
&= [s(x), d\bar{e}(ds_x(X_x)) + \rho_*(A(ds_x(X_x)))\bar{e}(s(x))] \\
&= [s(x), d(\bar{e} \circ s)_x(X_x) + \rho_*(A^s(X_x))(\bar{e} \circ s)(x)] \\
&= [s(x), dv_x(X_x) + \rho_*(A^s(X_x))v(x)]. \qquad \square
\end{aligned}$$

In Satz 2.12 hatten wir gesehen, dass jedes G-invariante Skalarprodukt $\langle \cdot, \cdot \rangle_V$ auf dem Vektorraum V eine Bündelmetrik $\langle \cdot, \cdot \rangle_E$ auf dem assoziierten Vektorbündel $E := P \times_G V$ induziert:

$$\langle e, \tilde{e} \rangle_E := \langle v, \tilde{v} \rangle_V, \qquad \text{falls } e = [p, v], \ \tilde{e} = [p, \tilde{v}].$$

Die kovariante Ableitung ∇^A ist dann *metrisch bzgl. dieser Bündelmetrik*, d. h., es gilt

Satz 3.13 *Sei $\langle \cdot, \cdot \rangle_E$ eine Bündelmetrik auf $E = P \times_G V$, die durch ein G-invariantes Skalarprodukt auf V definiert ist. Dann gilt für die kovariante Ableitung*

$$X\big(\langle e, \tilde{e} \rangle_E\big) = \langle \nabla^A_X e, \tilde{e} \rangle_E + \langle e, \nabla^A_X \tilde{e} \rangle_E,$$

wobei $e, \tilde{e} \in \Gamma(E)$ und X ein Vektorfeld auf M ist.

Beweis Wie im Beweis von Satz 3.12 stellen wir die Schnitte e und $\tilde{e}$ lokal in der Form $e = [s, v]$ und $\tilde{e} = [s, \tilde{v}]$ dar, wobei s ein lokaler Schnitt in P und v und $\tilde{v}$ Funktionen mit Werten in V sind. Aus der Definition von $\langle \cdot, \cdot \rangle_E$ und der lokalen Formel für ∇^A folgt dann

$$\begin{aligned}
\langle \nabla^A_X e, \tilde{e} \rangle_E &= \langle X(v) + \rho_*(A^s(X))v, \tilde{v} \rangle_V \\
&= \langle X(v), \tilde{v} \rangle_V - \langle v, \rho_*(A^s(X))\tilde{v} \rangle_V
\end{aligned}$$

$$= X(\langle v, \widetilde{v}\rangle_V) - \langle v, X(\widetilde{v}) + \rho_*(A^s(X))\widetilde{v}\rangle_V$$

$$= X(\langle e, \widetilde{e}\rangle_E) - \langle e, \nabla_X^A \widetilde{e}\rangle_E. \qquad \Box$$

Abschließend beschreiben wir die kovariante Ableitung ∇^A durch die mittels A definierte Parallelverschiebung. Für eine Kurve γ in M mit dem Anfangspunkt $\gamma(0) = x$ sei

$$\mathcal{P}_{t,0}^{E,A} : E_{\gamma(t)} \longrightarrow E_{\gamma(0)}$$

die durch A in E definierte Parallelverschiebung entlang der inversen Kurve γ^- (siehe (3.4)). Dann gilt:

Satz 3.14 *Sei $e \in \Gamma(E)$ und X ein Vektorfeld auf M. Dann ist*

$$\left(\nabla_X^A e\right)(x) = \frac{d}{dt}\left(\mathcal{P}_{t,0}^{E,A}\big(e(\gamma(t))\big)\right)\Big|_{t=0},$$

wobei γ eine Kurve in M mit $\gamma(0) = x$ und $\dot{\gamma}(0) = X_x$ ist.

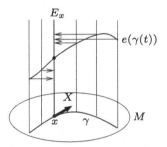

Beweis Sei γ^* ein A-horizontaler Lift von γ. Wir beschreiben die Parallelverschiebung durch die Verknüpfung der Faserisomorphismen

$$\mathcal{P}_{t,0}^{E,A} = [\gamma^*(0)] \circ [\gamma^*(t)]^{-1}$$

und erhalten

$$\frac{d}{dt}\left(\mathcal{P}_{t,0}^{E,A}\big(e(\gamma(t))\big)\right)\Big|_{t=0} = \frac{d}{dt}\left([\gamma^*(0)]\big([\gamma^*(t)]^{-1}\big(e(\gamma(t))\big)\big)\right)\Big|_{t=0}$$

$$= [\gamma^*(0)] \cdot \frac{d}{dt}\left([\gamma^*(t)]^{-1}\big(e(\gamma(t))\big)\right)\Big|_{t=0}$$

$$= [\gamma^*(0)]\big(d\overline{e}(\dot{\gamma}^*(0))\big)$$

$$= [\gamma^*(0), d\overline{e}(\dot{\gamma}^*(0))]$$

$$= [p, d\overline{e}(X_p^*)]$$

$$= (d_A e)_x(X_x)$$

$$= (\nabla_X^A e)(x). \qquad \Box$$

3.5   Die Krümmung eines Zusammenhangs

In diesem Abschnitt definieren wir die Krümmungsform eines Zusammenhangs. Die Krümmungsform ist eine dem Zusammenhang zugeordnete 2-Form, die viele Eigenschaften des Zusammenhangs kodiert. So misst sie z. B. die Abweichung vom kanonischen flachen Zusammenhang. Wir werden sehen, dass die Krümmungsform eine wichtige Rolle in der Holonomietheorie sowie bei der Beschreibung von charakteristischen Klassen spielt.

Im gesamten Abschnitt sei $(P, \pi, M; G)$ ein G-Hauptfaserbündel mit fixiertem Zusammenhang Th und zugehöriger Zusammenhangsform A, $\rho : G \longrightarrow GL(V)$ eine Darstellung von G und $E := P \times_G V$ das dazu assoziierte Vektorbündel über M.

Definition 3.10 *Die der Zusammenhangsform A zugeordnete 2-Form*

$$F^A := D_A A \in \Omega^2(P, \mathfrak{g}) \tag{3.12}$$

heißt Krümmungsform von A bzw. Krümmungsform des Zusammenhangs Th.

Nach Definition ist die Krümmungsform horizontal und vom Typ Ad (siehe Satz 3.10). Sei $s : U \subset M \to P$ ein lokaler Schnitt im Hauptfaserbündel P. Die mittels s auf U zurückgezogene 2-Form

$$F^s := s^* F^A = F^A(ds(\cdot), ds(\cdot)) \in \Omega^2(U, \mathfrak{g})$$

nennen wir *lokale Krümmungsform bzgl. s.* Analog wie für lokale Zusammenhangsformen kann man eine Transformationsformel für lokale Krümmungsformen angeben. Sei dazu $\tau : U \to P$ ein weiterer lokaler Schnitt und $\tau = s \cdot g$ für eine glatte Funktion $g : U \to G$. Um die beiden lokalen Krümmungsformen F^s und F^τ zu vergleichen, benutzen wir die Produktregel aus Satz 1.27:

$$d\tau(X) = dR_g(ds(X)) + \widetilde{dL_{g^{-1}}dg}(X).$$

Setzen wir dies in F^A ein und benutzen, dass F^A horizontal und vom Typ Ad ist, ergibt sich die Transformationsformel

$$F^\tau = \mathrm{Ad}(g^{-1}) \circ F^s. \tag{3.13}$$

Für eine lineare Gruppe $G \subset GL(m, \mathbb{K})$ gilt spezieller

$$F^\tau = g^{-1} \circ F^s \circ g. \tag{3.14}$$

Um weitere Eigenschaften der Krümmungsform formulieren zu können, definieren wir zunächst den Kommutator von Differentialformen, die Werte in einer Lie-Algebra haben. Sei also N eine Mannigfaltigkeit und $\mathfrak{g}$ eine Lie-Algebra. Wir fixieren eine Basis $(a_1, \ldots, a_r)$ in $\mathfrak{g}$ und stellen die Werte jeder k-Form $\omega \in \Omega^k(N, \mathfrak{g})$ und jeder l-Form $\tau \in \Omega^l(N, \mathfrak{g})$ in dieser Basis dar:

$$\omega = \sum_{i=1}^{r} \omega^i a_i \quad \text{und} \quad \tau = \sum_{i=1}^{r} \tau^i a_i.$$

Dabei sind ω^i und τ^i gewöhnliche reellwertige Differentialformen auf N. Wir definieren dann den Kommutator von ω und τ durch

$$[\omega, \tau] := \sum_{i,j} (\omega^i \wedge \tau^j) \, [a_i, a_j]_{\mathfrak{g}} \in \Omega^{k+l}(N, \mathfrak{g}).$$

Man überzeugt sich schnell davon, dass diese Definition nicht von der Wahl der Basis in $\mathfrak{g}$ abhängt und dass für den Kommutator

$$[\cdot, \cdot] : \Omega^k(N, \mathfrak{g}) \times \Omega^l(N, \mathfrak{g}) \longrightarrow \Omega^{k+l}(N, \mathfrak{g})$$
$$(\omega, \tau) \longmapsto [\omega, \tau]$$

die folgenden Eigenschaften gelten:

1. $[\omega, \tau] = (-1)^{kl+1}[\tau, \omega]$.
2. $d[\omega, \tau] = [d\omega, \tau] + (-1)^k [\omega, d\tau]$.
3. Ist ω eine 1-Form, so gilt: $[\omega, \omega](X, Y) = 2 \, [\omega(X), \omega(Y)]_{\mathfrak{g}}$.

Als nächstes beweisen wir drei grundlegende Identitäten für die Krümmungsform eines Zusammenhangs.

Satz 3.15 *Sei $F^A \in \Omega^2(P, \mathfrak{g})$ die Krümmungsform der Zusammenhangsform A. Dann gelten folgende Identitäten:*

1. *Die Strukturgleichung: $F^A = dA + \frac{1}{2}[A, A]$.*
2. *Die Bianchi-Identität: $D_A F^A = 0$.*
3. *Für eine horizontale k-Form $\omega \in \Omega_{hor}^k(P, V)^{(G, \rho)}$ vom Typ ρ gilt:*

$$D_A D_A \omega = \rho_*(F^A) \wedge \omega.$$

Beweis Zum Beweis der Strukturgleichung genügt es, diese Identität auf vertikalen bzw. horizontalen Vektoren $X, Y \in T_p P$ zu überprüfen. Sind X und Y horizontal, so gilt $A(X) = A(Y) = 0$ und $F^A(X, Y) = (D_A A)(X, Y) = dA(X, Y)$, was die Behauptung zeigt. Sei X horizontal und Y vertikal. Dann ist $F^A(X, Y) = 0$, da F^A horizontal ist. Wir setzen X durch einen horizontalen Lift und Y durch ein fundamentales Vektorfeld fort, d.h., es sei $X = V^*(p)$ und $Y = \widetilde{T}(p)$ für ein $V \in \mathfrak{X}(M)$ und ein $T \in \mathfrak{g}$. Nach Satz 3.6 gilt $[V^*, \widetilde{T}] = 0$. Da $A(V^*) = 0$ und $A(\widetilde{T}) = T$ konstant sind, gilt $dA(X, Y) = 0$. Dies zeigt die Strukturgleichung für diesen Fall. Seien nun X und Y vertikal und $X = \widetilde{T}(p)$, $Y = \widetilde{S}(p)$ für $T, S \in \mathfrak{g}$. Dann gilt $F^A(X, Y) = 0$ und

$$dA(X, Y) = X(A(\widetilde{S})) - Y(A(\widetilde{T})) - A([\widetilde{T}, \widetilde{S}])$$
$$= -A(\widetilde{[T, S]}) = -[T, S]_{\mathfrak{g}} = -[A(\widetilde{T}(p)), A(\widetilde{S}(p))]_{\mathfrak{g}}$$
$$= -[A(X), A(Y)]_{\mathfrak{g}}.$$

Zum Beweis der Bianchi-Identität differenzieren wir die Strukturgleichung

$$dF^A = ddA + \frac{1}{2}d[A, A] = \frac{1}{2}\Big([dA, A] - [A, dA]\Big) = [dA, A]$$

und erhalten daraus

$$D_A F^A = dF^A \circ pr_h = [dA \circ pr_h, A \circ pr_h] = 0.$$

Wir beweisen nun die dritte Behauptung. Da ω und $D_A\omega$ horizontal und vom Typ ρ sind, folgt aus Satz 3.10

$$D_A(D_A\omega) = d\big(d\omega + \rho_*(A) \wedge \omega\big) + \rho_*(A) \wedge (d\omega + \rho_*(A) \wedge \omega)$$
$$= dd\omega + d(\rho_*(A)) \wedge \omega - \rho_*(A) \wedge d\omega$$
$$+ \rho_*(A) \wedge d\omega + \rho_*(A) \wedge \rho_*(A) \wedge \omega$$
$$= \rho_*(dA) \wedge \omega + \rho_*(A) \wedge \rho_*(A) \wedge \omega.$$

Aus

$$(\rho_*(A) \wedge \rho_*(A))(X, Y) = \rho_*(A(X)) \circ \rho_*(A(Y)) - \rho_*(A(Y)) \circ \rho_*(A(X))$$
$$= [\rho_*(A(X)), \rho_*(A(Y))]_{\mathfrak{gl}(V)}$$
$$= \rho_*([A(X), A(Y)]_{\mathfrak{g}})$$
$$= \frac{1}{2}\rho_*([A, A](X, Y))$$

folgt

$$D_A D_A \omega = \rho_*\Big(dA + \frac{1}{2}[A, A]\Big) \wedge \omega = \rho_*(F^A) \wedge \omega. \qquad \square$$

Die Krümmungsform $F^A \in \Omega^2(P, \mathfrak{g})$ ist horizontal und vom Typ Ad. Wir können sie nach Satz 3.5 deshalb auch als 2-Form auf M mit Werten im adjungierten Bündel $\mathrm{Ad}(P) = P \times_G \mathfrak{g}$ auffassen. Wir werden diese Form mit dem gleichen Symbol bezeichnen:

$$F^A \in \Omega^2(M, \mathrm{Ad}(P)).$$

Um die Identitäten aus Satz 3.15 für die Krümmungsform $F^A \in \Omega^2(M, \mathrm{Ad}(P))$ und Differentialformen aus $\Omega^k(M, E)$ aufschreiben zu können, erklären wir den folgenden Bündelhomomorphismus:

$$\rho_* : \mathrm{Ad}(P) \longrightarrow End(E, E).$$

Sei $\varphi \in \mathrm{Ad}(P)_x$ ein Element im adjungierten Bündel in der Faser über $x \in M$ und $e \in E_x$ ein Element in der Faser von E über x. Wir fixieren ein $p \in P_x$. Dann gilt $\varphi = [p, X]$ und $e = [p, v]$ für ein $X \in \mathfrak{g}$ und $v \in V$. Wir setzen dann

$$\rho_*(\varphi)\, e := [p, \rho_*(X)v].$$

Man überzeugt sich leicht davon, dass diese Definition nicht von der Wahl von $p \in P_x$ abhängt. Der Homomorphismus ρ_* ermöglicht die Definition des Dachproduktes von Differentialformen mit Werten in $\mathrm{Ad}(P)$ und Differentialformen mit Werten in E:

$$\wedge : \Omega^k(M, \mathrm{Ad}(P)) \times \Omega^l(M, E) \longrightarrow \Omega^{k+l}(M, E)$$
$$(\sigma, \omega) \longmapsto \sigma \wedge \omega$$

mittels

$$(\sigma \wedge \omega)_x(t_1, \dots, t_{k+l})$$
$$:= \frac{1}{k!l!} \sum_{\tau \in \mathcal{S}_{k+l}} \mathrm{sign}(\tau)\, \rho_*\Big(\sigma_x(t_{\tau(1)}, \dots, t_{\tau(k)})\Big) \omega_x(t_{\tau(k+1)}, \dots, t_{\tau(k+l)}).$$

Mit diesen Bezeichnungen erhalten wir aus Satz 3.15 unter Benutzung der Identifizierung der Differentialformen auf M und auf P die folgenden Identitäten für die Krümmungsform $F^A \in \Omega^2(M, \mathrm{Ad}(P))$.

Satz 3.16 *Sei $F^A \in \Omega^2(M, \mathrm{Ad}(P))$ die Krümmungsform der Zusammenhangsform A. F^A erfüllt die Bianchi-Identität*

$$d_A F^A = 0.$$

Für das Differential $d_A : \Omega^k(M, E) \longrightarrow \Omega^{k+1}(M, E)$ gilt

$$d_A\, d_A \omega = F^A \wedge \omega. \qquad \square$$

Die Krümmungsform eines Zusammenhangs A misst also, inwieweit $d_A \circ d_A$ von Null abweicht. Der nächste Satz zeigt eine weitere wichtige Eigenschaft der Krümmung. Sie beschreibt die vertikale Komponente des Kommutators horizontaler Vektorfelder.

Satz 3.17 *Seien X und Y horizontale Vektorfelder auf P und $F^A \in \Omega^2(P, \mathfrak{g})$ die Krümmungsform von A. Dann gilt:*

1. $F^A(X, Y) = -A([X, Y])$.
2. $\mathrm{pr}_v([X, Y]) = -\widetilde{F^A(X, Y)}$.

Beweis Da X und Y horizontal sind und A auf horizontalen Vektoren verschwindet, gilt

$$F^A(X, Y) = dA(X, Y) = X(A(Y)) - Y(A(X)) - A([X, Y]) = -A([X, Y]).$$

Nach Definition von A folgt daraus $pr_v([X, Y]) = -\widetilde{F^A(X, Y)}$.   □

Die im letzten Satz beschriebene Eigenschaft der Krümmungsform hat weitere Konsequenzen. Um diese zu erläutern, erinnern wir an den Satz von Frobenius.[3] Eine geometrische Distribution $\mathcal{D} : x \in N \rightarrow D_x \subset T_x N$ auf einer Mannigfaltigkeit N heißt *involutiv*, falls für alle Vektorfelder X und Y auf N, die ihre Werte in $\mathcal{D}$ annehmen, die Werte des Kommutators $[X, Y]$ ebenfalls in $\mathcal{D}$ liegen. Eine *Integralmannigfaltigkeit von* $\mathcal{D}$ ist eine Untermannigfaltigkeit $Q \subset N$, so dass $T_q Q = D_q$ für alle $q \in Q$ gilt. Eine geometrische Distribution $\mathcal{D}$ auf N heißt *integrierbar*, falls es durch jeden Punkt $x \in N$ eine maximale zusammenhängende Integralmannigfaltigkeit von $\mathcal{D}$ gibt. Der Satz von Frobenius besagt, dass eine geometrische Distribution $\mathcal{D}$ genau dann integrierbar ist, wenn sie involutiv ist.

Satz 3.18 *1. Das vertikale Tangentialbündel $TvP \subset TP$ ist involutiv.*
2. Das horizontale Tangentialbündel $ThP \subset TP$ ist genau dann involutiv, wenn $F^A = 0$.

Beweis Die erste Behauptung folgt aus der Gleichung $[\widetilde{T}, \widetilde{S}] = \widetilde{[T, S]}$ für fundamentale Vektorfelder $\widetilde{T}$ und $\widetilde{S}$. Der Kommutator vertikaler Vektorfelder ist also immer vertikal. Für zwei horizontale Vektorfelder X und Y auf P ist nach dem vorigen Satz die vertikale Komponente des Kommutators durch $pr_v[X, Y] = -\widetilde{F^A(X, Y)}$ gegeben. Folglich ist $[X, Y]$ genau dann horizontal, wenn $F^A(X, Y) = 0$ gilt. Die Involutivität der horizontalen Distribution Th ist also äquivalent zum Verschwinden der Krümmung F^A.   □

Das Verschwinden der Krümmungsform F^A ist also gleichbedeutend damit, dass es durch jeden Punkt von P eine maximale, zu den Fasern des Bündels transversale Untermannigfaltigkeit $H \subset P$ mit dem Tangentialbündel $TH = ThP|_H$ gibt. Betrachten wir zum Beispiel das triviale G-Hauptfaserbündel $P_0 = M \times G$ über M und den kanonischen flachen Zusammenhang ThP_0 mit der Zusammenhangsform A_0. Die maximale Integralmannigfaltigkeit von ThP_0 durch den Punkt (x, g) ist die Untermannigfaltigkeit $M \times \{g\} \subset M \times G$. Folglich gilt $F^{A_0} = 0$, was man auch schnell aus der speziellen Form von A_0 erhält.

Definition 3.11 *Einen Zusammenhang Th bzw. die zugehörige Zusammenhangsform A auf dem G-Hauptfaserbündel P nennen wir flach, wenn die Krümmungsform verschwindet, d. h., wenn $F^A = 0$ gilt.*

Im folgenden Satz fassen wir nochmals alle Eigenschaften flacher Zusammenhänge zusammen.

Satz 3.19 *Die folgenden Bedingungen sind äquivalent:*

1. Die Zusammenhangsform A ist flach, d. h. $F^A = 0$.
2. Die horizontale Distribution Th ist integrierbar.

---

[3] Man findet diesen Satz bei Bedarf im Anhang A.4.

3. *Es gibt eine offene Überdeckung* $\mathcal{U} = \{U_i\}_i$ *von* M, *so dass die Teilbündel* (P_{U_i}, A) *isomorph zum trivialen G-Hauptfaserbündel über* U_i *mit kanonischem flachen Zusammenhang sind.*

4. *Es gibt eine offene Überdeckung* $\mathcal{U} = \{U_i\}_i$ *von* M, *so dass es in jedem der Teilbündel* P_{U_i} *einen A-horizontalen globalen Schnitt gibt.*

5. *Es gibt eine offene Überdeckung* $\mathcal{U} = \{U_i\}_i$ *von* M, *so dass die Parallelverschiebung in jedem der Teilbündel* P_{U_i} *unabhängig vom Weg ist.*

Beweis Die Äquivalenz der Aussagen 3.–5. wurde in Satz 3.9 bewiesen. Die Äquivalenz von 1. und 2. folgt aus dem Satz von Frobenius. Es genügt also die Äquivalenz von 1. und 3. bzw. 4. zu zeigen. Nehmen wir an, dass es um jeden Punkt $x \in M$ eine Umgebung U und einen Hauptfaserbündel-Isomorphismus $\phi : P_U \longrightarrow P_{0U} = U \times G$ mit $\phi^* A_0 = A\big|_U$ gibt. Dann gilt $F^A\big|_U = \phi^* F^{A_0} = 0$, also ist A flach. Sei andererseits $F^A = 0$. Dann ist die durch A definierte horizontale Distribution $ThP \subset TP$ vollständig integrierbar. Sei $p \in P$ und $H(p) \subset P$ eine maximale Integralmannigfaltigkeit von Th, d. h. $T_q(H(p)) = Th_q P$ für alle $q \in H(p)$. Wir definieren einen lokalen horizontalen Schnitt um $x = \pi(p) \in M$ durch

$$s : U(x) \longrightarrow P \cap H(p)$$
$$y \longmapsto \gamma_p^*(1),$$

wobei $U(x)$ eine Normalenumgebung von x (bzgl. einer beliebig fixierten Riemannschen Metrik auf M), γ die radiale Geodäte von x nach y und γ_p^* der horizontale Lift von γ mit dem Anfangspunkt p ist. □

Für Hauptfaserbündel mit *einfach-zusammenhängender* Basis gilt das folgende globale Resultat.

Satz 3.20 *Sei* $(P, \pi, M; G)$ *ein Hauptfaserbündel mit Zusammenhangsform* A *über einem einfach zusammenhängenden Raum* M. *Dann gilt* $F^A = 0$ *genau dann, wenn* (P, A) *isomorph zum trivialen Bündel mit dem kanonischen flachen Zusammenhang ist.*

Beweis Wir müssen zeigen, dass die Parallelverschiebung in P im Falle verschwindender Krümmung und einfach-zusammenhängendem Basisraum nicht vom Weg abhängt. Seien x und y zwei Punkte in M und $\gamma, \delta : I \longrightarrow M$ zwei Wege, die x mit y verbinden. Da M einfach-zusammenhängend ist, existiert eine Homotopie $F : I \times I \longrightarrow M$ mit festem Anfangspunkt x und festem Endpunkt y zwischen γ und δ. Wir betrachten die horizontalen Lifte F_s^* der Kurvenschar $F_s := F(\cdot, s)$ dieser Homotopie und zeigen, dass die Kurve der Endpunkte $F_s^*(1)$ konstant ist. Dazu zerlegen wir $I \times I$ in so kleine Kästchen K_i, dass $P\big|_{F(K_i)}$ trivial ist. Dann hängt die Parallelverschiebung in diesen Teilbündeln nicht vom Weg ab. Setzt man diese lokalen Informationen zusammen, so erhält man, dass $F_s^*(1)$ lokal konstant, also konstant ist.

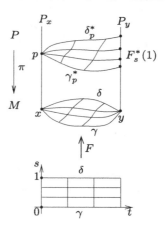

$\square$

Auf die gleiche Weise wie für kovariante Ableitungen auf dem Tangentialbündel einer Mannigfaltigkeit ordnet man jeder kovarianten Ableitung auf einem Vektorbündel einen Krümmungsendomorphismus zu.

Definition 3.12 *Sei* $\nabla : \Gamma(E) \rightarrow \Gamma(T^*M \otimes E)$ *eine kovariante Ableitung auf dem Vektorbündel E. Die 2-Form mit Werten im Endomorphismenbündel*

$$R^\nabla \in \Gamma(\Lambda^2(T^*M) \otimes End(E, E)),$$

definiert durch

$$R^\nabla(X, Y) := \nabla_X \nabla_Y - \nabla_Y \nabla_X - \nabla_{[X,Y]}$$

für Vektorfelder X und Y auf M, heißt Krümmungsendomorphismus von ∇.

Aus dem vorigen Abschnitt wissen wir, dass der Zusammenhangsform A auf P eine kovariante Ableitung ∇^A auf dem zu P assoziierten Vektorbündel $E = P \times_G V$ zugeordnet ist. Der folgende Satz beschreibt die Beziehung zwischen der Krümmungsform F^A und dem Krümmungsendomorphismus R^{∇^A}.

Satz 3.21 *Sei* $p \in P_x$ *ein Punkt in der Faser von P über x und* $[p] : V \rightarrow E_x$ *der dadurch definierte Faserisomorphismus. Dann gilt für die Krümmungen*

$$R_x^{\nabla^A}(X, Y) = [p] \circ \rho_*(F_p^A(X^*, Y^*)) \circ [p]^{-1},$$

wobei $X, Y \in T_x M$ *und* $X^*, Y^* \in T_p P$ *ihre horizontalen Lifte sind.*

Beweis Sei $\varphi \in \Gamma(E)$ ein Schnitt in E und $\overline{\varphi} \in C^\infty(P, V)^{(G,\rho)}$ die entsprechende invariante Funktion auf P (siehe Satz 2.9). Für ein Vektorfeld X auf M und seinen A-horizontalen Lift X^* gilt

$$(\nabla_X^A \varphi)(x) = [p, X^*(\overline{\varphi})(p)] \qquad \text{für } p \in P_x.$$

Folglich erhalten wir für den Krümmungsendomorphismus unter Benutzung von Satz 3.17

$$
\begin{aligned}
R_x^{\nabla^A}(X_x, Y_x)\,\varphi(x) &= R_x^{\nabla^A}(X_x, Y_x)\,[p, \overline{\varphi}(p)] \\
&= \left[p, \Big(X^*Y^*(\overline{\varphi}) - Y^*X^*(\overline{\varphi}) - [X, Y]^*(\overline{\varphi})\Big)(p)\right] \\
&= \left[p, \Big([X^*, Y^*](\overline{\varphi}) - [X, Y]^*(\overline{\varphi})\Big)(p)\right] \\
&= \left[p, \Big(pr_v[X^*, Y^*](\overline{\varphi})\Big)(p)\right] \\
&= \left[p, -\widetilde{F_p^A(X_p^*, Y_p^*)}(\overline{\varphi})(p)\right].
\end{aligned}
$$

Aus der Invarianzeigenschaft von $\overline{\varphi}$ erhalten wir

$$
\begin{aligned}
\widetilde{F_p^A(X_p^*, Y_p^*)}\,(\overline{\varphi})(p) &= \frac{d}{dt}\,\overline{\varphi}\Big(p \cdot exp\,\big(tF_p^A(X_p^*, Y_p^*)\big)\Big)\big|_{t=0} \\
&= \frac{d}{dt}\,\rho\Big(exp\,\big(-t\,F_p^A(X_p^*, Y_p^*)\big)\Big)\overline{\varphi}(p)\big|_{t=0} \\
&= -\rho_*\Big(F_p^A(X_p^*, Y_p^*)\Big)\overline{\varphi}(p).
\end{aligned}
$$

Dies liefert die Behauptung des Satzes. $\qquad\square$

Für eine k-Form $H \in \Omega^k(M, End(E))$ mit Werten im Endomorphismenbündel von E und eine l-Form $\omega \in \Omega^l(M, E)$ mit Werten in E definieren wir das $\wedge$-Produkt in der offensichtlichen Weise

$$
\begin{aligned}
&(H \wedge \omega)(X_1, \ldots, X_{k+l}) \\
&\quad := \frac{1}{k!l!} \sum_{\tau \in S_{k+l}} sign(\tau)\, H(X_{\tau(1)}, \ldots, X_{\tau(k)})\big(\omega(X_{\tau(k+1)}, \ldots, X_{\tau(k+l)})\big).
\end{aligned}
$$

Aus den Sätzen 3.15 und 3.21 folgt dann für das Quadrat des Differentials d_A

$$
d_A d_A \omega = R^{\nabla^A} \wedge \omega \qquad \text{für } \omega \in \Omega^k(M, E). \tag{3.15}
$$

Abschließend sehen wir uns noch an, wie sich Zusammenhänge, Krümmungen und Parallelverschiebungen unter Automorphismen von Hauptfaserbündeln verhalten.

Definition 3.13 *Eine Eichtransformation (oder ein Automorphismus) im Hauptfaserbündel $(P, \pi, M; G)$ ist ein Diffeomorphismus $f : P \longrightarrow P$, der fasertreu und G-äquivariant ist, d. h. für den*

1. $\pi \circ f = \pi$ *und*

2. $f(p \cdot g) = f(p) \cdot g$ *für alle $p \in P$ und $g \in G$*

gelten. $\mathcal{G}(P)$ bezeichne die Gruppe der Eichtransformationen des Bündels P.

Wir bezeichnen außerdem mit $C^\infty(P, G)^G$ die Menge der G-äquivarianten glatten Abbildungen auf P mit Werten in G, d. h.,

$$C^\infty(P, G)^G := \{\sigma : P \to G \mid \sigma(pg) = g^{-1}\sigma(p)g, \ \sigma \text{ glatt}\}.$$

Wir können die Gruppe der Eichtransformationen $\mathcal{G}(P)$ mit den Abbildungen $C^\infty(P, G)^G$ identifizieren. Die Zuordnung $f \in \mathcal{G}(P) \longmapsto \sigma_f \in C^\infty(P, G)^G$ ist dabei durch

$$f(p) = p \cdot \sigma_f(p), \quad p \in P,$$

gegeben. Dann gilt der folgende Satz, der das Transformationsverhalten der bisher betrachteten Objekte bei Eichtransformationen beschreibt.

Satz 3.22 *Sei A eine Zusammenhangsform im Hauptfaserbündel P und $f \in \mathcal{G}(P)$ eine Eichtransformation. Dann ist f^*A ebenfalls eine Zusammenhangsform auf P und es gelten folgende Transformationsformeln:*

1. $f^*A = \mathrm{Ad}(\sigma_f^{-1}) \circ A + \sigma_f^* \mu_G.$

2. $f \circ \mathcal{P}_\gamma^{f^*A} = \mathcal{P}_\gamma^A \circ f.$

3. $D_{f^*A} = f^* \circ D_A \circ f^{*-1}.$

4. $F^{f^*A} = f^* F^A = \mathrm{Ad}(\sigma_f^{-1}) \circ F^A.$

Beweis Wir zeigen zunächst, dass f^*A eine Zusammenhangsform ist. Wegen $f \circ R_g = R_g \circ f$ folgt

$$R_g^*(f^*A) = f^*(R_g^*A) = f^*(\mathrm{Ad}(g^{-1}) \circ A) = \mathrm{Ad}(g^{-1}) \circ f^*A.$$

Für das fundamentale Vektorfeld $\tilde{X}$ zu $X \in \mathfrak{g}$ gilt

$$df_p(\tilde{X}(p)) = \frac{d}{dt}(f(p \cdot \exp tX))\mid_{t=0} = \frac{d}{dt}(f(p) \cdot \exp tX)\mid_{t=0} = \tilde{X}(f(p)).$$

Damit erhalten wir

$$(f^*A)_p(\tilde{X}(p)) = A_{f(p)}\big(\tilde{X}(f(p))\big) = X.$$

f^*A ist also tatsächlich eine Zusammenhangsform auf P.

Um die erste Formel des Satzes zu beweisen, betrachten wir $X \in T_pP$ und eine Kurve γ in P mit $\gamma(0) = p$ und $\gamma'(0) = X$. Dann gilt nach Satz 1.27 mit der abkürzenden Bezeichnung $\sigma := \sigma_f$

$$df_p(X) = \frac{d}{dt}(f(\gamma(t))\mid_{t=0}$$

$$= \frac{d}{dt}\big(\gamma(t) \cdot \sigma(\gamma(t))\big)\mid_{t=0}$$

$$\stackrel{S.1.27}{=} dR_{\sigma(p)}(X) + \big(dL_{\sigma(p)^{-1}}\widetilde{d\sigma_p(X)}\big)(f(p)). \tag{3.16}$$

Dies liefert

$$\begin{aligned}
(f^*A)_p(X) &= A_{f(p)}(dR_{\sigma(p)}(X)) + A_{f(p)}\big((dL_{\sigma(p)^{-1}}\widetilde{d\sigma_p(X)})(f(p))\big) \\
&= \mathrm{Ad}(\sigma(p)^{-1}) \circ A_p(X) + dL_{\sigma(p)^{-1}}d\sigma_p(X) \\
&= \mathrm{Ad}(\sigma(p)^{-1}) \circ A_p(X) + \sigma^*\mu_G(X).
\end{aligned} \tag{3.17}$$

Zum Nachweis der zweiten und dritten Formel des Satzes bemerken wir zunächst, dass sich die horizontalen Tangentialräume zu A und f^*A folgendermaßen transformieren:

$$Th^{f^*A}P = \mathrm{Ker}\,f^*A = \mathrm{Ker}(A \circ df) = df^{-1}(\mathrm{Ker}\,A) = df^{-1}(Th^A P). \tag{3.18}$$

Bezeichne $\gamma^A_{f(p)}$ den A-horizontalen Lift einer Kurve γ mit dem Anfangspunkt $f(p)$ und $\gamma^{f^*A}_p$ den f^*A-horizontalen Lift von γ mit dem Anfangspunkt p. Dann folgt aus (3.18)

$$\gamma^{f^*A}_p = f^{-1} \circ \gamma^A_{f(p)}.$$

Folglich gilt für die Parallelverschiebung entlang γ

$$\mathcal{P}^{f^*A}_\gamma = f^{-1} \circ \mathcal{P}^A_\gamma \circ f.$$

Aus (3.18) folgt außerdem, dass die Projektionen pr^A_h und $pr^{f^*A}_h$ von TP auf die horizontalen Räume $Th^A P$ bzw. $Th^{f^*A}P$ mit dem Differential df kommutieren. Wir erhalten daraus für das absolute Differential

$$\begin{aligned}
\big(D_{f^*A}f^*\omega\big)(X_1,\dots,X_p) &= d(f^*\omega)\big(pr^{f^*A}_h X_1,\dots,pr^{f^*A}_h X_p\big) \\
&= d\omega\big(df\,pr^{f^*A}_h X_1,\dots,df\,pr^{f^*A}_h X_p\big) \\
&= d\omega\big(pr^A_h df\,X_1,\dots,pr^A_h df\,X_p\big) \\
&= (D_A\omega)\big(df\,X_1,\dots,df\,X_p\big) \\
&= \big(f^*D_A\omega\big)(X_1,\dots,X_p).
\end{aligned}$$

Dies zeigt die dritte Formel des Satzes. Für die Krümmungsformen folgt dann

$$F^{f^*A} = D_{f^*A}f^*A = f^*\,D_A\,(f^*)^{-1}f^*A = f^*D_A A = f^*F^A.$$

Es bleibt die Eigenschaft

$$f^*F^A = \mathrm{Ad}(\sigma(\cdot)^{-1}) \circ F^A \tag{3.19}$$

nachzuweisen. Dazu benutzen wir die Formel (3.16) sowie die Horizontalität von F^A und erhalten

$$(f^*F^A)_p(X, Y) = F^A_{f(p)}\big(dR_{\sigma(p)}X, dR_{\sigma(p)}Y\big)$$
$$= (R^*_{\sigma(p)}F^A)_p(X, Y).$$

Da F^A zudem vom Typ Ad ist, folgt auch Formel (3.19).   □

3.6 S^1-Zusammenhänge

In diesem Abschnitt wollen wir uns als Beispiel die Zusammenhänge eines S^1-Haupt-faserbündels genauer ansehen. Hier wird die Situation besonders einfach, da S^1 abelsch ist. Im Folgenden sei also $(P, \pi, M; S^1)$ ein Hauptfaserbündel mit der Strukturgruppe S^1. Vorbereitend erinnern wir nochmal daran, dass wir den Raum der rechtsinvarian-ten, horizontalen Differentialformen auf dem Totalraum P mit den Differentialformen auf der Basis-Mannigfaltigkeit M identifizieren können. Ist nämlich $\hat{\omega} \in \Omega^k(P, V)$ eine Vektorraum-wertige, horizontale und rechtsinvariante Form auf P, so existiert genau eine Differentialform $\omega \in \Omega^k(M, V)$ mit $\pi^*\omega = \hat{\omega}$. ω ist durch

$$\omega_x(v_1, \dots, v_k) := \hat{\omega}_p(v_1^*, \dots, v_k^*)$$

gegeben, wobei $v_j^* \in T_pP$ die horizontalen Lifte von $v_j \in T_xM$ bezeichnen. Wir nennen ω die Projektion von $\hat{\omega}$ auf die Basis und werden beide Differentialformen künftig meist mit dem selben Symbol bezeichnen. Das Gleiche gilt natürlich auch für rechtsinvariante Funktionen auf P. Ist $\widehat{f} \in C^\infty(P, V)$ rechtsinvariant, so ist durch $f(x) := f(p)$ mit $p \in P_x$ auf eindeutige Weise eine Funktion auf M definiert.

1. Die Lie-Algebra und die kanonische 1-Form von S^1.
Wir betrachten die Sphäre S^1 als Menge der komplexen Zahlen mit Betrag 1. Eine Kurve in S^1 durch 1 können wir dann in der Form $\gamma(t) = e^{i\delta(t)}$ schreiben, wobei δ eine Kurve in $\mathbb{R}$ mit $\delta(0) = 0$ ist. Jeder Tangentialvektor an S^1 im 1-Element hat also die Form $\dot{\gamma}(0) = i\dot{\delta}(0) \in i\mathbb{R}$. Wir können deshalb die Lie-Algebra von S^1 mit dem reellen Vektorraum $i\mathbb{R}$ identifizieren. Die komplexe Koordinate auf $\mathbb{C}$ sei z. Wir bezeichnen mit $\mu := \mu_{S^1}$ die kanonische 1-Form von S^1. Dann gilt

$$\mu_z = z^{-1}dz.$$

Sei nämlich $X \in T_zS^1$ und γ eine glatte Kurve in S^1 mit $\gamma(0) = z$ und $\dot{\gamma}(0) = X$. Dann gilt nach Definition der kanonischen 1-Form der Lie-Gruppe S^1

$$\mu_z(X) = dL_{z^{-1}}X = \frac{d}{dt}\Big(L_{z^{-1}}(\gamma(t))\Big)\Big|_{t=0} = \frac{d}{dt}\Big(z^{-1} \cdot \gamma(t)\Big)\Big|_{t=0}$$
$$= z^{-1}X = z^{-1}dz(X).$$

2. Die Eichtransformationen des S^1-Bündels P.
Die Gruppe der Eichtransformationen von P kann mit der Menge der glatten Abbildungen $C^\infty(M, S^1)$ identifiziert werden. Dazu ordnen wir einer Eichtransformation $f \in \mathcal{G}(P)$ die S^1-äquivariante Abbildung $\sigma_f \in C^\infty(P, S^1)^{S^1}$ zu, die durch die Bedingung $f(p) = p \cdot \sigma_f(p)$ definiert ist. Da S^1 abelsch ist, folgt aus der Invarianzbedingung $\sigma_f(pz) = z^{-1}\sigma_f(p)z = \sigma_f(p)$. Die Abbildung σ_f ist also rechtsinvariant und kann deshalb mit einer Abbildung $\sigma_f : M \to S^1$ identifiziert werden. (Wie oben erwähnt bezeichnen wir beide Abbildungen mit dem gleichen Symbol.) Folglich gilt

$$\mathcal{G}(P) \simeq C^\infty(M, S^1).$$

3. Die Zusammenhangsformen auf dem S^1-Bündel P.
Die Menge der Zusammenhangsformen auf P ist ein affiner Raum, dessen Vektorraum durch die 1-Formen $\Omega^1(M, i\mathbb{R})$ gegeben ist. Um dies einzusehen, bemerken wir zunächst, dass im Falle abelscher Lie-Gruppen die adjungierte Darstellung Ad als Identität auf der Lie-Algebra wirkt. Folglich ist jede 1-Form aus $\Omega^1_{hor}(P, i\mathbb{R})^{(S^1, \mathrm{Ad})}$ horizontal und rechtsinvariant und somit mit einer 1-Form aus $\Omega^1(M, i\mathbb{R})$ zu identifizieren. Zwei Zusammenhangsformen A_1 und A_2 auf P unterscheiden sich also in diesem Sinne durch eine 1-Form η auf M mit Werten in $i\mathbb{R}$:

$$A_1 = A_2 + \eta. \tag{3.20}$$

Sei $f \in \mathcal{G}(P)$ eine Eichtransformation von P mit der zugehörigen Abbildung $\sigma_f \in C^\infty(M, S^1)$ und $A \in \mathcal{C}(P)$ eine Zusammenhangsform auf P. Die Differenz zwischen A und der eichtransformierten Zusammenhangsform f^*A ist dann gemäß Satz 3.22 durch

$$f^*A = A + \sigma_f^* \mu_{S^1} = A + \sigma_f^{-1} d\sigma_f \tag{3.21}$$

gegeben.

4. Die Krümmungsform eines S^1-Zusammenhangs und die 1. reelle Chern-Klasse von P.
Da S^1 abelsch ist, ist die Krümmungsform eines S^1-Zusammenhangs eichinvariant, d. h.

$$f^*F^A = F^A \quad \text{für } f \in \mathcal{G}(P),\ A \in \mathcal{C}(P).$$

Die Krümmungsform F^A eines S^1-Zusammenhangs $A \in \mathcal{C}(P)$ kann man als geschlossene 2-Form in $\Omega^2(M, i\mathbb{R})$ auffassen: Zum einen folgt aus der Strukturgleichung und der Kommutativität von S^1

$$F^A = D_A A = dA + \frac{1}{2}[A, A] = dA.$$

Insbesondere ist F^A geschlossen. Zum anderen ist $F^A \in \Omega^2(P, i\mathbb{R})$ horizontal und rechtsinvariant, also mit einer geschlossenen 2-Form in $\Omega^2(M, i\mathbb{R})$ zu identifizieren. Auf diese

Weise definiert die Zusammenhangsform A eine de Rham-Kohomologieklasse $[i\,F^A] \in H^2_{dR}(M, \mathbb{R})$.

Sind A und $\widetilde{A}$ zwei Zusammenhangsformen auf P mit der Differenz $\widetilde{A} - A = \eta \in \Omega^1(M, i\mathbb{R})$, so gilt für die Krümmungsformen

$$F^{\widetilde{A}} = F^A + d\eta.$$

Insbesondere ist

$$c_1(P) := \left[-\frac{1}{2\pi i} F^A \right] \in H^2_{dR}(M, \mathbb{R})$$

eine von der Zusammenhangsform A unabhängige de Rham-Kohomologieklasse. Die Kohomologieklasse $c_1(P) \in H^2_{dR}(M, \mathbb{R})$ heißt *1. reelle Chern-Klasse von P*.

Der folgende Satz zeigt, dass man jedes Element der 1. reellen Chern-Klasse von P durch die Krümmungsform eines Zusammenhangs auf P realisieren kann.

Satz 3.23 *Sei $\omega \in c_1(P)$ ein Element der 1. reellen Chern-Klasse von P. Dann existiert eine Zusammenhangsform $A_\omega \in \mathcal{C}(P)$, so dass*

$$\omega = -\frac{1}{2\pi i} F^{A_\omega}. \tag{3.22}$$

Zwei solche Zusammenhangsformen $A_{1\omega}$ und $A_{2\omega}$ unterscheiden sich durch eine geschlossene 1-Form v auf M, d. h., es gilt

$$A_{1\omega} = A_{2\omega} + 2\pi i v \quad \text{mit } v \in \Omega^1(M, \mathbb{R}) \text{ und } dv = 0.$$

Ist M einfach-zusammenhängend, so ist A_ω bis auf Eichtransformationen eindeutig bestimmt.

Beweis Sei A_0 eine fixierte Zusammenhangsform auf P. Dann liegen die 2-Formen ω und $\widetilde{\omega} := -\frac{1}{2\pi i} F^{A_0}$ in $c_1(P)$. Es gibt also eine 1-Form $\eta \in \Omega^1(M, \mathbb{R})$ so dass $\omega - \widetilde{\omega} = d\eta$. Wir definieren nun eine neue Zusammenhangsform auf P durch $A := A_0 - 2\pi i\,\eta$. Dann gilt

$$F^A = F^{A_0} - 2\pi i\,d\eta = F^{A_0} - F^{A_0} - 2\pi i\,\omega = -2\pi i\,\omega$$

und somit

$$\omega = -\frac{1}{2\pi i} F^A.$$

Seien nun A_1 und A_2 Zusammenhangsformen auf P, die (3.22) erfüllen. Entsprechend Formel (3.20) gilt $A_1 = A_2 + 2\pi i v$, wobei v eine reellwertige 1-Form auf M ist. Wegen $dA_1 = F^{A_1} = F^{A_2} = dA_2$ ist v geschlossen. Ist nun M zusätzlich einfachzusammenhängend, so ist die geschlossene 1-Form v exakt, d. h., es gibt eine Funktion $h \in C^\infty(M, \mathbb{R})$ mit $A_1 = A_2 + 2\pi i dh$. Betrachten wir die durch $\sigma := e^{2\pi i h}$ definierte Funktion $\sigma \in C^\infty(M, S^1)$. Dann gilt $d\sigma = 2\pi i\sigma\,dh$ und folglich $A_1 = A_2 + \sigma^{-1}d\sigma$. Somit sind A_1 und A_2 eichäquivalent: $A_1 = \sigma^* A_2$ (siehe (3.21)). $\qquad\square$

Beispiel 3.10 *Die 1. Chern-Klasse des Hopfbündels über* $\mathbb{C}P^1$.

Abschließend berechnen wir die 1. Chern-Klasse des Hopfbündels über dem $\mathbb{C}P^1$. Wir erinnern zunächst an die Definition des Hopfbündels aus Abschn. 2.2. Wir betrachten die 3-dimensionale Sphäre $S^3 \subset \mathbb{C}^2$ mit der S^1-Wirkung

$$
\begin{aligned}
S^3 \times S^1 &\longrightarrow S^3 \\
\big((w_1, w_2), z\big) &\longmapsto (w_1 z, w_2 z).
\end{aligned}
$$

Der Faktorraum S^3/S^1 ist diffeomorph zum komplex-projektiven Raum $\mathbb{C}P^1$. Mit der Projektion

$$
\begin{aligned}
\pi : \quad S^3 &\longrightarrow \mathbb{C}P^1 \\
(w_1, w_2) &\longmapsto [w_1 : w_2]
\end{aligned}
$$

erhalten wir dann ein S^1-Hauptfaserbündel

$$
H = (S^3, \pi, \mathbb{C}P^1; S^1),
$$

das *Hopfbündel*. Da der komplex-projektive Raum $\mathbb{C}P^1$ kompakt, zusammenhängend, orientiert und 2-dimensional ist, können wir die de Rham-Kohomologiegruppe $H^2_{dR}(\mathbb{C}P^1, \mathbb{R})$ mit $\mathbb{R}$ identifizieren. Wir benutzen dazu den Isomorphismus

$$
\begin{aligned}
H^2_{dR}(\mathbb{C}P^1, \mathbb{R}) &\overset{\simeq}{\longrightarrow} \mathbb{R} \\
[\omega] &\longmapsto \int_{\mathbb{C}P^1} \omega,
\end{aligned}
$$

siehe auch Satz A.8 im Anhang A.2. Mit dieser Identifizierung gilt dann für die 1. Chern-Klasse des Hopfbündels

$$
c_1(H) = -1.
$$

Um dies zu beweisen, wählen wir eine Zusammenhangsform A auf H und berechnen das Integral

$$
c_1(H) = -\frac{1}{2\pi i} \int_{\mathbb{C}P^1} F^A. \tag{3.23}
$$

Sei $A : TS^3 \longrightarrow i\mathbb{R}$ die 1-Form

$$
A_{(w_1, w_2)} := \frac{1}{2}\big(\bar{w}_1 dw_1 - w_1 d\bar{w}_1 + \bar{w}_2 dw_2 - w_2 d\bar{w}_2\big).
$$

In Abschn. 3.1 hatten wir bereits gezeigt, dass A eine Zusammenhangsform auf dem Hopfbündel H ist. Die Krümmungsform F^A erhalten wir durch Differenzieren

$$
F^A = dA = -\big(dw_1 \wedge d\bar{w}_1 + dw_2 \wedge d\bar{w}_2\big).
$$

Wir betrachten nun die Kartenabbildung

$$\psi : \; U := \mathbb{C}P^1 \setminus \{[w_1 : w_2] \mid w_2 = 0\} \; \longrightarrow \; \mathbb{C}$$
$$[w_1 : w_2] \; \longmapsto \; \tfrac{w_1}{w_2}$$

von $\mathbb{C}P^1$ und auf $\mathbb{C}$ die 2-Form

$$\widetilde{F}_z := -\frac{dz \wedge d\bar{z}}{(1 + |z|^2)^2}.$$

Dann gilt über $\pi^{-1}(U) \subset S^3$

$$\pi^* \psi^* \widetilde{F} = F^A, \tag{3.24}$$

d. h., die 2-Form $\psi^* \widetilde{F}$ beschreibt über dem Kartenbereich U die auf $\mathbb{C}P^1$ projizierte Krümmungsform. Um die Formel (3.24) zu verifizieren, berechnen wir zunächst unter Benutzung von $|w_1|^2 + |w_2|^2 = 1$

$$\pi^* \psi^* \widetilde{F} = -\pi^* \psi^* \frac{dz \wedge d\bar{z}}{(1 + |z|^2)^2} \;=\; -\frac{d\left(\frac{w_1}{w_2}\right) \wedge d\left(\frac{\bar{w}_1}{\bar{w}_2}\right)}{\left(1 + \left|\frac{w_1}{w_2}\right|^2\right)^2}$$
$$= -(w_2 dw_1 - w_1 dw_2) \wedge (\bar{w}_2 d\bar{w}_1 - \bar{w}_1 d\bar{w}_2)$$
$$= -|w_2|^2 \cdot dw_1 \wedge d\bar{w}_1 - |w_1|^2 \cdot dw_2 \wedge d\bar{w}_2$$
$$+ w_1 \bar{w}_2 \cdot dw_2 \wedge d\bar{w}_1 + w_2 \bar{w}_1 \cdot dw_1 \wedge d\bar{w}_2. \tag{3.25}$$

Aus $w_1 \bar{w}_1 + w_2 \bar{w}_2 = 1$ folgt

$$w_1 d\bar{w}_1 + \bar{w}_1 dw_1 + w_2 d\bar{w}_2 + \bar{w}_2 dw_2 = 0.$$

Ersetzen wir damit $\bar{w}_2 dw_2$ und $\bar{w}_1 dw_1$ in den beiden letzten Summanden von (3.25), so ergibt sich

$$\pi^* \psi^* \widetilde{F} = -\left(dw_1 \wedge d\bar{w}_1 + dw_2 \wedge d\bar{w}_2\right) = F^A.$$

Wir erhalten damit

$$c_1(H) = -\frac{1}{2\pi i} \int_{\mathbb{C}P^1} F^A = -\frac{1}{2\pi i} \int_U \psi^* \widetilde{F} = -\frac{1}{2\pi i} \int_{\mathbb{C}} \widetilde{F}$$
$$= \frac{1}{2\pi i} \int_{\mathbb{C}} \frac{dz \wedge d\bar{z}}{(1 + |z|^2)^2}$$
$$= -\frac{1}{\pi} \int_{\mathbb{R}^2} \frac{dx \wedge dy}{(1 + |x|^2 + |y|^2)^2}$$
$$= -\frac{1}{\pi} \int_0^{2\pi} \int_0^{\infty} \frac{r}{(1 + r^2)^2} \, dr \, d\varphi$$
$$= -1.$$

3.7   Aufgaben zu Kapitel 3

3.1. Es sei M eine glatte Mannigfaltigkeit. Beweisen Sie, dass die Menge der kovarianten Ableitungen auf TM in bijektiver Beziehung zur Menge der Zusammenhänge im Reperbündel $GL(M)$ von M steht (siehe Beispiel 3.4).

3.2. Es sei (M, g) eine semi-Riemannsche Mannigfaltigkeit. Zeigen Sie, dass die Menge der metrischen kovarianten Ableitungen auf TM in bijektiver Beziehung zur Menge der Zusammenhänge im Bündel $O(M, g)$ der orthonormalen Repere von (M, g) steht (siehe Beispiel 3.5).

3.3. *Horizontale Tangentialräume von assoziierten Faserbündeln.*
Sei $(P, \pi, M; G)$ ein G-Hauptfaserbündel über M, $[F, G]$ eine von links wirkende Transformationsgruppe und $E := P \times_G F$ das dadurch assoziierte Faserbündel mit dem Fasertyp F. Wir fixieren einen Zusammenhang ThP auf P. Sei $e \in E = P \times_G F$ ein Element von E in der Faser über $x \in M$ mit der Darstellung $e = [p, v]$, und sei $\varphi_p : P \longrightarrow E$ die Abbildung

$$\varphi_p(u) := [u, v].$$

Wir definieren

$$Th_e E := d\varphi_p(Th_p P) \subset T_e E.$$

Zeigen Sie:

1. Der Vektorraum $Th_e E$ ist unabhängig von der Wahl von $p \in P$.
2. Es gilt

$$T_e E = Th_e E \oplus Tv_e E,$$

   wobei $Tv_e E$ der vertikale Tangentialraum von E im Punkt e, d. h. der Tangentialraum an die Faser E_x im Punkt e, ist.
3. Die Distribution $ThE : e \in E \longmapsto Th_e E \subset T_e E$ ist glatt.

ThE heißt durch ThP induziertes horizontales Tangentialbündel von E.

3.4. Wir betrachten ein Vektorbündel E über einer Mannigfaltigkeit M mit kovarianter Ableitung ∇. Sei $\gamma : [a, b] \longrightarrow M$ eine Kurve in M mit dem Anfangspunkt $x = \gamma(a)$ und $e \in E_x$ ein Punkt der Faser über x. Wir bezeichnen mit φ_e den eindeutig bestimmten Schnitt in E entlang der Kurve γ, für den $\frac{\nabla \varphi_e}{dt} \equiv 0$ und $\varphi_e(a) = e$ gilt. Dann ist durch

$$\mathcal{P}_\gamma^\nabla : e \in T_{\gamma(a)} E \longrightarrow \varphi_e(b) \in T_{\gamma(b)} E$$

eine *Parallelverschiebung im Vektorbündel E* definiert.
Sei nun $E = P \times_G V$ zu einem G-Hauptfaserbündel P und einer Darstellung $\rho : G \to GL(V)$ assoziiert und ∇^A die durch eine Zusammenhangsform A auf P induzierte kovariante Ableitung. Zeigen Sie, dass die durch A und ∇^A definierten Parallelverschiebungen in E übereinstimmen:

$$\mathcal{P}_\gamma^{\nabla^A} = \mathcal{P}_\gamma^{E,A}.$$

3.5. Es sei (M, g) eine semi-Riemannsche Mannigfaltigkeit, $(P, \pi, M; G)$ ein glattes Haupt-faserbündel mit Zusammenhangsform A, und B eine nichtausgeartete, Ad-invariante sym-metrische Bilinearform auf der Lie-Algebra $\mathfrak{g}$ von G. Beweisen Sie:

1. $h := \pi^* g + B(A(\cdot), A(\cdot))$ ist eine semi-Riemannsche Metrik auf P.
2. Die Rechtstranslationen $R_a : P \longrightarrow P$, $a \in G$, sind Isometrien bzgl. der Metrik h auf P.
3. Die fundamentalen Vektorfelder der G-Wirkung auf P sind Killingfelder für die Metrik h.

3.6. Es sei $(P, \pi, M; G)$ ein G-Hauptfaserbündel. Ist A eine Zusammenhangsform auf P und σ eine 1-Form auf M mit Werten im adjungierten Bündel $\mathrm{Ad}(P)$, so ist $A + \sigma$ ebenfalls eine Zusammenhangsform auf P (siehe Abschn. 3.2). Des Weiteren sei $\rho : G \longrightarrow GL(V)$ eine Darstellung von G und $E := P \times_\rho V$ das assoziierte Vektorbündel.
Beweisen Sie folgende Beziehungen:

1. Für alle p-Formen ω auf M mit Werten in E gilt:

$$d_{A+\sigma}\,\omega = d_A\,\omega + \rho_*(\sigma) \wedge \omega.$$

2. Für die Krümmungsformen gilt:

$$F^{A+\sigma} = F^A + d_A\,\sigma + \frac{1}{2}[\sigma, \sigma].$$

3.7. Es sei M^n eine glatte n-dimensionale Mannigfaltigkeit und P das $GL(n, \mathbb{R})$-Reperbündel von M. A sei eine fixierte Zusammenhangsform auf P und ∇ die zu A gehörende kovariante Ableitung auf M. Wir betrachten die folgende 1-Form $\theta \in \Omega^1(P, \mathbb{R}^n)$:

$$\theta_p(X) := [p]^{-1} d\pi_p(X), \qquad p \in P, \; X \in T_p P.$$

Die 2-Form $\Theta^A := D_A\theta \in \Omega^2(P, \mathbb{R}^n)$ heißt *Torsionsform von A*.
Beweisen Sie:

1. θ ist eine horizontale 1-Form vom Typ ρ (ρ = Matrixwirkung von $GL(n, \mathbb{R})$ auf $\mathbb{R}^n$).
2. Ist $U \in \mathfrak{X}(M)$ ein Vektorfeld auf M, $U^* \in \mathfrak{X}(P)$ das zugehörige horizontale Vektorfeld auf P und $\overline{U} \in C^\infty(P, \mathbb{R}^n)^{GL(n,\mathbb{R})}$ die dem glatten Schnitt U entsprechende invariante Abbildung, dann gilt:
$$\theta(U^*) = \overline{U}.$$

3. Für alle Vektorfelder X, Y auf P gilt:

$$\Theta^A(X, Y) = d\theta(X, Y) + A(X)\theta(Y) - A(Y)\theta(X).$$

4. Für den Torsionstensor T von ∇

$$T(U, V) := \nabla_U V - \nabla_V U - [U, V] \qquad U, V \in \Gamma(TM)$$

gilt:

$$T_x(X, Y) = [p] \circ \Theta_p^A(X^*, Y^*),$$

wobei $p \in P_x$, $X, Y \in T_x M$, $X^*, Y^* \in Th_p P$ die entsprechenden horizontalen Lifte und $[p]$ die durch $p \in P$ definierte Faserisomorphie bezeichnen.

3.8. $(P, \pi, M; G)$ sei ein Hauptfaserbündel mit *abelscher* Strukturgruppe G. Dann gilt:

1. Die Krümmungsformen zweier eichäquivalenter Zusammenhänge stimmen überein.
2. Ist M zusätzlich einfach-zusammenhängend, so gilt die Umkehrung:
   Sind die Krümmungsformen zweier Zusammenhänge gleich, so sind diese Zusammenhänge eichäquivalent.

3.9. Sei $H^* = (S^3, \pi, \mathbb{C}P^1; S^1)$ das S^1-Hauptfaserbündel über $\mathbb{C}P^1$, das durch die folgende S^1-Wirkung auf S^3 entsteht:

$$
\begin{array}{ccc}
S^3 \times S^1 & \longrightarrow & S^3 \\
((w_1, w_2), z) & \longmapsto & (w_1 \cdot z^{-1}, w_2 \cdot z^{-1}).
\end{array}
$$

Beweisen Sie, dass für die 1. Chern-Klasse von H^* gilt:

$$c_1(H^*) = 1,$$

wobei $H^2_{dR}(\mathbb{C}P^1, \mathbb{R})$ durch Integration über $\mathbb{C}P^1$ mit $\mathbb{R}$ identifiziert sei.

Holonomietheorie

4

In diesem Kapitel beschreiben wir Lie-Gruppen, die durch Parallelverschiebungen in G-Hauptfaserbündeln mit gegebenem Zusammenhang entlang geschlossener Wege entstehen. Es wird sich zeigen, dass dadurch die ‚kleinste' Gruppe entsteht, auf die man die Strukturgruppe des Hauptfaserbündels reduzieren kann, ohne die durch den Zusammenhang gegebene Differentialrechnung zu verändern.

4.1   Reduktion und Erweiterung von Zusammenhängen

In diesem Abschnitt untersuchen wir zunächst, wie sich Zusammenhänge und ihre Zusammenhangsformen bei Reduktion und Erweiterung von Bündeln verhalten.

Satz 4.1 *Sei* $(P, \pi_P, M; G)$ *ein G-Hauptfaserbündel,* $\lambda : H \longrightarrow G$ *ein Lie-Gruppen-Homomorphismus und* $\big((Q, \pi_Q, M; H), f\big)$ *eine λ-Reduktion von P. Sei weiterhin A eine Zusammenhangsform auf Q. Dann existiert genau eine Zusammenhangsform $\widetilde{A}$ auf P, so dass*

$$df_q(Th_q^A Q) = Th_{f(q)}^{\widetilde{A}} P. \tag{4.1}$$

Für die Zusammenhangs- und Krümmungsformen gilt

$$f^*\widetilde{A} = \lambda_* \circ A, \tag{4.2}$$

$$f^*F^{\widetilde{A}} = \lambda_* \circ F^A. \tag{4.3}$$

Beweis Sei $p \in P$ ein Element in der Faser über $x \in M$. Wir wählen einen Punkt $q \in Q_x$ und betrachten das eindeutig bestimmte Element $g \in G$ mit $f(q)g = p$. Wir definieren

$$Th_p P := dR_g\, df_q(Th_q^A Q) \subset T_p P$$

H. Baum, *Eichfeldtheorie*, Springer-Lehrbuch Masterclass,
DOI: 10.1007/978-3-642-38539-1_4, © Springer-Verlag Berlin Heidelberg 2014

und zeigen, dass die Distribution

$$Th : p \in P \longmapsto Th_p P \subset T_p P$$

einen Zusammenhang auf P liefert. Zunächst überzeugen wir uns, dass die Definition von $Th_p P$ korrekt, d. h. unabhängig von der Auswahl von q, ist. Ist $p = f(\widehat{q})\widehat{g}$, so gilt $\widehat{q} = qh$ für ein $h \in H$. Dann folgt $p = f(qh)\widehat{g} = f(q)\lambda(h)\widehat{g} = f(q)g$. Da G einfach-transitiv auf der Faser P_x wirkt, ist $g = \lambda(h)\widehat{g}$, und wir erhalten

$$dR_{\widehat{g}} df_{\widehat{q}} (Th_{\widehat{q}}^A Q) = dR_{\widehat{g}} df_{\widehat{q}} (dR_h (Th_q^A Q))$$
$$= dR_{\widehat{g}} dR_{\lambda(h)} df_q (Th_q^A Q)$$
$$= dR_g df_q (Th_q^A Q).$$

Die Zuordnung $Th : p \in P \to Th_p P \subset T_p P$ ist rechtsinvariant, da

$$dR_a (Th_p P) = dR_a dR_g df_q (Th_q^A Q) = dR_{ga} df_q (Th_q^A Q) = Th_{pa} P.$$

Der Unterraum $Th_p P \subset T_p P$ ist komplementär zum vertikalen Tangentialraum $Tv_p P$, da $(d\pi_P \circ df)|_{Th_q Q} = d\pi_Q|_{Th_q Q}$ ein Isomorphismus von $Th_q Q$ auf $T_x M$ und $df_q : Th_q Q \to Th_{f(q)} P$ surjektiv ist. Die Glattheit der Distribution ThP folgt aus der Glattheit von $Th^A Q$ und f. Damit ist bewiesen, dass ThP ein Zusammenhang auf P ist. Die Eindeutigkeit von ThP folgt notwendigerweise aus den geforderten Invarianzeigenschaften eines Zusammenhangs. Sei $\widetilde{A} \in \mathcal{C}(P)$ die zur horizontalen Distribution ThP gehörende Zusammenhangsform. Wir zeigen nun, dass $f^*\widetilde{A} = \lambda_* \circ A$ gilt.
Für einen horizontalen Vektor $X \in Th_q^A Q$ erhalten wir

$$\lambda_*(A(X)) = 0 \quad \text{und} \quad (f^*\widetilde{A})(X) = \widetilde{A}(df(X)) = 0.$$

Für einen vertikalen Vektor $\widetilde{Y}(q) \in Tv_q Q$ mit $Y \in \mathfrak{h}$ gilt

$$\lambda_*\big(A(\widetilde{Y}(q))\big) = \lambda_* Y \quad \text{und}$$
$$(f^*\widetilde{A})(\widetilde{Y}(q)) = \widetilde{A}(df(\widetilde{Y}(q))) = \widetilde{A}(\widetilde{\lambda_* Y}(f(q))) = \lambda_* Y.$$

Zum Beweis der Formel $\lambda_* \circ F^A = f^*F^{\widetilde{A}}$ benutzen wir die Strukturgleichung für die Krümmungsform eines Zusammenhangs (siehe Satz 3.15) und erhalten

$$f^*F^{\widetilde{A}} = f^*d\widetilde{A} + \frac{1}{2}f^*[\widetilde{A}, \widetilde{A}] = d(f^*\widetilde{A}) + \frac{1}{2}[f^*\widetilde{A}, f^*\widetilde{A}]$$
$$= d(\lambda_* \circ A) + \frac{1}{2}[\lambda_* \circ A, \lambda_* \circ A] = \lambda_* \circ dA + \frac{1}{2}\lambda_*[A, A]$$
$$= \lambda_* F^A.$$

$\square$

Definition 4.1 *Die Zusammenhangsform $\widetilde{A} \in \mathcal{C}(P)$ aus Satz 4.1 heißt die λ-Erweiterung von $A \in \mathcal{C}(Q)$. Ist $\widetilde{A} \in \mathcal{C}(P)$ gegeben und $A \in \mathcal{C}(Q)$ eine Zusammenhangsform, die die Bedingungen (4.1) bzw. (4.2) erfüllt, so heißt A λ-Reduktion von $\widetilde{A}$. Ist $H \subset G$ eine Lie-Untergruppe und $Q \subset P$ eine H-Reduktion von P, so nennt man A auch kurz Reduktion von $\widetilde{A}$ auf Q und $\widetilde{A}$ auf Q reduzierbar, wenn eine solche Zusammenhangsform $A \in \mathcal{C}(Q)$ existiert.*

Während die λ-Erweiterung eines Zusammenhangs immer existiert, ist dies für die λ-Reduktion nicht der Fall. Für Lie-Untergruppen $H \subset G$ ist die Reduzierbarkeit eines Zusammenhanges mit dem folgenden Kriterium einfach zu überprüfen.

Satz 4.2 *Sei $H \subset G$ eine Lie-Untergruppe, $Q \subset P$ eine H-Reduktion des G-Hauptfaserbündels P und $\widetilde{A}$ eine Zusammenhangsform auf P. Dann sind folgende Bedingungen äquivalent:*

1. *$\widetilde{A}$ ist auf Q reduzierbar.*
2. *$\widetilde{A}$ nimmt auf TQ nur Werte in der Lie-Algebra $\mathfrak{h}$ von H an.*
3. *$Th_q^{\widetilde{A}}P \subset T_qQ$ für alle $q \in Q$.*

Beweis Für die Untermannigfaltigkeiten $Q \subset P$ und $H \subset G$ identifizieren wir wie bisher $d\iota_q T_qQ$ mit T_qQ und $\iota_*\mathfrak{h}$ mit $\mathfrak{h}$, wobei ι die jeweiligen Inklusionen bezeichnet. Dann schreibt sich Bedingung (4.1) als $Th_q^AQ \subset Th_q^{\widetilde{A}}P$ für alle $q \in Q$ und Bedingung (4.2) als $\widetilde{A}|_{TQ} = A$.

Ist $\widetilde{A}$ auf Q reduzierbar, so existiert nach Satz 4.1 eine Zusammenhangsform A auf Q mit $\widetilde{A}|_{TQ} = A$. $\widetilde{A}$ nimmt auf TQ also wie A nur Werte in $\mathfrak{h}$ an. Nimmt andererseits die Zusammenhangsform $\widetilde{A}$ auf TQ nur Werte in $\mathfrak{h}$ an, so definiert $A := \widetilde{A}|_{TQ}$ eine Zusammenhangsform auf Q, die die Bedingung (4.2) erfüllt, also eine Reduktion von $\widetilde{A}$ auf Q. Somit sind *1.* und *2.* äquivalent.

Ist $\widetilde{A}$ auf Q reduzierbar, so existiert eine Zusammenhangsform A auf Q mit $Th_q^AQ \subset Th_q^{\widetilde{A}}P$ für alle $q \in Q$. Es gilt sogar $Th_q^AQ = Th_q^{\widetilde{A}}P$ für alle $q \in Q$, denn für jedes $X \in Th_q^{\widetilde{A}}P$ existiert genau ein A-horizontaler Lift $Y \in Th_q^AQ$ von $d\pi_q(X)$, der wegen $Th_q^AQ \subset Th_q^{\widetilde{A}}P$, auch $\widetilde{A}$ horizontal ist. Somit gilt $X = Y$, also $Th_q^{\widetilde{A}}P = Th_q^AQ \subset T_qQ$. Ist andererseits $Th_q^{\widetilde{A}}P \subset T_qQ$, so definiert $Th_qQ := Th_q^{\widetilde{A}}P$ für alle $q \in Q$ einen Zusammenhang ThQ auf Q mit der Bedingung (4.1). Somit sind *1.* und *3.* äquivalent. $\square$

Das Reduzierbarkeitskriterium von Satz 4.2 ist i. A. nicht erfüllt. Man betrachte z. B. eine Riemannsche Mannigfaltigkeit (M^n, g), das Reperbündel $GL(M)$ für P und seine $O(n)$-Reduktion $O(M, g)$ für Q. Eine Zusammenhangsform $\widetilde{A}$ auf $GL(M)$, die einer nicht-metrischen kovarianten Ableitung ∇ auf TM entspricht, lässt sich nicht auf $O(M, g)$ reduzieren. Ihre Werte auf $TO(M, g)$ verlassen die Lie-Algebra $\mathfrak{o}(n)$ (siehe die Beispiele 3.4 und 3.5).

4.2   Die Holonomiegruppe eines Zusammenhangs und das Holonomiebündel

Das Ziel dieses Abschnittes ist es, die "kleinste" Reduktion eines G-Hauptfaserbündels mit gegebenem Zusammenhang auf eine Untergruppe von G zu finden. Diese Untergruppe ist im Allgemeinen nicht abgeschlossen.

Im Folgenden sei $(P, \pi, M; G)$ ein G-Hauptfaserbündel über einer zusammenhängenden Mannigfaltigkeit M und A eine fixierte Zusammenhangsform auf P. Sei $\gamma : [0, 1] \to M$ ein Weg[1] in M. Dann bezeichnet

$$\mathcal{P}_\gamma^A : P_{\gamma(0)} \to P_{\gamma(1)}$$

die durch A definierte Parallelverschiebung entlang des Weges γ. Für $x \in M$ sei

$$\Omega(x) := \{\gamma \mid \gamma \text{ in } x \text{ geschlossener Weg in } M\},$$

$$\Omega_0(x) := \{\gamma \mid \gamma \text{ in } x \text{ geschlossener und null-homotoper Weg in } M\}.$$

Sei $\gamma : [0, 1] \to M$ ein in x geschlossener Weg und $u \in P_x$ fixiert. Dann existiert genau ein Element $hol_u(\gamma) \in G$ mit

$$\mathcal{P}_\gamma^A(u) = u \cdot hol_u(\gamma).$$

$hol_u(\gamma)$ heißt *Holonomie von γ bezüglich u*.

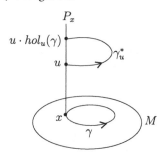

Die Holonomie von Wegen hat die folgenden Eigenschaften:

Lemma 4.1 *Seien $\gamma, \delta \in \Omega(x)$, $u \in P_x$, $a \in G$ und $\mu : [0, 1] \to M$ ein Weg in M mit dem Anfangspunkt x. Dann gilt:*

1. $hol_u(\gamma * \delta) = hol_u(\gamma) \cdot hol_u(\delta)$.
2. $hol_{u \cdot a}(\gamma) = a^{-1} \cdot hol_u(\gamma) \cdot a$.
3. $hol_{\mathcal{P}_\mu^A(u)}(\mu * \gamma * \mu^-) = hol_u(\gamma)$.

Beweis Zum Beweis benutzen wir die G-Äquivarianz der Parallelverschiebung und die Tatsache, dass G einfach transitiv auf den Fasern von P wirkt. Die erste Formel folgt aus

---

[1] Wir erinnern daran, dass wir unter einem Weg immer eine stückweise glatte Abbildung verstehen.

$$u \cdot hol_u(\gamma * \delta) = \mathcal{P}^A_{\gamma * \delta}(u) = \mathcal{P}^A_\gamma(\mathcal{P}^A_\delta(u)) = \mathcal{P}^A_\gamma(u \cdot hol_u(\delta)) = \mathcal{P}^A_\gamma(u) \cdot hol_u(\delta)$$
$$= u \cdot hol_u(\gamma) \cdot hol_u(\delta).$$

Die zweite Formel ergibt sich aus

$$(u \cdot a) \cdot hol_{u \cdot a}(\gamma) = \mathcal{P}^A_\gamma(u \cdot a) = \mathcal{P}^A_\gamma(u) \cdot a = u \cdot hol_u(\gamma) \cdot a.$$

Die dritte Formel erhalten wir mit

$$\mathcal{P}^A_\mu(u) \cdot hol_{\mathcal{P}^A_\mu(u)}(\mu * \gamma * \mu^-) = \mathcal{P}^A_{\mu * \gamma * \mu^-}(\mathcal{P}^A_\mu(u)) = \mathcal{P}^A_{\mu * \gamma}(u)$$
$$= \mathcal{P}^A_\mu(\mathcal{P}^A_\gamma(u)) = \mathcal{P}^A_\mu(u \cdot hol_u(\gamma))$$
$$= \mathcal{P}^A_\mu(u) \cdot hol_u(\gamma). \qquad \square$$

Definition 4.2 *Sei* $u \in P_x$ *ein Element in der Faser von P über* $x \in M$. *Die Gruppe*

$$Hol_u(A) := \left\{ hol_u(\gamma) \mid \gamma \in \Omega(x) \right\} \subset G$$

heißt Holonomiegruppe von A bzgl. $u \in P$. *Die Gruppe*

$$Hol^0_u(A) := \left\{ hol_u(\gamma) \mid \gamma \in \Omega_0(x) \right\} \subset G$$

heißt reduzierte Holonomiegruppe von A bzgl. $u \in P$.

Die erste Formel von Lemma 4.1 zeigt, dass $Hol_u(A)$ und $Hol^0_u(A)$ tatsächlich Untergruppen von G sind. Für $\gamma \in \Omega(x)$ und $\gamma_0 \in \Omega_0(x)$ ist $\gamma^- * \gamma_0 * \gamma \in \Omega_0(x)$ und somit $hol_u(\gamma^- * \gamma_0 * \gamma) = hol_u(\gamma)^{-1} \cdot hol_u(\gamma_0) \cdot hol_u(\gamma) \in Hol^0_u(A)$. Folglich ist $Hol^0_u(A)$ ein Normalteiler in $Hol_u(A)$. Die zweite Formel von Lemma 4.1 zeigt, dass die Holonomiegruppen zu verschiedenen Referenzpunkten in der gleichen Faser konjugiert zueinander sind:

$$Hol_{ua}(A) = a^{-1} \cdot Hol_u(A) \cdot a \qquad \text{für } u \in P_x \text{ und } a \in G.$$

Sind x und y verschiedene Punkte in M, $u \in P_x$ und μ ein Weg von x nach y, so gilt wegen der dritten Formel aus Lemma 4.1

$$Hol_u(A) = Hol_{\mathcal{P}^A_\mu(u)}(A).$$

Wir zeigen nun, dass die Holonomiegruppe nicht nur eine Untergruppe von G, sondern sogar eine Lie-Untergruppe von G ist.

Satz 4.3 *Die Holonomiegruppe* $Hol_u(A)$ *ist eine Lie-Untergruppe von G. Die reduzierte Holonomiegruppe* $Hol^0_u(A)$ *ist die Zusammenhangskomponente des 1-Elementes von* $Hol_u(A)$. *Insbesondere ist die Holonomiegruppe* $Hol_u(A)$ *zusammenhängend, falls M einfachzusammenhängend ist.*

Beweis Wir beweisen zunächst, dass die reduzierte Holonomiegruppe $Hol_u^0(A)$ eine zusammenhängende Lie-Untergruppe von G ist. Wir benutzen dazu den Satz 1.23 und zeigen, dass sich jedes Element $g \in Hol_u^0(A)$ mit dem neutralen Element $e \in G$ durch einen vollständig in $Hol_u^0(A)$ liegenden Weg verbinden lässt. Sei $\gamma \in \Omega_0(x)$ eine stück- weis glatte, in $x = \pi(u)$ geschlossene, nullhomotope Kurve mit $\mathcal{P}_\gamma^A(u) = ug$ und $H : [0, 1] \times [0, 1] \to M$ eine Homotopie aus Wegen $H_s = H(\cdot, s) \in \Omega_0(x)$ zwischen dem in x konstanten Weg H_0 und $H_1 = \gamma$. Da γ stückweis glatt ist, können wir H eben- falls stückweis glatt wählen. Seien H_s^* die horizontalen Lifte von H_s mit dem Anfangspunkt $u \in P_x$. Da die Kurve H_s^* als Lösung einer gewöhnlichen Differentialgleichung entsteht, die stückweis glatt vom Parameter s abhängt, ist die Kurve $s \in [0, 1] \mapsto H_s^*(1) \in P$ ebenfalls stückweis glatt. Sei nun $g_s \in G$ das durch $\mathcal{P}_{H_s}^A(u) = H_s^*(1) = ug_s$ definierte Element. Dann ist $s \in [0, 1] \mapsto g_s \in G$ eine stückweis glatte Kurve in G mit Bild in der Untergruppe $Hol_u^0(A)$, die e und g verbindet. Folglich ist $Hol_u^0(A)$ eine Lie-Untergruppe von G. Wir betrachten nun die Abbildung

$$\rho : \pi_1(M, x) \longrightarrow Hol_u(A)/Hol_u^0(A)$$
$$[\gamma] \longmapsto hol_u(\gamma) \mod Hol_u^0(A), \tag{4.4}$$

wobei γ ein stückweis glatter Repräsentant der Homotopieklasse ist. Diese Abbildung ist korrekt definiert. Sind nämlich γ_1 und γ_2 zwei in x geschlossene Wege mit $[\gamma_1] = [\gamma_2]$, so ist $\tau := \gamma_2^- * \gamma_1$ null-homotop und $hol_u(\gamma_1) = hol_u(\gamma_2) \cdot hol_u(\tau)$. Folglich liegen die Holonomien $hol_u(\gamma_1)$ und $hol_u(\gamma_2)$ in der gleichen Äquivalenzklasse von $Hol_u(A)/Hol_u^0(A)$. Die Abbildung ρ ist ein Gruppenhomomorphismus, da

$$\rho([\gamma] \cdot [\delta]) = \rho([\gamma * \delta]) = [hol_u(\gamma * \delta)] = [hol_u(\gamma) \cdot hol_u(\delta)] = \rho([\gamma]) \cdot \rho([\delta]).$$

Aus der Topologie weiß man, dass die Fundamentalgruppe einer glatten Mannigfal- tigkeit höchstens abzählbar ist. Da die Abbildung ρ surjektiv ist, ist auch der Faktor- raum $Hol_u(A)/Hol_u^0(A)$ höchstens abzählbar. Insbesondere ist die Gruppe $Hol_u(A)$ die Vereinigung höchstens abzählbar vieler disjunkter Orbits der Form $g_n \cdot Hol_u^0(A)$ mit $g_n \in Hol_u(A)$. Überträgt man die glatte Struktur von $Hol_u^0(A)$ auf alle diese Orbits, so wird $Hol_u(A)$ eine Untermannigfaltigkeit in G. Alle Gruppenoperationen sind bzgl. die- ser Differentialstruktur glatt. $Hol_u(A)$ ist also eine Lie-Untergruppe von G. Die reduzierte Holonomiegruppe $Hol_u^0(A)$ ist dann per Definition die Zusammenhangskomponente des 1-Elementes. Ist M einfach-zusammenhängend, so ist jeder geschlossene Weg null-homotop, also $Hol_u(A) = Hol_u^0(A)$, und $Hol_u(A)$ somit zusammenhängend. $\square$

Der nächste Satz zeigt, dass sich jeder Zusammenhang eines G-Hauptfaserbündels auf seine Holonomiegruppe reduzieren lässt.

Satz 4.4 (Reduktionssatz der Holonomietheorie) *Sei $(P, \pi, M; G)$ ein G-Hauptfaserbün- del mit Zusammenhangsform A über einer zusammenhängenden Mannigfaltigkeit M und* *u ∈ P ein fixierter Punkt. Wir betrachten die Menge derjenigen Punkte von P, die man durch von u ∈ P ausgehende A-horizontale Wege erreicht, d. h., die Menge*

$$P^A(u) := \{p \in P \mid \text{es existiert ein A-horizontaler Weg von } u \text{ nach } p\}.$$

Dann gilt:

1. *$(P^A(u), \pi|_{P^A(u)}, M)$ ist ein Hauptfaserbündel über M mit der Strukturgruppe $Hol_u(A)$.*
2. *Das G-Hauptfaserbündel P und der Zusammenhang A reduzieren sich auf das $Hol_u(A)$-Hauptfaserbündel $P^A(u)$.*

Beweis Wir zeigen zunächst mit Hilfe der Bedingungen aus Satz 2.14, dass die Menge $P^A(u) \subset P$ die Struktur einer $Hol_u(A)$-Reduktion von P trägt. Mit $x = \pi(u)$ bezeichnen wir den Fußpunkt von u.

1. Sei $p \in P^A(u)$ und $h \in Hol_u(A)$. Dann existiert ein horizontaler Weg δ von u nach p und ein Weg $\mu \in \Omega(x)$ mit $\mathcal{P}_\mu^A(u) = uh$. Der Weg $\delta * \mu_u^*$ ist horizontal und verbindet u mit ph. Folglich gilt $R_h(P^A(u)) \subset P^A(u)$ für alle $h \in Hol_u(A)$.

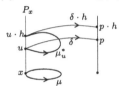

2. Seien $p, \widetilde{p} \in P^A(u) \cap P_y$ und $p = \widetilde{p}g$. Bezeichne δ einen horizontalen Weg von u nach p, $\widetilde{\delta}$ einen horizontalen Weg von u nach $\widetilde{p}$ und μ den Weg $\mu := \pi(\widetilde{\delta}^-) * \pi(\delta) \in \Omega(x)$. Dann hat der horizontale Lift $\mu_u^* = (\widetilde{\delta}^- \cdot g) * \delta$ von μ den Anfangspunkt u und den Endpunkt ug. Folglich ist $g \in Hol_u(A)$.

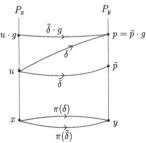

3. Sei $y \in M$. Da M zusammenhängend ist, existiert ein Weg δ in M von x nach y. Sei δ_u^* der horizontale Lift von δ mit dem Anfangspunkt u. Der Endpunkt $v = \delta_u^*(1) \in P_y$ liegt dann in $P^A(u)$. Wir fixieren eine Riemannsche Metrik auf M und betrachten eine Normalenumgebung $U(y)$ um y. Wir definieren einen lokalen horizontalen Schnitt $s : U(y) \to P$ durch die Parallelverschiebung $s(z) := \mathcal{P}_{\gamma_{yz}}^A(v) = \mathcal{P}_{\gamma_{yz}}^A \circ \mathcal{P}_\delta^A(u)$, wobei γ_{yz} die eindeutig bestimmte radiale Geodäte in $U(y)$ von y nach z bezeichnet. Dann gilt $s(U(y)) \subset P^A(u)$.

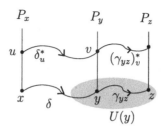

Damit sind alle drei Bedingungen aus Satz 2.14 überprüft. Folglich trägt $P^A(u)$ die Struktur eines $Hol_u(A)$-Hauptfaserbündels, auf das sich P reduziert. Es bleibt zu zeigen, dass sich auch die Zusammenhangsform A auf $P^A(u)$ reduziert. Dazu benutzen wir Satz 4.2 und zeigen, dass $Th_q^A P \subset T_q P^A(u)$ für alle $q \in P^A(u)$. Sei $q \in P^A(u)$ und $X \in Th_q^A P$ ein horizontaler Vektor. Dann gibt es eine in $\pi(q)$ beginnende Kurve γ in M, so dass $X = \dot{\gamma}_q^*(0)$. Da q mit u durch einen horizontalen Weg verbindbar ist, liegt das Bild von γ_q^* in $P^A(u)$. Folglich ist $X \in T_q P^A(u)$.

Wir haben somit gezeigt, dass $(P^A(u), \pi|_{P^A(u)}, M)$ ein Hauptfaserbündel mit der Strukturgruppe $Hol_u(A)$ ist, auf das sich das G-Hauptfaserbündel P einschließlich seines Zusammenhangs A reduziert. $\qquad\square$

Definition 4.3 *Das Hauptfaserbündel* $(P^A(u), \pi, M; Hol_u(A))$ *heißt Holonomiebündel von A bzgl. u.*

Definition 4.4 *Sei* $(P, \pi, M; G)$ *ein G-Hauptfaserbündel über einer zusammenhängenden Mannigfaltigkeit M. Wir nennen eine Zusammenhangsform* $A \in \mathcal{C}(P)$ *irreduzibel, falls sich* (P, A) *nicht auf eine echte Lie-Untergruppe reduzieren lässt.*

Das Holonomiebündel $P^A(u)$ ist die „kleinstmögliche" Reduktion von (P, A) (siehe Aufgabe 4.5 am Ende des Kapitels). Nach Satz 4.4 ist eine Zusammenhangsform $A \in \mathcal{C}(P)$ folglich genau dann irreduzibel, wenn $P = P^A(u)$ und $G = Hol_u(A)$ für alle $u \in P$.

Wir wollen nun ein Kriterium für die Irreduzibilität herleiten und außerdem angeben, wie "groß" die Holonomiegruppe ist.

Satz 4.5 (Holonomietheorem von Ambrose und Singer) *Sei* $(P, \pi, M; G)$ *ein G-Hauptfaserbündel über einer zusammenhängenden Mannigfaltigkeit M und A eine Zusammenhangsform auf P mit der Krümmungsform* $F^A = D_A A$. *Dann gilt für die Lie-Algebra* $\mathfrak{hol}_u(A)$ *der Holonomiegruppe von A bzgl.* $u \in P$

$$\mathfrak{hol}_u(A) = \mathrm{span}\left\{F_p^A(X, Y) \mid p \in P^A(u), X, Y \in Th_p^A P\right\} \subset \mathfrak{g}.$$

Ist G zusammenhängend und M einfach-zusammenhängend, so ist A genau dann irreduzibel, wenn

$$\mathfrak{g} = \mathrm{span}\left\{F_p^A(X, Y) \mid p \in P^A(u), X, Y \in Th_p^A P\right\}.$$

Beweis Wir können oBdA annehmen, dass $G = Hol_u(A)$ und $P = P^A(u)$. Anderenfalls reduzieren wir das Paar (P, A) zuerst auf das Holonomiebündel $P^A(u)$. Sei zur Abkürzung

$$\mathfrak{m} := \text{span} \left\{ F_p^A(X, Y) \mid p \in P, X, Y \in Th_p^A P \right\}.$$

Wir müssen $\mathfrak{m} = \mathfrak{g}$ zeigen. Wir beweisen zunächst, dass $\mathfrak{m}$ ein Ideal in $\mathfrak{g}$ ist. Sei $F_p^A(X, Y) \in \mathfrak{m}$ und $W \in \mathfrak{g}$. Aus der Invarianzeigenschaft der Krümmungsform erhalten wir für die Ableitung der in $\mathfrak{m}$ liegenden Kurve $t \in \mathbb{R} \to (R_{\exp tW}^* F^A)_p(X, Y) \in \mathfrak{m}$

$$\frac{d}{dt} \left(F_{p \exp tW}^A (dR_{\exp tW} X, dR_{\exp tW} Y) \right) \Big|_{t=0}$$
$$= \frac{d}{dt} \left(\text{Ad}(\exp(-tW))(F_p^A(X, Y)) \right) \Big|_{t=0}$$
$$= -\text{ad}(W)(F_p^A(X, Y))$$
$$= [F_p^A(X, Y), W].$$

Folglich ist $[F_p^A(X, Y), W] \in \mathfrak{m}$, d. h., $\mathfrak{m}$ ist ein Ideal in $\mathfrak{g}$. Wir betrachten nun die glatte Distribution

$$E : p \in P \longrightarrow E_p := Th_p P \oplus \{ \widetilde{W}(p) \mid W \in \mathfrak{m} \} \subset T_p P$$

und zeigen, dass sie involutiv ist. Ist X ein horizontales Vektorfeld auf P und $\widetilde{W}$ das von einem Element $W \in \mathfrak{m}$ erzeugte fundamentale Vektorfeld, so ist nach Satz 3.6 der Kommutator $[X, \widetilde{W}]$ ebenfalls horizontal und damit in $\Gamma(E)$. Für zwei Vektorfelder $\widetilde{W}, \widetilde{V}$ mit $W, V \in \mathfrak{m}$ gilt $[\widetilde{W}, \widetilde{V}] = \widetilde{[W, V]}$ und wegen der Idealeigenschaft von $\mathfrak{m}$ auch $[W, V] \in \mathfrak{m}$. Folglich ist $[\widetilde{W}, \widetilde{V}] \in \Gamma(E)$. Sind schließlich X, Y zwei horizontale Vektorfelder auf P, so gilt nach Satz 3.17 für die vertikale Komponente des Kommutators $[X, Y]$

$$[X, Y]^v = -\widetilde{F^A(X, Y)},$$

wobei $F^A(X, Y) \in \mathfrak{m}$. Folglich liegt auch dieser Kommutator in $\Gamma(E)$. Somit ist E involutiv. Nach dem Satz von Frobenius existiert eine maximale zusammenhängende Integralmannigfaltigkeit $Q \subset P$ von E durch $u \in P$. Ein Punkt $q \in P$ liegt genau dann in Q, wenn es einen Weg $\gamma : [0, 1] \to P$ zwischen u und q gibt mit $\dot{\gamma}(t) \in E_{\gamma(t)}$ für jeden Parameter $t \in [0, 1]$. Da $Th P \subset TQ$, folgt dann aus der Definition von $P^A(u)$, dass $P = P^A(u) \subset Q$. Folglich gilt $P = Q$ und damit $E = TP$. Dies bedeutet aber, dass $\mathfrak{m} = \mathfrak{g}$ ist. $\qquad \square$

Für Vektorbündel mit gegebener kovarianter Ableitung ∇ kann man ebenfalls eine Holonomiegruppe definieren. Sei $x \in M$ und $\gamma \in \Omega(x)$ ein in x geschlossener Weg. Dann ist die durch ∇ definierte Parallelverschiebung $\mathcal{P}_\gamma^\nabla \in GL(E_x)$ ein linearer Isomorphismus auf der Faser E_x (siehe Aufgabe 3.4).

Definition 4.5 *Die Gruppe*

$$Hol_x(\nabla) := \left\{ \mathcal{P}_\gamma^\nabla \mid \gamma \in \Omega(x) \right\} \subset GL(E_x)$$

heißt Holonomiegruppe von ∇ bzgl. x. Die Gruppe

$$Hol_x^0(\nabla) := \left\{ \mathcal{P}_\gamma^\nabla \mid \gamma \in \Omega_0(x) \right\} \subset GL(E_x)$$

heißt reduzierte Holonomiegruppe von ∇ bzgl. x.

Wie wir wissen, induziert jede Zusammenhangsform auf einem Hauptfaserbündel P eine kovariante Ableitung auf den zu P assoziierten Vektorbündeln. Der folgende Satz beschreibt die Beziehung zwischen den Holonomiegruppen von Zusammenhängen und den Holonomiegruppen der zu ihnen assoziierten kovarianten Ableitungen.

Satz 4.6 *Sei P ein G-Hauptfaserbündel über M, $\rho : G \to GL(V)$ eine Darstellung von G und $E := P \times_G V$ das assoziierte Vektorbündel. Sei weiterhin A eine Zusammenhangsform auf P und ∇^A die assoziierte kovariante Ableitung auf E. Für $u \in P_x$ bezeichne $[u] : V \to E_x$ den durch u gegebenen Faserisomorphismus. Dann gilt für die Holonomiegruppen*

$$Hol_x(\nabla^A) = [u] \circ \rho\big(Hol_u(A)\big) \circ [u]^{-1}.$$

Insbesondere sind die Holonomiegruppen $Hol_u(A)$ und $Hol_x(\nabla^A)$ isomorph, falls ρ injektiv ist.

Sei R^{∇^A} der Krümmungsendomorphismus von ∇^A und $\mathcal{P}_\gamma := \mathcal{P}_\gamma^{\nabla^A}$ die durch ∇^A definierte Parallelverschiebung in E. Dann gilt für die Lie-Algebra der Holonomiegruppe $Hol_x(\nabla^A)$

$$\mathfrak{hol}_x(\nabla^A) = \text{span} \left\{ \mathcal{P}_\gamma^{-1} \circ R_y^{\nabla^A}(v, w) \circ \mathcal{P}_\gamma \;\middle|\; \begin{array}{l} v, w \in T_y M, \\ \gamma \text{ Weg von } x \text{ nach } y \end{array} \right\}.$$

Beweis Sei δ ein in x geschlossener Weg. Für die durch ∇^A gegebene Parallelverschiebung in E gilt mit $e = [u, z] \in E_x$

$$\mathcal{P}_\delta^{\nabla^A}(e) = [\mathcal{P}_\delta^A(u), z] = [u \cdot hol_u(\delta), z] = [u, \rho(hol_u(\delta))z]$$
$$= [u] \circ \rho(hol_u(\delta)) \circ [u]^{-1}(e).$$

Daraus folgt die erste Behauptung.

Sei γ^* eine A-horizontale Kurve von u nach $p \in P^A(u)_y$ und $\gamma = \pi \circ \gamma^*$. Dann gilt $\mathcal{P}_\gamma^{\nabla^A} \circ [u] = [p]$. Seien $v, w \in T_y M$ und $v^*, w^* \in T_p P$ ihre A-horizontalen Lifte. Aus Satz 3.21 erhalten wir für die Krümmungen

$$\rho_* \big(F_p^A(v^*, w^*) \big) = [p]^{-1} \circ R_y^{\nabla^A}(v, w) \circ [p]$$

$$= [u]^{-1} \circ \Big(\mathcal{P}_\gamma^{-1} \circ R_y^{\nabla^A}(v, w) \circ \mathcal{P}_\gamma \Big) \circ [u].$$

Für die Lie-Algebra der Holonomiegruppe $Hol_x(\nabla^A)$ folgt aus dem Holonomietheorem von Ambrose-Singer

$$\mathfrak{hol}_x(\nabla^A) = [u] \circ \rho_* \big(\mathfrak{hol}_x(A) \big) \circ [u]^{-1}$$

$$= [u] \circ \operatorname{span} \big\{ \rho_* \big(F_p^A(X, Y) \big) \mid p \in P^A(u), X, Y \in T_p P \big\} \circ [u]^{-1}.$$

Dies liefert die behauptete Formel für die Lie-Algebra $\mathfrak{hol}_x(\nabla^A)$.   □

4.3   Flache G-Hauptfaserbündel und der Holonomiehomomorphismus

Definition 4.6 *Sei M eine zusammenhängende Mannigfaltigkeit und G eine Lie-Gruppe. Ein G-Hauptfaserbündel P über M, versehen mit einer flachen Zusammenhangsform A, heißt flaches G-Hauptfaserbündel. Zwei flache G-Hauptfaserbündel (P, A) und (P', A') über M heißen isomorph, wenn es einen G-Hauptfaserbündel-Isomorphismus $\phi : P \to P'$ gibt mit $\phi^* A' = A$.*
Mit $\mathcal{F}(M, G)$ bezeichnen wir die Menge der Isomorphieklassen der flachen G-Hauptfaserbündel über M.

Wir wissen bereits, dass alle flachen G-Hauptfaserbündel *lokal* isomorph sind (Satz 3.19). Ist M einfach-zusammenhängend, so gibt es nur eine Isomorphieklasse in $\mathcal{F}(M, G)$, nämlich die des trivialen G-Hauptfaserbündels über M mit kanonischem flachen Zusammenhang (Satz 3.20). Wir wollen jetzt mit Hilfe unserer Methoden aus der Holonomietheorie die Menge der Isomorphieklassen flacher G-Hauptfaserbündel $\mathcal{F}(M, G)$ im allgemeinen Fall beschreiben.

Sei (P, A) ein flaches G-Hauptfaserbündel über M, $x_0 \in M$ und $u \in P_{x_0}$ fixierte Punkte. Da die Krümmung von A verschwindet, ist die Holonomiealgebra $\mathfrak{hol}_u(A)$ nach dem Holonomietheorem von Ambrose und Singer trivial. Die reduzierte Holonomiegruppe $Hol_u^0(A)$ enthält somit nur das neutrale Element und die Holonomiegruppe $Hol_u(A)$ ist diskret. Insbesondere definiert A den sogenannten *Holonomiehomomorphismus*

$$\rho_u^A : \pi_1(M, x_0) \longrightarrow G$$

$$[\gamma] \longmapsto hol_u^A(\gamma)$$

(siehe auch Formel (4.4) aus dem Beweis von Satz 4.3). Wählt man einen anderen Punkt $ua \in P_{x_0}$, so sind die entsprechenden Holonomiehomomorphismen zueinander konjugiert:

$$\rho_{ua}^A = a^{-1} \cdot \rho_u^A(\ ) \cdot a.$$

Wir können also jedem flachen G-Hauptfaserbündel (P, A) eine Konjugationsklasse von Homomorphismen von $\pi_1(M, x_0)$ in G zuordnen. Sind (P, A) und (P', A') isomorphe flache Bündel und $\phi : P \to P'$ ein G-Hauptfaserbündel-Isomorphismus mit $\phi^*A' = A$, dann gilt $hol_{\phi(u)}^{A'}([\gamma]) = hol_u^A([\gamma])$, da ϕ A-horizontale Wege in A'-horizontale Wege überführt. Folglich stimmen die Homomorphismen ρ_u^A und $\rho_{\phi(u)}^{A'}$ überein. Wir erhalten somit eine korrekt definierte Abbildung

$$\begin{aligned} \Psi : \mathcal{F}(M, G) &\longrightarrow Hom(\pi_1(M, x_0), G)/G \\ [(P, A)] &\longmapsto [\rho_u^A], \end{aligned}$$

wobei $Hom(\pi_1(M, x_0), G)/G$ die Menge der Konjugationsklassen von Homomorphismen der Fundamentalgruppe in G bezeichnet. Wir zeigen nun

Satz 4.7 *Die Abbildung* $\Psi : \mathcal{F}(M, G) \to Hom(\pi_1(M, x_0), G)/G$ *ist bijektiv.*

Beweis Bevor wir die Bijektivität von Ψ beweisen, geben wir einen kanonischen Vertreter der Isomorphieklasse eines flachen G-Hauptfaserbündels (P, A) an. Wir betrachten dazu die universelle Überlagerung $q : \widetilde{M} \to M$ von M. Die Fundamentalgruppe $\pi_1(M, x_0)$ wirkt als Gruppe der Decktransformationen[2] auf $\widetilde{M}$. Mit $\sigma_{[\gamma]} : \widetilde{M} \to \widetilde{M}$ bezeichnen wir die Decktransformation, die dem Element $[\gamma] \in \pi_1(M, x_0)$ entspricht. Diese Decktransformation ist folgendermaßen gegeben. Für einen Weg $\alpha : [0, 1] \to M$ und $\widetilde{x} \in q^{-1}(\alpha(0))$ bezeichnen wir mit $\widetilde{\alpha}_{\widetilde{x}} : [0, 1] \to \widetilde{M}$ den eindeutig bestimmten Lift von α mit dem Anfangspunkt $\widetilde{x}$. Sei nun $\widetilde{x}_0 \in q^{-1}(x_0)$ fixiert. Für einen beliebigen Punkt $\widetilde{x}$ in $\widetilde{M}$ wählen wir einen Weg $\widetilde{\tau}$ in $\widetilde{M}$ mit dem Anfangspunkt $\widetilde{x}$ und dem Endpunkt $\widetilde{x}_0$ und setzen $\tau := q \circ \widetilde{\tau}$. Dann gilt $\sigma_{[\gamma]}(\widetilde{x}) = \widetilde{(\tau^- * \gamma^- * \tau)}_{\widetilde{x}}(1)$ (unabhängig von der Wahl von $\widetilde{\tau}$). Insbesondere ist $\sigma_{[\gamma]}(\widetilde{x}_0) = (\gamma^-)_{\widetilde{x}_0}(1)$ und $\sigma_{[\delta*\gamma]} = \sigma_{[\delta]} \circ \sigma_{[\gamma]}$ für $[\gamma], [\delta] \in \pi_1(M, x_0)$. Wir betrachten nun das induzierte G-Hauptfaserbündel $\widetilde{P} := q^*P$ über $\widetilde{M}$,

$$\widetilde{P} = \{(\widetilde{x}, p) \in \widetilde{M} \times P \mid p \in P_{q(\widetilde{x})}\},$$

mit der flachen Zusammenhangsform $\widetilde{A} := \widetilde{q}^*A$, wobei $\widetilde{q} : \widetilde{P} \to P$ den Lift der Überlagerungsabbildung q bezeichnet, d. h., $\widetilde{q}(\widetilde{x}, p) := p$. Nach Satz 3.20 ist $(\widetilde{P}, \widetilde{A})$ isomorph zum trivialen G-Hauptfaserbündel $\widetilde{M} \times G$ mit dem kanonischen flachen Zusammenhang $\widetilde{A}_0$. Um diesen Isomorphismus genauer zu beschreiben, fixieren wir $u_0 \in P_{x_0}$, $\widetilde{x}_0 \in q^{-1}(x_0)$ und $\widetilde{u}_0 := (\widetilde{x}_0, u_0) \in \widetilde{P}_{\widetilde{x}_0}$. Die Parallelverschiebung im flachen Bündel $(\widetilde{P}, \widetilde{A})$ hängt nicht von dem gewählten Weg ab. Es gibt deshalb eine eindeutig bestimmte G-äquivariante Abbildung $h^{\widetilde{A}} : \widetilde{P} \to G$, definiert durch

---

[2] Bei Bedarf findet man die Details in [GH81].

$$(\widetilde{x}, p) =: \mathcal{P}^A_{\widetilde{\mu}}(\widetilde{u}_0) \cdot h^{\widetilde{A}}(\widetilde{x}, p) = (\widetilde{x}, \mathcal{P}^A_{q(\widetilde{\mu})}(u_0) \cdot h^{\widetilde{A}}(\widetilde{x}, p)) \quad \text{für } (\widetilde{x}, p) \in \widetilde{P},$$

die nicht vom gewählten Weg $\widetilde{\mu}$ von $\widetilde{x}_0$ nach $\widetilde{x}$ in $\widetilde{M}$ abhängt. Insbesondere gilt für jedes $p \in P_{q(\widetilde{x})}$

$$p = \mathcal{P}^A_{q(\widetilde{\mu})}(u_0) \cdot h^{\widetilde{A}}(\widetilde{x}, p). \tag{4.5}$$

Der Isomorphismus $\phi^{\widetilde{A}} : \widetilde{P} \to \widetilde{M} \times G$ ist dann gegeben durch

$$\phi^{\widetilde{A}}(\widetilde{x}, p) := (\widetilde{x}, h^{\widetilde{A}}(\widetilde{x}, p)),$$

siehe auch den Beweis von Satz 3.9. Wir zeigen die folgende Invarianzeigenschaft von $h^{\widetilde{A}}$:

$$h^{\widetilde{A}}(\sigma_{[\gamma]}(\widetilde{x}), p) = hol^A_{u_0}(\gamma) \cdot h^{\widetilde{A}}(\widetilde{x}, p) \tag{4.6}$$

für alle $[\gamma] \in \pi_1(M, x_0)$, $(\widetilde{x}, p) \in \widetilde{P}$. Wir betrachten dazu einen Weg $\widetilde{\mu}$ in $\widetilde{M}$ von $\widetilde{x}_0$ nach $\widetilde{x}$ und $\mu := q \circ \widetilde{\mu}$. Dann verbindet der Weg $\widetilde{\mu}' := (\sigma_{[\gamma]} \circ \widetilde{\mu}) * (\widetilde{\gamma^-})_{\widetilde{x}_0}$ den Punkt $\widetilde{x}_0$ mit $\sigma_{[\gamma]}(\widetilde{x})$ und es gilt $\mu' := q \circ \widetilde{\mu}' = \mu * \gamma^-$. Aus (4.5) folgt für alle $p \in P_{q(\widetilde{x})}$:

$$\begin{aligned}
p &= \mathcal{P}^A_{\mu * \gamma^-}(u_0) \cdot h^{\widetilde{A}}(\sigma_{[\gamma]}(\widetilde{x}), p) \\
&= \mathcal{P}^A_\mu(\mathcal{P}^A_{\gamma^-}(u_0)) \cdot h^{\widetilde{A}}(\sigma_{[\gamma]}(\widetilde{x}), p) \\
&= \mathcal{P}^A_\mu(u_0) \cdot hol^A_{u_0}(\gamma^-) \cdot h^{\widetilde{A}}(\sigma_{[\gamma]}(\widetilde{x}), p). \\
p &= \mathcal{P}^A_\mu(u_0) \cdot h^{\widetilde{A}}(\widetilde{x}, p).
\end{aligned}$$

Der Vergleich der letzten beiden Formeln liefert (4.6).

Die Fundamentalgruppe $\pi_1(M, x_0)$ wirkt auf $\widetilde{M} \times G$ mittels der Decktransformationen und dem durch A und u_0 gegebenen Holonomiehomomorphismus:

$$[\gamma] \cdot (\widetilde{x}, g) := (\sigma_{[\gamma]}(\widetilde{x}), \rho^A_{u_0}([\gamma]) \cdot g) = (\sigma_{[\gamma]}(\widetilde{x}), hol^A_{u_0}(\gamma) \cdot g). \tag{4.7}$$

Wir bezeichnen den Faktorraum dieser Wirkung mit $(\widetilde{M} \times G)/_{\sim_{A,u_0}}$. Die kanonische flache Zusammenhangsform $\widetilde{A}_0$ auf $\widetilde{M} \times G$ bleibt bei der Wirkung von $\pi_1(M, x_0)$ invariant, sie projiziert sich also zu einer flachen Zusammenhangsform A_0 auf dem G-Hauptfaserbündel $(\widetilde{M} \times G)/_{\sim_{A,u_0}}$ über M. Wegen der Invarianzeigenschaft (4.6) ist die Abbildung

$$\phi^A : P \longrightarrow (\widetilde{M} \times G)/_{\sim_{A,u_0}}$$
$$p \longmapsto [(\widetilde{x}, h^{\widetilde{A}}(\widetilde{x}, p))]$$

ein korrekt definierter G-Hauptfaserbündel-Isomorphismus, und nach Konstruktion gilt $(\phi^A)^* A_0 = A$. Wir erhalten somit

$$[(P, A)] = [(\widetilde{M} \times G)/_{\sim_{A, u_0}}, A_0)].$$

Wir zeigen nun die Injektivität von Ψ. Seien (P, A) und (P', A') zwei flache G-Hauptfaserbündel über M mit $\Psi([(P, A)]) = \Psi([(P', A')])$. Wir zeigen, dass dann (P, A) und (P', A') isomorph sind. Dazu fixieren wir ein $u_0 \in P_{x_0}$ und wählen $u_0' \in P'_{x_0}$ so, dass $\rho_{u_0}^A = \rho_{u_0'}^{A'}$. Dann stimmen nach (4.7) die durch diese Holonomiehomomorphismen gegebenen Wirkungen der Fundamentalgruppe auf $\widetilde{M} \times G$ überein und wir erhalten

$$[(P, A)] = [(\widetilde{M} \times G)/_{\sim_{A, u_0}}, A_0)] = [(\widetilde{M} \times G)/_{\sim_{A', u_0'}}, A_0')] = [(P', A')].$$

Um die Surjektivität von Ψ zu zeigen, wählen wir einen Homomorphismus $\rho \in Hom(\pi_1(M, x_0), G)$ und konstruieren ein flaches G-Hauptfaserbündel (P_ρ, A_ρ) über M mit $\Psi([(P_\rho, A_\rho)]) = [\rho]$. Wir betrachten dazu das triviale G-Hauptfaserbündel $\widetilde{M} \times G$ über $\widetilde{M}$ mit dem kanonischen flachen Zusammenhang $\widetilde{A}_0$ und die durch ρ gegebene Wirkung der Fundamentalgruppe auf $\widetilde{M} \times G$

$$[\gamma] \cdot (\widetilde{x}, g) := (\sigma_{[\gamma]}(\widetilde{x}), \rho([\gamma]) \cdot g).$$

Dann ist der entsprechende Faktorraum $P_\rho := (\widetilde{M} \times G)_{\sim_\rho}$ ein G-Hauptfaserbündel über M und $\widetilde{A}_0$ projeziert sich zu einer flachen Zusammenhangsform A_ρ auf P_ρ. Sei $u_0 := [(\widetilde{x}_0, e)] \in P_\rho$. Der A_ρ-horizontale Lift von γ mit dem Anfangspunkt u_0 ist gegeben durch

$$\gamma_{u_0}^*(t) = [(\widetilde{\gamma}_{\widetilde{x}_0}(t), e)].$$

Daraus folgt

$$u_0 \cdot hol_{u_0}^{A_\rho}(\gamma) = \mathcal{P}_\gamma^{A_\rho}(u_0) = [(\widetilde{\gamma}_{\widetilde{x}_0}(1), e)] = [(\sigma_{[\gamma^{-1}]}(\widetilde{x}_0), e)] = [\widetilde{x}_0, \rho([\gamma])]$$
$$= u_0 \cdot \rho([\gamma]).$$

Somit stimmen die Homomorphismen ρ und $\rho_{u_0}^{A_\rho}$ überein und wir erhalten $\Psi([P_\rho, A_\rho]) = [\rho]$. $\qquad\square$

4.4   Holonomiegruppen und parallele Schnitte

In diesem Abschnitt betrachten wir ein reelles oder komplexes Vektorbündel (E, π, M) über einer zusammenhängenden Mannigfaltigkeit M mit fixierter kovarianter Ableitung ∇^E und den Raum aller parallelen Schnitte

$$Par(E, \nabla^E) := \{\varphi \in \Gamma(E) \mid \nabla^E \varphi = 0\}.$$

Unser Ziel ist es, Bedingungen für die Existenz paralleler Schnitt in E anzugeben.

Ein Teilbündel $F \subset E$ nennen wir ∇^E-invariant, falls

$$\nabla^E_X \Gamma(F) \subset \Gamma(F) \qquad \text{für alle } X \in \mathfrak{X}(M).$$

Für ein invariantes Teilbündel $F \subset E$ induziert ∇^E offensichtlich eine kovariante Ableitung $\nabla^F := \nabla^E|_{\Gamma(F)}$ auf F.

Satz 4.8 *Sei M einfach-zusammenhängend, $F \subset E$ ein ∇^E-invariantes Teilbündel vom Rang $r > 0$, ∇^F die induzierte kovariante Ableitung auf F und gelte für deren Krümmungsendomorphismus $R^{\nabla^F} = 0$. Dann ist*

$$\dim Par(E, \nabla^E) \geq r.$$

Beweis Sei $x \in M$ ein fixierter Punkt und $(v_1, \ldots, v_r)$ eine Basis in F_x. Wir definieren Schnitte φ_i in F durch Parallelverschiebung der v_i

$$\varphi_i : y \in M \longrightarrow \varphi_i(y) := \mathcal{P}^{\nabla^F}_{\gamma_{xy}}(v_i) \in F_y,$$

wobei γ_{xy} ein Weg in M ist, der x mit y verbindet. Wir zeigen zunächst, dass diese Definition nicht von der Wahl des Weges γ_{xy} abhängt. Wir betrachten dazu das zu F assoziierte $GL(r, \mathbb{K})$-Reperbündel P, wobei $\mathbb{K}$ die reellen bzw. komplexen Zahlen je nach Typ des Vektorbündels bezeichnet (siehe Abschn. 2.4). Des Weiteren sei A die zu ∇^F gehörende Zusammenhangsform auf P (siehe Abschn. 3.4). Dann gilt $F = P \times_{GL(r,\mathbb{K})} \mathbb{K}^r$. Der Krümmungsendomorphismus R^{∇^F} lässt sich durch die Krümmungsform F^A von A in der folgenden Form ausdrücken:

$$R^{\nabla^F}(X, Y)\varphi = [s, F^A_s(X^*, Y^*)v], \qquad \text{falls} \quad \varphi = [s, v],$$

wobei X^* und Y^* die horizontalen Lifte von X bzw. Y bezeichnen. Da nach Voraussetzung $R^{\nabla^F} = 0$, folgt $F^A = 0$. Da außerdem die Basis-Mannigfaltigkeit M einfach-zusammenhängend ist, ist die durch A definierte Parallelverschiebung $\mathcal{P}^A$ in P unabhängig vom Weg (siehe Satz 3.20). Nun gilt aber per Definition für die Parallelverschiebung in F

$$\mathcal{P}^{\nabla^F}_\gamma \circ [p] = [\mathcal{P}^A_\gamma(p)].$$

Somit ist die Parallelverschiebung $\mathcal{P}^{\nabla^F}$ in F unabhängig vom Weg und φ_i ein korrekt definierter Schnitt in F. Die Glattheit des Schnittes folgt aus der glatten Abhängigkeit der Lösungen gewöhnlicher Differentialgleichungen von den Anfangsbedingungen. Wir zeigen nun, dass die Schnitte φ_i parallel sind. Dazu benutzen wir die Beziehung zwischen kovarianter Ableitung und Parallelverschiebung aus Satz 3.14. Es gilt

$$
\begin{aligned}
\left(\nabla_X^F \varphi_i\right)(y) &= \frac{d}{dt}\left(\mathcal{P}_{\gamma(t),y}^{\nabla^F}\left(\varphi_i(\gamma(t))\right)\right)\Big|_{t=0} \\
&= \frac{d}{dt}\left(\mathcal{P}_{\gamma(t),y}^{\nabla^F}\,\mathcal{P}_{x,\gamma(t)}^{\nabla^F}\left(\varphi_i(x)\right)\right)\Big|_{t=0} \\
&= \frac{d}{dt}\mathcal{P}_{x,y}^{\nabla^F}\left(\varphi_i(x)\right)\Big|_{t=0} \\
&= 0,
\end{aligned}
$$

wobei wir mit $\mathcal{P}_{a,b}$ die Parallelverschiebung längs eines Weges von a nach b bezeichnen. $\square$

Eine Möglichkeit, parallele Schnitte in E zu finden, besteht also darin, ein möglichst großes invariantes flaches Teilbündel F von E zu finden. Eine andere Möglichkeit erhält man durch Betrachtung der Holonomiegruppe, was wir als nächstes erklären wollen.

Sei P ein G-Hauptfaserbündel über einer zusammenhängenden Mannigfaltigkeit M mit Zusammenhangsform A, $\rho : G \to GL(V)$ eine Darstellung der Lie-Gruppe G und $E = P \times_G V$ das dazu assoziierte Vektorbündel mit der durch A definierten kovarianten Ableitung ∇^E. Dann lassen sich die parallelen Schnitte in E durch die holonomieinvarianten Vektoren in V beschreiben.

Satz 4.9 (Das Holonomieprinzip) *Es existiert eine bijektive Abbildung zwischen dem Raum der parallelen Schnitte in E und der Menge der holonomieinvarianten Vektoren in V:*

$$
Par(E, \nabla^E) \quad \overset{1:1}{\longleftrightarrow} \quad \{v \in V \mid \rho(Hol_u(A))\,v = v\}.
$$

Ist M einfach-zusammenhängend, so gilt außerdem

$$
\{v \in V \mid \rho(Hol_u(A))\,v = v\} = \{v \in V \mid \rho_*(\mathfrak{hol}_u(A))\,v = 0\}.
$$

Beweis Sei $x = \pi(u)$ und zur Abkürzung $H = Hol_u(A)$. Sei zunächst v ein Element von V mit $\rho(H)v = v$. Dann definieren wir einen Schnitt φ_v in E durch

$$
\varphi_v : y \in M \longmapsto \varphi_v(y) = [\mathcal{P}_\gamma^A(u), v] \in E_y,
$$

wobei γ ein Weg in M von x nach y ist. Wir zeigen, dass φ_v unabhängig vom gewählten Weg ist. Sei μ ein weiterer Weg in M von x nach y. Dann ist $\mu^- * \gamma \in \Omega(x)$ und

$$
\mathcal{P}_{\mu^- * \gamma}^A(u) = \mathcal{P}_{\mu^-}^A((\mathcal{P}_\gamma^A(u)) = uh
$$

für ein $h \in H$. Es folgt $\mathcal{P}_\gamma^A(u) = \mathcal{P}_\mu^A(uh) = \mathcal{P}_\mu^A(u)h$ und deshalb

$$
[\mathcal{P}_\gamma^A(u), v] = [\mathcal{P}_\mu^A(u)h, v] = [\mathcal{P}_\mu^A(u), \rho(h)v] = [\mathcal{P}_\mu^A(u), v].
$$

Die Glattheit und Parallelität von φ_v folgt wie im Beweis von Satz 4.8.

Sei nun andererseits $\varphi \in \Gamma(E)$ ein paralleler Schnitt. Entsprechend dem Reduktionssatz (Satz 4.4) reduziert sich (P, A) auf das Holonomiebündel $P^A(u)$. Nach Satz 2.18 gilt

$$E = P \times_G V \simeq P^A(u) \times_H V.$$

Wir können φ also in der Form

$$\varphi(\pi(p)) = [p, \overline{\varphi}(p)] = [q, \overline{\psi}(q)]$$

für Funktionen $\overline{\varphi} \in C^\infty(P, V)^G$ und $\overline{\psi} \in C^\infty(P^A(u), V)^H$ darstellen, wobei $\overline{\varphi}\big|_{P^A(u)} = \overline{\psi}$. Für die kovariante Ableitung von φ gilt

$$(\nabla_X^E \varphi)(\pi(p)) = [p, d\overline{\varphi}(X^*(p))] = [p, X^*(\overline{\varphi})(p)],$$

wobei X^* der horizontale Lift von X ist (Satz 3.10). Folglich ist φ genau dann parallel, wenn die Funktion $\overline{\varphi}$ konstant entlang horizontaler Kurven in P ist. Also gibt es einen Vektor $v \in V$ mit $\overline{\psi} = \overline{\varphi}\big|_{P^A(u)} \equiv v$. Aus der Invarianzeigenschaft für $\overline{\psi} \in C^\infty(P^A(u), V)^H$ folgt

$$\overline{\psi}(qh) = v = \rho(h)^{-1}\overline{\psi}(q) = \rho(h^{-1})v \qquad \text{für alle } h \in H.$$

Somit gilt $\rho(H)v = v$. Aus der Definition von v folgt außerdem $\varphi_v = \varphi$.

Ist $\rho(H)v = v$, so erhält man für jedes $X \in \mathfrak{hol}_u(A)$ durch Ableiten von $\rho(\exp(tX))v = v$ in $t = 0$, dass $\rho_*(X)v = 0$. Ist andererseits $\rho_*(X)v = 0$ für $X \in \mathfrak{hol}_u(A)$, so folgt

$$\rho(\exp(X))v = \exp(\rho_*(X))v = e^{\rho_*(X)}v = v.$$

Für einfach-zusammenhängende Mannigfaltigkeiten ist die Holonomiegruppe $Hol_u(A)$ zusammenhängend und wird folglich von $\exp(\mathfrak{hol}_u(A))$ erzeugt (siehe Satz 1.5). Deshalb ergibt sich in diesem Fall $\{v \in V \mid \rho(Hol_u(A))v = v\} = \{v \in V \mid \rho_*(\mathfrak{hol}_u(A))v = 0\}$. $\qquad\square$

4.5 Aufgaben zu Kapitel 4

4.1. Sei H eine abgeschlossene Untergruppe einer Lie-Gruppe G, G/H ein reduktiver homogener Raum und $\mathfrak{g} = \mathfrak{h} \oplus \mathfrak{m}$ eine Zerlegung von $\mathfrak{g}$ in Unterräume mit $\mathrm{Ad}(H)\mathfrak{m} \subset \mathfrak{m}$. Mit $pr_{\mathfrak{h}} : \mathfrak{g} \to \mathfrak{h}$ bezeichnen wir die Projektion auf die $\mathfrak{h}$-Komponente bzgl. dieser Zerlegung. Wir betrachten ein G-Hauptfaserbündel P über M und eine H-Reduktion Q von P. Beweisen Sie, dass für jede Zusammenhangsform $\widetilde{A}$ auf P die 1-Form

$$A := pr_{\mathfrak{h}} \circ \widetilde{A}\, |_{TQ} : \ TQ \longrightarrow \mathfrak{h}$$

eine Zusammenhangsform auf Q ist.

4.2. Sei $H \subset G$ eine Lie-Untergruppe, P ein G-Hauptfaserbündel über M und $Q \subset P$ eine Reduktion von P auf H. Zeigen Sie, dass sich ein Zusammenhang von P genau dann auf Q reduziert, wenn jede horizontale Kurve von P mit Anfangspunkt in Q vollständig in Q liegt.

4.3. Sei $(P, \pi, M; G)$ ein G-Hauptfaserbündel über M, $H \subset G$ eine abgeschlossene Untergruppe von G und $E := P \times_G G/H = P/H$ das zu P assoziierte Faserbündel mit Fasertyp G/H. Bezeichne des Weiteren $\sigma \in \Gamma(E)$ einen globalen Schnitt in E und Q die zu σ gehörende H-Reduktion von P (siehe Satz 2.15). Für eine Zusammenhangsform A auf P bezeichnen wir mit $Th^A E$ das durch A definierte horizontale Tangentialbündel von E (siehe Aufgabe 3.3). Zeigen Sie, dass sich eine Zusammenhangsform A von P genau dann auf Q reduziert, wenn der Schnitt σ horizontal ist, d. h., wenn

$$d\sigma(T_x M) \subset Th^A_{\sigma(x)} E \qquad \forall\, x \in M.$$

4.4. Sei $\pi : P \to M$ ein G-Hauptfaserbündel mit einer *abelschen* Matrizengruppe $G \subset GL(n, \mathbb{K})$ und A eine Zusammenhangsform auf P. Für einen geschlossenen Weg $\gamma : [0, 1] \to M$ sei $hol(\gamma) \in G$ die Holonomie von γ, d. h.,

$$\mathcal{P}^A_\gamma(u) = u \cdot hol(\gamma) \qquad \text{für } u \in P_{\gamma(0)}.$$

(Da G abelsch ist, hängt $hol(\gamma)$ nicht von u ab). Zeigen Sie:

a) Für einen *beliebigen* Lift δ von γ mit $\delta(1) = \delta(0) \cdot a, a \in G$, gilt

$$hol(\gamma) = a \cdot e^{-\int\limits_{[0,1]} \delta^* A}.$$

b) Sei $\Sigma \subset M$ eine kompakte orientierte Fläche in M mit glattem Rand. Σ liege in einer offenen Menge $U \subset M$, über der P trivial ist. Dann gilt:

$$hol(\gamma) = e^{-\int\limits_\Sigma F^A}.$$

4.5. Es sei (P, A) ein G-Hauptfaserbündel mit Zusammenhang und $(Q, \widehat{A})$ eine Reduktion von (P, A) auf eine Lie-Untergruppe von G, $(Q \subset P$ sei dabei als Untermannigfaltigkeit betrachtet). Dann gilt für das Holonomiebündel $P^A(u)$ von A bzgl. u:

1. $P^A(u) \subset Q$ für alle $u \in Q$.
2. $\widehat{A}\,|_{TP^A(u)} = A\,|_{TP^A(u)}$, d. h., $\widehat{A}$ reduziert sich auf den durch den Zusammenhang A auf dem Holonomiebündel gegebenen Zusammenhang.

In diesem Sinne ist das Holonomiebündel die kleinstmögliche Reduktion von (P, A).

4.6. Sei $\pi : S^3 \to \mathbb{C}P^1$ das Hopfbündel über $\mathbb{C}P^1$ und A die Zusammenhangsform

$$A_{(w_1,w_2)} := \tfrac{1}{2}(\overline{w}_1 dw_1 - w_1 d\overline{w}_1 + \overline{w}_2 dw_2 - w_2 d\overline{w}_2)$$

(siehe Beispiel 3.3). Bestimmen Sie die Holonomiegruppe von A.

4.7. Es seien $(P, \pi, M; G)$ ein Hauptfaserbündel mit zusammenhängender Strukturgruppe und zusammenhängender Basis und A eine Zusammenhangsform auf P. Weiterhin sei $\mathfrak{h} \subset \mathfrak{g}$ ein *Ideal* in der Lie-Algebra $\mathfrak{g}$ von G und $u \in P$. Zeigen Sie, dass die algebra $\mathfrak{hol}_u(A)$ genau dann in $\mathfrak{h}$ liegt, wenn die Krümmungsform F^A von A ihre Werte in $\mathfrak{h}$ annimmt:

$$\mathfrak{hol}_u(A) \subset \mathfrak{h} \quad \Longleftrightarrow \quad F^A : TP \times TP \longrightarrow \mathfrak{h}.$$

4.8. Sei (P, A) ein flaches G-Hauptfaserbündel über M, $\tau : G \to GL(V)$ eine Darstellung von G und $E := P \times_{(G,\tau)} V$ das assoziierte Vektorbündel. Sei des Weiteren $x_0 \in M$, $u_0 \in P_{x_0}$ und $\widetilde{M}$ die universelle Überlagerung von M. Die Fundamentalgruppe $\pi_1(M, x_0)$ wirke auf $\widetilde{M} \times V$ durch

$$[\gamma] \cdot (\widetilde{x}, v) := \big(\sigma_{[\gamma]}(\widetilde{x}), \tau(hol^A_{u_0}(\gamma))v\big), \qquad [\gamma] \in \pi_1(M, x_0),$$

wobei $\sigma_{[\gamma]}$ die durch $[\gamma]$ definierte Decktransformation auf $\widetilde{M}$ bezeichnet. Wir bezeichnen mit $\widehat{E} := (\widetilde{M} \times V)/\pi_1(M, x_0)$ den durch diese Wirkung definierten Faktorraum. Zeigen Sie, dass $\widehat{E}$ ein Vektorbündel über M ist, das isomorph zu E ist.

4.9. Sei $\pi : P \to M$ ein G-Hauptfaserbündel über einer zusammenhängenden Mannigfaltigkeit M, G halbeinfach und A eine irreduzible Zusammenhangsform auf P. Zeigen Sie, dass das von der Zusammenhangsform A induzierte Differential

$$d_A : \Omega^0(M, \mathrm{Ad}(P)) \longrightarrow \Omega^1(M, \mathrm{Ad}(P))$$

injektiv ist. (Hierbei bezeichnet $\mathrm{Ad}(P)$ das adjungierte Bündel $\mathrm{Ad}(P) = P \times_{(G,\mathrm{Ad})} \mathfrak{g}$).

Holonomiegruppen Riemannscher Mannigfaltigkeiten

5

Wir wollen nun die allgemeine Holonomietheorie, die wir im Kap.4 behandelt haben, auf den speziellen Fall des Levi-Civita-Zusammenhangs Riemannscher und pseudo-Riemannscher Mannigfaltigkeiten anwenden. Im Anhang findet der Leser eine Zusammenstellung der wichtigsten Begriffe aus der Riemannschen Geometrie, die wir in diesem Abschnitt voraussetzen und benutzen werden.

In diesem Kapitel bezeichnet (M, g) eine zusammenhängende Mannigfaltigkeit mit einer Metrik g und ∇^g den zur Metrik g gehörenden Levi-Civita-Zusammenhang. Die Metrik kann dabei sowohl positiv definit (also Riemannsch) als auch indefinit (also pseudo-Riemannsch) sein. Wollen wir diese beiden Fälle nicht unterscheiden, so sagen wir kurz: (M, g) ist eine semi-Riemannsche Mannigfaltigkeit.

Es seien x und y zwei Punkte in M und $\sigma : [a, b] \longrightarrow M$ ein (stückweise glatter) Weg, der x und y verbindet. Wir betrachten das entlang σ parallelverschobene Vektorfeld X_v mit dem Anfangsvektor $v \in T_x M$. Dieses Vektorfeld ist durch die Differentialgleichung

$$\frac{\nabla^g X_v}{dt}(t) \equiv 0, \quad X_v(a) = v$$

eindeutig bestimmt. Da der Levi-Civita-Zusammenhang metrisch ist, ist die durch X_v definierte Parallelverschiebung

$$\mathcal{P}_\sigma^g : T_x M \longrightarrow T_y M$$
$$v \longmapsto X_v(b)$$

eine lineare Isometrie zwischen den Räumen $(T_x M, g_x)$ und $(T_y M, g_y)$. Ist insbesondere γ ein in x geschlossener Weg, so ist die Parallelverschiebung $\mathcal{P}_\gamma^g$ eine orthogonale Abbildung auf $(T_x M, g_x)$.

H. Baum, *Eichfeldtheorie*, Springer-Lehrbuch Masterclass,
DOI: 10.1007/978-3-642-38539-1_5, © Springer-Verlag Berlin Heidelberg 2014

Unter der *Holonomiegruppe von* (M, g) *bzgl. des Punktes* $x \in M$ verstehen wir die Holonomiegruppe des Levi-Civita-Zusammenhangs ∇^g:

$$Hol_x(M, g) := \{\mathcal{P}^g_\gamma : T_x M \longrightarrow T_x M \mid \gamma \in \Omega(x)\} \subset O(T_x M, g_x),$$

wobei $\Omega(x)$ die Menge der in x geschlossenen (stückweise glatten) Wege bezeichnet. Schränken wir uns auf null-homotope Wege ein, so erhalten wir die *reduzierte Holonomiegruppe von* (M, g) *bzgl.* $x \in M$:

$$Hol^0_x(M, g) := \{\mathcal{P}^g_\gamma : T_x M \longrightarrow T_x M \mid \gamma \in \Omega_0(x)\} \subset Hol_x(M, g).$$

Die Holonomiegruppen zu x und y sind zueinander konjugiert, denn es gilt

$$Hol_y(M, g) = \mathcal{P}^g_\sigma \circ Hol_x(M, g) \circ \mathcal{P}^g_{\sigma^-}.$$

Sind zwei semi-Riemannsche Mannigfaltigkeiten isometrisch, so sind ihre Holonomiegruppen isomorph. Andererseits gibt es, wie wir in den folgenden Kapiteln sehen werden, nicht-isometrische Mannigfaltigkeiten mit der gleichen Holonomiegruppe. Deshalb ist es naheliegend, sich Folgendes zu fragen:

1. *Welche Gruppen können als Holonomiegruppen semi-Riemannscher Mannigfaltigkeiten auftreten?*
2. *Welche geometrischen Eigenschaften einer Mannigfaltigkeit* (M, g) *werden durch ihre Holonomiegruppe charakterisiert?*

Für Riemannsche Mannigfaltigkeiten kennt man die Antwort auf diese Fragen, zumindest für die einfach-zusammenhängenden Fälle, bereits seit den 50er Jahren. Für pseudo-Riemannsche Mannigfaltigkeiten ist die Antwort darauf wesentlich schwieriger und noch nicht vollständig bekannt. In diesem Kapitel wollen wir eine Einführung in diese Fragestellung geben und einige der Resultate erläutern. Details und weitere Ergebnisse findet man in [Be87, Sa89, Jo00, KN63, Ber55, Si62, Bry96, Ol05, MS99, L07, GL08] und den darin enthaltenen Literaturangaben.

5.1   Grundlegende Eigenschaften

In diesem Abschnitt wollen wir zunächst zusammenfassen, was wir über die Holonomiegruppen semi-Riemannscher Mannigfaltigkeiten aus Kap. 4 bereits wissen. Das Tangentialbündel einer semi-Riemannschen Mannigfaltigkeit (M, g) der Signatur (p, q) ist assoziiert zum Hauptfaserbündel $O(M, g)$ der orthonormalen Repere

$$TM \simeq O(M, g) \times_{O(p,q)} \mathbb{R}^{p+q}.$$

Der Levi-Civita-Zusammenhang ∇^g ist dabei die zum Levi-Civita-Zusammenhang A^g auf $O(M,g)$ assoziierte kovariante Ableitung. Mit Hilfe von Satz 4.6 übertragen wir die Eigenschaften der Holonomiegruppe von A^g auf die Holonomiegruppe von ∇^g.[1]

Die erste grundlegende Eigenschaft der Holonomiegruppe von (M,g) erhalten wir aus Satz 4.3:

Satz 5.1 *Die Holonomiegruppe $Hol_x(M,g)$ ist eine Lie-Untergruppe der orthogonalen Gruppe $O(T_xM, g_x)$. Die reduzierte Holonomiegruppe $Hol_x^0(M,g)$ ist die Zusammenhangskomponente des 1-Elementes in $Hol_x(M,g)$. Insbesondere ist die Holonomiegruppe einfachzusammenhängender Mannigfaltigkeiten zusammenhängend.*

Wir schauen uns zunächst zwei Beispiele an:

Beispiel 5.1 *Die Holonomiegruppe des (pseudo-)Euklidischen Raumes.*

Wir bezeichnen mit $\mathbb{R}^{p,q}$ den (pseudo-)Euklidischen Raum $\mathbb{R}^n$, $n = p+q$, mit dem Skalarprodukt $g = \langle \cdot, \cdot \rangle_{p,q}$

$$\langle x, y \rangle_{p,q} = -x_1 y_1 - \cdots - x_p y_p + x_{p+1} y_{p+1} + \cdots + x_{p+q} y_{p+q},$$

wobei $x = (x_1, \ldots, x_n)$ und $y = (y_1, \ldots, y_n)$ die Euklidischen Koordinaten von x und y sind. Die Vektorfelder auf $\mathbb{R}^n$ identifizieren wir mit den glatten Abbildungen $C^\infty(\mathbb{R}^n, \mathbb{R}^n)$. Dann ist der Levi-Civita-Zusammenhang zweier Vektorfelder X und Y durch die Richtungsableitung der Abbildung Y in Richtung des Vektorfeldes X gegeben:

$$\nabla_X^g Y = X(Y).$$

Insbesondere gilt für ein Vektorfeld $Z : t \in [a,b] \to Z(t) \in T_{\gamma(t)}\mathbb{R}^n \simeq \mathbb{R}^n$ entlang einer Kurve $\gamma : [a,b] \to \mathbb{R}^n$

$$\frac{\nabla^g Z}{dt}(t) = Z'(t).$$

Z ist also genau dann entlang γ parallelverschoben, wenn die Abbildung $Z(t)$ konstant ist. Somit ist

$$Hol_x(\mathbb{R}^{p,q}) = \{\mathrm{Id}_{T_x\mathbb{R}^n}\} = 1.$$

Beispiel 5.2 *Die Holonomiegruppe der Sphäre S^n.*

Wir betrachten die Sphäre $S^n \subset \mathbb{R}^{n+1}$ mit der induzierten Riemannschen Metrik

$$g_x(v, w) := \langle v, w \rangle_{\mathbb{R}^{n+1}}, \qquad v, w \in T_x S^n.$$

Wir zeigen, dass

---

[1] Einen direkten Beweis der Sätze 5.1, 5.2 und 5.3 ohne Hauptfaserbündel-Methoden findet man in dem Skript von W. Ballmann [Ba1].

$$Hol_{x_0}(S^n, g) = SO(T_{x_0}S^n, g_{x_0}), \tag{5.1}$$

wobei wir oBdA für $x_0 \in S^n$ den Nordpol $x_0 = (0, \ldots, 0, 1)$ wählen. Der Levi-Civita-Zusammenhang zweier Vektorfelder X und Y auf S^n ist gegeben durch

$$\nabla_X^g Y = proj_{TS^n} X(Y) = X(Y) + \langle X, Y \rangle_{\mathbb{R}^{n+1}} \cdot Id_{S^n}. \tag{5.2}$$

Die Gruppe $SO(T_{x_0}S^n, g)$ wird durch die Drehungen in den 2-dimensionalen Teilräumen $E \subset T_{x_0}S^n$ erzeugt. Sei E ein solcher 2-dimensionaler Teilraum und w_1, w_2 eine Basis von E aus orthonormalen Vektoren. Die Drehung D_φ^E in E um den Winkel φ ist dann bzgl. (w_1, w_2) gegeben durch

$$D_\varphi^E|_E = \begin{pmatrix} \cos\varphi & -\sin\varphi \\ \sin\varphi & \cos\varphi \end{pmatrix},$$
$$D_\varphi^E|_{E^\perp} = Id_{E^\perp}.$$

Um (5.1) zu beweisen, müssen wir eine in x_0 geschlossene Kurve γ auf S^n angeben, für die $\mathcal{P}_\gamma = D_\varphi^E$ gilt. Für einen Tangentialvektor $w \in T_{x_0}S^n$ bezeichne $\delta_w : [0, \frac{\pi}{2}] \to S^n$ den Längenkreis

$$\delta_w(t) = \cos t \cdot x_0 + \sin t \cdot w$$

auf S^n. Des Weiteren bezeichne $\mu : [0, \varphi] \to S^n$ die Kurve

$$\mu(s) := \cos s \cdot w_1 + \sin s \cdot w_2$$

entlang des Äquators von S^n. Dann ist $\delta_{w_1}(\frac{\pi}{2}) = w_1 = \mu(0)$ und $\mu(\varphi) = D_\varphi^E(w_1) = \delta_{D_\varphi^E(w_1)}(\frac{\pi}{2})$.

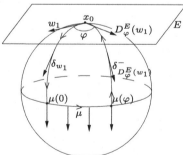

Folglich ist $\gamma := \delta_{D_\varphi^E(w_1)}^- * \mu * \delta_{w_1}$ eine in x_0 geschlossene Kurve auf der Sphäre.[2] Mit Hilfe von Formel (5.2) rechnet man nach, dass

---

[2] $\delta * \mu$ bezeichnet wie in Kap. 3 das nacheinander Durchlaufen von μ und δ, wobei wir zuerst μ und danach δ durchlaufen.

$$\mathcal{P}_\gamma(w_1) = D_\varphi^E(w_1) = \cos\varphi \cdot w_1 + \sin\varphi \cdot w_2,$$

$$\mathcal{P}_\gamma(w_2) = D_\varphi^E(w_2) = -\sin\varphi \cdot w_1 + \cos\varphi \cdot w_2,$$

$$\mathcal{P}_\gamma(w) = w \qquad \forall\, w \in E^\perp.$$

Es gilt also $\mathcal{P}_\gamma = D_\varphi^E$.

Als nächstes formulieren wir das Holonomietheorem von Ambrose und Singer (siehe Satz 4.5 und 4.6), das die Beziehung zwischen Holonomie und Krümmung beschreibt, für den Spezialfall semi-Riemannscher Mannigfaltigkeiten. Wir bezeichnen mit R^g den Krümmungstensor von (M, g). Auf Grund der Symmetrieeigenschaften des Krümmungstensors ist der Endomorphismus $R_x^g(v, w) : T_x M \longrightarrow T_x M$ für alle $x \in M$ und $v, w \in T_x M$ schiefsymmetrisch bzgl. g_x, d.h. ein Element der Lie-Algebra $\mathfrak{so}(T_x M, g_x)$ von $O(T_x M, g_x)$. Sei γ ein Weg von x nach y und $v, w \in T_x M$. Wir bezeichnen mit $(\gamma^* R^g)_x(v, w)$ den Endomorphismus

$$(\gamma^* R^g)_x(v, w) := \mathcal{P}_{\gamma^-}^g \circ R_y^g\big(\mathcal{P}_\gamma^g(v), \mathcal{P}_\gamma^g(w)\big) \circ \mathcal{P}_\gamma^g \ \in \ \mathfrak{so}(T_x M, g_x).$$

Die Lie-Algebra der Holonomiegruppe $Hol_x(M, g)$ wird von den Krümmungsoperatoren $(\gamma^* R^g)_x$ erzeugt, genauer gilt:

Satz 5.2 (Holonomietheorem von Ambrose und Singer) *Die Lie-Algebra der Holonomiegruppe von (M, g) ist gegeben durch*

$$\mathfrak{hol}_x(M, g) = \mathrm{span}\left\{ (\gamma^* R^g)_x(v, w) \ \middle|\ \begin{array}{l} v, w \in T_x M, \\ \gamma \ \text{Weg mit Anfangspunkt } x \end{array} \right\}.$$

Dieser Satz besagt im Besonderen, dass alle Krümmungsoperatoren $R_x(v, w)$ in der Unteralgebra $\mathfrak{hol}_x(M, g)$ liegen. Ist die reduzierte Holonomiegruppe kleiner als $SO^0(T_x M, g_x)$, so erhält man durch die Holonomiealgebra also weitere spezielle Krümmungsbedingungen. Gibt es andererseits *einen* Punkt $x_0 \in M$, für den die Krümmungsendomorphismen $R_{x_0}^g(v, w)$ bereits die gesamte Lie-Algebra der schiefsymmetrischen Endomorphismen erzeugen, so ist die reduzierte Holonomiegruppe (jedes Punktes $x \in M$) die maximal mögliche Gruppe $SO^0(T_x M, g_x)$.

$Hol_y(M, g) = SO(n)$

Betrachten wir z. B. eine einfach-zusammenhängende Mannigfaltigkeit (M, g), die in der Umgebung des Punktes y isometrisch zum flachen Raum $\mathbb{R}^n$ ist, aber einen anderen Punkt x_0 mit einer zur oberen Hälfte der Sphäre S^n isometrischen Umgebung besitzt. Dann gilt $Hol_y(M, g) \simeq SO(n)$.

Dies zeigt, dass die Holonomiegruppe ein globales Objekt der Mannigfaltigkeit ist. Im Allgemeinen reicht es nicht, die Parallelverschiebung entlang von Kurven in einer lokalen Umgebung von x zu betrachten. Sind die Mannigfaltigkeit und die Metrik nicht nur glatt, sondern sogar *reell-analytisch*, so gilt allerdings

$$Hol_x(M, g) = Hol_x(U(x), g)$$

für eine beliebig kleine Umgebung von x. Den Beweis wollen wir hier nicht führen, man findet ihn z. B. in [KN63], Kap. II.10.

Als dritten Satz wollen wir das Holonomieprinzip (siehe Satz 4.9) für den Spezialfall semi-Riemannscher Mannigfaltigkeiten (M, g) formulieren. Wir betrachten dazu die verschiedenen Tensorbündel $\mathcal{T}$ über M mit der durch den Levi-Civita-Zusammenhang induzierten kovarianten Ableitung

$$\nabla^g : \Gamma(\mathcal{T}) \longrightarrow \Gamma(T^*M \otimes \mathcal{T}).$$

Für das Bündel der $(r, 0)$-Tensoren $\mathcal{T} = \bigotimes^r T^*M$ gilt beispielsweise

$$(\nabla_X^g T)(X_1, \ldots, X_r) = X\big(T(X_1, \ldots, X_r)\big)$$

$$- \sum_{j=1}^{r} T(X_1, \ldots, X_{j-1}, \nabla_X^g X_j, X_{j+1}, \ldots, X_r).$$

Für das Homomorphismenbündel $\mathcal{T} = Hom(TM, TM)$ ist

$$(\nabla_X^g F)(Y) := \nabla_X^g (F(Y)) - F(\nabla_X^g Y).$$

Auf dem Bündel der (r, s)-Tensoren $\mathcal{T} = \bigotimes^r T^*M \otimes \bigotimes^s TM$ erhalten wir ∇^g durch die Fortsetzung der kovarianten Ableitung von TM und T^*M auf das Tensorprodukt:

$$\nabla_X^g(T \otimes S) := \nabla_X^g T \otimes S + T \otimes \nabla_X^g S,$$

wobei T und S zwei Tensorfelder sind, für die ∇^g bereits definiert ist.

Das Holonomieprinzip liefert uns in diesem Fall das Folgende:

Satz 5.3 (Das Holonomieprinzip) *Sei (M, g) eine zusammenhängende semi-Riemannsche Mannigfaltigkeit, $\mathcal{T}$ ein Tensorbündel über M und $x \in M$.*

1. *Sei $T \in \Gamma(\mathcal{T})$ ein Tensorfeld mit $\nabla^g T = 0$. Dann gilt $Hol_x(M, g)\, T(x) = T(x)$, wobei die Wirkung der Holonomiegruppe auf kanonische Weise auf die Tensoren $\mathcal{T}_x$ fortgesetzt wird.*

2. *Sei $T_x \in \mathcal{T}_x$ ein Tensor mit $Hol_x(M, g)\, T_x = T_x$. Dann exisiert genau ein Tensorfeld $T \in \Gamma(\mathcal{T})$ mit $\nabla^g T = 0$ und $T(x) = T_x$. Dieses Tensorfeld erhält man durch Parallelverschiebung von T_x, d. h., $T(y) := \mathcal{P}_\gamma^{\nabla^g}(T_x)$, wobei $y \in M$ und γ eine beliebige Kurve ist, die x mit y verbindet.*

Satz 5.3 zeigt die geometrische Bedeutung der Holonomiegruppe: Liegt die Holonomiegruppe $Hol_x(M, g)$ in der Invarianzgruppe eines Tensors T_x im Punkt x, so existiert eine zusätzliche interessante *globale* geometrische Struktur auf der Mannigfaltigkeit, nämlich das aus T_x entstehende parallelverschobene Tensorfeld. Sehen wir uns dies in einigen Spezialfällen an:

a) Ist $\mathcal{T}$ das Tangentialbündel, so besagt das Holonomieprinzip, dass die Mannigfaltigkeit (M, g) genau dann ein nicht-triviales globales paralleles Vektorfeld besitzt, wenn es einen nicht-trivialen Vektor $v \in T_x M$ mit $Hol_x(M, g)v = v$ gibt.

b) Die Parallelverschiebungen entlang von Kurven in orientierten Mannigfaltigkeiten sind orientierungserhaltend. Die Holonomiegruppe einer orientierten semi-Riemannschen Mannigfaltigkeit liegt also in $SO(T_x M, g_x)$. Sei nun $\mathcal{T} = \Lambda^n T^*M$ und $(dM_g)_x \in \Lambda^n T_x^* M$ die Volumenform von $(T_x M, g_x)$ für eine fixierte Orientierung des Vektorraumes. Die Invarianzgruppe von $(dM_g)_x$ ist die Gruppe $SO(T_x M, g_x)$. Eine semi-Riemannsche Mannigfaltigkeit (M, g) ist also genau dann orientierbar, wenn ihre Holonomiegruppe in $SO(T_x M, g_x)$ liegt.

c) Sei $\mathcal{T} = Hom(TM, TM)$ und $J_x : T_x M \to T_x M$ eine lineare orthogonale Abbildung mit $J_x^2 = -\operatorname{Id}_{T_x M}$. Die Invarianzgruppe von J_x ist die unitäre Gruppe $U(T_x M, g_x, J_x) \subset SO(T_x M, g_x)$:

$$U(T_x M, g_x, J_x) = \{A \in SO(T_x M, g_x) \mid AJ_x = J_x A\}.$$

Die Holonomiegruppe $Hol_x(M, g)$ liegt also genau dann in der unitären Gruppe $U(T_x M, g_x, J_x)$, wenn (M, g) eine Kähler-Mannigfaltigkeit ist, d. h., wenn es auf (M, g) eine parallele orthogonale fast-komplexe Struktur J, also einen Homomorphismus $J : TM \to TM$ gibt mit

$$g(JX, JY) = g(X, Y), \quad J^2 = -\operatorname{Id}_{TM} \quad \text{und} \quad \nabla^g J = 0.$$

Wir kommen in Abschn. 5.4 noch einmal auf das Holonomieprinzip zurück und besprechen spezielle geometrische Situationen genauer.

Abschließend beschreiben wir das Verhalten der Holonomiegruppe bei Überlagerungen und Produkten:

Satz 5.4 *1. Sei* $\pi : (\widetilde{M}, \widetilde{g}) \longrightarrow (M, g)$ *die universelle semi-Riemannsche Überlagerung von* (M, g) *und* $\widetilde{x} \in \widetilde{M}$. *Dann gilt*

$$Hol_{\widetilde{x}}^0(\widetilde{M}, \widetilde{g}) = Hol_{\widetilde{x}}(\widetilde{M}, \widetilde{g}) \simeq Hol_{\pi(\widetilde{x})}^0(M, g).$$

2. Ist $(M, g) = (M_1, g_1) \times (M_2, g_2)$ *ein semi-Riemannsches Produkt und* $(x_1, x_2) \in M_1 \cdot M_2$, *dann gilt*

$$Hol_{(x_1, x_2)}(M, g) = Hol_{x_1}(M_1, g_1) \times Hol_{x_2}(M_2, g_2).$$

Beweis 1. Sei $\tilde{x} \in \tilde{M}$ und $x = \pi(\tilde{x}) \in M$. Da die Überlagerungsabbildung $\pi : (\tilde{M}, \tilde{g}) \to (M, g)$ eine lokale Isometrie ist, gilt für die Parallelverschiebung entlang von Wegen $\tilde{\gamma} : [a, b] \longrightarrow \tilde{M}$

$$\mathcal{P}_{\tilde{\gamma}}^{\tilde{g}} = \left(d\pi_{\tilde{\gamma}(b)}\right)^{-1} \circ \mathcal{P}_{\pi(\tilde{\gamma})}^{g} \circ d\pi_{\tilde{\gamma}(a)}.$$

Des Weiteren lässt sich jeder in x geschlossene, null-homotope Weg γ in M zu einem in $\tilde{x}$ geschlossenen Weg $\tilde{\gamma}$ in $\tilde{M}$ liften. Folglich ist

$$Hol_{\tilde{x}}(\tilde{M}, \tilde{g}) = Hol_{\tilde{x}}^{0}(\tilde{M}, \tilde{g}) = \left(d\pi_{\tilde{x}}\right)^{-1} \circ Hol_{x}^{0}(M, g) \circ d\pi_{\tilde{x}} \simeq Hol_{x}^{0}(M, g).$$

2. Für den Levi-Civita-Zusammenhang eines semi-Riemannschen Produktes

$$(M_1, g_1) \times (M_2, g_2) := (M_1 \times M_2, g_1 \times g_2)$$

gilt bei der kanonischen Identifizierung

$$T_{(x_1, x_2)}(M_1 \times M_2) \simeq T_{x_1} M_1 \oplus T_{x_2} M_2$$

und der entsprechenden Zerlegung der Vektorfelder in die beiden Komponenten

$$\nabla_{X_1 \oplus X_2}^{g_1 \times g_2}(Y_1 \oplus Y_2) = \nabla_{X_1}^{g_1} Y_1 \oplus \nabla_{X_2}^{g_2} Y_2, \quad \text{falls } X_i, Y_i \in \mathfrak{X}(M_i).$$

Für die Parallelverschiebung entlang der Kurve $\gamma = (\gamma_1, \gamma_2)$ erhalten wir daraus

$$\mathcal{P}_{\gamma}^{g} = \mathcal{P}_{\gamma_1}^{g_1} \times \mathcal{P}_{\gamma_2}^{g_2}.$$

Dies liefert die zweite Behauptung. $\square$

Beispiel 5.3 *Die Holonomiegruppe des reell-projektiven Raumes* $\mathbb{R}P^n$.

Wir betrachten die Sphäre S^n mit der Standardmetrik (Beispiel 5.2) und versehen den reell-projektiven Raum $\mathbb{R}P^n$ mit der durch die Überlagerung $\pi : S^n \to \mathbb{R}P^n$ induzierten Riemannschen Metrik. Aus Satz 5.4 und Beispiel 5.2 folgt, dass die reduzierte Holonomiegruppe von $\mathbb{R}P^n$ isomorph zu $SO(n)$ ist. Für die volle Holonomiegruppe gilt

$$Hol_{[x_0]}(\mathbb{R}P^n) \simeq \begin{cases} SO(n), & \text{falls } n \text{ ungerade} \\ O(n), & \text{falls } n \text{ gerade} \end{cases}.$$

Für ungerade Dimension n ist $\mathbb{R}P^n$ orientierbar und die Behauptung folgt aus dem Holonomieprinzip. In gerader Dimension n können wir leicht eine Parallelverschiebung $\mathcal{P}_{\gamma} \in O(n) \setminus SO(n)$ angeben. Wir betrachten dazu auf S^n den halben Großkreis $\delta : t \in [0, \pi] \to \delta(t) = \cos(t)e_{n+1} + \sin(t)e_1$. Die Bildkurve $\gamma = \pi \circ \delta$ in $\mathbb{R}P^n$ ist geschlossen und man rechnet leicht nach, dass

$$\mathcal{P}_\gamma(d\pi_{\delta(0)}(e_1)) = d\pi_{\delta(0)}(e_1),$$
$$\mathcal{P}_\gamma(d\pi_{\delta(0)}(e_i)) = -d\pi_{\delta(0)}(e_i), \quad i = 2, \ldots, n.$$

$e_1, \ldots, e_{n+1}$ bezeichnen hierbei die kanonischen Basisvektoren des $\mathbb{R}^{n+1}$.

5.2 Der Zerlegungssatz von de Rham und Wu

Die Holonomiegruppe $Hol_x(M, g)$ einer semi-Riemannschen Mannigfaltigkeit (M, g) wirkt als Gruppe orthogonaler Abbildungen auf dem Tangentialraum (T_xM, g_x). Wir nennen diese Darstellung *die Holonomiedarstellung von* (M, g) und bezeichnen sie im Folgenden mit ρ. Einen Unterraum $E \subset T_xM$, der bei der Holonomiedarstellung invariant bleibt, d. h., für den $Hol_x(M, g)E \subset E$ gilt, nennen wir kurz *invarianten Unterraum*.

Definition 5.1 *Die Holonomiedarstellung* $\rho : Hol_x(M, g) \longrightarrow O(T_xM, g_x)$ *heißt irreduzibel, falls es keinen echten invarianten Unterraum von* T_xM *gibt.* ρ *heißt schwach-irreduzibel, falls es keinen echten, nichtausgearteten invarianten Unterraum von* T_xM *gibt.*

Für Riemannsche Metriken stimmen irreduzible und schwach-irreduzible Holonomiedarstellungen überein, da jeder Unterraum eines Euklidischen Vektorraumes nichtausgeartet ist. Im pseudo-Riemannschen Fall gibt es dagegen schwach-irreduzible Holonomiedarstellungen, die nicht irreduzibel sind, die also ausgeartete invariante Unterräume besitzen. Wir werden in Beispiel 5.5 eine solche Mannigfaltigkeit angeben.

Für einen echten Unterraum $E \subset T_xM$ bezeichne

$$E^\perp = \{v \in T_xM \mid g_x(v, E) = 0\} \subset T_xM$$

sein orthogonales Komplement in T_xM. Ist E invariant, so ist $E^\perp$ dies ebenfalls. Falls E zusätzlich nichtausgeartet ist, so ist $E^\perp$ dies auch, und T_xM zerlegt sich in die direkte Summe dieser beiden nichtausgearteten invarianten Unterräume:

$$T_xM = E \oplus E^\perp.$$

Aus diesem Grunde nennen wir schwach-irreduzible Darstellungen auch *unzerlegbar* (und meinen damit, dass sie nicht in *nichtausgeartetete* Teildarstellungen zerlegbar sind).

Definition 5.2 *Eine semi-Riemannsche Mannigfaltigkeit* (M, g) *heißt irreduzibel, falls ihre Holonomiedarstellung irreduzibel ist.* (M, g) *heißt schwach-irreduzibel oder unzerlegbar, falls ihre Holonomiedarstellung schwach-irreduzibel ist.*

Beispiel 5.4 Jede semi-Riemannsche Mannigfaltigkeit (M, g) konstanter Schnittkrümmung $K \neq 0$ ist irreduzibel. Für die Sphäre S^n wissen wir dies bereits aus Beispiel 5.2.

Wir berechnen die reduzierte Holonomiegruppe hier mit dem Holonomietheorem von Ambrose und Singer. Für den Krümmungstensor von (M, g) gilt

$$R^g(X, Y)Z = K\{g(Y, Z)X - g(X, Z)Y\}.$$

Wir fixieren einen Punkt $x \in M$ und eine orthonormale Basis $(a_1, \ldots, a_n)$ in (T_xM, g_x). Dabei ist $\varepsilon_i := g(a_i, a_i) = \pm 1$, entsprechend der Signatur (p, q) der Metrik g. In der Basis $(a_1, \ldots, a_n)$ hat die Abbildung $R^g_x(a_i, a_j)$ für $i < j$ die Matrixform

$$R^g_x(a_i, a_j) \;=\; K \cdot \begin{pmatrix} & \vdots & & \vdots & \\ \cdots & 0 & \cdots & +\varepsilon_j & \cdots \\ & \vdots & & \vdots & \\ \cdots & -\varepsilon_i & \cdots & 0 & \cdots \\ & \vdots & & \vdots & \end{pmatrix} \;=:\; K \cdot E_{ij},$$

wobei die einzigen nichtverschwindenden Einträge von E_{ij} an den Stellen ij und ji stehen. Die Matrizen E_{ij}, $i < j$, bilden eine Basis der Lie-Algebra $\mathfrak{so}(p, q)$. Folglich wird die Lie-Algebra $\mathfrak{so}(T_xM, g_x)$ durch die Krümmungsendomorphismen $\{R_x(X, Y) \mid X, Y \in T_xM\}$ erzeugt. Nach dem Holonomietheorem von Ambrose und Singer liegen die Abbildungen $R_x(X, Y)$ in der Holonomiealgebra. Es gilt somit

$$\mathfrak{hol}_x(M, g) = \mathfrak{so}(T_xM, g_g).$$

Insbesondere ist die reduzierte Holonomiegruppe von (M, g) die Zusammenhangs komponente $SO^0(T_xM, g_x)$ der (pseudo-)orthogonalen Gruppe und (M, g) folglich irre-duzibel.

Beispiel 5.5 *Eine schwach-irreduzible, nicht irreduzible Mannigfaltigkeit.*

Es sei (F^n, h) eine n-dimensionale Riemannsche Mannigfaltigkeit und $f \in C^\infty(\mathbb{R} \times F)$ eine glatte Funktion. Die Hessesche Form von $f_0 := f(0, \cdot)$,

$$\mathrm{Hess}^F f_0(X, Y) := \left(\nabla^F_X(df_0)\right)(Y) = X\left(Y(f_0)\right) - \nabla^F_X Y(f_0),$$

sei in einem Punkt $p \in F$ nicht ausgeartet. Wir betrachten die Lorentz-Mannigfaltigkeit (M, g) mit

$$M := \mathbb{R}^2 \times F \quad \text{und} \quad g_{(t,s,x)} := 2dtds + f(s, x)ds^2 + h_x.$$

Dann ist (M, g) schwach-irreduzibel, aber nicht irreduzibel. Die Holonomiegruppe von (M, g) im Punkt $\bar{p} := (0, 0, p)$ ist das halbdirekte Produkt der Holonomiegruppe von (F, h) im Punkt p mit einem abelschen Faktor $\mathbb{R}^n$:

$$Hol_{\bar{p}}(M, g) = Hol_p(F, h) \ltimes \mathbb{R}^n \subset O(T_{\bar{p}}M, g_{\bar{p}}).$$

Bevor wir dies zeigen, berechnen wir zunächst die Krümmung und die Parallelverschiebung von (M, g). Im Folgenden bezeichnen e_- und e_+ die Vektorfelder

$$e_- := \frac{\partial}{\partial t} \quad \text{und} \quad e_+ := \frac{\partial}{\partial s} - \frac{f}{2} \frac{\partial}{\partial t}.$$

Dann ist $g(e_-, e_-) = g(e_+, e_+) = 0$ und $g(e_-, e_+) = 1$. Wir fixieren des Weiteren eine lokale orthonormale Basis $(s_1, \ldots, s_n)$ in TF. Mit der Koszul-Formel (siehe Anhang A.5) berechnet man den Levi-Civita-Zusammenhang in dieser Basis und erhält

$$
\begin{aligned}
&\nabla^M e_- = 0, &&\nabla^M_{e_+} e_+ = -\tfrac{1}{2} \operatorname{grad}^F f, &&\nabla^M_{s_k} e_+ = 0, \\
&\nabla^M_{e_-} e_+ = \nabla^M_{e_-} s_j = 0, &&\nabla^M_{e_+} s_j = \tfrac{1}{2} s_j(f)\, e_-, &&\nabla^M_{s_k} s_j = \nabla^F_{s_k} s_j.
\end{aligned}
\tag{5.3}
$$

Für die Krümmung von (M, g) folgt daraus

$$
\begin{aligned}
&R^M(\,\cdot\,,\,\cdot\,)e_- = 0, &&R^M(e_+, s_j)e_+ = \tfrac{1}{2} \nabla^F_{s_j}(\operatorname{grad}^F f), \\
&R^M(e_-,\,\cdot\,) = 0, &&R^M(e_+, s_j)s_k = -\tfrac{1}{2} \operatorname{Hess}^F f(s_j, s_k)\, e_-, \\
&R^M(s_j, s_k)e_+ = 0, &&R^M(s_j, s_k)s_l = R^F(s_j, s_k)s_l.
\end{aligned}
\tag{5.4}
$$

Wir berechnen als nächstes die Parallelverschiebung. Sei $\gamma : [0, 1] \to M$ eine Kurve in M mit den Komponenten $\gamma(\tau) = \big(t(\tau), s(\tau), \delta(\tau)\big)$ und $X(\tau) = a(\tau)e_-(\tau) + b(\tau)e_+(\tau) + Y(\tau)$ ein Vektorfeld entlang γ, wobei $Y(\tau) \in T_{\delta(\tau)}F$ und $e_\pm(\tau) := e_\pm(\gamma(\tau))$. Für die kovariante Ableitung entlang γ berechnet man mit (5.3)

$$\frac{\nabla^M X}{d\tau} = \big(a' + \tfrac{1}{2} s' Y(f)\big) e_- + b'\, e_+ + \nabla^F_{\delta'} Y - \tfrac{1}{2} b s'\, \operatorname{grad}^F f. \tag{5.5}$$

Sei nun γ in $\bar{p} = (0, 0, p)$ geschlossen und $(s_1, \ldots, s_n)$ eine orthonormale Basis in $T_p F$. Wir bezeichnen mit $s_j(\tau)$ die Parallelverschiebung von s_j in F entlang der Kurve δ. Für die Parallelverschiebung der Basis $(e_-(\bar{p}), s_1, \ldots, s_n, e_+(\bar{p}))$ in $T_{\bar{p}}M$ entlang γ erhält man aus (5.5)

$$
\begin{aligned}
\mathcal{P}^M_\gamma(e_-(\bar{p})) &= e_-(\bar{p}), \\
\mathcal{P}^M_\gamma(s_j) &= -\tfrac{1}{2}\left(\int_0^1 s'(\tau)\, df(s_j(\tau))\, d\tau\right) \cdot e_-(\bar{p}) + \mathcal{P}^F_\delta(s_j), \\
\mathcal{P}^M_\gamma(e_+(\bar{p})) &= -\tfrac{1}{2}\left(\int_0^1 s'(\tau)\, df(V(\tau))\, d\tau\right) \cdot e_-(\bar{p}) + e_+(\bar{p}) + V(1),
\end{aligned}
\tag{5.6}
$$

wobei $V(\tau)$ die Lösung der Differentialgleichung $\nabla^F_{\delta'} V = \tfrac{1}{2} s' \operatorname{grad}^F f$ zur Anfangsbedingung $V(0) = 0$ ist.

Wir beweisen nun mit Hilfe dieser Formeln die Behauptungen über die Holonomiegruppe von (M, g). Entsprechend (5.3) ist das isotrope Vektorfeld e_- parallel. Nach dem Holonomieprinzip fixiert dann die Holonomiedarstellung den isotropen Vektor $e_-(\bar{p})$. Der

1-dimensionale ausgeartete Unterraum $E = \mathbb{R}e_-(\bar{p}) \subset T_{\bar{p}}M$ ist also holonomieinvariant, d. h., (M, g) ist nicht irreduzibel. Wir zeigen nun, dass jeder nicht-triviale holonomieinvariante Unterraum von $T_{\bar{p}}M$ ausgeartet ist. Wir schreiben im Folgenden die orthogonalen Abbildungen auf $T_{\bar{p}}M$ als Matrizen bzgl. der Basis $(e_-(\bar{p}), s_1, \ldots, s_n, e_+(\bar{p}))$. Die Stabilisatorgruppe von $e_-(\bar{p})$, die ja die Holonomiegruppe des Punktes $\bar{p}$ enthält, hat dann die Form:

$$O(T_{\bar{p}}M, g_{\bar{p}})_{e_-(\bar{p})} \simeq O(n) \ltimes \mathbb{R}^n = \left\{ \begin{pmatrix} 1 & v^t & -\frac{1}{2}\|v\|^2 \\ 0 & A & -Av \\ 0 & 0 & 1 \end{pmatrix} \;\middle|\; \begin{matrix} A \in O(n) \\ v \in \mathbb{R}^n \end{matrix} \right\}.$$

Ihre Lie-Algebra ist

$$\mathfrak{so}(T_{\bar{p}}M, g_{\bar{p}})_{e_-(\bar{p})} = \mathfrak{so}(n) \ltimes \mathbb{R}^n = \left\{ \begin{pmatrix} 0 & x^t & 0 \\ 0 & Z & -x \\ 0 & 0 & 0 \end{pmatrix} \;\middle|\; \begin{matrix} Z \in \mathfrak{so}(n) \\ x \in \mathbb{R}^n \end{matrix} \right\}.$$

Die Basis $(s_1, \ldots, s_n)$ in T_pF sei der Einfachheit halber so gewählt, dass sie die nichtausgeartete Hessesche Form von f_0 im Punkt p diagonalisiert:

$$\operatorname{Hess}^F_p f_0(s_j, s_k) = \delta_{jk} \lambda_j,$$

mit nicht-verschwindenden reellen Zahlen $\lambda_1, \ldots, \lambda_n$. Aus den Krümmungsformeln (5.4) folgt dann für jedes $j \in \{1, \ldots, n\}$

$$R^M_{\bar{p}}(e_+(\bar{p}), s_j) = \frac{1}{2} \begin{pmatrix} 0 & -\lambda_j e_j^t & 0 \\ 0 & 0 & \lambda_j e_j \\ 0 & 0 & 0 \end{pmatrix} \in \mathfrak{hol}_{\bar{p}}(M, g).$$

Dies zeigt, dass

$$\left\{ \rho(x) := \begin{pmatrix} 0 & x^t & 0 \\ 0 & 0 & -x \\ 0 & 0 & 0 \end{pmatrix} \;\middle|\; x \in \mathbb{R}^n \right\} \subset \mathfrak{hol}_{\bar{p}}(M, g). \tag{5.7}$$

Sei nun $W \subset T_{\bar{p}}M$ ein beliebiger nicht-trivialer holonomieinvarianter Unterraum. Die Matrizen $\rho(x)$ in (5.7) lassen W invariant. Ist $w = \lambda e_-(\bar{p}) + \sum_j v_j s_j + \mu e_+(\bar{p})$ ein Vektor aus W, so gilt für jedes $x = (x_1, \ldots, x_n) \in \mathbb{R}^n$ mit $v := (v_1, \ldots, v_n)$ und $\hat{x} := \sum_j x_j s_j$:

$$\rho(x)w = \langle x, v \rangle \, e_-(\bar{p}) - \mu \hat{x} \in W,$$
$$\rho(x)\rho(x)w = -\mu \|x\|^2 e_-(\bar{p}) \in W.$$

Dies zeigt, dass $\mathbb{R}e_-(\bar{p}) \subset W$. Da mit W auch $W^\perp$ holonomieinvariant ist, folgt $\mathbb{R}e_-(\bar{p}) \subset W \cap W^\perp$. W ist also ausgeartet und die Holonomiedarstellung folglich schwach-irreduzibel. Wir bestimmen abschließend die Holonomiegruppe von (M, g). Wenden wir die Exponentialabbildung auf (5.7) an, so erhalten wir die entsprechende Inklusion auf Gruppenniveau

$$
\mathbb{R}^n \simeq \left\{ \begin{pmatrix} 1 & v^t & -\frac{1}{2}\|v\|^2 \\ 0 & E & -v \\ 0 & 0 & 1 \end{pmatrix} \ \middle| \ v \in \mathbb{R}^n \right\} \subset Hol_{\overline{p}}(M, g).
$$

Aus den Formeln (5.6) folgt für die Parallelverschiebung entlang einer in $\overline{p}$ geschlossenen Kurve der Form $\gamma(\tau) = (0, 0, \delta(\tau))$

$$
\mathcal{P}_\gamma^M = \begin{pmatrix} 1 & 0 & 0 \\ 0 & \mathcal{P}_\delta^F & 0 \\ 0 & 0 & 1 \end{pmatrix} \ \in \ Hol_{\overline{p}}(M, g).
$$

Somit gilt

$$
Hol_p(F, h) \ltimes \mathbb{R}^n = \left\{ \begin{pmatrix} 1 & v^t & -\frac{1}{2}\|v\|^2 \\ 0 & A & -Av \\ 0 & 0 & 1 \end{pmatrix} \ \middle| \ \begin{array}{l} A \in Hol_p(F, h) \\ v \in \mathbb{R}^n \end{array} \right\} \subset Hol_{\overline{p}}(M, g).
$$

Aus den Formeln (5.6) kann man aber auch ablesen, dass die Parallelverschiebung entlang *jeder* in $\overline{p}$ geschlossenen Kurve $\gamma(\tau) = (t(\tau), s(\tau), \delta(\tau))$ die Form

$$
\mathcal{P}_\gamma^M = \begin{pmatrix} 1 & * & * \\ 0 & \mathcal{P}_\delta^F & * \\ 0 & 0 & 1 \end{pmatrix}
$$

hat. Es kommt also kein weiteres Element zur Holonomiegruppe hinzu. Damit ist

$$
Hol_{\overline{p}}(M, g) = Hol_p(F, h) \ltimes \mathbb{R}^n
$$

bewiesen.

Als nächstes diskutieren wir die Konsequenzen aus der Zerlegbarkeit der Holonomiedarstellung in invariante nichtausgeartete Teilräume.

Sei (M, g) eine semi-Riemannsche Mannigfaltigkeit und $E \subset T_x M$ ein nichtausgearteter invarianter Unterraum der Holonomiedarstellung. Dem Unterraum E können wir auf die folgende Weise eine geometrische Distribution auf M zuordnen: Sei $y \in M$ und σ ein Weg, der x mit y verbindet. Wir bezeichnen mit $\mathcal{E}_y \subset T_y M$ den Unterraum, der durch Parallelverschiebung von E entlang σ entsteht: $\mathcal{E}_y := \mathcal{P}_\sigma^g(E)$. Ist μ ein anderer Weg von x nach y, so gilt wegen der Holonomieinvarianz von E, $\mathcal{P}_{\mu^{-}*\sigma}^g(E) = E$, also $\mathcal{P}_\mu^g(E) = \mathcal{P}_\sigma^g(E)$. Der Unterraum $\mathcal{E}_y$ hängt somit nicht vom gewählten Weg ab. Dann ist

$$\mathcal{E} : y \in M \longmapsto \mathcal{E}_y := \mathcal{P}_\sigma^g(E) \subset T_y M$$

eine geometrische Distribution auf M, die wir die von E definierte *Holonomiedistribution* nennen. Wir müssen uns dazu nur noch davon überzeugen, dass $\mathcal{E}$ glatt ist. Dazu wählen wir eine Normalenumgebung $U(y)$ von $y \in M$ und eine Basis $(a_1, \ldots, a_r)$ in $\mathcal{E}_y$. Zu jedem Vektor a_j erhalten wir einen lokalen glatten Schnitt $\tilde{a}_j$ auf U, der durch Parallelverschiebung von a_j entlang der von y ausgehenden radialen Geodäten entsteht. Die Distribution $\mathcal{E}$ wird dann über U von den glatten lokalen Vektorfeldern $\tilde{a}_1, \ldots, \tilde{a}_r$ aufgespannt. Grundlegend für das Weitere ist die folgende Eigenschaft der Distribution $\mathcal{E}$:

Satz 5.5 *Die Holonomiedistribution $\mathcal{E} \subset TM$ ist involutiv. Die maximalen zusammenhängenden Integralmannigfaltigkeiten von $\mathcal{E}$ sind total-geodätische Untermannigfaltigkeiten von (M, g), die geodätisch vollständig sind, falls (M, g) geodätisch vollständig ist.*

Beweis Für die Involutivität von $\mathcal{E}$ ist $[\Gamma(\mathcal{E}), \Gamma(\mathcal{E})] \subset \Gamma(\mathcal{E})$ zu zeigen. Seien also X und Y zwei Vektorfelder auf M mit $X(y), Y(y) \in \mathcal{E}_y$ für alle $y \in M$. Da der Levi-Civita-Zusammenhang torsionsfrei ist, gilt

$$[X, Y] = \nabla_X^g Y - \nabla_Y^g X.$$

Wir wählen eine Kurve γ in M mit $\gamma(0) = y$ und $\gamma'(0) = X(y)$. Dann gilt für die kovariante Ableitung (siehe Satz 3.14)

$$\nabla_X^g Y (y) = \frac{d}{dt}\left((\mathcal{P}_{\gamma|[0,t]}^g)^{-1} Y(\gamma(t)) \right)_{|t=0}.$$

Nach Definition der Holonomiedistribution liegt die Parallelverschiebung $(\mathcal{P}_{\gamma|[0,t]}^g)^{-1} Y(\gamma(t))$ für jedes t im Vektorraum $\mathcal{E}_y$, folglich gilt $\nabla_X^g Y \in \Gamma(\mathcal{E})$ für alle $Y \in \Gamma(\mathcal{E})$ und alle Vektorfelder X auf M. Dies zeigt, dass $[X, Y] \in \Gamma(\mathcal{E})$.

Sei nun $N \subset M$ eine maximale zusammenhängende Integralmannigfaltigkeit von $\mathcal{E}$ und $y \in N$. Nach dem Satz von Frobenius (siehe Anhang A.4) ist N folgendermaßen gegeben:

$$N = \left\{ p \in M \;\middle|\; \begin{array}{l} \text{es existiert ein Weg } \gamma \text{ von } y \text{ nach } p \\ \text{mit } \gamma'(t) \in \mathcal{E}_{\gamma(t)} \text{ für alle } t \end{array} \right\}. \tag{5.8}$$

Da $E \subset T_x M$ ein nichtausgearteter Unterraum in $(T_x M, g_x)$ ist, sind die Unterräume $\mathcal{E}_p \subset T_p M$ ebenfalls nichtausgeartet bzgl. g_p. Die Metrik g induziert also eine (Riemannsche oder pseudo-Riemannsche) Metrik auf N. Um zu zeigen, dass N eine total-geodätische Untermannigfaltigkeit von (M, g) ist, müssen wir zeigen, dass jede Geodäte γ von (M, g) mit den Anfangsbedingungen $\gamma(0) \in N$ und $\gamma'(0) \in T_{\gamma(0)} N$ vollständig in N verläuft (siehe Anhang A.7). Da der Tangentialvektor einer Geodäte parallelverschoben ist, gilt für jeden Parameter

$$\gamma'(t) = \mathcal{P}_{\gamma|[0,t]}^g(\gamma'(0)) \in \mathcal{E}_{\gamma(t)}.$$

Wegen (5.8) liegt die Geodäte γ dann tatsächlich vollständig in N.

Sei nun (M, g) geodätisch vollständig und N eine maximale zusammenhängende Integralmannigfaltigkeit der Holonomiedistribution $\mathcal{E}$ mit der durch g induzierten Metrik. Da N
total-geodätisch in M ist, ist jede Geodäte in der Untermannigfaltigkeit N auch Geodäte
von (M, g). Wegen der Vollständigkeit von (M, g) kann man diese Geodäte dann auf ganz
$\mathbb{R}$ fortsetzen. Somit ist N ebenfalls geodätisch vollständig.   □

Mit Hilfe der Holonomiedistributionen erhalten wir nun den folgenden *lokalen* Zerlegungssatz:

Satz 5.6 *Sei (M, g) eine n-dimensionale, semi-Riemannsche Mannigfaltigkeit, deren Ho-*
lonomiedarstellung einen k-dimensionalen, nichtausgearteten invarianten Teilraum besitzt.
Dann ist (M, g) lokal isometrisch zu einem semi-Riemannschen Produkt, d. h., zu jedem
Punkt $p \in M$ existieren eine Umgebung $U(p)$ und zwei semi-Riemannsche Mannigfaltigkei-
ten (U_1, g_1) und (U_2, g_2) der Dimension k bzw. $(n - k)$, so dass

$$(U(p), g) \overset{isometrisch}{\simeq} (U_1, g_1) \times (U_2, g_2).$$

Beweis Es sei $E \subset T_x M$ ein k-dimensionaler, nichtausgearteter, holonomieinvarianter
Unterraum und $E^{\perp}$ sein orthogonales Komplement. Mit $\mathcal{E}$ und $\mathcal{E}^{\perp}$ bezeichnen wir die
zugehörigen Holonomiedistributionen. Seien nun $p \in M$ und M_1 bzw. M_2 die maximalen
zusammenhängenden Integralmannigfaltigkeiten von $\mathcal{E}$ bzw. $\mathcal{E}^{\perp}$ durch den Punkt p. Nach
dem Satz von Frobenius existiert eine Karte $(V_1, \varphi_1 = (x_1, \ldots, x_k, y_{k+1}, \ldots, y_n))$ um p mit
$\varphi_1(p) = 0$, so dass die Niveauflächen

$$\{y \in V_1 \mid y_{k+1}(y) = c_{k+1}, \ldots, y_n(y) = c_n\}$$

Integralmannigfaltigkeiten von $\mathcal{E}$ sind, sowie eine Karte

$$(V_2, \varphi_2 = (z_1, \ldots, z_k, x_{k+1}, \ldots, x_n))$$

mit $\varphi_2(p) = 0$, so dass die Niveauflächen

$$\{y \in V_2 \mid z_1(y) = a_1, \ldots, z_k(y) = a_k\}$$

Integralmannigfaltigkeiten von $\mathcal{E}^{\perp}$ sind. Da $TM = \mathcal{E} \oplus \mathcal{E}^{\perp}$, sind die kanonischen Basisfelder
$\frac{\partial}{\partial x_1}, \ldots, \frac{\partial}{\partial x_n}$ in jedem Punkt von $V = V_1 \cap V_2$ linear unabhängig. Für die Abbildung
$\psi : V \longrightarrow \mathbb{R}^n$

$$\psi(y) := (x_1(y), \ldots, x_k(y), x_{k+1}(y), \ldots, x_n(y))$$

erhalten wir $(d\psi_y)^{-1}(e_i) = \frac{\partial}{\partial x_i}(y)$. Folglich ist ψ ein lokaler Diffeomorphismus um p. Sei
nun

$$U := \{y \in V \mid |x_1(y)|, \ldots, |x_n(y)| < \varepsilon\} \subset V,$$

wobei ε so klein gewählt ist, dass U im Diffeomorphiebereich von ψ liegt. Dann ist (U, ψ) ebenfalls eine Karte um p mit $\psi(p) = 0$. Wir betrachten die Untermannigfaltigkeiten

$$U_1 := \{y \in U \mid x_{k+1}(y) = \cdots = x_n(y) = 0\} \subset M,$$
$$U_2 := \{y \in U \mid x_1(y) = \cdots = x_k(y) = 0\} \subset M$$

mit den durch g induzierten Metriken g_1 bzw. g_2, und den Diffeomorphismus $\phi : U \longrightarrow U_1 \times U_2$

$$\phi\big(\overbrace{\psi^{-1}(x_1, \ldots, x_n)}^{=y}\big)$$
$$:= \big(\underbrace{\psi^{-1}(x_1, \ldots, x_k, 0, \ldots, 0)}_{=y_1}, \underbrace{\psi^{-1}(0, \ldots, 0, x_{k+1}, \ldots, x_n)}_{=y_2}\big).$$

Es bleibt zu zeigen, dass ϕ eine Isometrie ist. Aus der Definition von ϕ folgt

$$\begin{aligned} d\phi_y\Big(\tfrac{\partial}{\partial x_j}(y)\Big) &= \tfrac{\partial}{\partial x_j}(y_1), \quad \text{falls } j = 1, \ldots, k, \\ d\phi_y\Big(\tfrac{\partial}{\partial x_j}(y)\Big) &= \tfrac{\partial}{\partial x_j}(y_2), \quad \text{falls } j = k+1, \ldots, n. \end{aligned} \tag{5.9}$$

Seien $g_{ij}(y) = g_y\big(\tfrac{\partial}{\partial x_i}(y), \tfrac{\partial}{\partial x_j}(y)\big)$ die Koeffizienten der Metrik g in den Koordinaten $x_1, \ldots, x_n$. Dann gilt

$$\begin{aligned} \frac{\partial}{\partial x_l} g_{ij} &= g\Big(\nabla^g_{\frac{\partial}{\partial x_l}} \frac{\partial}{\partial x_i}, \frac{\partial}{\partial x_j}\Big) + g\Big(\frac{\partial}{\partial x_i}, \nabla^g_{\frac{\partial}{\partial x_l}} \frac{\partial}{\partial x_j}\Big) \\ &= g\Big(\nabla^g_{\frac{\partial}{\partial x_i}} \frac{\partial}{\partial x_l}, \frac{\partial}{\partial x_j}\Big) + g\Big(\frac{\partial}{\partial x_i}, \nabla^g_{\frac{\partial}{\partial x_j}} \frac{\partial}{\partial x_l}\Big). \end{aligned}$$

Da $\nabla^g \Gamma(\mathcal{E}) \subset \Gamma(\mathcal{E})$, $\nabla^g \Gamma(\mathcal{E}^\perp) \subset \Gamma(\mathcal{E}^\perp)$ und $g(\mathcal{E}, \mathcal{E}^\perp) = 0$, zeigt dies, dass die Koeffizienten g_{ij} für $i, j = 1, \ldots, k$ nicht von den Koordinaten $x_{k+1}, \ldots, x_n$ abhängen, während die Koeffizienten $g_{ij}(y)$ für $i, j = k+1 \ldots, n$ nicht von den Koordinaten $x_1, \ldots, x_k$ abhängen. Folglich gilt

$$g_{ij}(y) = \begin{cases} g_{ij}(y_1), & \text{falls } i, j = 1, \ldots, k, \\ g_{ij}(y_2), & \text{falls } i, j = k+1, \ldots, n, \\ 0, & \text{falls } i = 1, \ldots, k \text{ und } j = k+1, \ldots, n. \end{cases} \tag{5.10}$$

Aus den Formeln (5.9) und (5.10) erhält man dann, dass ϕ eine Isometrie von (U, g) auf $(U_1, g_1) \times (U_2, g_2)$ ist. $\square$

Hat die Holonomiedarstellung einen nichtausgearteten invarianten Unterraum, so zerlegt sich nicht nur die Mannigfaltigkeit lokal in ein Produkt von semi-Riemannschen Mannigfaltigkeiten, auch die reduzierte Holonomiegruppe zerlegt sich in ein Produkt von Gruppen.

Satz 5.7 *Sei (M, g) eine semi-Riemannsche Mannigfaltigkeit und $E \subset T_x M$ ein nichtausgearteter holonomieinvarianter Unterraum. Dann sind die Gruppen*

$$H_1 := \{\mathcal{P}_\gamma^g \in \mathrm{Hol}_x^0(M, g) \mid \mathcal{P}_\gamma^g|_{E^\perp} = \mathrm{Id}_{E^\perp}\} \qquad und$$

$$H_2 := \{\mathcal{P}_\gamma^g \in \mathrm{Hol}_x^0(M, g) \mid \mathcal{P}_\gamma^g|_E = \mathrm{Id}_E\}$$

normale Untergruppen von $\mathrm{Hol}_x^0(M, g)$ und es gilt

$$\mathrm{Hol}_x^0(M, g) \simeq H_1 \times H_2.$$

Beweis Zur Abkürzung bezeichne $\mathcal{P}_\gamma := \mathcal{P}_\gamma^g$. Ist γ ein in x geschlossener Weg, so folgt wegen $\mathcal{P}_\gamma(E) \subset E$ und $\mathcal{P}_\gamma(E^\perp) \subset E^\perp$, dass $\mathcal{P}_\gamma H_j \mathcal{P}_\gamma^{-1} \subset H_j$. Die Gruppen H_j sind also normale Untergruppen in $\mathrm{Hol}_x(M, g)$. Die Elemente von H_1 und H_2 kommutieren und offensichtlich ist $H_1 \cap H_2 = \{\mathrm{Id}_{T_x M}\}$. Folglich ist

$$\psi : H_1 \times H_2 \longrightarrow \mathrm{Hol}_x^0(M, g)$$
$$(a, b) \longmapsto a \cdot b$$

ein injektiver Gruppenhomomorphismus. Es bleibt zu zeigen, dass man jedes Element von $\mathrm{Hol}_x^0(M, g)$ als Produkt von Elementen aus H_1 und H_2 darstellen kann. Dann ist ψ ein Gruppenisomorphismus.

Wir betrachten dazu zunächst die Parallelverschiebung entlang spezieller Wege. Sei $y \in M$ ein beliebiger Punkt mit einer Umgebung $U(y)$, die sich nach Satz 1.25 in ein Produkt $U(y) \simeq U_1 \times U_2$ zerlegen lässt. Dabei ist U_1 nach Konstruktion eine offene Menge in der Integralmannigfaltigkeit von $\mathcal{E}$ durch y mit der durch g induzierten Metrik g_1 und U_2 eine offene Menge in der Integralmannigfaltigkeit von $\mathcal{E}^\perp$ durch y mit der durch g induzierten Metrik g_2. Sei γ ein Weg, der x mit y verbindet und $\delta = (\delta_1, \delta_2)$ ein in y geschlossener Weg, der vollständig in $U(y)$ verläuft. Einen in x geschlossenen Weg c der speziellen Form $c = \gamma^{-1} * \delta * \gamma$ nennen wir ein *Lasso*.

Wir zeigen als erstes, dass man die Parallelverschiebung entlang eines Lassos $c = \gamma^{-1} * \delta * \gamma$ als Produkt von Elementen aus H_1 und H_2 darstellen kann. Die Parallelverschiebung $\mathcal{P}_{\delta_1}$ fixiert den Unterraum $\mathcal{E}_y^\perp \subset T_y M$, die Parallelverschiebung $\mathcal{P}_{\delta_2}$ fixiert $\mathcal{E}_y \subset T_y M$. Folglich fixiert die Parallelverschiebung entlang der Wege $c_j = \gamma^- * \delta_j * \gamma$ den Unterraum $E^\perp \subset T_x M$ für $j = 1$ und $E \subset T_x M$ für $j = 2$.

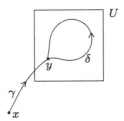

Dies ergibt $\mathcal{P}_{c_1} \in H_1$ und $\mathcal{P}_{c_2} \in H_2$. Des Weiteren erhalten wir für $e \in E$ und $e^\perp \in E^\perp$

$$\mathcal{P}_{\delta_1} \cdot \mathcal{P}_{\delta_2}(e + e^{\perp}) = (\mathcal{P}_{\delta_1}(e), \mathcal{P}_{\delta_2}(e^{\perp})) = \mathcal{P}_{\delta}(e + e^{\perp}).$$

Daraus folgt

$$\mathcal{P}_{c_1} \cdot \mathcal{P}_{c_2} = \mathcal{P}_{\gamma^-}\mathcal{P}_{\delta_1}\mathcal{P}_{\gamma}\mathcal{P}_{\gamma^-}\mathcal{P}_{\delta_2}\mathcal{P}_{\gamma} = \mathcal{P}_{\gamma^-}\mathcal{P}_{\delta}\mathcal{P}_{\gamma} = \mathcal{P}_c.$$

Damit haben wir die Parallelverschiebung entlang des Lassos c als Produkt von Elementen in H_1 und H_2 beschrieben. Es bleibt nun zu zeigen, dass man *jedes* Element in $Hol_x^0(M, g)$ als Produkt von Parallelverschiebungen entlang von Lassos darstellen kann. Sei c ein beliebiger, in x geschlossener, null-homotoper Weg und $H : [0, 1] \times [0, 1] \longrightarrow M$ eine Homotopie zwischen c und dem in x konstanten Weg c_x. H_s sei der Weg $H_s(t) = H(t, s)$. Wir wählen Teilungspunkte $0 = t_0 < t_1 < \ldots < t_r = 1$ und $0 = s_0 < s_1 < \ldots < s_r = 1$ im Intervall $[0, 1]$ so dicht, dass H die Rechtecke $I_{ij} = [t_{i-1}, t_i] \times [s_{j-1}, s_j]$ in Umgebungen abbildet, die man in Produkte zerlegen kann:

$$H(I_{ij}) \subset U\big(H(t_{i-1}, s_{j-1})\big) \simeq U_1 \times U_2.$$

Wir betrachten nun das Lasso

$$l_{ij} := H_{s_{j-1}}^-|_{[0,t_{i-1}]} \ast H_{|\partial I_{ij}} \ast H_{s_{j-1}}|_{[0,t_{i-1}]}.$$

Dann stimmt die Parallelverschiebung entlang des Weges $H_{s_{j-1}}$ mit der Parallelverschiebung entlang des Weges $H_{s_j} \ast l_{1j} \ast l_{2j} \ast \ldots \ast l_{rj}$ überein.

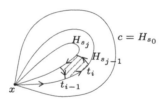

Folglich kann man die Parallelverschiebung entlang des Weges c in die Parallelverschiebung entlang von Lassos zerlegen:

$$\begin{aligned}
\mathcal{P}_c &= \mathcal{P}_{H_{s_0}} \\
&= \mathcal{P}_{H_{s_r}} \circ \mathcal{P}_{l_{1r}\ast\ldots\ast l_{rr}} \circ \mathcal{P}_{l_{1,r-1}\ast\ldots\ast l_{r,r-1}} \circ \ldots \circ \mathcal{P}_{l_{11}\ast\ldots\ast l_{r1}} \\
&= \mathcal{P}_{l_{1r}} \circ \ldots \circ \mathcal{P}_{l_{rr}} \circ \ldots \circ \mathcal{P}_{l_{11}} \circ \ldots \circ \mathcal{P}_{l_{r1}}. \qquad \square
\end{aligned}$$

Nach dem lokalen Zerlegungssatz 5.6 ist jede semi-Riemannsche Mannigfaltigkeit, deren Tangentialbündel TM sich in zwei orthogonale, nichtausgeartete, parallele Teilbündel $\mathcal{E}_1$ und $\mathcal{E}_2$ zerlegt, lokal isometrisch zu einem Produkt offener Teilmengen in den zu $\mathcal{E}_j$ gehörenden Integralmannigfaltigkeiten. Der Krümmungstensor von (M, g) verhält sich deshalb wie der einer Produkt-Mannigfaltigkeit. Als Konsequenz erhalten wir die folgende Zerlegungseigenschaft des Krümmungstensors:

Folgerung 5.1 *Sei* $TM = \mathcal{E}_1 \oplus \mathcal{E}_2$ *eine Zerlegung des Tangentialbündels einer semi-Riemannschen Mannigfaltigkeit* (M, g) *in zwei orthogonale, nichtausgeartete, parallele Teilbündel. Dann gilt für den Krümmungstensor von* (M, g)

$$R^g(X, Y)Z = \underbrace{R^g(X_1, Y_1)Z_1}_{\in \mathcal{E}_1} + \underbrace{R^g(X_2, Y_2)Z_2}_{\in \mathcal{E}_2},$$

wobei $X = X_1 + X_2$ *die Zerlegung eines Vektors* $X \in TM$ *in seine Komponenten* $X_j \in \mathcal{E}_j$ *bezeichnet.*

Des Weiteren folgt aus dem lokalen Zerlegungssatz, dass die Krümmung in Richtung von Vektoren aus $\mathcal{E}_2$ invariant bei Parallelverschiebung entlang von Kurven in der durch $\mathcal{E}_1$ definierten Integralmannigfaltigkeiten bleibt.

Folgerung 5.2 *Sei* $TM = \mathcal{E}_1 \oplus \mathcal{E}_2$ *eine Zerlegung des Tangentialbündels einer semi-Riemannschen Mannigfaltigkeit* (M, g) *in zwei orthogonale, nichtausgeartete, parallele Teilbündel. Ist* α *eine Kurve in einer durch* $\mathcal{E}_1$ *definierten Integralmannigfaltigkeit* M_1 *mit dem Anfangspunkt* $p \in M_1$, *so gilt für alle Vektoren* $u, v, w \in (\mathcal{E}_2)_p$

$$R_p^g(u, v)w = \left(\mathcal{P}_\alpha^g\right)^{-1} R^g(\mathcal{P}_\alpha^g u, \mathcal{P}_\alpha^g v)\mathcal{P}_\alpha^g w.$$

Unser nächstes Ziel ist ein *globaler* Zerlegungssatz für semi-Riemannsche Mannigfaltigkeiten. Wie wir gesehen haben, liefert jeder nichtausgeartete invariante Unterraum $E \subset T_x M$ eine Zerlegung des Tangentialbündels in zwei zueinander orthogonale, parallele und somit involutive Distributionen (die Holonomiedistributionen zu E und $E^\perp$). Bei geeigneten zusätzlichen Voraussetzungen ist (M, g) sogar *global isometrisch* zum Produkt der zu diesen beiden Distributionen gehörenden maximalen Integralmannigfaltigkeiten:

Satz 5.8 *Sei* (M, g) *eine geodätisch vollständige, einfach-zusammenhängende semi-Riemannsche Mannigfaltigkeit und* $TM = \mathcal{E}_1 \oplus \mathcal{E}_2$ *eine Zerlegung des Tangentialbündels in zwei nichtausgeartete, zueinander orthogonale, parallele Distributionen. Für* $p \in M$ *bezeichne* $M_j(p)$ *die maximale zusammenhängende Integralmannigfaltigkeit der Distribution* $\mathcal{E}_j$ *durch den Punkt* p. *Dann ist* (M, g) *isometrisch zum Produkt der Mannigfaltigkeiten* $(M_1(p), g_1)$ *und* $(M_2(p), g_2)$, *wobei* g_j *die durch* g *induzierte Metrik auf* $M_j(p)$ *bezeichnet:*

$$(M, g) \simeq (M_1(p), g_1) \times (M_2(p), g_2).$$

Wir führen den Beweis von Satz 5.8 auf den Satz von Cartan-Ambrose-Hicks zurück, dessen Beweis der Leser im Anhang A.9 findet.[3] Der Satz von Cartan-Ambrose-Hicks zeigt, wie man die globale Isometrie zweier semi-Riemannscher Mannigfaltigkeiten durch das Verhalten ihrer Krümmungstensoren entlang gebrochener Geodäten erkennen kann. Um diese Krümmungsbedingung formulieren zu können, benötigen wir einige Bezeichnungen.

---

[3] Der hier geführte Beweis des globalen Zerlegungssatzes folgt der Arbeit von [M90].

Eine stetige Kurve $\gamma : [0, l] \longrightarrow M$ in einer semi-Riemannschen Mannigfaltigkeit (M, g) heißt *gebrochene Geodäte*, wenn es eine Unterteilung

$$0 = t_0 < t_1 < \ldots < t_r = l$$

des Intervalls $[0, l]$ gibt, so dass die Abschnitte $\gamma|_{[t_{i-1}, t_i]}$ für alle $i = 1, \ldots, r$ Geodäten sind. Wir betrachten nun zwei semi-Riemannsche Mannigfaltigkeiten (N, h) und (M, g) der gleichen Signatur und setzen voraus, dass (M, g) geodätisch vollständig ist. Mit $\mathcal{P}_\gamma^N$ bzw. $\mathcal{P}_\delta^M$ bezeichnen wir die Parallelverschiebungen entlang von Kurven in (N, h) bzw. (M, g) bezüglich des jeweiligen Levi-Civita-Zusammenhangs und mit R^N bzw. R^M die jeweiligen Krümmungstensoren. Wir fixieren eine lineare Isometrie $L : T_qN \longrightarrow T_pM$ zwischen den Tangentialräumen von N im Punkt q und M im Punkt p. Sei $\gamma : [0, l] \longrightarrow N$ eine gebrochene Geodäte in N mit dem Anfangspunkt q und den glatten Stücken $\gamma_i := \gamma|_{[t_{i-1}, t_i]}$ für $0 = t_0 < t_1 < \ldots < t_r = l$. Mit Hilfe von L ordnen wir γ nun eine gebrochene Geodäte $\widetilde{\gamma} : [0, l] \longrightarrow M$ mit Anfangspunkt p und lineare Isometrien

$$L_i : T_{\gamma(t_i)}N \longrightarrow T_{\widetilde{\gamma}(t_i)}M, \qquad i = 1, \ldots, r,$$

zu. Wir gehen dazu induktiv vor:
$\widetilde{\gamma}_1 := \widetilde{\gamma}|_{[0, t_1]}$ sei die Geodäte auf $[0, t_1]$ mit den Anfangsbedingungen

$$\widetilde{\gamma}_1(0) = p \quad \text{und} \quad \widetilde{\gamma}_1'(0) = L(\gamma'(0)).$$

Diese Geodäte existiert, da (M, g) geodätisch vollständig ist. Die Abbildung $L_1 : T_{\gamma(t_1)}N \longrightarrow T_{\widetilde{\gamma}(t_1)}M$ sei die lineare Isometrie

$$L_1 := \mathcal{P}_{\widetilde{\gamma}_1}^M \circ L \circ (\mathcal{P}_{\gamma_1}^N)^{-1}.$$

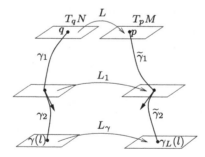

Angenommen, wir haben für $1 \leq i < r$ die gebrochene Geodäte $\widetilde{\gamma}|_{[0, t_i]}$ und eine lineare Isometrie $L_i : T_{\gamma(t_i)}N \longrightarrow T_{\widetilde{\gamma}(t_i)}M$ bereits definiert. Dann setzen wir die gebrochene Geodäte $\widetilde{\gamma}|_{[0, t_i]}$ durch das Geodätenstück

$$\widetilde{\gamma}_{i+1} : [t_i, t_{i+1}] \longrightarrow M$$

mit den Anfangsbedingungen

$$\widetilde{\gamma}_{i+1}(t_i) := \widetilde{\gamma}(t_i) \quad \text{und} \quad \widetilde{\gamma}'_{i+1}(t_i) := L_i(\gamma'(t_i + 0))$$

fort, das wegen der geodätischen Vollständigkeit von (M, g) ebenfalls existiert. Die lineare Isometrie $L_{i+1} : T_{\gamma(t_{i+1})}N \longrightarrow T_{\widetilde{\gamma}(t_{i+1})}M$ ist dann durch

$$L_{i+1} := \mathcal{P}^M_{\widetilde{\gamma}_{i+1}} \circ L_i \circ (\mathcal{P}^N_{\gamma_{i+1}})^{-1}$$

definiert.

Wir erhalten auf diese Weise mit Hilfe der vorgegebenen linearen Isometrie $L : T_qN \to T_pM$ zu jeder gebrochenen Geodäten $\gamma : [0, l] \to N$ eine gebrochene Geodäte $\gamma_L := \widetilde{\gamma} : [0, l] \to M$ und eine lineare Isometrie

$$L_\gamma := L_r : \quad T_{\gamma(l)}N \longrightarrow T_{\widetilde{\gamma}(l)}M.$$

Satz 5.9 (Cartan-Ambrose-Hicks) *Es sei (N, h) eine einfach-zusammenhängende und (M, g) eine geodätisch vollständige semi-Riemannsche Mannigfaltigkeit und die Abbildung*

$$L : T_qN \longrightarrow T_pM$$

eine lineare Isometrie. Für jede gebrochene Geodäte $\gamma : [0, l] \longrightarrow N$ mit dem Anfangspunkt $q \in N$ gelte

$$L_\gamma\big(R^N_{\gamma(l)}(u, v)w\big) = R^M_{\gamma_L(l)}\big(L_\gamma(u), L_\gamma(v)\big)L_\gamma(w) \quad \forall\, u, v, w \in T_{\gamma(l)}N. \tag{5.11}$$

Dann existiert eine lokale Isometrie $\phi : N \longrightarrow M$ mit $\phi(q) = p$ und $d\phi_q = L$. Sind sowohl (N, h) als auch (M, g) einfach-zusammenhängend und geodätisch vollständig, so ist ϕ eine Isometrie.

Für den Beweis des globalen Aufspaltungssatzes Satz 5.8 betrachten wir für (N, h) im Satz von Cartan-Ambrose-Hicks die Produkt-Mannigfaltigkeit $(M_1(p), g_1) \times (M_2(p), g_2)$ und für L die lineare Isometrie

$$\begin{aligned} L : \quad T_{(p,p)}N \simeq T_pM_1(p) \times T_pM_2(p) &\longrightarrow T_pM \\ (u_1, u_2) &\longmapsto d\iota_1(u_1) + d\iota_2(u_2), \end{aligned}$$

wobei $\iota_j : M_j(p) \hookrightarrow M$ die natürlichen Inklusionen der Integralmannigfaltigkeiten bezeichnen. Wir wollen für diesen Fall die Krümmungsbedingung (5.11) nachprüfen. Dazu beweisen wir zunächst zwei Hilfsätze, die später nützlich sein werden. Im Beweis des ersten Hilfsatzes verwenden wir Eigenschaften von geodätischen Variationen und Jacobifeldern, die der Leser bei Bedarf im Anhang A.6 findet.

Lemma 5.1 *Es seien* $\alpha : \mathbb{R} \longrightarrow M_1(p)$ *und* $\beta : \mathbb{R} \longrightarrow M_2(p)$ *Geodäten mit* $\alpha(0) = \beta(0) = p$ *und* $Z \in \Gamma_\alpha(TM)$ *das Vektorfeld entlang* α, *das durch Parallelverschiebung von* $\beta'(0) \in (\mathcal{E}_2)_p$ *entlang* α *entsteht. Wir betrachten die durch* Z *gegebene geodätische Variation*

$$H : \mathbb{R} \times \mathbb{R} \longrightarrow M$$
$$(t, s) \longmapsto \exp_{\alpha(t)} \left(s \cdot Z(t) \right).$$

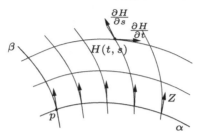

Dann gilt für alle $(t, s) \in \mathbb{R} \times \mathbb{R}$

1. $\dfrac{\partial H}{\partial t}(t, s) \in (\mathcal{E}_1)_{H(t,s)}$ *und* $\dfrac{\partial H}{\partial s}(t, s) \in (\mathcal{E}_2)_{H(t,s)}.$

2. $\dfrac{\nabla}{dt} \dfrac{\partial H}{\partial t} = \dfrac{\nabla}{ds} \dfrac{\partial H}{\partial t} = \dfrac{\nabla}{dt} \dfrac{\partial H}{\partial s} = \dfrac{\nabla}{ds} \dfrac{\partial H}{\partial s} \equiv 0.$

Beweis Die Kurve $\beta_t(\cdot) := H(t, \cdot)$ ist nach Definition die Geodäte mit der Anfangsbedingung $\beta_t(0) = \alpha(t)$ und $\beta_t'(0) = Z(t) \in (\mathcal{E}_2)_{\alpha(t)}$. Aus der Parallelität von $\mathcal{E}_2$ und der Geodäteneigenschaft folgt dann

$$\frac{\partial H}{\partial s}(t, s) = \beta_t'(s) \in (\mathcal{E}_2)_{H(t,s)} \qquad \text{und} \tag{5.12}$$

$$\frac{\nabla}{ds} \frac{\partial H}{\partial s}(t, s) = \frac{\nabla \beta_t'}{ds}(s) = 0. \tag{5.13}$$

Da α eine Geodäte ist, erhalten wir für $s = 0$

$$\frac{\nabla}{dt} \frac{\partial H}{\partial t}(t, 0) = \frac{\nabla}{dt}\left(\frac{d}{dt} \exp_{\alpha(t)}(0 \cdot Z(t)) \right) = \frac{\nabla \alpha'}{dt}(t) = 0. \tag{5.14}$$

Sei nun $t \in \mathbb{R}$ fixiert und Y das durch $Y(s) := \frac{\partial H}{\partial t}(t, s)$ definierte Vektorfeld entlang β_t. $Y(s)$ ist das Variationsvektorfeld der geodätischen Variation $(\tau, s) \in \mathbb{R} \times \mathbb{R} \longrightarrow \beta_\tau(s)$ entlang β_t und somit ein Jacobifeld. Es gilt also

$$\frac{\nabla}{ds} \frac{\nabla Y}{ds}(s) = R(\beta_t'(s), Y(s))\beta_t'(s). \tag{5.15}$$

Da Z parallel entlang α ist, erfüllt $Y(s)$ die Anfangsbedingungen

$$Y(0) = \frac{\partial H}{\partial t}(t, 0) = \alpha'(t) \in (\mathcal{E}_1)_{H(t,0)} \qquad \text{und}$$

$$\frac{\nabla Y}{ds}(0) = \frac{\nabla}{ds}\frac{\partial H}{\partial t}(t, 0) = \frac{\nabla}{dt}\frac{\partial H}{\partial s}(t, 0)$$

$$= \frac{\nabla}{dt}\frac{d}{ds}\exp_{\alpha(t)}(s \cdot Z(t))_{|s=0} = \frac{\nabla Z}{dt}(t) = 0. \tag{5.16}$$

Da die Distributionen $\mathcal{E}_j$ parallel sind, kommutiert die kovariante Ableitung ∇ mit den orthogonalen Projektionen $\Pi_j : TM \longrightarrow \mathcal{E}_j$. Wir erhalten deshalb

$$\frac{\nabla}{ds}\frac{\nabla}{ds}\Pi_1 Y = \Pi_1 \frac{\nabla}{ds}\frac{\nabla Y}{ds} \overset{(5.15)}{=} \Pi_1\big(R(\beta_t'(s), Y(s))\beta_t'(s)\big). \tag{5.17}$$

Da $\beta_t'(s) \in (\mathcal{E}_2)_{\beta_t(s)}$, ergibt Folgerung 5.1

$$R(\beta_t', Y)\beta_t' = R(\beta_t', \Pi_2 Y)\beta_t' \in \mathcal{E}_2.$$

Folglich gilt

$$\frac{\nabla}{ds}\frac{\nabla}{ds}\Pi_1 Y = \Pi_1\big(R(\beta_t'(s), Y(s))\beta_t'(s)\big) = 0 \tag{5.18}$$

$$= R(\beta_t'(s), \Pi_1 Y(s))\beta_t'(s).$$

Somit ist $\Pi_1 Y$ das Jacobifeld entlang β_t mit den Anfangsbedingungen

$$(\Pi_1 Y)(0) = \Pi_1(Y(0)) = \Pi_1(\alpha'(t)) = \alpha'(t) \qquad \text{und}$$

$$\frac{\nabla}{ds}(\Pi_1 Y)(0) = \Pi_1 \frac{\nabla Y}{ds}(0) \overset{(5.16)}{=} 0.$$

Wegen der Eindeutigkeit von Jacobifeldern $Y(s)$ mit gegebenen Anfangsbedingungen $Y(0)$ und $\frac{\nabla Y}{ds}(0)$ ist dann $Y = \Pi_1 Y$, d. h.

$$Y(s) = \frac{\partial H}{\partial t}(t, s) \in (\mathcal{E}_1)_{H(t,s)}. \tag{5.19}$$

(5.12) und (5.19) zeigen die erste Behauptung des Lemmas. Aus (5.18) wissen wir außerdem, dass $\frac{\nabla}{ds}\frac{\nabla Y}{ds} = 0$, d. h., das Vektorfeld $\frac{\nabla Y}{ds}$ ist parallel entlang β_t. Nach (5.16) erfüllt dieses Vektorfeld die Anfangsbedingung $\frac{\nabla Y}{ds}(0) = 0$. Somit gilt für alle Parameter (t, s)

$$\frac{\nabla}{dt}\frac{\partial H}{\partial s} = \frac{\nabla}{ds}\frac{\partial H}{\partial t} = \frac{\nabla Y}{ds} \equiv 0. \tag{5.20}$$

Wegen (5.13) bleibt also zum Beweis der zweiten Behauptung des Lemmas lediglich noch zu zeigen, dass $\frac{\nabla}{dt}\frac{\partial H}{\partial t} \equiv 0$. Um dies einzusehen, benutzen wir $\frac{\partial H}{\partial s} \in \mathcal{E}_2$ und $\frac{\partial H}{\partial t} \in \mathcal{E}_1$, und erhalten mit (5.20) und Folgerung 5.1 aus der Definition des Krümmungstensors

$$\frac{\nabla}{ds}\frac{\nabla}{dt}\frac{\partial H}{\partial t} = \frac{\nabla}{dt}\frac{\nabla}{ds}\frac{\partial H}{\partial t} + R\left(\frac{\partial H}{\partial s}, \frac{\partial H}{\partial t}\right)\frac{\partial H}{\partial t} = 0.$$

Das Vektorfeld $\frac{\nabla}{dt}\frac{\partial H}{\partial t}$ ist also parallel entlang β_t. Nach (5.14) erfüllt es die Anfangsbedingung $\frac{\nabla}{dt}\frac{\partial H}{\partial t}(t, 0) = 0$. Somit gilt $\frac{\nabla}{dt}\frac{\partial H}{\partial t} \equiv 0$. Damit ist das Lemma 5.1 bewiesen.   □

Lemma 5.2 *Sei* $\gamma : [0, 1] \longrightarrow M$ *eine Geodäte in* (M, g) *mit* $\gamma(0) = p$ *und* $\gamma'(0) = v$. *Wir bezeichnen mit* $\alpha : [0, 1] \longrightarrow M_1(p)$ *und* $\beta : [0, 1] \longrightarrow M_2(p)$ *die Geodäten in den Integral-mannigfaltigkeiten* $M_1(p)$ *von* $\mathcal{E}_1$ *bzw.* $M_2(p)$ *von* $\mathcal{E}_2$, *die durch die Anfangsbedingungen* $\alpha(0) = \beta(0) = p$ *und* $\alpha'(0) = \Pi_1(v)$ *bzw.* $\beta'(0) = \Pi_2(v)$ *gegeben sind.*
Z sei das Vektorfeld entlang α, *das durch Parallelverschiebung von* $\Pi_2(v) \in (\mathcal{E}_2)_p$ *entlang* α *entsteht:* $Z(t) := \mathcal{P}_\alpha(\Pi_2(v))$. *Des Weiteren seien* $\widetilde{\alpha}, \widetilde{\beta} : [0, 1] \longrightarrow M$ *die Kurven*

$$\widetilde{\alpha}(t) := \exp_{\alpha(t)}(Z(t)) \qquad und \qquad \widetilde{\beta}(s) := \exp_{\alpha(1)}(sZ(1)).$$

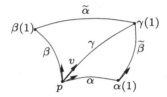

Dann gilt:

1. $\widetilde{\alpha}$ *ist die Geodäte in* $M_1(\beta(1))$ *mit dem Anfangsvektor* $\widetilde{\alpha}'(0) = \mathcal{P}_\beta(\Pi_1(v))$. *Sie verbindet die Punkte* $\beta(1)$ *und* $\gamma(1)$.
2. $\widetilde{\beta}$ *ist die Geodäte in* $M_2(\alpha(1))$ *mit dem Anfangsvektor* $\widetilde{\beta}'(0) = \mathcal{P}_\alpha(\Pi_2(v))$. *Sie verbindet die Punkte* $\alpha(1)$ *und* $\gamma(1)$.
3. *Für die Parallelverschiebungen entlang der Kurven* $\widetilde{\alpha}, \widetilde{\beta}, \alpha, \beta$ *und* γ *gilt*

$$\mathcal{P}_\gamma = \mathcal{P}_{\widetilde{\alpha}} \circ \mathcal{P}_\beta = \mathcal{P}_{\widetilde{\beta}} \circ \mathcal{P}_\alpha. \tag{5.21}$$

Beweis Das parametrisierte Flächenstück $H : [0, 1] \times [0, 1] \longrightarrow M$

$$H(t, s) := \exp_{\alpha(t)}\left(s \cdot Z(t)\right)$$

erfüllt die Eigenschaften von Lemma 5.1. Per Definition gilt

$$\widetilde{\alpha}(0) = H(0, 1) = \exp_{\alpha(0)}(Z(0)) = \exp_p(\beta'(0)) = \beta(1),$$
$$\widetilde{\alpha}(1) = \exp_{\alpha(1)}(Z(1)) = \widetilde{\beta}(1).$$

Lemma 5.1 zeigt

$$\widetilde{\alpha}'(t) = \frac{\partial H}{\partial t}(t, 1) \in (\mathcal{E}_1)_{\widetilde{\alpha}(t)}.$$

Folglich ist $\tilde{\alpha}$ eine Kurve in der Integralmannigfaltigkeit $M_1(\beta(1))$ von $\mathcal{E}_1$. Des Weiteren gilt

$$0 = \frac{\nabla}{dt}\frac{\partial H}{\partial t}(t, 1) = \frac{\nabla\tilde{\alpha}'}{dt}(t).$$

Also ist $\tilde{\alpha}$ eine Geodäte in M. Nach Satz 5.5 sind die Integralmannigfaltigkeiten total-geodätisch. $\tilde{\alpha}$ ist somit auch eine Geodäte in $M_1(\beta(1))$ (siehe dazu Anhang A.7). Um zu zeigen, dass $\tilde{\alpha}(1) = \tilde{\beta}(1) = \gamma(1)$ gilt, betrachten wir die Kurve $\delta(\tau) = H(\tau, \tau)$. Für den Tangentialvektor $\delta'(\tau) = \frac{\partial H}{\partial t}(\tau, \tau) + \frac{\partial H}{\partial s}(\tau, \tau)$ erhalten wir mit der Kettenregel und Lemma 5.1.

$$\frac{\nabla\delta'}{d\tau}(\tau) = \frac{\nabla}{dt}\frac{\partial H}{\partial t}(\tau, \tau) + \frac{\nabla}{ds}\frac{\partial H}{\partial t}(\tau, \tau) + \frac{\nabla}{dt}\frac{\partial H}{\partial s}(\tau, \tau) + \frac{\nabla}{ds}\frac{\partial H}{\partial s}(\tau, \tau) = 0.$$

δ ist folglich die Geodäte in M mit den Anfangsbedingungen $\delta(0) = p = \gamma(0)$ und $\delta'(0) = \frac{\partial H}{\partial t}(0, 0) + \frac{\partial H}{\partial s}(0, 0) = \alpha'(0) + \beta'(0) = v = \gamma'(0)$. Somit stimmen γ und δ überein und wir erhalten

$$\gamma(1) = \delta(1) = H(1, 1) = \tilde{\alpha}(1) = \tilde{\beta}(1).$$

Als nächstes zeigen wir Formel (5.21), d. h. die Verträglichkeit der Parallelverschiebungen. Wir betrachten dazu die durch die kovariante Ableitung ∇ definierte kovariante Ableitung ∇^H im induzierten Vektorbündel H^*TM über dem Quadrat $[0, 1] \times [0, 1]$. Die Schnitte in H^*TM sind gerade die Vektorfelder auf M entlang der parametrisierten Fläche H. Ist $V = a\frac{\partial}{\partial t} + b\frac{\partial}{\partial s}$ ein Tangentialvektor im Punkt (t, s) an das Quadrat $[0, 1] \times [0, 1]$, so gilt für einen Schnitt $Y \in \Gamma(H^*TM) = \Gamma_H(TM)$

$$\nabla_V^H Y(t, s) = a\frac{\nabla Y}{dt}(t, s) + b\frac{\nabla Y}{ds}(t, s).$$

Für die Krümmung von ∇^H erhalten wir

$$R^{\nabla^H}\left(\frac{\partial}{\partial t}, \frac{\partial}{\partial s}\right)Y = R^{\nabla}\left(dH\left(\frac{\partial}{\partial t}\right), dH\left(\frac{\partial}{\partial s}\right)\right)Y = R^{\nabla}\left(\frac{\partial H}{\partial t}, \frac{\partial H}{\partial s}\right)Y.$$

Nach Lemma 5.1 ist $\frac{\partial H}{\partial t} \in \mathcal{E}_1$ und $\frac{\partial H}{\partial s} \in \mathcal{E}_2$ und nach Folgerung 5.1 deshalb $R^{\nabla^H} \equiv 0$. Da die Basis des Bündels H^*TM einfach-zusammenhängend ist, hängt die Parallelverschiebung in H^*TM bzgl. ∇^H nicht vom Weg ab (siehe Satz 3.20). Für die Parallelverschiebung entlang einer Kurve u in $[0, 1] \times [0, 1]$ gilt

$$\mathcal{P}_u^{\nabla^H} = \mathcal{P}_{H \circ u}^{\nabla}.$$

Folglich ist auch die Parallelverschiebung im Bündel $TM_{|H([0,1]\times[0,1])}$ bzgl. ∇ unabhängig vom Weg. Dies zeigt die Formel (5.21). Abschließend zeigen wir noch $\tilde{\alpha}'(0) = \mathcal{P}_\beta(\Pi_1(v))$. Da

$$\gamma'(1) = \delta'(1) = \underbrace{\frac{\partial H}{\partial t}(1,1)}_{=\widetilde{\alpha}'(1)\in \mathcal{E}_1} + \underbrace{\frac{\partial H}{\partial s}(1,1)}_{\in \mathcal{E}_2},$$

folgt $\Pi_1(\gamma'(1)) = \widetilde{\alpha}'(1)$. Aus Formel (5.21) ergibt sich

$$\widetilde{\alpha}'(0) = \mathcal{P}_{\widetilde{\alpha}}^{-1}(\widetilde{\alpha}'(1)) = \mathcal{P}_\beta \, \mathcal{P}_\gamma^{-1} \Pi_1(\gamma'(1)) = \mathcal{P}_\beta \, \Pi_1 \mathcal{P}_\gamma^{-1}(\gamma'(1))$$
$$= \mathcal{P}_\beta(\Pi_1(\gamma'(0))). \qquad \qquad \square$$

Wir können nun den globalen Zerlegungssatz 5.8 beweisen. Im Folgenden bezeichnen $M_1 := M_1(p)$ bzw. $M_2 := M_2(p)$ die maximalen Integralmannigfaltigkeiten der Distributionen $\mathcal{E}_1$ und $\mathcal{E}_2$ durch den Punkt p und (N, h) das metrische Produkt $(N, h) := (M_1, g_1) \times (M_2, g_2)$. Des Weiteren sei $q := (p, p)$ und L die lineare Isometrie

$$L : T_q N \simeq T_p M_1 \oplus T_p M_2 \longrightarrow T_p M$$
$$(v_1, v_2) \longmapsto d\iota_1(v_1) + d\iota_2(v_2)$$

mit den kanonischen Inklusionen $\iota_j : M_1(p) \hookrightarrow M$. Dann gilt offensichtlich $L(T_p M_j) = (\mathcal{E}_j)_p$. Zunächst zeigen wir mit Hilfe von Lemma 5.2., dass die Krümmungsbedingung (5.11) aus dem Satz von Cartan-Ambrose-Hicks erfüllt ist. Sei $\gamma = (\gamma_1, \gamma_2) : [0, l] \longrightarrow N$ eine gebrochene Geodäte in $N = M_1 \times M_2$ mit dem Anfangspunkt q. Zu unserer Bequemlichkeit parametrisieren wir γ oBdA so, dass $l = n \in \mathbb{N}$ und $\gamma|_{[i-1,i]}$ glatt für $i = 1, \dots, n$ ist. (Die ‚Knicke' von γ liegen also in $t_i = i$.) Des Weiteren sei

$$L_\gamma : T_{\gamma(n)}N \longrightarrow T_{\gamma L(n)}M$$

die oben definierte, durch L und γ induzierte lineare Isometrie. Wir müssen zeigen, dass

$$R^N(L_\gamma^{-1}u, L_\gamma^{-1}v)L_\gamma^{-1}w = L_\gamma^{-1}R^M(u, v)w \qquad \qquad (5.22)$$

für alle Vektoren $u, v, w \in T_{\gamma L(n)}M$ gilt. Dabei genügt es, (5.22) für alle Tripel (u, v, w) von Vektoren aus $(\mathcal{E}_1)_{\gamma L(n)}$ und alle Tripel (u, v, w) von Vektoren aus $(\mathcal{E}_2)_{\gamma L(n)}$ zu beweisen. Für gemischte Tripel ist (5.22) wegen Folgerung 5.1 automatisch erfüllt. Wir führen den Beweis nur für Tripel aus $\mathcal{E}_2$. Der andere Fall verläuft analog. Wir bezeichnen mit

$$\alpha := \iota_1\gamma_1 : [0, n] \to M_1(p) \subset M \quad \text{und} \quad \beta := \iota_2\gamma_2 : [0, n] \to M_2(p) \subset M$$

die durch γ definierten Geodäten in $M_j(p)$ und betrachten die Abbildung

$$\widetilde{L}_\gamma := d\iota_2 \circ d\pi_2 \circ L_\gamma^{-1} : T_{\gamma L(n)}M \longrightarrow T_{\beta(n)}M.$$

Die Gl. (5.22) ist für Vektoren $u, v, w \in (\mathcal{E}_2)_{\gamma L(n)}$ äquivalent zu

$$\widetilde{L}_\gamma R^M_{\gamma L(n)}(u, v)w = R^M_{\beta(n)}(\widetilde{L}_\gamma(u), \widetilde{L}_\gamma(v))\widetilde{L}_\gamma(w). \qquad \qquad (5.23)$$

Aus der Definition von L_γ folgt außerdem

$$\widetilde{L}_\gamma|_{\mathcal{E}_2} = \mathcal{P}_\beta \circ \mathcal{P}_{\gamma_L}^{-1}|_{\mathcal{E}_2} : T_{\gamma_L(n)}M \longrightarrow T_{\beta(n)}M.$$

Die Definition von γ_L ergibt

$$\beta'(k+0) = \mathcal{P}_{\beta|_{[0,k]}} \circ \mathcal{P}_{\gamma_L|_{[0,k]}}^{-1}\big(\Pi_2\gamma_L'(k+0)\big), \qquad k = 1,\dots,n-1.$$

Wir betrachten nun für jedes $k \in \{1,\dots,n\}$ die durch die folgenden Bedingungen bestimmte gebrochene Geodäte $\widetilde{\alpha}_k : [0,k] \to M_1(\beta(k))$:

$$\widetilde{\alpha}_k'(j+0) = \mathcal{P}_{\widetilde{\alpha}_k|_{[0,j]}} \circ \mathcal{P}_{\beta|_{[0,k]}} \circ \mathcal{P}_{\gamma_L|_{[0,j]}}^{-1}\Pi_1(\gamma_L'(j+0)), \qquad j = 0,\dots,k-1.$$

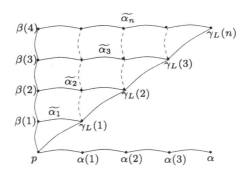

Durch induktives Anwenden von Lemma 5.2 erhalten wir

$$\widetilde{\alpha}_k(k) = \gamma_L(k) \qquad \text{und}$$
$$\mathcal{P}_{\widetilde{\alpha}_k}^{-1} = \mathcal{P}_{\beta|_{[0,k]}} \circ \mathcal{P}_{\gamma_L|_{[0,k]}}^{-1}.$$

Insbesondere gilt

$$\mathcal{P}_{\widetilde{\alpha}_n}^{-1}|_{\mathcal{E}_2} = \mathcal{P}_\beta \circ \mathcal{P}_{\gamma_L}^{-1}|_{\mathcal{E}_2} = \widetilde{L}_\gamma|_{\mathcal{E}_2}.$$

Da $\widetilde{\alpha}$ eine Kurve in der Integralmannigfaltigkeit $M_1(\beta(n))$ von $\mathcal{E}_1$ ist, erhalten wir dann aus Folgerung 5.2 für alle Vektoren $u, v, w \in (\mathcal{E}_2)_{\gamma_L(n)} \subset T_{\gamma_L(n)}M$ die Gl. (5.23):

$$\widetilde{L}_\gamma R^M_{\gamma_L(n)}(u,v)w = R^M_{\beta(n)}(\widetilde{L}_\gamma(u), \widetilde{L}_\gamma(v))\widetilde{L}_\gamma(w).$$

Damit ist die Gültigkeit der Krümmungsbedingung (5.11) aus dem Satz von Cartan-Ambrose-Hicks für die Abbildungen L_γ gezeigt.

Um den Satz von Cartan-Ambrose-Hicks anwenden zu können, fehlt uns noch die Voraussetzung, dass $N = M_1 \times M_2$ einfach-zusammenhängend ist.

Wir betrachten deshalb statt der Mannigfaltigkeit N die universellen semi-Riemannschen Überlagerungen $\pi_j : (\widetilde{M}_j, \widetilde{g}_j) \to (M_j, g_j)$ und ihr Produkt $\pi := (\pi_1, \pi_2) : \widetilde{N} = \widetilde{M}_1 \times \widetilde{M}_2 \to N = M_1 \times M_2$. Seien $\widetilde{p}_j \in \widetilde{M}_j$ zwei Punkte mit $\pi_j(\widetilde{p}_j) = p$ und $\widetilde{q} = (\widetilde{p}_1, \widetilde{p}_2)$. Dann ist

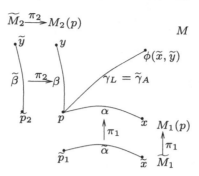

$A := L \circ d\pi_{\tilde{q}} : T_{\tilde{q}}\widetilde{N} \longrightarrow T_p M$ eine lineare Isometrie. Ist $\tilde{\gamma} : [0, l] \longrightarrow \widetilde{N}$ eine gebrochene Geodäte mit Anfangspunkt $\tilde{q}$ und $\gamma := \pi(\tilde{\gamma})$ ihr Bild in N, so gilt

$$A_{\tilde{\gamma}} = L_{\gamma} \circ d\pi_{q_{\tilde{\gamma}}} \quad \text{und} \quad \tilde{\gamma}_A = \gamma_L.$$

Da π eine lokale Isometrie ist, überträgt sich die Krümmungsbedingung (5.11) von L_{γ} auf $A_{\tilde{\gamma}}$. Wir können jetzt den Satz von Cartan-Ambrose-Hicks auf $(\widetilde{M}_1 \times \widetilde{M}_2, \tilde{g}_1 \times \tilde{g}_2)$ und (M, g) anwenden. Beide Mannigfaltigkeiten sind einfach-zusammenhängend und geodätisch vollständig. Somit existiert eine Isometrie

$$\phi : \widetilde{M}_1 \times \widetilde{M}_2 \longrightarrow M$$

mit $\phi(\tilde{q}) = p$ und $d\phi_{\tilde{q}} = A$. Außerdem gilt nach Konstruktion von ϕ

$$\phi\big(\widetilde{M}_1 \times \{\tilde{p}_2\}\big) = M_1(p) \quad \text{und} \quad \phi\big(\{\tilde{p}_1\} \times \widetilde{M}_2\big) = M_2(p).$$

Dies zeigt, dass auch die Integralmannigfaltigkeiten $M_1(p)$ und $M_2(p)$ einfach-zusammenhängend sind. Folglich ist $N = \widetilde{N}$ und ϕ die gesuchte globale Isometrie zwischen dem Produkt $(M_1(p), g_1) \times (M_2(p), g_2)$ und (M, g). Damit ist der globale Zerlegungssatz 5.8 bewiesen. $\square$

Zusammenfassend erhalten wir den Zerlegungssatz von de Rham und Wu ([DR52, W64]).

Satz 5.10 (Zerlegungssatz von de Rham und Wu) *Es sei (M, g) eine einfach-zusammenhängende, geodätisch vollständige semi-Riemannsche Mannigfaltigkeit. Dann ist (M, g) isometrisch zu einem Produkt einfach-zusammenhängender, geodätisch vollständiger semi-Riemannscher Mannigfaltigkeiten*

$$(M, g) \simeq (M_0, g_0) \times (M_1, g_1) \times \cdots \times (M_k, g_k),$$

wobei (M_0, g_0) ein (evtl. null-dimensionaler) (pseudo-)Euklidischer Raum ist und (M_1, g_1), ..., (M_k, g_k) unzerlegbar und nicht flach sind.

Beweis Wir fixieren einen Punkt $x \in M$ und betrachten die Holonomiedarstellung $\rho : Hol_x(M, g) \longrightarrow O(T_xM, g_x)$. Der Tangentialraum T_xM zerlegt sich in die direkte Summe nichtausgearteter, orthogonaler, holonomieinvarianter Unterräume

$$T_xM = E_0 \oplus E_1 \oplus \ldots \oplus E_k,$$

wobei $Hol_x(M, g)$ schwach-irreduzibel auf $E_1, \ldots, E_k$ wirkt und E_0 ein maximaler Unterraum ist, auf dem $Hol_x(M, g)$ trivial wirkt. (Dabei lassen wir zu, dass E_0 nicht auftritt, also null-dimensional ist.) Wir bezeichnen mit $\mathcal{E}_j \subset TM$ die geometrischen Distributionen, die aus den Unterräumen $E_j \subset T_xM$ durch Parallelverschiebung entlang von Wegen mit Anfangspunkt x entstehen:

$$\mathcal{E}_j : \quad y \in M \longmapsto (\mathcal{E}_j)_y := \mathcal{P}_\sigma^g(E_j) \subset T_yM,$$

wobei σ ein beliebiger Weg von x nach y ist. Nach Satz 5.5 sind die Distributionen $\mathcal{E}_j$ involutiv und die maximalen Integralmannigfaltigkeiten M_j von $\mathcal{E}_j$ durch den Punkt x mit der durch g induzierten Metrik g_j sind ebenfalls geodätisch vollständig. Durch sukzessives Anwenden von Satz 5.8 erhalten wir eine Isometrie zwischen (M, g) und dem Produkt dieser Integralmannigfaltigkeiten:

$$(M, g) \simeq (M_0, g_0) \times (M_1, g_1) \times \cdots \times (M_k, g_k).$$

Dabei gilt $\mathcal{E}_j \simeq TM_j$. Die Untergruppen $H_j \subset Hol_x(M, g)$, die nach Satz 5.7 zur Zerlegung von T_xM in die holonomieinvarianten Unterräume E_j gehören, sind entsprechend Satz 5.4 isomorph zu den Holonomiegruppen der Mannigfaltigkeiten (M_j, g_j). Folglich sind die Mannigfaltigkeiten (M_j, g_j) für $j = 1, \ldots, k$ unzerlegbar. Da $Hol_x(M, g)$ trivial auf E_0 wirkt, ist die Untergruppe $H_0 \subset Hol_x(M, g)$ trivial. (M_0, g_0) ist also eine einfach-zusammenhängende, geodätisch vollständige semi-Riemannsche Mannigfaltigkeit mit trivialer Holonomiegruppe. Nach dem Holonomietheorem von Ambrose und Singer ist die Krümmung von (M_0, g_0) dann identisch Null. Aus dem Klassifikationssatz für flache Raumformen[4] folgt dann, dass (M_0, g_0) isometrisch zu einem semi-Euklidischen Raum ist. $\square$

5.3 Holonomiegruppen und symmetrische Räume

In diesem Abschnitt wollen wir uns mit den Holonomiegruppen von symmetrischen Räumen beschäftigen. Die Holonomiealgebra ist für diese speziellen semi-Riemannschen Mannigfaltigkeiten bereits durch den Krümmungstensor in einem Punkt bestimmt und deshalb leicht zu berechnen. Die Holonomiegruppe symmetrischer Räume wird durch eine spezielle

---

[4] Einen Beweis dieses Satzes findet der Leser im Kap. 8 des Buches [ON83] von B. O'Neill.

Untergruppe der Isometriegruppe des Raumes beschrieben, die bereits im Klassifikationsverfahren für symmetrische Räume auftritt. *Irreduzible* einfach-zusammenhängende semi-Riemannsche symmetrische Räume sind vollständig klassifiziert. Die in diesem Fall auftretenden Holonomiegruppen kann man aus den vorhandenen Klassifikationslisten ablesen.

Definition 5.3 *Eine zusammenhängende, semi-Riemannsche Mannigfaltigkeit* (M, g) *heißt symmetrischer Raum, wenn es zu jedem Punkt* $x \in M$ *eine Isometrie* $s_x : M \longrightarrow M$ *mit dem Fixpunkt* x *und dem Differential* $ds_x|_{T_xM} = -\operatorname{Id}_{T_xM}$ *gibt. Die Isometrie* s_x *heißt Symmetrie des Punktes* x.

Eine Isometrie einer zusammenhängenden, semi-Riemannschen Mannigfaltigkeit ist durch ihren Wert und ihr Differential in einem Punkt bereits eindeutig bestimmt. Zu jedem Punkt x des symmetrischen Raumes gibt es also genau eine Symmetrie s_x. Da die Identität auf M selbst eine Isometrie ist, gilt außerdem $s_x^2 = \operatorname{Id}_M$. Isometrien führen Geodäten in Geodäten über. Aus dem Vergleich der Anfangsbedingungen erhält man für jede Geodäte γ mit $\gamma(0) = x$

$$s_x(\gamma(t)) = \gamma(-t).$$

Die Symmetrie s_x spiegelt also jede Geodäte γ durch x am Punkt x. Insbesondere hängt s_x glatt vom Punkt x ab.

Beispiel 5.6 Der Euklidische Raum $\mathbb{R}^n$ ist symmetrisch. Die Symmetrie eines Punktes $x \in \mathbb{R}^{p,q}$ ist in diesem Fall $s_x(z) := 2x - z$.

Beispiel 5.7 Die Sphäre S^n mit der durch das Euklidische Skalarprodukt des $\mathbb{R}^{n+1}$ induzierten Riemannschen Metrik ist symmetrisch. Die Symmetrie von $x \in S^n$ wird durch die Spiegelung entlang der Großkreise durch x gegeben: Ist $z \in S^n$ und $\gamma_z(t) =: \cos t \cdot x + \sin t \cdot v$ der Großkreis mit $\gamma_z(0) = x$ und $\gamma_z(t_0) = z$, so gilt $s_x(z) = \gamma_z(-t_0)$.

Beispiel 5.8 Jede Lie-Gruppe G mit einer biinvarianten Metrik ist symmetrisch. Die Symmetrie des Punktes $a \in G$ ist durch $s_a(b) := a \cdot b^{-1} \cdot a$ gegeben (siehe Aufgabe 1.9).

Beispiel 5.9 Sei K eine zusammenhängende Lie-Gruppe und $\sigma : K \longrightarrow K$ ein involutiver Automorphismus von K. Wir bezeichnen mit $K^\sigma := \{a \in K \mid \sigma(a) = a\}$ die Fixpunktgruppe von σ und mit $(K^\sigma)^0$ die Zusammenhangskomponente des 1-Elementes in K^σ. Sei des Weiteren $L \subset K$ eine abgeschlossene Untergruppe, für die $(K^\sigma)^0 \subset L \subset K^\sigma$ gilt. Dann ist $(K/L, g)$ ein symmetrischer Raum für jede K-invariante Metrik g auf dem Faktorraum K/L.

Um dies einzusehen, betrachten wir die kanonische Projektion $\pi : K \to K/L$, die dem Element $a \in K$ den Orbit $[a] := aL \in K/L$ zuordnet, und die K-Wirkung

$l_a[b] := [ab]$ auf K/L. Die K-Invarianz der Metrik g bedeutet, dass die Abbildungen $l_a : (K/L, g) \to (K/L, g)$ Isometrien sind. Die Symmetrie im Punkt $[e] \in K/L$ ist durch $s_{[e]}([b]) := [\sigma(b)]$ gegeben. Die Symmetrie eines beliebigen Punktes $[a] \in K/L$ erhält man dann durch $s_{[a]} = l_a \circ s_{[e]} \circ l_a^{-1}$.

Als nächstes wollen wir uns einige geometrische Eigenschaften symmetrischer Räume ansehen, die unmittelbar aus der Definition folgen. Für eine semi-Riemannsche Mannigfaltigkeit (M, g) bezeichnen wir mit

$$Iso(M, g) := \{f : M \to M \mid f \text{ ist eine Isometrie}\}$$

die Gruppe ihrer Isometrien. Die Isometriegruppe $Iso(M, g)$ ist eine Lie-Gruppe, die glatt als Transformationsgruppe auf M wirkt. Ihre Lie-Algebra besteht aus den vollständigen Killingfeldern von (M, g).[5] Eine semi-Riemannsche Mannigfaltigkeit (M, g) heißt *homogen*, wenn ihre Isometriegruppe transitiv auf M wirkt. Eine semi-Riemannsche Mannigfaltigkeit mit parallelem Krümmungstensor R^g, d. h. mit $\nabla^g R^g = 0$, nennt man *lokal-symmetrisch*.

Satz 5.11 *Jeder symmetrische Raum (M, g) ist geodätisch vollständig, lokal-symmetrisch und homogen.*

Beweis 1. Sei $\gamma : I \to M$ eine Geodäte von M. Dann gilt wegen der Spiegelungseigenschaft der Symmetrien für jeden Parameter $c \in I$ und alle $t \in I$ mit $2c - t \in I$

$$s_{\gamma(c)}(\gamma(t)) = \gamma(2c - t).$$

Ist $I \neq \mathbb{R}$, so kann man die letzte Gleichung benutzen, um die Geodäte γ über die Ränder von I hinaus fortzusetzen. Man wählt dazu c nahe an einem Randpunkt und setzt γ durch $s_{\gamma(c)} \circ \gamma$ über den Rand hinaus fort. Auf diese Weise kann man jede Geodäte auf $\mathbb{R}$ fortsetzen, (M, g) ist also geodätisch vollständig.

2. Der Krümmungstensor R^g und der Levi-Civita-Zusammenhang ∇^g sind invariant unter Isometrien. Es gilt somit für jede Symmetrie s_x und alle Vektoren $v, u, w, y, z \in T_x M$

$$(-1)^5 \nabla_v^g R^g(u, w, y, z) = (\nabla_{ds_x(v)}^g R^g)(ds_x(u), ds_x(w), ds_x(y), ds_x(z))$$
$$= \nabla_v^g R^g(u, w, x, z).$$

Folglich ist $\nabla^g R^g \equiv 0$.

3. Es bleibt zu zeigen, dass ein symmetrischer Raum homogen ist. Ist $\gamma : [0, 1] \to M$ eine Geodäte, so gilt $s_{\gamma(\frac{1}{2})}(\gamma(0)) = \gamma(1)$.

Da symmetrische Räume zusammenhängend sind, kann man zwei beliebige Punkte $x, y \in M$ durch eine gebrochene Geodäte verbinden. Es gibt also eine Hintereinanderausführung

---

[5] Beweise dieses Sachverhaltes findet man in [Pa57, Ba2] oder in [Ad01].

von endlich vielen Symmetrien, die x auf y abbildet. Folglich wirkt die Isometriegruppe von (M, g) transitiv auf M.

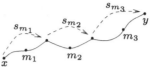

Ein geodätisch vollständiger, lokal-symmetrischer Raum ist nicht notwendiger Weise symmetrisch. Es gilt aber die folgende Umkehrung des gerade bewiesenen Satzes.

Satz 5.12 *Eine einfach-zusammenhängende, geodätisch vollständige, lokal-symmetrische semi-Riemannsche Mannigfaltigkeit (M, g) ist symmetrisch.*

Beweis Wir benutzen zum Beweis den Satz von Cartan-Ambrose-Hicks. Sei $x \in M$ ein fixierter Punkt und $L : T_x M \longrightarrow T_x M$ die lineare Isometrie $L := -\operatorname{Id}_{T_x M}$. Dann gilt für den Krümmungstensor im Punkt x

$$R_x^g(Lv, Lw)Lu = L\big(R_x^g(v, w)u\big), \qquad v, w, u \in T_x M.$$

Da R^g parallel ist, folgt daraus unter Anwendung des Holonomieprinzipes (Satz 5.3) die Bedingung (5.11) aus dem Satz von Cartan-Ambrose-Hicks. Folglich gibt es eine Isometrie $\phi : (M, g) \longrightarrow (M, g)$ mit $\phi(x) = x$ und $d\phi_x = L = -\operatorname{Id}_{T_x M}$. ϕ ist also eine Symmetrie des Punktes x. □

Beispiel 5.10 *Die Cahen-Wallach-Räume.*

Sei $\underline{\lambda} := (\lambda_1, \dots, \lambda_n)$ ein n-Tupel von Null verschiedener reeller Zahlen. Wir betrachten auf dem $\mathbb{R}^{n+2}$ die folgende Lorentz-Metrik $g_{\underline{\lambda}}$:

$$\big(g_{\underline{\lambda}}\big)_{(t,s,x)} := 2dtds + \sum_{i=1}^{n} \lambda_i \, x_i^2 \, ds^2 + \sum_{i=1}^{n} dx_i^2.$$

Die Lorentz-Mannigfaltigkeit $M_{\underline{\lambda}} := (\mathbb{R}^{n+1}, g_{\underline{\lambda}})$ heißt *Cahen-Wallach Raum*.[6] Die Cahen-Wallach-Räume sind Spezialfälle von Beispiel 5.5. Wir kennen also bereits ihre Holonomiegruppe, es ist die abelsche Gruppe

$$Hol(M_{\underline{\lambda}}) \simeq \mathbb{R}^n \simeq \left\{ \begin{pmatrix} 1 & v^t & -\frac{1}{2}|v|^2 \\ 0 & E & -v \\ 0 & 0 & 1 \end{pmatrix} \ \Big| \ v \in \mathbb{R}^n \right\} \subset SO(1, n+1).$$

Insbesondere ist $M_{\underline{\lambda}}$ schwach-irreduzibel, aber nicht irreduzibel. Wir zeigen nun, dass die Cahen-Wallach-Räume symmetrisch sind. Da $M_{\underline{\lambda}}$ einfach-zusammenhängend ist, genügt

---

[6] M. Cahen und N. Wallach haben 1970 Lorentz-symmetrische Räume klassifiziert und dabei diese Räume gefunden, siehe [CW70].

es dazu nach Satz 5.12 zu zeigen, dass M_λ geodätisch vollständig und lokal-symmetrisch ist. Aus den Formeln (5.3) und (5.4) erhalten wir mit den Bezeichnungen von Beispiel 5.5 als die einzigen nichtverschwindenden Zusammenhangskoeffizienten und Krümmungskomponenten

$$\nabla_{e_+} \frac{\partial}{\partial x_j} = \lambda_j x_j \, e_-, \qquad\qquad R\left(e_+, \frac{\partial}{\partial x_j}\right)e_+ = \lambda_j \frac{\partial}{\partial x_j},$$

$$\nabla_{e_+} e_+ = -\sum_{k=1}^{n} \lambda_k x_k \frac{\partial}{\partial x_k}, \qquad R\left(e_+, \frac{\partial}{\partial x_j}\right)\frac{\partial}{\partial x_j} = -\lambda_j e_-. \tag{5.24}$$

Mit der Formel

$$(\nabla_U R)(X, Y)Z = \nabla_U\big(R(X, Y)Z\big) - R(X, Y)\nabla_U Z$$
$$- R(\nabla_U X, Y)Z - R(X, \nabla_U Y)Z$$

für die kovariante Ableitung des Krümmungstensors erhält man aus (5.24) durch direkte Rechnung, dass $\nabla R \equiv 0$. Die Cahen-Wallach-Räume M_λ sind also lokal-symmetrisch. Sei nun $\gamma(\tau) = (t(\tau), s(\tau), \delta_1(\tau), \ldots, \delta_n(\tau))$ eine Geodäte in M_λ. Wenden wir Gl. (5.5) für die kovariante Ableitung entlang γ auf den Tangentialvektor von γ an, so erhalten wir die Geodäten-Gleichungen

$$s(\tau) = c_0 + \tau c_1 \qquad \text{mit Konstanten } c_0, c_1,$$

$$\delta_i''(\tau) = c_1^2 \lambda_i \delta_i(\tau) \qquad \text{für } i = 1, \ldots, n,$$

$$t''(\tau) = -c_1 \sum_{k=1}^{n} \lambda_k \delta_k'(\tau)\delta_k(\tau).$$

Dieses Differentialgleichungssystem ist offensichtlich auf ganz $\mathbb{R}$ lösbar. M_λ ist also geodätisch vollständig.

Für lokal-symmetrische Mannigfaltigkeiten ist die Berechnung der Holonomiealgebra vergleichsweise einfach. Parallelverschiebungen sind in diesem Fall nicht nötig.

Satz 5.13 *Sei (M, g) ein zusammenhängender, lokal-symmetrischer Raum, $x \in M$ und R^g der Krümmungsendomorphismus von (M, g). Dann gilt für die Lie-Algebra der Holonomiegruppe*

$$\mathfrak{hol}_x(M, g) = \operatorname{span}\{R_x^g(v, w) \mid v, w \in T_x M\}.$$

Beweis Nach Satz 5.2 gilt für die Holonomiealgebra

$$\mathfrak{hol}_x(M, g) = \operatorname{span}\left\{(\gamma^* R^g)_x(v, w) \ \middle|\ \begin{array}{l} v, w \in T_x M, \\ \gamma \text{ Weg mit Anfangspunkt } x \end{array}\right\}.$$

Wir benutzen wieder Satz 5.3 für den Krümmungstensor von (M, g). Da $\nabla^g R^g = 0$ gilt, wissen wir, dass für alle entlang einer Kurve γ parallel verschobenen Vektorfelder X, Y, Z auch das Vektorfeld $R(X, Y)Z$ parallel entlang γ ist. Für einen in x beginnenden Weg γ und Vektoren $v, w \in T_x M$ gilt somit

$$(\gamma^* R^g)_x(v, w) = \mathcal{P}_\gamma^{-1} \circ R^g(\mathcal{P}_\gamma(v), \mathcal{P}_\gamma(w)) \circ \mathcal{P}_\gamma = R_x^g(v, w). \qquad \square$$

Um die Holonomiealgebra eines symmetrischen Raumes zu bestimmen, genügt es also, seine Krümmung in einem Punkt zu kennen. Man kann die Krümmung aus der Metrik berechnen. Wir werden die Krümmung außerdem auch in algebraischen Daten der Lie-Algebra der Isometriegruppe angeben.

Wie wir gesehen hatten, wirkt die Isometriegruppe eines symmetrischen Raumes transitiv. Als nächstes wollen wir uns die dadurch entstehende homogene Struktur des symmetrischen Raumes etwas genauer ansehen. Wir fixieren einen Punkt $o \in M$ und bezeichnen mit $\sigma : Iso(M, g) \longrightarrow Iso(M, g)$ die Konjugation mit der Symmetrie s_o:

$$\sigma(f) := s_o \circ f \circ s_o^{-1} = s_o \circ f \circ s_o.$$

Definition 5.4 *Ein Paar von Lie-Gruppen (G, H) heißt zum symmetrischen Raum (M, g, o) assoziiertes symmetrisches Paar, wenn Folgendes gilt:*

1. *G ist eine zusammenhängende, σ-invariante Lie-Untergruppe der Isometriegruppe von (M, g), die transitiv auf M wirkt.*
2. *$H \subset G$ ist der Stabilisator des Punktes o, d. h. $H = \{a \in G \mid a(o) = o\}$.*

Beispiel 5.11 Für den im Beispiel 5.9 besprochenen symmetrischen Raum $(K/L, g, [e])$ können wir das folgende symmetrische Paar (G, H) wählen: $G := \{l_a \mid a \in K\}$ und $H := \{l_b \mid b \in L\}$. Ist $N := \{a \in K \mid l_a = id_{K/L}\}$, so gilt $K/L \simeq (K/N)/(L/N) \simeq G/H$.

Für ein symmetrisches Paar (G, H) eines symmetrischen Raumes (M, g, o) bezeichnen wir mit $\mathfrak{g}$ die Lie-Algebra von G, mit $\mathfrak{h}$ die Lie-Algebra von H und mit $G^\sigma := \{g \in G \mid \sigma(g) = g\} \subset G$ die Fixpunktmenge von σ. G^σ ist eine abgeschlossene Untergruppe von G, also selbst eine Lie-Gruppe. $(G^\sigma)^0$ sei wieder die Zusammenhangskomponente der Identität in G^σ.

Satz 5.14 *Sei (G, H) ein symmetrisches Paar zum symmetrischen Raum (M, g, o). Dann gilt*

$$(G^\sigma)^0 \subset H \subset G^\sigma. \tag{5.25}$$

Der durch die Involution $\sigma : G \longrightarrow G$ auf der Lie-Algebra $\mathfrak{g}$ induzierte Isomorphismus $\sigma_* : \mathfrak{g} \to \mathfrak{g}$ hat die Eigenwerte $+1$ und -1. Die Eigenunterräume von σ_* haben folgende Eigenschaften:

1. $\mathfrak{h} = \{X \in \mathfrak{g} \mid \sigma_*(X) = X\}$.
2. $\mathfrak{m} := \{X \in \mathfrak{g} \mid \sigma_*(X) = -X\}$ *ist ein* $\mathrm{Ad}(H)$-*invariantes algebraisches Komplement von* $\mathfrak{h} \subset \mathfrak{g}$. *Insbesondere ist* G/H *ein reduktiver homogener Raum.*
3. *Für die Zerlegung* $\mathfrak{g} = \mathfrak{h} \oplus \mathfrak{m}$ *gilt:*

$$[\mathfrak{h}, \mathfrak{h}] \subset \mathfrak{h}, \quad [\mathfrak{h}, \mathfrak{m}] \subset \mathfrak{m}, \quad [\mathfrak{m}, \mathfrak{m}] \subset \mathfrak{h}. \tag{5.26}$$

Beweis Für $h \in H$ gilt

$$\sigma(h)(o) = (s_o \, h \, s_o)(o) = o = h(o) \quad \text{und}$$
$$d\sigma(h)_o = \left(ds_o dh_o ds_o\right)_o = dh_o.$$

Da M zusammenhängend ist, folgt daraus, dass die Isometrien h und $\sigma(h)$ übereinstimmen. Es gilt somit $H \subset G^\sigma$. Die Zusammenhangskomponente $(G^\sigma)^0$ wird durch ihre 1-parametrigen Untergruppen $\{\exp(tX) \mid t \in \mathbb{R}\}$ erzeugt, wobei X ein Element in der Lie-Algebra $\mathfrak{g}^\sigma$ von G^σ bezeichnet. Nach Definition kommutiert jedes Element von G^σ mit s_o und wir erhalten für alle $t \in \mathbb{R}$

$$s_o\big(\exp(tX)(o)\big) = \big(s_o \circ \exp(tX)\big)(o) = \big(\exp(tX) \circ s_o\big)(o) = \exp(tX)(o).$$

Folglich liegt die zusammenhängende Menge $\{\exp(tX)(o) \mid t \in \mathbb{R}\}$ in der Fixpunktmenge der Isometrie s_o. Diese Menge enthält aber den isolierten Fixpunkt o und kann deshalb nur aus dem Punkt o bestehen. Dies zeigt $(G^\sigma)^0 \subset H$.

Als nächstes beweisen wir die behaupteten Eigenschaften der Lie-Algebra $\mathfrak{g}$. Für den Eigenunterraum von σ_* zum Eigenwert $+1$ gilt

$$\{X \in \mathfrak{g} \mid \sigma_*(X) = X\} = \mathfrak{g}^\sigma.$$

Wegen (5.25) ist $\mathfrak{g}^\sigma = \mathfrak{h}$. Da σ eine Involution ist, zerlegt sich $\mathfrak{g}$ in die direkte Summe der Eigenunterräume von σ_* zum Eigenwert ± 1. Die Zerlegung ist explizit gegeben durch

$$X = \underbrace{\frac{1}{2}(X + \sigma_* X)}_{\in \mathfrak{h}} + \underbrace{\frac{1}{2}(X - \sigma_* X)}_{\in \mathfrak{m}}.$$

Da eine Isometrie $h \in H$ mit s_o kommutiert, kommutiert der innere Automorphismus $\alpha_h := L_h \circ R_{h^{-1}}$ mit der Involution σ. Dann kommutieren auch die Differentiale $\mathrm{Ad}(h)$ und σ_*. Folglich erhält $\mathrm{Ad}(h)$ die Eigenraum-Zerlegung von σ_*, insbesondere ist $\mathfrak{m} \ \mathrm{Ad}(H)$-invariant. Die Formeln (5.26) erhält man aus der Homomorphismen-Eigenschaft von σ_*:

$$\sigma_*([X, Y]) = [\sigma_*(X), \sigma_*(Y)] \qquad \forall \, X, Y \in \mathfrak{g}. \qquad \square$$

Definition 5.5 *Sei $\mathfrak{g}$ eine Lie-Algebra. Eine Zerlegung $\mathfrak{g} = \mathfrak{h} \oplus \mathfrak{m}$ in Unterräume mit*

$$[\mathfrak{h}, \mathfrak{h}] \subset \mathfrak{h}, \quad [\mathfrak{h}, \mathfrak{m}] \subset \mathfrak{m}, \quad [\mathfrak{m}, \mathfrak{m}] \subset \mathfrak{h},$$

nennen wir eine symmetrische Zerlegung von $\mathfrak{g}$.

Ist (G, H) ein zum symmetrischen Raum (M, g, o) gehörendes symmetrisches Paar, so zerlegt sich die Lie-Algebra $\mathfrak{g}$ symmetrisch in $\mathfrak{g} = \mathfrak{h} \oplus \mathfrak{m}$.

Da die Gruppe G transitiv auf M wirkt, können wir M nach Satz 1.25 mit dem Faktorraum G/H identifizieren. Bei der identifizierenden Abbildung

$$\Psi : [b] \in G/H \rightarrow b(o) \in M$$

geht die G-Wirkung auf M in die kanonische G-Wirkung

$$\begin{aligned} G \times G/H &\longrightarrow G/H \\ (a, [b]) &\longmapsto l_a([b]) := [ab] \end{aligned}$$

auf dem Faktorraum über. Die auf G/H induzierte Metrik $g^{G/H} := \Psi^* g$ ist G-invariant, d. h., für jedes $a \in G$ gilt

$$l_a^* g^{G/H} = g^{G/H}.$$

Wir werden die beiden Räume (M, g) und $(G/H, g^{G/H})$ im Folgenden identifizieren ohne die identifizierende Abbildung Ψ immer hinzuschreiben. Eine Isometrie $a \in G$ wird dabei mit der Abbildung l_a identifiziert.

Definition 5.6 *Die Darstellung der Stabilisatorgruppe H auf dem Tangentialraum $T_o M$*

$$\begin{aligned} \lambda : H &\longrightarrow GL(T_{[e]}G/H) \simeq GL(T_o M) \\ h &\longmapsto (dl_h)_{[e]} \simeq dh_o \end{aligned}$$

heißt Isotropiedarstellung des symmetrischen Raumes (M, g, o) bzgl. des assoziierten symmetrischen Paares (G, H).

Da G/H zusammenhängend und l_h eine Isometrie mit $l_h([e]) = [e]$ ist, ist die Abbildung l_h durch ihr Differential im Punkt $[e]$ eindeutig bestimmt. Folglich gilt $l_h = \mathrm{Id}_{G/H}$ bzw. $h = \mathrm{Id}_M$ für jedes $h \in H$ mit $(dl_h)_{[e]} = \mathrm{Id}$. Die Abbildung λ ist somit injektiv, d. h., die Isotropiedarstellung ist treu.[7] Wir können die Isotropiedarstellung außerdem mit der adjungierten Darstellung von H auf $\mathfrak{m}$ identifizieren. Um dies einzusehen, betrachten wir die kanonische Projektion $\pi : G \rightarrow G/H$. Ihr Differential $d\pi_e : \mathfrak{g} \rightarrow T_{[e]}G/H$ ist auf dem Unterraum $\mathfrak{m} \subset \mathfrak{g}$ injektiv. Dies identifiziert den Tangentialraum $T_o M$ mit dem Vektorraum $\mathfrak{m}$:

$$d\Psi_{[e]} \circ d\pi_e|_\mathfrak{m} : \mathfrak{m} \simeq T_{[e]}G/H \simeq T_o M.$$

---

[7] Eine Darstellung $\rho : G \rightarrow GL(V)$ heißt *treu*, wenn die Abbildung ρ injektiv ist.

Für jedes $h \in H$ kommutiert wegen der $\mathrm{Ad}(H)$-Invarianz von $\mathfrak{m}$ das Diagramm

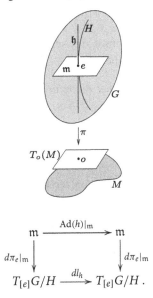

$$
\begin{array}{ccc}
\mathfrak{m} & \xrightarrow{\;\mathrm{Ad}(h)|_{\mathfrak{m}}\;} & \mathfrak{m} \\
{\scriptstyle d\pi_e|_{\mathfrak{m}}}\Big\downarrow & & \Big\downarrow{\scriptstyle d\pi_e|_{\mathfrak{m}}} \\
T_{[e]}G/H & \xrightarrow{\;dl_h\;} & T_{[e]}G/H \, .
\end{array}
$$

Die Isotropiedarstellung λ geht also bei Identifizierung von T_oM mit $\mathfrak{m}$ in die adjungierte Darstellung

$$
\begin{aligned}
\mathrm{Ad} : H & \longrightarrow GL(\mathfrak{m}) \\
h & \longmapsto \mathrm{Ad}(h)_{|\mathfrak{m}}
\end{aligned}
$$

über. Insbesondere sind die Abbildung $\mathrm{Ad} : H \to GL(\mathfrak{m})$ und ihr Differential $\mathrm{ad} : \mathfrak{h} \to \mathfrak{gl}(\mathfrak{m})$ injektiv.

Die Metrik g induziert auf $\mathfrak{m}$ das $\mathrm{Ad}(H)$-invariante (pseudo-)Euklidische Skalarprodukt

$$
\langle v, w \rangle_{\mathfrak{m}} := g^{G/H}_{[e]}(d\pi_e(v), d\pi_e(w)), \qquad v, w \in \mathfrak{m}.
$$

Wir setzen $\langle \cdot, \cdot \rangle_{\mathfrak{m}}$ zu einem Skalarprodukt $\langle \cdot, \cdot \rangle_{\mathfrak{g}}$ auf die Lie-Algebra $\mathfrak{g}$ fort, so dass die Teilräume $\mathfrak{h}$ und $\mathfrak{m}$ orthogonal zueinander sind. Mit g^G bezeichnen wir die durch $\langle \cdot, \cdot \rangle_{\mathfrak{g}}$ definierte linksinvariante Metrik auf G:

$$
g^G_b(X, Y) := \langle dL_{b^{-1}}(X), dL_{b^{-1}}(Y) \rangle_{\mathfrak{g}}, \qquad X, Y \in T_bG.
$$

Mit dieser Metrik ist die Projektion $\pi : (G, g^G) \to (G/H, g^{G/H})$ eine semi-Riemannsche Submersion. Eine Zusammenstellung von Eigenschaften semi-Riemannscher Submersionen findet der Leser bei Bedarf im Anhang A.8.

Der Tangentialraum im Punkt $b \in G$ zerlegt sich in den Tangentialraum an die Faser von π, die b enthält, und sein orthogonales Komplement:

$$
T_bG = \underbrace{T_b(\pi^{-1}[b])}_{=:\mathcal{V}_b} \oplus \underbrace{\left(T_b(\pi^{-1}[b])\right)^{\perp}}_{=:\mathcal{H}_b} \, .
$$

Die Vektoren aus $\mathcal{V}_b$ nennen wir *vertikal*, die aus $\mathcal{H}_b$ *horizontal*. Dann gilt $\mathcal{V}_b = dL_b(\mathfrak{h})$ und $\mathcal{H}_b = dL_b(\mathfrak{m})$ und die Abbildung $d\pi_b|_{\mathcal{H}_b} : \mathcal{H}_b \to T_{[b]}G/H$ ist eine lineare Isometrie.

Wir können nun den Krümmungstensor des symmetrischen Raumes (M, g) durch die Lie-Algebren-Struktur von $\mathfrak{g}$ beschreiben.

Satz 5.15 *Sei (M, g, o) ein symmetrischer Raum und (G, H) ein assoziiertes symmetrisches Paar mit der symmetrischen Zerlegung $\mathfrak{g} = \mathfrak{h} \oplus \mathfrak{m}$. Dann gilt für den Krümmungsendomorphismus von (M, g)*

$$R_o^g(v, w)u = -[[v, w], u] \qquad \forall\, v, w, u \in \mathfrak{m} \simeq T_o M.$$

Beweis Um diese Formel auszurechnen, benutzen wir die Formel für den Krümmungstensor von semi-Riemannschen Submersionen aus Satz A.23 in Anhang A.8.
Wir betrachten die Lie-Gruppe G mit ihrer linksinvarianten Metrik g^G und berechnen zunächst ihren Levi-Civita-Zusammenhang ∇^G. Dabei identifizieren wir Vektoren aus $\mathfrak{g}$ immer mit den von ihnen erzeugten linksinvarianten Vektorfeldern auf G und bezeichnen die Metrik $g_e^G = \langle \cdot, \cdot \rangle_{\mathfrak{g}}$ zur Abkürzung mit $\langle \cdot, \cdot \rangle$. Die Vektoren aus $\mathfrak{m}$ sind horizontal, diejenigen aus $\mathfrak{h}$ vertikal. Für $v, w, x \in \mathfrak{g}$ folgt aus der Koszul-Formel für den Levi-Civita-Zusammenhang von (G, g^G)

$$2\langle \nabla_v^G w, x \rangle = \langle [x, v], w \rangle + \langle v, [x, w] \rangle + \langle [v, w], x \rangle. \tag{5.27}$$

Wir betrachten jetzt horizontale Vektoren $v, w \in \mathfrak{m}$. Ist $x \in \mathfrak{m}$, so liegen die Vektoren $[x, v]$ und $[x, w]$ nach (5.26) in $\mathfrak{h}$. Folglich sind die ersten beiden Summanden der rechten Seite von (5.27) Null. Sei nun $x \in \mathfrak{h}$. Da $\mathfrak{m}$ und das Skalarprodukt $\langle \cdot, \cdot \rangle_{\mathfrak{m}}$ Ad(H)-invariant sind, gilt dann

$$\langle [x, v], w \rangle + \langle v, [x, w] \rangle = 0. \tag{5.28}$$

Folglich verschwindet auch in diesem Fall die Summe der ersten beiden Summanden in (5.27) und wir erhalten für die kovariante Ableitung

$$\nabla_v^G w = \tfrac{1}{2}[v, w] \quad \text{für alle } v, w \in \mathfrak{m}. \tag{5.29}$$

Insbesondere ist die kovariante Ableitung $\nabla_v^G w$ für horizontale Vektoren $v, w \in \mathfrak{m}$ immer vertikal.
Als nächstes berechnen wir den Krümmungstensors R^G von (G, g^G) für horizontale Vektoren $v, w, u, z \in \mathfrak{m}$:

$$\begin{aligned}
R^G(v, w, u, z) &= \langle \nabla_v^G \nabla_w^G u - \nabla_w^G \nabla_v^G u - \nabla_{[v,w]}^G u, z \rangle \\
&= -\langle \nabla_w^G u, \nabla_v^G z \rangle + \langle \nabla_v^G u, \nabla_w^G z \rangle - \langle \nabla_{[v,w]}^G u, z \rangle.
\end{aligned}$$

Aus den Formeln (5.29) und (5.27) folgt dann

$$R^G(v, w, u, z) = -\tfrac{1}{4}\langle [w, u], [v, z]\rangle + \tfrac{1}{4}\langle [v, u], [w, z]\rangle$$
$$- \tfrac{1}{2}\langle [z, [v, w]], u\rangle - \tfrac{1}{2}\langle [v, w], [z, u]\rangle - \tfrac{1}{2}\langle [[v, w], u], z\rangle.$$

Da $[v, w] \in \mathfrak{h}$ und $z, u \in \mathfrak{m}$ können wir wieder Formel (5.28) anwenden und erhalten

$$R^G(v, w, u, z) = -\tfrac{1}{4}\langle [w, u], [v, z]\rangle + \tfrac{1}{4}\langle [v, u], [w, z]\rangle$$
$$- \tfrac{1}{2}\langle [v, w], [z, u]\rangle - \langle [[v, w], u], z\rangle. \tag{5.30}$$

Mit Hilfe von Satz A.23 können wir jetzt den Krümmungstensor des symmetrischen Raumes $(G/H, g^{G/H})$ angeben. Wir identifizieren dazu $T_{[e]}G/H$ und den horizontalen Raum $\mathfrak{m}$ mittels $d\pi_e$ und erhalten mit (5.30)

$$R^{G/H}_{[e]}(v, w, u, z) = R^G_e(v, w, u, z) - \tfrac{1}{2}\langle [v, w], [u, z]\rangle$$
$$+ \tfrac{1}{4}\langle [w, u], [v, z]\rangle - \tfrac{1}{4}\langle [v, u], [w, z]\rangle$$
$$= -\langle [[v, w], u], z\rangle$$
$$= -g^{G/H}_{[e]}([[v, w], u], z).$$

Somit gilt $R^{G/H}_{[e]}(v, w)u = -[[v, w], u]$. Die Identifizierung von (M, g) mit $(G/H, g^{G/H})$ liefert die Behauptung des Satzes. $\qquad\square$

Da jeder symmetrische Raum lokal-symmetrisch ist, erhalten wir aus den Sätzen 5.13 und 5.15 die folgende algebraische Beschreibung der Holonomiealgebra eines symmetrischen Raumes:

Satz 5.16 *Sei (M, g, o) ein symmetrischer Raum und (G, H) ein zugehöriges symmetrisches Paar mit der symmetrischen Zerlegung $\mathfrak{g} = \mathfrak{h} \oplus \mathfrak{m}$. Dann gilt für die Holonomiealgebra*

$$\mathfrak{hol}_o(M, g) = \mathrm{span}\{\mathrm{ad}([v, w])_{|\mathfrak{m}} \mid v, w \in \mathfrak{m} \simeq T_oM\}.$$

Wir betrachten nun ein spezielles symmetrisches Paar (G, H) zum symmetrischen Raum (M, g, o), indem wir für G die kleinstmögliche Gruppe wählen.

Definition 5.7 *Sei (M, g) ein symmetrischer Raum. Dann heißt die von den Isometrien $s_x \circ s_y$ erzeugte Untergruppe*

$$G(M) := \left\langle s_x \circ s_y \mid x, y \in M \right\rangle \subset \mathrm{Iso}(M, g)$$

Transvektionsgruppe von (M, g).

Satz 5.17 *Die Transvektionsgruppe eines symmetrischen Raumes (M, g, o) hat folgende Eigenschaften:*

1. $G(M)$ wirkt transitiv auf M.

2. $G(M)$ *ist invariant gegenüber der Involution* $\sigma := L_{s_0} R_{s_0}^{-1}$ *auf* $Iso(M, g)$.

3. $G(M)$ *ist die kleinste Untergruppe von* $Iso(M, g)$, *die transitiv auf M wirkt und invariant unter* σ *ist.*

4. $G(M)$ *ist eine zusammenhängende Lie-Untergruppe von* $Iso(M, g)$.

5. *Sei* $\mathfrak{g}(M) = \mathfrak{h}(M) \oplus \mathfrak{m}$ *die durch* σ *definierte symmetrische Zerlegung der Lie-Algebra von* $G(M)$. *Die Lie-Gruppe* $G(M)$ *wird von* $\exp(\mathfrak{m})$ *erzeugt.*

6. *Es gilt* $[\mathfrak{m}, \mathfrak{m}] = \mathfrak{h}(M)$.

Beweis 1. Sei $\gamma : [0, 1] \to M$ eine Geodäte von x nach y. Nach Definition der Symmetrien gilt $s_{\gamma(\frac{1}{2})} \circ s_x(x) = y$, es gibt also ein Element von $G(M)$, das x in y überführt. Da man in einer zusammenhängenden Mannigfaltigkeit zwei beliebige Punkte durch eine gebrochene Geodäte verbinden kann, erhält man daraus die Transitivität der Wirkung von $G(M)$ auf M.

2. Sei $f \in Iso(M, g)$ eine beliebige Isometrie von (M, g). Dann gilt für jede Symmetrie s_x

$$s_{f(x)} = f \circ s_x \circ f^{-1}, \tag{5.31}$$

denn auf beiden Seiten stehen Isometrien, die im Punkt $f(x)$ übereinstimmen und dort die gleiche Ableitung haben. Daraus folgt

$$\sigma(s_x s_y) := s_0(s_x s_y)s_0 = (s_0 s_x s_0)(s_0 s_y s_0) = s_{s_0(x)} s_{s_0(y)} \in G(M).$$

$G(M)$ ist also invariant gegenüber σ.

3. Sei G eine weitere Untergruppe von $Iso(M, g)$, die transitiv auf M wirkt und σ-invariant ist. Wir zeigen, dass $G(M) \subset G$ gilt. Sei $x \in M$ und $a \in G$ mit $a(o) = x$. Dann gilt wegen (5.31)

$$s_x s_0 = s_{a(o)} s_0 = a s_0 a^{-1} s_0 = a \sigma(a)^{-1} \in G.$$

Dann liegt wegen $(s_x s_0)^{-1} = s_0 s_x$ und $s_x s_y = s_x s_0 s_0 s_y$ das Produkt der Symmetrien $s_x s_y$ für beliebige Punkte $x, y \in M$ in G. Dies zeigt $G(M) \subset G$.

4. Wir zeigen als nächstes, dass $G(M)$ eine zusammenhängende Lie-Untergruppe von $Iso(M, g)$ ist. Dazu müssen wir nach Satz 1.23 zeigen, dass man jedes Element von $G(M)$ mit der Identität durch einen stückweise glatten, in $G(M)$ verlaufenden Weg verbinden kann. Es genügt, dies für die Elemente $s_x s_y \in G(M)$ zu zeigen. Wir wählen dazu eine glatte Kurve $\gamma : [0, 1] \to M$ mit $\gamma(0) = x$ und $\gamma(1) = y$. Dann ist $\alpha(t) := s_x s_{\gamma(t)}$ eine in $G(M)$ verlaufende Kurve von Isometrien, die $\mathrm{Id}_M = s_x^2$ mit $s_x s_y$ verbindet. Eine Kurve $\beta(t)$ in $Iso(M, g)$ ist glatt, wenn die Abbildung $(t, p) \in I \times M \to \beta(t)(p) \in M$ glatt ist. Da die Symmetrien s_y glatt vom Referenzpunkt y abhängen, ist α glatt. Dies zeigt, dass $G(M)$ eine zusammenhängende Lie-Untergruppe der Isometriegruppe ist.

5. Es sei $H(M) = G(M)_o$ der Stabilisator des Punktes o. Dann wissen wir aus Satz 5.14, dass sich die Lie-Algebra $\mathfrak{g}(M)$ von $G(M)$ symmetrisch in $\mathfrak{g}(M) = \mathfrak{h}(M) \oplus \mathfrak{m}$ zerlegt, wobei $\mathfrak{h}(M)$ die Lie-Algebra von $H(M)$ und $\mathfrak{m}$ der Eigenunterraum von σ_* zum Eigenwert -1 ist. Wir zeigen, dass die zusammenhängende Gruppe $G(M)$ nicht nur von $\exp(\mathfrak{g}(M))$ (siehe

Satz 1.5), sondern sogar von $\exp(\mathfrak{m})$ erzeugt wird. Da $s_x s_y = (s_x s_o)(s_o s_y) = (s_o s_x)^{-1}(s_o s_y)$, müssen wir nur zeigen, dass jede Isometrie $s_o s_x$ in der von $\exp(\mathfrak{m})$ erzeugten Gruppe $\langle \exp(\mathfrak{m}) \rangle$ liegt. Wir betrachten dazu die Menge $\mathcal{M}_k$ der Punkte aus M, die man mit o durch eine gebrochene Geodäte verbinden kann, die aus k glatten Stücken besteht, und beweisen die Behauptung durch Induktion über k.

Sei $x \in \mathcal{M}_1$. Die Abbildung

$$\pi : a \in G(M) \longrightarrow a(o) \in M$$

ist eine semi-Riemannsche Submersion mit der oben definierten Metrik auf $G(M)$. Solche Submersionen führen horizontale Geodäten des Totalraumes in Geodäten des Basisraumes über. Die Integralkurve $\alpha(t) = \exp(tv)$ des von $v \in \mathfrak{m}$ erzeugten linksinvarianten Vektorfeldes auf $G(M)$ ist horizontal. Für die kovariante Ableitung von α' gilt nach Formel (5.29)

$$\frac{\nabla^{G(M)}\alpha'}{dt}(t) = \nabla_v^{G(M)} v = \frac{1}{2}[v, v] = 0. \tag{5.32}$$

Die Geodäten von M durch o haben also die Form $\gamma(t) = \exp(tv)(o)$ mit $v \in \mathfrak{m}$.
Sei nun $x \in \mathcal{M}_1$. Wir wählen ein $v \in \mathfrak{m}$ mit $x = \exp(v)(o)$. Dann gilt

$$\exp(2v) = \exp(v)\exp(v) = \exp(v)\exp(\sigma_*(-v)) = \exp(v)\sigma(\exp(-v))$$

$$= \exp(v)s_o \exp(v)^{-1}s_o \overset{(5.31)}{=} s_{\exp(v)(o)}s_o = s_x s_o. \tag{5.33}$$

Folglich liegen $s_x s_o$ und $s_o s_x = (s_x s_o)^{-1}$ in der Gruppe $\langle \exp(\mathfrak{m}) \rangle$.
Wir nehmen nun an, wir hätten unsere Behauptung bereits für $k - 1$ gezeigt, und beweisen sie für k: Sei $x \in \mathcal{M}_k$ und γ eine gebrochene Geodäte von o nach x, die aus glatten Stücken γ_i besteht, die die Punkte x_{i-1} und x_i verbinden, wobei $o = x_0$ und $x = x_k$. Mit y_i bezeichnen wir den Mittelpunkt von γ_i.

Dann gilt $s_o s_x = (s_o s_{x_{k-1}})(s_{x_{k-1}} s_x)$. Nach Induktionsvoraussetzung ist $s_o s_{x_{k-1}} \in \langle \exp(\mathfrak{m}) \rangle$. Es bleibt $s_{x_{k-1}} s_x \in \langle \exp(\mathfrak{m}) \rangle$ zu zeigen. Dazu betrachten wir die Isometrie

$$T := s_{y_{k-1}} s_{x_{k-2}} s_{y_{k-2}} s_{x_{k-3}} \cdots s_{y_2} s_{x_1} s_{y_1} s_o$$

$$= (s_{y_{k-1}} s_o)(s_o s_{x_{k-2}})(s_{y_{k-2}} s_o)(s_o s_{x_{k-3}}) \cdots (s_{y_2} s_o)(s_o s_{x_1})(s_{y_1} s_o).$$

Nach Induktionsvoraussetzung liegt T in $\langle \exp(\mathfrak{m}) \rangle$. Des Weiteren gilt $T(o) = x_{k-1}$ und $T^{-1}(x) \in \mathcal{M}_1$, denn die glatte Geodäte $T^{-1} \circ \gamma_k$ verbindet o mit $T^{-1}(x)$. Aus (5.31) folgt

$$T^{-1} s_{x_{k-1}} s_x T = (T^{-1} s_{x_{k-1}} T)(T^{-1} s_x T) = s_{T^{-1}(x_{k-1})} s_{T^{-1}(x)} = s_o s_{T^{-1}(x)},$$

also liegt nach Induktionsanfang $T^{-1}s_{x_{k-1}}s_x T$ und somit auch $s_{x_{k-1}}s_x$ in der Gruppe $\langle \exp(\mathfrak{m})\rangle$.

6. Abschließend zeigen wir $[\mathfrak{m}, \mathfrak{m}] = \mathfrak{h}(M)$. Aus $[\mathfrak{h}(M), \mathfrak{m}] \subset \mathfrak{m}$ und $[\mathfrak{m}, \mathfrak{m}] \subset \mathfrak{h}(M)$ folgt $[[\mathfrak{m}, \mathfrak{m}], \mathfrak{m}] \subset \mathfrak{m}$. Die Jacobi-Identität für den Kommutator von $\mathfrak{g}(M)$ liefert $[[\mathfrak{m}, \mathfrak{m}], [\mathfrak{m}, \mathfrak{m}]] \subset [\mathfrak{m}, \mathfrak{m}]$. Somit ist $\mathfrak{m} + [\mathfrak{m}, \mathfrak{m}] \subset \mathfrak{g}(M)$ eine Lie-Unteralgebra von $\mathfrak{g}(M)$. Da die Transvektionsgruppe $G(M)$ durch $\exp(\mathfrak{m})$ erzeugt wird, wird $\mathfrak{g}(M)$ als Lie-Algebra von $\mathfrak{m}$ erzeugt. Deshalb gilt $\mathfrak{m} + [\mathfrak{m}, \mathfrak{m}] = \mathfrak{g}(M)$. Insbesondere bedeutet dies, dass $[\mathfrak{m}, \mathfrak{m}] = \mathfrak{h}(M)$. $\qquad\square$

Da die adjungierte Darstellung von $\mathfrak{h}(M)$ über $\mathfrak{m}$ injektiv ist, können wir die Holonomiealgebra nun auf Grund von Satz 5.16 und 5.17 mit der Lie-Algebra des Stabilisators der Transvektionsgruppe identifizieren. Dies gibt uns außerdem eine geometrische Beschreibung der Lie-Algebra der Transvektionsgruppe durch die Krümmung von (M, g) im Punkt o.

Folgerung 5.3 *Sei (M, g) ein symmetrischer Raum, $G(M)$ seine Transvektionsgruppe mit der Lie-Algebra $\mathfrak{g}(M)$ und $H(M) = G(M)_o$ der Stabilisator von $o \in M$ mit der Lie-Algebra $\mathfrak{h}(M)$.*

1. *Für die Holonomiealgebra von (M, g) gilt*

$$\mathfrak{hol}_o(M, g) \simeq \mathrm{ad}(\mathfrak{h}(M)) \simeq \mathfrak{h}(M).$$

2. *Sei $\mathcal{R}_o := \mathrm{span}\{R_o^g(X, Y) \mid X, Y \in T_oM\}$. $\mathcal{R}_o$ ist eine Lie-Unteralgebra von $\mathfrak{gl}(T_oM)$ und die Lie-Algebra $\mathfrak{g}(M)$ ist isomorph zur Lie-Algebra $\widetilde{\mathfrak{g}} := \mathcal{R}_o \oplus T_oM$ mit dem Kommutator*

$$[R_o^g(X, Y), R_o^g(U, V)] := R_o^g(X, Y) \circ R_o^g(U, V) - R_o^g(U, V) \circ R_o^g(X, Y),$$

$$[R_o^g(X, Y), U] := R_o^g(X, Y)U,$$

$$[U, V] := -R_o^g(U, V).$$

Beispiel 5.12 *Die Grassmann-Mannigfaltigkeit $G_k(\mathbb{R}^n)$ als symmetrische Riemannsche Mannigfaltigkeit.*

Wir betrachten die Grassmann-Mannigfaltigkeit $G_k(\mathbb{R}^n)$ aller k-dimensionalen Unterräume des $\mathbb{R}^n$. Die Gruppe $SO(n)$ wirkt transitiv auf $G_k(\mathbb{R}^n)$. Der Stabilisator des Unterraumes $E_0 = \mathrm{span}\{(x_1, \ldots, x_k, 0, \ldots, 0) \mid x_j \in \mathbb{R}\}$ ist die Gruppe $S(O(k) \times O(n-k))$. Folglich ist $G_k(\mathbb{R}^n)$ diffeomorph zum Faktorraum

$$G_k(\mathbb{R}^n) = SO(n)\big/S(O(k) \times O(n-k)).$$

Die Lie-Algebra $\mathfrak{so}(n)$ von $SO(n)$ zerlegt sich auf folgende Weise in die Lie-Algebra des Stabilisators und ein Komplement $\mathfrak{m}$:

$$\mathfrak{so}(n) = \left\{ \begin{pmatrix} A & -C^t \\ C & B \end{pmatrix} \,\middle|\, \begin{array}{l} A \in \mathfrak{so}(k),\ B \in \mathfrak{so}(n-k) \\ C\ ((n-k) \times k) - \text{Matrix} \end{array} \right\}$$

$$\simeq \big(\mathfrak{so}(k) \oplus \mathfrak{so}(n-k)\big) \oplus \mathfrak{m},$$

wobei $\mathfrak{m} = \left\{ \begin{pmatrix} 0 & -C^t \\ C & 0 \end{pmatrix} \right\}$ isomorph zum Vektorraum der $((n-k) \times k)$-Matrizen ist. Man rechnet leicht nach, dass diese Zerlegung von $\mathfrak{so}(n)$ symmetrisch ist, es gilt sogar

$$[\mathfrak{so}(k) \oplus \mathfrak{so}(n-k), \mathfrak{m}] \subset \mathfrak{m} \quad \text{und}$$

$$[\mathfrak{m}, \mathfrak{m}] = \mathfrak{so}(k) \oplus \mathfrak{so}(n-k). \tag{5.34}$$

Wir betrachten auf $\mathfrak{so}(n)$ die Killing-Form

$$B_{\mathfrak{so}(n)}(X, Y) = \text{Tr}(\text{ad}(X) \circ \text{ad}(Y)) = (n-2)\,\text{Tr}(X \circ Y)$$

(siehe Aufgabe 1.7). Die Bilinearform

$$\langle X, Y \rangle_{\mathfrak{m}} := -\frac{1}{2}\,\text{Tr}(X \circ Y), \quad X, Y \in \mathfrak{m},$$

auf $\mathfrak{m}$ ist positiv definit und $\text{ad}(\mathfrak{so}(k) \oplus \mathfrak{so}(n-k))$-invariant. Das Skalarprodukt $\langle \cdot, \cdot \rangle_{\mathfrak{m}}$ induziert also eine $SO(n)$-invariante Metrik g auf $G_k(\mathbb{R}^n) = SO(n)/S(O(k) \times O(n-k))$. Sei

$$J_k := \text{diag}(\underbrace{-1, \ldots, -1}_{k\text{-mal}}, \underbrace{1, \ldots, 1}_{(n-k)\text{-mal}})$$

die Diagonalmatrix mit ± 1 auf der Hauptdiagonale und $\sigma : SO(n) \to SO(n)$ der involutive Automorphismus $\sigma(a) = J_k a J_k$. Für die Fixpunktgruppe von σ gilt dann

$$SO(n)^\sigma = S(O(k) \times O(n-k)).$$

Nach Beispiel 5.9 ist die Grassmann-Mannigfaltigkeit $(G_k(\mathbb{R}^n), g)$ somit eine symmetrische Riemannsche Mannigfaltigkeit.

Für ungerades n wirkt nur die Einheitsmatrix $E \in SO(n)$ als Identität auf $SO(n)/S(O(k) \times O(n-k))$. Für gerades n tun dies nur die Elemente $\pm E$. Sei

$$N := \{a \in SO(n) \mid l_a = \text{Id}_{SO(n)/S(O(k) \times O(n-k))}\}$$

$$= \begin{cases} E, & \text{falls } n \text{ ungerade}, \\ \{\pm E\}, & \text{falls } n \text{ gerade}. \end{cases}$$

Dann ist $(G = SO(n)/N, H = S(O(k) \times O(n-k))/N)$ ein symmetrisches Paar zum symmetrischen Raum $G_k(\mathbb{R}^n)$ und es gilt

$$G_k(\mathbb{R}^n) = G/H$$

(siehe auch Beispiel 5.11). Die Lie-Algebra von G ist $\mathfrak{so}(n)$, die der Untergruppe $H \subset G$ stimmt mit der Unteralgebra $\mathfrak{so}(k) \oplus \mathfrak{so}(n - k) \subset \mathfrak{so}(n)$ überein. Der Vektorraum $\mathfrak{m}$ ist der Eigenunterraum von σ_* zum Eigenwert -1. Da für die symmetrische Zerlegung der Lie-Algebra von G sogar (5.34) gilt, ist $G = SO(n)/N$ die Transvektionsgruppe von $G_k(\mathbb{R}^n)$.

Die Killing-Form von $\mathfrak{so}(n)$ induziert eine biinvariante Metrik auf der Transvektionsgruppe $SO(n)/N$ der Grassmann-Mannigfaltigkeit $G_k(\mathbb{R}^n)$. Wir beweisen nun, dass die Transvektionsgruppe für *jeden* symmetrischen Raum eine biinvariante Metrik besitzt. Diese Eigenschaft der Transvektionsgruppe spielt bei der Klassifikation von symmetrischen Räumen eine wichtige Rolle. Nach Satz 1.17 und 1.13 genügt es dazu, ein ad-invariantes Skalarprodukt[8] auf der Lie-Algebra der Transvektionsgruppe anzugeben.

Satz 5.18 *Sei $G(M)$ die Transvektionsgruppe eines symmetrischen Raumes (M, g, o) und $\mathfrak{g}(M) = \mathfrak{h}(M) \oplus \mathfrak{m}$ die zugehörige symmetrische Zerlegung ihrer Lie-Algebra. Dann existiert auf $\mathfrak{g}(M)$ ein eindeutig bestimmtes $\mathrm{ad}(\mathfrak{g}(M))$-invariantes Skalarprodukt $\langle \cdot, \cdot \rangle_{\mathfrak{g}(M)}$ mit $\mathfrak{h}(M) \perp \mathfrak{m}$ und $\langle \cdot, \cdot \rangle_{|\mathfrak{m} \times \mathfrak{m}} = g_o$.*

Beweis Wie wir bereits wissen, induziert die Metrik g_o ein $\mathrm{Ad}(H(M))$-invariantes Skalarprodukt $\langle \cdot, \cdot \rangle_{\mathfrak{m}}$ auf $\mathfrak{m}$. Wir konstruieren uns daraus zunächst eine symmetrische Bilinearform auf $\mathfrak{h}(M)$. Dazu betrachten wir die Abbildung $F : \mathfrak{m} \times \mathfrak{m} \times \mathfrak{m} \times \mathfrak{m} \to \mathbb{R}$ mit

$$F(x, y, u, v) := \langle [[x, y], u], v \rangle_{\mathfrak{m}}, \qquad x, y, u, v \in \mathfrak{m}.$$

F ist schiefsymmetrisch in (x, y) und wegen der $\mathrm{ad}(\mathfrak{h}(M))$-Invarianz von $\langle \cdot, \cdot \rangle_{\mathfrak{m}}$ auch schiefsymmetrisch in (u, v) und erfüllt die Bianchi-Identität

$$F(x, y, u, v) + F(y, u, x, v) + F(u, x, y, v) = 0.$$

Aus diesen drei Eigenschaften folgt die Symmetrie von F in den Paaren (x, y) und (u, v):

$$F(x, y, u, v) = F(u, v, x, y). \tag{5.35}$$

Seien nun $A, B \in \mathfrak{h}(M)$ und $x, y, u, v \in \mathfrak{m}$ Vektoren mit $A = [x, y]$ und $B = [u, v]$. Wir definieren

$$\langle A, B \rangle_{\mathfrak{h}(M)} := F(x, y, u, v).$$

Dann ist wegen (5.35)

$$\langle A, B \rangle_{\mathfrak{h}(M)} = \langle [A, u], v \rangle_{\mathfrak{m}} = \langle [B, x], y \rangle_{\mathfrak{m}}. \tag{5.36}$$

Dies zeigt, dass der Wert $\langle A, B \rangle_{\mathfrak{h}(M)}$ nicht von der Wahl von x, y, u, v abhängt. $\langle \cdot, \cdot \rangle_{\mathfrak{h}(M)}$ ist also eine (korrekt definierte) symmetrische Bilinearform auf $\mathfrak{h}(M)$. Die Bilinearform auf

---

[8] Wir weisen nochmal darauf hin, dass wir in diesem Buch das Wort *Skalarprodukt* für nichtausgeartete, symmetrische Bilinearformen benutzen. Positiv definit ist nicht gefordert.

$\mathfrak{g}(M)$ definieren wir nun durch

$$\langle A + x, B + y \rangle_{\mathfrak{g}(M)} := \langle A, B \rangle_{\mathfrak{h}(M)} + \langle x, y \rangle_{\mathfrak{m}}, \qquad A, B \in \mathfrak{h}(M), \; x, y \in \mathfrak{m}.$$

Dann sind die Teilräume $\mathfrak{h}(M)$ und $\mathfrak{m}$ per Definition orthogonal bzgl. $\langle \cdot, \cdot \rangle_{\mathfrak{g}(M)}$. Die ad$(\mathfrak{g}(M))$-Invarianz von $\langle \cdot, \cdot \rangle_{\mathfrak{g}(M)}$ ist nun durch Einsetzen leicht nachzuprüfen. Man zeigt zuerst die ad$(\mathfrak{m})$-Invarianz und führt den Nachweis der ad$(\mathfrak{h}(M))$-Invarianz auf $\mathfrak{h}(M) \times \mathfrak{h}(M)$ mit $[\mathfrak{m}, \mathfrak{m}] = \mathfrak{h}(M)$ und der Jacobi-Identität auf die ad$(\mathfrak{m})$-Invarianz zurück. Um zu zeigen, dass $\langle \cdot, \cdot \rangle_{\mathfrak{g}(M)}$ nichtausgeartet ist, genügt es, dies für die Bilinearform auf $\mathfrak{h}(M)$ zu zeigen. Sei $A \in \mathfrak{h}(M)$ und gelte $\langle A, B \rangle_{\mathfrak{h}(M)} = 0$ für alle $B \in \mathfrak{h}(M)$. Dann folgt

$$\langle A, [u, v] \rangle_{\mathfrak{h}(M)} = \langle [A, u], v \rangle_{\mathfrak{m}} = 0 \quad \text{für alle } u, v \in \mathfrak{m}.$$

Da $\langle \cdot, \cdot \rangle_{\mathfrak{m}}$ nichtausgeartet ist, folgt $[A, u] = 0$ für alle $u \in \mathfrak{m}$ und daraus $A = 0$, da $ad(\cdot)_{|\mathfrak{m}}$ injektiv auf $\mathfrak{h}(M)$ ist.

Die oben definierte Fortsetzung von $\langle \cdot, \cdot \rangle_{\mathfrak{m}}$ auf $\mathfrak{g}(M)$ ist die einzig mögliche mit den geforderten Eigenschaften, denn für die ad$(\mathfrak{g}(M))$-Invarianz ist die Bedingung (5.36) notwendig. $\qquad \square$

Der nächste Satz beleuchtet die geometrische Bedeutung der Transvektionsgruppe eines symmetrischen Raumes.

Satz 5.19 *Sei $G(M)$ die Transvektionsgruppe eines symmetrischen Raumes (M, g). Dann gilt:*

a) *Zu jeder glatten Kurve $\gamma : [0, 1] \longrightarrow M$, die $o \in M$ mit einem Punkt $x \in M$ verbindet, existiert ein Element $a \in G(M)$, für das $a(o) = x$ und $da_o = \mathcal{P}_\gamma$ gilt. Dabei bezeichnet $\mathcal{P}_\gamma$ die Parallelverschiebung entlang γ.*

b) *Andererseits existiert zu jedem Element $a \in G(M)$ eine stückweise glatte Kurve $\gamma_a : [0, 1] \longrightarrow M$ von o nach $a(o)$, so dass $da_o = \mathcal{P}_{\gamma_a}$ gilt.*

Beweis Zur Abkürzung bezeichnen wir $G(M)$ und $H(M)$ kurz mit G bzw. H. Zum Beweis des Satzes benutzen wir wieder die Eigenschaften der bereits im Beweis von Satz 5.15 und Satz 5.17 betrachteten semi-Riemannschen Submersion

$$\overline{\pi} := \Psi \circ \pi : (G, g^G) \overset{\pi}{\longrightarrow} (G/H, g^{G/H}) \overset{\Psi}{\longrightarrow} (M, g).$$

Jedes Vektorfeld X auf dem Basisraum M besitzt einen eindeutig bestimmten horizontalen Lift $\overline{X}$, d. h. ein Vektorfeld $\overline{X}$ auf G mit $\overline{X}(b) \in \mathcal{H}_b = dL_b(\mathfrak{m})$ und $d\overline{\pi}_b(\overline{X}(b)) = X(b(o))$. Der Levi-Civita-Zusammenhang von (G, g^G) ist mit dem von (M, g) durch die Formel

$$\nabla^M_X Y = proj_{\mathcal{H}} \nabla^G_{\overline{X}} \overline{Y} \qquad (5.37)$$

verbunden.

a) Sei nun $\gamma : [0, 1] \longrightarrow M$ eine Kurve in M mit $\gamma(0) = o$ und $\gamma(1) = x$ und $\overline{\gamma} : [0, 1] \to G$ der eindeutig bestimmte horizontale Lift von γ mit dem Anfangspunkt $\overline{\gamma}(0) = e$. Wir betrachten einen Vektor $v \in \mathfrak{m}$ und den zugehörigen Tangentialvektor $Y := d\overline{\pi}(v) \in T_oM$. Wir werden zeigen, dass das Vektorfeld $Y(t) := d\overline{\gamma}(t)_o Y$ parallel entlang γ ist. Dann ist $\mathcal{P}_\gamma = d\overline{\gamma}(1)_o$, und $a := \overline{\gamma}(1) \in G$ ist unser gesuchtes Element. Das Vektorfeld

$$\overline{Y}(t) := dL_{\overline{\gamma}(t)} v \in \mathcal{H}_{\overline{\gamma}(t)}$$

ist der horizontale Lift von $Y(t)$. Wir bezeichnen außerdem mit $w(t)$ die Kurve

$$w(t) := dL_{\overline{\gamma}(t)^{-1}} (\overline{\gamma}'(t)) \in \mathfrak{m},$$

die durch Zurückschieben des Tangentialvektors von $\overline{\gamma}$ in das neutrale Element e entsteht. Aus den Formeln (5.29) und (5.37) erhalten wir dann für die kovariante Ableitung von Y entlang γ

$$\frac{\overline{\nabla^M Y}}{dt}(t) \overset{(5.37)}{=} proj_{\mathcal{H}} \frac{\nabla^G \overline{Y}}{dt}(t) \overset{(5.29)}{=} \frac{1}{2} proj_{\mathcal{H}} [w(t), v]_\mathfrak{g}$$

$$= \frac{1}{2} proj_\mathfrak{m} [w(t), v]_\mathfrak{g} = 0.$$

Folglich ist $Y(t)$ parallel entlang γ. Dies beweist Behauptung a).

b) Um die Umkehrung zu beweisen, betrachten wir zunächst ein Element $a \in G$ der Form $a = \exp(v)$ mit $v \in \mathfrak{m}$. Die Kurve $\gamma(t) := \exp(tv)(o)$ verbindet $o = \gamma(0)$ mit $\gamma(1) = a(o)$ in M. Es bleibt, die Formel $\mathcal{P}_\gamma = da_o$ zu zeigen. Wir betrachten dazu ein entlang γ paralleles Vektorfeld X auf M. Sei $c \in [0, 1]$ fixiert. Dann ist $ds_{\gamma(c)}X$ parallel entlang $s_{\gamma(c)} \circ \gamma$. Außerdem gilt $s_{\gamma(c)}\gamma(c + t) = \gamma(c - t)$ und $ds_{\gamma(c)}(X(c)) = -X(c)$. Aus der Eindeutigkeit der Parallelverschiebung folgt dann

$$ds_{\gamma(c)}X(c + t) = -X(c - t)$$

für jeden Parameter t. Nach Formel (5.33) gilt $a = \exp(v) = s_{\exp(\frac{v}{2})(o)} s_o$. Es folgt

$$da_o(X(o)) = ds_{\exp(\frac{v}{2})(o)} ds_o(X(o)) = -ds_{\exp(\frac{v}{2})(o)}(X(o)) = X(1).$$

Somit ist da_o die Parallelverschiebung entlang γ und b) ist für Elemente $a = \exp(v)$ mit $v \in \mathfrak{m}$ bewiesen. Da die Transvektionsgruppe G durch $\exp(\mathfrak{m})$ erzeugt wird, genügt es nun zum Beweis von b), zu Elementen $a_1, a_2 \in G$ mit bereits bekannten Wegen γ_{a_1} und γ_{a_2}, einen Weg $\gamma_{a_1 a_2}$ zu konstruieren. Wir betrachten dazu

$$\gamma_{a_1 a_2}(t) := \begin{cases} \gamma_{a_1}(2t) & 0 \leq t \leq \frac{1}{2}, \\ a_1 \gamma_{a_2}(2t - 1) & \frac{1}{2} \leq t \leq 1. \end{cases}$$

Die Parallelverschiebung entlang $\gamma_{a_1 a_2}$ ist dann durch

$$(da_1 da_2 da_1^{-1})(da_1)_o = d(a_1 a_2)_o$$

gegeben. Nach Konstruktion ist $\gamma_{a_1 a_2}(0) = o$ und $\gamma_{a_1 a_2}(1) = a_1 \gamma_{a_2}(1) = a_1 a_2(o)$. Dies zeigt Behauptung b) im allgemeinen Fall. $\qquad\Box$

Aus dem letzten Satz erhalten wir die folgende Beschreibung für die Holonomiegruppe eines symmetrischen Raumes, wobei wir uns nicht mehr auf die reduzierte Holonomiegruppe beschränken müssen, die wir durch ihre Lie-Algebra bereits kennen.

Satz 5.20 *Sei (M, g, o) ein symmetrischer Raum und $G(M)$ seine Transvektionsgruppe. Mit $\lambda : H(M) \longrightarrow GL(T_o M)$ bezeichnen wir die Isotropiedarstellung des Stabilisators $H(M) = G(M)_o$. Dann gilt*

$$\lambda(H(M)) = Hol_o(M, g).$$

Insbesondere ist die Holonomiegruppe $Hol_o(M, g)$ isomorph zur Stabilisatorgruppe $H(M)$, und die Holonomiedarstellung ρ geht bei diesem Isomorphismus in die Isotropiedarstellung λ über.

Beweis Wir müssen zeigen, dass wir die Parallelverschiebungen $\mathcal{P}_\gamma$ entlang stückweise glatter, in o geschlossener Kurven γ durch Abbildungen $\lambda(a) = da_o$ für $a \in H(M)$ repräsentieren können und umgekehrt.
1. Wir zeigen zuerst $Hol_o(M, g) \subset \lambda(H(M))$. Sei γ ein stückweise glatter, in o geschlossener Weg in M mit den glatten Stücken γ_i von x_{i-1} nach x_i. Wir wählen eine Isometrie $t_i \in G(M)$ mit $t_i(x_{i-1}) = o$. Dann ist $t_i \circ \gamma_i$ ein glatter Weg von o nach $t_i(x_i)$ und nach Satz 5.19 existiert ein $a_i \in G(M)$ mit $a_i(o) = t_i(x_i)$ und

$$(da_i)_o = \mathcal{P}_{t_i \circ \gamma_i} = dt_i \mathcal{P}_{\gamma_i} dt_i^{-1}.$$

Es folgt

$$\mathcal{P}_{\gamma_i} = d(t_i^{-1} \cdot a_i \cdot t_i) \quad \text{und} \quad (t_i^{-1} \cdot a_i \cdot t_i)(x_{i-1}) = t_i^{-1}(a_i(o)) = x_i.$$

Für den gesamten Weg $\gamma = \gamma_r * \ldots * \gamma_1$ gilt dann

$$\mathcal{P}_\gamma = d(\underbrace{t_r^{-1} a_r t_r \cdot \ldots \cdot t_1^{-1} a_1 t_1}_{=: a \in G})_o$$

und $a(o) = \gamma(1) = o$. Somit ist $a \in H(M)$ und $\mathcal{P}_\gamma = da_o = \lambda(a)$.
2. $\lambda(H(M)) \subset Hol_o(M, g)$ folgt unmittelbar aus Satz 5.19. Ist $a \in H(M)$, so ist die Kurve γ_a in o geschlossen und es gilt $\lambda(a) = da_o = \mathcal{P}_{\gamma_a}$. Folglich ist $\lambda(a) \in Hol_o(M, g)$. $\qquad\Box$

Wir fügen als Ausblick einige Kommentare zur Klassifikation symmetrischer Räume an, ohne auf die aufwändigen Beweise eingehen zu können. Weitergehende Details dazu findet man z. B. in [He01, KN63, CP80, Ne03, KO08].

Die Klassifikation einfach-zusammenhängender symmetrischer Räume kann man auf die algebraische Klassifikation spezieller Lie-Algebren zurückführen.

Definition 5.8 *Ein Paar* $(\mathfrak{g} = \mathfrak{h} \oplus \mathfrak{m}, B)$ *heißt metrische symmetrische Lie-Algebra, wenn Folgendes gilt:*

1. $\mathfrak{g}$ *ist eine Lie-Algebra und* $\mathfrak{h}$ *und* $\mathfrak{m}$ *sind Unterräume von* $\mathfrak{g}$ *mit* $[\mathfrak{h}, \mathfrak{h}] \subset \mathfrak{h}$, $[\mathfrak{h}, \mathfrak{m}] \subset \mathfrak{m}$ *und* $[\mathfrak{m}, \mathfrak{m}] = \mathfrak{h}$.
2. B *ist ein* $\mathrm{ad}(\mathfrak{g})$-*invariantes Skalarprodukt auf* $\mathfrak{g}$, *d. h.*

$$B([X, Y], Z) + B(Y, [X, Z]) = 0 \quad f\ddot{u}r \; alle \; X, Y, Z \in \mathfrak{g}.$$

3. $B(\mathfrak{h}, \mathfrak{m}) = 0$.

Zwei metrische symmetrische Lie-Algebren $(\mathfrak{g}_1 = \mathfrak{h}_1 \oplus \mathfrak{m}_1, B_1)$ *und* $(\mathfrak{g}_2 = \mathfrak{h}_2 \oplus \mathfrak{m}_2, B_2)$ *heißen isomorph, wenn es einen Lie-Algebren-Isomorphismus* $\phi : \mathfrak{g}_1 \to \mathfrak{g}_2$ *gibt mit* $\phi(\mathfrak{h}_1) = \mathfrak{h}_2$, $\phi(\mathfrak{m}_1) = \mathfrak{m}_2$ *und* $\phi^* B_2 = B_1$.

Wie wir bereits gesehen haben, kann man jedem symmetrischen Raum (M, g, o) eine metrische symmetrische Lie-Algebra $\tau(M, g, o)$ zuordnen, nämlich die seiner Transvektionsgruppe

$$\tau(M, g, o) := (\mathfrak{g}(M) = \mathfrak{h}(M) \oplus \mathfrak{m}, \langle \cdot, \cdot \rangle_{\mathfrak{g}(M)}).$$

Sind (M_1, g_1, o_1) und (M_2, g_2, o_2) isometrische symmetrische Räume, so sind die metrischen symmetrischen Lie-Algebren $\tau(M_1, g_1, o_1)$ und $\tau(M_2, g_2, o_2)$ isomorph. Andererseits erhält man auf die folgende Weise für jede metrische symmetrische Lie-Algebra $(\mathfrak{g} = \mathfrak{h} \oplus \mathfrak{m}, B)$ einen einfach-zusammenhängenden symmetrischen Raum: Zur Lie-Algebra $\mathfrak{g}$ existiert eine (bis auf Isomorphie) eindeutig bestimmte einfach-zusammenhängende Lie-Gruppe $\widetilde{G}$ mit der Lie-Algebra $\mathfrak{g}$. Die symmetrische Zerlegung von $\mathfrak{g}$ definiert einen involutiven Lie-Algebren-Automorphismus $\mu : \mathfrak{g} \to \mathfrak{g}$ durch $\mu(A + x) := A - x$, wobei $A \in \mathfrak{h}$ und $x \in \mathfrak{m}$. μ liftet sich zu einem involutiven Automorphismus $\sigma : \widetilde{G} \to \widetilde{G}$ mit $\sigma_* = \mu$. Die Fixpunktgruppe $\widetilde{H} := (\widetilde{G}^\sigma)^0$ ist abgeschlossen und zusammenhängend und der Faktorraum $\widetilde{G}/\widetilde{H}$ ist einfach-zusammenhängend. Das $\mathrm{ad}(\mathfrak{h})$-invariante Skalarprodukt $B_{|\mathfrak{m} \times \mathfrak{m}}$ definiert eine $\widetilde{G}$-invariante Metrik g^B auf $\widetilde{G}/\widetilde{H}$. Dann ist $(\widetilde{G}/\widetilde{H}, g^B, [e])$ ein einfach-zusammenhängender symmetrischer Raum (siehe Beispiel 5.9). Wir notieren diese Zuordnung durch

$$\theta(\mathfrak{g} = \mathfrak{h} \oplus \mathfrak{m}, B) := (\widetilde{G}/\widetilde{H}, g^B, [e]).$$

Die Gruppe $\widetilde{N} := \{a \mid l_a = \mathrm{Id}_{\widetilde{G}/\widetilde{H}}\}$ ist diskret, die Transvektionsgruppe von $\widetilde{G}/\widetilde{H}$ ist durch $G(\widetilde{G}/\widetilde{H}) = \widetilde{G}/\widetilde{N}$ gegeben. Die Holonomiegruppe des symmetrischen Raumes $\widetilde{G}/\widetilde{H}$ ist nach Satz 5.20 durch $Hol_{[e]}(\widetilde{G}/\widetilde{H}, g^B) \simeq \widetilde{H}/\widetilde{N}$ und die Isotropiedarstellung von $\widetilde{H}/\widetilde{N}$ beschrieben. Sind die metrischen symmetrischen Lie-Algebren $(\mathfrak{g}_1 = \mathfrak{h}_1 \oplus \mathfrak{m}_1, B_1)$ und $(\mathfrak{g}_2 = \mathfrak{h}_2 \oplus \mathfrak{m}_2, B_2)$ isomorph, so sind die symmetrischen Räume $\theta(\mathfrak{g}_1 = \mathfrak{h}_1 \oplus \mathfrak{m}_1, B_1)$ und $\theta(\mathfrak{g}_2 = \mathfrak{h}_2 \oplus \mathfrak{m}_2, B_2)$ isometrisch.
Man kann dann Folgendes zeigen:

1. Die beiden metrischen symmetrischen Lie-Algebren $(\mathfrak{g} = \mathfrak{h} \oplus \mathfrak{m}, B)$ und $(\tau \circ \theta)(\mathfrak{g} = \mathfrak{h} \oplus \mathfrak{m}, B)$ sind isomorph.

2. Ist (M, g, o) ein einfach-zusammenhängender symmetrischer Raum, so sind die symmetrischen Räume (M, g, o) und $(\theta \circ \tau)(M, g)$ isometrisch.

Die eben beschriebene Konstruktion liefert uns eine algebraische Beschreibung für einfach-zusammenhängende symmetrische Räume durch die $1:1$-Korrespondenz

$$\left\{ \begin{array}{c} \text{Isometrieklassen} \\ \text{einfach-zusammenhängender} \\ \text{symmetrischer Räume} \end{array} \right\} \underset{\underset{\theta}{\longleftarrow}}{\overset{\overset{1:1}{\Longleftrightarrow}}{\underset{\tau}{\longrightarrow}}} \left\{ \begin{array}{c} \text{Isomorphieklassen} \\ \text{metrischer symmetrischer} \\ \text{Lie-Algebren} \end{array} \right\}. \qquad (5.38)$$

Bei dieser Korrespondenz entsprechen die symmetrischen Räume mit einer Metrik der Signatur (p, q) den metrischen symmetrischen Lie-Algebren, deren Skalarprodukt $B_{|\mathfrak{m} \times \mathfrak{m}}$ die Signatur (p, q) hat.

Wenn wir die Holonomiegruppe eines einfach-zusammenhängenden symmetrischen Raumes (M, g) bestimmen wollen, zerlegen wir (M, g) zunächst in seinen flachen und seine unzerlegbaren de Rham-Wu-Faktoren entsprechend Satz 5.10. Diese Faktoren sind dann wie (M, g) geodätisch vollständig, einfach-zusammenhängend und lokal-symmetrisch, sie sind also selbst symmetrisch. Es genügt deshalb, nach den Holonomiegruppen einfach-zusammenhängender *unzerlegbarer* symmetrischer Räume zu fragen. Wie wir wissen, treten hier zwei Fälle auf.

1. Fall: (M, g) ist *irreduzibel*. In diesem Fall kann man zeigen, dass die Transvektionsgruppe *halbeinfach* ist. Sie stimmt mit der Isometriegruppe $Iso(M, g)^0$ überein. Dieser Typ symmetrischer Räume ist vollständig klassifiziert. Man verwendet die gut bekannte Strukturtheorie halbeinfacher Lie-Algebren, um die halbeinfachen (unzerlegbaren) metrischen symmetrischen Tripel der Korrespondenz (5.38) zu klassifizieren. Für die dazugehörigen symmetrischen Paare $(\widetilde{G}, \widetilde{H})$ gibt es Listen, aus denen auch die Isotropiedarstellung hervorgeht. Man kann daran, wie oben beschrieben, die Holonomiegruppe und die Holonomiedarstellung des symmetrischen Raumes $\widetilde{G}/\widetilde{H}$ ablesen. Man findet diese Listen für die irreduziblen Riemannschen symmetrischen Räume z. B. in [Be87], Kap. 10, oder in [He01]. Für den irreduziblen pseudo-Riemannschen Fall konsultiere man [Ber57].

2. Fall: (M, g) ist *schwach-irreduzibel, aber nicht irreduzibel*. Diese Situation tritt für pseudo-Riemannsche symmetrische Räume auf. Die Struktur der Transvektionsgruppe $G(M)$ und ihrer Lie-Algebra $\mathfrak{g}(M)$ ist in diesem Fall komplizierter. Sie kann außer halbeinfachen auch auflösbare Bestandteile haben. Eine Klassifikation der nicht-halbeinfachen metrischen symmetrischen Lie-Algebren ist schwieriger. Eine vollständige Klassifikation dieses Typs symmetrischer Räume liegt bisher lediglich für kleinen Index der Metrik bzw. unter zusätzlichen geometrischen Eigenschaften an die Metrik vor. Einen Überblick über Resultate und Klassifikationsmethoden in diesem Fall, sowie weitere Literatur, findet man in [KO08].

Beispiel 5.13 *Die unzerlegbaren einfach-zusammenhängenden symmetrischen Lorentz-Mannigfaltigkeiten.*

In diesem Beispiel wollen wir die unzerlegbaren einfach-zusammenhängenden symmetrischen Lorentz-Mannigfaltigkeiten beschreiben. Wir geben dazu zunächst drei metrische symmetrische Lie-Algebren an, die Lorentz-symmetrischen Räumen entsprechen. Für die ersten beiden Fälle betrachten wir die Lie-Algebra $\mathfrak{so}(p, q)$ der pseudo-orthogonalen Gruppe $SO^0(p, q)$ mit ihrer Killing-Form

$$B_{\mathfrak{so}(p,q)}(X, Y) := \mathrm{Tr}\left(\mathrm{ad}(X) \circ \mathrm{ad}(Y)\right) = (p + q - 2)\, \mathrm{Tr}(X \circ Y)$$

(siehe Aufgabe 1.7). Mit φ bezeichnen wir die Bilinearform

$$\varphi(X, Y) := -\frac{1}{2}\, \mathrm{Tr}(X \circ Y) = -\frac{1}{2(p + q - 2)}\, B_{\mathfrak{so}(p,q)}(X, Y)$$

auf $\mathfrak{so}(p, q)$. Die Bilinearform φ ist wie die Killing-Form nicht-ausgeartet (Aufgabe 1.7) und $\mathrm{ad}(\mathfrak{so}(p, q))$-invariant (Satz 1.18).

Beispiel 5.13a $(\mathfrak{so}(1, n), \varphi)$ mit der Zerlegung

$$\mathfrak{so}(1, n) = \left\{ \begin{pmatrix} 0 & x_1 & -y^t \\ \hline x_1 & & \\ y & & A \end{pmatrix} \;\middle|\; \begin{array}{l} (x_1, y) \in \mathbb{R} \times \mathbb{R}^{n-1} \\ A \in \mathfrak{so}(1, n-1) \end{array} \right\} \simeq \mathfrak{so}(1, n-1) \oplus \mathfrak{m}.$$

$\varphi_{|\mathfrak{m} \times \mathfrak{m}}$ hat Lorentz-Signatur $(1, n - 1)$. Die Teilräume $\mathfrak{so}(1, n - 1)$ und $\mathfrak{m}$ stehen bezüglich φ orthogonal zueinander. Der zu der metrischen symmetrischen Lie-Algebra $(\mathfrak{so}(1, n) = \mathfrak{so}(1, n - 1) \oplus \mathfrak{m}, \varphi)$ gehörende symmetrische Raum $SO^0(1, n)/SO^0(1, n - 1)$ mit der von $\varphi_{|\mathfrak{m} \times \mathfrak{m}}$ induzierten Metrik ist isometrisch zur Pseudo-Sphäre (de Sitter-Raum)

$$S^{1,n-1} := \{x \in \mathbb{R}^{1,n} \mid \langle x, x \rangle_{\mathbb{R}^{1,n}} = 1\}$$

mit der vom Minkowski-Raum $\mathbb{R}^{1,n}$ induzierten Lorentz-Metrik konstanter Schnittkrümmung $K = 1$. Dieser symmetrische Raum ist irreduzibel, seine Holonomiegruppe ist $SO^0(1, n - 1)$.

Beispiel 5.13b $(\mathfrak{so}(2, n - 1), -\varphi)$ mit der Zerlegung

$$\mathfrak{so}(2, n - 1) = \left\{ \begin{pmatrix} 0 & -x_1 & y^t \\ \hline x_1 & & \\ y & & A \end{pmatrix} \;\middle|\; \begin{array}{l} (x_1, y) \in \mathbb{R} \times \mathbb{R}^{n-1} \\ A \in \mathfrak{so}(1, n-1) \end{array} \right\} \simeq \mathfrak{so}(1, n-1) \oplus \mathfrak{m}.$$

$-\varphi_{|\mathfrak{m} \times \mathfrak{m}}$ hat Lorentz-Signatur $(1, n - 1)$. Die Teilräume $\mathfrak{so}(1, n - 1)$ und $\mathfrak{m}$ stehen bezüglich dem Skalenprodukt $-\varphi$ orthogonal zueinander. Der zu der metrischen symmetrischen Lie-Algebra $(\mathfrak{so}(2, n - 1) = \mathfrak{so}(1, n - 1) \oplus \mathfrak{m}, -\varphi)$ gehörende symmetrische Raum $SO^0(2, n - 1)/SO^0(1, n - 1)$ mit der von $-\varphi_{|\mathfrak{m} \times \mathfrak{m}}$ induzierten Metrik ist isometrisch zum pseudo-hyperbolischen Raum (Anti-de Sitter-Raum)

$$H^{1,n-1} := \{x \in \mathbb{R}^{2,n-1} \mid \langle x, x \rangle_{\mathbb{R}^{2,n-1}} = -1\}$$

mit der vom $\mathbb{R}^{2,n-1}$ induzierten Lorentz-Metrik konstanter Schnittkrümmung $K = -1$. Dieser symmetrische Raum ist irreduzibel. Seine Holonomiegruppe ist $SO^0(1, n-1)$.

Beispiel 5.13c Sei $\underline{\lambda} = (\lambda_1, \ldots, \lambda_n)$ ein n-Tupel von Null verschiedener reeller Zahlen. Wir betrachten die folgende metrische symmetrische Lie-Algebra ($\mathfrak{g}_{\underline{\lambda}} := \mathfrak{h} \oplus \mathfrak{m}, B_{\underline{\lambda}}$):

$$\mathfrak{h} := \text{span}\{X_1, \ldots, X_n\},$$

$$\mathfrak{m} := \text{span}\{Z^*, Z, W_1, \ldots, W_n\}$$

mit der Lie-Algebren-Struktur

$$[Z^*, W_i] = X_i,$$
$$[Z^*, X_i] = \lambda_i W_i,$$
$$[X_i, W_j] = \delta_{ij} \lambda_i \cdot Z,$$
$$[Z^*, Z\ ] = [Z, X_i] = [Z, W_j] = [X_i, X_j] = [W_i, W_j] = 0$$

und dem Skalarprodukt $B_{\underline{\lambda}}$ mit

$$B_{\underline{\lambda}}(Z^*, Z^*) = B_{\underline{\lambda}}(Z, Z) = 0, \qquad B_{\underline{\lambda}}(Z, Z^*) = 1,$$
$$B_{\underline{\lambda}}(W_i, W_j) = \delta_{ij},$$
$$B_{\underline{\lambda}}(X_i, X_j)\ = -\lambda_i \delta_{ij}$$

sowie

$$\text{span}\{Z, Z^*\} \oplus_{\perp_{B_{\underline{\lambda}}}} \text{span}\{W_1, \ldots, W_n\} \oplus_{\perp_{B_{\underline{\lambda}}}} \text{span}\{X_1, \ldots, X_n\}.$$

Man überzeugt sich leicht davon, dass ($\mathfrak{g}_{\underline{\lambda}} := \mathfrak{h} \oplus \mathfrak{m}, B_{\underline{\lambda}}$) tatsächlich eine metrische symmetrische Lie-Algebra ist. Das Skalarprodukt $(B_{\underline{\lambda}})_{|\mathfrak{m} \times \mathfrak{m}}$ hat Lorentz-Signatur. Die einfach-zusammenhängende Lie-Gruppe $G_{\underline{\lambda}}$ zur Lie-Algebra $\mathfrak{g}_{\underline{\lambda}}$ ist durch den Vektorraum span$\{X_1, \ldots, X_n, W_1, \ldots, W_n, Z, Z^*\}$ mit dem Gruppenprodukt

$$(x + w, z, z^*) \bullet (\overline{x} + \overline{w}, \overline{z}, \overline{z}^*)$$

$$= \left(e^{-\text{ad}(\overline{z}^*)}(x + w) + \overline{x} + \overline{w},\ z + \overline{z} + \frac{1}{2}\left[e^{-\text{ad}(\overline{z}^*)}(x + w),\ \overline{x} + \overline{w}\right],\ z^* + \overline{z}^*\right)$$

gegeben, wobei $x, \overline{x} \in \text{span}\{X_1, \ldots, X_n\}$, $w, \overline{w} \in \text{span}\{W_1, \ldots, W_n\}$, $z, \overline{z} \in \mathbb{R}Z$ und $z^*, \overline{z}^* \in \mathbb{R}Z^*$. Die abelsche Gruppe $H_{\underline{\lambda}} = (\text{span}\{X_1, \ldots, X_n\}, \bullet)$ ist die zur Lie-Unteralgebra $\mathfrak{h} \subset \mathfrak{g}_{\underline{\lambda}}$ gehörende Lie-Untergruppe von $G_{\underline{\lambda}}$. Der symmetrische Raum $G_{\underline{\lambda}}/H_{\underline{\lambda}}$ mit der durch $(B_{\underline{\lambda}})_{|\mathfrak{m} \times \mathfrak{m}}$ induzierten Lorentzmetrik ist isometrisch zum Cahen-Wallach-Raum $M_{\underline{\lambda}}$, der im Beispiel 5.10 beschrieben wurde. Er ist schwach-irreduzibel, aber nicht irreduzibel. Seine Holonomiegruppe ist isomorph zur abelschen Gruppe $H_{\underline{\lambda}}$.

Abschließend sei der folgende Fakt erwähnt: Jede unzerlegbare einfach-zusammenhängende symmetrische Lorentz-Mannigfaltigkeit der Dimension $n \geq 3$ ist isometrisch zu $S_K^{1,n-1}, \widetilde{H}_K^{1,n-1}$ oder M_λ. Dabei bezeichnet $S_K^{1,n-1}$ die einfach-zusammenhängende Lorentz-Mannigfaltigkeit konstanter Schnittkrümmung $K > 0$, die man durch Umskalierung der Metrik aus $S^{1,n-1}$ erhält, $\widetilde{H}_K^{1,n-1}$ ist die universelle Überlagerung der Lorentz-Mannigfaltigkeit konstanter Schnittkrümmung $K < 0$, die man durch Umskalierung der Metrik aus $H^{1,n-1}$ erhält und M_λ ist ein Cahen-Wallach-Raum. Für einen Beweis dieses Faktes verweisen wir auf [CW70, Ne03].

5.4 Die Berger-Liste

Nachdem wir uns im letzten Abschnitt mit den Holonomiegruppen symmetrischer Räume beschäftigt haben, werden wir in diesem Abschnitt die Holonomiegruppen der irreduziblen, einfach-zusammenhängenden, nicht lokal-symmetrischen Riemannschen Mannigfaltigkeiten besprechen. Diese Holonomiegruppen wurden 1955 von M. Berger klassifiziert (siehe [Ber55]). Sie werden in einer kurzen Liste beschrieben, der sogenannten *Berger-Liste*. Jeder Gruppe in dieser Liste entspricht eine spezielle Riemannsche Geometrie.

Im Folgenden sei (M, g) eine zusammenhängende Riemannsche Mannigfaltigkeit. Wir fixieren im Tangentialraum $T_x M$ eines Punktes $x \in M$ eine orthonormale Basis und identifizieren die Holonomiegruppe $Hol_x(M, g)$ mit der Matrizengruppe, die durch diese Basiswahl entsteht. Wie wir bereits wissen, ist die Konjugationsklasse dieser Matrizengruppe in $O(n)$ eindeutig bestimmt, d. h. unabhängig von der Wahl von x und der Basis in $T_x M$. Wir formulieren zunächst das Resultat von M. Berger und erklären danach die in der Berger-Liste auftretenden Gruppen und Geometrien.

Satz 5.21 (Riemannsche Berger-Liste) *Es sei (M^n, g) eine n-dimensionale, einfach-zusammenhängende, irreduzible Riemannsche Mannigfaltigkeit, die nicht lokal-symmetrisch ist. Dann ist die Holonomiegruppe bis auf Konjugation in $O(n)$ entweder $SO(n)$ oder eine der folgenden Gruppen mit ihrer Standarddarstellung:*

n	Holonomiegruppe	spezielle Geometrie
$2m \geq 4$	$U(m)$	Kähler-Mannigfaltigkeit
$2m \geq 4$	$SU(m)$	Ricci-flache Kähler-Mannigfaltigkeit
$4m \geq 8$	$Sp(m)$	Hyperkähler-Mannigfaltigkeit
$4m \geq 8$	$Sp(m) \cdot Sp(1)$	quaternionische Kähler-Mannigfaltigkeit
7	G_2	G_2-Mannigfaltigkeit
8	$Spin(7)$	$Spin(7)$-Mannigfaltigkeit

1. Fall: *Die Holonomiegruppe U(m).*

Wir beschreiben zunächst die unitäre Gruppe $U(m)$ als Untergruppe von $SO(2m)$. Dazu identifizieren wir $\mathbb{C}^m$ und $\mathbb{R}^{2m}$ mittels

$$\iota_{\mathbb{R}} : \quad \mathbb{C}^m \quad \longrightarrow \quad \mathbb{R}^{2m}$$
$$v + iw \longmapsto \binom{v}{w}.$$

Dabei geht die Multiplikation mit i auf $\mathbb{C}^m$ in die Wirkung der Matrix $J^0 = \begin{pmatrix} 0 & -I_m \\ I_m & 0 \end{pmatrix} \in$ $GL(2m, \mathbb{R})$ auf $\mathbb{R}^{2m}$ über. Mit dieser Identifizierung erhält man folgende Einbettung der komplex-linearen Gruppe $GL(m, \mathbb{C})$ in $GL(2m, \mathbb{R})$:

$$\iota_{\mathbb{R}} : \quad GL(m, \mathbb{C}) \longrightarrow GL(2m, \mathbb{R})$$
$$A + Bi \longmapsto \begin{pmatrix} A & -B \\ B & A \end{pmatrix},$$

wobei A und B reelle $(m \times m)$-Matrizen sind. Dabei ist $\iota_{\mathbb{R}}(GL(m, \mathbb{C}))$ die Untergruppe aller Matrizen aus $GL(2m, \mathbb{R})$, die mit J^0 kommutieren. Insbesondere gilt bei dieser Einbettung

$$\iota_{\mathbb{R}}(U(m)) = \{M \in SO(2m) \mid MJ^0 = J^0 M\}.$$

Wir fassen die unitäre Gruppe $U(m)$ auf diese Weise als Untergruppe von $SO(2m)$ auf und lassen die Angabe der Einbettung $\iota_{\mathbb{R}}$ dabei weg.

Da $U(1) = SO(2)$ gilt, interessieren wir uns nur für die Dimension $m \geq 2$. Die kanonische orthonormale Basis des $\mathbb{R}^{2m}$ hat die Form

$$(e_1, \ldots, e_{2m}) = (e_1, \ldots, e_m, J^0 e_1, \ldots, J^0 e_m).$$

Wir beschreiben nun die zusätzliche geometrische Struktur, die man auf einer Riemannschen Mannigfaltigkeit benötigt, um eine Holonomiegruppe in $U(m) \subset SO(2m)$ zu erhalten.

Definition 5.9 *Ein Vektorbündel-Homomorphismus $J : TM \longrightarrow TM$ heißt fast-komplexe Struktur auf M, wenn $J^2 = - \operatorname{Id}_{TM}$ gilt.*
Ist (M, g) eine Riemannsche Mannigfaltigkeit und J eine orthogonale fast-komplexe Struktur, d. h. eine fast-komplexe Struktur mit

$$g(JX, JY) = g(X, Y) \quad \text{für alle Vektorfelder } X \text{ und } Y,$$

so nennt man (M, g, J) fast-hermitesche Mannigfaltigkeit.

Die Vorsilbe ,fast' bei den in diesem Abschnitt auftretenden geometrischen Strukturen auf M wird benutzt, weil zwar die Tangentialräume $T_x M$ mit J_x eine komplexe Struktur besitzen, die Mannigfaltigkeit M selbst aber keine komplexe Mannigfaltigkeit ist.

Eine fast-hermitesche Mannigfaltigkeit (M, g, J) hat immer gerade Dimension $n = 2m$ und ist orientierbar. Das Bündel aller J-angepassten orthonormalen Repere

$$P^J := \bigcup_{x \in M} \{\underline{s}_J := (s_1, \ldots, s_m, Js_1, \ldots, Js_m) \mid \underline{s}_J \text{ ON-Basis in } T_x M\}$$

ist eine $U(m)$-Reduktion des Reperbündels von (M, g). Das Tangentialbündel TM ist dann zu P^J assoziiert:

$$TM \simeq P^J \times_{U(m)} \mathbb{R}^{2m}.$$

Identifiziert man den Vektorraum $\mathbb{R}^{2m}$ mit $T_x M$ durch die Wahl einer angepassten Basis $\underline{s}_J \in P_x^J$, so geht die durch J auf $T_x M$ definierte fast-komplexe Struktur J_x in J^0 über:

$$
\begin{array}{ccc}
\mathbb{R}^{2m} & \xrightarrow{\ J^0\ } & \mathbb{R}^{2m} \\
{\scriptstyle [\underline{s}_J]} \downarrow & & \downarrow {\scriptstyle [\underline{s}_J]} \\
T_x M & \xrightarrow{\ J_x\ } & T_x M.
\end{array}
$$

Die Matrizengruppe $U(m) \subset SO(2m)$ entspricht bei dieser Identifizierung der Gruppe

$$U(T_x M, g_x, J_x) = \{L \in SO(T_x M, g_x) \mid J_x L = L J_x\} \subset SO(T_x M, g_x).$$

Umgekehrt definiert jede $U(m)$-Reduktion P des Reperbündels einer Riemannschen Mannigfaltigkeit (M, g) eine orthogonale fast-komplexe Struktur J durch

$$
\begin{array}{ccc}
J: \quad TM \simeq P \times_{U(m)} \mathbb{R}^{2m} & \longrightarrow & TM \simeq P \times_{U(m)} \mathbb{R}^{2m} \\
X = [p, x] & \longmapsto & JX := [p, J^0 x].
\end{array}
$$

Damit sich auch der Levi-Civita-Zusammenhang von (M, g) auf das $U(m)$-Bündel P reduziert, benötigt man eine zusätzliche Bedingung für die fast-komplexe Struktur J.

Definition 5.10 *Eine Kähler-Mannigfaltigkeit ist eine fast-hermitesche Mannigfaltigkeit (M, g, J), deren fast-komplexe Struktur J parallel ist, d. h., für die $\nabla^g J = 0$ gilt.*

Kähler-Mannigfaltigkeiten sind sogar komplexe Mannigfaltigkeiten, da ihr Nijenhuis-Tensor N_J

$$N_J(X, Y) := [JX, JY] - [X, Y] - J[X, JY] - J[JX, Y]$$

verschwindet (siehe z. B. [KN63], Kap. IX).
Wir betrachten nun eine Kähler-Mannigfaltigkeit (M, g, J). Die kovariante Ableitung des Endomorphismus J ist durch

$$(\nabla_X^g J) Y = \nabla_X^g (JY) - J(\nabla_X^g Y)$$

gegeben. Aus der Parallelität von J folgt dann, dass $J(\nabla_Y^g X) = \nabla_Y^g (JX)$ für alle Vektorfelder X und Y gilt. Insbesondere ist die Parallelverschiebung entlang einer Kurve γ, die $x \in M$ mit $y \in M$ verbindet, mit J vertauschbar:

$$\mathcal{P}_\gamma(J_x v) = J_y(\mathcal{P}_\gamma(v)), \qquad v \in T_x M.$$

Folglich kommutiert jedes Element der Holonomiegruppe $Hol_x(M, g)$ mit J_x, die Holonomiegruppe liegt somit in $U(T_x M, g_x, J_x)$. Andererseits erhält man für Riemannsche Mannigfaltigkeiten mit Holonomiegruppe $Hol_x(M, g) \subset U(T_x M, g_x, J_x)$ durch Parallelverschiebung von J_x eine parallele orthogonale fast-komplexe Struktur auf (M, g). Dies ist gerade die Aussage des Holonomieprinzips von Satz 5.3 für den Fall von Kähler-Mannigfaltigkeiten:

Satz 5.22 *Eine Riemannsche Mannigfaltigkeit (M^{2m}, g) ist genau dann eine Kähler-Mannigfaltigkeit, d. h., besitzt eine parallele orthogonale fast-komplexe Struktur, wenn ihre Holonomiegruppe in $U(m)$ enthalten ist.*

2. Fall: *Die Holonomiegruppe $SU(m)$.*

Wir identifizieren die spezielle unitäre Gruppe $SU(m)$ ebenfalls mittels der Einbettung $\iota_\mathbb{R}$ mit einer Untergruppe von $SO(2m)$:

$$SU(m) \simeq \iota_\mathbb{R}(SU(m)) = \{M \in SO(2m) \mid MJ^0 = J^0 M, \ M \in \iota_\mathbb{R}(SL(m, \mathbb{C}))\}.$$

Dann gilt für die Lie-Algebra $\mathfrak{su}(m)$ von $SU(m)$

$$\mathfrak{su}(m) \simeq \iota_\mathbb{R}(\mathfrak{su}(m)) = \{Z \in \mathfrak{so}(2m) \mid ZJ^0 = J^0 Z, \ \mathrm{Tr}(J^0 Z) = 0\}.$$

Eine semi-Riemannsche Mannigfaltigkeit (M, g) heißt *Ricci-flach*, wenn für ihren Ricci-Tensor $Ric \equiv 0$ gilt.

Satz 5.23 *Eine Kähler-Mannigfaltigkeit (M^{2m}, g, J) ist genau dann Ricci-flach, wenn ihre reduzierte Holonomiegruppe in $SU(m)$ liegt.*

Um diesen Satz beweisen zu können, zeigen wir zunächst folgende Formeln für den Ricci-Tensor einer Kähler-Mannigfaltigkeit.

Lemma 5.3 *Sei (M, g, J) eine Kähler-Mannigfaltigkeit. Dann gilt für den Ricci-Tensor*

$$Ric(X, Y) = Ric(JX, JY),$$
$$Ric(X, Y) = \frac{1}{2} \mathrm{Tr}\left(J \circ R(X, JY)\right).$$

Beweis Da J parallel ist, kommutiert J mit der kovarianten Ableitung ∇^g_X. Folglich gilt für den Krümmungsendomorphismus $J \circ R(X, Y) = R(X, Y) \circ J$. Damit erhält man

$$R(X, Y, Z, JV) = g(R(X, Y)Z, JV) = -g(JR(X, Y)Z, V)$$
$$= -g(R(X, Y)JZ, V) = -R(X, Y, JZ, V).$$

Aus den Symmetrieeigenschaften des Krümmungstensors folgt dann

$$R(JX, Y, Z, V) = -R(X, JY, Z, V)$$

und wegen $J^2 = -\operatorname{Id}_{TM}$

$$R(JX, JY, Z, V) = R(X, Y, Z, V) = R(JX, JY, JZ, JV).$$

Sei nun $(s_1, \ldots, s_m, Js_1, \ldots, Js_m)$ eine J-angepasste orthonormale Basis. Dann gilt für den Ricci-Tensor

$$
\begin{aligned}
Ric(X, Y) &= \sum_{i=1}^{m} \big(R(X, s_i, s_i, Y) + R(X, Js_i, Js_i, Y) \big) \\
&= \sum_{i=1}^{m} \big(R(JX, Js_i, Js_i, JY) + R(JX, s_i, s_i, JY) \big) \\
&= Ric(JX, JY).
\end{aligned}
$$

Mit einer beliebigen orthonormalen Basis $(e_1, \ldots, e_n)$ erhält man unter Benutzung der 1. Bianchi-Identität für den Krümmungstensor die Formel

$$
\begin{aligned}
Ric(X, Y) &= \sum_{i=1}^{n} R(e_i, X, Y, e_i) = \sum_{i=1}^{n} R(e_i, X, JY, Je_i) \\
&= \sum_{i=1}^{n} \big(-R(X, JY, e_i, Je_i) - R(JY, e_i, X, Je_i) \big) \\
&= \sum_{i=1}^{n} \big(R(X, JY, Je_i, e_i) + R(JY, e_i, Je_i, X) \big) \\
&= \sum_{i=1}^{n} \big(R(X, JY, Je_i, e_i) - R(JY, e_i, e_i, JX) \big) \\
&= \sum_{i=1}^{n} R(X, JY, Je_i, e_i) - Ric(JX, JY).
\end{aligned}
$$

Es folgt

$$
\begin{aligned}
2Ric(X, Y) &= \sum_{i=1}^{n} g(R(X, JY)Je_i, e_i) = \sum_{i=1}^{n} g(JR(X, JY)e_i, e_i) \\
&= \operatorname{Tr} \big(J \circ R(X, JY) \big). \qquad\qquad \square
\end{aligned}
$$

Wir können jetzt Satz 5.23 beweisen. Sei (M, g) eine Kähler-Mannigfaltigkeit und $x \in T_x M$. Wir wissen aus Satz 5.22, dass für die Holonomiegruppe von (M, g) gilt

$$Hol_x(M,g) \subset U(T_xM, g_x, J_x) := \{L \in SO(T_xM, g_x) \mid J_xL = LJ_x\}.$$

Die Lie-Algebra von $SU(T_xM, g_x, J_x)$ ist gegeben durch

$$\mathfrak{su}(T_xM, g_x, J_x) = \{A \in \mathfrak{so}(T_xM, g_x) \mid J_xA = AJ_x, \, \mathrm{Tr}(J_xA) = 0\}$$
$$= \{A \in \mathfrak{u}(T_xM, g_x, J_x) \mid \mathrm{Tr}(J_xA) = 0\}.$$

Wir müssen zeigen, dass der Ricci-Tensor einer Kähler-Mannigfaltigkeit genau dann verschwindet, wenn die Holonomiealgebra $\mathfrak{hol}_x(M,g)$ in der Lie-Algebra $\mathfrak{su}(T_xM, g_x, J_x)$ liegt. Dazu benutzen wir das Holonomietheorem von Ambrose und Singer (Satz 5.2), das die Holonomiealgebra durch die Krümmungsendomorphismen beschreibt:

$$\mathfrak{hol}_x(M,g) = \mathrm{span}\left\{(\gamma^*R)_x(v,w) \,\middle|\, \begin{array}{l} v, w \in T_xM, \\ \gamma \text{ Weg mit Anfangspunkt } x \end{array}\right\}.$$

Dabei ist $(\gamma^*R)_x(v,w) := \mathcal{P}_\gamma^{-1} \circ R_y(\mathcal{P}_\gamma v, \mathcal{P}_\gamma w) \circ \mathcal{P}_\gamma$ für eine Kurve γ, die x und y verbindet. Es bleibt also zu zeigen, dass der Ricci-Tensor genau dann Null ist, wenn

$$\mathrm{Tr}\left(J_x \circ \mathcal{P}_\gamma^{-1} \circ R_y(\mathcal{P}_\gamma v, \mathcal{P}_\gamma w) \circ \mathcal{P}_\gamma\right) = 0 \quad \text{für alle } v, w \in T_xM. \tag{5.39}$$

Da die fast-komplexe Struktur J parallel ist, kommutiert sie mit der Parallelverschiebung und wir erhalten

$$\mathrm{Tr}\left(J_x \circ \mathcal{P}_\gamma^{-1} \circ R_y(\mathcal{P}_\gamma v, \mathcal{P}_\gamma w) \circ \mathcal{P}_\gamma\right) = \mathrm{Tr}\left(\mathcal{P}_\gamma^{-1} \circ J_y \circ R_y(\mathcal{P}_\gamma v, \mathcal{P}_\gamma w) \circ \mathcal{P}_\gamma\right)$$
$$= \mathrm{Tr}\left(J_y \circ R_y(\mathcal{P}_\gamma v, \mathcal{P}_\gamma w)\right)$$
$$\overset{L.5.3}{=} -2\,Ric_y\left(\mathcal{P}_\gamma(v), J_y\mathcal{P}_\gamma(w)\right).$$

Folglich ist $Ric \equiv 0$ äquivalent zu (5.39). Damit ist Satz 5.23 bewiesen. $\qquad\square$

Kompakte Kähler-Mannigfaltigkeiten (M, g, J) der Dimension $2m \geq 4$ mit Holonomiegruppe $Hol(M,g) = SU(m)$ werden auch *Calabi-Yau-Mannigfaltigkeiten* genannt.

3. Fall: *Die Holonomiegruppe $Sp(m)$.*

Wir beschreiben nun die symplektische Gruppe

$$Sp(m) := \{M \in GL(m, \mathbb{H}) \mid \overline{M}^t M = E_m\}$$

als Untergruppe von $SO(4m)$. Wir identifizieren $\mathbb{H}^m$ mit $\mathbb{C}^{2m}$ mittels

$$\iota_\mathbb{C} : \quad \mathbb{H}^m \quad \longrightarrow \quad \mathbb{C}^{2m}$$
$$z + w \cdot j \quad \longmapsto \quad \begin{pmatrix} z \\ \overline{w} \end{pmatrix}.$$

Dadurch erhält man folgende Einbettung der Gruppe $GL(m, \mathbb{H})$ in $GL(2m, \mathbb{C})$:

$$\iota_{\mathbb{C}} : GL(m, \mathbb{H}) \longrightarrow GL(2m, \mathbb{C})$$
$$Z + W \cdot j \longmapsto \begin{pmatrix} Z & -W \\ \overline{W} & \overline{Z} \end{pmatrix},$$

wobei Z und W komplexe $(m \times m)$-Matrizen sind. Bezeichnet $J_{\mathbb{C}}^0$ die Matrix $J_{\mathbb{C}}^0 = \begin{pmatrix} 0 & -I_m \\ I_m & 0 \end{pmatrix} \in GL(2m, \mathbb{C})$, so gilt

$$\iota_{\mathbb{C}}(GL(m, \mathbb{H})) = \{N \in GL(2m, \mathbb{C}) \mid \overline{N} J_{\mathbb{C}}^0 = J_{\mathbb{C}}^0 N\}.$$

Insbesondere gilt bei dieser Einbettung

$$\iota_{\mathbb{C}}(Sp(m)) = \{N \in SU(2m) \mid \overline{N} J_{\mathbb{C}}^0 = J_{\mathbb{C}}^0 N\}.$$

Wir fassen die symplektische Gruppe $Sp(m)$ auf diese Weise als Untergruppe von $SU(2m)$ auf und lassen die Angabe der Einbettung $\iota_{\mathbb{C}}$ dabei weg. Da $Sp(1) = SU(2)$ gilt, interessieren wir uns nur für die Dimension $m \geq 2$.

Wir identifizieren des Weiteren $\mathbb{C}^{2m}$ mit $\mathbb{R}^{4m}$ durch

$$\iota'_{\mathbb{R}} : \mathbb{C}^{2m} \longrightarrow \mathbb{R}^{4m}$$
$$\begin{pmatrix} z \\ w \end{pmatrix} \longmapsto \begin{pmatrix} \iota_{\mathbb{R}}(z) \\ \iota_{\mathbb{R}}(w) \end{pmatrix}.$$

Sind $A, B, C, D \in GL(m, \mathbb{R})$ und $M = (A + Bi) + (C + Di) \cdot j \in GL(m, \mathbb{H})$, so gilt

$$\iota'_{\mathbb{R}} \iota_{\mathbb{C}}(M) = \left(\begin{array}{cc|cc} A & -B & -C & D \\ B & A & -D & -C \\ \hline C & D & A & B \\ -D & C & -B & A \end{array} \right).$$

Die Abbildung $\iota'_{\mathbb{R}} \iota_{\mathbb{C}}$ schickt den Vektor $a + bi + cj + dk \in \mathbb{H}^m$ auf $\begin{pmatrix} a \\ b \\ c \\ -d \end{pmatrix} \in \mathbb{R}^{4m}$. Sei

$$Sp(1) = \{q \in \mathbb{H} \mid |q| = 1\}$$

die Gruppe der Quaternionen der Länge 1. Bei der Identifizierung $\iota'_{\mathbb{R}} \iota_{\mathbb{C}}$ entspricht die Rechtsmultiplikation mit $q = x_0 + x_1 i + x_2 j + x_3 k \in Sp(1)$ auf $\mathbb{H}^m$ der folgenden orthogonalen Matrix $R_q \in SO(4m, \mathbb{R})$:

$$R_q = \left(\begin{array}{cc|cc} x_0 & -x_1 & -x_2 & x_3 \\ x_1 & x_0 & x_3 & x_2 \\ \hline x_2 & -x_3 & x_0 & -x_1 \\ -x_3 & -x_2 & x_1 & x_0 \end{array} \right), \tag{5.40}$$

wobei hier jede eingetragene Zahl x als Abkürzung für die Matrix $x \cdot I_m$ steht. Wir bezeichnen mit $J_1^0 := R_i$, $J_2^0 := R_j$ und $J_3^0 := R_{-k}$ die orthogonalen Matrizen, die der Rechtsmultiplikation mit den quaternionischen Einheiten i, j bzw. $-k$ entsprechen. Dann gilt $J_1^0 J_2^0 = J_3^0$, $\left(J_\alpha^0\right)^2 = -I_{4m}$ für $\alpha = 1, 2, 3$ und

$$Sp(m) \simeq \iota'_{\mathbb{R}} \iota_{\mathbb{C}} \left(Sp(m)\right) = \{N \in SO(4m) \mid NJ_\alpha^0 = J_\alpha^0 N, \alpha = 1, 2, 3\}.$$

Die kanonische orthonormale Basis des $\mathbb{R}^{4m}$ hat die Form

$$(e_1, \ldots, e_{4m}) = (e_1, \ldots, e_m, J_1^0 e_1, \ldots, J_1^0 e_m, J_2^0 e_1, \ldots, J_2^0 e_m, J_3^0 e_1, \ldots, J_3^0 e_m).$$

Wir können nun die geometrische Struktur auf einer Riemannschen Mannigfaltigkeit beschreiben, die einer Holonomiegruppe in $Sp(m) \subset SO(4m)$ entspricht.

Definition 5.11 *Eine fast-quaternionische Struktur auf einer Mannigfaltigkeit M ist ein Tripel $\underline{J} = (J_1, J_2, J_3)$ von anti-kommutierenden fast-komplexen Strukturen mit $J_1 J_2 = J_3$. Sind die fast-komplexen Strukturen J_α zusätzlich orthogonal bezüglich einer Riemannschen Metrik g, so nennt man $\underline{J} = (J_1, J_2, J_3)$ orthogonale fast-quaternionische Struktur auf (M, g). Eine fast-Hyperkähler-Mannigfaltigkeit ist eine Riemannsche Mannigfaltigkeit (M, g) mit einer orthogonalen fast-quaternionischen Struktur $\underline{J} = (J_1, J_2, J_3)$.*

Auf einer gegebenen $4m$-dimensionalen fast-Hyperkähler Mannigfaltigkeit (M, g, J_1, J_2, J_3) kann man angepasste orthonormale Basen $\underline{s}_J$ der folgenden Form wählen:

$$\underline{s}_J := (s_1, \ldots, s_m, J_1 s_1, \ldots, J_1 s_m, J_2 s_1, \ldots, J_2 s_m, J_3 s_1, \ldots, J_3 s_m).$$

Das Bündel aller angepassten orthonormalen Repere

$$P^{\underline{J}} := \bigcup_{x \in M} \{\underline{s}_J \mid \underline{s}_J \text{ ON-Basis in } T_x M\}$$

ist eine $Sp(m)$-Reduktion des Reperbündels von (M, g). Das Tangentialbündel TM ist dann zu $P^{\underline{J}}$ assoziiert:

$$TM \simeq P^{\underline{J}} \times_{Sp(m)} \mathbb{R}^{4m}.$$

Identifiziert man den Vektorraum $\mathbb{R}^{4m}$ mit $T_x M$ durch die Wahl einer angepassten Basis $\underline{s}_J \in P_x^{\underline{J}}$, so geht die fast-quaternionische Struktur (J_1, J_2, J_3) auf $T_x M$ in die quaternionische Struktur (J_1^0, J_2^0, J_3^0) auf $\mathbb{R}^{4m}$ über:

$$
\begin{array}{ccc}
\mathbb{R}^{4m} & \xrightarrow{\ J_\alpha^0\ } & \mathbb{R}^{4m} \\
{\scriptstyle [\underline{s}_J]}\Big\downarrow & & \Big\downarrow{\scriptstyle [\underline{s}_J]} \qquad \alpha = 1, 2, 3. \\
T_x M & \xrightarrow{\ (J_\alpha)_x\ } & T_x M.
\end{array}
$$

Die Matrizengruppe $Sp(m) \subset SO(4m)$ entspricht bei dieser Identifizierung der Gruppe

$$Sp(T_xM, g_x, \underline{J}_x) = \left\{ L \in SO(T_xM, g_x) \ \middle| \ (J_\alpha)_x L = L(J_\alpha)_x, \ \alpha = 1, 2, 3 \right\}.$$

In umgekehrter Richtung definiert jede $Sp(m)$-Reduktion P des Reperbündels einer Riemannschen Mannigfaltigkeit (M, g) eine fast-Hyperkähler Struktur $\underline{J} = (J_1, J_2, J_3)$ durch

$$\begin{aligned} J_\alpha : \quad TM &\simeq P \times_{Sp(m)} \mathbb{R}^{4m} &\longrightarrow \quad TM &\simeq P \times_{Sp(m)} \mathbb{R}^{4m} \\ X &= [p, x] &\longmapsto \quad J_\alpha X &:= [p, J_\alpha^0 x]. \end{aligned}$$

Definition 5.12 *Eine fast-quaternionische Struktur* (J_1, J_2, J_3) *auf einer Riemannschen Mannigfaltigkeit* (M, g) *heißt parallel, wenn* $\nabla^g J_\alpha = 0$ *für* $\alpha = 1, 2, 3$ *gilt. Eine Hyperkähler-Mannigfaltigkeit ist eine Riemannsche Mannigfaltigkeit* (M, g) *der Dimension* $4m \geq 8$ *mit einer parallelen orthogonalen fast-quaternionischen Struktur* (J_1, J_2, J_3).

Ist $\underline{y} = (y_1, y_2, y_3) \in S^2$, so ist $J_{\underline{y}} = y_1 J_1 + y_2 J_2 + y_3 J_3$ ebenfalls eine parallele orthogonale fast-komplexe Struktur auf der Hyperkähler-Mannigfaltigkeit $(M, g, (J_1, J_2, J_3))$.
Wie bereits für den Fall der Kähler-Mannigfaltigkeiten beschrieben, folgt aus der Parallelität von J_α, d. h. aus $\nabla^g J_\alpha = 0$, dass die Parallelverschiebung $\mathcal{P}_\gamma^g$ entlang einer Kurve γ mit J_α kommutiert. Ist also γ ein in $x \in M$ geschlossener Weg, so gilt $\mathcal{P}_\gamma^g \in Sp(T_xM, g_x, \underline{J}_x)$ und somit $Hol_x(M, g) \subset Sp(T_xM, g_x, \underline{J}_x)$. Umgekehrt hat nach dem Holonomieprinzip die Bedingung $Hol_x(M, g) \subset Sp(T_xM, g_x, \underline{J}_x)$ für eine fast-Hyperkähler-Mannigfaltigkeit $(M, g, \underline{J})$ zur Folge, dass die fast-komplexen Strukturen J_1, J_2 und J_3 parallel sind. Wir erhalten also den folgenden Spezialfall des Holonomieprinzips:

Satz 5.24 *Eine Riemannsche Mannigfaltigkeit* (M, g) *ist genau dann eine Hyperkähler-Mannigfaltigkeit, d. h. besitzt eine parallele orthogonale fast-quaternionische Struktur* (J_1, J_2, J_3), *wenn ihre Holonomiegruppe in* $Sp(m)$ *enthalten ist.*

Da die Gruppe $Sp(m)$ in $SU(2m)$ enthalten ist, ist jede Hyperkähler-Mannigfaltigkeit nach Satz 5.23 ein Ricci-flacher Einstein-Raum.

4. Fall: *Die Holonomiegruppe* $Sp(m) \cdot Sp(1)$.

Wie wir oben gesehen haben, entspricht der Rechtswirkung eines Quaternions $q \in Sp(1)$ auf $\mathbb{H}^m$ bei der Identifizierung mit $\mathbb{R}^{4m}$ die spezielle orthogonale Matrix $R_q \in SO(4m)$ aus Formel (5.40). Wir können $Sp(1)$ somit als Untergruppe von $SO(4m)$ auffassen:

$$Sp(1) = \{R_q \mid q \in Sp(1)\} \subset SO(4m).$$

Für die Lie-Algebra von $Sp(1)$ gilt

$$\begin{aligned} \mathfrak{sp}(1) &= \{R_a \mid a \in \mathfrak{sp}(1) = Im\,\mathbb{H}\} \\ &= E^0 := \mathrm{span}_{\mathbb{R}}(J_1^0, J_2^0, J_3^0) \subset \mathfrak{so}(4m). \end{aligned}$$

Dann ist die Untergruppe $Sp(m) \cdot Sp(1) \subset SO(4m)$ gegeben durch

$$Sp(m) \cdot Sp(1) := \left\{ A \cdot R_q \;\middle|\; \begin{array}{l} A \in SO(4m) \text{ mit } AJ_\alpha^0 = J_\alpha^0 A, \; \alpha = 1, 2, 3 \\ q \in Sp(1) \end{array} \right\}$$

$$= \{ L \in SO(4m) \mid \mathrm{Ad}(L)E^0 = L\,E^0\,L^{-1} = E^0 \}. \tag{5.41}$$

Die Gruppe $Sp(m) \cdot Sp(1)$ beschreibt also alle Matrizen aus $SO(4m)$, die den durch die komplexen Strukturen J_1^0, J_2^0 und J_3^0 aufgespannten 3-dimensionalen Unterraum $E^0 \subset \mathfrak{so}(4m)$ invariant lassen. Da $Sp(1) \cdot Sp(1) = SO(4)$ gilt, interessieren wir uns nur für die Dimension $m \geq 2$.

Nach dem Holonomieprinzip liegt die Holonomiegruppe einer Riemannschen Mannigfaltigkeit (M, g) in $Sp(m) \cdot Sp(1)$, wenn auf (M, g) eine globale, parallele Struktur existiert, die punktweise dem Vektorraum E^0 entspricht. Das präzisieren wir in der folgenden Definition.

Definition 5.13 *Eine Riemannsche Mannigfaltigkeit (M, g) der Dimension $4m \geq 8$ heißt fast-quaternionische Kähler-Mannigfaltigkeit, wenn ein 3-dimensionales Unterbündel $E \subset \mathfrak{so}(TM, g)$ existiert, das lokal durch fast-quaternionische Strukturen erzeugt wird. Für jeden Punkt $x \in M$ gibt es also eine Umgebung U und eine orthogonale fast-quaternionische Struktur $\underline{J}_U = (J_1, J_2, J_3)$ auf $(U, g_{|U})$ mit $E_{|U} = \mathrm{span}_{\mathbb{R}}(J_1, J_2, J_3)$. Ist das Bündel E parallel, so heißt (M, g, E) quaternionische Kähler-Mannigfaltigkeit.*

Eine fast-quaternionische Kähler-Mannigfaltigkeit besitzt im Allgemeinen keine *globale* fast-komplexe Struktur, sondern nur lokale. Die Parallelität des Bündels E

$$\nabla_X^g \Gamma(E) \subset \Gamma(E) \quad \text{für alle Vektorfelder } X$$

ist äquivalent zu den folgenden Formeln für eine E erzeugende lokale fast-quaternionische Struktur (J_1, J_2, J_3) auf $U \subset M$:

$$\nabla_X^g J_1 = +\gamma(X)J_2 - \beta(X)J_3,$$
$$\nabla_X^g J_2 = -\gamma(X)J_1 + \alpha(X)J_3,$$
$$\nabla_X^g J_3 = +\beta(X)J_1 - \alpha(X)J_2,$$

wobei α, β, γ 1-Formen auf U bezeichnen. Eine quaternionische Kähler-Mannigfaltigkeit ist also im Allgemeinen nicht Kählersch.

Sei nun (M, g, E) eine $4m$-dimensionale, fast-quaternionische Kähler-Mannigfaltigkeit und $\underline{J}_U = (J_1, J_2, J_3)$ eine auf U definierte, lokale orthogonale fast-quaternionische Struktur, die $E_{|U}$ erzeugt. Mit $s_{\underline{J}_U}$ bezeichnen wir die lokale orthonormale Basis

$$s_{\underline{J}_U} = (s_1, \ldots, s_m, J_1 s_1, \ldots, J_1 s_m, J_2 s_1, \ldots, J_2 s_m, J_3 s_1, \ldots, J_3 s_m)$$

auf U. Dann ist

$$P^E := \bigcup_{x \in M} \left\{ s_{\underline{J}_U}(x) \;\middle|\; \begin{array}{l} U \text{ Umgebung von } x \\ \underline{J}_U \text{ orth. fast-quatern. Struktur, die } E_{|U} \text{ erzeugt} \end{array} \right\}$$

eine $Sp(m) \cdot Sp(1)$-Reduktion des Reperbündel von (M, g). Andererseits definiert eine $Sp(m) \cdot Sp(1)$-Reduktion P des Reperbündels von (M, g) eine fast-quaternionische Kähler-Struktur $E \subset \mathfrak{so}(TM, g)$ von (M, g):

$$E := \bigcup_{x \in M} E_x := \bigcup_{x \in M} \text{span}\{(J_1)_x, (J_2)_x, (J_3)_x\},$$

wobei

$$(J_\alpha)_x : \ T_x M = P \times_{Sp(m) \cdot Sp(1)} \mathbb{R}^{4m} \longrightarrow T_x M = P \times_{Sp(m) \cdot Sp(1)} \mathbb{R}^{4m}$$
$$X = [s_{L_U}(x), v] \longmapsto J_\alpha X := [s_{L_U}(x), J_\alpha^0 v].$$

Ist die fast-quaternionische Struktur E von (M, g) parallel, so lässt der auf dem Bündel der schiefsymmetrischen Endomorphismen induzierte Levi-Civita-Zusammenhang

$$\nabla_X^g(F) := \nabla_X^g \circ F - F \circ \nabla_X^g \qquad F \in \mathfrak{so}(TM, g)$$

das Teilbündel E invariant. Ist $F(t) \in \mathfrak{so}\big(T_{\gamma(t)}M, g_{\gamma(t)}\big)$ die Parallelverschiebung eines Endomorphismus $F(0) \in E_{\gamma(0)} \subset \mathfrak{so}(T_{\gamma(0)}M, g_{\gamma(0)})$ entlang einer Kurve γ, so gilt

$$F(t) = \mathcal{P}_{\gamma|[0,t]}^g \circ F(0) \circ \big(\mathcal{P}_{\gamma|[0,t]}^g\big)^{-1} \in E_{\gamma(t)}.$$

Für ein Element $\mathcal{P}_\gamma^g$ der Holonomiegruppe $Hol_x(M, g)$ der quaternionischen Kähler-Mannigfaltigkeit ergibt sich folglich

$$\mathcal{P}_\gamma^g \circ E_x \circ (\mathcal{P}_\gamma^g)^{-1} \subset E_x. \tag{5.42}$$

Somit liegt die Holonomiegruppe der quaternionischen Kähler-Mannigfaltigkeit (M, g) in $Sp(m) \cdot Sp(1)$. Liegt umgekehrt die Holonomiegruppe einer Riemannschen Mannigfaltigkeit in $Sp(m) \cdot Sp(1)$, so reduziert sich das Reperbündel von (M, g) auf $Sp(m) \cdot Sp(1)$ und für die dadurch entstehende fast-quaternionische Kähler-Struktur E gilt wegen (5.41) die Bedingung (5.42). E ist dann parallel. Dies ist der Inhalt des folgenden Spezialfalls des Holonomieprinzips.

Satz 5.25 *Eine Riemannsche Mannigfaltigkeit der Dimension $4m \geq 8$ ist genau dann eine quaternionische Kähler-Mannigfaltigkeit, wenn ihre Holonomiegruppe in $Sp(m) \cdot Sp(1)$ liegt.*

Quaternionische Kähler-Mannigfaltigkeiten sind ebenfalls Einstein-Räume. Einen Beweis dafür findet man in [Be87], Kap. 14.

5. Fall: *Die Holonomiegruppe G_2.*

Die Gruppe G_2 ist eine kompakte Lie-Untergruppe der speziellen orthogonalen Gruppe $SO(7)$. Um sie zu definieren, betrachten wir die folgende 3-Form ω_0 auf $\mathbb{R}^7$:

$$\omega_0 := e^{123} + e^{145} + e^{167} + e^{246} - e^{257} - e^{347} - e^{356}, \tag{5.43}$$

wobei $e^{ijk} := e^i \wedge e^j \wedge e^k$ für die duale Basis $(e^1, \ldots, e^7)$ der Standardbasis $(e_1, \ldots, e_7)$ des $\mathbb{R}^7$. Wir definieren die Gruppe G_2 dann als Stabilisator dieser 3-Form in $SO(7)$:

$$G_2 := \{A \in SO(7) \mid A^* \omega_0 = \omega_0\}.$$

Man kann zeigen, dass die Lie-Gruppe G_2 14-dimensional und einfach-zusammenhängend ist (siehe [Ha90], Kap. 6, oder [Jo00], Kap. 10).

Sei (M^7, g) eine 7-dimensionale, orientierte Riemannsche Mannigfaltigkeit und $x \in M$. Wir bezeichnen mit $\mathcal{F}_x^3 M$ folgende Menge von 3-Formen im Punkt x:

$$\mathcal{F}_x^3 M := \left\{ \varphi \in \Lambda^3 T_x^* M \; \middle| \; \begin{array}{l} \exists \text{ orientierungserhaltende Isometrie} \\ L : (\mathbb{R}^7, \langle \cdot, \cdot \rangle_{\mathbb{R}^7}) \longrightarrow (T_x M, g_x) \\ \text{mit } L^* \varphi = \omega_0 \end{array} \right\}.$$

Definition 5.14 *Eine 3-Form $\omega \in \Omega^3(M)$ auf einer orientierten 7-dimensionalen Riemannschen Mannigfaltigkeit (M^7, g) heißt zulässig, wenn $\omega_x \in \mathcal{F}_x^3 M$ für alle $x \in M$.*

Eine zulässige 3-Form ω auf einer orientierten 7-dimensionalen Riemannschen Mannigfaltigkeit (M^7, g) liefert eine G_2-Reduktion des Reperbündels von (M^7, g):

$$P^\omega := \bigcup_{x \in M} \left\{ s_L := (L(e_1), \ldots, L(e_7)) \; \middle| \; \begin{array}{l} L : (\mathbb{R}^7, \langle \cdot, \cdot \rangle_{\mathbb{R}^7}) \longrightarrow (T_x M, g_x) \\ \text{orientierungserhaltende Isometrie} \\ \text{mit } L^* \omega_x = \omega_0 \end{array} \right\}.$$

Andererseits definiert jede G_2-Reduktion P des Bündels der orthonormalen Repere eine zulässige 3-Form ω auf (M, g). Wir wählen dazu eine orthonormale Basis $s \in P_x$, betrachten die zugehörige orientierungserhaltende Isometrie

$$[s] : \mathbb{R}^7 \longrightarrow T_x M = P \times_{G_2} \mathbb{R}^7$$
$$e_j \longmapsto s_j := [s, e_j]$$

und die 3-Form $\omega_x := \left([s]^{-1} \right)^* \omega_0$. Aus der Definition von G_2 erhält man, dass ω_x nicht von der Wahl von $s \in P_x$ abhängt. Da man für s ein glattes lokales Reper wählen kann, hängt ω_x außerdem glatt von x ab. Der Schnitt $\omega : x \in M \mapsto \omega_x \in \Lambda^3 T_x^* M$ ist also eine globale zulässige 3-Form auf (M, g).

Definition 5.15 *Eine 7-dimensionale, orientierte Riemannsche Mannigfaltigkeit (M^7, g) heißt G_2-Mannigfaltigkeit, wenn sie eine parallele zulässige 3-Form ω besitzt.*

Nach dem Holonomieprinzip aus Satz 5.3 ist die Parallelität von ω, d. h. $\nabla^g \omega = 0$, äquivalent zur Bedingung $\mathcal{P}_\gamma^g \omega_x = \omega_x$ für alle $\mathcal{P}_\gamma^g \in Hol_x(M, g)$. Identifiziert man $T_x M$ mit $\mathbb{R}^7$ mittels einer orthonormalen Basis $s_L \in P_x^\omega$, so bedeutet dies gerade $Hol_x(M, g) \subset G_2$ und wir erhalten den folgenden Spezialfall des Holonomieprinzips.

Satz 5.26 *Eine 7-dimensionale, orientierte Riemannsche Mannigfaltigkeit (M^7, g) ist genau dann eine G_2-Mannigfaltigkeit, wenn ihre Holonomiegruppe in G_2 liegt.*

6. Fall: *Die Holonomiegruppe $Spin(7)$.*

Die Gruppe $Spin(7)$ ist die universelle 2-fache Überlagerung der Gruppe $SO(7)$. Wir realisieren sie hier als kompakte Lie-Untergruppe von $SO(8)$. Dazu betrachten wir die folgende 4-Form auf $\mathbb{R}^8$

$$\sigma_0 := e^{1234} + e^{1256} + e^{1278} + e^{1357} - e^{1368} - e^{1458} - e^{1467}$$
$$- e^{2358} - e^{2367} - e^{2457} + e^{2468} + e^{3456} + e^{3478} + e^{5678},$$

wobei wie im vorigen Fall $e^{ijkl} := e^i \wedge e^j \wedge e^k \wedge e^l$ bezeichnet. $Spin(7)$ ist dann der Stabilisator von σ_0 in $SO(8)$:

$$Spin(7) := \{A \in SO(8) \mid A^* \sigma_0 = \sigma_0\}.$$

Man kann zeigen, dass die Lie-Gruppe $Spin(7)$ 21-dimensional und einfach-zusammenhängend ist und die Gruppe $SO(7)$ 2-fach überlagert (siehe [Ha90], Kap. 6, oder [Jo00], Kap. 10). Sei (M^8, g) eine 8-dimensionale, orientierte Riemannsche Mannigfaltigkeit und $x \in M$. Wir bezeichnen mit $\mathcal{F}_x^4 M$ folgende Menge von 4-Formen im Punkt x:

$$\mathcal{F}_x^4 M := \left\{ \varphi \in \Lambda^4 T_x^* M \; \middle| \; \begin{array}{l} \exists \text{ orientierungserhaltende Isometrie} \\ L : (\mathbb{R}^8, \langle \cdot, \cdot \rangle_{\mathbb{R}^8}) \longrightarrow (T_x M, g_x) \\ \text{mit } L^* \varphi = \sigma_0 \end{array} \right\}.$$

Definition 5.16 *Eine 4-Form $\sigma \in \Omega^4(M)$ auf (M^8, g) heißt zulässig, wenn $\sigma_x \in \mathcal{F}_x^4 M$ für alle $x \in M$. Eine 8-dimensionale, orientierte Riemannsche Mannigfaltigkeit (M^8, g) heißt Spin(7)-Mannigfaltigkeit, wenn auf ihr eine parallele zulässige 4-Form σ existiert.*

Eine zulässige 4-Form σ auf (M^8, g) ist äquivalent zu einer $Spin(7)$-Reduktion des Reperbündels von (M^8, g). Die Parallelität von σ, d.h. $\nabla^g \sigma = 0$, ist äquivalent zur Bedingung $Hol(M^8, g) \subset Spin(7)$. Diese beiden Aussagen beweist man völlig analog wie für die Gruppe G_2. Wir erhalten also den folgenden Spezialfall des Holonomieprinzips:

Satz 5.27 *Eine 8-dimensionale, orientierte Riemannsche Mannigfaltigkeit (M^8, g) ist genau dann eine Spin(7)-Mannigfaltigkeit, wenn ihre Holonomiegruppe in Spin(7) liegt.*

Damit haben wir alle in der Berger-Liste auftretenden Gruppen und Geometrien erklärt. In Bergers Arbeit ([Ber55]) aus dem Jahre 1955 tritt zusätzlich die Gruppe $Spin(9)$ als Holonomiegruppe für 16-dimensionale Mannigfaltigkeiten auf. Einige Jahre später haben D. Alekseevsky ([Al68]) bzw. R. Brown und A. Gray ([BG72]) jedoch gezeigt, dass jede Riemannsche

Mannigfaltigkeit mit reduzierter Holonomiegruppe in $Spin(9)$ lokal-symmetrisch ist. Deshalb kommt $Spin(9)$ in der Berger-Liste aus Satz 5.21 nicht mehr vor.

Für jede der in der Berger-Liste auftretenden Gruppen $H \subset SO(n)$ gibt es tatsächlich nicht lokal-symmetrische Riemannsche Mannigfaltigkeiten (M, g) mit $Hol(M, g) = H$. Die Beschreibung solcher Metriken hat eine lange Geschichte. Nachdem man zunächst lokale Beispiele konstruiert hatte, gelang es dann, geodätisch vollständige und danach sogar kompakte Riemannsche Mannigfaltigkeiten mit Holonomiegruppe H anzugeben. Wir verweisen den Leser für ein weiteres Studium zu diesem Thema auf [Sa89, Bry96, Jo00].

Abschließend wollen wir kurz die Beweisideen beschreiben, die zur Klassifikation der Holonomiegruppen in der Berger-Liste führen.

1. Die Beweisidee von Marcel Berger
Bergers Beweisidee geht von der Beschreibung der Holonomiealgebra durch Krümmungsoperatoren im Holonomietheorem von Ambrose und Singer (Satz 5.2) aus. Die 1. Bianchi-Identität für den Krümmungstensor einer semi-Riemannschen Mannigfaltigkeit hat eine zusätzliche algebraische Eigenschaft der Holonomiealgebra zur Folge. Berger klassifiziert dann alle Unteralgebren von $\mathfrak{so}(n)$ mit dieser zusätzlichen algebraischen Eigenschaft.

Definition 5.17 *Sei V ein endlich-dimensionaler reeller Vektorraum und $\mathfrak{g} \subset \mathfrak{gl}(V)$ eine Lie-Unteralgebra. Dann heißt*

$$\mathcal{R}(\mathfrak{g}) := \{R \in \Lambda^2 V^* \otimes \mathfrak{g} \mid R(v, w)u + R(w, u)v + R(u, v)w = 0\}$$

Raum der algebraischen Krümmungstensoren von $\mathfrak{g}$.
Wir bezeichnen mit $\mathcal{K}(\mathfrak{g}) \subset \mathfrak{g}$ den Unterraum

$$\mathcal{K}(\mathfrak{g}) := \mathrm{span}\,\{R(v, w) \mid R \in \mathcal{R}(\mathfrak{g}),\ v, w \in V\}.$$

Eine Lie-Algebra $\mathfrak{g} \subset \mathfrak{gl}(V)$ heißt Berger-Algebra, wenn $\mathcal{K}(\mathfrak{g}) = \mathfrak{g}$ gilt.

Eine Berger-Algebra ist also eine lineare Lie-Algebra, die durch ihre algebraischen Krümmungstensoren erzeugt werden kann.

Lemma 5.4 *Die Holonomiealgebra $\mathfrak{hol}_x(M, g)$ einer semi-Riemannschen Mannigfaltigkeit (M, g) ist eine Berger-Algebra.*

Beweis Nach dem Holonomietheorem von Ambrose und Singer gilt

$$\mathfrak{hol}_x(M, g) = \mathrm{span}\left\{(\gamma^* R)_x(v, w) \;\middle|\; \begin{array}{l} v, w \in T_x M \\ \gamma \text{ Kurve in } M \text{ mit Anfangspunkt } x \end{array}\right\},$$

wobei

$$(\gamma^* R)_x(v, w) := (\mathcal{P}_\gamma^g)^{-1} \circ R_y^g\big(\mathcal{P}_\gamma^g(v), \mathcal{P}_\gamma^g(w)\big) \circ \mathcal{P}_\gamma^g$$

für einen Weg γ von x nach y. Der Krümmungstensor R^g von (M, g) erfüllt die 1. Bianchi-Identität:

$$R^g(X, Y)Z + R^g(Y, Z)X + R^g(Z, X)Y = 0$$

für alle Vektorfelder X, Y und Z auf M. Folglich ist $(\gamma^* R)_x \in \mathcal{R}(\mathfrak{hol}_x(M, g))$ und wir erhalten

$$\mathfrak{hol}_x(M, g) \subset \mathcal{K}(\mathfrak{hol}_x(M, g)) \subset \mathfrak{hol}_x(M, g).$$

Die Holonomiealgebra $\mathfrak{hol}_x(M, g)$ ist also eine Berger-Algebra.   □

Um den lokal-symmetrischen vom nicht lokal-symmetrischen Fall unterscheiden zu können, betrachtet M. Berger dann eine weitere algebraische Bedingung.

Definition 5.18 *Es sei $\mathfrak{g}$ eine Lie-Unteralgebra von $\mathfrak{gl}(V)$ und*

$$\delta : \mathcal{R}(\mathfrak{g}) \otimes V^* \longrightarrow \mathfrak{g} \otimes \Lambda^3 V^*$$

die Abbildung, die einem Element $B \otimes \sigma \in \mathcal{R}(\mathfrak{g}) \otimes V^* \subset (\Lambda^2 V^* \otimes \mathfrak{g}) \otimes V^*$ die folgende 3-Form mit Werten in $\mathfrak{g}$ zuordnet:

$$\delta(B \otimes \sigma)(v, w, u) := B(v, w)\sigma(u) + B(w, u)\sigma(v) + B(u, v)\sigma(w) \tag{5.44}$$

für $v, w, u \in V$. Dann bezeichne $\mathcal{R}^1(\mathfrak{g})$ den Unterraum

$$\mathcal{R}^1(\mathfrak{g}) := \text{Ker } \delta \subset \mathcal{R}(\mathfrak{g}) \otimes V^*.$$

Lemma 5.5 *Für den Krümmungstensor einer semi-Riemannschen Mannigfaltigkeit (M, g) gilt*

$$\left(\nabla^g R^g\right)_x \in \mathcal{R}^1\left(\mathfrak{hol}_x(M, g)\right).$$

Beweis Wir überlegen uns zuerst, dass $(\nabla_U^g R^g)(x) \in \mathcal{R}(\mathfrak{hol}_x(M, g))$ für alle Vektorfelder U gilt. Die kovariante Ableitung des Krümmungsendomorphismus lässt sich folgendermaßen durch die Parallelverschiebung ausdrücken (Satz 3.14):

$$\nabla_U^g R^g(x) = \frac{d}{dt} \mathcal{P}_t^{-1} R^g_{\gamma(t)} \Big|_{t=0},$$

wobei γ die Integralkurve von U durch den Punkt x mit $\gamma(0) = x$ und $\mathcal{P}_t$ die vom Levi-Civita-Zusammenhang im Bündel $\Lambda^2 T^* M \otimes \text{End}(TM)$ induzierte Parallelverschiebung entlang $\gamma_{|[0,t]}$ bezeichnet. Dabei gilt für jeden Parameter t der Kurve γ und alle Vektoren $v, w \in T_x M$

$$\begin{aligned}
\left(\mathcal{P}_t^{-1} R^g_{\gamma(t)}\right)(v, w) &= (\mathcal{P}^g_{\gamma_{|[0,t]}})^{-1} \circ R^g_{\gamma(t)}\left(\mathcal{P}^g_{\gamma_{|[0,t]}} v, \mathcal{P}^g_{\gamma_{|[0,t]}} w\right) \circ \mathcal{P}^g_{\gamma_{|[0,t]}} \\
&= (\gamma^*_{|[0,t]} R^g)_x(v, w) \in \mathfrak{hol}_x(M, g).
\end{aligned}$$

Da die Operatoren $\left((\gamma_{|[0,t]})^*R^g\right)_x$ die 1. Bianchi-Identität erfüllen, liegt die Kurve $t \mapsto$ $\left(\mathcal{P}_t^{-1}R^g_{\gamma(t)}\right)$ vollständig im Vektorraum $\mathcal{R}(\mathfrak{hol}_x(M,g))$. Folglich liegt auch die Ableitung $(\nabla^g_U R^g)_x$ dieser Kurve in $\mathcal{R}(\mathfrak{hol}_x(M,g))$. Für den Krümmungsendomorphismus einer semi-Riemannschen Mannigfaltigkeit gilt die 2. Bianchi-Identität

$$\left(\nabla^g_Z R^g\right)(X,Y) + \left(\nabla^g_X R^g\right)(Y,Z) + \left(\nabla^g_Y R^g\right)(Z,X) = 0 \qquad (5.45)$$

für alle Vektorfelder X, Y und Z auf M. Schreibt man $(\nabla^g R^g)_x$ in einer Basis $(s_1, \ldots, s_n)$ und ihrer Cobasis $(\sigma^1, \ldots, \sigma^n)$ als

$$(\nabla^g R^g)_x = \sum_{i=1}^n \nabla^g_{s_i} R^g \otimes \sigma^i,$$

so sieht man mit (5.44) und (5.45) leicht, dass $\delta((\nabla^g R^g)_x) = 0$. Dies zeigt $(\nabla^g R^g)_x \in \mathcal{R}^1(\mathfrak{hol}_x(M,g))$. $\qquad\square$

Bergers Beweis besteht dann aus zwei Schritten:

1. *Bergers 1. Test*: Man bestimmt alle abgeschlossenen, zusammenhängenden, irreduzibel wirkenden Untergruppen $H \subset SO(n)$, deren Lie-Algebra $\mathfrak{h}$ eine Berger-Algebra ist. Dies ist notwendig dafür, dass $\mathfrak{h}$ die Holonomiealgebra einer Riemannschen Mannigfaltigkeit ist.

2. *Bergers 2. Test*: Man bestimmt unter diesen Berger-Algebren $\mathfrak{h}$ alle diejenigen mit $\mathcal{R}^1(\mathfrak{h}) \neq 0$. Dies ist notwendig dafür, dass eine Mannigfaltigkeit mit Holonomiealgebra $\mathfrak{h}$ nicht lokal-symmetrisch ist.

Nach diesen beiden Tests, die man mit Methoden der Struktur- und Klassifikationstheorie halbeinfacher Lie-Algebren Fall für Fall durchführt, bleiben gerade die Untergruppen $H \subset SO(n)$ aus der Berger-Liste von Satz 5.21 übrig.

2. Die Beweisidee von James Simons

Auf die in der Berger-Liste auftretenden Gruppen war man bereits bei einem anderen Klassifikationsproblem gestoßen, nämlich bei der Klassifikation der kompakten, zusammenhängenden Lie-Gruppen $H \subset SO(n)$, die transitiv auf der Sphäre S^{n-1} wirken.

Satz 5.28 (Montgomery-Samelson-Liste) *Sei H eine kompakte, zusammenhängende Lie-Untergruppe von $SO(n)$, die transitiv auf S^{n-1} wirkt. Dann ist H eine der folgenden Gruppen:*

n	H
n	$SO(n)$
$2m$	$U(m)$, $SU(m)$
$4m$	$Sp(m)$, $Sp(m) \cdot Sp(1)$, $Sp(m) \cdot U(1)$
7	G_2
8	$Spin(7)$
16	$Spin(9)$

Einen Beweis dieses Satzes findet man in [MSa43, Bo49, Bo50]. Bis auf die beiden Gruppen $Sp(m) \cdot U(1)$ und $Spin(9)$ stimmt diese Liste mit der Berger-Liste überein. Wie bereits erwähnt, tritt $Spin(9)$ nur als Holonomiegruppe lokal-symmetrischer Räume auf. Man berechnet dazu $\mathcal{R}^1(\mathfrak{spin}(9)) = 0$. Des Weiteren kann man zeigen, dass jede Holonomiegruppe, die in $Sp(m) \cdot U(1)$ liegt, bereits in $Sp(m)$ enthalten ist. Bergers Resultat kann man also auch folgendermaßen formulieren:

Satz 5.29 (Bergers Holonomietheorem) *Wirkt die reduzierte Holonomiegruppe* $Hol^0_x(M, g)$ *einer irreduziblen Riemannschen Mannigfaltigkeit* (M, g) *nicht transitiv auf der Einheitssphäre des Tangentialraumes* T_xM, *so ist* (M, g) *lokal-symmetrisch.*

Diesen Satz hat J. Simons 1962 in seiner Arbeit [Si62] bewiesen. Grundlegend für seine Überlegungen ist der Begriff des Holonomiesystems. Wir betrachten wieder eine abgeschlossene Untergruppe $H \subset GL(V)$ und den Raum der algebraischen Krümmungstensoren $\mathcal{R}(\mathfrak{h})$ ihrer Lie-Algebra $\mathfrak{h}$. Die Gruppe H wirkt auf $\mathcal{R}(\mathfrak{h})$ durch $(h, R) \in H \times \mathcal{R}(\mathfrak{h}) \mapsto h \cdot R \in \mathcal{R}(\mathfrak{h})$ mit

$$(h \cdot R)(v, w) := h \cdot R(h^{-1}v, h^{-1}w) \cdot h^{-1} \quad \text{für } v, w \in V.$$

Definition 5.19 *Ein Tripel* $[V, R, H]$ *heißt Holonomiesystem, wenn* V *ein endlich-dimensionaler Euklidischer Vektorraum,* $H \subset O(V)$ *eine zusammenhängende, kompakte Untergruppe mit der Lie-Algebra* $\mathfrak{h}$ *und* $R \in \mathcal{R}(\mathfrak{h})$ *ein algebraischer Krümmungstensor von* $\mathfrak{h}$ *ist. Das Holonomiesystem* $[V, R, H]$ *heißt irreduzibel, wenn die Gruppe* H *irreduzibel auf* V *wirkt. Das Holonomiesystem* $[V, R, H]$ *heißt symmetrisch, wenn* $h \cdot R = R$ *für alle* $h \in H$ *gilt.*

Ist (M, g) eine Riemannsche Mannigfaltigkeit und $x \in M$, so ist z. B. das Tripel $[T_xM, R^g_x, Hol^0_x(M, g)]$ ein Holonomiesystem. Für einen lokal-symmetrischen Raum (M, g) ist dieses Holonomiesystem nach dem Holonomieprinzip symmetrisch.

Sei $[V, R, H]$ ein Holonomiesystem. Der Unterraum

$$\mathfrak{h}^R := \text{span}\{(h \cdot R)(v, w) \mid h \in H, v, w \in V\} \subset \mathfrak{h}$$

ist ein Ideal in $\mathfrak{h}$ und die davon erzeugte zusammenhängende Untergruppe $H^R := \exp(\mathfrak{h}^R) \subset H \subset O(V)$ ist ebenfalls kompakt. Einem *symmetrischen* Holonomiesystem $[V, R, H]$ kann man eine einfach-zusammenhängende symmetrische Riemannsche Mannigfaltigkeit mit der Holonomiegruppe H^R zuordnen. Wir betrachten dazu den Vektorraum

$\mathfrak{g} := \mathfrak{h}^R \oplus V$ mit dem Kommutator

$$[A, B]_\mathfrak{g} := [A, B]_\mathfrak{h} \qquad \forall\, A, B \in \mathfrak{h}^R,$$
$$[v, w]_\mathfrak{g} := -R(v, w) \qquad \forall\, v, w \in V,$$
$$[A, v]_\mathfrak{g} := Av =: -[v, A]_\mathfrak{g} \qquad \forall\, A \in \mathfrak{h}^R,\ v \in V.$$

Man weist leicht nach, dass $\mathfrak{g}$ mit diesem Kommutator eine Lie-Algebra und $\mathfrak{g} = \mathfrak{h}^R \oplus V$ eine symmetrische Zerlegung von $\mathfrak{g}$ ist. Mit einem Vielfachen der Killing-Form von $\mathfrak{g}$ ist $(\mathfrak{g} = \mathfrak{h}^R \oplus V, cB_\mathfrak{g})$ sogar eine metrische symmetrische Lie-Algebra, wobei $cB_\mathfrak{g}|_{V \times V}$ mit dem Euklidischen Skalarprodukt von V übereinstimmt. Wie in Abschn. 5.3. beschrieben, definiert diese metrische symmetrische Lie-Algebra eine einfach-zusammenhängende, symmetrische Riemannsche Mannigfaltigkeit $(\widetilde{M}, \widetilde{g})$ mit der Holonomiegruppe H^R und der Krümmung $R_o^{\widetilde{g}} = R$ (bei Identifizierung von V mit $T_o\widetilde{M}$). Darüber hinaus kann man zeigen, dass die Gruppen H und H^R für ein *irreduzibles* symmetrisches Holonomiesystem mit $R \neq 0$ übereinstimmen. J. Simons zeigt in seiner Arbeit folgenden zentralen Satz:

Satz 5.30 *Ist* $[V, H, R]$ *ein irreduzibles Holonomiesystem und wirkt* H^R *nicht transitiv auf der Einheitssphäre in* V, *dann ist das Holonomiesystem* $[V, H, R]$ *symmetrisch.*

Dies wendet man dann auf das Holonomiesystem $S_x = [T_xM, R_x^g, Hol_x^0(M, g)]$ einer irreduziblen Riemannschen Mannigfaltigkeit an. Wirkt die Gruppe $H_x := Hol_x^0(M, g)$ nicht transitiv auf der Sphäre in T_xM, so wirkt $H_x^{R_x^g}$ ebenfalls nicht transitiv. Das Holonomiesystem S_x ist deshalb für jeden Punkt $x \in M$ symmetrisch. Da (M, g) irreduzibel ist, gibt es einen Punkt $x_0 \in M$ mit $R_{x_0}^g \neq 0$. (Wir setzen oBdA voraus, dass $\dim(M) > 1$.) Folglich gilt $H_{x_0} = H_{x_0}^{R_{x_0}^g}$, d.h., die reduzierte Holonomiegruppe von (M, g) ist die eines Riemannschen symmetrischen Raumes. Man zeigt dann mit Hilfe der Symmetrie und der Irreduzibilität der Holonomiesysteme S_x, dass $\mathcal{P}_\gamma^g R_x^g = R_y^g$ für alle Kurven in M gilt, die x und y verbinden. Daraus folgt nach dem Holonomieprinzip $\nabla^g R^g = 0$. (M, g) ist also selbst lokal-symmetrisch.

3. Die Beweisidee von Carlos Olmos

Carlos Olmos hat 2005 in [Ol05] einen weiteren, rein geometrischen Beweis von Bergers Holonomietheorem angegeben. Er wendet dazu Geometrie von Untermannigfaltigkeiten Euklidischer Räume auf den Orbit der Holonomiegruppe an. Sei (M, g) eine irreduzible Riemannsche Mannigfaltigkeit, deren reduzierte Holonomiegruppe $H := H_x^0(M, g)$ nicht transitiv auf der Sphäre in T_xM wirkt. Für einen Vektor $v \in T_xM$, $v \neq 0$, ist der Orbit $Hv \subset T_xM$ eine Untermannigfaltigkeit des Euklidischen Vektorraumes (T_xM, g_x). Wir bezeichnen mit $v_w(Hv) := (T_wHv)^\perp \subset T_xM$ den Normalenraum an den Orbit Hv im Punkt w. Sei $v(Hv) := \bigcup_{w \in Hv} v_w(Hv)$ das Normalenbündel des Orbits Hv und $\nabla^\perp : \Gamma(v(Hv)) \longrightarrow \Gamma(T^*(Hv) \otimes v(Hv))$ die Normalenableitung

$$\nabla_X^\perp \xi := proj_v X(\xi), \quad \xi \in v(Hv).$$

Dann ist $N^v := \exp_x\left(v_v(Hv) \cap B_{r_x}(0)\right) \subset M$ mit der durch die Metrik g induzierten Riemannschen Metrik g^N eine total-geodätische Untermannigfaltigkeit von (M, g). Dabei bezeichnet r_x den Injektivitätsradius von M in x. Grundlegend für das Weitere ist die Feststellung, dass die Holonomiegruppe von N^v in der Holonomiegruppe des Normalenbündels $v(Hv)$ enthalten ist:

$$Hol_x(N^v, g^N) \subset Hol_v(v(Hv), \nabla^\perp).$$

Dies benutzt man, um zu zeigen, dass die Untermannigfaltigkeit $N^v \subset M$ lokal-symmetrisch ist. Anschließend zeigt man, dass es genügend viele Vektoren $v \in T_x M$ gibt, um mit den zugehörigen Normalenräumen $v_v(Hv)$ den ganzen Tangentialraum $T_x M$ aufzuspannen. Mit dieser Eigenschaft gelingt es dann, die lokale Symmetrie von den Untermannigfaltigkeiten N^v auf M zu übertragen. Eine Ausarbeitung dieses Beweises findet man in [Be08].

5.5   Holonomiegruppen pseudo-Riemannscher Mannigfaltigkeiten – Ein Ausblick

Im Gegensatz zum Riemannschen Fall sind die Holonomiegruppen einfach-zusammenhängender, pseudo-Riemannscher Mannigfaltigkeiten nicht vollständig klassifiziert. Wenn die Metrik nicht positiv definit ist, können unzerlegbare Holonomiedarstellungen ausgeartete invariante Unterräume besitzen. Die Klassifikation solcher Darstellungen ist schwierig.

Die Holonomiegruppen *irreduzibler* einfach-zusammenhängender *pseudo*-Riemannscher Mannigfaltigkeiten wurden bereits von M. Berger in den Arbeiten [Ber55] für den nicht-symmetrischen und in [Ber57] für den symmetrischen Fall klassifiziert. Wir geben hier zur Information die Liste im nicht-symmetrischen Fall an, ohne die Gruppen im Einzelnen zu beschreiben.

Satz 5.31 (Pseudo-Riemannsche Berger-Liste) *Sei $(M^{r,s}, g)$ eine einfach-zusammenhängende, irreduzible pseudo-Riemannsche Mannigfaltigkeit der Signatur (r, s), die nicht lokalsymmetrisch ist. Dann ist die Holonomiegruppe von (M, g) bis auf Konjugation in $O(r, s)$ entweder $SO^0(r, s)$ oder eine der folgenden Gruppen mit ihrer Standard-Darstellung:*

Dimension	Signatur	Holonomiegruppe
$2m \geq 4$	$(2p, 2q)$	$U(p, q)$ und $SU(p, q)$
$2m \geq 4$	(r, r)	$SO(r, \mathbb{C})$
$4m \geq 8$	$(4p, 4q)$	$Sp(p, q)$ und $Sp(p, q) \cdot Sp(1)$
$4m \geq 8$	$(2p, 2p)$	$Sp(p, \mathbb{R}) \cdot SL(2, \mathbb{R})$
$4m \geq 16$	$(4p, 4p)$	$Sp(p, \mathbb{C}) \cdot SL(2, \mathbb{C})$
7	$(4, 3)$	$G^*_{2(2)}$
14	$(7, 7)$	$G^{\mathbb{C}}_2$
8	$(4, 4)$	$Spin(4, 3)$
16	$(8, 8)$	$Spin(7, \mathbb{C})$

Einen schönen Überblick über bisher bekannte Resultate zu den Holonomiegruppen *schwach-irreduzibler* pseudo-Riemannscher Mannigfaltigkeiten findet man in [GL08]. Wir wollen hier nur kurz auf den Lorentzfall eingehen. Wie man sieht, enthält die pseudo-Riemannsche Berger-Liste keine Gruppe in der Signatur $(1, n - 1)$. Dies entspricht einer besonderen algebraischen Eigenschaft der Lorentzgruppe $SO^0(1, n - 1)$ (siehe [DO01]).

Satz 5.32 *Ist $H \subset SO^0(1, n - 1)$ eine zusammenhängende Lie-Untergruppe, die irreduzibel auf $\mathbb{R}^{1,n-1}$ wirkt, so gilt $H = SO^0(1, n - 1)$.*

Wir erhalten also

Satz 5.33 *Die Holonomiegruppe einer n-dimensionalen, irreduziblen, einfach-zusammenhängenden Lorentz-Mannigfaltigkeit ist isomorph zu $SO^0(1, n - 1)$.*

Die Holonomiegruppen 4-dimensionaler Lorentz-Mannigfaltigkeiten wurden von J. F. Schell ([Sch60]) und R. Shaw ([Sh70]) beschrieben. Es treten 14 Typen von Holonomiegruppen auf. Möchte man die Holonomiegruppen von Lorentz-Mannigfaltigkeiten in beliebigen Dimensionen klassifizieren, muss man sich mit den schwach-irreduziblen Darstellungen von Untergruppen von $SO^0(1, n - 1)$ befassen. Die algebraische Struktur dieser Untergruppen wurde von L. Berard-Bergery und A. Ikemakhen in [BI93] beschrieben. Danach gelang es T. Leistner, die Holonomiegruppen einfach-zusammenhängender Lorentz-Mannigfaltigkeiten vollständig zu klassifizieren (siehe [L07]). Wir beschreiben abschließend dieses Resultat.

Sei (M, g) eine schwach-irreduzible Lorentz-Mannigfaltigkeit und $x \in M$. Dann besitzt die Holonomiegruppe $Hol_x(M, g)$ einen ausgearteten invarianten Unterraum $W \subset T_xM$. Der Raum $V := W \cap W^\perp \subset T_xM$ ist 1-dimensional, lichtartig und invariant. Wir fixieren eine Basis $(f_1, \ldots, f_n)$ in T_xM mit $f_1 \in V$ und

$$\left(g_x(f_i, f_j)\right) = \begin{pmatrix} 0 & 0 & 1 \\ 0 & I_{n-2} & 0 \\ 1 & 0 & 0 \end{pmatrix}$$

und schreiben die orthogonalen Abbildungen auf (T_xM, g_x) als Matrizen bzgl. dieser Basis. Die Holonomiegruppe $Hol_x(M, g)$ liegt im Stabilisator des Unterraumes V, d. h.

$$Hol_x(M, g) \subset O(1, n - 1)_V = \left(\mathbb{R}^* \times O(n - 2)\right) \ltimes \mathbb{R}^{n-2}$$
$$= \left\{ \begin{pmatrix} a^{-1} & x^t & -\frac{1}{2}a\|x\|^2 \\ 0 & A & -aAx \\ 0 & 0 & a \end{pmatrix} \,\middle|\, \begin{array}{l} a \in \mathbb{R}^* \\ x \in \mathbb{R}^{n-2} \\ A \in O(n - 2) \end{array} \right\}.$$

Für die Holonomiealgebra gilt

$$\mathfrak{hol}_x(M, g) \subset \mathfrak{so}(1, n-1)_V = \big(\mathbb{R} \oplus \mathfrak{so}(n-2)\big) \ltimes \mathbb{R}^{n-2}$$

$$= \left\{ \begin{pmatrix} -\alpha & v^t & 0 \\ 0 & X & -v \\ 0 & 0 & \alpha \end{pmatrix} \,\middle|\, \begin{array}{l} \alpha \in \mathbb{R} \\ v \in \mathbb{R}^{n-2} \\ X \in \mathfrak{so}(n-2) \end{array} \right\}.$$

Wir bezeichnen mit $\mathfrak{g} := pr_{\mathfrak{so}(n-2)}\big(\mathfrak{hol}_x(M, g)\big) \subset \mathfrak{so}(n-2)$ den orthogonalen Teil der Holonomiealgebra. Dann gilt $\mathfrak{g} = \mathfrak{z}(\mathfrak{g}) \oplus [\mathfrak{g}, \mathfrak{g}]$, wobei $\mathfrak{z}(\mathfrak{g})$ das Zentrum von $\mathfrak{g}$ bezeichnet. Es seien $G' \subset G \subset SO(n-2)$ die zusammenhängenden Lie-Untergruppen mit den Lie-Algebren $\mathfrak{g}' := [\mathfrak{g}, \mathfrak{g}] \subset \mathfrak{g}$. Der folgende Satz beschreibt die Holonomiegruppen von Lorentz-Mannigfaltigkeiten.

Satz 5.34 (Die Holonomiegruppen von Lorentz-Mannigfaltigkeiten) *Sei* $(M^{1,n-1}, g)$ *eine n-dimensionale, einfach-zusammenhängende, unzerlegbare, nicht-irreduzible Lorentz-Mannigfaltigkeit. Dann ist der orthogonale Teil* $G \subset SO(n-2)$ *von* $Hol_x(M, g)$ *die Holonomiegruppe einer Riemannschen Mannigfaltigkeit und* $Hol_x(M, g)$ *hat eine der folgenden Formen:*

1. $(R^+ \times G) \ltimes \mathbb{R}^{n-2}$.

2. $G \ltimes \mathbb{R}^{n-2}$.

3. $L \cdot G' \ltimes \mathbb{R}^{n-2}$,

   wobei $L \subset \mathbb{R}^+ \times G$ *die zusammenhängende Lie-Gruppe mit Lie-Algebra* $\mathfrak{l} := \{(\varphi(X), X, 0) \mid X \in \mathfrak{z}(\mathfrak{g})\}$ *für einen surjektiven Lie-Algebren-Homomorphismus* $\varphi : \mathfrak{z}(\mathfrak{g}) \to \mathbb{R}$ *ist.*

4. $\hat{L} \cdot G' \ltimes \mathbb{R}^{n-2-m}$,

   wobei $G \subset SO(n-2-m)$ *und* $\hat{L} \subset G \times \mathbb{R}^m$ *die zusammenhängende die Lie-Gruppe mit Lie-Algebra* $\hat{\mathfrak{l}} := \{(0, X, \psi(X)) \mid X \in \mathfrak{z}(\mathfrak{g})\}$ *für einen surjektiven Lie-Algebren-Homomorphismus* $\psi : \mathfrak{z}(\mathfrak{g}) \longrightarrow \mathbb{R}^m$ *ist.*

Jede der in diesem Satz auftretenden Gruppen kann tatsächlich als Holonomiegruppe einer Lorentz-Mannigfaltigkeit realisiert werden (siehe [G06, GL08]). Eine Lorentz-Mannigfaltigkeit mit Holonomiegruppe vom 2. Typ haben wir in Beispiel 5.5 beschrieben. Die Konstruktion von *globalen* Lorentz-Mannigfaltigkeiten mit vorgegebenen geometrischen, topologischen oder analytischen Eigenschaften zu den im letzten Satz beschriebenen Holonomiegruppen ist ein interessantes und noch weitgehend offenes Feld.

5.6   Aufgaben zu Kapitel 5

5.1. Bestimmen Sie die Holonomiegruppe des hyperbolischen Raumes

$$H^n := \{x \in \mathbb{R}^{n+1} \mid \langle x, x \rangle_{1,n} = -1, \ x_1 > 0\},$$

versehen mit der durch das Skalarprodukt $\langle \cdot, \cdot \rangle_{1,n}$ induzierten Riemannschen Metrik.

5.2. Es sei (F^{n-1}, r) eine $(n-1)$-dimensionale Riemannsche Mannigfaltigkeit und (M, g) die Mannigfaltigkeit

$$M := \mathbb{R} \times F, \quad g := ds^2 + e^{-4s} r.$$

Zeigen Sie, dass die reduzierte Holonomiegruppe von (M, g) isomorph zu $SO(n)$ ist.

5.3. Es sei (F, r) eine Riemannsche Mannigfaltigkeit mit der Holonomiegruppe $Hol_x(F, r)$ und (M, g) die Lorentz-Mannigfaltigkeit

$$M := \mathbb{R} \times F \times \mathbb{R}^+, \quad g_{(s,x,t)} := 2\, dt\, ds + t^2 g_x.$$

Zeigen Sie, dass für die Holonomiegruppe von (M, g) gilt:

$$Hol_{(1,x,1)}(M, g) \subset Hol_x(F, r) \ltimes \mathbb{R}^{\dim F}.$$

5.4. Zeigen Sie, dass der hyperbolische Raum H^n aus Aufgabe 5.1 ein symmetrischer Raum ist.

5.5. Zeigen Sie, dass der komplex-projektive Raum $\mathbb{C}P^n$ aus Beispiel 1.16 mit einer geeigneten Metrik ein Riemannscher symmetrischer Raum ist.

5.6. Eine Riemannsche Mannigfaltigkeit (M, g) heißt *Sasaki-Mannigfaltigkeit* wenn es ein Killingvektorfeld ξ auf M gibt, das folgende Eigenschaften erfüllt:

1. $g(\xi, \xi) \equiv 1$.
2. Für die Abbildung $J := -\nabla \xi : TM \longrightarrow TM$ gilt

$$J^2 X = -X + g(X, \xi)\xi,$$
$$(\nabla_X J)(Y) = g(X, Y)\xi - g(Y, \xi)X.$$

Zeigen Sie, dass die reduzierte Holonomiegruppe einer $(2m+1)$-dimensionalen Sasaki-Mannigfaltigkeit (M, g) isomorph zu $SO(2m + 1)$ ist.

5.7. Zeigen Sie, dass die Holonomiegruppe des Kegels $(\mathbb{R}^+ \times M, dt^2 + t^2 g)$ über einer $(2m + 1)$-dimensionalen Sasaki-Mannigfaltigkeit (M, g) in der unitären Gruppe $U(m + 1)$ liegt.

Hinweis: Es genügt zu zeigen, dass der Kegel eine Kähler-Mannigfaltigkeit ist.

5.8. Zeigen Sie, dass die Holonomiegruppe des Kegels $(\mathbb{R}^+ \times M, dt^2 + t^2 g)$ über einer $(2m + 1)$-dimensionalen einfach-zusammenhängenden Sasaki-Mannigfaltigkeit, die zusätzlich die Einstein-Bedingung $Ric^g = f g$ erfüllt, in $SU(m + 1)$ liegt.

5.9. Eine fast-hermitesche Mannigfaltigkeit (M^{2m}, g, J) mit $(\nabla^g_X J)(X) = 0$ für alle Vektorfelder X nennt man nearly-Kähler-Mannigfaltigkeit. Zeigen Sie: Ist der Kegel $(\mathbb{R}^+ \times M^6, dt^2 + t^2 g)$ über einer 6-dimensionalen Mannigfaltigkeit (M, g) eine G_2-Mannigfaltigkeit, so ist (M, g) eine nearly-Kähler-Mannigfaltigkeit, die nicht Kählersch ist.

Charakteristische Klassen in der de Rham-Kohomologie

6

Charakteristische Klassen sind Kohomologieklassen, die man Hauptfaser- und Vektorbündeln zuordnet. Man kann sie benutzen, um nachzuweisen, dass zwei Bündel nicht isomorph sind. Insbesondere messen sie den Grad der Nichttrivialität eines Bündels. Charakteristische Klassen trifft man an vielen Stellen in der Geometrie, Topologie und Analysis. Sie beschreiben z. B. Hindernisse für die Existenz von Metriken mit bestimmten Krümmungseigenschaften oder Bedingungen für die Existenz von Lösungen von partiellen Differentialgleichungen auf Mannigfaltigkeiten und Vektorbündeln. In diesem Kapitel werden wir charakteristische Klassen in der de Rham-Kohomologie behandeln. Diese charakteristischen Klassen kann man durch die Krümmung von Zusammenhängen auf den betrachteten Bündeln beschreiben.

6.1 Der Weil-Homomorphismus

Sei G eine Lie-Gruppe mit der Lie-Algebra $\mathfrak{g}$. Mit $\mathrm{Ad} : G \longrightarrow GL(\mathfrak{g})$ bezeichnen wir die adjungierte Darstellung von G auf $\mathfrak{g}$.

Definition 6.1 *Eine multilineare, symmetrische Abbildung*

$$f : \underbrace{\mathfrak{g} \times \ldots \times \mathfrak{g}}_{k\text{-}mal} \longrightarrow \mathbb{C}$$

heißt G-invariant, falls

$$f\big(\mathrm{Ad}(g)X_1, \ldots, \mathrm{Ad}(g)X_k\big) = f(X_1, \ldots, X_k)$$

für alle $g \in G$ und $X_1, \ldots, X_k \in \mathfrak{g}$.

H. Baum, *Eichfeldtheorie*, Springer-Lehrbuch Masterclass,
DOI: 10.1007/978-3-642-38539-1_6, © Springer-Verlag Berlin Heidelberg 2014

Die Menge der k-linearen, symmetrischen, G-invarianten Abbildungen bezeichnen wir mit $S_G^k(\mathfrak{g})$. Dann ist

$$S_G^*(\mathfrak{g}) := \sum_{k=0}^{\infty} S_G^k(\mathfrak{g})$$

mit der folgenden Multiplikation eine kommutative Algebra:

$$(f \cdot h)(X_1, \dots, X_{k+l})$$
$$:= \frac{1}{(k+l)!} \sum_{\tau \in \mathcal{S}_{k+l}} f\big(X_{\tau_1}, \dots, X_{\tau_k}\big) \cdot h\big(X_{\tau_{k+1}}, \dots, X_{\tau_{k+l}}\big)$$

für $f \in S_G^k(\mathfrak{g})$ und $h \in S_G^l(\mathfrak{g})$. Hierbei bezeichnet $\mathcal{S}_{k+l}$ die Gruppe der Permutationen der Zahlen $(1, \dots, k+l)$.

Mit Hilfe von k-linearen Abbildungen auf der Lie-Algebra $\mathfrak{g}$ kann man k Differentialformen mit Werten in $\mathfrak{g}$ eine Differentialform mit komplexen Werten zuordnen. Seien $\omega_1 \in \Omega^{i_1}(N, \mathfrak{g}), \dots, \omega_k \in \Omega^{i_k}(N, \mathfrak{g})$ Differentialformen auf einer Mannigfaltigkeit N mit Werten in $\mathfrak{g}$ und $r = i_1 + \dots + i_k$ die Summe ihrer Grade. Dann ordnen wir jedem $f \in S_G^k(\mathfrak{g})$ die folgende Differentialform $f(\omega_1 \wedge \dots \wedge \omega_k) \in \Omega^r(N, \mathbb{C})$ zu:

$$f\big(\omega_1 \wedge \dots \wedge \omega_k\big)(Y_1, \dots, Y_r)$$
$$:= \frac{1}{i_1! \dots i_k!} \sum_{\tau \in \mathcal{S}_r} \mathrm{sign}(\tau) f\Big(\omega_1(Y_{\tau_1}, \dots, Y_{\tau_{i_1}}), \ \dots, \ \omega_k(Y_{\tau_{r-i_k+1}}, \dots, Y_{\tau_r})\Big),$$

wobei $Y_1, \dots, Y_r$ Vektorfelder auf N bezeichnen. Dann gilt die analoge Derivationseigenschaft für das Differential wie bei $\mathbb{C}$-wertigen Differentialformen:

$$d\big(f(\omega_1 \wedge \dots \wedge \omega_k)\big) =$$
$$= \sum_{\alpha=1}^{k} (-1)^{i_1 + \dots + i_{\alpha-1}} f(\omega_1 \wedge \dots \wedge \omega_{\alpha-1} \wedge d\omega_\alpha \wedge \omega_{\alpha+1} \wedge \dots \wedge \omega_k). \qquad (6.1)$$

Wir wollen nun die invarianten Abbildungen $S_G^*(\mathfrak{g})$ benutzen, um G-Hauptfaserbündeln Kohomologieklassen zuzuordnen. Sei also $(P, \pi, M; G)$ ein G-Hauptfaserbündel über einer Mannigfaltigkeit M, A eine Zusammenhangsform auf P und $F^A = D_A A \in \Omega^2(P, \mathfrak{g})$ die Krümmungsform von A. Für jedes Element $f \in S_G^k(\mathfrak{g})$ erhalten wir dann die $2k$-Form

$$f\big(F^A \wedge \dots \wedge F^A\big) \in \Omega^{2k}(P, \mathbb{C}),$$

deren Eigenschaften wir im folgenden Satz beschreiben.

Satz 6.1 *1. Die Differentialform $f\left(F^A \wedge \ldots \wedge F^A\right)$ ist horizontal und rechtsinvariant.*
2. Die Differentialform $f\left(F^A \wedge \ldots \wedge F^A\right)$ ist geschlossen.
3. Seien A_0 und A_1 zwei Zusammenhangsformen auf P. Dann gilt

$$f\left(F^{A_1} \wedge \ldots \wedge F^{A_1}\right) = f\left(F^{A_0} \wedge \ldots \wedge F^{A_0}\right) + d\phi,$$

wobei ϕ eine horizontale und rechtsinvariante $(2k-1)$-Form auf P ist.

Beweis Nach Definition ist die Krümmungsform $F^A = D_A A$ horizontal, d. h., sie verschwindet, sobald einer der eingesetzten Vektoren vertikal ist. Offensichtlich ist dann auch $f\left(F^A \wedge \ldots \wedge F^A\right)$ horizontal. Wir wissen, dass die Krümmungsform vom Typ Ad ist. Aus der Invarianzeigenschaft der Abbildung f folgt daher für die mit der Rechtstranslation R_g, $g \in G$, zurückgezogene $2k$-Form

$$\begin{aligned}
R_g^* f\left(F^A \wedge \ldots \wedge F^A\right) &= f\left(R_g^* F^A \wedge \ldots \wedge R_g^* F^A\right) \\
&= f\left((\mathrm{Ad}(g^{-1}) \circ F^A) \wedge \ldots \wedge (\mathrm{Ad}(g^{-1}) \circ F^A)\right) \\
&= f\left(F^A \wedge \ldots \wedge F^A\right).
\end{aligned}$$

Also ist $f\left(F^A \wedge \ldots \wedge F^A\right)$ rechtsinvariant.
Rechtsinvariante Differentialformen sind vom Typ ρ, wobei ρ die triviale Darstellung von G auf $\mathbb{C}$ ist. Aus Satz 3.10 folgt deshalb für horizontale, rechtsinvariante Formen $\sigma \in \Omega^r(P, \mathbb{C})$, dass $D_A \sigma = d\sigma$. Mit Hilfe von Formel (6.1) erhalten wir dann

$$\begin{aligned}
d\left(f(F^A \wedge \ldots \wedge F^A)\right) &= D_A\left(f(F^A \wedge \ldots \wedge F^A)\right) \\
&\overset{(6.1)}{=} \sum_{i=1}^{k} f\left(F^A \wedge \ldots \wedge F^A \wedge \underbrace{D_A F^A}_{i\text{-te Stelle}} \wedge F^A \wedge \ldots \wedge F^A\right).
\end{aligned}$$

Die Krümmung F^A erfüllt die Bianchi-Identität $D_A F^A = 0$ (siehe Satz 3.15). Daraus folgt $d\left(f(F^A \wedge \ldots \wedge F^A)\right) = 0$.
Seien nun A_1 und A_0 zwei Zusammenhangsformen auf P. Ihre Differenz $\eta := A_1 - A_0$ ist eine horizontale 1-Form auf P vom Typ Ad. Wir betrachten die Kurve $A_t := A_0 + t\eta$ im affinen Raum der Zusammenhänge auf P und bezeichnen mit $F^t := F^{A_t}$ die zur Zusammenhangsform A_t gehörende Krümmung. Wir zeigen als nächstes, dass

$$\frac{d}{dt} F^t = D_{A_t} \eta.$$

Dazu erinnern wir an die Strukturgleichung für die Krümmungsform (siehe Satz 3.15)

$$F^t = dA_t + \frac{1}{2}[A_t, A_t] = dA_0 + t d\eta + \frac{1}{2}[A_t, A_t].$$

Differenzieren wir diese Gleichung, so erhalten wir unter Benutzung von Satz 3.10

$$\frac{d}{dt}F^t = d\eta + \frac{1}{2}\Big([\dot{A}_t, A_t] + [A_t, \dot{A}_t]\Big)$$
$$= d\eta + [A_t, \eta]$$
$$= d\eta + \mathrm{Ad}_*(A_t) \wedge \eta$$
$$= D_{A_t}\eta.$$

Wir definieren nun eine Differentialform ϕ vom Grad $(2k - 1)$ auf P durch

$$\phi := k \int_0^1 f\big(\eta \wedge \underbrace{F^t \wedge \ldots \wedge F^t}_{(k-1)\text{-mal}}\big)\, dt.$$

Da η und F^t horizontal und vom Typ Ad sind, folgt wie oben, dass ϕ horizontal und rechtsinvariant ist. Wir wissen, dass die Krümmungsformen F^t die 1. Bianchi-Identität $D_{A_t}F^t = 0$ erfüllen. Für das Differential von ϕ erhalten wir mit Hilfe dieser Identität:

$$d\phi = k \int_0^1 d\big(f(\eta \wedge F^t \wedge \ldots \wedge F^t)\big)\, dt$$
$$= k \int_0^1 D_{A_t}\big(f(\eta \wedge F^t \wedge \ldots \wedge F^t)\big)\, dt$$
$$= k \int_0^1 f\big(D_{A_t}\eta \wedge F^t \wedge \ldots \wedge F^t\big)\, dt$$
$$= k \int_0^1 f\Big(\frac{d}{dt}F^t \wedge F^t \wedge \ldots \wedge F^t\Big)\, dt$$
$$= \int_0^1 \frac{d}{dt}\big(f(F^t \wedge \ldots \wedge F^t)\big)\, dt$$
$$= f(F^1 \wedge \ldots \wedge F^1) - f(F^0 \wedge \ldots \wedge F^0).$$

Damit ist der Satz bewiesen.   □

Die horizontalen, rechtsinvarianten Differentialformen auf P können mit den Differentialformen auf M identifiziert werden:
Ist $\hat{\omega} \in \Omega^k(P, \mathbb{C})$ horizontal und rechtsinvariant, so existiert genau eine k-Form $\omega \in \Omega^k(M, \mathbb{C})$ mit $\pi^*\omega = \hat{\omega}$. Diese k-Form ω ist gegeben durch

$$\omega_x(t_1, \ldots, t_k) = \hat{\omega}_p(t_1^*, \ldots, t_k^*),$$

wobei $t_1, \ldots, t_k$ Vektoren in T_xM und $t_1^*, \ldots, t_k^*$ ihre A-horizontalen Lifte in T_pP bezeichnen. Wegen $d\hat{\omega} = d\pi^*\omega = \pi^*d\omega$ ist $\hat{\omega}$ genau dann geschlossen, wenn ω geschlossen ist. Im Folgenden werden wir die rechtsinvariante, horizontale Form auf P und ihre Projektion auf M mit dem gleichen Symbol bezeichnen, wenn klar ist, welches der beiden äquivalenten

Objekte gemeint ist. Aus Satz 6.1 erhalten wir auf diese Weise für jede Zusammenhangsform A von P und jede Abbildung $f \in S_G^k(\mathfrak{g})$ eine geschlossene $2k$-Form

$$f(F^A \wedge \ldots \wedge F^A) \in \Omega^{2k}(M, \mathbb{C})$$

mit

$$f\big(F^{A_1} \wedge \ldots \wedge F^{A_1}\big) = f\big(F^{A_0} \wedge \ldots \wedge F^{A_0}\big) + d\phi$$

für zwei Zusammenhangsformen A_1 und A_0 auf P.

Folglich definiert $f(F^A \wedge \ldots \wedge F^A)$ eine von der Zusammenhangsform A unabhängige de Rham-Kohomologieklasse

$$[f(F^A \wedge \ldots \wedge F^A)] \in H_{dR}^{2k}(M, \mathbb{C}).$$

Dies erlaubt uns die folgende Definition.

Definition 6.2 *Sei P ein G-Hauptfaserbündel über M. Die Abbildung*

$$\begin{aligned} \mathcal{W}_P : S_G^*(\mathfrak{g}) &\longrightarrow H_{dR}^*(M, \mathbb{C}) \\ f &\longmapsto [f(F^A \wedge \ldots \wedge F^A)] \end{aligned}$$

heißt Weil-Homomorphismus von P.

Man überzeugt sich schnell davon, dass $\mathcal{W}_P$ ein Algebren-Homomorphismus ist, denn für $f \in S_G^k(\mathfrak{g})$ und $h \in S_G^l(\mathfrak{g})$ gilt

$$(f \cdot h)\big(F^A \wedge \ldots \wedge F^A\big) = f\big(F^A \wedge \ldots \wedge F^A\big) \wedge h\big(F^A \wedge \ldots \wedge F^A\big).$$

Beispiel 6.1 Sei P_0 ein triviales G-Hauptfaserbündel über M. Dann gilt für jedes $f \in S_G^k(\mathfrak{g})$ mit $k > 0$

$$\mathcal{W}_{P_0}(f) = 0.$$

Um dies einzusehen, wählen wir den kanonischen flachen Zusammenhang A_0 im trivialen Bündel P_0. Seine Krümmungsform erfüllt $F^{A_0} = 0$, folglich ist $f(F^{A_0} \wedge \ldots \wedge F^{A_0}) = 0$.

Beispiel 6.2 Es sei P ein S^1-Hauptfaserbündel über M. Die Lie-Algebra von S^1 ist $i\mathbb{R}$. Wir betrachten die folgende Abbildung $f \in S_{S^1}^1(i\mathbb{R})$:

$$f(X) := -\frac{1}{2\pi i}X, \qquad X \in i\mathbb{R}.$$

Für den Weil-Homomorphismus gilt dann

$$\mathcal{W}_P(f) = \left[-\frac{1}{2\pi i}F^A\right] = c_1(P) \in H_{dR}^2(M, \mathbb{R}).$$

Wir erhalten in diesem Fall also die in Abschn. 3.6 definierte 1. reelle Chern-Klasse von P.

Als nächstes studieren wir das Verhalten des Weil-Homomorphismus beim Reduzieren und Zurückziehen von Hauptfaserbündeln.

Satz 6.2 *Sei* $\lambda : H \longrightarrow G$ *ein Lie-Gruppen-Homomorphismus,* P *ein* G-*Hauptfaserbündel über* M *und* (Q, Ψ) *eine* λ-*Reduktion von* P. *Für* $f \in S_G^k(\mathfrak{g})$ *sei* $f_\lambda \in S_H^k(\mathfrak{h})$ *die Abbildung*

$$f_\lambda := f(\lambda_*(\cdot), \ldots, \lambda_*(\cdot)).$$

Dann gilt für den Weil-Homomorphismus

$$\mathcal{W}_P(f) = \mathcal{W}_Q(f_\lambda).$$

Beweis Wir fixieren eine Zusammenhangsform B auf dem H-Hauptfaserbündel Q und bezeichnen mit A die eindeutig bestimmte λ-Erweiterung von B (siehe Satz 4.1). A ist eine Zusammenhangsform auf P. Für die horizontalen Räume gilt

$$d\Psi_q(Th_q^B Q) = Th_{\Psi(q)}^A P$$

und die Krümmungsformen erfüllen

$$\lambda_* \circ F^B = \Psi^* F^A.$$

Sei $x \in M$, $q \in Q_x$ und $p = \Psi(q) \in P_x$. Für einen Tangentialvektor $t \in T_x M$ bezeichnen wir mit $w^* \in Th_q^B Q$ den B-horizontalen Lift von t im Punkt q. Dann ist $t^* = d\Psi_q(w^*) \in Th_p^A P$ der A-horizontale Lift von t im Punkt p. Seien nun $t_1, \ldots, t_{2k} \in T_x M$. Dann erhalten wir mit den obigen Bezeichnungen für $f \in S_G^k(\mathfrak{g})$

$$\begin{aligned}
f\big(F^A \wedge \ldots \wedge F^A\big)_x (t_1, \ldots, t_{2k}) \\
&= f\big(F^A \wedge \ldots \wedge F^A\big)_p (t_1^*, \ldots, t_{2k}^*) \\
&= f\big(F^A \wedge \ldots \wedge F^A\big)_p \big(d\Psi(w_1^*), \ldots, d\Psi(w_{2k}^*)\big) \\
&= f\big(\Psi^* F^A \wedge \ldots \wedge \Psi^* F^A\big)_q (w_1^*, \ldots, w_{2k}^*) \\
&= f\big((\lambda_* \circ F^B) \wedge \ldots \wedge (\lambda_* \circ F^B)\big)_q (w_1^*, \ldots, w_{2k}^*) \\
&= f_\lambda\big(F^B \wedge \ldots \wedge F^B\big)_q (w_1^*, \ldots, w_{2k}^*) \\
&= f_\lambda\big(F^B \wedge \ldots \wedge F^B\big)_x (t_1, \ldots, t_{2k}).
\end{aligned}$$

Folglich stimmen die $2k$-Formen $f\big(F^A \wedge \ldots \wedge F^A\big)$ und $f_\lambda\big(F^B \wedge \ldots \wedge F^B\big)$ überein, und die Behauptung des Satzes ist gezeigt. $\square$

Eine glatte Abbildung $\phi : N \longrightarrow M$ zwischen Mannigfaltigkeiten induziert durch Zurückziehen der Differentialformen eine Abbildung auf der de Rham-Kohomologie:

$$\phi^* : H^*_{dR}(M, \mathbb{C}) \longrightarrow H^*_{dR}(N, \mathbb{C})$$
$$[\omega] \longmapsto [\phi^*\omega].$$

Der Weil-Homomorphismus für zurückgezogene Hauptfaserbündel hat die folgende Eigenschaft:

Satz 6.3 *Sei $\phi : N \longrightarrow M$ eine glatte Abbildung, $(P, \pi, M; G)$ ein G-Hauptfaserbündel über M und ϕ^*P das mit ϕ zurückgezogene G-Hauptfaserbündel über N. Dann gilt für alle $f \in S^*_G(\mathfrak{g})$*

$$\mathcal{W}_{\phi^*P}(f) = \phi^* \mathcal{W}_P(f).$$

Beweis Das zurückgezogene G-Hauptfaserbündel ist das Bündel

$$\phi^*P := \{(x, p) \in N \times P \mid \phi(x) = \pi(p)\}$$

mit der Projektion $\bar{\pi}(x, p) := x$. Die Faser von ϕ^*P über dem Punkt x ist $\{x\} \times P_{\phi(x)}$. Daher kommutiert das Diagramm

$$
\begin{array}{ccc}
\phi^*P & \xrightarrow{\ \bar{\phi}\ } & P \\[2pt]
{\scriptstyle \bar{\pi}}\Big\downarrow & & \Big\downarrow{\scriptstyle \pi} \\[2pt]
N & \xrightarrow{\ \phi\ } & M
\end{array}
$$

wobei $\bar{\phi}$ die G-äquivariante Abbildung $\bar{\phi}(x, p) = p$ bezeichnet. Ist nun A eine Zusammenhangsform auf P, so ist $\bar{\phi}^*A$ eine Zusammenhangsform auf ϕ^*P mit der Krümmungsform $F^{\bar{\phi}^*A} = \bar{\phi}^*F^A$. Sei $x \in N$ und $p \in P_{\phi(x)}$. Für einen Vektor $v \in T_xN$ bezeichnen wir mit v^* den horizontalen Lift von v im Punkt $(x, p) \in \phi^*P$ bzgl. $\bar{\phi}^*A$. Dann gilt $\bar{\phi}^*A(v^*) = A(d\bar{\phi}(v^*)) = 0$ und $d\pi(d\bar{\phi}(v^*)) = d\phi(d\bar{\pi}(v^*)) = d\phi(v)$, d.h., $d\bar{\phi}(v^*)$ ist der A-horizontale Lift von $d\phi(v)$ im Punkt $p \in P_{\phi(x)}$. Für $f \in S^k_G(\mathfrak{g})$ erhalten wir mit diesen Bezeichnungen für Tangentialvektoren $v_1, \dots, v_{2k} \in T_xN$

$$
\begin{aligned}
f\big(&F^{\bar{\phi}^*A} \wedge \dots \wedge F^{\bar{\phi}^*A}\big)_x(v_1, \dots, v_{2k}) \\
&= f\big(\bar{\phi}^*F^A \wedge \dots \wedge \bar{\phi}^*F^A\big)_x(v_1, \dots, v_{2k}) \\
&= f\big(\bar{\phi}^*F^A \wedge \dots \wedge \bar{\phi}^*F^A\big)_{(x,p)}(v_1^*, \dots, v_{2k}^*) \\
&= f\big(F^A \wedge \dots \wedge F^A\big)_{\bar{\phi}(x,p)}(d\bar{\phi}(v_1^*), \dots, d\bar{\phi}(v_{2k}^*)) \\
&= f\big(F^A \wedge \dots \wedge F^A\big)_{\phi(x)}(d\phi(v_1), \dots, d\phi(v_{2k})) \\
&= \phi^*f\big(F^A \wedge \dots \wedge F^A\big)_x(v_1, \dots, v_{2k}).
\end{aligned}
$$

Folglich gilt

$$f\big(F^{\bar{\phi}^*A} \wedge \dots \wedge F^{\bar{\phi}^*A}\big) = \phi^*f\big(F^A \wedge \dots \wedge F^A\big),$$

woraus die Behauptung des Satzes folgt. $\square$

Den nächsten Satz beweist man auf genau die gleiche Weise wie die beiden vorigen Sätze. Wir überlassen den Beweis deshalb dem Leser als Übungsaufgabe.

Satz 6.4 *Seien P und $\widetilde{P}$ zwei isomorphe G-Hauptfaserbündel über M. Dann gilt für den Weil-Homomorphismus*

$$\mathcal{W}_P = \mathcal{W}_{\widetilde{P}}.$$

Die G-invarianten, symmetrischen, multilinearen Abbildungen $S_G^*(\mathfrak{g})$ kann man durch G-invariante Polynome beschreiben.

Im Folgenden sei $(b_1, \ldots, b_r)$ eine Basis der Lie-Algebra $\mathfrak{g}$. Unter einem homogenen Polynom vom Grad k auf $\mathfrak{g}$ verstehen wir eine Abbildung $p : \mathfrak{g} \longrightarrow \mathbb{C}$ der Form

$$p(X) = \sum_{i_1, \ldots, i_k = 1}^{r} a_{i_1 \ldots i_k} x_{i_1} \cdot \ldots \cdot x_{i_k}, \qquad \text{falls} \quad X = \sum_{i=1}^{r} x_i b_i, \tag{6.2}$$

wobei die komplexen Koeffizienten $a_{i_1 \ldots i_k}$ symmetrisch in den Indizes $(i_1 \ldots i_k)$ sind. Mit $P^k(\mathfrak{g})$ bezeichnen wir die Menge der homogenen Polynome vom Grad k und mit

$$P^*(\mathfrak{g}) = \sum_{k=0}^{\infty} P^k(\mathfrak{g})$$

die Algebra aller Polynome auf $\mathfrak{g}$. Ein Polynom $p \in P^*(\mathfrak{g})$ heißt G-invariant, falls

$$p(\mathrm{Ad}(g)X) = p(X) \qquad \text{für alle } g \in G, \, X \in \mathfrak{g}.$$

Mit $P_G^*(\mathfrak{g})$ bezeichnen wir die G-invarianten Polynome auf $\mathfrak{g}$.

Die Algebren $S_G^*(\mathfrak{g})$ und $P_G^*(\mathfrak{g})$ sind isomorph. Jedem $f \in S_G^k(\mathfrak{g})$ ist das Polynom $p(f) \in P_G^k(\mathfrak{g})$ mit

$$p(f)(X) := f(X, \ldots, X) = \sum_{i_1, \ldots, i_k = 1}^{r} f(b_{i_1}, \ldots, b_{i_k}) \, x_{i_1} \cdot \ldots \cdot x_{i_k}$$

zugeordnet. Ist andererseits $p \in P_G^k(\mathfrak{g})$ ein Polynom mit der Darstellung (6.2), so ergibt die multilineare Fortsetzung von

$$f(b_{i_1}, \ldots, b_{i_k}) := a_{i_1 \ldots i_k}$$

eine Abbildung $f \in S_G^k(\mathfrak{g})$ mit $p(f) = p$.

Mit dieser Identifizierung können wir den Weil-Homomorphismus auf die folgende Weise ausdrücken:

Sei A eine Zusammenhangsform auf P und F^A ihre Krümmungsform. Wir stellen die Krümmungsform in der fixierten Basis $(b_1, \ldots, b_r)$ dar:

$$F^A = \sum_{i=1}^{r} F^i \, b_i.$$

Die Koeffizienten F^i sind dabei horizontale reellwertige 2-Formen auf P. Sei $f \in S_G^k(\mathfrak{g})$ die durch das Polynom

$$p = \sum_{i_1,\ldots,i_k=1}^{r} a_{i_1\ldots i_k} x_{i_1} \cdot \ldots \cdot x_{i_k}$$

gegebene Abbildung. Dann gilt für die $2k$-Form $f(F^A \wedge \ldots \wedge F^A) \in \Omega^{2k}(M, \mathbb{C})$

$$f(F^A \wedge \ldots \wedge F^A) = \sum_{i_1,\ldots,i_k=1}^{r} a_{i_1\ldots i_k} F^{i_1} \wedge \ldots \wedge F^{i_k}.$$

Wir erhalten also die Kohomologieklasse $\mathcal{W}_P(f)$, indem wir in dem Polynom p, das f definiert, die Unbestimmten x_i durch die reellwertigen 2-Formen F^i und das Produkt $\cdot$ durch $\wedge$ ersetzen:

$$\mathcal{W}_P\left(\sum_{i_1,\ldots,i_k=1}^{r} a_{i_1\ldots i_k} x_{i_1} \cdot \ldots \cdot x_{i_k} \right) = \left[\sum_{i_1,\ldots,i_k=1}^{r} a_{i_1\ldots i_k} F^{i_1} \wedge \ldots \wedge F^{i_k} \right]. \tag{6.3}$$

6.2 Die Chern-Klassen komplexer Vektorbündel

In diesem Abschnitt benutzen wir den Weil-Homomorphismus für Hauptfaserbündel mit Strukturgruppe $GL(n, \mathbb{C})$, um die reellen Chern-Klassen komplexer Vektorbündel zu definieren.

Es sei $GL(n, \mathbb{C})$ die Lie-Gruppe der invertierbaren komplexen $(n \times n)$-Matrizen mit ihrer Lie-Algebra $\mathfrak{gl}(n, \mathbb{C})$ und $U(n) \subset GL(n, \mathbb{C})$ die unitäre Gruppe

$$U(n) = \{A \in GL(n, \mathbb{C}) \mid \bar{A}^t A = \mathbb{I}_n\}$$

mit ihrer Lie-Algebra

$$\mathfrak{u}(n) = \{X \in \mathfrak{gl}(n, \mathbb{C}) \mid \bar{X}^t + X = 0\}$$

(siehe Abschn. 1.4). Wir betrachten nun die folgenden $GL(n, \mathbb{C})$-invarianten Polynome auf $\mathfrak{gl}(n, \mathbb{C})$:

Definition 6.3 *Wir bezeichnen mit $f_k : \mathfrak{gl}(n, \mathbb{C}) \longrightarrow \mathbb{C}$ die durch folgende Bedingung definierten Funktionen:*

$$\det\left(t\,\mathbb{I}_n - \frac{1}{2\pi i}X\right) =: \sum_{k=0}^{n} f_k(X)\,t^{n-k} \qquad \forall\,t\in\mathbb{R}, \tag{6.4}$$

wobei $\mathbb{I}_n$ die Einheitsmatrix in $\mathfrak{gl}(n,\mathbb{C})$ bezeichnet.

Sei $X = (x_{ij})$ eine Matrix aus $\mathfrak{gl}(n,\mathbb{C})$. Die Einträge x_{ij} sind die Koeffizienten in der Basisdarstellung von X bzgl. der Standardbasis von $\mathfrak{gl}(n,\mathbb{C})$, die aus den Matrizen besteht, die an genau einer Stelle eine 1 als Eintrag und sonst Nullen haben. Offensichtlich gilt

$$f_0(X) = 1. \tag{6.5}$$

Nach Definition der Determinante erhalten wir aus (6.4) die folgende explizite Formel für $f_k, k = 1, \ldots, n$:

$$\begin{aligned}
f_k(X) &= \frac{(-1)^k}{(2\pi i)^k} \sum_{1\le i_1<\ldots<i_k\le n} \det\begin{pmatrix} x_{i_1 i_1} & \cdots & x_{i_1 i_k} \\ \vdots & \vdots & \vdots \\ x_{i_k i_1} & \cdots & x_{i_k i_k} \end{pmatrix} \\
&= \frac{(-1)^k}{(2\pi i)^k} \sum_{1\le i_1<\ldots<i_k\le n} \ \sum_{\sigma=\binom{i_1\cdots i_k}{j_1\cdots j_k}\in\mathcal{S}_k} \operatorname{sign}(\sigma)\, x_{i_1 j_1}\cdot\ldots\cdot x_{i_k j_k}.
\end{aligned} \tag{6.6}$$

Wie wir wissen, wirkt die adjungierte Darstellung der linearen Gruppe durch Konjugation. Es gilt also $\mathrm{Ad}(g)X = gXg^{-1}$ für $g\in GL(n,\mathbb{C})$ und $X\in\mathfrak{gl}(n,\mathbb{C})$. Da die Determinante invariant unter Konjugation mit Matrizen ist, ist f_k ein invariantes homogenes Polynom vom Grad k auf $\mathfrak{gl}(n,\mathbb{C})$, es gilt also

$$f_k \in P^k_{GL(n,\mathbb{C})}(\mathfrak{gl}(n,\mathbb{C})) \qquad \text{für } k = 0,\ldots,n.$$

Die Polynome f_k erfüllen die folgende Produktregel:

Lemma 6.1 *Sei $X = \begin{pmatrix} A & 0 \\ 0 & B \end{pmatrix} \in \mathfrak{gl}(n,\mathbb{C})$ eine Blockmatrix. Dann gilt*

$$f_k\left(\begin{pmatrix} A & 0 \\ 0 & B \end{pmatrix}\right) = \sum_{j=0}^{k} f_j(A)\cdot f_{k-j}(B). \tag{6.7}$$

Beweis Für eine Blockmatrix $X = \begin{pmatrix} A & 0 \\ 0 & B \end{pmatrix}$, wobei A eine $(m\times m)$-Matrix ist, gilt

$$\begin{aligned}
\sum_{k=0}^{n} f_k\left(\begin{pmatrix} A & 0 \\ 0 & B \end{pmatrix}\right) t^{n-k} &= \det\left(t\,\mathbb{I}_n - \frac{1}{2\pi i}\begin{pmatrix} A & 0 \\ 0 & B \end{pmatrix}\right) \\
&= \det\left(t\,\mathbb{I}_m - \frac{1}{2\pi i}A\right) \cdot \det\left(t\,\mathbb{I}_{n-m} - \frac{1}{2\pi i}B\right)
\end{aligned}$$

$$= \sum_{j=0}^{m} f_j(A)\, t^{m-j} \cdot \sum_{l=0}^{n-m} f_l(B)\, t^{n-m-l}$$

$$= \sum_{k=0}^{n} \left(\sum_{j=0}^{k} f_j(A)\, f_{k-j}(B) \right) t^{n-k}.$$

Dabei haben wir $f_j(A) := 0$ gesetzt, falls $j > m$. Daraus folgt nunmehr die Behauptung.   □

Wir schauen uns nun genauer an, welche Eigenschaften die Einschränkungen der Funktionen f_k auf die Lie-Algebra $\mathfrak{u}(n)$ der unitären Gruppe $U(n)$ haben. Dazu erinnern wir zunächst an ein nützliches Resultat aus der Algebra.

Seien $\lambda_1, \lambda_2, \ldots, \lambda_n$ formale Unbestimmte und $\sigma_k(\lambda_1, \ldots, \lambda_n)$ für $k = 1, \ldots, n$ die symmetrischen Funktionen

$$\sigma_k(\lambda_1, \ldots, \lambda_n) := \sum_{1 \leq i_1 < \ldots < i_k \leq n} \lambda_{i_1} \cdot \ldots \cdot \lambda_{i_k}.$$

Die Funktion σ_k heißt *k-te elementarsymmetrische Funktion* in $\lambda_1, \ldots, \lambda_n$. Dann gilt bekanntlich der folgende Hauptsatz über symmetrische Polynome (siehe [Br04]):

Satz 6.5 *Sei $f \in \mathbb{R}[\lambda_1, \ldots, \lambda_n]$ ein symmetrisches Polynom in den Unbestimmten $\lambda_1, \ldots, \lambda_n$. Dann lässt sich f als Polynom in den elementarsymmetrischen Funktionen $\sigma_k = \sigma_k(\lambda_1, \ldots, \lambda_n)$ darstellen, d. h., es gibt ein Polynom $Q_f \in \mathbb{R}[\sigma_1, \ldots, \sigma_n]$, so dass*

$$f(\lambda_1, \ldots, \lambda_n) = Q_f(\sigma_1, \ldots, \sigma_n).$$

Die Funktionen $\sigma_1, \ldots, \sigma_n$ sind algebraisch unabhängig, d. h., wenn für ein Polynom $Q(\sigma_1, \ldots, \sigma_n) = 0$ gilt, so ist $Q = 0$.

Das nächste Resultat zeigt uns, warum wir die speziellen Abbildungen $f_k \in P^*_{GL(n,\mathbb{C})}(\mathfrak{gl}(n, \mathbb{C}))$ betrachten.

Lemma 6.2 *Die Einschränkungen der Funktionen f_k auf die Lie-Algebra $\mathfrak{u}(n)$ sind reellwertig und $U(n)$-invariant, d. h., es gilt*

$$f_k|_{\mathfrak{u}(n)} \in P^k_{U(n)}(\mathfrak{u}(n)).$$

Die Polynome $f_0|_{\mathfrak{u}(n)}, \ldots, f_n|_{\mathfrak{u}(n)}$ sind algebraisch unabhängig und erzeugen die Algebra $P^*_{U(n)}(\mathfrak{u}(n))$.

Beweis   Sei $X \in \mathfrak{u}(n)$ eine Matrix in der Lie-Algebra von $U(n)$. Dann gilt für reelle Zahlen t

$$\sum_{k=0}^{n} \overline{f_k(X)}\, t^{n-k} = \overline{\det \left(t\, \mathbb{I}_n - \frac{1}{2\pi i} X \right)} = \det \left(t\, \mathbb{I}_n + \frac{1}{2\pi i} \bar{X} \right)$$

$$= \det \left(t\, \mathbb{I}_n - \frac{1}{2\pi i} X^t \right) = \det \left(t\, \mathbb{I}_n - \frac{1}{2\pi i} X \right)$$

$$= \sum_{k=0}^{n} f_k(X)\, t^{n-k}.$$

Die Einschränkungen der Polynome f_k auf die Lie-Algebra $\mathfrak{u}(n)$ sind also reellwertig. Außerdem sind sie als Einschränkung $GL(n, \mathbb{C})$-invarianter Funktionen auch $U(n)$-invariant. Matrizen aus $\mathfrak{u}(n)$ sind diagonalisierbar, jede Matrix $X \in \mathfrak{u}(n)$ ist also konjugiert zu einer Diagonalmatrix $D[\lambda_1, \ldots, \lambda_n]$, wobei $\lambda_1, \ldots, \lambda_n$ die Eigenwerte von X sind. Man kann deshalb jedes invariante Polynom auf $\mathfrak{u}(n)$ als symmetrisches Polynom in den Eigenwerten $\lambda_1, \ldots, \lambda_n$ auffassen. Des Weiteren gilt

$$\det \left(t\, \mathbb{I}_n - \frac{1}{2\pi i} X \right) = \det \left(t\, \mathbb{I}_n - \frac{1}{2\pi i} D[\lambda_1, \ldots, \lambda_n] \right)$$

$$= \prod_{j=1}^{n} \left(t - \frac{1}{2\pi i} \lambda_j \right),$$

woraus die Beziehung

$$f_k|_{\mathfrak{u}(n)}(X) = \frac{(-1)^k}{(2\pi i)^k}\, \sigma_k(\lambda_1, \ldots, \lambda_n)$$

folgt. Der zweite Teil der Behauptung des Lemmas ergibt sich dann aus Satz 6.5.　□

Sei nun $(E, \pi, M; \mathbb{C}^n)$ ein komplexes Vektorbündel vom Rang n über der Mannigfaltigkeit M. Wir bezeichnen mit P das Reperbündel von E, d. h. das $GL(n, \mathbb{C})$-Hauptfaserbündel aller Basen in E. Wir wissen aus Abschn. 2.4, dass man das Reperbündel P auf die Untergruppe $U(n)$ reduzieren kann. Wir wählen dazu eine Bündelmetrik $\langle \cdot, \cdot \rangle_E$ auf E und betrachten das $U(n)$-Hauptfaserbündel $\widetilde{P}$, das aus allen unitären Basen von E gebildet wird. Dann ist E sowohl zu P als auch zu $\widetilde{P}$ assoziiert und es gilt

$$E = P \times_{GL(n, \mathbb{C})} \mathbb{C}^n \simeq \widetilde{P} \times_{U(n)} \mathbb{C}^n$$

(siehe Satz 2.18). Sei nun $f_k \in P_{GL(n, \mathbb{C})}^k (\mathfrak{gl}(n, \mathbb{C}))$ eines der oben definierten invarianten Polynome. Dann gilt für die Weil-Homomorphismen von P und $\widetilde{P}$ nach Satz 6.2

$$\mathcal{W}_P(f_k) = \mathcal{W}_{\widetilde{P}}(f_k|_{\mathfrak{u}(n)}).$$

Dies zeigt einerseits, dass $\mathcal{W}_P(f_k)$ eine reellwertige Kohomologieklasse ist und andererseits, dass die Kohomologieklasse $\mathcal{W}_{\widetilde{P}}(f_k|_{\mathfrak{u}(n)})$ nicht von der Wahl der $U(n)$-Reduktion P abhängt. Deshalb definieren wir

Definition 6.4 *Sei E ein komplexes Vektorbündel vom Rang n über einer Mannigfaltigkeit M und $k \in \{1, \ldots, n\}$. Dann heißt*

$$c_k(E) := \mathcal{W}_P(f_k) = \left[f_k(F^A) \right] \in H^{2k}_{dR}(M, \mathbb{R})$$

die k-te reelle Chern-Klasse von E. Dabei bezeichnet F^A die Krümmungsform einer beliebigen Zusammenhangsform A auf dem Reperbündel von E oder auf einer seiner Reduktionen. Wir setzen außerdem

$$c_0(E) := 1 \quad \text{und} \quad c_k(E) = 0, \text{ falls } k > n.$$

Die Kohomologieklasse

$$c(E) := c_0(E) + c_1(E) + c_2(E) + \ldots + c_n(E) \in H^*_{dR}(M, \mathbb{R})$$

heißt totale reelle Chern-Klasse von E. Wir notieren dies auch kurz in der Form

$$c(E) = \left[\det \left(\mathbb{I}_n - \frac{1}{2\pi i} F^A \right) \right].$$

Wir schreiben die Krümmungsform F^A in der Standardbasis von $\mathfrak{gl}(n, \mathbb{C})$, d. h. als Matrix von 2-Formen

$$F^A = (F^{ij}).$$

Dabei ist jeder Matrixeintrag eine reellwertige 2-Form. Aus den Formeln (6.3) und (6.6) erhalten wir die folgende explizite Formel für die k-te Chern-Klasse $c_k(E)$:

$$c_k(E) = \left[\frac{(-1)^k}{(2\pi i)^k} \sum_{1 \le i_1 < \ldots < i_k \le n} \sum_{\sigma = \binom{i_1 \ldots i_k}{j_1 \ldots j_k} \in \mathcal{S}_k} \text{sign}(\sigma) \, F^{i_1 j_1} \wedge \ldots \wedge F^{i_k j_k} \right].$$

Als Spezialfälle ergeben sich

$$c_1(E) = \left[-\frac{1}{2\pi i} \sum_{j=1}^{n} F^{jj} \right] = \left[-\frac{1}{2\pi i} \, \text{Tr}(F^A) \right],$$

$$c_2(E) = \left[-\frac{1}{4\pi^2} \sum_{1 \le i < j \le n} \left(F^{ii} \wedge F^{jj} - F^{ij} \wedge F^{ji} \right) \right]$$

$$= \left[\frac{1}{8\pi^2} \left(\text{Tr}(F^A \wedge F^A) - \text{Tr}(F^A) \wedge \text{Tr}(F^A) \right) \right],$$

$$c_n(E) = \left[\frac{(-1)^n}{(2\pi i)^n} \, \det(F^A) \right].$$

Für die Definition der Chern-Klassen haben wir Zusammenhangsformen in Hauptfaserbündeln benutzt. An Stelle dessen können wir auch kovariante Ableitungen im Vektorbündel E nutzen, um $c(E)$ zu beschreiben.

Wir erinnern dazu daran, dass die kovarianten Ableitungen von E in bijektiver Beziehung zu den Zusammenhangsformen auf dem Reperbündel P von E stehen (siehe Abschn. 3.1). Sei ∇ eine kovariante Ableitung in E und A^∇ die zugehörige Zusammenhangsform auf P. Dann gilt für die beiden Krümmungen nach Satz 3.21

$$R_x^\nabla(v, w) = [p] \circ F_p^{A^\nabla}(v^*, w^*) \circ [p]^{-1},$$

wobei $v, w \in T_x M$, $v^*, w^* \in T_p P$ ihre horizontalen Lifte und $[p] : \mathbb{C}^n \longrightarrow E_x$ den durch $p \in P_x$ definierten Faserisomorphismus bezeichnen. Folglich gilt für die Chern-Klassen

$$c(E) = \left[\det \left(\mathrm{Id}_E - \frac{1}{2\pi i} R^\nabla \right) \right]. \tag{6.8}$$

Wir betrachten einige Beispiele, die sich unmittelbar aus der Definition der Chern-Klassen ergeben:

Beispiel 6.3 *Die Chern-Klassen trivialer Vektorbündel.*

Sei E ein triviales komplexes Vektorbündel. Dann ist das Reperbündel P von E ebenfalls trivial. Mit Beispiel 6.1 folgt für $k > 0$

$$c_k(E) = \mathcal{W}_P(f_k) = 0.$$

Beispiel 6.4 *Die Chern-Klassen von $SU(n)$-Bündeln.*

Sei E ein komplexes Vektorbündel, das zu einem $SU(n)$-Hauptfaserbündel assoziiert ist. Dann gilt

$$c_1(E) = 0 \qquad \text{und} \qquad c_2(E) = \left[\frac{1}{8\pi^2} \, \mathrm{Tr} \left(F^A \wedge F^A \right) \right],$$

wobei A ein $SU(n)$-Zusammenhang ist. Um das einzusehen, betrachten wir ein $SU(n)$-Hauptfaserbündel P' mit $E = P' \times_{SU(n)} \mathbb{C}^n$. Das Bündel P' ist eine $SU(n)$-Reduktion des Reperbündels P von E. Nach Satz 6.2 können wir deshalb eine Zusammenhangsform A von P' zur Berechnung der Chern-Klassen von E benutzen und es gilt

$$c_k(E) = \mathcal{W}_P(f_k) = \mathcal{W}_{P'}(f_k|_{\mathfrak{su}(n)}) = [f_k(F^A)].$$

A und F^A nehmen Werte in der Lie-Algebra $\mathfrak{su}(n)$ von $SU(n)$ an, es gilt also für die Spur

$$\mathrm{Tr}(F^A) = 0.$$

Dann folgen die Behauptungen aus den obigen Formeln für $c_1(E)$ und $c_2(E)$.

Beispiel 6.5 *Die Chern-Klasse des Determinantenbündels $\Lambda^n E$.*

Sei E ein komplexes Vektorbündel vom Rang n über M und $\Lambda^n E$ das Linienbündel der n-fachen äußeren Potenzen von E. Dann gilt:

$$c_1(\Lambda^n(E)) = c_1(E).$$

Zum Beweis benutzen wir diesmal Formel (6.8). Sei ∇ eine kovariante Ableitung auf E. ∇ induziert eine kovariante Ableitung $\widehat{\nabla}$ auf $\Lambda^n E$ durch

$$\widehat{\nabla}(e_1 \wedge \ldots \wedge e_n) := \sum_{j=1}^{n} e_1 \wedge \ldots \wedge \nabla e_j \wedge \ldots \wedge e_n.$$

Für den zugehörigen Krümmungsendomorphismus erhält man dann

$$R^{\widehat{\nabla}}(e_1 \wedge \ldots \wedge e_n) = \sum_{j=1}^{n} e_1 \wedge \ldots \wedge R^{\nabla}(e_j) \wedge \ldots \wedge e_n$$

$$= \mathrm{Tr}(R^{\nabla}) \cdot e_1 \wedge \ldots \wedge e_n.$$

Daraus folgt

$$c_1(\Lambda^n(E)) = \left[-\frac{1}{2\pi i} \mathrm{Tr}(R^{\widehat{\nabla}}) \right] = \left[-\frac{1}{2\pi i} \mathrm{Tr}(R^{\nabla}) \right] = c_1(E).$$

Beispiel 6.6 *Die Chern-Klasse des kanonischen Linienbündels γ_1 über $\mathbb{C}P^1$.*

Wir betrachten das kanonische Linienbündel γ_1 über $\mathbb{C}P^1$

$$\gamma_1 := \{(L, \xi) \in \mathbb{C}P^1 \times \mathbb{C}^2 \mid L \in \mathbb{C}P^1, \, \xi \in L\} \xrightarrow{\pi} \mathbb{C}P^1$$
$$(L, \xi) \longmapsto L.$$

γ_1 ist ein komplexes Vektorbündel mit 1-dimensionaler Faser über $\mathbb{C}P^1$. Wir identifizieren die de Rham-Kohomologiegruppe $H^2_{dR}(\mathbb{C}P^1, \mathbb{R})$ durch Integration des Repräsentanten der Kohomologieklasse über $\mathbb{C}P^1$ mit $\mathbb{R}$. Um die 1. Chern-Klasse von γ_1 zu berechnen, erinnern wir daran, dass γ_1 zum Hopfbündel $H = (S^3, \pi, \mathbb{C}P^1; S^1)$ assoziiert ist (siehe Abschn. 2.4). Der Isomorphismus zwischen beiden Bündeln ist gegeben durch

$$S^3 \times_{S^1} \mathbb{C} \longrightarrow \gamma_1$$
$$[(w_1, w_2), z] \longmapsto ([w_1 : w_2], (w_1 z, w_2 z)).$$

Nach Definition der 1. Chern-Klasse gilt dann

$$c_1(\gamma_1) = \mathcal{W}_H(f_1) = c_1(H) = -\frac{1}{2\pi i} \int_{\mathbb{C}P^1} F^A$$

für eine Zusammenhangsform A auf dem Hopfbündel H. Dieses Integral haben wir bereits in Abschn. 3.6 berechnet. Es gilt

$$c_1(\gamma_1) = c_1(H) = -1.$$

Der nächste Satz enthält wichtige Eigenschaften der Chern-Klassen, die auch für deren Berechnung nützliche Dienste leisten.

Satz 6.6 (Eigenschaften der Chern-Klassen)

1. *Seien E_1 und E_2 zwei isomorphe komplexe Vektorbündel über einer Mannigfaltigkeit M. Dann stimmen ihre Chern-Klassen überein, d. h.*

$$c(E_1) = c(E_2).$$

2. *Sei $\phi : N \longrightarrow M$ eine glatte Abbildung zwischen Mannigfaltigkeiten und E ein komplexes Vektorbündel über M. Dann gilt für das zurückgezogene Bündel*

$$c(\phi^* E) = \phi^* c(E).$$

3. *Seien E_1 und E_2 zwei komplexe Vektorbündel über einer Mannigfaltigkeit M. Dann gilt für die Whitney-Summe $E_1 \oplus E_2$*

$$c(E_1 \oplus E_2) = c(E_1) \cdot c(E_2),$$

d. h.

$$c_k(E_1 \oplus E_2) = \sum_{j=0}^{k} c_j(E_1) \cdot c_{k-j}(E_2).$$

4. *Sei E^* das duale Vektorbündel zu E. Dann gilt*

$$c_k(E^*) = (-1)^k c_k(E).$$

Beweis Die Isomorphieinvarianz folgt als Anwendung von Satz 6.4. Wir überlassen die Details dem Leser als Übungsaufgabe. Die Natürlichkeit ist eine direkte Folgerung aus der Natürlichkeit des Weil-Homomorphismus (siehe Satz 6.3). Ist nämlich P das Reperbündel von E, so gilt

$$\phi^*(E) = \phi^*(P \times_{GL(n,\mathbb{C})} \mathbb{C}^n) = (\phi^* P) \times_{GL(n,\mathbb{C})} \mathbb{C}^n,$$

Das heißt, $\phi^* P$ ist das Reperbündel von $\phi^* E$. Daraus folgt

$$c_k(\phi^* E) = \mathcal{W}_{\phi^* P}(f_k) = \phi^* \mathcal{W}_P(f_k) = \phi^* c_k(E).$$

Die Summenformel erhalten wir aus Lemma 6.1. Seien E_1 und E_2 zwei komplexe Vektorbündel vom Rang n_1 bzw. n_2 über M und P_1 bzw. P_2 die dazugehörenden Reperbündel. Dann ist das $GL(n_1, \mathbb{C}) \times GL(n_2, \mathbb{C})$-Bündel $P_1 \times P_2$ eine Reduktion des Reperbündels P

von $E_1 \oplus E_2$ und somit

$$c_k(E_1 \oplus E_2) = \mathcal{W}_{P_1 \times P_2}\big(f_k|_{\mathfrak{gl}(n_1,\mathbb{C}) \oplus \mathfrak{gl}(n_2,\mathbb{C})}\big).$$

Dabei ist die Lie-Algebra $\mathfrak{gl}(n_1, \mathbb{C}) \oplus \mathfrak{gl}(n_2, \mathbb{C})$ durch

$$(A, B) \in \mathfrak{gl}(n_1, \mathbb{C}) \oplus \mathfrak{gl}(n_2, \mathbb{C}) \hookrightarrow \begin{pmatrix} A & 0 \\ 0 & B \end{pmatrix} \in \mathfrak{gl}(n_1 + n_2, \mathbb{C})$$

eingebettet. Seien nun A_1 und A_2 Zusammenhangsformen auf P_1 bzw. P_2. Dann ist $A :=$ $pr_1^* A_1 \oplus pr_2^* A_2$ eine Zusammenhangsform auf $P_1 \times P_2$ und für die Krümmungsformen gilt

$$F^A = pr_1^* F^{A_1} \oplus pr_2^* F^{A_2}.$$

Die auf M projizierten Differentialformen erfüllen

$$f_j\big(pr_i^* F^{A_i}\big) = f_j\big(F^{A_i}\big).$$

Aus der Produktformel (6.7) erhalten wir dann

$$f_k(F^A) = \sum_{j=0}^{k} f_j\big(F^{A_1}\big) \wedge f_{k-j}\big(F^{A_2}\big).$$

Dies ergibt die Summenformel

$$c_k(E_1 \oplus E_2) = \sum_{j=0}^{k} c_j(E_1) \cdot c_{k-j}(E_2).$$

Zum Beweis der Formel für die Chern-Klassen des dualen Bündels betrachten wir das Reperbündel P von E und das Reperbündel P^* von E^*. Es bezeichne $\Psi : P \longrightarrow P^*$ die Abbildung, die jeder Basis in E_x ihre duale Basis in E_x^* zuordnet. Aus dem Transformationsverhalten dualer Basen folgt dann

$$\Psi(s \cdot g) = \Psi(s) \cdot (g^{-1})^t \qquad \forall \, s \in P, \; g \in GL(n, \mathbb{C}).$$

Ist A eine Zusammenhangsform auf P, so ist $A^* := -(\Psi^{-1})^* A^t$, wobei das Transponieren in den Werten von A erfolgt, eine Zusammenhangsform auf P^* mit der Krümmung

$$F^{A^*} = -(\Psi^{-1})^*(F^A)^t.$$

Für die auf die Basismannigfaltigkeit M projizierten Differentialformen erhalten wir daraus

$$f_k(F^{A^*}) = f_k\big(-(\Psi^{-1})^*(F^A)^t\big) = f_k(-(F^A)^t) = f_k(-F^A) = (-1)^k f_k(F^A),$$

was die Behauptung $c_k(E^*) = (-1)^k c_k(E)$ liefert. $\qquad\square$

Ist M eine komplexe Mannigfaltigkeit, so ist das Tangentialbündel TM ein komplexes Vektorbündel. Wir definieren dann:

Definition 6.5 *Sei M eine komplexe Mannigfaltigkeit. Die Kohomologieklasse*

$$c_k(M) := c_k(TM) \in H^{2k}_{dR}(M, \mathbb{R})$$

heißt k-te Chern-Klasse von M.

Beispiel 6.7 *Die Chern-Klassen des komplex-projektiven Raumes $\mathbb{C}P^n$.*

Sei γ_n das kanonische Linienbündel über $\mathbb{C}P^n$, d. h.

$$\gamma_n = \{(L, v) \in \mathbb{C}P^n \times \mathbb{C}^{n+1} \mid v \in L\},$$

und a die Kohomologieklasse $a := c_1(\gamma_n^*) \in H^2_{dR}(\mathbb{C}P^n, \mathbb{R})$. Dann gilt

$$c(\mathbb{C}P^n) = (1 + a)^{n+1}.$$

Um dies zu zeigen, fixieren wir auf $\mathbb{C}^{n+1}$ das kanonische hermitesche Skalarprodukt $\langle \cdot, \cdot \rangle_{\mathbb{C}^{n+1}}$ und betrachten das Bündel

$$\gamma_n^\perp := \{(L, w) \in \mathbb{C}P^n \times \mathbb{C}^{n+1} \mid w \perp L\}.$$

Dann gilt offensichtlich

$$\gamma_n \oplus \gamma_n^\perp \simeq \theta^{n+1},$$

wobei θ^k das triviale Vektorbündel vom Rang k über $\mathbb{C}P^n$ bezeichnet. Wir zeigen als nächstes, dass

$$T\mathbb{C}P^n \simeq Hom(\gamma_n, \gamma_n^\perp).$$

Dazu betrachten wir das Hopfbündel über $\mathbb{C}P^n$

$$S^{2n+1} \xrightarrow{\ \pi\ } \mathbb{C}P^n.$$

Sei $z \in S^{2n+1}$ und $L = \pi(z) \in \mathbb{C}P^n$ die durch z definierte komplexe Gerade. Dann gilt

$$T_z S^{2n+1} = \{X \in \mathbb{C}^{n+1} \mid \operatorname{Re} \langle X, z \rangle_{\mathbb{C}^{n+1}} = 0\}$$

und für den vertikalen Tangentialraum im Punkt z

$$Tv_z S^{2n+1} = T_z(\pi^{-1}(L)) = \operatorname{Ker} d\pi_z = \{X \in \mathbb{C}^{n+1} \mid X \in i\mathbb{R}z\}.$$

Folglich ist $\{w \in \mathbb{C}^{n+1} \mid \langle w, z \rangle_{\mathbb{C}^{n+1}} = 0\}$ komplementär zum vertikalen Teilraum $Tv_z S^{2n+1} \subset T_z S^{2n+1}$. Das Tangentialbündel von S^{2n+1} zerlegt sich also in die direkte Summe

$$TS^{2n+1} \simeq Tv\, S^{2n+1} \oplus \pi^* \gamma_n^\perp$$

und

$$d\pi : \pi^* \gamma_n^\perp \longrightarrow T\mathbb{C}P^n$$

ist ein Isomorphismus. Der Isomorphismus zwischen dem Homomorphismenbündel $Hom(\gamma_n, \gamma_n^\perp)$ und dem Tangentialbündel $T\mathbb{C}P^n$ ist dann durch die Zuordnung

$$\Psi \in Hom(\gamma_n, \gamma_n^\perp)_L \longmapsto d\pi_z(\Psi(z)) \in T_L\mathbb{C}P^n$$

gegeben, wobei $z \in L$ wegen der Invarianzeigenschaften der S^1-Wirkung auf S^{2n+1} beliebig gewählt werden kann. Damit folgt nun

$$\begin{aligned}
T\mathbb{C}P^n \oplus \theta^1 &\simeq Hom(\gamma_n, \gamma_n^\perp) \oplus \theta^1 \\
&\simeq Hom(\gamma_n, \gamma_n^\perp) \oplus Hom(\gamma_n, \gamma_n) \\
&\simeq Hom(\gamma_n, \gamma_n^\perp \oplus \gamma_n) \\
&\simeq Hom(\gamma_n, \theta^{n+1}) \\
&\simeq \underbrace{\gamma_n^* \oplus \ldots \oplus \gamma_n^*}_{(n+1)\text{-mal}}.
\end{aligned}$$

Mit Hilfe der Summenformel für die Chern-Klassen erhalten wir

$$\begin{aligned}
c(T\mathbb{C}P^n) &= c(T\mathbb{C}P^n) \cdot c(\theta^1) = c(T\mathbb{C}P^n \oplus \theta^1) \\
&= c(\gamma_n^*) \cdot \ldots \cdot c(\gamma_n^*) = (1 + c_1(\gamma_n^*))^{n+1} \\
&= (1 + a)^{n+1}.
\end{aligned}$$

Für die k-te Chern-Klasse des komplex-projektiven Raumes gilt somit

$$c_k(\mathbb{C}P^n) = \binom{n+1}{k} a^k.$$

Wir beenden diesen Abschnitt mit einer Formel für die 1. Chern-Klasse einer Kähler-Mannigfaltigkeit.

Satz 6.7 *Sei* (M^{2n}, g, J) *eine Kähler-Mannigfaltigkeit. Dann gilt*

$$c_1(M) = \left[\frac{1}{2\pi}\rho\right], \tag{6.9}$$

wobei $\rho \in \Omega^2(M)$ *die* Ricci-Form *bezeichnet:*

$$\rho(X, Y) := Ric(JX, Y).$$

Insbesondere gilt für die 1. Chern-Klasse einer Ricci-flachen Kähler-Mannigfaltigkeit $c_1(M) = 0$.

Beweis Das Tangentialbündel TM einer $2n$-dimensionalen fast-komplexen Mannigfaltigkeit (M^{2n}, J) ist ein komplexes Vektorbündel vom Rang n. Die komplexe Struktur auf den Tangentialräumen $T_x M$ wird durch J_x definiert. Um Formel (6.9) nachzuweisen, vergessen wir die komplexe Struktur wieder und berechnen die Spur der Krümmung F^A, die in der Definition der 1. Chern-Klasse auftritt, in reellen Termen. Wir identifizieren dazu wie in Abschn. 5.4 $\mathbb{C}^n$ mit $\mathbb{R}^{2n}$ durch

$$\iota : v_1 + i v_2 \in \mathbb{C}^n \longmapsto \begin{pmatrix} v_1 \\ v_2 \end{pmatrix} \in \mathbb{R}^{2n}$$

und fassen $GL(n, \mathbb{C})$ als Untergruppe von $GL(2n, \mathbb{R})$ auf:

$$\iota : X = A + iB \in GL(n, \mathbb{C}) \longrightarrow \begin{pmatrix} A & -B \\ B & A \end{pmatrix} \in GL(2n, \mathbb{R}).$$

Für eine Matrix $X \in \mathfrak{u}(n)$ gilt wegen $X + \overline{X}^t = 0$

$$\operatorname{Tr}(X) = i \operatorname{Tr}(B) = -\frac{i}{2} \operatorname{Tr}(J^0 \iota(X)), \tag{6.10}$$

wobei $J^0 = \begin{pmatrix} 0 & -I_n \\ I_n & 0 \end{pmatrix}$ die komplexe Struktur auf $\mathbb{R}^{2n}$ ist, die der Multiplikation mit i auf $\mathbb{C}^n$ entspricht. Wir identifizieren die unitäre Gruppe $U(n)$ mit der Untergruppe $\iota(U(n)) \subset SO(2n)$. Die Holonomiegruppe einer Kähler-Mannigfaltigkeit (M^{2n}, g, J) liegt in $U(n)$ (siehe Satz 5.22). Folglich reduziert sich der Levi-Civita-Zusammenhang von (M, g) auf einen Zusammenhang A des $U(n)$-Hauptfaserbündels der J-angepassten orthonormalen Repere

$$P^J := \bigcup_{x \in M} \{ s_J = (s_1, \ldots, s_n, Js_1, \ldots, Js_n) \mid s_J \text{ orthonormale Basis in } T_x M \}.$$

Dann gilt

$$TM \simeq P^J \times_{U(n)} \mathbb{R}^{2n}$$

und für den Krümmungstensor von (M, g)

$$R^g(X, Y)[s, v] = [s, \iota\big(F_s^A(X^*, Y^*)\big) v],$$

wobei $s \in P_x^J$, $X, Y \in T_x M$ und $X^*, Y^* \in T_s P^J$ die horizontalen Lifte bezeichnen. Nach Definition der 1. Chern-Klasse von M ist

$$c_1(M) = c_1(TM) = \left[-\frac{1}{2\pi i} \operatorname{Tr}(F^A) \right].$$

Mit Hilfe von Formel (6.10) und der in Lemma 5.3 bewiesenen Formel für den Ricci-Tensor einer Kähler-Mannigfaltigkeit folgt

$$-\frac{1}{2\pi i}\,\mathrm{Tr}\left(F^A(X,Y)\right) = \frac{1}{4\pi}\,\mathrm{Tr}\left(J\,R^g(X,Y)\right) = \frac{1}{2\pi}\,Ric(JX,Y) = \frac{1}{2\pi}\,\rho(X,Y).$$

Daraus folgt insbesondere, dass die Ricci-Form ρ eine geschlossene, reellwertige 2-Form auf M ist, da wir dies für $i\,\mathrm{Tr}(F^A)$ bereits gezeigt haben. Für die 1. Chern-Klasse erhalten wir damit

$$c_1(M) = \left[-\frac{1}{2\pi i}\,\mathrm{Tr}(F^A)\right] = \left[\frac{1}{2\pi}\,\rho\right].$$ $\square$

Abschließend bemerken wir noch, dass die Chern-Klassen komplexer Vektorbündel nicht nur Werte in $\mathbb{R}$, sondern sogar Werte in $\mathbb{Z}$ annehmen. Genauer: Für jede glatte geschlossene singuläre $2k$-Kette σ in M gilt

$$\int_\sigma c_k(E) \in \mathbb{Z},$$

wobei die Integration hier als Integration über einen Repräsentanten der Kohomologie-klasse $c_k(E)$ zu verstehen ist. Diese etwas laxe Bezeichnung ist durch den Satz von Stokes gerechtfertigt, der besagt, dass sich das Integral bei Addition einer exakten Form nicht ändert.

Es gilt sogar mehr. Man kann jedem (stetigen) komplexen Vektorbündel E über M eine Klasse $c^{sing}(E) = c_0(E) + c_1(E) + \ldots \in H^*_{sing}(M,\mathbb{Z})$ in der *singulären ganzzahligen Kohomologie* von M zuordnen, die durch die folgenden Eigenschaften *eindeutig* bestimmt ist:

A1 $c_k(E) \in H^{2k}_{sing}(M,\mathbb{Z})$, $c_0(E) = 1$ und $c_k(E) = 0$, falls $k > \mathrm{rang}(E)$.

A2 Ist $\phi : N \longrightarrow M$ eine stetige Abbildung und E ein Vektorbündel über M, so gilt: $\phi^* c(E) = c(\phi^* E)$.

A3 Für zwei Vektorbündel E_1 und E_2 über M gilt: $c(E_1 \oplus E_2) = c(E_1) \cdot c(E_2)$.

A4 Für das kanonische Linienbündel γ_1 über $\mathbb{C}P^1$ ist $c_1(\gamma_1^*)$ der kanonische Erzeuger von $H^2_{sing}(\mathbb{C}P^1,\mathbb{Z}) \simeq \mathbb{Z}$.

Die analogen Eigenschaften A1–A4 für die reellen Chern-Klassen glatter komplexer Vektorbündel in der de Rham-Kohomologie haben wir gerade bewiesen. Für die Abbildung

$$\varphi : H^*_{sing}(M,\mathbb{Z}) \xrightarrow{\ \alpha\ } H^*_{sing}(M,\mathbb{R}) \xrightarrow{\ \beta\ } H^*_{dR}(M,\mathbb{R}),$$

wobei α der Koeffizienten-Homomorphismus und β der de Rham-Isomorphismus ist, gilt im Fall glatter Vektorbündel

$$\varphi(c^{sing}(E)) = c(E).$$

Beim Übergang zur reellwertigen Kohomologie verliert man zwar Informationen über die Torsionen, die dabei 'vernichtet' werden. Man gewinnt dafür aber Erkenntnisse über den Zusammenhang zwischen Topologie und Krümmung. Für Details verweisen wir den an algebraischer Topologie interessierten Leser auf [H94, MSt74].

6.3 Die Pontrjagin-Klassen reeller Vektorbündel

In diesem Abschnitt definieren wir charakteristische Klassen für reelle Vektorbündel. Bevor wir dies tun, erinnern wir an das Verfahren der Reellifizierung und Komplexifizierung von Vektorräumen.[1]

Sei V ein reeller Vektorraum. Dann heißt der komplexe Vektorraum

$$V^{\mathbb{C}} := V \otimes_{\mathbb{R}} \mathbb{C}$$

die *Komplexifizierung* von V. Für einen komplexen Vektorraum W entsteht die *Reellifizierung* $W^{\mathbb{R}}$ durch Einschränken der skalaren Multiplikation auf $\mathbb{R}$. Diese Operationen übertragen sich samt ihrer Eigenschaften genauso wie die direkte Summe oder das Tensorprodukt von Vektorräumen auf Vektorbündel. Für ein reelles Vektorbündel E bezeichnen wir mit $E^{\mathbb{C}}$ seine Komplexifizierung und für ein komplexes Vektorbündel K mit $K^{\mathbb{R}}$ seine Reellifizierung. E^* und K^* bezeichnen die dualen Vektorbündel von E bzw. K. Dann gilt

$$\begin{aligned}
E^* &\simeq E, \\
K^* &\simeq \overline{K}, \\
(E^{\mathbb{C}})^{\mathbb{R}} &= E \oplus E, \\
(K^{\mathbb{R}})^{\mathbb{C}} &= K \oplus \overline{K},
\end{aligned} \tag{6.11}$$

wobei $\overline{K}$ das konjugierte Vektorbündel zu K bezeichnet. Insbesondere folgt aus Satz 6.6

$$c_k(E^{\mathbb{C}}) = c_k\big((E^*)^{\mathbb{C}}\big) = c_k((E^{\mathbb{C}})^*) = (-1)^k c_k(E^{\mathbb{C}}).$$

Für die Komplexifizierung eines reellen Vektorbündels sind demnach die ungeraden Chern-Klassen Null.

Definition 6.6 *Sei E ein reelles Vektorbündel vom Rang n über einer Mannigfaltigkeit M und $E^{\mathbb{C}}$ seine Komplexifizierung. Dann nennt man*

$$p_k(E) := (-1)^k c_{2k}(E^{\mathbb{C}}) \in H^{4k}_{dR}(M, \mathbb{R})$$

die k-te reelle Pontrjagin-Klasse von E. Die Kohomologieklasse

---

[1] Für die Definitionen und Eigenschaften siehe [Br04].

$$p(E) := p_0(E) + p_1(E) + p_2(E) + \ldots + p_{\lfloor \frac{n}{2} \rfloor}(E) \in H_{dR}^*(M, \mathbb{R})$$

heißt totale Pontrjagin-Klasse von E.

Aus den Eigenschaften der Chern-Klassen erhält man die entsprechenden Aussagen für die Pontrjagin-Klassen.

Satz 6.8 *1. Sind E_1 und E_2 isomorphe reelle Vektorbündel, so gilt*

$$p(E_1) = p(E_2).$$

2. Ist $\phi : N \longrightarrow M$ eine glatte Abbildung und E ein reelles Vektorbündel über M, dann gilt

$$p(\phi^* E) = \phi^* p(E).$$

3. Sind E_1 und E_2 zwei reelle Vektorbündel über M, so gilt

$$p(E_1 \oplus E_2) = p(E_1) \cdot p(E_2).$$

Beweis Die ersten beiden Aussagen folgen sofort aus Satz 6.6. Da die ungeraden Chern-Klassen komplexifizierter Vektorbündel verschwinden, erhalten wir für die Whitney-Summe zweier Vektorbündel

$$
\begin{aligned}
p_k(E_1 \oplus E_2) &= (-1)^k c_{2k}(E_1^{\mathbb{C}} \oplus E_2^{\mathbb{C}}) \\
&= (-1)^k \sum_{j=0}^{2k} c_j(E_1^{\mathbb{C}}) \cdot c_{2k-j}(E_2^{\mathbb{C}}) \\
&= \sum_{r=0}^{k} (-1)^r c_{2r}(E_1^{\mathbb{C}}) \cdot (-1)^{k-r} c_{2k-2r}(E_2^{\mathbb{C}}) \\
&= \sum_{r=0}^{k} p_r(E_1) \cdot p_{k-r}(E_2). \qquad \square
\end{aligned}
$$

Die Pontrjagin-Klassen lassen sich ebenfalls durch Krümmungen beschreiben.

Definition 6.7 *Wir bezeichnen mit $g_k : \mathfrak{gl}(n, \mathbb{R}) \longrightarrow \mathbb{R}$ die durch*

$$\det\left(t\, \mathbb{I}_n - \frac{1}{2\pi} X \right) =: \sum_{k=0}^{n} g_k(X)\, t^{n-k} \qquad \forall\, t \in \mathbb{R} \tag{6.12}$$

definierten invarianten Polynome.

Man überzeugt sich leicht davon, dass $g_{2k+1}|_{\mathfrak{o}(n)} = 0$, wobei $\mathfrak{o}(n)$ die Lie-Algebra der orthogonalen Gruppe $O(n)$ bezeichnet.

Satz 6.9 *Sei E ein reelles Vektorbündel, P sein Reperbündel, A eine Zusammenhangsform auf P und ∇ eine kovariante Ableitung auf E. Dann gilt für die Pontrjagin-Klassen*

$$p(E) = \left[\det\left(\mathbb{I}_n - \frac{1}{2\pi}F^A\right)\right] = \left[\det\left(\mathrm{Id}_E - \frac{1}{2\pi}R^\nabla\right)\right].$$

Für die k-te Pontrjagin-Klasse erhalten wir

$$p_k(E) = \mathcal{W}_P(g_{2k}) = \left[g_{2k}(F^A)\right]$$

$$= \left[\frac{1}{(2\pi)^{2k}} \sum_{1 \leq i_1 < \ldots < i_{2k} \leq n} \sum_{\sigma = \binom{i_1 \ldots i_{2k}}{j_1 \ldots j_{2k}} \in \mathcal{S}_{2k}} \mathrm{sign}(\sigma)\, F^{i_1 j_1} \wedge \ldots \wedge F^{i_{2k} j_{2k}}\right].$$

Insbesondere gilt für die 1. Pontrjagin-Klasse

$$p_1(E) = \left[\frac{1}{8\pi^2}\left(\mathrm{Tr}(F^A) \wedge \mathrm{Tr}(F^A) - \mathrm{Tr}(F^A \wedge F^A)\right)\right]. \tag{6.13}$$

Beweis Die Einbettung des reellen Vektorbündels E in seine Komplexifizierung $E^{\mathbb{C}}$ liefert eine Einbettung des Reperbündels P von E in das Reperbündel $P(E^{\mathbb{C}})$ von $E^{\mathbb{C}}$, die mit der Wirkung von $GL(n, \mathbb{R})$ kommutiert. P ist also eine $GL(n, \mathbb{R})$-Reduktion von $P(E^{\mathbb{C}})$. Dann gilt für den Weil-Homomorphismus

$$\mathcal{W}_{P(E^{\mathbb{C}})}(f_{2k}) = \mathcal{W}_P(f_{2k}|_{\mathfrak{gl}(n,\mathbb{R})}).$$

Außerdem gilt für $X \in \mathfrak{gl}(n, \mathbb{R})$

$$g_{2k}(X) = f_{2k}(-iX) = (-i)^{2k} f_{2k}(X) = (-1)^k f_{2k}(X).$$

Daraus folgt

$$p_k(E) = (-1)^k c_{2k}(E^{\mathbb{C}}) = (-1)^k [f_{2k}(F^A)] = [g_{2k}(F^A)].$$

Die expliziten Formeln für $p_k(E)$ folgen aus den Formeln für $f_{2k}(F^A)$.   □

Das Tangentialbündel einer Mannigfaltigkeit ist ein reelles Vektorbündel. Deshalb können wir jeder Mannigfaltigkeit die Pontrjagin-Klassen seines Tangentialbündels zuordnen.

Definition 6.8 *Die Kohomologieklasse*

$$p_k(M) := p_k(TM) \in H^{4k}_{dR}(M, \mathbb{R})$$

heißt k-te Pontrjagin-Klasse von M.

Ist auf M eine Riemannsche Metrik g gegeben, so kann man den zur Metrik gehörenden Levi-Civita-Zusammenhang ∇^g benutzen, um die Pontrjagin-Klassen $p_k(M)$ zu bestimmen.

Wir bezeichnen mit R^g den Krümmungstensor von (M, g)

$$R^g(X, Y) := \nabla^g_X \nabla^g_Y - \nabla^g_Y \nabla^g_X - \nabla^g_{[X,Y]}.$$

Für konkrete Rechnungen benutzen wir im Folgenden eine orthonormale Basis $(s_1, \ldots, s_n)$ in (TM, g) und die dazugehörige duale Basis $(e^1 \ldots, e^n)$ in T^*M. Mit

$$R_{ijkl} := g(R^g(s_i, s_j)s_k, s_l)$$

notieren wir die Komponenten des Krümmungstensors bezüglich dieser Basis. Den Krümmungstensor können wir auf Grund seiner Symmetrieeigenschaften als selbstadjungierte Abbildung auf dem Bündel der 2-Formen von M auffassen:

$$R: \quad \Lambda^2 T^*M \quad \longrightarrow \quad \Lambda^2 T^*M$$
$$e^i \wedge e^j \quad \longmapsto \quad R(e^i \wedge e^j) := \sum_{k<l} R_{ijkl}\, e^k \wedge e^l.$$

Das Skalarprodukt $\langle \cdot, \cdot \rangle$ auf $\Lambda^2 T^*M$ ist dabei so gewählt, dass $\{e^i \wedge e^j \mid i < j\}$ eine orthonormale Basis ist. Dann gilt für die 2-Form R^g in Matrixschreibweise bzgl. $(s_1, \ldots, s_n)$

$$R^{ij} = g(R^g(\cdot, \cdot)s_j, s_i) = \sum_{k<l} R_{klji}e^k \wedge e^l = -\sum_{k<l} R_{ijkl}e^k \wedge e^l$$
$$= -R(e^i \wedge e^j). \tag{6.14}$$

Die k-te Pontrjagin-Klasse $p_k(M)$ wird dann durch die $4k$-Form

$$p_k(R^g) = \frac{1}{(2\pi)^{2k}} \sum_{\substack{1 \le i_1 < \ldots < i_{2k} \le n \\ \sigma = \left(\begin{smallmatrix} i_1 \cdots i_{2k} \\ j_1 \cdots j_{2k} \end{smallmatrix}\right) \in S_{2k}}} \operatorname{sign}(\sigma)\, R(e^{i_1} \wedge e^{j_1}) \wedge \ldots \wedge R(e^{i_{2k}} \wedge e^{j_{2k}})$$

erzeugt. Die $4k$-Form $p_k(R)$ heißt auch die k-te *Pontrjagin-Form* von (M, g). Da wegen der Schiefsymmetrie von $R(X, Y)$ die Spur von (R^{ij}) verschwindet, erhalten wir z. B. für die 1. Pontrjagin-Form aus (6.13)

$$p_1(R^g) = -\frac{1}{8\pi^2}\, \operatorname{Tr}(R^g \wedge R^g)$$
$$= -\frac{1}{8\pi^2} \sum_{i,j} R(e^i \wedge e^j) \wedge R(e^j \wedge e^i)$$
$$= \frac{1}{4\pi^2} \sum_{i<j} R(e^i \wedge e^j) \wedge R(e^i \wedge e^j). \tag{6.15}$$

Wir wollen nun die 1. Pontrjagin-Form einer 4-dimensionalen Riemannschen Mannigfaltigkeit (M, g) noch expliziter angeben. Dazu benötigen wir weitere Krümmungstensoren von (M, g). Mit *Ric* bezeichnen wir wieder den Ricci-Tensor

$$Ric(X, Y) := \sum_i g(R^g(X, s_i)s_i, Y)$$

und mit

$$R_{kl} = Ric(s_k, s_l) = \sum_{ii} R_{kiil}$$

seine Komponenten bzgl. der orthonormalen Basis $(s_1, \ldots, s_n)$. Die Skalarkrümmung nennen wir *scal*

$$scal := \sum_j Ric(s_j, s_j) = \sum_j R_{jj} = \sum_{i,j} R_{jiij}.$$

Schließlich bezeichne W den Weyl-Tensor

$$\begin{aligned} W: \quad & \Lambda^2 T^*M \quad \longrightarrow \quad \Lambda^2 T^*M \\ & e^i \wedge e^j \quad \longmapsto \quad W(e^i \wedge e^j) := \sum_{k<l} W_{ijkl}\, e^k \wedge e^l, \end{aligned}$$

wobei die Komponenten W_{ijkl} durch

$$\begin{aligned} W_{ijkl} := R_{ijkl} &+ \frac{1}{n-2}\left(R_{ik}\delta_{jl} + R_{jl}\delta_{ik} - R_{il}\delta_{jk} - R_{jk}\delta_{il}\right) \\ &- \frac{scal}{(n-1)(n-2)}\left(\delta_{ik}\delta_{jl} - \delta_{il}\delta_{jk}\right) \end{aligned}$$

gegeben sind. Im Falle 4-dimensionaler Mannigfaltigkeiten hat man eine spezielle Zerlegung des Krümmungstensors. Wir betrachten dazu eine neue orthonormale Basis im Raum der 2-Formen

$$f_\pm^1 = \frac{1}{\sqrt{2}}\left(e^1 \wedge e^2 \pm e^3 \wedge e^4\right),$$

$$f_\pm^2 = \frac{1}{\sqrt{2}}\left(e^1 \wedge e^3 \mp e^2 \wedge e^4\right),$$

$$f_\pm^3 = \frac{1}{\sqrt{2}}\left(e^1 \wedge e^4 \pm e^2 \wedge e^3\right)$$

und die davon aufgespannten Unterräume

$$\Lambda_+^2 T^*M := \mathrm{span}\{f_+^1, f_+^2, f_+^3\} \subset \Lambda^2 T^*M,$$

$$\Lambda_-^2 T^*M := \mathrm{span}\{f_-^1, f_-^2, f_-^3\} \subset \Lambda^2 T^*M.$$

Offensichtlich sind $\Lambda_+^2 T^*M$ und $\Lambda_-^2 T^*M$ unabhängig von der Wahl der orthonormalen Basis $(s_1, \ldots, s_4)$ in der gleichen Orientierungsklasse. Die Räume $\Lambda_+^2 T^*M$ und $\Lambda_-^2 T^*M$ vertauschen, wenn man die Orientierungsklasse wechselt.[2]

---

[2] Die 2-Formen in $\Lambda_\pm^2$ sind die Eigenunterräume des $*$-Operators und heißen selbstdual ($+$) bzw. anti-selbstdual ($-$), siehe auch Abschn. 7.2.

Für den Krümmungstensor gilt die folgende Zerlegungsformel bezüglich der Aufspaltung
$\Lambda^2 T^* M = \Lambda^2 T^*_+ M \oplus \Lambda^2 T^*_- M$:

$$R = \underbrace{\begin{pmatrix} W_+ & 0 \\ 0 & W_- \end{pmatrix}}_{=W} - \frac{1}{12} \begin{pmatrix} scal & 0 \\ 0 & scal \end{pmatrix} + \begin{pmatrix} 0 & B \\ B^* & 0 \end{pmatrix} \tag{6.16}$$

mit einem Tensor $B : \Lambda^2_- T^* M \longrightarrow \Lambda^2_+ T^* M$. Die Tensoren

$$W_\pm := W|_{\Lambda^2_\pm T^* M} : \Lambda^2_\pm T^* M \longrightarrow \Lambda^2_\pm T^* M$$

heißen *selbstdualer* (+) bzw. *anti-selbstdualer* (−) *Weyl-Tensor*. Sie erfüllen zusätzlich die Spureigenschaft

$$\operatorname{Tr}(W_+) = \operatorname{Tr}(W_-) = 0. \tag{6.17}$$

Wechselt man die Orientierung, so vertauschen sich W_+ und W_-. Einen Beweis dieser Zerlegungsformel findet der Leser im Anhang A.5.

Die Norm des selbstdualen bzw. anti-selbstdualen Weyl-Tensors ist gegeben durch

$$\|W_+\|^2 := \sum_i \langle W_+(f^i_+), W_+(f^i_+) \rangle = \sum_i \langle W(f^i_+), W(f^i_+) \rangle,$$

$$\|W_-\|^2 := \sum_i \langle W_-(f^i_-), W_-(f^i_-) \rangle = \sum_i \langle W(f^i_-), W(f^i_-) \rangle.$$

Dann erhalten wir für die 1. Pontrjagin-Form.

Satz 6.10 *Die 1. Pontrjagin-Form einer 4-dimensionalen Riemannschen Mannigfaltigkeit lässt sich durch den Weyl-Tensor ausdrücken*

$$p_1(R^g) = \frac{1}{4\pi^2} \left(\|W_+\|^2 - \|W_-\|^2 \right) e^1 \wedge e^2 \wedge e^3 \wedge e^4.$$

Insbesondere gilt für die 1. Pontrjagin-Klasse einer kompakten, orientierten 4-dimensionalen Riemannschen Mannigfaltigkeit

$$\int_{M^4} p_1(M) = \frac{1}{4\pi^2} \int_{M^4} \left(\|W_+\|^2 - \|W_-\|^2 \right) dM_g,$$

wobei dM_g die Volumenform von (M, g) bezeichnet.

Beweis Wir bezeichnen mit ω die von der Basis $(e^1, \dots, e^4)$ gegebene Volumenform $\omega := e^1 \wedge e^2 \wedge e^3 \wedge e^4$. Man überzeugt sich leicht von der Gültigkeit der folgenden Formeln:

$$f_+^i \wedge f_+^i = -f_-^i \wedge f_-^i = \omega, \tag{6.18}$$

$$f_+^i \wedge f_+^j = f_-^i \wedge f_-^j = 0, \qquad \text{falls } i \neq j, \tag{6.19}$$

$$f_+^i \wedge f_-^j = 0, \qquad\qquad i, j = 1, 2, 3. \tag{6.20}$$

Mit Hilfe von (6.15), der Zerlegung (6.16) und Formel (6.20) erhalten wir

$$
\begin{aligned}
4\pi^2 p_1(R^g) &= \sum_{i<j} R(e^i \wedge e^j) \wedge R(e^i \wedge e^j) \\
&= \sum_{i=1}^{3} R(f_+^i) \wedge R(f_+^i) + R(f_-^i) \wedge R(f_-^i) \\
&= \sum_{i=1}^{3} \Big[W_+(f_+^i) \wedge W_+(f_+^i) - \frac{1}{6} scal \cdot W_+(f_+^i) \wedge f_+^i + \frac{1}{144} scal^2 \cdot f_+^i \wedge f_+^i \\
&\quad + B^*(f_+^i) \wedge B^*(f_+^i) + W_-(f_-^i) \wedge W_-(f_-^i) - \frac{1}{6} scal \cdot W_-(f_-^i) \wedge f_-^i \\
&\quad + \frac{1}{144} scal^2 \cdot f_-^i \wedge f_-^i + B(f_-^i) \wedge B(f_-^i) \Big].
\end{aligned}
$$

Wegen (6.18) fallen die Summanden mit $scal^2$ weg. Mit (6.18) und (6.19) erhalten wir

$$
\begin{aligned}
\sum_i W_+(f_+^i) \wedge f_+^i &= \sum_{i,j} \langle W_+(f_+^i), f_+^j \rangle \cdot f_+^j \wedge f_+^i \\
&= \sum_i \langle W_+(f_+^i), f_+^i \rangle\, \omega = \mathrm{Tr}(W_+)\, \omega \stackrel{(6.17)}{=} 0.
\end{aligned}
$$

Da auch $\mathrm{Tr}(W_-) = 0$ gilt, fällt der analoge Summand für W_- ebenfalls weg. Des Weiteren gilt

$$
\begin{aligned}
\sum_i W_+(f_+^i) \wedge W_+(f_+^i) &= \sum_{i,k,l} \langle W_+(f_+^i), f_+^k \rangle \cdot \langle W_+(f_+^i), f_+^l \rangle \cdot f_+^k \wedge f_+^l \\
&= \sum_{i,k} \langle W_+(f_+^i), f_+^k \rangle \cdot \langle W_+(f_+^i), f_+^k \rangle \cdot \omega \\
&= \sum_i \langle W_+(f_+^i), W_+(f_+^i) \rangle\, \omega \\
&= \| W_+ \|^2 \omega.
\end{aligned}
$$

Mit der gleichen Rechnung folgt

$$\sum_i W_-(f_-^i) \wedge W_-(f_-^i) = \sum_i \langle W_-(f_-^i), W_-(f_-^i) \rangle \cdot (-\omega) = - \|W_-\|^2 \, \omega.$$

Als nächstes schauen wir uns die Summanden von $4\pi^2 p_1(R^g)$ an, die den Operator B enthalten. Um die Rechnung zu vereinfachen, benutzen wir jetzt eine orthonormale Basis $(s_1, \dots, s_4)$ in der gleichen Orientierungsklasse, die den symmetrischen Ricci-Tensor diagonalisiert. Dann gilt also $R_{ij} = 0$ falls $i \neq j$. Benutzt man

$$R(f_+^1) = \frac{1}{\sqrt{2}} \sum_{k<l} \left(R_{12kl} + R_{34kl} \right) e^k \wedge e^l$$

und die analogen Formeln für $R(f_+^2)$ und $R(f_+^3)$, so stellt man fest, dass die Skalarprodukte $\langle R(f_+^i), f_-^j \rangle$ für $i \neq j$ Linearkombinationen der Komponenten R_{kl} des Ricci-Tensors mit $k \neq l$ sind, die in der gewählten speziellen Basis verschwinden. Deshalb erhält man nach (6.16)

$$B^*(f_+^i) = \sum_j \langle R(f_+^i), f_-^j \rangle f_-^j = \langle R(f_+^i), f_-^i \rangle f_-^i = \langle f_+^i, R(f_-^i) \rangle f_-^i,$$

$$B(f_-^i) = \sum_j \langle R(f_-^i), f_+^j \rangle f_+^j = \langle R(f_-^i), f_+^i \rangle f_+^i.$$

Es folgt

$$\sum_i B^*(f_+^i) \wedge B^*(f_+^i) + B(f_-^i) \wedge B(f_-^i)$$

$$= \sum_i \langle f_+^i, R(f_-^i) \rangle^2 \, (f_-^i \wedge f_-^i + f_+^i \wedge f_+^i) = 0.$$

Zusammenfassend ergibt sich

$$p_1(R^g) = \frac{1}{4\pi^2} \left(\|W_+\|^2 - \|W_-\|^2 \right) \omega.$$

Ist (M, g) orientiert, so wählen wir die Basis $(s_1, \dots, s_4)$ positiv orientiert. Dann ist $\omega = dM_g$.   □

6.4   Die Euler-Klasse

Wir definieren nun eine spezielle Kohomologieklasse für orientierte reelle Vektorbündel E. Dazu benötigen wir einige algebraische Vorbereitungen.

Wir fixieren auf dem Euklidischen Raum $(\mathbb{R}^n, \langle \cdot, \cdot \rangle_{\mathbb{R}^n})$ die durch die kanonische Basis $(e_1, \ldots, e_n)$ gegebene Orientierung und das Volumenelement

$$vol_n := e_1 \wedge \ldots \wedge e_n \in \Lambda^n \mathbb{R}^n.$$

$\mathfrak{so}(n)$ bezeichne wieder die Lie-Algebra der speziellen orthogonalen Gruppe $SO(n)$, d. h. die Lie-Algebra der schiefsymmetrischen reellen $(n \times n)$-Matrizen. Für eine schiefsymmetrische Matrix $X = (X_{ij}) \in \mathfrak{so}(n)$ sei

$$\omega_X := \frac{1}{2} \sum_{i,j=1}^{n} X_{ij}\, e_i \wedge e_j \in \Lambda^2 \mathbb{R}^n.$$

Ist $n = 2m$ gerade, dann ist das m-fache $\wedge$-Produkt von ω_X eine $2m$-Form auf $\mathbb{R}^{2m}$, die wir mit dem Volumenelement vergleichen können. Wir definieren dann die *Pfaffsche Zahl* $Pf_{2m}(X) \in \mathbb{R}$ durch

$$\underbrace{\omega_X \wedge \ldots \wedge \omega_X}_{m\text{-mal}} =: m! \cdot Pf_{2m}(X) \cdot vol_{2m}.$$

Die Pfaffsche Zahl einer schiefsymmetrischen Matrix hat folgende Eigenschaften.

Lemma 6.3 *Die Abbildung* $Pf_{2m} : \mathfrak{so}(2m) \longrightarrow \mathbb{R}$ *ist ein $SO(2m)$-invariantes homogenes Polynom vom Grad m mit der expliziten Formel*

$$Pf_{2m}(X) = \frac{1}{2^m \cdot m!} \sum_{\sigma \in \mathcal{S}_{2m}} \mathrm{sign}(\sigma)\, X_{\sigma_1 \sigma_2} \cdot X_{\sigma_3 \sigma_4} \cdot \ldots \cdot X_{\sigma_{2m-1} \sigma_{2m}}.$$

Insbesondere ist

$$Pf_2(X) = X_{12},$$
$$Pf_4(X) = X_{12}X_{34} - X_{13}X_{24} + X_{14}X_{23}.$$

Für alle $X \in \mathfrak{so}(2m)$ gilt

$$Pf_{2m}(X) \cdot Pf_{2m}(X) = \det(X). \tag{6.21}$$

Für alle $Y \in \mathfrak{u}(m)$ gilt

$$Pf_{2m}(\iota(Y)) = (-1)^{\frac{m(m-1)}{2}} i^m \det(Y), \tag{6.22}$$

wobei $\iota : \mathfrak{u}(m) \hookrightarrow \mathfrak{so}(2m)$ wieder die Standard-Einbettung bezeichnet, die durch die Identifizierung $v_1 + i v_2 \in \mathbb{C}^m \longmapsto \begin{pmatrix} v_1 \\ v_2 \end{pmatrix} \in \mathbb{R}^{2m}$ entsteht.

Beweis   Die explizite Formel folgt direkt aus der Definition:

$$\omega_X \wedge \ldots \wedge \omega_X$$

$$= \frac{1}{2^m} \sum_{i_1, j_1, \ldots, i_m, j_m = 1}^{2m} X_{i_1 j_1} \cdot \ldots \cdot X_{i_m j_m} \cdot e_{i_1} \wedge e_{j_1} \wedge \ldots \wedge e_{i_m} \wedge e_{j_m}$$

$$= \frac{1}{2^m} \sum_{\sigma \in S_{2m}} \mathrm{sign}(\sigma) \cdot X_{\sigma_1 \sigma_2} \cdot \ldots \cdot X_{\sigma_{2m-1} \sigma_{2m}} \cdot vol_{2m}.$$

Eine Matrix $X \in \mathfrak{so}(2m)$ kann man durch Konjugation mit einer Matrix $C = (a_1 | \ldots | a_{2m}) \in SO(2m)$ auf die Normalform

$$CXC^{-1} = \begin{pmatrix} 0 & \lambda_1 & & & \\ -\lambda_1 & 0 & & & \\ & & \ddots & & \\ & & & 0 & \lambda_m \\ & & & -\lambda_m & 0 \end{pmatrix} \qquad \text{mit } \lambda_j \in \mathbb{R}$$

bringen. Dann gilt für die positiv orientierte Basis $(a_1, \ldots, a_{2m})$

$$\omega_X = \sum_{j=1}^{m} \lambda_j \, a_{2j-1} \wedge a_{2j},$$

und somit

$$\omega_X \wedge \ldots \wedge \omega_X = m! \cdot \lambda_1 \cdot \ldots \cdot \lambda_m \cdot a_1 \wedge \ldots \wedge a_{2m}$$

$$= m! \cdot \lambda_1 \cdot \ldots \cdot \lambda_m \cdot vol_{2m}.$$

Wir erhalten $Pf_{2m}(X) = \lambda_1 \cdot \ldots \cdot \lambda_m$ und $\det(X) = \lambda_1^2 \cdot \ldots \cdot \lambda_m^2$, woraus

$$Pf_{2m}(X) \cdot Pf_{2m}(X) = \det(X)$$

folgt. Sei nun X eine Matrix in der Unteralgebra $\iota(\mathfrak{u}(m)) \subset \mathfrak{so}(2m)$. Dann existiert eine Matrix $Y = A + iB \in \mathfrak{u}(m)$ mit

$$X = \iota(Y) = \begin{pmatrix} A & -B \\ B & A \end{pmatrix}.$$

Mit der eben bewiesenen Formel (6.21) und elementaren Matrizenoperationen, die die Determinante erhalten, berechnen wir

$$\left(Pf_{2m}(\iota(Y))\right)^2 = \left(Pf_{2m}\begin{pmatrix} A & -B \\ B & A \end{pmatrix}\right)^2 = \det\begin{pmatrix} A & -B \\ B & A \end{pmatrix}$$

$$= \det\begin{pmatrix} A+iB & -B \\ B-iA & A \end{pmatrix} = \det\begin{pmatrix} A+iB & -B \\ 0 & A-iB \end{pmatrix}$$

$$= \det(A+iB) \cdot \det(A-iB) = |\det(A+iB)|^2$$

$$= |\det(Y)|^2.$$

Es folgt $Pf_{2m}(\iota(Y)) = \alpha(Y) \cdot \det(Y)$ für ein $\alpha(Y) \in \mathbb{C}$ mit $|\alpha(Y)| = 1$. Setzt man die Bedingung $\bar{Y} = -Y^t$ in die letzte Gleichung ein, so ergibt sich $\alpha(Y) = \varepsilon(Y) i^m$ mit aus Stetigkeitsgründen konstantem $\varepsilon(Y) \equiv \pm 1$. Für die spezielle Matrix $Y_0 = i\, \mathbb{I}_m \in \mathfrak{u}(m)$ erhält man aus der Definition der Pfaffschen Zahl

$$Pf_{2m}(\iota(Y_0)) = (-1)^{\frac{m(m+1)}{2}} \quad \text{und} \quad \det(Y_0) = i^m.$$

Somit ist $\varepsilon(Y_0) = (-1)^{\frac{m(m-1)}{2}}$. Insgesamt erhalten wir also

$$Pf_{2m}(\iota(Y)) = (-1)^{\frac{m(m-1)}{2}} i^m \det(Y).$$

Wir zeigen nun noch die $SO(2m)$-Invarianz von Pf_{2m}. Mit Hilfe von Formel (6.21) sieht man, dass für alle $X \in \mathfrak{so}(2m)$ und $C \in SO(2m)$

$$Pf_{2m}(CXC^{-1}) = \delta(C) \cdot Pf(X) \qquad \text{mit } \delta(C) = \pm 1.$$

Da $SO(2m)$ zusammenhängend und Pf_{2m} stetig ist, ist δ konstant. Wegen $\delta(\mathbb{I}_{2m}) = 1$ folgt dann die $SO(2m)$-Invarianz von Pf_{2m}. $\square$

Sei nun E ein reelles Vektorbündel vom Rang n über einer Mannigfaltigkeit M. Wir nennen E orientiert, wenn es einen globalen nirgends verschwindenden Schnitt im Determinantenbündel $\Lambda^n E$ gibt. In diesem Fall reduziert sich das Reperbündel von E auf das $GL(n, \mathbb{R})^+$-Bündel aller positiv orientierten Basen von E. Ein reelles Vektorbündel mit positiv definiter Bündelmetrik g nennen wir Riemannsches Vektorbündel. Für ein orientiertes Riemannsches Vektorbündel (E, g) bezeichnen wir mit P_{SO} das $SO(n)$-Bündel aller positiv orientierten orthonormalen Basen von E. Dann definieren wir:

Definition 6.9 *Sei (E, g) ein orientiertes Riemannsches Vektorbündel vom Rang $2m$ über M. Die Kohomologieklasse*

$$e(E, g) := \frac{1}{(2\pi)^m} \mathcal{W}_{P_{SO}}(Pf_{2m}) \in H_{dR}^{2m}(M, \mathbb{R})$$

heißt Euler-Klasse von (E, g).

Aus Lemma 6.3 folgt die explizite Formel

$$e(E, g) = \frac{1}{(2\pi)^m} \left[Pf_{2m}(F^A) \right]$$

$$= \frac{1}{4^m \pi^m \, m!} \left[\sum_{\sigma \in S_{2m}} \text{sign}(\sigma) \, F^{\sigma_1 \sigma_2} \wedge \ldots \wedge F^{\sigma_{2m-1} \sigma_{2m}} \right],$$

wobei A einen $SO(n)$-Zusammenhang auf P_{SO} bezeichnet. Wir können in dieser Formel die Krümmung F^A wiederum durch den Krümmungsendomorphismus einer metrischen kovarianten Ableitung ∇ von (E, g) ersetzen.

Aus der Definition folgt außerdem, dass die Euler-Klasse ihr Vorzeichen ändert, wenn man die entgegengesetzte Orientierung auf E wählt. Des Weiteren gelten die folgenden Beziehungen zwischen der Euler-Klasse und den Pontrjagin- bzw. Chern-Klassen.

Satz 6.11 1. *Sei (E^{2m}, g) ein orientiertes Riemannsches Vektorbündel vom Rang $2m$. Dann gilt*

$$e(E, g) \cdot e(E, g) = p_m(E).$$

2. *Sei K^m ein komplexes Vektorbündel vom Rang m und $K^{\mathbb{R}}$ seine Reellifizierung, versehen mit der kanonischen Orientierung und der durch eine hermitesche Bündelmetrik $\langle \cdot, \cdot \rangle$ von K induzierten Bündelmetrik $g := \text{Re}\langle \cdot, \cdot \rangle$. Dann gilt*[3]

$$e(K^{\mathbb{R}}, g) = (-1)^{\frac{m(m-1)}{2}} \cdot c_m(K).$$

Beweis Die erste Formel folgt unmittelbar durch Einsetzen von (6.21) in die Definition von $e(E, g)$ und $p_m(E)$, wobei man in beiden Fällen die gleiche Zusammenhangsform im Bündel der orthonormalen Basen benutzt. Zum Nachweis der zweiten Formel fixieren wir eine hermitesche Bündelmetrik $\langle \cdot, \cdot \rangle$ auf K und reduzieren das Reperbündel von K auf das $U(m)$-Bündel P aller unitären Basen von $(K, \langle \cdot, \cdot \rangle)$. Vergessen wir die komplexe Struktur von K, so wird

$$P' := \{(s_1, \ldots, s_m, is_1, \ldots, is_m) \mid s = (s_1, \ldots, s_m) \in P\}$$

ein Teilbündel aller orthonormalen Basen in $(K^{\mathbb{R}}, g := \text{Re}\langle \cdot, \cdot \rangle)$ mit Strukturgruppe $\iota(U(m)) \subset SO(2m)$. Die Abbildung

$$\phi : (s_1, \ldots, s_m) \in P \longmapsto (s_1, \ldots, s_m, is_1, \ldots, is_m) \in P'$$

ist ein fasertreuer Diffeomorphismus, der mit der Wirkung von $U(m)$ bzw. $\iota(U(m))$ kommutiert. Ist A eine Zusammenhangsform auf P, so ist $A' := \iota \circ (\phi^{-1})^* A$ eine Zusammenhangsform auf P'. Die zweite Behauptung des Satzes folgt dann durch Einsetzen von Formel

---

[3] Das Vorzeichen entsteht durch die Orientierungswahl. Würde man anstelle der Orientierung von $K^{\mathbb{R}}$ durch Basen der Form $(s_1, \ldots, s_m, is_1, \ldots, is_m)$ die Orientierung durch Basen der Form $(s_1, is_1, s_2, is_2, \ldots, s_m, is_m)$ wählen, fiele das Vorzeichen weg.

(6.22) in die Definition von $e(K^{\mathbb{R}}, g)$ bzw. $c_m(K)$, wobei man A' bzw. A als Zusammen-hangsform benutzt. $\qquad\qquad\Box$

Wir betrachten jetzt wieder den Spezialfall des Tangentialbündels. Sei (M, g) eine orientier-te, $2m$-dimensionale Riemannsche Mannigfaltigkeit und R^g ihr Krümmungstensor. Wie im letzten Abschnitt erläutert (siehe Formel (6.14)), schreiben sich die Einträge der Matrix von R^g bezüglich einer positiv orientierten, orthonormalen Basis $(s_1, \ldots, s_{2m})$ in der Form

$$R^{ij} = -R(e^i \wedge e^j) = - \sum_{k<l} R_{ijkl} e^k \wedge e^l.$$

Definition 6.10 *Sei (M, g) eine $2m$-dimensionale, orientierte Riemannsche Mannigfaltig-keit und R^g ihr Krümmungstensor. Dann heißt*

$$e(M, g) := e(TM, g) = \frac{1}{(2\pi)^m} \left[Pf_{2m}(R^g) \right] \in H_{dR}^{2m}(M, \mathbb{R})$$

Euler-Klasse von (M, g). Die $2m$-Form

$$Pf_{2m}(R^g) = \frac{(-1)^m}{2^m \, m!} \sum_{\iota \in S_{2m}} \text{sign}(\iota) \, R(e^{\iota_1} \wedge e^{\iota_2}) \wedge \ldots \wedge R(e^{\iota_{2m-1}} \wedge e^{\iota_{2m}})$$

$$= \frac{(-1)^m}{2^m \, m!} \sum_{\iota, \tau \in S_{2m}} \text{sign}(\iota) \, \text{sign}(\tau) R_{\iota_1 \iota_2 \tau_1 \tau_2} \cdot \ldots \cdot R_{\iota_{2m-1} \iota_{2m} \tau_{2m-1} \tau_{2m}} \, dM_g$$

nennt man die Pfaffsche Form von (M, g).

Wir berechnen die Pfaffsche Form für 2- und 4-dimensionale Mannigfaltigkeiten genauer.

Satz 6.12 *1. Für die Pfaffsche Form einer 2-dimensionalen, orientierten Riemannschen Man-nigfaltigkeit gilt*

$$Pf_2(R^g) = K \, dM_g,$$

wobei K die Gauß-Krümmung von (M, g) bezeichnet.
2. Die Pfaffsche Form einer 4-dimensionalen, orientierten Riemannschen Mannigfaltigkeit erfüllt

$$Pf_4(R^g) = \frac{1}{8} \left(\|R\|^2 - 4\|Ric\|^2 + scal^2 \right) dM_g.$$

Beweis Im 2-dimensionalen Fall erhalten wir aus der Definition unmittelbar

$$Pf_2(R^g) = -R(e^1 \wedge e^2) = -R_{1212} e^1 \wedge e^2 = K \, dM_g.$$

Um die Pfaffsche Form im 4-dimensionalen Fall auszurechnen, benutzen wir eine Basis $(s_1, \ldots, s_4)$, die den Ricci-Tensor diagonalisiert, was wegen seiner Symmetrie möglich ist. Dann gilt für jede Permutation $ijkl$ von 1234 für die Komponenten des Krümmungstensors

$$R_{ij} = R_{ikkj} + R_{illj} = 0.$$

Benutzt man dies und die Symmetrieeigenschaften des Krümmungstensors, so erhält man für seine Norm

$$\|R\|^2 := \sum_{i,j,k,l=1}^{4} R_{ijkl}^2$$

$$= 8\left(R_{1234}^2 + R_{1324}^2 + R_{1423}^2\right) + 4\left(\sum_{i<j} R_{ijji}^2\right)$$

$$+ 16\left(R_{1213}^2 + R_{1214}^2 + R_{1223}^2 + R_{1224}^2 + R_{1314}^2 + R_{1323}^2\right).$$

Für die Norm des Ricci-Tensors gilt in dieser speziellen Basis

$$\|Ric\|^2 := \sum_{i,j=1}^{4} R_{ij}^2 = \sum_{i=1}^{4} R_{ii}^2.$$

Für die Pfaffsche Form $Pf_4 = Pf_4(R^g)$ folgt dann

$$Pf_4 = R(e^1 \wedge e^2) \wedge R(e^3 \wedge e^4) - R(e^1 \wedge e^3) \wedge R(e^2 \wedge e^4)$$

$$+ R(e^1 \wedge e^4) \wedge R(e^2 \wedge e^3)$$

$$= \Big\{ R_{1234}^2 + R_{1324}^2 + R_{1423}^2 + R_{1212}R_{3434} + R_{1313}R_{2424} + R_{1414}R_{2323}$$

$$+ 2\left(- R_{1213}R_{3424} + R_{1214}R_{3423} + R_{1223}R_{3414} - R_{1224}R_{3413}\right.$$

$$\left. - R_{1314}R_{2423} - R_{1323}R_{2414}\right)\Big\} dM_g$$

$$= \Big\{ \frac{1}{8}\|R\|^2 - \frac{1}{2}(R_{1212} - R_{3434})^2 - \frac{1}{2}(R_{1313} - R_{2424})^2$$

$$- \frac{1}{2}(R_{1414} - R_{2323})^2 \Big\} dM_g$$

$$= \frac{1}{8}\Big\{ \|R\|^2 - (R_{11} + R_{22} - R_{33} - R_{44})^2 - (R_{11} - R_{22} + R_{33} - R_{44})^2$$

$$- (R_{11} - R_{22} - R_{33} + R_{44})^2 \Big\} dM_g$$

$$= \frac{1}{8}\Big\{ \|R\|^2 - 3\sum_i R_{ii}^2 + 2\sum_{i<j} R_{ii}R_{jj} \Big\} dM_g$$

$$= \frac{1}{8}\Big\{ \|R\|^2 - 3\|Ric\|^2 + \left(\sum_i R_{ii}\right)^2 - \sum_i R_{ii}^2 \Big\} dM_g$$

$$= \frac{1}{8}\Big\{ \|R\|^2 - 4\|Ric\|^2 + scal^2 \Big\} dM_g. \qquad \square$$

Wir zitieren abschließend den Satz von Chern-Gauß-Bonnet, der zeigt, dass das Integral über die Euler-Klasse $e(M, g)$ für kompakte Riemannsche Mannigfaltigkeiten eine topologische Invariante ist. Mit $\chi(M^{2m})$ bezeichnen wir die Eulersche Charakteristik der $2m$-dimensionalen Mannigfaltigkeit M^{2m}:

$$\chi(M^{2m}) := \sum_{j=1}^{2m} (-1)^j \dim H_{dR}^j(M^{2m}, \mathbb{R}).$$

Satz 6.13 (Chern-Gauß-Bonnet) *Für eine $2m$-dimensionale, kompakte Riemannsche Mannigfaltigkeit M^{2m} gilt*

$$\int_{M^{2m}} e(M^{2m}, g) = \chi(M^{2m}).$$

Da die Euler-Klasse $e(M)$ bei Orientierungswechsel das Vorzeichen ändert, ist das Integral auf der linken Seite auch für nicht-orientierbare Mannigfaltigkeiten korrekt definiert.

Im 2-dimensionalen Fall folgt dies aus dem klassischen Satz von Gauß-Bonnet

$$\int_{M^2} e(M^2, g) = \frac{1}{2\pi} \int_{M^2} K \, dM_g = \chi(M^2).$$

Einen Beweis in höheren Dimensionen findet man z. B. in [Gr90]. Im 4-dimensionalen Fall erhalten wir als Folgerung

Folgerung 6.1 *Es sei (M^4, g) eine kompakte, 4-dimensionale Riemannsche Mannigfaltigkeit. Dann gilt für die Eulersche Charakteristik*

$$\chi(M^4) = \frac{1}{32\pi^2} \int_{M^4} \left(\|R\|^2 - 4\|Ric\|^2 + scal^2 \right) dM_g.$$

6.5 Potenzreihen und charakteristische Klassen

In diesem Abschnitt wollen wir erläutern, wie man mit Hilfe von Potenzreihen neue charakteristische Klassen für komplexe bzw. reelle Vektorbündel gewinnen kann.

Als Motivation beginnen wir mit dem folgenden Spezialfall. Wir betrachten ein komplexes Vektorbündel K, das sich in die direkte Summe von Linienbündeln zerlegen lässt:

$$K := L_1 \oplus \ldots \oplus L_n,$$

wobei $L_1, \ldots, L_n$ komplexe Linienbündel, d. h., komplexe Vektorbündel vom Rang 1, sind. Wir setzen $x_i := c_1(L_i) \in H_{dR}^2(M, \mathbb{R})$. Dann gilt nach der Summenformel

$$c(K) = \prod_{i=1}^{n} c(L_i) = \prod_{i=1}^{n}(1 + c_1(L_i)) = \prod_{i=1}^{n}(1 + x_i). \tag{6.23}$$

Wir erhalten also die k-te Chern-Klasse von K als k-te elementarsymmetrische Funktion der Kohomologiekassen $x_1, \ldots, x_n \in H^2_{dR}(M, \mathbb{R})$

$$c_k(K) = \sigma_k(x_1, \ldots, x_n) = \sum_{1 \le i_1 < \ldots < i_k \le n} x_{i_1} \cdot \ldots \cdot x_{i_k}.$$

Wir vergessen nun die komplexe Struktur von K, d.h., wir betrachten das reellifizierte Vektorbündel $K^{\mathbb{R}}$. Für die Linienbündel L_i erhalten wir aus den Formeln (6.11)

$$(L_i^{\mathbb{R}})^{\mathbb{C}} \simeq L_i \oplus \overline{L}_i \simeq L_i \oplus L_i^*$$

und folglich

$$c_2((L_i^{\mathbb{R}})^{\mathbb{C}}) = c_1(L_i) \cdot c_1(L_i^*) = -c_1(L_i)^2 = -x_i^2.$$

Für die Pontrjagin-Klasse von $K^{\mathbb{R}}$ ergibt sich

$$\begin{aligned}
p(K^{\mathbb{R}}) = p(L_1^{\mathbb{R}} \oplus \ldots \oplus L_n^{\mathbb{R}}) &= \prod_{i=1}^{n} p(L_i^{\mathbb{R}}) \\
&= \prod_{i=1}^{n}(1 + p_1(L_i^{\mathbb{R}})) = \prod_{i=1}^{n}\left(1 - c_2((L_i^{\mathbb{R}})^{\mathbb{C}})\right) \\
&= \prod_{i=1}^{n}(1 + x_i^2). \tag{6.24}
\end{aligned}$$

Die k-te Pontrjagin-Klasse von $K^{\mathbb{R}}$ ist also die k-te elementarsymmetrische Funktion der Kohomologieklassen $x_1^2, \ldots, x_n^2 \in H^4_{dR}(M, \mathbb{R})$

$$p_k(K^{\mathbb{R}}) = \sigma_k(x_1^2, \ldots, x_n^2) = \sum_{1 \le i_1 < \ldots < i_k \le n} x_{i_1}^2 \cdot \ldots \cdot x_{i_k}^2.$$

Jede Potenzreihe in den Kohomologieklassen $x_i = c_1(L_i)$ ist wieder ein Element der de Rham-Kohomologie $H^*_{dR}(M, \mathbb{R})$. Ist diese Potenzreihe symmetrisch in $x_1, \ldots, x_n$, so lässt sie sich nach dem Hauptsatz über symmetrische Polynome (siehe Satz 6.5) durch die Chern-Klassen $c_1(K), \ldots, c_n(K)$ ausdrücken.[4] Analog kann man symmetrische Potenzreihen in $x_i^2 = c_1(L_i)^2$ durch die Pontrjagin-Klassen $p_1(K^{\mathbb{R}}), \ldots, p_n(K^{\mathbb{R}})$ ausdrücken.

Beliebige Vektorbündel über M lassen sich im Allgemeinen natürlich nicht in Linienbündel zerlegen. Trotzdem fassen wir die Chern- bzw. Pontrjagin-Klassen *formal* als elementarsymmetrische Funktionen in Unbestimmten vom Grad 2 bzw. 4 auf, die dann im Allgemeinen

---

[4] In Satz 6.5 kann man die Polynome durch formale Potenzreihen ersetzen.

keine 'realen' Kohomologieklassen mehr sind. Wir schreiben dies in der zu (6.23) und (6.24) analogen Form

$$c(K) = \prod_{i=1}^{n}(1 + x_i), \qquad \text{Grad}(x_i) = 2,$$

für komplexe Vektorbündel K und

$$p(E) = \prod_{i=1}^{n}(1 + x_i^2), \qquad \text{Grad}(x_i^2) = 4,$$

für reelle Vektorbündel E. Jede *symmetrische* Potenzreihe in diesen formalen Unbestimmten liefert uns dann wieder eine reale Kohomologieklasse. Der folgende Satz fasst die algebraischen Voraussetzungen für das daraus folgende Verfahren zur Konstruktion neuer charakteristischer Klassen nochmal zusammen (für einen Beweis siehe [Br04]).

Satz 6.14 *Seien $\lambda_1, \ldots, \lambda_n$ formale Unbestimmte vom Grad d und $\sigma_1, \ldots, \sigma_n$ ihre elementarsymmetrischen Funktionen*

$$\sigma_k := \sigma_k(\lambda_1, \ldots, \lambda_n) = \sum_{1 \leq i_1 < \ldots < i_k \leq n} \lambda_{i_1} \cdot \ldots \cdot \lambda_{i_k}.$$

Dann existieren zu jeder formalen Potenzreihe $Q \in \mathbb{Q}[[x]]$ mit

$$Q(x) = 1 + a_1 x + a_2 x^2 + a_3 x^3 + \ldots$$

zwei Potenzreihen Σ_Q, $\Pi_Q \in \mathbb{Q}[[\sigma_1, \ldots, \sigma_n]]$, so dass

$$\sum_{i=1}^{n} Q(\lambda_i) = \Sigma_Q(\sigma_1, \ldots, \sigma_n)$$
$$= n + \Sigma_1(\sigma_1) + \Sigma_2(\sigma_1, \sigma_2) + \Sigma_3(\sigma_1, \sigma_2, \sigma_3) + \ldots$$
$$\prod_{i=1}^{n} Q(\lambda_i) = \Pi_Q(\sigma_1, \ldots, \sigma_n)$$
$$= 1 + \Pi_1(\sigma_1) + \Pi_2(\sigma_1, \sigma_2) + \Pi_3(\sigma_1, \sigma_2, \sigma_3) + \ldots,$$

wobei $\Sigma_k(\sigma_1, \ldots, \sigma_k)$ bzw. $\Pi_k(\sigma_1, \ldots, \sigma_k)$ die Summanden vom Grad kd, mit $\sigma_k := 0$ für $k > n$, bezeichnen. Die Polynome Σ_k und Π_k sind universell, d. h., unabhängig von n, und lassen sich rekursiv berechnen. Für die ersten drei Summanden gilt

$$\Sigma_1(\sigma_1) = a_1 \sigma_1,$$
$$\Sigma_2(\sigma_1, \sigma_2) = a_2 \sigma_1^2 - 2a_2 \sigma_2,$$
$$\Sigma_3(\sigma_1, \sigma_2, \sigma_3) = a_3 \sigma_1^3 - 3a_3 \sigma_1 \sigma_2 + 3a_3 \sigma_3,$$
$$\Pi_1(\sigma_1) = a_1 \sigma_1,$$

$$\Pi_2(\sigma_1, \sigma_2) = a_2\sigma_1^2 + (a_1^2 - 2a_2)\sigma_2,$$
$$\Pi_3(\sigma_1, \sigma_2, \sigma_3) = a_3\sigma_1^3 + (a_1a_2 - 3a_3)\sigma_1\sigma_2 + (3a_3 - 3a_1a_2 + a_1^3)\sigma_3.$$

Dies liefert das folgende Verfahren zur Konstruktion neuer Kohomologieklassen komplexer bzw. reeller Vektorbündel.

Sei $Q(x) = 1 + a_1x + a_2x^2 + \ldots \in \mathbb{Q}[[x]]$ eine formale Potenzreihe.
Ist K ein komplexes Vektorbündel mit der Chern-Klasse

$$c(K) = \prod_{i=1}^{n}(1 + x_i),$$

dann sind

$$Q_+(K) := \sum_{i=1}^{n} Q(x_i) = \Sigma_Q\big(c_1(K), \ldots, c_n(K)\big) \qquad \text{und}$$

$$Q_\bullet(K) := \prod_{i=1}^{n} Q(x_i) = \Pi_Q\big(c_1(K), \ldots, c_n(K)\big)$$

neue Kohomologieklassen von K in $H_{dR}^{2*}(M, \mathbb{R})$.
Ist E ein reelles Vektorbündel mit der Pontrjagin-Klasse

$$p(E) = \prod_{i=1}^{n}(1 + x_i^2),$$

dann sind

$$Q_+(E) := \sum_{i=1}^{n} Q(x_i^2) = \Sigma_Q\big(p_1(E), \ldots, p_n(E)\big) \qquad \text{und}$$

$$Q_\bullet(E) := \prod_{i=1}^{n} Q(x_i^2) = \Pi_Q\big(p_1(E), \ldots, p_n(E)\big)$$

neue Kohomologieklassen von E in $H_{dR}^{4*}(M, \mathbb{R})$.
Aus der Summenformel für die Chern- und die Pontrjagin-Klassen folgt für reelle und für komplexe Vektorbündel E_1, E_2 sofort

$$Q_+(E_1 \oplus E_2) = Q_+(E_1) + Q_+(E_2),$$
$$Q_\bullet(E_1 \oplus E_2) = Q_\bullet(E_1) \cdot Q_\bullet(E_2).$$

Beispiel 6.8 *Der Chern-Charakter eines komplexen Vektorbündels.*

Sei K ein komplexes Vektorbündel mit der Chern-Klasse $c(K) = \prod_{i=1}^{n}(1 + x_i)$. Wir betrachten die Exponentialreihe

$$\exp(x) = e^x = 1 + x + \frac{x^2}{2!} + \frac{x^3}{3!} + \dots .$$

Die dazugehörige additive charakteristische Klasse

$$ch(K) := \sum_{i=1}^{n} e^{x_i}$$

heißt *Chern-Charakter* von K. Explizit gilt

$$ch(K) = \text{rang}(K) + c_1(K) + \frac{1}{2}\big(c_1^2(K) - 2c_2(K)\big)$$
$$+ \frac{1}{6}\big(c_1^3(K) - 3c_1(K)c_2(K) + 3c_3(K)\big) + \text{höhere Grade}.$$

Beispiel 6.9 *Die Todd-Klasse eines komplexen Vektorbündels.*

Sei K ein komplexes Vektorbündel mit der Chern-Klasse $c(K) = \prod_{i=1}^{n}(1+x_i)$. Wir betrachten die Reihe

$$Td(x) := \frac{x}{1 - e^{-x}} = 1 + \frac{x}{2} + \frac{x^2}{12} - \frac{x^4}{720} \pm \dots .$$

Die dazugehörige multiplikative charakteristische Klasse

$$Td(K) := \prod_{i=1}^{n} \frac{x_i}{1 - e^{-x_i}}$$

heißt *Todd-Klasse* von K. Man erhält

$$Td(K) = 1 + \frac{1}{2}c_1(K) + \frac{1}{12}\big(c_2(K) + c_1^2(K)\big) + \frac{1}{24}c_1(K)c_2(K) + \text{höhere Grade}.$$

Für eine kompakte, $2m$-dimensionale, komplexe Mannigfaltigkeit M nennt man die Zahl

$$Td(M) := \int_M Td_m(TM)$$

das *Todd-Geschlecht* von M, wobei $Td_m(TM)$ den Summanden vom Grad $2m$ in $Td(TM)$ bezeichnet.

Beispiel 6.10 *Die $\hat{A}$-Klasse eines reellen Vektorbündels.*

Sei E ein reelles Vektorbündel und $p(E) = \prod_{i=1}^{n}(1 + x_i^2)$ seine Pontrjagin-Klasse. Wir betrachten die Reihe

$$\hat{A}(x) := \frac{\sqrt{x}/2}{\sinh(\sqrt{x}/2)} = 1 - \frac{x}{24} + \frac{7x^2}{45 \cdot 2^7} - \frac{31x^3}{2^{10} \cdot 45 \cdot 7} + \dots .$$

Die dazugehörige multiplikative charakteristische Klasse

$$\hat{A}(E) := \prod_{i=1}^{n} \frac{x_i/2}{\sinh(x_i/2)}$$

heißt $\hat{A}$-*Klasse* von E. Explizit gilt

$$\hat{A}(E) = 1 - \frac{1}{24}p_1(E) + \frac{1}{2^7 \cdot 45}\left(7p_1(E)^2 - 4p_2(E)\right)$$

$$- \frac{1}{2^{10} \cdot 45 \cdot 7}\left(31p_1(E)^3 - 44p_2(E)p_1(E) + 16p_3(E)\right)$$

$$+ \text{ höhere Grade.}$$

Für eine kompakte, $4m$-dimensionale, orientierte Mannigfaltigkeit M nennt man

$$\hat{A}(M) := \int_M \hat{A}_m(TM)$$

das $\hat{A}$-*Geschlecht* von M, wobei $\hat{A}_m(TM)$ den Summanden vom Grad $4m$ in $\hat{A}(TM)$ bezeichnet.

Beispiel 6.11 *Die Hirzebruchsche L-Klasse eines reellen Vektorbündels.*
Sei E ein reelles Vektorbündel und $p(E) = \prod_{i=1}^{n}(1 + x_i^2)$ seine Pontrjagin-Klasse. Wir betrachten die Reihe

$$L(x) := \frac{\sqrt{x}}{\tanh(\sqrt{x})} = 1 + \frac{x}{3} - \frac{x^2}{45} + \frac{2x^3}{45 \cdot 7} \mp \dots .$$

Die dazugehörige multiplikative charakteristische Klasse

$$L(E) := \prod_{i=1}^{n} \frac{x_i}{\tanh(x_i)}$$

heißt *Hirzebruchsche L-Klasse* von E. Es gilt

$$L(E) = 1 + \frac{1}{3}p_1(E) + \frac{1}{45}\left(7p_2(E) - p_1(E)^2\right)$$

$$+ \frac{1}{45 \cdot 7}\left(2p_1(E)^3 - 13p_2(E)p_1(E) + 62p_3(E)\right) + \text{ höhere Grade.}$$

Für eine kompakte, $4m$-dimensionale, orientierte Mannigfaltigkeit M nennt man

$$L(M) := \int_M L_m(TM)$$

das *Hirzebruchsche L-Geschlecht* von M, wobei $L_m(TM)$ den Summanden vom Grad $4m$ in $L(TM)$ bezeichnet.

Die in den letzten Beispielen genannten Kohomologieklassen spielen eine wichtige Rolle in der Indextheorie elliptischer Operatoren. Wir geben dazu einen kurzen informativen Ausblick, ohne auf genaue Definitionen und Details einzugehen. Der interessierte Leser findet z. B. in [BB85, LM89, R88] mehr über dieses spannende Gebiet und seine vielfältigen Anwendungen in Geometrie und Analysis.

Ein Differentialoperator zwischen zwei $\mathbb{K}$-Vektorbündeln[5] E_1 und E_2 über einer Mannigfaltigkeit M^n ist eine lineare Abbildung

$$D : \Gamma(E_1) \longrightarrow \Gamma(E_2),$$

die lokal wie ein gewöhnlicher Differentialoperator im $\mathbb{R}^n$ aussieht. Wählen wir also eine beliebige Karte $(U, (x_1, \dots, x_n))$ von M und identifizieren wir die Schnitte $\Gamma(E_1|_U)$ und $\Gamma(E_2|_U)$ durch eine lokale Basiswahl mit den glatten Funktionen, dann hat D die lokale Gestalt $\widetilde{D} : C^\infty(U, \mathbb{K}^m) \longrightarrow C^\infty(U, \mathbb{K}^r)$ mit

$$\widetilde{D} = \sum_{l=0}^{k} \sum_{i_1,\dots,i_l=1}^{n} A_{i_1 \dots i_l}(x) \frac{\partial^l}{\partial x_{i_1} \dots \partial x_{i_l}},$$

wobei $A_{i_1 \dots i_l}(x)$ glatt von $x \in U$ abhängende $(r \times m)$-Matrizen sind. Der Differentialoperator D heißt *elliptisch*, falls für jede dieser lokalen Darstellungen die Matrix vor den höchsten Ableitungen, genauer die Matrix

$$\sum_{i_1,\dots,i_k=1}^{n} A_{i_1 \dots i_k}(x)\, \xi^{i_1} \dots \xi^{i_k},$$

für alle $\xi = (\xi_1, \dots, \xi^n) \neq 0$ und alle $x \in U$ invertierbar ist. Jedem Differentialoperator ist durch seinen Kern und seinen Cokern der *analytische Index* zugeordnet, das ist die ganze Zahl

$$\mathrm{index}(D) := \dim \mathrm{Ker}\,(D) - \dim \mathrm{Coker}(D) \in \mathbb{Z}.$$

Der Indexsatz von Atiyah und Singer – einer der beeindruckendsten Sätze der modernen Mathematik – sagt aus, dass man diesen analytisch gegebenen Index im Fall von elliptischen Differentialoperatoren über kompakten Mannigfaltigkeiten durch topologische Daten, d. h. in charakteristischen Klassen von M, E_1 und E_2, beschreiben kann. Man erhält z. B. den Satz von Chern-Gauß-Bonnet (siehe Satz 6.13) als Indexsatz für den Operator

---

[5] $\mathbb{K} \in \{\mathbb{R}, \mathbb{C}\}$.

$$d + d^* : \Gamma(\Lambda^{even} T^* M) \longrightarrow \Gamma(\Lambda^{odd} T^* M).$$

Die Eulersche Charakteristik ist der analytische Index dieses Operators, das Integral über die Euler-Klasse seine topologische Beschreibung. Der analoge Indexsatz im Fall komplexer Mannigfaltigkeiten enthält die Todd-Klasse.

Satz 6.15 (Riemann-Roch-Hirzebruch) *Sei M eine kompakte komplexe Mannigfaltigkeit und F ein holomorphes Vektorbündel über M. Dann gilt* [6]

$$\sum_q (-1)^q h^{0,q}(M, F) = \int_M ch(F) \cdot Td(TM),$$

wobei $h^{p,q}(M, F)$ die Dimension der Dolbeault-Kohomologiegruppen von F bezeichnet.

Die charakteristische Klasse $\hat{A}(TM)$ tritt im Indexsatz für den Dirac-Operator auf.

Satz 6.16 (Atiyah-Singer) *Sei M eine kompakte Riemannsche Spin-Mannigfaltigkeit gerader Dimension und F ein komplexes Vektorbündel über M. Dann gilt für den Dirac-Operator D_F^+, der auf den F-wertigen Spinoren wirkt:*

$$\text{index}(D_F^+) = \int_M \hat{A}(TM) \cdot ch(F).$$

Insbesondere gilt ohne Koeffizienten

$$\text{index}(D^+) = \hat{A}(M).$$

Schließlich sei noch der Indexsatz für den Signatur-Operator einer $4m$-dimensionalen orientierten Mannigfaltigkeit M erwähnt. Mit $\sigma(M)$ bezeichnen wir die Signatur der Bilinearform

$$H_{dR}^{2m}(M, \mathbb{R}) \times H_{dR}^{2m}(M, \mathbb{R}) \longrightarrow \mathbb{R}$$
$$([\omega_1], [\omega_2]) \longmapsto \int_M \omega_1 \wedge \omega_2,$$

d. h. $\sigma(M)$ ist die Anzahl der $+1$ minus die Anzahl der -1 in der Normalform dieser Bilinearform. Die Zahl $\sigma(M)$ heißt auch *Signatur von M.* Der Signatur-Operator ist ein elliptischer Differentialoperator auf Differentialformen von M, dessen analytischer Index die Signatur $\sigma(M)$ ist. Der Indexsatz für den Signatur-Operator stellt eine Beziehung zwischen der Signatur und dem L-Geschlecht her.

Satz 6.17 (Hirzebruch) *Für die Signatur einer kompakten, orientierten, $4m$-dimensionalen Mannigfaltigkeit gilt*

$$\sigma(M) = L(M).$$

---

[6] Auf der rechten Seite integriert man nur den Anteil, der die Formen von Grad $\dim M$ enthält. Wir lassen die Angabe des Grades jetzt der Kürze halber weg.

6.6   Aufgaben zu Kapitel 6

6.1. Seien P und $\widetilde{P}$ zwei isomorphe G-Hauptfaserbündel über einer Mannigfaltigkeit M. Zeigen Sie, dass die Weil-Homomorphismen von P und $\widetilde{P}$ übereinstimmen. Schlussfolgern Sie daraus, dass die Chern-Klassen isomorpher komplexer Vektorbündel gleich sind.

6.2. Sei E ein komplexes Vektorbündel vom Rang n, das r linear unabhängige globale Schnitte besitzt. Zeigen Sie, dass $c_j(E) = 0$ für $j > n - r$.

6.3. Beweisen Sie die Summenformel und die Formel für die Chern-Klassen dualer Vektorbündel aus Satz 6.6 mit Hilfe von kovarianten Ableitungen.

6.4. Seien E_1 und E_2 zwei komplexe Vektorbündel über M. Zeigen Sie, dass

$$c_1(E_1 \otimes E_2) = \mathrm{rang}(E_2) \cdot c_1(E_1) + \mathrm{rang}(E_1) \cdot c_1(E_2).$$

6.5. Sei E ein komplexes Vektorbündel vom Rang n, $\Lambda^2 E$ das alternierende Tensorprodukt und $S^2 E$ das symmetrische Tensorprodukt von E. Zeigen Sie

$$
\begin{aligned}
c_1(\Lambda^2 E) &= (n-1)\, c_1(E), \\
c_1(S^2 E) &= (n+1)\, c_1(E).
\end{aligned}
$$

6.6. Zeigen Sie die Summenformel für die Euler-Klasse: Seien E_1 und E_2 zwei orientierte Riemannsche Vektorbündel. Dann gilt

$$e(E_1 \oplus E_2) = e(E_1) \cdot e(E_2).$$

6.7. Sei γ_2 das kanonische Linienbündel über $\mathbb{C}P^2$. Zeigen Sie, dass

$$\int_{\mathbb{C}P^2} c_1(\gamma_2^*)^2 = 1.$$

6.8. Beweisen Sie die folgende Formel für die Pontrjagin-Klasse von $\mathbb{C}P^n$:

$$p(\mathbb{C}P^n) = (1 + a^2)^{n+1},$$

wobei $a := c_1(\gamma_n^*) \in H_{dR}^2(\mathbb{C}P^1, \mathbb{R})$.

6.9. *Das Aufspaltungsprinzip.* Sei E ein reelles oder komplexes Vektorbündel über M mit einer fixierten Bündelmetrik g. Wir bezeichnen mit $(\mathbb{P}(E), \pi, M)$ die Projektivierung von E, d. h. das Bündel über M, das aus allen 1-dimensionalen Unterräumen in den Fasern von E besteht. Sei $\mathcal{L}$ das kanonische Linienbündel über $\mathbb{P}(E)$

$$
\begin{aligned}
\mathcal{L} := \{(L, v) \in \mathbb{P}(E) \times E \mid v \in L\} &\longrightarrow \mathbb{P}(E) \\
(L, v) &\longmapsto L
\end{aligned}
$$

und

$$\mathcal{L}^{\perp} := \{(L, w) \in \mathbb{P}(E) \times E \mid w \perp L\} \longrightarrow \mathbb{P}(E)$$
$$(L, w) \longmapsto L.$$

Zeigen Sie, dass $\pi^{*}E \simeq \mathcal{L} \oplus \mathcal{L}^{\perp}$. Schlussfolgern Sie daraus, dass eine Abbildung $f : Y \to M$ existiert, so dass sich das zurückgezogene Vektorbündel $f^{*}E$ in die direkte Summe von Linienbündeln zerlegt.

6.10. Zeigen Sie den folgenden Zusammenhang zwischen der Eulerschen Charakteristik und dem Todd-Geschlecht einer kompakten orientierten Riemannschen Fläche M^2:

$$Td(M) = \frac{1}{2}\chi(M).$$

6.11. Berechnen Sie das Todd-Geschlecht von $\mathbb{C}P^1$ und von $\mathbb{C}P^2$.

6.12. Berechnen Sie das $\hat{A}$-Geschlecht und das Hirzebruchsche L-Geschlecht der Sphäre S^n.

Die Yang-Mills-Gleichung und selbstduale Zusammenhänge

7

In diesem Abschnitt wollen wir das sogenannte *Yang-Mills-Funktional* auf dem Raum der Zusammenhangsformen $\mathcal{C}(P)$ eines G-Hauptfaserbündels P über einer semi-Riemannschen Mannigfaltigkeit (M, g) näher studieren. Dieses Funktional ist durch das Integral über die Länge der Krümmungsform definiert:

$$L : A \in \mathcal{C}(P) \longrightarrow \int_M \|F^A\|^2 \, dM_g.$$

Insbesondere wollen wir die Euler-Lagrange-Gleichungen für dieses Funktional, die sogenannten *Yang-Mills-Gleichungen*, herleiten und die Minima von L beschreiben.

7.1 Die Maxwellschen Gleichungen für ein elektromagnetisches Feld als Yang-Mills-Gleichung

Die Maxwellschen Gleichungen sind die Grundgleichungen der Elektrodynamik. Sie beschreiben die Erzeugung von elektrischen und magnetischen Feldern durch Ladungen und Ströme, sowie die Wechselwirkung zwischen diesen beiden Feldern, die bei zeitabhängigen Feldern als Zeitentwicklung in Erscheinung tritt. Eine Diskussion dieser Gleichungen und spezieller Lösungen findet man z. B. in den Lehrbüchern [T78] und [AF01]. In diesem Abschnitt wollen wir zeigen, wie man die klassischen Maxwellschen Gleichungen eines elektromagnetischen Feldes als Differentialgleichung für eine Zusammenhangsform in einem S^1-Hauptfaserbündel interpretieren kann.

Wir erinnern zunächst an die klassische Form der Maxwellschen Gleichungen. Die elektrische und die magnetische Feldstärke werden durch zeitabhängige Vektorfelder E bzw. H auf einem Gebiet U im $\mathbb{R}^3$ beschrieben:

H. Baum, *Eichfeldtheorie*, Springer-Lehrbuch Masterclass,
DOI: 10.1007/978-3-642-38539-1_7, © Springer-Verlag Berlin Heidelberg 2014

$$E : U \times \mathbb{R} \longrightarrow \mathbb{R}^3, \qquad H : U \times \mathbb{R} \longrightarrow \mathbb{R}^3.$$

Die im Raum verteilte elektrische Ladung beschreibt man durch eine zeitabhängige Dichtefunktion ρ und den durch den Einfluss des elektromagnetischen Feldes entstehenden Strom der elektrischen Ladung durch den zeitabhängigen Stromdichtevektor J:

$$\rho : U \times \mathbb{R} \longrightarrow \mathbb{R}, \qquad J : U \times \mathbb{R} \longrightarrow \mathbb{R}^3.$$

Die Maxwellschen Gleichungen lauten dann[1]

$$\operatorname{rot}(E) = -\frac{1}{c}\frac{\partial H}{\partial t}, \qquad\qquad \operatorname{div}(H) = 0, \qquad\qquad (7.1)$$

$$\operatorname{rot}(H) = +\frac{1}{c}\frac{\partial E}{\partial t} + \frac{4\pi}{c}J, \quad \operatorname{div}(E) = 4\pi\rho. \qquad (7.2)$$

Dabei bezeichnet c den Betrag der Lichtgeschwindigkeit. Das zeitabhängige elektromagnetische Feld (E, H) lässt sich durch eine 2-Form F auf der Teilmenge $U \times \mathbb{R}$ des Minkowski-Raumes $\mathbb{R}^{1,3}$ beschreiben. Die Lorentz-Metrik im Minkowski-Raum ist gegeben durch

$$g = dx^2 + dy^2 + dz^2 - c^2 dt^2,$$

wobei $(x, y, z) \in U$ die drei Raumkoordinaten und t die Zeitkoordinate bezeichnen. Seien nun

$$E = (E_x, E_y, E_z), \quad H = (H_x, H_y, H_z) \quad \text{und} \quad J = (J_x, J_y, J_z)$$

die Komponenten der Vektorfelder E, H und J. Wir betrachten die folgende 2-Form F auf $U \times \mathbb{R} \subset \mathbb{R}^{1,3}$, die die elektromagnetische Feldstärke beschreibt:

$$F := \left(E_x dx + E_y dy + E_z dz\right) \wedge c\, dt + H_x dy \wedge dz + H_y dz \wedge dx + H_z dx \wedge dy,$$

und die 1-Form J_ρ auf $U \times \mathbb{R}$, die die Stromstärke beschreibt

$$J_\rho := \frac{1}{c}J_x dx + \frac{1}{c}J_y dy + \frac{1}{c}J_z dz - \rho\, c\, dt.$$

Auf den k-Formen des Minkowski-Raumes betrachten wir den linearen Operator

$$* : \Omega^k(\mathbb{R}^{1,3}) \longrightarrow \Omega^{4-k}(\mathbb{R}^{1,3}),$$

der für $k = 2$ durch

$$\begin{aligned}
*(c\, dt \wedge dx) &= dy \wedge dz, & *(dx \wedge dy) &= -c\, dt \wedge dz, \\
*(c\, dt \wedge dy) &= -dx \wedge dz, & *(dx \wedge dz) &= c\, dt \wedge dy, \\
*(c\, dt \wedge dz) &= dx \wedge dy, & *(dy \wedge dz) &= -c\, dt \wedge dx
\end{aligned}$$

---

[1] Bei Bedarf konsultiere der Leser z. B. [J93] für die nötigen Begriffe aus der Vektoranalysis.

und für $k = 3$ durch

$$*(c\, dt \wedge dx \wedge dy) = dz, \qquad *(c\, dt \wedge dx \wedge dz) = -dy,$$

$$*(c\, dt \wedge dy \wedge dz) = dx, \qquad *(dx \wedge dy \wedge dz) = c\, dt$$

gegeben ist.[2] Mit $\delta : \Omega^k(\mathbb{R}^{1,3}) \longrightarrow \Omega^{k-1}(\mathbb{R}^{1,3})$ bezeichnen wir den linearen Operator

$$\delta := *\, d\, *.$$

Dann gilt:

Satz 7.1 *Die Maxwellschen Gleichungen sind äquivalent zu*

$$dF = 0 \quad und \quad \delta F = 4\pi J_\rho.$$

Beweis Die Behauptungen folgen durch direkte Rechnung und Koeffizientenvergleich. Für das Differential von F erhalten wir

$$dF = c\frac{\partial E_x}{\partial y}dy \wedge dx \wedge dt \;+\; c\frac{\partial E_x}{\partial z}dz \wedge dx \wedge dt \;+\; c\frac{\partial E_y}{\partial x}dx \wedge dy \wedge dt$$

$$+\; c\frac{\partial E_y}{\partial z}dz \wedge dy \wedge dt \;+\; c\frac{\partial E_z}{\partial x}dx \wedge dz \wedge dt \;+\; c\frac{\partial E_z}{\partial y}dy \wedge dz \wedge dt$$

$$+\; \frac{\partial H_x}{\partial x}dx \wedge dy \wedge dz \;+\; \frac{\partial H_x}{\partial t}dt \wedge dy \wedge dz \;+\; \frac{\partial H_y}{\partial y}dy \wedge dz \wedge dx$$

$$+\; \frac{\partial H_y}{\partial t}dt \wedge dz \wedge dx \;+\; \frac{\partial H_z}{\partial z}dz \wedge dx \wedge dy \;+\; \frac{\partial H_z}{\partial t}dt \wedge dx \wedge dy.$$

Durch Koeffizientenvergleich erhält man

$$dF = 0 \;\Longleftrightarrow\; \mathrm{rot}(E) = -\frac{1}{c}\frac{\partial H}{\partial t} \quad und \quad \mathrm{div}(H) = 0.$$

Weiterhin erhält man durch Anwenden der Formeln für den Stern-Operator $*$ auf 2- und 3-Formen

$$*\, d\, *\, F = -\frac{\partial E_x}{\partial x}c\,dt - \frac{1}{c}\frac{\partial E_x}{\partial t}dx - \frac{\partial E_y}{\partial y}c\,dt - \frac{1}{c}\frac{\partial E_y}{\partial t}dy - \frac{\partial E_z}{\partial z}c\,dt - \frac{1}{c}\frac{\partial E_z}{\partial t}dz$$

$$-\; \frac{\partial H_x}{\partial y}dz + \frac{\partial H_x}{\partial z}dy + \frac{\partial H_y}{\partial x}dz - \frac{\partial H_y}{\partial z}dx - \frac{\partial H_z}{\partial x}dy + \frac{\partial H_z}{\partial y}dx.$$

Durch Koeffizientenvergleich folgt

$$\delta F = 4\pi J_\rho \;\Longleftrightarrow\; \mathrm{rot}(H) - \frac{1}{c}\frac{\partial E}{\partial t} = \frac{4\pi}{c}J \quad und \quad \mathrm{div}(E) = 4\pi\rho. \qquad \square$$

---

[2] Die Definition des Stern-Operators $*$ für eine beliebige semi-Riemannsche Mannigfaltigkeit findet der Leser im nächsten Abschnitt.

Wir betrachten nun die offene Teilmenge $M := U \times \mathbb{R}$ im Minkowski-Raum und das triviale S^1-Hauptfaserbündel $P_0 = M \times S^1$ über M. Die speziellen Eigenschaften von Zusammenhängen in S^1-Bündeln wurden in Abschn. 3.6 behandelt. Die Lie-Algebra von S^1 ist $i\mathbb{R}$. Wir erinnern daran, dass die Zusammenhänge im trivialen S^1-Hauptfaserbündel über M durch die 1-Formen $A \in \Omega^1(M, i\mathbb{R})$ beschrieben werden (siehe Satz 3.3). Da S^1 abelsch ist, ist die Krümmung F^A von A eine gewöhnliche 2-Form auf M, die $F^A = dA$ erfüllt. Das durch A auf den k-Formen $\Omega^k(M, i\mathbb{R})$ definierte absolute Differential d_A stimmt mit dem gewöhnlichen Differential d überein. Zwei Zusammenhangsformen A und $\hat{A}$ sind genau dann eichäquivalent, wenn es eine Funktion $\sigma \in C^\infty(M, S^1)$ gibt mit

$$\hat{A} = A + \sigma^{-1}d\sigma.$$

Wir betrachten nun die Maxwellschen Gleichungen (Gl. (7.1) und (7.2)) für ein kontrahierbares Gebiet U. Nach Satz 7.1 sind sie äquivalent zu den folgenden Gleichungen für das elektromagnetische Feld $F \in \Omega^2(M, \mathbb{R})$:

$$dF = 0 \quad \text{und} \quad \delta F = 4\pi J_\rho. \tag{7.3}$$

Da $M = U \times \mathbb{R}$ kontrahierbar und F geschlossen ist, gibt es nach dem Lemma von Poincaré (siehe [Br92], Kap. VI.3) eine 1-Form $A \in \Omega^1(M, i\mathbb{R})$ mit

$$dA = iF.$$

A heißt *Potential des elektromagnetischen Feldes F*. Es kann als Zusammenhangsform im trivialen S^1-Bündel über M verstanden werden. iF beschreibt dann die Krümmungsform von A:

$$F^A = iF.$$

Das elektromagnetische Potential von F ist nicht eindeutig bestimmt. Zwei verschiedene elektromagnetische Potentiale A und $\hat{A}$ unterscheiden sich (wiederum nach dem Lemma von Poincaré) durch eine Funktion $f \in C^\infty(M, i\mathbb{R})$:

$$\hat{A} = A + df.$$

Setzen wir $\sigma := e^f$, so erhalten wir eine glatte Funktion auf M mit Werten in S^1, die die Gleichung

$$df = \sigma^{-1}d\sigma$$

erfüllt. Folglich sind verschiedene elektromagnetische Potentiale von F eichäquivalent. Die Maxwellschen Gleichungen (Gl. (7.3)) kann man somit als Differentialgleichungen für die Krümmungsform eines S^1-Zusammenhangs im trivialen S^1-Bündel über M interpretieren:

$$d_A F^A = 0,$$

$$*d_A * F^A = 4\pi i J_\rho.$$

Die erste dieser Gleichungen ist immer erfüllt. Sie ist die Bianchi-Identität für die Krümmungsform (siehe Satz 3.16). Die Wechselwirkung von elektrischem und magnetischem Feld und sein Einfluss auf die im Raum vorhandene elektrische Ladung kann also durch die folgende Feldgleichung für Zusammenhangsformen A in S^1-Bündeln beschrieben werden:

$$* d_A * F^A = 4\pi i J_\rho.$$

Im Vakuum ($J = 0$ und $\rho = 0$) ergibt sich die sogenannte *Yang-Mills-Gleichung*

$$\delta_A F^A := * d_A * F^A = 0.$$

Es hat sich herausgestellt, dass diese Gleichung nicht nur eine formale Uminterpretation der Maxwellschen Gleichungen ist, sondern in der theoretischen Physik auch bei der Beschreibung anderer Wechselwirkungen eine Rolle spielt. Dabei ersetzt man die abelsche Gruppe S^1 durch andere (nicht mehr abelsche) Lie-Gruppen G. Die dazu nötigen Definitionen wollen wir im nächsten Abschnitt erläutern.

7.2   Die Yang-Mills-Gleichung als Euler-Lagrange-Gleichung

Um die Yang-Mills-Gleichung im allgemeinen Fall definieren zu können, benötigen wir den $*$-Operator für eine beliebige n-dimensionale, orientierte, semi-Riemannsche Mannigfaltigkeit (M, g). Die Metrik g kann beliebige Signatur $(p, n - p)$ haben, wobei $p \geq 0$ der Index der Metrik, d. h. die Zahl der -1 in der Normalform der Metrik, ist. Mit dM_g bezeichnen wir die Volumenform von g. Die Metrik g definiert eine Bündelmetrik auf dem Vektorbündel der k-Formen von M. Für die k-Formen $\omega, \eta \in \Lambda^k(T^*_x M)$ setzen wir

$$\langle \omega, \eta \rangle_x := \sum_{i_1 < \ldots < i_k} \varepsilon_{i_1} \cdot \ldots \cdot \varepsilon_{i_k} \omega(s_{i_1}, \ldots, s_{i_k}) \cdot \eta(s_{i_1}, \ldots, s_{i_k}),$$

wobei $(s_1, \ldots, s_n)$ eine orthonormale Basis in $(T_x M, g_x)$ bezeichnet und $\varepsilon_i = g_x(s_i, s_i) = \pm 1$ den kausalen Typ der Basisvektoren beschreibt. Ist $(\sigma^1, \ldots, \sigma^n)$ die duale Basis zu $(s_1, \ldots, s_n)$, so ist

$$\sigma^{i_1} \wedge \ldots \wedge \sigma^{i_k}, \qquad 1 \leq i_1 < \ldots < i_k \leq n,$$

eine orthonormale Basis im Raum der k-Formen bzgl. $\langle \cdot, \cdot \rangle_x$ vom kausalen Typ

$$\langle \sigma^{i_1} \wedge \ldots \wedge \sigma^{i_k}, \sigma^{i_1} \wedge \ldots \wedge \sigma^{i_k} \rangle = \varepsilon_{i_1} \cdot \ldots \cdot \varepsilon_{i_k}.$$

Für zwei k-Formen $\omega, \eta \in \Omega^k(M)$ erhalten wir dann eine glatte Funktion auf M

$$\langle \omega, \eta \rangle : x \in M \longrightarrow \langle \omega, \eta \rangle(x) := \langle \omega(x), \eta(x) \rangle_x \in \mathbb{R}.$$

Definition 7.1 *Der Stern-Operator von (M, g) ist der lineare Operator*

$$* : \Omega^k(M) \longrightarrow \Omega^{n-k}(M)$$
$$\omega \longmapsto *\omega,$$

der durch die folgende Formel definiert ist:

$$\omega \wedge \sigma = \langle *\omega, \sigma \rangle \, dM_g \quad \text{für alle } \sigma \in \Omega^{n-k}(M). \tag{7.4}$$

Satz 7.2 *Der $*$-Operator einer orientierten, semi-Riemannschen Mannigfaltigkeit (M, g) der Signatur $(p, n - p)$ hat die folgenden Eigenschaften:*

1. *Sei $(s_1, \dots, s_n)$ eine lokale positiv orientierte orthonormale Basis in TM und $(\sigma^1, \dots, \sigma^n)$ die duale Basis in T^*M. Dann gilt:*

$$* \left(\sigma^{i_1} \wedge \dots \wedge \sigma^{i_k} \right) = \varepsilon_{j_1} \cdot \dots \cdot \varepsilon_{j_{n-k}} \cdot \text{sign}(I\,J) \cdot \sigma^{j_1} \wedge \dots \wedge \sigma^{j_{n-k}}, \tag{7.5}$$

   wobei $(I\,J) = (i_1 \dots i_k j_1 \dots j_{n-k})$ eine Permutation der Zahlen $(1 \dots n)$ und $\text{sign}(IJ)$ ihre Signatur ist.

2. *Für das Quadrat von $*$ gilt:*

$$* *|_{\Omega^k(M)} = (-1)^{k(n-k)+p}. \tag{7.6}$$

3. *Der $*$-Operator ist isometrisch bzw. schief-isometrisch, d. h.*

$$\langle *\omega, *\hat{\omega} \rangle = (-1)^p \langle \omega, \hat{\omega} \rangle. \tag{7.7}$$

4. *Für zwei k-Formen ω und $\hat{\omega}$ und eine $(n - k)$-Form σ gilt:*

$$\omega \wedge *\hat{\omega} = \hat{\omega} \wedge *\omega = (-1)^p \langle \omega, \hat{\omega} \rangle \, dM_g, \tag{7.8}$$

$$\omega \wedge \sigma = (-1)^{k(n-k)} \langle \omega, *\sigma \rangle \, dM_g. \tag{7.9}$$

Beweis Um die erste Behauptung zu beweisen, betrachten wir eine Permutation $(I\,J) = (i_1 \dots i_k j_1 \dots j_{n-k})$ von $(1 \dots n)$. Dann gilt

$$\sigma^{i_1} \wedge \dots \wedge \sigma^{i_k} \wedge \sigma^{j_1} \wedge \dots \wedge \sigma^{j_{n-k}} = \text{sign}(I\,J) \, dM_g. \tag{7.10}$$

Folglich ist

$$\langle *(\sigma^{i_1} \wedge \dots \wedge \sigma^{i_k}), \sigma^{j_1} \wedge \dots \wedge \sigma^{j_{n-k}} \rangle = \text{sign}(I\,J).$$

Auf den anderen Basisvektoren von Λ^{n-k} steht $*(\sigma^{i_1} \wedge \dots \wedge \sigma^{i_k})$ senkrecht. Daraus erhalten wir

$$*(\sigma^{i_1} \wedge \dots \wedge \sigma^{i_k}) = \varepsilon_{j_1} \cdot \dots \cdot \varepsilon_{n-k} \cdot \text{sign}(I\,J) \cdot \sigma^{j_1} \wedge \dots \wedge \sigma^{j_{n-k}}.$$

Für die zweite Behauptung genügt es, $**$ auf den Basisvektoren zu berechnen. Es gilt

$$** (\sigma^{i_1} \wedge \ldots \wedge \sigma^{i_k}) = \varepsilon_{j_1} \cdot \ldots \cdot \varepsilon_{j_{n-k}} \cdot \text{sign}(I\,J) \cdot *(\sigma^{j_1} \wedge \ldots \wedge \sigma^{j_{n-k}})$$
$$= (-1)^p \, \text{sign}(JI) \, \text{sign}(I\,J) \cdot \sigma^{i_1} \wedge \ldots \wedge \sigma^{i_k}$$
$$= (-1)^p (-1)^{k(n-k)} \cdot \sigma^{i_1} \wedge \ldots \wedge \sigma^{i_k},$$

wobei $(I\,J) = (i_1 \ldots i_k j_1 \ldots j_{n-k})$ wieder eine Permutation von $(1 \ldots n)$ bezeichnet. Aus den Formeln (7.4) und (7.6) erhalten wir für k-Formen ω und $\hat{\omega}$

$$\langle *\omega, *\hat{\omega} \rangle \, dM_g = \omega \wedge *\hat{\omega}$$
$$= (-1)^{k(n-k)} * \hat{\omega} \wedge \omega$$
$$= (-1)^{k(n-k)} \langle ** \hat{\omega}, \omega \rangle dM_g$$
$$= (-1)^p \langle \hat{\omega}, \omega \rangle dM_g.$$

Dies zeigt die dritte Behauptung. Die Formeln (7.8) und (7.9) folgen unmittelbar aus (7.4) und (7.6). $\qquad\square$

Sei nun $(P, \pi, M; G)$ ein G-Hauptfaserbündel über der orientierten semi-Riemannschen Mannigfaltigkeit (M, g), $\rho : G \longrightarrow GL(V)$ eine Darstellung von G und E das zu P mittels ρ assoziierte Vektorbündel

$$E := P \times_G V.$$

Den $*$-Operator von (M, g) kann man zu einem $*$-Operator auf dem Bündel der E-wertigen Differentialformen

$$* : \Omega^k(M, E) \longrightarrow \Omega^{n-k}(M, E)$$

fortsetzen. Dazu fixieren wir eine Basis $(e_1, \ldots, e_r)$ in E_x, stellen eine k-Form $\omega \in \Lambda^k(T_x^* M) \otimes E_x$ in dieser Basis dar

$$\omega = \sum_{j=1}^{r} \omega_j \otimes e_j$$

und setzen

$$*\omega := \sum_{j=1}^{r} *\omega_j \otimes e_j.$$

Definition 7.2 *Es sei A eine Zusammenhangsform auf dem G-Hauptfaserbündel P und $d_A : \Omega^k(M, E) \to \Omega^{k+1}(M, E)$ das durch A definierte Differential auf den E-wertigen k-Formen. Das Codifferential $\delta_A : \Omega^{k+1}(M, E) \to \Omega^k(M, E)$ ist der durch*

$$\delta_A := (-1)^{nk+p+1} * d_A *$$

definierte Operator.

Wir fixieren nun auf dem Darstellungsraum V zusätzlich ein (nicht unbedingt positiv definites) G-invariantes Skalarprodukt $\langle \cdot, \cdot \rangle_V$ und betrachten die durch $\langle \cdot, \cdot \rangle_V$ definierte Bündelmetrik $\langle \cdot, \cdot \rangle_E$ auf E:

$$\langle e, \hat{e} \rangle_{E_x} := \langle v, \hat{v} \rangle_V, \qquad \text{falls } e = [p, v], \ \hat{e} = [p, \hat{v}] \in E_x.$$

Die Metrik g von M und die Bündelmetrik $\langle \cdot, \cdot \rangle_E$ induzieren eine Bündelmetrik auf dem Vektorbündel $\Lambda^k(T^*M) \otimes E$ der k-Formen auf M mit Werten in E. Für die k-Formen $\omega, \eta \in \Lambda^k(T_x^*M) \otimes E_x$ setzen wir

$$\langle \omega, \eta \rangle_x := \sum_{i_1 < \ldots < i_k} \varepsilon_{i_1} \cdot \ldots \cdot \varepsilon_{i_k} \langle \omega(s_{i_1}, \ldots, s_{i_k}), \eta(s_{i_1}, \ldots, s_{i_k}) \rangle_{E_x},$$

wobei $(s_1, \ldots, s_n)$ eine orthonormale Basis in $(T_x M, g_x)$ bezeichnet und $\varepsilon_i = g_x(s_i, s_i) = \pm 1$ den kausalen Typ des Basisvektors beschreibt. Zwei k-Formen $\omega, \eta \in \Omega^k(M, E)$ ist dann eine glatte Funktion

$$\langle \omega, \eta \rangle : \ x \in M \longrightarrow \langle \omega, \eta \rangle(x) := \langle \omega(x), \eta(x) \rangle_x$$

zugeordnet. Dies liefert ein L^2-Skalarprodukt auf den k-Formen mit kompaktem Träger, die wir in der Folge mit $\Omega_0^k(M, E)$ bezeichnen werden:

$$\langle \omega, \eta \rangle_{L^2} := \int_M \langle \omega, \eta \rangle \, dM_g \qquad \text{für } \omega, \eta \in \Omega_0^k(M, E).$$

Ist (M, g) eine *Riemannsche* Mannigfaltigkeit und $\langle \cdot, \cdot \rangle_V$ *positiv definit*, so ist $\langle \cdot, \cdot \rangle_{L^2}$ ebenfalls positiv definit.

Das Codifferential δ_A ist auf dem Raum der Differentialformen mit kompaktem Träger bezüglich dieses L^2-Skalarproduktes zum Operator d_A adjungiert.

Satz 7.3 *Sind $\omega \in \Omega_0^k(M, E)$ und $\eta \in \Omega_0^{k+1}(M, E)$, dann gilt*

$$\langle d_A \omega, \eta \rangle_{L^2} = \langle \omega, \delta_A \eta \rangle_{L^2}.$$

Beweis Da die Operatoren d_A und δ_A linear sind, genügt es, die Behauptung für Formen $\omega = \sigma \otimes e$ mit $\sigma \in \Omega_0^k(M)$, $e \in \Gamma(E)$ und $\eta = \mu \otimes f$ mit $\mu \in \Omega_0^{k+1}(M)$, $f \in \Gamma(E)$ zu beweisen. Aus der Produktregel (3.10) für d_A erhalten wir dann auf einer Umgebung $U \subset M$:

$$d_A \omega = d_A(\sigma \otimes e) = d\sigma \otimes e + (-1)^k \sigma \wedge \nabla^A e$$
$$= d\sigma \otimes e + (-1)^k \sum_{i=1}^n (\sigma \wedge \sigma^i) \otimes \nabla_{s_i}^A e,$$

wobei $(s_1, \ldots, s_n)$ eine lokale orthonormale Basis auf U und $(\sigma^1, \ldots, \sigma^n)$ die duale Basis bezeichnen. Für das Codifferential ergibt sich

$$(-1)^{nk+p+1} \delta_A \eta = * d_A * \eta$$
$$= * \left((d * \mu) \otimes f + (-1)^{n-k-1} \sum_i (*\mu \wedge \sigma^i) \otimes \nabla^A_{s_i} f \right).$$

Da die kovariante Ableitung ∇^A metrisch ist (siehe Satz 3.13), erhalten wir unter Benutzung von (7.8) und (7.9)

$$\langle d_A \omega, \eta \rangle \, dM_g = \langle d\sigma, \mu \rangle \langle e, f \rangle \, dM_g + (-1)^k \sum_i \langle \sigma \wedge \sigma^i, \mu \rangle \langle \nabla^A_{s_i} e, f \rangle \, dM_g$$

$$= (-1)^p (d\sigma \wedge *\mu) \langle e, f \rangle + (-1)^{p+k} \sum_i (\sigma \wedge \sigma^i \wedge *\mu) \langle \nabla^A_{s_i} e, f \rangle$$

$$= (-1)^p \left(d(\sigma \wedge *\mu) - (-1)^k \sigma \wedge d(*\mu) \right) \langle e, f \rangle$$
$$+ (-1)^{p+n-1} \sum_i \sigma \wedge *\mu \wedge \sigma^i \left(s_i(\langle e, f \rangle) - \langle e, \nabla^A_{s_i} f \rangle \right)$$

$$= (-1)^p d(\sigma \wedge *\mu \, \langle e, f \rangle)$$
$$+ (-1)^{k+p+k(n-k)+1} \langle \sigma, *d * \mu \rangle \langle e, f \rangle \, dM_g$$
$$+ (-1)^{p+n+k(n-k)} \sum_i \langle \sigma, *(*\mu \wedge \sigma^i) \rangle \langle e, \nabla^A_{s_i} f \rangle \, dM_g$$

$$= (-1)^p d(\sigma \wedge *\mu \, \langle e, f \rangle)$$
$$+ (-1)^{p+nk+1} \langle \omega, * \left((d * \mu) \otimes f + (-1)^{n-k-1} (*\mu) \wedge \nabla^A f \right) \rangle \, dM_g$$

$$= (-1)^p d(\sigma \wedge *\mu \langle e, f \rangle) + \langle \omega, \delta_A \eta \rangle \, dM_g.$$

Da der Träger von ω kompakt ist, folgt aus dem Satz von Stokes

$$\int_M \langle d_A \omega, \eta \rangle \, dM_g = \int_M \langle \omega, \delta_A \eta \rangle \, dM_g. \qquad \square$$

Wir betrachten nun das assoziierte Vektorbündel $\mathrm{Ad}(P) := P \times_{(G, \mathrm{Ad})} \mathfrak{g}$, das wir aus P mittels der adjungierten Darstellung $\mathrm{Ad} : G \longrightarrow GL(\mathfrak{g})$ erhalten. Die Krümmungsform F^A einer Zusammenhangsform A auf P können wir als 2-Form auf M mit Werten in $\mathrm{Ad}(P)$ auffassen (siehe Abschn. 3.5). Wie im Fall von S^1-Zusammenhängen definieren wir:

Definition 7.3 *Eine Zusammenhangsform A (bzw. der zugehörige Zusammenhang) auf P heißt Yang-Mills-Zusammenhang, falls seine Krümmungsform $F^A \in \Omega^2(M, \mathrm{Ad}(P))$ die Yang-Mills-Gleichung*

$$\delta_A F^A = 0$$

erfüllt.

Wir wollen nun zeigen, dass die Yang-Mills-Gleichung die Euler-Lagrange-Gleichung eines Lagrange-Funktionals auf dem Raum aller Zusammenhangsformen von P ist. Dazu betrachten wir ein G-Hauptfaserbündel über einer *kompakten*, orientierten, semi-Riemannschen Mannigfaltigkeit (M, g) und fixieren auf der Lie-Algebra $\mathfrak{g}$ ein Ad-invariantes (nicht notwendig positiv definites) Skalarprodukt $\langle \cdot, \cdot \rangle_{\mathfrak{g}}$, d. h.,

$$\langle \mathrm{Ad}(a)X, \mathrm{Ad}(a)Y \rangle_{\mathfrak{g}} = \langle X, Y \rangle_{\mathfrak{g}} \quad \text{für alle } X, Y \in \mathfrak{g}, \ a \in G.$$

Auf den k-Formen auf M mit Werten im Bündel $\mathrm{Ad}(P)$ legen wir die durch die Metrik g und das Skalarprodukt $\langle \cdot, \cdot \rangle_{\mathfrak{g}}$ gegebene Bündelmetrik fest. Als Lagrange-Funktional auf dem Raum der Zusammenhangsformen von P betrachten wir das Integral über die Länge der Krümmungsform.

Definition 7.4 *Das Funktional* $L : \mathcal{C}(P) \longrightarrow \mathbb{R}$

$$L(A) := \int_M \langle F^A, F^A \rangle \, dM_g$$

heißt Yang-Mills-Funktional.[3]

Satz 7.4 *Das Yang-Mills-Funktional ist invariant unter der Wirkung der Gruppe der Eichtransformationen* $\mathcal{G}(P)$ *auf dem Raum der Zusammenhangsformen* $\mathcal{C}(P)$, *d. h., es gilt* $L(A) = L(f^*A)$ *für alle* $A \in \mathcal{C}(P)$ *und* $f \in \mathcal{G}(P)$.

Beweis Nach Satz 3.22 gilt für die Krümmung $F^{f^*A} \in \Omega^2(P, \mathfrak{g})$ einer eichtransformierten Zusammenhangsform f^*A

$$F^{f^*A} = f^*F^A = \mathrm{Ad}(\sigma_f^{-1}) \circ F^A,$$

wobei $\sigma_f \in C^\infty(P, G)^G$ die zur Eichtransformation $f \in \mathcal{G}(P)$ mittels

$$f(p) = p \cdot \sigma_f(p), \qquad p \in P,$$

gehörende Funktion ist. Da das Skalarprodukt $\langle \cdot, \cdot \rangle_{\mathfrak{g}}$ Ad-invariant ist, folgt aus der Definition der Bündelmetrik für die zu $F^A \in \Omega^2(P, \mathfrak{g})$ gehörende 2-Form in $\Omega^2(M, \mathrm{Ad}(P))$

$$
\begin{aligned}
\langle F^{f^*A}, F^{f^*A} \rangle_x &= \sum_{i<j} \varepsilon_i \varepsilon_j \big\langle F^{f^*A}_{s(x)}(ds(s_i), ds(s_j)), F^{f^*A}_{s(x)}(ds(s_i), ds(s_j)) \big\rangle_{\mathfrak{g}} \\
&= \sum_{i<j} \varepsilon_i \varepsilon_j \big\langle F^A_{s(x)}(ds(s_i), ds(s_j)), F^A_{s(x)}(ds(s_i), ds(s_j)) \big\rangle_{\mathfrak{g}} \\
&= \langle F^A, F^A \rangle_x,
\end{aligned}
$$

---

[3] Beachte: Das Yang-Mills-Funktional hängt von dem gewählten Ad-invarianten Skalarprodukt auf $\mathfrak{g}$ ab.

wobei $(s_1, \ldots, s_n)$ eine orthonormale Basis in $(T_x M, g_x)$ und $s : U \longrightarrow P$ ein lokaler Schnitt in P auf einer Umgebung U von x ist. Daraus folgt die Behauptung $L(f^* A) = L(A)$. $\square$

Wir bestimmen nun die 1. Variation des Yang-Mills-Funktionals. Der Raum der Zusammenhangsformen $\mathcal{C}(P)$ ist ein affiner Raum mit den 1-Formen $\Omega^1(M, \mathrm{Ad}(P))$ als Vektorraum (siehe Abschn. 3.2). Folglich ist $T_A \mathcal{C}(P) = \Omega^1(M, \mathrm{Ad}(P))$ der Tangentialraum an $\mathcal{C}(P)$ im Punkt A. Das Differential von L im Punkt A in Richtung $\omega \in T_A \mathcal{C}(P)$ ist gegeben durch

$$dL_A(\omega) := \frac{d}{dt}\Big(L(A + t\omega)\Big)\Big|_{t=0}.$$

Definition 7.5 *Eine Zusammenhangsform $A \in \mathcal{C}(P)$ heißt kritischer Punkt von L, falls $dL_A = 0$.*

Satz 7.5 *Eine Zusammenhangsform $A \in \mathcal{C}(P)$ ist genau dann ein kritischer Punkt des Yang-Mills-Funktionals L, wenn A die Yang-Mills-Gleichung $\delta_A F^A = 0$ erfüllt.*

Beweis Sei $A \in \mathcal{C}(P)$ und $\omega \in \Omega^1(M, \mathrm{Ad}(P))$. Dann gilt für die Krümmungsform von $A + t\omega$

$$F^{A+t\omega} = F^A + t\, d_A \omega + \frac{1}{2} t^2 [\omega, \omega]$$

(siehe Aufgabe 3.6). Für das Differential von L erhalten wir mit Satz 7.3

$$\begin{aligned}
dL_A(\omega) &= \frac{d}{dt}\Big(L(A + t\omega)\Big)\Big|_{t=0} \\
&= \frac{d}{dt}\big\langle F^{A+t\omega}, F^{A+t\omega} \big\rangle_{L^2}\big|_{t=0} \\
&= \big\langle F^A, d_A \omega \big\rangle_{L^2} + \big\langle d_A \omega, F^A \big\rangle_{L^2} \\
&= 2\big\langle d_A \omega, F^A \big\rangle_{L^2} \\
&= 2\big\langle \omega, \delta_A F^A \big\rangle_{L^2}.
\end{aligned}$$

Da das L^2-Skalarprodukt nicht-ausgeartet ist, folgt daraus, dass $dL_A = 0$ genau dann gilt, wenn $\delta_A F^A = 0$. $\square$

Wir schließen diesen Abschnitt mit zwei Kommentaren zu den Voraussetzungen der letzten beiden Sätze ab. Bei der Definition des Yang-Mills-Funktionals hatten wir vorausgesetzt, dass die Basis-Mannigfaltigkeit M *kompakt* ist, damit das Integral existiert. Dies ist nicht wesentlich. Ist die Basis-Mannigfaltigkeit M nicht kompakt, so schränkt man sich auf die Menge derjenigen Zusammenhangsformen A ein, für die das Integral $\int_M \langle F^A, F^A \rangle \, dM_g$ existiert. Diese Eigenschaft ist eichinvariant. Im Beweis von Satz 7.5 genügt es dann, sich auf Ableitungen in Richtung von 1-Formen ω mit kompaktem Träger zu beschränken.

Als zweites hatten wir bei der Definition des Yang-Mills-Funktionals L vorausgesetzt, dass es auf der Lie-Algebra $\mathfrak{g}$ ein Ad-invariantes Skalarprodukt gibt. L hängt von diesem gewählten Skalarprodukt ab. Nicht jede Lie-Algebra $\mathfrak{g}$ besitzt ein solches Ad-invariantes Skalarprodukt, aber eine große Klasse von Lie-Algebren. Dazu gehören offensichtlich alle *abelschen* Lie-Algebren, für die *jedes* Skalarprodukt Ad-invariant ist. Des Weiteren besitzt jede *halbeinfache* Lie-Algebra mit ihrer Killingform $B_{\mathfrak{g}}$ ein Ad-invariantes Skalarprodukt (siehe Satz 1.18). Ist die Lie-Gruppe G zusätzlich kompakt, so ist $-B_{\mathfrak{g}}$ sogar positiv definit (Satz 1.19). Es gilt aber noch mehr. Man kann jede halbeinfache Lie-Algebra in die Summe $\mathfrak{g} = \mathfrak{g}_1 \oplus \ldots \oplus \mathfrak{g}_r$ *einfacher*[4] Ideale $\mathfrak{g}_i \subset \mathfrak{g}$ zerlegen. Die Killingform von $B_{\mathfrak{g}}$ zerlegt sich dann in die Summe der Killingformen dieser einfachen Ideale

$$B_{\mathfrak{g}} = B_{\mathfrak{g}_1} \oplus \ldots \oplus B_{\mathfrak{g}_r}$$

(siehe auch Beispiel 1.6.). Ist $\mathfrak{g}$ eine *komplexe* einfache Lie-Algebra, so ist *jedes* Ad-invariante Skalarprodukt ein Vielfaches der Killingform $B_{\mathfrak{g}}$ (siehe z. B. [Hu72], Seite 118). Das gleiche gilt für *reelle* einfache Lie-Algebren $\mathfrak{g}$ und die Ad-invarianten Skalarprodukte der Signatur ungleich ($\frac{1}{2} \dim \mathfrak{g}, \frac{1}{2} \dim \mathfrak{g}$) (siehe [DLN10], Prop. 5). Insbesondere sind alle *positiv definiten* Ad-invarianten Skalarprodukte auf der Lie-Algebra $\mathfrak{g}$ der einfachen, kompakten Lie-Gruppen $SU(n)$ ($n \geq 2$), $SO(n)$ ($n \neq 1, 2, 4$) und $Sp(n)$ durch die negativen Vielfachen der Killingform $B_{\mathfrak{g}}$ gegeben. Eine vollständige Klassifikation der komplexen und der reellen halbeinfachen Lie-Algebren findet man z. B. in [K02], Kap. II und VI. Die Lie-Algebra $\mathfrak{g}$ braucht nicht unbedingt halbeinfach oder abelsch zu sein. Zum Beispiel besitzt auch die Lie-Algebra der Transvektionsgruppe jedes symmetrischen Raumes ein Ad-invariantes Skalarprodukt (siehe Satz 5.18 und Beispiel 5.13c). Die Struktur der nicht-halbeinfachen und nicht-abelschen Lie-Algebren mit Ad-invarianten Skalarprodukten ist in [KO08] beschrieben.

7.3 Selbstduale Zusammenhänge

In diesem Abschnitt sei (M, g) eine orientierte 4-dimensionale Riemannsche Mannigfaltigkeit. In diesem Fall gibt es eine spezielle Klasse von Yang-Mills-Zusammenhängen, die selbstdualen bzw. anti-selbstdualen Zusammenhänge, die wir jetzt definieren und genauer studieren wollen.

Für eine 4-dimensionale Riemannsche Mannigfaltigkeit ist der $*$-Operator auf dem Bündel der 2-Formen

$$* : \Lambda^2(T^*M) \longrightarrow \Lambda^2(T^*M)$$

eine isometrische Involution, d. h., es gilt $** = \mathrm{Id}_{\Lambda^2}$ und $\langle *\omega, *\hat{\omega} \rangle = \langle \omega, \hat{\omega} \rangle$.

---

[4] Eine Lie-Algebra heißt *einfach*, wenn sie nicht abelsch ist und keine echten nicht-trivialen Ideale enthält.

Definition 7.6 *Eine 2-Form* ω *heißt selbstdual, falls* $*\omega = \omega$, *und anti-selbstdual, falls* $*\omega = -\omega$. *Mit* $\Lambda_+^2(T^*M)$ *bezeichnen wir das Bündel der selbstdualen und mit* $\Lambda_-^2(T^*M)$ *das Bündel der anti-selbstdualen 2-Formen.*

Dann gilt

$$\Lambda^2(T^*M) = \Lambda_+^2(T^*M) \oplus \Lambda_-^2(T^*M).$$

Beide Teilbündel sind 3-dimensional. Ist $(s_1, \ldots, s_4)$ eine positiv orientierte orthonormale Basis in (T_x^*M, g_x) und $(\sigma^1, \ldots, \sigma^4)$ die dazu duale Basis, so ist

$$f_\pm^1 = \frac{1}{\sqrt{2}}(\sigma^1 \wedge \sigma^2 \pm \sigma^3 \wedge \sigma^4),$$

$$f_\pm^2 = \frac{1}{\sqrt{2}}(\sigma^1 \wedge \sigma^3 \mp \sigma^2 \wedge \sigma^4),$$

$$f_\pm^3 = \frac{1}{\sqrt{2}}(\sigma^1 \wedge \sigma^4 \pm \sigma^2 \wedge \sigma^3)$$

eine orthonormale Basis in $\Lambda_\pm^2(T^*M)$.

Ist E ein Vektorbündel über der Riemannschen Mannigfaltigkeit (M^4, g), so nennen wir die Formen aus $\Lambda_\pm^2(T^*M) \otimes E$ selbstduale bzw. anti-selbstduale 2-Formen auf M mit Werten in E. Mit den obigen Bezeichnungen erhalten wir folgende lokale Charakterisierung für selbstduale und anti-selbstduale 2-Formen:

Lemma 7.1 *Eine 2-Form* $\omega \in \Lambda^2(T^*M) \otimes E$ *ist genau dann selbstdual bzw. anti-selbstdual, wenn*

$$\omega(s_1, s_2) = \pm\omega(s_3, s_4),$$

$$\omega(s_1, s_3) = \mp\omega(s_2, s_4),$$

$$\omega(s_1, s_4) = \pm\omega(s_2, s_3).$$

Beweis Eine 2-Form ω hat die Basisdarstellung

$$\omega = \sum_{i<j} \omega_{ij}\sigma^i \wedge \sigma^j,$$

wobei $\omega_{ij} := \omega(s_i, s_j) \in E_x$. Aus Formel (7.5) folgt

$$*\omega = \sum_{i<j} \text{sign}(ijkl)\, \omega_{ij}\, \sigma^k \wedge \sigma^l.$$

Folglich gilt $*\omega = \pm\,\omega$ genau dann, wenn $\omega_{ij} = \pm\,\text{sign}(ijkl)\,\omega_{kl}$. $\square$

Sei nun P ein G-Hauptfaserbündel über der Riemannschen Mannigfaltigkeit (M^4, g). Dann sind spezielle Zusammenhänge auf P ausgezeichnet.

Definition 7.7 *Eine Zusammenhangsform A (bzw. der zugehörige Zusammenhang) auf P heißt selbstdual bzw. anti-selbstdual, falls ihre Krümmungsform $F^A \in \Omega^2(M, \mathrm{Ad}(P))$ selbstdual bzw. anti-selbstdual ist, d. h., falls $*F^A = F^A$ bzw. $*F^A = -F^A$ gilt.*

Satz 7.6 *Jeder selbstduale oder anti-selbstduale Zusammenhang ist ein Yang-Mills-Zusammenhang.*

Beweis Sei A ein selbstdualer oder anti-selbstdualer Zusammenhang eines G-Hauptfaserbündels über (M^4, g). Dann gilt wegen $*F^A = \pm F^A$

$$\delta_A F^A = - * d_A * F^A = \mp * d_A F^A = 0,$$

wobei sich die letzte Identität aus der Bianchi-Identität für die Krümmung ergibt. □

Die Selbstdualität ist eine konform-invariante Eigenschaft.

Satz 7.7 *Seien $(P, \pi, M; G)$ und $(\widetilde{P}, \widetilde{\pi}, \widetilde{M}; G)$ zwei G-Hauptfaserbündel über orientierten 4-dimensionalen Riemannschen Mannigfaltigkeiten (M, g) bzw. $(\widetilde{M}, \widetilde{g})$. Sei weiterhin $\phi : P \longrightarrow \widetilde{P}$ eine G-äquivariante glatte Abbildung, die sich auf einen konformen orientierungserhaltenden Diffeomorphismus $f : (M, g) \longrightarrow (\widetilde{M}, \widetilde{g})$ projiziert, d. h., es kommutiere*

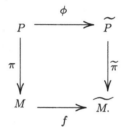

Ist A eine selbstduale (bzw. anti-selbstduale) Zusammenhangsform auf $\widetilde{P}$, so ist ϕ^*A eine selbstduale (bzw. anti-selbstduale) Zusammenhangsform auf P.

Beweis Die G-äquivariante Abbildung $\phi : P \longrightarrow \widetilde{P}$ induziert eine invertierbare Abbildung $\widetilde{\phi}$ auf den adjungierten Bündeln:

$$\widetilde{\phi} : \mathrm{Ad}(P) := P \times_{(G, \mathrm{Ad})} \mathfrak{g} \longrightarrow \mathrm{Ad}(\widetilde{P}) := \widetilde{P} \times_{(G, \mathrm{Ad})} \mathfrak{g}$$
$$[p, X] \longmapsto [\phi(p), X].$$

Man überzeugt sich leicht davon, dass für eine Zusammenhangsform A auf $\widetilde{P}$ die zurückgezogene 1-Form ϕ^*A ebenfalls eine Zusammenhangsform ist. Für die Krümmungen erhält man

$$F_x^{\phi^*A}(s_i, s_j) = \widetilde{\phi}^{-1}\big(F_{f(x)}^A(df(s_i), df(s_j))\big),$$

wobei $(s_1, \ldots, s_4)$ eine positiv orientierte orthonormale Basis von $(T_x M, g_x)$ bezeichnet. Da f ein orientierungserhaltender konformer Diffeomorphismus ist, ist die Basis $(\widetilde{s}_1, \ldots, \widetilde{s}_4)$

mit $\widetilde{s}_j = \frac{df(s_j)}{\|df(s_j)\|}$ ebenfalls positiv orientiert und orthonormal in $(T_{f(x)}\widetilde{M}, \widetilde{g}_x)$. Dann liefert die lokale Charakterisierung der (Anti-)Selbstdualität in Lemma 7.1 die Behauptung. □

Die Lie-Gruppe G sei nun kompakt und halbeinfach. Wie wir wissen, ist die Killing-Form $B_{\mathfrak{g}}$ in diesem Fall negativ definit. Folglich ist das durch die Riemannsche Metrik g und die Bilinearform $\langle \cdot, \cdot \rangle_{\mathfrak{g}} := -B_{\mathfrak{g}}$ definierte L^2-Skalarprodukt auf $\Omega^2(M, \mathrm{Ad}(P))$ positiv definit. Wir fixieren im Folgenden dieses Skalarprodukt auf $\Omega^2(M, \mathrm{Ad}(P))$. Für das Yang-Mills-Funktional gilt dann

$$0 \leq L(A) = \langle F^A, F^A \rangle_{L^2} \leq +\infty.$$

Wir geben nun eine untere Schranke für das Yang-Mills-Funktional an und zeigen, dass die selbstdualen bzw. anti-selbstdualen Zusammenhänge die Minima des Yang-Mills-Funktionals sind. Dazu betrachten wir die 1. Pontrjagin-Klasse des adjungierten Bündels

$$p_1(\mathrm{Ad}(P)) \in H^4_{dR}(M, \mathbb{R}).$$

Ist die 4-dimensionale orientierte Mannigfaltigkeit M kompakt, so können wir $H^4_{dR}(M, \mathbb{R})$ durch Integration mit $\mathbb{R}$ identifizieren:

$$H^4_{dR}(M, \mathbb{R}) \overset{\simeq}{\longrightarrow} \mathbb{R}$$
$$[\omega] \longmapsto \int_M \omega$$

(siehe Satz A.8, Anhang A.2). Wir werden die 1. Pontrjagin-Klasse $p_1(\mathrm{Ad}(P))$ im Folgenden auf diese Weise als reelle Zahl auffassen.

Satz 7.8 *Es sei G eine kompakte und halbeinfache Lie-Gruppe, P ein G-Hauptfaserbündel über einer orientierten kompakten 4-dimensionalen Riemannschen Mannigfaltigkeit (M, g) und $\langle \cdot, \cdot \rangle_{\mathfrak{g}} = -B_{\mathfrak{g}}$. Dann gilt*

$$L(A) \geq 8\pi^2 \left| p_1(\mathrm{Ad}(P)) \right|$$

für alle $A \in \mathcal{C}(P)$. Darüber hinaus gilt:

1. *Ist $p_1(\mathrm{Ad}(P)) < 0$, so besitzt P keine selbstdualen Zusammenhänge. Es gilt*

$$L(A) \geq -8\pi^2 p_1(\mathrm{Ad}(P))$$

 und die Gleichheit tritt genau dann ein, wenn A anti-selbstdual ist.

2. *Sei $p_1(\mathrm{Ad}(P)) = 0$. Dann ist ein Zusammenhang A von P genau dann selbstdual oder anti-selbstdual, wenn er flach ist, d. h., wenn $F^A = 0$ gilt.*

3. *Ist $p_1(\mathrm{Ad}(P)) > 0$, so besitzt P keine anti-selbstdualen Zusammenhänge. Es gilt*

$$L(A) \geq 8\pi^2 p_1(\mathrm{Ad}(P))$$

 und die Gleichheit tritt genau dann ein, wenn A selbstdual ist.

Beweis Wir werden als erstes die folgende Formel für die 1. Pontrjagin-Klasse des Bündels Ad(P) (betrachtet als reelle Zahl) beweisen:

$$p_1(\mathrm{Ad}(P)) = \frac{1}{8\pi^2} \langle F^A, *F^A \rangle_{L^2}, \qquad (7.11)$$

wobei A eine beliebige Zusammenhangsform auf P bezeichnet. In der folgenden Rechnung bezeichnet $(s_1, \ldots, s_4)$ eine positiv orientierte orthonormale Basis in $T_x M$ und $(s_1^*, \ldots, s_4^*)$ den A-horizontalen Lift dieser Basis in $T_p P$. Ist $(ijkl)$ eine Permutation der Zahlen (1234), so sei sign$(ijkl)$ ihre Signatur. Anderenfalls setzen wir sign$(ijkl) = 0$. Für die rechte Seite von (7.11) folgt aus der Definition des L^2-Skalarproduktes

$$\langle F^A, *F^A \rangle_{L^2} = \int_M \sum_{i<j} \langle F_x^A(s_i, s_j), (*F^A)_x(s_i, s_j) \rangle_x \, dM_g$$

$$= \int_M \sum_{i<j,\, k<l} \mathrm{sign}(ijkl) \, \langle F_x^A(s_i, s_j), F_x^A(s_k, s_l) \rangle_x \, dM_g$$

$$= \int_M \sum_{i<j,\, k<l} \mathrm{sign}(ijkl) \, \langle F_p^A(s_i^*, s_j^*), F_p^A(s_k^*, s_l^*) \rangle_{\mathfrak{g}} \, dM_g$$

$$= -\int_M \sum_{i<j,\, k<l} \mathrm{sign}(ijkl) \, B_{\mathfrak{g}}\big(F_p^A(s_i^*, s_j^*), F_p^A(s_k^*, s_l^*)\big) \, dM_g$$

$$= -\int_M B_{\mathfrak{g}}(F^A \wedge F^A). \qquad (7.12)$$

Zur Berechnung der 1. Pontrjagin-Klasse des adjungierten Bündels Ad(P) betrachten wir das Reperbündel $\widetilde{P}$ von Ad(P). Sei $(a_1, \ldots, a_r)$ eine fixierte orthonormale Basis der Lie-Algebra $\mathfrak{g}$ bzgl. dem Ad(G)-invarianten Skalarprodukt $\langle \cdot, \cdot \rangle_{\mathfrak{g}} = -B_{\mathfrak{g}}$. Dann ist das G-Hauptfaserbündel P mit der Abbildung

$$\phi: \quad P \longrightarrow \widetilde{P}$$
$$s \longmapsto ([s, a_1], \ldots, [s, a_r])$$

ein Reduktion des Reperbündels $\widetilde{P}$ bzgl. des Homomorphismus Ad : $G \longrightarrow GL(\mathfrak{g})$. Aus den Sätzen 6.2 und 6.9 folgt dann für die 1. Pontrjagin-Klasse von Ad(P)

$$p_1(\mathrm{Ad}(P)) = \mathcal{W}_{\widetilde{P}}(g_2) = \mathcal{W}_P(g_2 \circ \mathrm{ad})$$
$$= \frac{1}{8\pi^2} \Big[\mathrm{Tr}(\mathrm{ad} \circ F^A) \wedge \mathrm{Tr}(\mathrm{ad} \circ F^A) - \mathrm{Tr}\big(\mathrm{ad} \circ F^A \wedge \mathrm{ad} \circ F^A \big) \Big].$$

Da die 2-Form ad $\circ F^A$ wegen der Ad(G)-Invarianz der Killing-Form $B_{\mathfrak{g}}$ ihre Werte in der Lie-Algebra der orthogonalen Gruppe annimmt, gilt für die Spur $\mathrm{Tr}(\mathrm{ad} \circ F^A) = 0$. Wir erhalten also

$$p_1\big(\mathrm{Ad}(P)\big) = -\frac{1}{8\pi^2}\Big[\mathrm{Tr}\big(\mathrm{ad}\circ F^A \wedge \mathrm{ad}\circ F^A\big)\Big]$$

$$= -\frac{1}{8\pi^2}\Big[B_{\mathfrak{g}}(F^A \wedge F^A)\Big] \in H^4_{dR}(M, \mathbb{R}). \qquad (7.13)$$

Die Identifizierung von $H^4_{dR}(M, \mathbb{R})$ mit $\mathbb{R}$ durch Integration liefert dann Formel (7.11). Als nächstes beweisen wir die behaupteten Abschätzungen von $L(A)$. Da $\langle\cdot, \cdot\rangle_{L^2}$ positiv definit ist, folgt

$$0 \le \langle F^A \mp *F^A, F^A \mp *F^A\rangle_{L^2}$$
$$= \|F^A\|_{L^2}^2 + \|*F^A\|_{L^2}^2 \mp 2\langle F^A, *F^A\rangle_{L^2}.$$

Da der Stern-Operator $*$ eine Isometrie auf den 2-Formen ist, erhalten wir mit Hilfe von (7.11)

$$0 \le \|F^A\|_{L^2}^2 \mp \langle F^A, *F^A\rangle_{L^2} = L(A) \mp 8\pi^2 p_1(\mathrm{Ad}(P)).$$

Dies liefert die Abschätzung

$$L(A) \ge \pm 8\pi^2 p_1(\mathrm{Ad}(P)),$$

wobei $L(A) = 8\pi^2 p_1(\mathrm{Ad}(P))$ genau dann eintritt, wenn $F^A = *F^A$, d. h., wenn A selbstdual ist, während $L(A) = -8\pi^2 p_1(\mathrm{Ad}(P))$ genau dann eintritt, wenn $F^A = -*F^A$, d. h., wenn A anti-selbstdual ist. Unter den gegebenen Voraussetzungen gilt $L(A) \ge 0$. Außerdem ist $L(A) = 0$ genau dann, wenn $F^A = 0$, d. h., wenn A flach ist. Damit ist der Satz bewiesen. $\square$

Beispiel 7.1 *Selbstduale $SU(2)$-Zusammenhänge auf $\mathbb{R}^4$.*

Selbstduale Zusammenhänge werden in der Physik auch Instantonen genannt. A. Belavin, A. Polyakov, A. Schwarz und Y. Tyupkin haben in [BPST] selbstduale $SU(2)$-Zusammenhänge auf $\mathbb{R}^4$ beschrieben. Man nennt sie deshalb nun BPST-Instantonen. Um diese selbstdualen Zusammenhänge zu beschreiben, identifizieren wir $\mathbb{R}^4$ mit den Quaternionen $\mathbb{H}$ durch

$$(x_1, x_2, x_3, x_4) \in \mathbb{R}^4 \iff x = x_1 + ix_2 + jx_3 + kx_4 \in \mathbb{H}$$

und benutzen die Quaternionen-Multiplikation. Des Weiteren identifizieren wir die spezielle unitäre Gruppe $SU(2)$ mit der symplektischen Gruppe $Sp(1) = \{x \in \mathbb{H} \mid |x| = 1\}$ mittels

$$\iota: \ x_1 + ix_2 + jx_3 + kx_4 \in Sp(1) \ \longrightarrow \ \begin{pmatrix} x_1 + ix_2 & -x_3 - ix_4 \\ x_3 - ix_4 & x_1 - ix_2 \end{pmatrix} \in SU(2).$$

Die Lie-Algebra von $Sp(1)$ ist der 3-dimensionale reelle Vektorraum der imaginären Quaternionen $\mathfrak{sp}(1) := \{q \in \mathbb{H} \mid Re(q) = 0\}$ mit dem Kommutator

$$[q_1, q_2] = q_1 q_2 - q_2 q_1 = 2 \operatorname{Im}(q_1 q_2). \tag{7.14}$$

Für 1-Formen auf $\mathbb{R}^4$ mit Werten in $\mathbb{H}$ schreiben wir

$$dx = dx_1 + i dx_2 + j dx_3 + k dx_4 \qquad \text{und}$$
$$d\bar{x} = dx_1 - i dx_2 - j dx_3 - k dx_4.$$

Sei nun $P = \mathbb{R}^4 \times SU(2)$ das triviale $SU(2)$-Hauptfaserbündel über $\mathbb{R}^4$, und sei $\mathbb{R}^4$ mit $\mathbb{H}$ sowie $\mathfrak{su}(2)$ mit $\mathfrak{sp}(1)$ identifiziert. Die Zusammenhangsformen auf P entsprechen dann den 1-Formen auf $\mathbb{R}^4$ mit Werten in $\mathfrak{sp}(1)$. Als Skalarprodukt auf $\mathfrak{sp}(1)$ betrachten wir wieder die durch die negative Killingform von $\mathfrak{su}(2)$ gegebene positiv definite Bilinearform.

Satz 7.9 *Sei* $A : T\mathbb{R}^4 \longrightarrow \mathfrak{sp}(1)$ *die 1-Form*

$$A := \operatorname{Im}\left(\frac{x \, d\bar{x}}{1 + |x|^2}\right). \tag{7.15}$$

Dann ist A *ein selbstdualer Zusammenhang mit* $L(A) = 32\pi^2$.

Beweis Wir berechnen dazu mit (7.14) für die Krümmungsform von A:

$$
\begin{aligned}
F^A &= dA + \frac{1}{2}[A, A] \\
&= dA + A \wedge A \\
&= \operatorname{Im}\left(\frac{dx \wedge d\bar{x}}{1 + |x|^2} + x \, d\left(\frac{1}{1 + |x|^2}\right) \wedge d\bar{x} + \frac{x d\bar{x} \wedge x d\bar{x}}{(1 + |x|^2)^2}\right) \\
&= \operatorname{Im}\left(\frac{dx \wedge d\bar{x}}{1 + |x|^2} - \frac{x \bar{x} \wedge x d\bar{x}}{(1 + |x|^2)^2} - \frac{x \bar{x} dx \wedge d\bar{x}}{(1 + |x|^2)^2} + \frac{x d\bar{x} \wedge x d\bar{x}}{(1 + |x|^2)^2}\right) \\
&= \operatorname{Im}\left(\frac{dx \wedge d\bar{x}}{(1 + |x|^2)^2}\right) \\
&= \frac{dx \wedge d\bar{x}}{(1 + |x|^2)^2}. \tag{7.16}
\end{aligned}
$$

Für die 2-Form $dx \wedge d\bar{x}$ gilt

$$
\begin{aligned}
dx \wedge d\bar{x} &= -2i\left(dx_1 \wedge dx_2 + dx_3 \wedge dx_4\right) - 2j\left(dx_1 \wedge dx_3 - dx_2 \wedge dx_4\right) \\
&\quad - 2k\left(dx_1 \wedge dx_4 + dx_2 \wedge dx_3\right) \\
&= -2\sqrt{2}\left(if_1^+ + jf_2^+ + kf_3^+\right),
\end{aligned}
$$

wobei f_1^+, f_2^+, f_3^+ die bereits oben betrachtete orthonormale Basis im Raum der selbstdualen 2-Formen ist. Wir erhalten daraus

$$F^A = -\frac{2\sqrt{2}}{(1+|x|^2)^2}\left(if_1^+ + jf_2^+ + kf_3^+\right). \tag{7.17}$$

Die Zusammenhangsform A ist somit selbstdual. Um das Yang-Mills-Funktional $L(A)$ zu berechnen, bestimmen wir zunächst das durch die negative Killing-Form von $\mathfrak{su}(2)$ gegebene Skalarprodukt als Skalarprodukt auf $\mathfrak{sp}(1)$. Für die Killing-Form von $\mathfrak{su}(2)$ gilt

$$\langle X, Y\rangle_{\mathfrak{su}(2)} := -B_{\mathfrak{su}(2)}(X, Y) = -4\,\mathrm{Tr}(X \circ Y)$$

(siehe Aufgabe 1.6). Daraus folgt für $\langle \cdot, \cdot\rangle_{\mathfrak{sp}(1)} := \iota_*^*\langle \cdot, \cdot\rangle_{\mathfrak{su}(2)}$

$$\langle q_1, q_2\rangle_{\mathfrak{sp}(1)} = \langle \iota_* q_1, \iota_* q_2\rangle_{\mathfrak{su}(2)} = -4\,\mathrm{Tr}(\iota_* q_1 \circ \iota_* q_2) = -8\,Re(q_1 q_2).$$

Für die Länge der Krümmungsform erhalten wir daraus

$$\begin{aligned}
\langle F^A, F^A\rangle_x &= \frac{8}{(1+|x|^2)^4}\left(\langle if_1^+, if_1^+\rangle_x + \langle jf_2^+, jf_2^+\rangle_x + \langle kf_3^+, kf_3^+\rangle_x\right)\\
&= \frac{8 \cdot 24}{(1+|x|^2)^4}.
\end{aligned}$$

Wir berechnen mit Hilfe von Polarkoordinaten im $\mathbb{R}^4$:

$$\begin{aligned}
L(A) &= \int_{\mathbb{R}^4} \langle F^A, F^A\rangle_x\, dx\\
&= 8 \cdot 24 \int_{\mathbb{R}^4} \frac{1}{(1+|x|^2)^4}\, dx\\
&= 16 \cdot 24\pi^2 \int_0^\infty \frac{r^3}{(1+r^2)^4}\, dr\\
&= 16 \cdot 12\pi^2 \int_0^\infty \frac{t}{(1+t)^4}\, dt\\
&= 32\pi^2.
\end{aligned}$$

Damit ist der Satz bewiesen. □

Weitere selbstduale $SU(2)$-Zusammenhänge auf $\mathbb{R}^4$ gibt der folgende Satz an.

Satz 7.10   *Sei $\mu \in \mathbb{R}^+$ eine positive reelle Zahl und $b \in \mathbb{H}$ ein Quaternion. Dann ist $A_{\mu,b}$: $T\mathbb{R}^4 \longrightarrow \mathfrak{sp}(1)$ mit*

$$A_{\mu,b} := \mathrm{Im}\left(\frac{\mu^2(x - b) \cdot d\overline{x}}{1 + \mu^2|x - b|^2}\right) \tag{7.18}$$

ein selbstdualer Zusammenhang mit $L(A_{\mu,b}) = 32\pi^2$. Zwei Zusammenhänge $A_{\mu,b}$ und $A_{\mu',b'}$ sind genau dann eichäquivalent, wenn $(\mu, b) = (\mu', b')$ gilt.

Beweis   Wir betrachten den Diffeomorphismus $\Phi_{\mu,b} : \mathbb{H} \longrightarrow \mathbb{H}$ mit

$$\Phi_{\mu,b}(x) := \mu(x - b).$$

Dann gilt $A_{\mu,b} = \Phi^*_{\mu,b}A$ und wir erhalten deshalb für die Krümmungsform von $A_{\mu,b}$

$$F^{A_{\mu,b}} = \Phi^*_{\mu,b}F^A = \frac{\mu^2}{(1 + \mu^2|x - b|^2)^2}\, dx \wedge d\overline{x},$$

wobei A die Zusammenhangsform (7.15) bezeichnet. Wie im Beweis von Satz 7.9 folgt wegen $*(dx \wedge d\overline{x}) = (dx \wedge d\overline{x})$, dass $A_{\mu,b}$ selbstdual ist. Für die Länge der Krümmungsform erhält man

$$\langle F^{A_{\mu,b}}, F^{A_{\mu,b}} \rangle_x = 8 \cdot 24 \, \frac{\mu^4}{(1 + \mu^2|x - b|^2)^4}.$$

Damit berechnet man wie oben mit Hilfe von Polarkoordinaten im $\mathbb{R}^4$:

$$\begin{aligned}
L(A_{\mu,b}) &= \int_{\mathbb{R}^4} \langle F^{A_{\mu,b}}, F^{A_{\mu,b}} \rangle_x \, dx \\
&= 8 \cdot 24 \int_{\mathbb{R}^4} \frac{\mu^4}{(1 + \mu^2|x - b|^2)^4} \, dx \\
&= 8 \cdot 24 \int_{\mathbb{R}^4} \frac{\mu^4}{(1 + \mu^2|y|^2)^4} \, dy \\
&= 16 \cdot 24\pi^2 \int_0^\infty \frac{\mu^4 r^3}{(1 + \mu^2 r^2)^4} \, dr \\
&= 16 \cdot 12\pi^2 \int_0^\infty \frac{t}{(1 + t)^4} \, dt \\
&= 32\,\pi^2.
\end{aligned}$$

Es seien nun $A_{\mu,b}$ und $A_{\mu',b'}$ zwei eichäquivalente Zusammenhänge. Wir benutzen das Transformationsverhalten der Krümmungsform eichäquivalenter Zusammenhänge aus Satz 3.22 und die Ad-Invarianz des Skalarproduktes $\langle \cdot, \cdot \rangle_{\mathfrak{sp}(1)}$ und erhalten

$$\langle F^{A_{\mu,b}}, F^{A_{\mu,b}} \rangle_x = \langle F^{A_{\mu',b'}}, F^{A_{\mu',b'}} \rangle_x.$$

Es folgt

$$\frac{\mu}{1 + \mu^2|x - b|^2} = \frac{\mu'}{1 + \mu'^2|x - b'|^2} \qquad \text{für alle } x \in \mathbb{R}^4.$$

Da die linke Funktion nur in $x = b$ und die rechte nur in $x = b'$ ein globales Maximum annimmt, ist $b = b'$. Durch Einsetzen von $x = b = b'$ erhält man dann $\mu = \mu'$. $\qquad\square$

Für einen beliebigen $SU(2)$-Zusammenhang A auf $\mathbb{R}^4$ mit $L(A) < \infty$ sei $k(A)$ die Zahl

$$k(A) := \frac{1}{32\pi^2} \int_{\mathbb{R}^4} \langle F^A, *F^A \rangle_x \, dx.$$

Man kann zeigen, dass $k(A)$ immer endlich und eine ganze Zahl ist. Diese Zahl heißt *Instantonenzahl* des Zusammenhangs A. Für selbstduale Zusammenhänge A gilt $k(A) = \frac{1}{32\pi^2} L(A) \geq 0$, für anti-selbstduale Zusammenhänge $k(A) = -\frac{1}{32\pi^2} L(A) \leq 0$. Zum Beispiel ist nach unseren obigen Rechnungen $k(A_{\mu,b}) = 1$ für alle $\mu > 0$ und $b \in \mathbb{H}$. Zwei eichäquivalente Zusammenhänge haben die gleiche Instantonenzahl.

Die selbstdualen und anti-selbstdualen $SU(2)$-Zusammenhänge auf $\mathbb{R}^4$ mit endlichem Yang-Mills-Funktional sind vollständig klassifiziert (siehe [A79, ADHM]). Bezeichne $\mathcal{M}_k$ die Menge der Eichäquivalenzklassen selbstdualer bzw. anti-selbstdualer $SU(2)$-Zusammenhänge mit endlichem Yang-Mills-Funktional und Instantonenzahl k. Dann ist $\mathcal{M}_0 = \{[0]\}$. Die Menge $\mathcal{M}_k$ für $k \neq 0$ ist eine $(8|k| - 3)$-dimensionale Mannigfaltigkeit. Insbesondere gilt

$$\mathcal{M}_1 = \big\{ [A_{\mu,b}] \mid \mu > 0,\ b \in \mathbb{H} \big\}.$$

Beispiel 7.2 *Selbstduale $SU(2)$-Zusammenhänge auf S^4.*
Wir betrachten nun ein $SU(2)$-Hauptfaserbündel P über der Sphäre S^4 und bezeichnen mit $E := P \times_{SU(2)} \mathbb{C}^2$ das assoziierte komplexe Vektorbündel vom Rang 2 und mit $\mathrm{Ad}(P) = P \times_{(SU(2),\mathrm{Ad})} \mathfrak{su}(2)$ das adjungierte Bündel. Dann gilt

$$c_2(E) = -\frac{1}{4} p_1\big(\mathrm{Ad}(P) \big).$$

Um diese Formel nachzuweisen, benutzen wir für die Killing-Form von $\mathfrak{su}(2)$

$$B_{\mathfrak{su}(2)}(X, Y) = 4 \operatorname{Tr}(X \circ Y) \quad \text{für} \quad X, Y \in \mathfrak{su}(2).$$

Dann ergibt der Vergleich von Formel (7.13) für die 1. Pontrjagin-Klasse von $\mathrm{Ad}(P)$ mit der Formel für die 2. Chern-Klasse eines $SU(2)$-Bündels aus Beispiel 6.4:

$$\begin{aligned}
p_1(\mathrm{Ad}(P)) &= -\frac{1}{8\pi^2} \Big[B_{\mathfrak{su}(2)}(F^A \wedge F^A) \Big] \\
&= -\frac{1}{2\pi^2} \Big[\operatorname{Tr}(F^A \wedge F^A) \Big] = -4\, c_2(E).
\end{aligned}$$

Nach Formel (7.12) gilt für die 2. Chern-Zahl von E außerdem

$$\int_{S^4} c_2(E) = -\frac{1}{32\pi^2} \int_{S^4} \langle F^A, *F^A \rangle \, dS^4.$$

Wir nennen

$$k(P) := -\int_{S^4} c_2(E)$$

die *Instantonenzahl des $SU(2)$-Bündels P*.

Die Sphäre S^4 können wir außerhalb des Nordpols N durch die stereographische Projektion $\varphi : S^4 \setminus \{N\} \longrightarrow \mathbb{R}^4$ konform mit dem $\mathbb{R}^4$ identifizieren. Über einer kontrahierbaren

Mannigfaltigkeit ist jedes Bündel trivial (siehe [H94]). Folglich ist $P|_{S^4\setminus\{N\}}$ trivial. Nach Satz 7.7 geht bei dieser Trivialisierung jede (anti-)selbstduale Zusammenhangsform auf P in eine (anti-)selbstduale $SU(2)$-Zusammenhangsform auf $\mathbb{R}^4$ über. Es gilt sogar der folgende Satz, der die $SU(2)$-Instantonen über S^4 beschreibt (siehe [U82]).

Satz 7.11 *Sei A ein $SU(2)$-Zusammenhang auf $\mathbb{R}^4$ mit $L(A) < \infty$. Dann existieren ein $SU(2)$-Hauptfaserbündel P über S^4, ein Zusammenhang $Z^A \in \mathcal{C}(P)$ und ein Schnitt $s : S^4 \setminus \{N\} \longrightarrow P$, so dass*

$$s^* Z^A = \varphi^* A.$$

Die Zuordnung $A \longmapsto Z^A$ ist bis auf Eichäquivalenz eindeutig. Die Instantonenzahl von P ist durch die von A bestimmt.

Das Studium der Struktur des Lösungsraumes selbstdualer $SU(2)$-Zusammenhänge hat zu enormen Fortschritten in den Kenntnissen über die Topologie und Geometrie von 4-dimensionalen Mannigfaltigkeiten geführt. Eine der unerwarteten und wohl erstaunlichsten Anwendungen ist der Beweis der Existenz von exotischen Differentialstrukturen. So konnte man mit Hilfe dieser Methoden beweisen, dass es Mannigfaltigkeiten gibt, die homöomorph, aber nicht diffeomorph zum $\mathbb{R}^4$ mit seiner Standardstruktur sind. Solche Differentialstrukturen nennt man exotisch. Man konnte sogar zeigen, dass es überabzählbar viele exotische Differentialstrukturen auf dem $\mathbb{R}^4$ gibt. Einen schönen Überblick über diese mathematischen Anwendungen der Yang-Mills-Theorie findet man in dem Artikel von M. Kreck [Kr86]. Für ein weiteres Studium in dieser Richtung empfehlen wir dem Leser die Bücher [FU84] und [DK90]. Die Behandlung weiterer Lagrange-Funktionale, die außer dem Yang-Mills-Funktional weitere Wechselwirkungsterme enthalten, findet man z. B. in [N00], [H] und [Bl81]. Die Monographie [D92] von A. Derdzinski enthält eine Fülle von Hinweisen zur physikalischen Relevanz der in unserem Buch vorgestellten mathematischen Methoden.

7.4 Aufgaben zu Kapitel 7

7.1. Sei G eine Lie-Gruppe mit der Lie-Algebra $\mathfrak{g}$ und $P = \mathbb{R}^3 \times G$ das triviale G-Hauptfaserbündel über $\mathbb{R}^3$. Wir fixieren Vektoren $A_1, A_2, A_3 \in \mathfrak{g}$ und betrachten die 1-Form $A : T\mathbb{R}^3 \longrightarrow \mathfrak{g}$ mit

$$A := \sum_{i=1}^{3} A_i dx_i.$$

Zeigen Sie, dass A genau dann ein Yang-Mills-Zusammenhang auf P ist, wenn

$$\sum_{i=1}^{3} [A_i, [A_i, A_j]] = 0 \quad \text{für} \quad j = 1, 2, 3.$$

7.2. Sei $P = \mathbb{R}^4 \times SU(2)$ das triviale $SU(2)$-Hauptfaserbündel über $\mathbb{R}^4$, $\mu \in \mathbb{R}^+$ und $b \in \mathbb{H}$. Wir betrachten die 1-Formen $A^-_{\mu,b} : T\mathbb{R}^4 \longrightarrow \mathfrak{sp}(1)$ mit

$$A^-_{\mu,b} := \text{Im}\left(\frac{\mu^2 (\overline{x} - \overline{b})\, dx}{1 + \mu^2 |x - b|^2} \right).$$

Zeigen Sie, dass $A^-_{\mu,b}$ eine anti-selbstduale Zusammenhangsform auf P ist und berechnen Sie $L(A^-_{\mu,b})$.

7.3. Berechnen Sie die Instantonenzahl $k(A^-_{\mu,b})$.

7.4. Wir betrachten die Sphäre $S^7 := \{(z_1, z_2) \in \mathbb{H}^2 \mid |z_1|^2 + |z_2|^2 = 1\}$ und das quaternionische Hopfbündel über $S^4 \simeq \mathbb{H} \cup \{\infty\}$

$$\begin{aligned} \pi : \quad S^7 &\longrightarrow S^4 \\ (z_1, z_2) &\longrightarrow \begin{cases} z_1^{-1} z_2, & \text{falls } z_1 \neq 0, \\ \infty, & \text{falls } z_1 = 0. \end{cases} \end{aligned}$$

Zeigen Sie:

a) $\pi : S^7 \longrightarrow S^4$ ist mit der $Sp(1)$-Wirkung $(z_1, z_2) \cdot q := (\overline{q} z_1, \overline{q} z_2)$ ein $Sp(1)$-Hauptfaserbündel über S^4.

b) Die 1-Form $Z : TS^7 \longrightarrow \mathfrak{sp}(1)$ mit

$$Z_{(z_1, z_2)} := \text{Im}\, (z_1 d\overline{z}_1 + z_2 d\overline{z}_2)$$

ist eine Zusammenhangsform in diesem Hauptfaserbündel.

c) Die Instantonenzahl des quaternionischen Hopfbündels ist 1.

7.5. Sei P ein $SU(n)$-Hauptfaserbündel, $E := P \times_{SU(n)} \mathbb{C}^n$ das assoziierte komplexe Vektorbündel und $\text{Ad}(P) := P \times_{(SU(n), \text{Ad})} \mathfrak{su}(n)$ das adjungierte Bündel. Zeigen Sie, dass

$$c_2(E) = -\frac{1}{2n}\, p_1\big(\text{Ad}(P)\big).$$

Anhang

A

In diesem Anhang stellen wir einige häufig benutzte Begriffe und Sätze aus der Differentialgeometrie zusammen, deren Kenntnis in diesem Buch vorausgesetzt wird. Weitere Details und Beweise dazu kann man z. B. in den Büchern [ON83, W83, Ku10] und [AF01] nachlesen.

A.1 Tensorfelder

Wir setzen voraus, dass der Leser mit dem Begriff des Tensorproduktes von endlich-dimensionalen Vektorräumen vertraut ist.

Ist M eine n-dimensionale Mannigfaltigkeit, so ist der Tangentialraum $T_x M$ für jeden Punkt $x \in M$ ein n-dimensionaler Vektorraum. Seinen Dualraum bezeichen wir mit $T_x^* M$ und dessen k-faches Tensorprodukt mit $\bigotimes^k T_x^* M$. Wir können dann Familien $\{T_x\}_{x \in M}$ von Tensoren $T_x \in \bigotimes^k T_x^* M$ betrachten, die ‚glatt' vom Punkt x abhängen. Was wir unter ‚glatt' verstehen, präzisieren wir in der folgenden Definition:

Definition A.1 *Eine Familie $\{T_x\}_{x \in M}$ von Tensoren $T_x \in \bigotimes^k T_x^* M$ heißt glatt, falls die Funktion*

$$x \in M \longrightarrow T_x\big(X_1(x), \ldots, X_k(x)\big) \in \mathbb{R}$$

für alle Vektorfelder $X_1, \ldots, X_k \in \mathfrak{X}(M)$ glatt ist.

Eine solche glatte Familie von Tensoren kann man auch anders beschreiben. Sei M eine glatte Mannigfaltigkeit und $\mathfrak{X}(M)$ der Vektorraum der glatten Vektorfelder auf M.

H. Baum, *Eichfeldtheorie*, Springer-Lehrbuch Masterclass,
DOI: 10.1007/978-3-642-38539-1, © Springer-Verlag Berlin Heidelberg 2014

Definition A.2 *Ein $(k, 0)$-Tensorfeld auf M ist eine Abbildung*

$$T : \underbrace{\mathfrak{X}(M) \times \ldots \times \mathfrak{X}(M)}_{k\text{-mal}} \longrightarrow C^\infty(M),$$

die multilinear über dem Ring der glatten Funktionen $C^\infty(M)$ ist.

Ein Tensorfeld T ist also in jeder Komponente additiv, und bei einem Eintrag $f\, X_i$ in der i-ten Stelle von T, wobei f eine glatte Funktion und X_i ein Vektorfeld ist, kann man f vor das Tensorfeld ziehen:

$$T(X_1, \ldots, X_{i-1}, f\, X_i, X_{i+1}, \ldots, X_k) = f\, T(X_1, \ldots, X_k).$$

Dies bewirkt die folgende Lokalisierungseigenschaft von Tensorfeldern:

Satz A.1 (Lokalisierungssatz für Tensorfelder) *Seien T ein $(k, 0)$-Tensorfeld und $X_1, \ldots,$ $X_k \in \mathfrak{X}(M)$ Vektorfelder auf M. Dann ist der Wert $T(X_1, \ldots X_k)(x)$ in einem beliebigen Punkt $x \in M$ durch die Vektoren $X_1(x), \ldots, X_k(x)$ in $T_x M$ eindeutig bestimmt.*

Auf Grund dieses Lokalisierungssatzes können wir Tensorfelder und glatte Familien von Tensoren identifizieren:

1. Ist T ein $(k, 0)$-Tensorfeld auf M, so definieren wir eine glatte Familie $\{T_x\}_{x \in M}$ von Tensoren $T_x \in \bigotimes^k T_x^* M$ durch

$$T_x(v_1, \ldots, v_k) := T(X_1, \ldots, X_k)(x),$$

   wobei $X_i \in \mathfrak{X}(M)$ beliebige Vektorfelder mit $X_i(x) = v_i \in T_x M$ sind. Nach dem Lokalisierungssatz ist T_x korrekt definiert.
2. Sei andererseits $\{T_x\}_{x \in M}$ eine glatte Familie von Tensoren $T_x \in \bigotimes^k T_x^* M$. Dann definieren wir ein $(k, 0)$-Tensorfeld T auf M durch

$$T(X_1, \ldots, X_k)(x) := T_x(X_1(x), \ldots, X_k(x)),$$

   wobei $X_1, \ldots, X_k \in \mathfrak{X}(M)$.

Definition A.3 *Sei $U \subset M$ eine offene Teilmenge, T ein $(k, 0)$-Tensorfeld auf M und $\{T_x\}_{x \in M}$ die T entsprechende glatte Familie. Unter der Einschränkung $T|_U$ von T auf U versteht man das Tensorfeld auf U, das der glatten Familie $\{T_x\}_{x \in U}$ entspricht.*

Im vorliegenden Buch benutzen wir Tensorfelder und glatte Familien von Tensoren auf M in diesem Sinne als synonym.

A.2   Differentialformen

Differentialformen spielen im vorliegenden Buch eine zentrale Rolle. Deshalb wollen wir hier ihre wichtigsten Rechenregeln zusammenstellen. Bevor wir Differentialformen auf Mannigfaltigkeiten betrachten, erinnern wir noch einmal an die Eigenschaften alternierender Tensoren eines Vektorraumes. Es sei V ein n-dimensionaler reeller Vektorraum. Eine alternierende k-Form auf V ist eine alternierende, multilineare Abbildung

$$\omega : \underbrace{V \times \ldots \times V}_{k\text{-mal}} \longrightarrow \mathbb{R},$$

d. h., die Abbildung ω ist in jeder Komponente linear, und sie ändert das Vorzeichen, wenn man zwei eingesetzte Vektoren miteinander vertauscht. Mit $\Lambda^k V^*$ bezeichnen wir den Vektorraum der alternierenden k-Formen auf V. Insbesondere gilt $\Lambda^1 V^* = V^*$. Durch die folgende Operation kann man zwei alternierenden Multilinearformen eine neue solche Form zuordnen:

$$\Lambda^k V^* \times \Lambda^l V^* \longrightarrow \Lambda^{k+l} V^*$$

$$(\omega, \sigma) \longmapsto \omega \wedge \sigma,$$

wobei

$$(\omega \wedge \sigma)(v_1, v_2, \ldots, v_{k+l})$$
$$:= \frac{1}{k!\, l!} \sum_{\pi \in S_{k+l}} \operatorname{sign}(\pi)\, \omega(v_{\pi(1)}, \ldots, v_{\pi(k)}) \cdot \sigma(v_{\pi(k+1)}, \ldots, v_{\pi(k+l)}).$$

Dabei bezeichnet S_{k+l} die Gruppe der Permutationen der Zahlen $1, \ldots, k+l$. Sei $(a_1, \ldots, a_n)$ eine Basis in V und $(\sigma^1, \ldots, \sigma^n)$ die dazu duale Basis in V^*. Dann ist

$$\{\sigma^{i_1} \wedge \ldots \wedge \sigma^{i_k} \mid 1 \leq i_1 < i_2 < \ldots < i_k \leq n\} \tag{A.1}$$

eine Basis im Vektorraum $\Lambda^k V^*$. Insbesondere ist die Dimension des Raumes der alternierenden k-Formen eines n-dimensionalen Vektorraumes durch $\dim \Lambda^k V^* = \binom{n}{k}$ zu berechnen. Eine alternierende k-Form ω lässt sich in der Basis (A.1) darstellen:

$$\omega = \sum_{I = (1 \leq i_1 < \ldots < i_k \leq n)} \omega(a_{i_1}, \ldots, a_{i_k})\, \sigma^{i_1} \wedge \ldots \wedge \sigma^{i_k}. \tag{A.2}$$

Die Zahlen $\omega(a_{i_1}, \ldots, a_{i_k}) =: \omega_{i_1 \ldots i_k}$ heißen Komponenten von ω bezüglich der Basis $(\sigma^1, \ldots, \sigma^n)$. Für einen Multiindex $I = (1 \leq i_1 < \ldots < i_k \leq n)$ bezeichne

$$\omega_I := \omega(a_{i_1}, \ldots, a_{i_k}) \quad \text{und} \quad \sigma^I := \sigma^{i_1} \wedge \ldots \wedge \sigma^{i_k}.$$

Wir schreiben die Basisdarstellung von ω dann in der Kurzform

$$\omega = \sum_I \omega_I \, \sigma^I.$$

Wir erinnern noch an die Transformationsformel für alternierende n-Formen eines n-dimensionalen Vektorraumes V. Sei $\omega \in \Lambda^n V^*$ und seien $(a_1, \ldots, a_n)$ und $(b_1, \ldots, b_n)$ Basen in V. Mit $B = (B_{ij})$ bezeichnen wir die Übergangsmatrix zwischen diesen Basen, d. h., es gelte $a_j = \sum_i B_{ij} b_i$. Dann erhält man

$$\omega(a_1, \ldots, a_n) = \det(B) \, \omega(b_1, \ldots, b_n).$$

Sei nun M eine glatte n-dimensionale Mannigfaltigkeit. Dann können wir glatte Familien $\{\omega_x\}_{x \in M}$ von alternierenden k-Formen $\omega_x \in \Lambda^k T_x^* M$ betrachten. Wie wir in Abschn. A.1 erläutert haben, entsprechen diese glatten Familien den alternierenden $(k, 0)$-Tensorfeldern auf M.

Definition A.4 *Eine Differentialform vom Grad k (kurz: k-Form) auf einer Mannigfaltigkeit M ist ein alternierendes $(k, 0)$-Tensorfeld auf M.*

Den Raum aller k-Formen von M bezeichnen wir mit $\Omega^k(M)$. Außerdem setzen wir $\Omega^0(M) := C^\infty(M)$.

Man kann die obige Definition von alternierenden k-Formen auf V modifizieren, indem man als Wertebereich nicht nur $\mathbb{R}$, sondern einen beliebigen reellen Vektorraum W zulässt. Wir schreiben dann $\Lambda^k V^* \otimes W$ anstelle von $\Lambda^k V^*$. Bei den Differentialformen lässt man als Werte dementsprechend die Funktionen $C^\infty(M, W)$ anstelle von $C^\infty(M)$ zu. Den Raum der k-Formen auf M mit Werten im Vektorraum W bezeichnen wir mit $\Omega^k(M, W)$.

Wir stellen jetzt die wichtigsten Rechenoperationen für Differentialformen zusammen.

1. Induzierte Differentialformen.

Sei $F : M \longrightarrow N$ eine glatte Abbildung zwischen zwei Mannigfaltigkeiten. Man kann jede Differentialform auf der Bildmannigfaltigkeit N mittels F auf M „zurückziehen". Wir betrachten dazu die Abbildung

$$F^* : \Omega^k(N) \longrightarrow \Omega^k(M)$$
$$\omega \longmapsto F^* \omega$$

mit

$$(F^* \omega)_x(v_1, \ldots, v_k) := \omega_{F(x)}(dF_x(v_1), \ldots, dF_x(v_k)), \qquad v_i \in T_x M.$$

$F^* \omega$ heißt die mittels F aus ω *induzierte Differentialform*.

2. Das alternierende Produkt von Differentialformen.

Wie im Fall der Vektorräume kann man auch für Differentialformen eine Zuordnung definieren, die zwei Differentialformen ω und σ wieder eine Differentialform $\omega \wedge \sigma$, ihr sogenanntes *alternierendes Produkt* oder *wedge-Produkt*, zuordnet:

$$\wedge : \Omega^k(M) \times \Omega^l(M) \longrightarrow \Omega^{k+l}(M)$$

$$(\omega, \sigma) \longmapsto \omega \wedge \sigma.$$

Seien $\omega \in \Omega^k(M)$ und $\sigma \in \Omega^l(M)$ mit $k, l > 0$. Dann ist

$$(\omega \wedge \sigma)(X_1, \ldots, X_{k+l})$$

$$:= \frac{1}{k! \, l!} \sum_{\pi \in S_{k+l}} \text{sign}(\pi) \, \omega(X_{\pi(1)}, \ldots, X_{\pi(k)}) \cdot \sigma(X_{\pi(k+1)}, \ldots, X_{\pi(k+l)}).$$

Für $f \in \Omega^0(M) = C^\infty(M)$ und $\omega \in \Omega^k(M)$ setzen wir

$$f \wedge \omega = \omega \wedge f := f \cdot \omega.$$

Satz A.2 *1. Sind $\omega \in \Omega^k(M)$ und $\sigma \in \Omega^l(M)$, so ist $\omega \wedge \sigma \in \Omega^{k+l}(M)$.*
2. $\wedge$ ist in jeder Komponente $C^\infty(M)$-linear und assoziativ.
3. Für $\omega \in \Omega^k(M)$ und $\sigma \in \Omega^l(M)$ gilt $\omega \wedge \sigma = (-1)^{k \cdot l}(\sigma \wedge \omega)$.
4. Ist $F : M \longrightarrow N$ eine glatte Abbildung, $\omega \in \Omega^k(N)$ und $\sigma \in \Omega^l(N)$, so gilt

$$F^*(\omega \wedge \sigma) = (F^*\omega) \wedge (F^*\sigma).$$

3. Das innere Produkt.
Für ein Vektorfeld X auf M definieren wir das *innere Produkt*

$$i_X : \Omega^k(M) \longrightarrow \Omega^{k-1}(M)$$
$$\omega \longmapsto i_X\omega,$$

durch

$$(i_X\omega)(X_1, \ldots, X_{k-1}) := \omega(X, X_1, \ldots, X_{k-1}).$$

Satz A.3 *1. $i_{fX} \, \omega = i_X(f \, \omega) = f \cdot i_X\omega$.*
2. $i_X(\omega \wedge \sigma) = (i_X\omega) \wedge \sigma + (-1)^{\deg \omega}\omega \wedge (i_X\sigma)$. 3. Sei $F : M \longrightarrow N$ eine glatte Abbildung und seien $X \in \mathfrak{X}(M)$ und $Y \in \mathfrak{X}(N)$ durch F verknüpfte Vektorfelder, d. h., es gelte

$$Y(F(x)) = dF_x(X(x)) \qquad \forall \, x \in M.$$

Dann gilt für jede k-Form $\omega \in \Omega^k(N)$

$$F^*(i_Y\omega) = i_X(F^*\omega).$$

4. Die lokale Darstellung einer Differentialform.

Sei $(U, \varphi = (x_1, \ldots, x_n))$ eine Karte um $x \in M$, $(\frac{\partial}{\partial x_1}(x), \ldots, \frac{\partial}{\partial x_n}(x))$ die von dieser Karte definierte kanonische Basis in $T_x M$ und $((dx_1)_x, \ldots, (dx_n)_x)$ die zugehörige duale Basis in $T_x^* M$. Dann sind $\frac{\partial}{\partial x_i}$ Vektorfelder auf dem Kartenbereich U, die Differentiale dx_i der Koordinatenfunktionen sind 1-Formen auf U. Nach Definition gilt für das alternierende Produkt $dx_{i_1} \wedge \ldots \wedge dx_{i_k} \in \Omega^k(U)$

$$(dx_{i_1} \wedge \ldots \wedge dx_{i_k})\left(\frac{\partial}{\partial x_{j_1}}, \ldots, \frac{\partial}{\partial x_{j_k}}\right) = \begin{cases} \operatorname{sign}\begin{pmatrix} i_1, \ldots, i_k \\ j_1, \ldots, j_k \end{pmatrix}, & \text{falls } \binom{I}{J} \in S_k \\ 0, & \text{falls } \binom{I}{J} \notin S_k \end{cases}.$$

Wie für alternierende k-Formen in Vektorräumen, erhält man die folgende lokale Darstellung einer Differentialform $\omega \in \Omega^k(M)$ über dem Kartenbereich U:

$$\omega|_U = \sum_{I=(1 \leq i_1 < \ldots < i_k \leq n)} \omega_{i_1 \ldots i_k} dx_{i_1} \wedge \ldots \wedge dx_{i_k} =: \sum_I \omega_I dx^I, \qquad (A.3)$$

wobei die Funktionen $\omega_I := \omega_{i_1 \ldots i_k} \in C^\infty(U)$ durch

$$\omega_{i_1 \ldots i_k}(x) = \omega|_U\left(\frac{\partial}{\partial x_{i_1}}, \ldots, \frac{\partial}{\partial x_{i_k}}\right)(x) = \omega_x\left(\frac{\partial}{\partial x_{i_1}}(x), \ldots, \frac{\partial}{\partial x_{i_k}}(x)\right)$$

gegeben sind. Wir nennen (A.3) die *lokale Darstellung von ω bezüglich der Karte $(U, \varphi = (x_1, \ldots, x_n))$*.

Die bisherigen Rechenregeln waren algebraische Rechenregeln, d. h. Regeln, die punktweise gelten. Die folgenden beiden Operationen beschreiben Ableitungsregeln für Differentialformen.

5. Das Differential einer k-Form.

Sei $f \in C^\infty(M)$ eine Funktion und $X \in \mathfrak{X}(M)$ ein Vektorfeld auf M. Die Richtungsableitung von f in Richtung X bezeichnen wir mit $X(f) \in C^\infty(M)$. Sie ist gegeben durch

$$X(f)(x) := df_x\big(X(x)\big), \quad x \in M.$$

Auf den Funktionen definieren wir das Differential durch

$$d : C^\infty(M) \longrightarrow \Omega^1(M)$$
$$f \longmapsto df, \quad \text{wobei } df(X) := X(f).$$

Die lokale Darstellung von df bezüglich einer Karte $(U, \varphi = (x_1, \ldots, x_n))$ ist dann

$$df = \sum_{i=1}^n df\left(\frac{\partial}{\partial x_i}\right) dx^i = \sum_{i=1}^n \frac{\partial}{\partial x_i}(f)\, dx^i = \sum_{i=1}^n \frac{\partial(f \circ \varphi^{-1})}{\partial x_i}\, dx_i.$$

Auf den k-Formen für $k \geq 1$ definieren wir das Differential

$$d : \ \Omega^k(M) \ \longrightarrow \ \Omega^{k+1}(M)$$
$$\omega \ \longmapsto \ d\omega$$

durch

$$d\omega(X_0, \ldots, X_k) := \sum_{j=0}^{k} (-1)^j X_j\big(\omega(X_0, \ldots, \widehat{X_j}, \ldots, X_k)\big)$$

$$+ \sum_{0 \leq \alpha < \beta \leq k} (-1)^{\alpha+\beta} \omega([X_\alpha, X_\beta], X_0, \ldots, \widehat{X_\alpha}, \ldots, \widehat{X_\beta}, \ldots, X_k).$$

Dabei bedeutet der „Hut" auf einem Eintrag X_i, also $\widehat{X_i}$, dass das entsprechende Vektorfeld weggelassen wird. $d\omega$ heißt *Differential von ω*.
Für eine 1-Form $\omega \in \Omega^1(M)$ erhält man

$$d\omega(X, Y) = X(\omega(Y)) - Y(\omega(X)) - \omega([X, Y]).$$

Für eine 2-Form $\omega \in \Omega^2(M)$ gilt

$$d\omega(X, Y, Z) = X(\omega(Y, Z)) - Y(\omega(X, Z)) + Z(\omega(X, Y))$$
$$- \omega([X, Y], Z) + \omega([X, Z], Y) - \omega([Y, Z], X).$$

Satz A.4 *1. Die Abbildung $d : \Omega^k(M) \longrightarrow \Omega^{k+1}(M)$ ist korrekt definiert und linear.*
2. Sei $\omega \in \Omega^k(M)$ und $(U, \varphi = (x_1, \ldots, x_n))$ eine Karte auf M bezüglich derer ω die lokale Darstellung $\omega|_U = \sum_I \omega_I dx^I$ habe. Dann gilt für die lokale Darstellung von $d\omega$

$$d\omega|_U = \sum_I d\omega_I \wedge dx^I.$$

3. $d(\omega \wedge \sigma) = d\omega \wedge \sigma + (-1)^{\deg \omega} \omega \wedge d\sigma$.
4. $dd\omega = 0$ für alle $\omega \in \Omega^k(M)$ und $k \geq 0$.
5. Ist $F : M \longrightarrow N$ eine glatte Abbildung und $\omega \in \Omega^k(N)$, dann gilt

$$d(F^*\omega) = F^* d\omega.$$

6. Die Lie–Ableitung einer Differentialform.
Sei X ein Vektorfeld auf M. Die Abbildung

$$L_X : \ \Omega^k(M) \ \longrightarrow \ \Omega^k(M)$$
$$\omega \ \longmapsto \ L_X\omega$$

mit

$$L_X \omega := d\, i_X \omega + i_X d\omega$$

heißt *Lie-Ableitung nach dem Vektorfeld X*. Setzt man die Definitionen des Differentials und der inneren Ableitung ein, so erhält man folgende explizite Formel für die Lie-Ableitung:

$$(L_X \omega)(X_1, \ldots, X_k) = X(\omega(X_1, \ldots, X_k))$$
$$- \sum_{i=1}^{k} \omega(X_1, \ldots, X_{i-1}, [X, X_i], X_{i+1}, \ldots, X_k).$$

Satz A.5 1. $L_X(\omega \wedge \sigma) = (L_X \omega) \wedge \sigma + \omega \wedge L_X \sigma$.
2. $d \circ L_X = L_X \circ d$.
3. $L_{fX} = f\, L_X + df \wedge i_X$.
4. $[L_X, i_Y] := L_X \circ i_Y - i_Y \circ L_X = i_{[X,Y]}$,
$[L_X, L_Y] := L_X \circ L_Y - L_Y \circ L_X = L_{[X,Y]}$.
5. *Sei* $F : M \to N$ *eine glatte Abbildung und seien* $X \in \mathfrak{X}(M)$ *und* $Y \in \mathfrak{X}(N)$ *zwei durch* F *verknüpfte Vektorfelder. Dann gilt für jede k-Form* $\omega \in \Omega^k(N)$

$$L_X(F^* \omega) = F^* \big(L_Y \omega \big).$$

Definition A.5 *Eine k-Form* $\omega \in \Omega^k(M)$ *heißt geschlossen, falls* $d\omega = 0$. *Eine k-Form* $\omega \in \Omega^k(M)$ *heißt exakt, falls eine* $(k-1)$-*Form* $\eta \in \Omega^{k-1}(M)$ *mit* $d\eta = \omega$ *existiert.*

Wie wir aus Satz A.4 wissen, gilt $d \circ d = 0$. Die exakten Differentialformen bilden also einen Unterraum im Vektorraum der geschlossenen Differentialformen:

$$\mathrm{Im}\, d_{k-1} := d\left(\Omega^{k-1}(M)\right) \subset \mathrm{Ker}\, d_k := \{\, \omega \in \Omega^k(M) \mid d\omega = 0 \,\}.$$

Der Faktorraum

$$H^k_{dR}(M, \mathbb{R}) := \mathrm{Ker}\, d_k / \mathrm{Im}\, d_{k-1}$$

heißt *k-te de Rham-Kohomologiegruppe von M.*

Satz A.6 (Lemma von Poincaré) *Ist M eine kontrahierbare Mannigfaltigkeit, so ist jede geschlossene k-Form auf M* $(k \geq 1)$ *exakt. Es gilt also* $H^k_{dR}(M, \mathbb{R}) = 0$ *für* $k \geq 1$.

Beispielsweise ist jede offene sternförmige Teilmenge des $\mathbb{R}^n$ kontrahierbar.
Einer der wichtigsten Sätze für Differentialformen ist der Satz von Stokes.

Satz A.7 (Satz von Stokes) *Sei M eine orientierte n-dimensionale Mannigfaltigkeit mit Rand und* $\omega \in \Omega^{n-1}(M)$ *eine Differentialform vom Grad* $n-1$ *mit kompaktem Träger. Dann gilt*

$$\int_M d\omega = \int_{\partial M} \omega.$$

Insbesondere ist

$$\int_M d\omega = 0,$$

wenn M keinen Rand hat.

Beweise für die beiden letztgenannten Sätze findet man z. B. in [Br92], Kap. 6. In dem vorliegenden Buch integrieren wir oft de Rham-Kohomologieklassen $c \in H^n_{dR}(M, \mathbb{R})$ über eine kompakte orientierte n-dimensionale Mannigfaltigkeit M (ohne Rand). Wir meinen damit das Integral eines Repräsentanten $\omega \in c$:

$$\int_M c := \int_M \omega \in \mathbb{R}.$$

Dieser Wert ist nach dem Satz von Stokes eindeutig bestimmt.

Satz A.8 *Ist M eine n-dimensionale, orientierte, zusammenhängende und kompakte Mannigfaltigkeit ohne Rand, so ist die Abbildung*

$$\begin{aligned}
\phi : H^n_{dR}(M, \mathbb{R}) &\longrightarrow \mathbb{R} \\
[\omega] &\longmapsto \int_M \omega
\end{aligned}$$

ein $\mathbb{R}$-linearer Isomorphismus.

Wir wollen dies kurz begründen, weil wir von diesem Isomorphismus in unserem Buch häufig Gebrauch machen. Wir fixieren dazu eine Riemannsche Metrik g auf M und bezeichnen mit dM_g die Volumenform von (M, g). Die Surjektivität von ϕ folgt aus

$$\phi\left(\left[\frac{c}{Vol(M, g)} dM_g\right]\right) = c$$

für alle $c \in \mathbb{R}$. Die Injektivität folgt z. B. aus der Hodge-Theorie für den Hodge-Laplace-Operator $\Delta_p := d \circ d^* + d^* \circ d$ auf den p-Formen von (M, g). Eine p-Form $\sigma \in \Omega^p(M)$ heißt *harmonisch*, wenn $\Delta_p\sigma = 0$. Bezeichne $\mathcal{H}^p(M, g)$ den Vektorraum der harmonischen p-Formen von (M, g). Der Stern-Operator $*$ von (M, g) (siehe Definition 7.1) liefert eine lineare Isomorphie

$$\begin{aligned}
* : \mathcal{H}^p(M, g) &\longrightarrow \mathcal{H}^{n-p}(M, g) \\
\sigma &\longmapsto *\sigma
\end{aligned}$$

und es gilt

$$\int_M \sigma \wedge *\sigma = \int_M \langle \sigma, \sigma \rangle dM_g = \|\sigma\|^2_{L^2} \geq 0,$$

siehe Satz 7.2. Die Hodge-Theorie besagt, dass es in jeder de Rham-Kohomologieklasse genau eine harmonische Form gibt (siehe z. B. [J05], Kap. 2.2).

Sei nun $[\omega] \in H_{dR}^n(M, \mathbb{R})$ und $\omega_h \in [\omega]$ der harmonische Repräsentant. Dann ist die Funktion $*\omega_h$ ebenfalls harmonisch und folglich konstant auf M, und sie verschwindet genau dann, wenn $\omega_h = 0$. Ist also $[\omega] \neq 0$, so gilt

$$\phi([\omega]) = \int_M \omega_h = \frac{1}{*\omega_h} \cdot \int_M \omega_h \wedge *\omega_h = \frac{1}{*\omega_h} \|\omega_h\|_{L^2}^2 \neq 0.$$

Somit ist ϕ injektiv.

A.3 Untermannigfaltigkeiten

Zum Begriff der Untermannigfaltigkeit gibt es in der differentialgeometrischen Literatur verschiedene Konventionen. Wir stellen deshalb hier die Bezeichnungen zusammen, die wir in diesem Buch benutzen.

Eine glatte Abbildung $f : N \longrightarrow M$ zwischen zwei glatten Mannigfaltigkeiten heißt *Immersion*, falls das Differential $df_x : T_x N \longrightarrow T_{f(x)} M$ für jedes $x \in N$ injektiv ist. Eine injektive Immersion $f : N \longrightarrow M$ heißt *Einbettung*, falls die Abbildung $f : N \longrightarrow f(N)$ ein Homöomorphismus bezüglich der von M auf $f(N)$ induzierten Topologie ist. Nicht jede injektive Immersion ist eine Einbettung. Es gilt aber.

Satz A.9 *1. Jede injektive Immersion $f : N \longrightarrow M$ einer kompakten Mannigfaltigkeit N ist eine Einbettung.*   .
2. Sei $f : N \longrightarrow M$ eine Immersion. Dann existiert zu jedem Punkt $x \in N$ eine Umgebung $U(x) \subset N$, so dass $f|_{U(x)} : U(x) \longrightarrow M$ eine Einbettung ist.

Definition A.6 *Sei M eine glatte Mannigfaltigkeit.*

1. Eine Teilmenge $A \subset M$ heißt Untermannigfaltigkeit von M, falls sie mit einer glatten Mannigfaltigkeitsstruktur versehen ist, so dass die Inklusionsabbildung $\iota : A \hookrightarrow M$ eine glatte Immersion ist.
2. Eine Teilmenge $A \subset M$ heißt topologische Untermannigfaltigkeit von M, wenn sie eine Untermannigfaltigkeit ist, deren Topologie mit der durch M induzierten Topologie übereinstimmt, d. h., wenn die Inklusionsabbildung $\iota : A \hookrightarrow M$ eine Einbettung ist.

Die Topologie einer Untermannigfaltigkeit $A \subset M$ ist i. A. feiner als die durch M auf A induzierte Topologie. Eine Teilmenge $A \subset M$ ist genau dann eine (k-dimensionale) topologische Untermannigfaltigkeit von M, wenn es um jedes $x \in A$ eine Karte (U, φ) von

M gibt, so dass $\varphi(A \cap U) = \varphi(U) \cap (\mathbb{R}^k \times \{o\})$. Als Topologie auf A nimmt man in diesem Fall die durch M induzierte Topologie, ein glatter Atlas von A ist gegeben durch die Karten

$$\{(U \cap A, \varphi|_{U \cap A}) \mid (U, \varphi) \text{ Karte von } M\}.$$

Ist $f : N \to M$ eine injektive Immersion, so ist das Bild $A := f(N) \subset M$ mit der durch f von N auf A übertragenen Mannigfaltigkeitsstruktur eine Untermannigfaltigkeit von M. Ist f eine Einbettung, so ist $A := f(N) \subset M$ eine topologische Untermannigfaltigkeit von M. Ist $A \subset M$ eine Untermannigfaltigkeit und $\phi : M \to \widehat{M}$ eine glatte Abbildung, so ist die Einschränkung $\phi|_A := \phi \circ \iota : A \to \widehat{M}$ ebenfalls glatt bezüglich der Mannigfaltigkeitsstruktur von A. Ist andererseits $\psi : \widehat{M} \to M$ eine glatte Abbildung mit $\psi(\widehat{M}) \subset A$, so ist die Abbildung $\psi : \widehat{M} \to A$ definiert, aber i. A. nicht glatt bzgl. der Mannigfaltigkeitsstruktur von A. Es gilt aber.

Satz A.10 *Sei $A \subset M$ eine Untermannigfaltigkeit und $\psi : \widehat{M} \to M$ eine glatte Abbildung mit $\psi(\widehat{M}) \subset A$.*

a) *Ist $\psi : \widehat{M} \to A$ stetig, so ist $\psi : \widehat{M} \to A$ glatt.*

b) *Ist $A \subset M$ eine topologische Untermannigfaltigkeit oder A Integralmannigfaltigkeit einer involutiven Distribution auf M (siehe Anhang A.4), so ist $\psi : \widehat{M} \to A$ stetig.*

Für eine Untermannigfaltigkeit $A \subset M$ identifizieren wir den Tangentialraum $T_a A$ mit dem Unterraum $d\iota_a(T_a A) \subset T_a M$ und fassen ihn dadurch als Teilraum von $T_a M$ auf.

Satz A.11 (Satz vom regulären Wert) *Sei $\phi : M \to \widehat{M}$ eine glatte Abbildung und $x_0 \in \phi(M)$ ein regulärer Wert von ϕ, d. h., $d\phi_a : T_a M \to T_{x_0}\widehat{M}$ ist surjektiv für alle $a \in \phi^{-1}(x_0)$. Dann ist $A := \phi^{-1}(x_0) \subset M$ eine topologische Untermannigfaltigkeit der Dimension $\dim(M) - \dim(\widehat{M})$ und es gilt $T_a A = \operatorname{Ker} d\phi_a$ für alle $a \in A$.*

Beweise für diese Sätze findet man in [W83], Kap. 1.

A.4   Der Satz von Frobenius

Der Satz von Frobenius beschreibt eine Verallgemeinerung der Lösungstheorie gewöhnlicher Differentialgleichungen. Für ein Vektorfeld $X \in \mathfrak{X}(M)$ existiert für jeden Punkt $x \in M$ eine eindeutig bestimmte maximale glatte Kurve $\gamma : I \subset \mathbb{R} \longrightarrow M$ mit

$$\gamma'(t) = X\big(\gamma(t)\big) \quad \forall\, t \in I \quad \text{und}$$
$$\gamma(0) = x,$$

die sogenannte maximale *Integralkurve von X durch x*. Anstelle des Vektorfeldes X betrachten wir nun eine höherdimensionale Distribution auf M und fragen nach der Existenz von integrierenden Untermannigfaltigkeiten.

Eine *geometrische Distribution* vom Rang k auf einer glatten Mannigfaltigkeit M ist eine Zuordnung

$$\mathcal{E}: \quad x \in M \quad \longmapsto \quad E_x \subset T_x M,$$

die jedem Punkt $x \in M$,auf glatte Weise' einen k-dimensionalen Unterraum E_x des Tangentialraumes von M im Punkt x zuordnet. ,Auf glatte Weise' bedeutet dabei, dass es zu jedem Punkt $x \in M$ eine Umgebung $U(x)$ und glatte Vektorfelder $X_1, \dots, X_k$ auf $U(x)$ gibt, so dass $E_y = \mathrm{span}\{X_1(y), \dots, X_k(y)\}$ für alle $y \in U(x)$. Eine *Integralmannigfaltigkeit* einer geometrischen Distribution $\mathcal{E}$ auf M ist eine Untermannigfaltigkeit $A \subset M$ mit $T_a A = E_a$ für alle $a \in A$. Die Dimension von A stimmt dann mit dem Rang von $\mathcal{E}$ überein. Man nennt eine geometrische Distribution $\mathcal{E}$ *integrierbar*, wenn es zu jedem Punkt $x \in M$ eine Integralmannigfaltigkeit $A(x) \subset M$ von $\mathcal{E}$ gibt, die x enthält. In diesem Fall verläuft durch jeden Punkt $x \in M$ eine eindeutig bestimmte, maximale zusammenhängende Integralmannigfaltigkeit von $\mathcal{E}$. Im Gegensatz zum 1-dimensionalen Fall ist eine geometrische Distribution vom Rang $k > 1$ nicht notwendigerweise integrierbar. Der Satz von Frobenius gibt die Bedingung an, unter der Integrierbarkeit vorliegt.

Definition A.7 *Eine geometrische Distribution $\mathcal{E}$ auf M heißt involutiv, falls für je zwei Vektorfelder $X, Y \in \mathfrak{X}(M)$ mit $X(x), Y(x) \in E_x$ für alle $x \in M$ die Werte des Kommutators ebenfalls in $\mathcal{E}$ liegen, d. h. $[X, Y](x) \in E_x$ für alle $x \in M$ gilt.*

Satz A.12 (Satz von Frobenius) *Eine geometrische Distribution $\mathcal{E}$ auf M ist genau dann integrierbar, wenn sie involutiv ist. Die maximale zusammenhängende Integralmannigfaltigkeit einer involutiven Distribution $\mathcal{E}$ durch den Punkt $x \in M$ ist durch*

$$A(x) := \left\{ a \in M \; \middle| \; \begin{array}{l} \exists \text{ stückweise glatte Kurve } \gamma : I \to M, \\ \text{die } x \text{ mit } a \text{ verbindet, mit } \gamma'(t) \in E_{\gamma(t)} \; \forall \, t \in I \end{array} \right\}$$

gegeben. Darüber hinaus gilt Folgendes: Ist $\mathcal{E}$ eine involutive geometrische Distribution vom Rang k, so gibt es um jeden Punkt $x \in M$ eine Karte $(U, \varphi = (x_1, \dots x_n))$ mit $\varphi(U) = \{(x_1, \dots, x_n) \in \mathbb{R}^n \mid |x_i| < \varepsilon\}$, so dass die ,Blätter'

$$A_{c_{k+1}, \dots, c_n} := \{a \in U \mid x_{k+1}(a) = c_{k+1}, \; \dots, \; x_n(a) = c_n\} \subset U$$

für alle Konstanten c_j mit $|c_j| < \varepsilon$ Integralmannigfaltigkeiten von $\mathcal{E}$ sind. Ist $a \in U$, so stimmt die maximale Integralmannigfaltigkeit $A(a)$ lokal mit dem Blatt von U überein, in dem a liegt.

Wir formulieren noch einige nützliche äquivalente Bedingungen für die Involutivität von geometrischen Distributionen.

Seien $\omega_{k+1}, \ldots, \omega_n$ 1-Formen auf einer n-dimensionalen Mannigfaltigkeit M, die punktweise linear unabhängig sind. Dann ist die Distribution $\mathcal{E}$, definiert durch die Unterräume

$$E_x := \{v \in T_x M \mid (\omega_{k+1})_x(v) = \ldots = (\omega_n)_x(v) = 0\} \subset T_x M, \qquad \text{(A.4)}$$

eine geometrische Distribution vom Rang k auf M. Es gilt

Satz A.13 *Die geometrische Distribution (A.4) ist genau dann involutiv, wenn eine der folgenden äquivalenten Bedingungen gilt:*

1. $d\omega_r \wedge \omega_{k+1} \wedge \ldots \wedge \omega_n = 0$ *für alle* $r = k+1, \ldots, n$.
2. *Es existieren 1-Formen* $\theta_r^j \in \Omega^1(M)$, $r, j = k+1, \ldots, n$, *so dass*

$$d\omega_r = \sum_{j=k+1}^{n} \theta_r^j \wedge \omega_j$$

   für alle $r = k+1, \ldots, n$ *gilt.*
3. *Sind X und Y Vektorfelder auf M mit $\omega_r(X) = \omega_r(Y) = 0$ für alle $r = k+1, \ldots, n$, so gilt auch $d\omega_r(X, Y) = 0$ für alle $r = k+1, \ldots, n$.*

Einen Beweis dieser beiden Sätze findet man in [W83], Kap. 1, und in [AF01], Abschn. 4.1.

A.5   Metriken und Krümmung

Sei M eine glatte Mannigfaltigkeit. Einem $(2, 0)$-Tensorfeld T auf M entspricht eine glatte Familie $\{T_x\}_{x \in M}$ von Bilinearformen $T_x : T_x M \times T_x M \longrightarrow \mathbb{R}$ Lokalisierungssatz A.1. Eine *Metrik auf M* ist ein $(2, 0)$-Tensorfeld

$$g : \mathfrak{X}(M) \times \mathfrak{X}(M) \longrightarrow C^\infty(M),$$

dessen zugehörige Bilinearformen

$$g_x : T_x M \times T_x M \longrightarrow \mathbb{R}$$

symmetrisch, nichtausgeartet und von konstanter Signatur sind. Unter der *Signatur von g* verstehen wir hier das Paar (p, q), wobei p die Anzahl der -1 und q die Anzahl der $+1$ in der Normalform von g_x bezeichnen. Dann gilt $p + q = n$, wobei n die Dimension der Mannigfaltigkeit M ist. Die Zahl p heißt der *Index von g*. In diesem Buch benutzen wir die Bezeichnung *Skalarprodukt* für eine *nichtausgeartete* symmetrische Bilinearform, ,positiv definit' ist nicht gefordert. Wir nennen die Metrik g *Riemannsch* und das Paar (M, g) *Riemannsche Mannigfaltigkeit*, wenn die Metrik g positiv definit, d. h. $p = 0$, ist. g heißt *pseudo-Riemannsche Metrik* bzw. (M, g) *pseudo-Riemannsche Mannigfaltigkeit*, wenn

$1 \leq p \leq n - 1$. Im Spezialfall $p = 1 < n$ nennen wir g *Lorentz-Metrik* und (M, g) *Lorentz-Mannigfaltigkeit*. Wollen wir die Signaturen von g nicht unterscheiden, so benutzen wie die Namen *semi-Riemannsche Metrik* für g bzw. *semi-Riemannsche Mannigfaltigkeit* für (M, g).

Definition A.8 *Eine kovariante Ableitung auf M ist eine Abbildung*

$$\nabla : \mathfrak{X}(M) \times \mathfrak{X}(M) \longrightarrow \mathfrak{X}(M)$$
$$(X, Y) \longmapsto \nabla_X Y$$

mit den folgenden Eigenschaften:

1. $\nabla_X Y$ *ist* $C^\infty(M)$-*linear in X.*
2. $\nabla_X Y$ *ist* $\mathbb{R}$-*linear in Y.*
3. $\nabla_X(f\,Y) = X(f)Y + f\,\nabla_X Y$ *für alle* $f \in C^\infty(M)$.

$\nabla_X Y$ *heißt die kovariante Ableitung des Vektorfeldes Y nach X.*

Ist ∇ eine kovariante Ableitung, X ein Vektorfeld und T ein $(k, 0)$-Tensorfeld auf M, so kann man ein neues $(k, 0)$-Tensorfeld $\nabla_X T$, die *kovariante Ableitung von T in Richtung X*, definieren:

$$\left(\nabla_X T\right)(X_1, \ldots, X_k) := X\left(T(X_1, \ldots, X_k)\right)$$
$$- \sum_{j=1}^{k} T(X_1, \ldots, X_{j-1}, \nabla_X X_j, X_{j+1}, \ldots, X_k).$$

Jeder kovarianten Ableitung ∇ auf M ist ein *Torsionstensor* T^∇ und ein *Krümmungsendomorphismus* R^∇ zugeordnet:

$$T^\nabla(X, Y) := \nabla_X Y - \nabla_Y X - [X, Y],$$
$$R^\nabla(X, Y) := \nabla_X \nabla_Y - \nabla_Y \nabla_X - \nabla_{[X,Y]}.$$

Man beachte hierbei, dass es für den Krümmungsendomorphismus R^∇ verschiedene Vorzeichenkonventionen in der Literatur gibt.

Eine kovariante Ableitung ∇ auf einer semi-Riemannschen Mannigfaltigkeit (M, g) heißt *metrisch*, falls

$$Z\left(g(X, Y)\right) = g(\nabla_Z X, Y) + g(X, \nabla_Z Y)$$

für alle Vektorfelder $X, Y, Z \in \mathfrak{X}(M)$. Eine kovariante Ableitung ∇ heißt *torsionsfrei*, wenn $T^\nabla = 0$, d. h., wenn

$$\nabla_X^g Y - \nabla_Y^g X = [X, Y]$$

für alle Vektorfelder $X, Y \in \mathfrak{X}(M)$. Für semi-Riemannsche Mannigfaltigkeiten gibt es eine ausgezeichnete kovariante Ableitung.

Satz A.14 *Auf einer semi-Riemannschen Mannigfaltigkeit (M, g) gibt es genau eine metrische und torsionsfreie kovariante Ableitung ∇^g. Diese ist durch die folgende Formel gegeben:*

$$2g(\nabla_X^g Y, Z) = X\big(g(Y, Z)\big) + Y\big(g(Z, X)\big) - Z\big(g(X, Y)\big)$$
$$- g(X, [Y, Z]) + g(Y, [Z, X]) + g(Z, [X, Y]). \qquad (A.5)$$

Die kovariante Ableitung ∇^g heißt *Levi-Civita-Zusammenhang von* (M, g). Die ihn beschreibende Formel (A.5) nennt man *Koszul-Formel*.

Für eine semi-Riemannsche Mannigfaltigkeit gibt es diverse Krümmungsbegriffe, die wir hier zusammenstellen. Der $(4, 0)$-Tensor R^g mit

$$R^g(X, Y, Z, V) := g(R^{\nabla^g}(X, Y)Z, V)$$

heißt der *Krümmungstensor von* (M, g). Er hat die folgenden Symmetrieeigenschaften:

a) $R^g(X, Y, Z, V) = -R^g(Y, X, Z, V) = -R(X, Y, V, Z)$.
b) $R^g(X, Y, Z, V) = R^g(Z, V, X, Y)$.
c) *1. Bianchi-Identität:*

$$R^g(X, Y, Z, V) + R^g(Y, Z, X, V) + R^g(Z, X, Y, V) = 0.$$

d) *2. Bianchi-Identität:*

$$(\nabla_X^g R^g)(Y, Z, V, W) + (\nabla_Y^g R^g)(Z, X, V, W) + (\nabla_Z^g R^g)(X, Y, V, W) = 0.$$

Definiert man die kovariante Ableitung eines Krümmungsendomorphismus R^∇ durch

$$(\nabla_X R^\nabla)(Y, Z) := \nabla_X \circ R^\nabla(Y, Z) - R^\nabla(Y, Z) \circ \nabla_X$$
$$- R^\nabla(\nabla_X Y, Z) - R^\nabla(Y, \nabla_X Z),$$

so folgt für den Levi-Civita-Zusammenhang

$$g\big((\nabla_X^g R^{\nabla^g})(Y, Z)V, W\big) = (\nabla_X^g R^g)(Y, Z, V, W).$$

Der *Ricci-Tensor* oder die *Ricci-Krümmung* einer semi-Riemannschen Mannigfaltigkeit (M, g) ist der symmetrische $(2, 0)$-Tensor *Ric* mit

$$Ric_x(v, w) := \sum_{i=1}^n \varepsilon_i R_x^g(v, s_i, s_i, w), \quad v, w \in T_x M,$$

wobei $(s_1, \ldots, s_n)$ eine orthonormale Basis in $T_x M$ und $\varepsilon_i = g_x(s_i, s_i) = \pm 1$ ist. Die *Skalarkrümmung* von (M, g) ist die glatte Funktion *scal* $\in C^\infty(M)$, die durch weitere Spurbildung entsteht:

$$scal(x) := \sum_{j=1}^{n} \varepsilon_j \, Ric_x(s_j, s_j) \; = \; \sum_{i,j=1}^{n} \varepsilon_i \varepsilon_j \, R_x^g(s_j, s_i, s_i, s_j).$$

Eine wichtige Klasse semi-Riemannscher Mannigfaltigkeiten sind die *Einstein-Räume*, die durch die folgende Eigenschaft des Ricci-Tensors definiert sind:

$$Ric = f \cdot g,$$

wobei f eine glatte Funktion auf M ist. Spurbildung ergibt $f = \frac{scal}{n}$. Die 2. Bianchi-Identität zeigt darüber hinaus, dass die Skalarkrümmung für einen Einstein-Raum der Dimension $n \geq 3$ konstant ist.

Für einen nichtausgearteten 2-dimensionalen Unterraum $E \subset T_x M$ können wir außerdem die Schnittkrümmung $K(E)$ von M im Punkt x in Richtung E definieren:

$$K(E) := \frac{R_x^g(v, w, w, v)}{g_x(v, v)g_x(w, w) - g_x(v, w)^2} =: K(v, w),$$

wobei (v, w) eine Basis von E ist. Wir sagen, (M, g) ist ein *Raum konstanter Schnittkrüm-mung* $K \in \mathbb{R}$, wenn $K(E) = K$ für alle nichtausgearteten 2-dimensionalen Unterräume $E \subset T_x M$ und alle $x \in M$ gilt. Eine semi-Riemannsche Mannigfaltigkeit (M, g) hat genau dann konstante Schnittkrümmung K, wenn für ihren Krümmungstensor

$$R^g(X, Y, Z, V) = K \left\{ g(X, V)g(Y, Z) - g(X, Z)g(Y, V) \right\}$$

gilt. Beispiele für semi-Riemannsche Mannigfaltigkeiten konstanter Schnittkrümmung sind reelle Hyperflächen in (pseudo-)Euklidischen Räumen. Sei r eine positive reelle Zahl und $\langle \cdot, \cdot \rangle_{p,q}$ das (pseudo-)Euklidische Skalarprodukt im $\mathbb{R}^{p+q}$:

$$\langle x, y \rangle_{p,q} := -x_1 y_1 - \ldots - x_p y_p + x_{p+1} y_{p+1} + \ldots + x_{p+q} y_{p+q}.$$

Die (Pseudo-)Sphäre

$$S^{k,n-k}(r) := \{ x \in \mathbb{R}^{n+1} \mid \langle x, x \rangle_{k, n+1-k} = r^2 \}$$

ist eine semi-Riemannsche Mannigfaltigkeit der Signatur $(k, n-k)$ mit konstanter positiver Schnittkrümmung $K = \frac{1}{r^2}$. Der (pseudo-)hyperbolische Raum

$$H^{k,n-k}(r) := \{ x \in \mathbb{R}^{n+1} \mid \langle x, x \rangle_{k+1, n-k} = -r^2 \}$$

ist eine semi-Riemannsche Mannigfaltigkeit der Signatur $(k, n-k)$ mit konstanter negativer Schnittkrümmung $K = -\frac{1}{r^2}$. Mit $\widetilde{S^{k,n-k}}(r)$ und $\widetilde{H^{k,n-k}}(r)$ bezeichnen wir ggf. die univer-sellen semi-Riemannschen Überlagerungen von $S^{k,n-k}(r)$ bzw. $H^{k,n-k}(r)$. Es gilt (siehe [ON83], Kap. 8):

Satz A.15 *Sei $M^{k,n-k}(K)$ eine geodätisch vollständige, zusammenhängende, semi-Riemann-sche Mannigfaltigkeit der Signatur $(k, n - k)$ und konstanter Schnittkrümmung K. Dann ist $M^{k,n-k}(K)$ isometrisch zu*

$$
\begin{cases}
\widetilde{S^{k,n-k}}(r)/\Gamma, & \text{falls } K = \frac{1}{r^2} > 0, \\[2mm]
\mathbb{R}^{k,n-k}/\Gamma, & \text{falls } K = 0, \\[2mm]
\widetilde{H^{k,n-k}}(r)/\Gamma, & \text{falls } K = -\frac{1}{r^2} < 0,
\end{cases}
$$

wobei Γ eine diskrete Untergruppe der jeweiligen Isometriegruppe ist.

Bei der Untersuchung konform-invarianter Eigenschaften semi-Riemannscher Mannig-faltigkeiten treten weitere Krümmungstensoren auf. Sei (M, g) eine semi-Riemannsche Mannigfaltigkeit der Dimension $n \geq 3$. Den symmetrischen $(2, 0)$-Tensor

$$
L := \frac{1}{n-2} \left\{ Ric - \frac{scal}{2(n-1)} g \right\}
$$

nennt man *Schouten-Tensor* von (M, g). Zwei symmetrischen $(2, 0)$-Tensoren b und h kann man folgenden $(4, 0)$-Tensor $b \circledast h$ zuordnen:

$$
\begin{aligned}
\left(b \circledast h\right)(X, Y, Z, V) := &+h(X, Z)b(Y, V) + h(Y, V)b(X, Z) \\
&-h(X, V)b(Y, Z) - h(Y, Z)b(X, V).
\end{aligned}
$$

Der *Weyl-Tensor* von (M, g) ist der $(4, 0)$-Tensor

$$
W := R + g \circledast L = R - \frac{scal}{2(n-1)(n-2)} g \circledast g + \frac{1}{n-2} g \circledast Ric. \tag{A.6}
$$

Der Weyl-Tensor erfüllt die gleichen Symmetrieeigenschaften wie der $(4, 0)$-Krümmungs-tensor R. Durch den Korrekturterm $g \circledast L$ ergeben sich aber zusätzliche Eigenschaften für den Weyl-Tensor:

a) W ist spurfrei, d. h., es gilt: $\sum_{i=1}^{n} \varepsilon_i W_x(v, s_i, s_i, w) = 0$ für alle $v, w \in T_x M$ und $x \in M$.

b) W ist konform-invariant, d. h., für den Weyl-Tensor $\widetilde{W}$ einer konform geänderten Me-trik $\widetilde{g} := e^{2\sigma} g$ gilt $\widetilde{W} = e^{2\sigma} W$.

Wie Satz A.15 zeigt, verschwindet der Krümmungstensor einer semi-Riemannschen Man-nigfaltigkeit genau dann, wenn sie lokal isometrisch zum (pseudo)-Euklidischen Raum ist. Für den Weyl-Tensor gilt im Vergleich dazu (siehe z. B. [Ku10], Kap. 8):

Satz A.16 *Sei (M, g) eine semi-Riemannsche Mannigfaltigkeit der Signatur (p, q) und der Dimension $n = p + q \geq 4$. Dann gilt $W = 0$ genau dann, wenn (M, g) lokal konform-flach ist, d. h., wenn es um jeden Punkt $x \in M$ eine Karte (U, φ) gibt, für die $\varphi : (U, g) \longrightarrow (\varphi(U), \langle \cdot, \cdot \rangle_{p,q})$ ein konformer Diffeomorphismus ist.*

Für 4-dimensionale orientierte Riemannsche Mannigfaltigkeit benutzt man oft eine spezielle Darstellung des Krümmungstensors, die wir in Abschn. 6.3 auch verwenden. Wir fügen hier deshalb einen Beweis dafür an. Das Bündel $\Lambda^2 T^* M$ der alternierenden 2-Formen einer orientierten Riemannschen Mannigfaltigkeit (M, g) kann man in zwei Teilbündel zerlegen. Wir betrachten dazu den Stern-Operator $* : \Lambda^2 T^* M \longrightarrow \Lambda^2 T^* M$, der einer 2-Form ω die durch

$$\omega \wedge \sigma =: g(*\omega, \sigma)\, dM_g \quad \text{für alle 2-Formen } \sigma$$

definierte 2-Form $*\omega$ zuordnet. Ist $(s_1, \ldots, s_4)$ eine orientierte orthonormale Basis in $T_x M$ und $(e^1, \ldots, e^4)$ die dazu duale Basis, so gilt

$$*(e^i \wedge e^j) = \text{sign}(ijkl)\, e^k \wedge e^l$$

für eine Permutation $(ijkl) \in S_4$. Es gilt $** = \text{Id}_{\Lambda^2}$. Wir erhalten somit

$$\Lambda^2 T^* M = \Lambda^2 T^*_+ M \oplus \Lambda^2 T^*_- M,$$

wobei $\Lambda^2 T^*_\pm M$ die Eigenunterräume des Stern-Operators $*$ zum Eigenwert $+1$ bzw. -1 bezeichnen. Man nennt $\omega \in \Lambda^2 T^*_+ M$ selbstduale und $\omega \in \Lambda^2 T^*_- M$ anti-selbstduale 2-Form. Die Symmetrieeigenschaften des Krümmungstensors und des Weyl-Tensors erlauben es, beide Tensoren als Homomorphismen auf dem Bündel der 2-Formen aufzufassen. Wir definieren $R, W : \Lambda^2 T^* M \longrightarrow \Lambda^2 T^* M$ durch

$$R(e^i \wedge e^j) := \sum_{k<l} R(s_i, s_j, s_k, s_l)\, e^k \wedge e^l,$$

$$W(e^i \wedge e^j) := \sum_{k<l} W(s_i, s_j, s_k, s_l)\, e^k \wedge e^l.$$

Satz A.17 *Für den Krümmungstensor einer 4-dimensionalen, orientierten Riemannschen Mannigfaltigkeit (M, g), betrachtet als Homomorphismus auf dem Bündel der alternierenden 2-Formen von M, gilt bezüglich der Zerlegung $\Lambda^2 T^* M := \Lambda^2 T^*_+ M \oplus \Lambda^2 T^*_- M$:*

$$R = \underbrace{\begin{pmatrix} W_+ & 0 \\ 0 & W_- \end{pmatrix}}_{=W} - \frac{scal}{12} \cdot \begin{pmatrix} \text{Id}_{\Lambda^2_+} & 0 \\ 0 & \text{Id}_{\Lambda^2_-} \end{pmatrix} + \begin{pmatrix} 0 & B \\ B^* & 0 \end{pmatrix}.$$

Für die Spur von $W_\pm := W|_{\Lambda^2_\pm} : \Lambda^2 T^*_\pm M \longrightarrow \Lambda^2 T^*_\pm M$ gilt außerdem

$$\text{Tr}(W_+) = \text{Tr}(W_-) = 0.$$

Beweis Wir bezeichnen mit $\langle \cdot, \cdot \rangle$ das durch g induzierte Skalarprodukt auf $\Lambda^2 T^*_x M$. Die folgende Basis $\{f^i_+, i = 1, 2, 3\}$ im Raum der selbstdualen bzw. $\{f^i_-, i = 1, 2, 3\}$ im Raum der anti-selbstdualen 2-Formen ist orthogonal bzgl. $\langle \cdot, \cdot \rangle$:

$$f_\pm^1 := \frac{1}{\sqrt{2}} \left(e^1 \wedge e^2 \pm e^3 \wedge e^4 \right),$$

$$f_\pm^2 := \frac{1}{\sqrt{2}} \left(e^1 \wedge e^3 \mp e^2 \wedge e^4 \right),$$

$$f_\pm^3 := \frac{1}{\sqrt{2}} \left(e^1 \wedge e^4 \pm e^2 \wedge e^3 \right).$$

Wir stellen den Homomorphismus $R : \Lambda^2 T^* M \longrightarrow \Lambda^2 T^* M$ als Matrix bzgl. dieser Basis dar:

$$R = \begin{pmatrix} A & B \\ C & D \end{pmatrix}.$$

Aus den Symmetrieeigenschaften des Krümmungstensors folgt $C = B^t$. In den folgenden Rechnungen benutzen wir die Bezeichnungen

$$R_{ijkl} := R(s_i, s_j, s_k, s_l) \quad \text{und} \quad W_{ijkl} := W(s_i, s_j, s_k, s_l).$$

Wir zeigen zuerst, dass

$$\mathrm{Tr}(A) = \mathrm{Tr}(D) = -\frac{1}{4} scal.$$

Es gilt:

$$\mathrm{Tr}(A) = \sum_{i=1}^{3} \langle A f_i^+, f_i^+ \rangle = \langle R(f_i^+), f_i^+ \rangle$$

$$= \frac{1}{2} \sum_{k<l} (R_{12kl} + R_{34kl}) \langle e^k \wedge e^l, e^1 \wedge e^2 + e^3 \wedge e^4 \rangle$$

$$+ \frac{1}{2} \sum_{k<l} (R_{13kl} - R_{24kl}) \langle e^k \wedge e^l, e^1 \wedge e^3 - e^2 \wedge e^4 \rangle$$

$$+ \frac{1}{2} \sum_{k<l} (R_{14kl} + R_{23kl}) \langle e^k \wedge e^l, e^1 \wedge e^4 + e^2 \wedge e^3 \rangle$$

$$= \frac{1}{2} \big\{ R_{1212} + 2R_{1234} + R_{3434} + R_{1313} - 2R_{1324}$$

$$+ R_{2424} + R_{1414} + 2R_{2314} + R_{2323} \big\}.$$

Die 1. Bianchi-Identität liefert dann

$$\mathrm{Tr}(A) = -\frac{1}{2} \sum_{i<j} R_{ijji} = -\frac{1}{4} \sum_{i,j=1}^{4} R_{ijji} = -\frac{1}{4} scal.$$

Die Behauptung $\mathrm{Tr}(D) = -\frac{1}{4} scal$ zeigt man analog.

Als nächstes zeigen wir, dass sich der Weyl-Tensor W in der folgenden Form zerlegt:

$$W = \begin{pmatrix} W_+ & 0 \\ 0 & W_- \end{pmatrix},$$

wobei

$$W_+ = A - \frac{1}{3}\operatorname{Tr}(A) \cdot \operatorname{Id}_{\Lambda^2_+} = A + \frac{1}{12}scal \cdot \operatorname{Id}_{\Lambda^2_+} \qquad \text{und}$$

$$W_- = D - \frac{1}{3}\operatorname{Tr}(D) \cdot \operatorname{Id}_{\Lambda^2_-} = D + \frac{1}{12}scal \cdot \operatorname{Id}_{\Lambda^2_-} .$$

Daraus folgt dann insbesondere $\operatorname{Tr}(W_+) = \operatorname{Tr}(W_-) = 0$. Für die Diagonalgestalt von W müssen wir zeigen, dass

$$\langle W(f_i^-), f_j^+ \rangle = 0 = \langle W(f_j^+), f_i^- \rangle$$

für alle $i, j = 1, 2, 3$. Wir überprüfen die erste Behauptung für $i = 1$. Die anderen Fälle zeigt man analog. Man sieht durch Einsetzen der Basisvektoren, dass

$$\langle W(f_1^-), f_2^+ \rangle = \frac{1}{2}\big(W_{1213} - W_{3413} - W_{1224} + W_{3424}\big),$$

$$\langle W(f_1^-), f_3^+ \rangle = \frac{1}{2}\big(W_{1214} - W_{3414} + W_{1223} - W_{3423}\big).$$

Aus der Spurfreiheit des Weyl-Tensors, d. h. $\sum_i W_{kiil} = 0$, folgt dann

$$\langle W(f_1^-), f_2^+ \rangle = \langle W(f_1^-), f_3^+ \rangle = 0.$$

Für $j = 1$ benutzen wir die Definition des Weyl-Tensors in (A.6) und erhalten

$$\langle W(f_1^-), f_1^+ \rangle = \frac{1}{2}\big(W_{1212} - W_{3434}\big)$$
$$= \frac{1}{2}\big(R_{1212} - R_{3434}\big) + \frac{1}{4}\big(R_{22} + R_{11} - R_{33} - R_{44}\big),$$

wobei $R_{ij} = Ric(s_i, s_j)$ die Komponenten des Ricci-Tensors bezeichnet. Setzt man die Definition von R_{ij} ein, so erhält man ebenfalls

$$\langle W(f_1^-), f_1^+ \rangle = 0.$$

Es bleibt jetzt noch, $W_+ = A + \frac{scal}{12} \cdot \operatorname{Id}_{\Lambda^2_+}$ und $W_- = D + \frac{scal}{12} \cdot \operatorname{Id}_{\Lambda^2_-}$ zu zeigen. Dazu ist

$$\begin{aligned} \langle (W - R)(f_i^+), f_j^+ \rangle &= \frac{scal}{12}\delta_{ij} \qquad \text{und} \\ \langle (W - R)(f_i^-), f_j^- \rangle &= \frac{scal}{12}\delta_{ij} \end{aligned} \tag{A.7}$$

zu überprüfen. Aus Formel (A.6) erhält man

$$W - R = \frac{1}{2} g \circledast Ric - \frac{1}{12} g \circledast g.$$

Daraus folgt

$$(W - R)(f_1^+) = \frac{1}{2\sqrt{2}} \left((R_{11} + R_{22})\, e^1 \wedge e^2 + (R_{33} + R_{44})\, e^3 \wedge e^4 \right)$$

$$- \frac{1}{6} scal \cdot f_1^+.$$

Dies liefert

$$\langle (W - R)(f_1^+), f_1^+ \rangle = \frac{1}{4}(R_{11} + R_{22} + R_{33} + R_{44}) - \frac{1}{6} scal = \frac{scal}{12},$$

$$\langle (W - R)(f_1^+), f_2^+ \rangle = 0,$$

$$\langle (W - R)(f_1^+), f_3^+ \rangle = 0.$$

Der Beweis für die anderen Fälle von (A.7) verläuft analog. $\square$

A.6 Exponentialabbildung, Jacobifelder und geodätische Variation

Sei (M, g) eine semi-Riemannsche Mannigfaltigkeit und $\gamma : I \longrightarrow M$ eine glatte Kurve in M. Unter einem *Vektorfeld entlang γ* verstehen wir eine glatte Abbildung

$$X : I \longrightarrow TM$$
$$t \longmapsto X(t) \in T_{\gamma(t)}M.$$

‚Glatt' bedeutet hierbei, dass für jede Karte $(U, \varphi = (x_1, \ldots, x_n))$ von M mit $\gamma(t) \in U$ die Komponenten ξ_i in der lokalen Basisdarstellung $X = \sum_{i=1}^{n} \xi_i \frac{\partial}{\partial x_i}$ glatte Funktionen sind. Den Raum der Vektorfelder entlang γ bezeichnen wir mit $\mathfrak{X}_\gamma(M)$. Mit Hilfe des Levi-Civita-Zusammenhangs ∇^g von (M, g) können wir Vektorfelder $X \in \mathfrak{X}_\gamma(M)$ nach dem Parameter $t \in I$ kovariant ableiten. Sei $(U, \varphi = (x_1, \ldots, x_n))$ eine Karte mit $\gamma(t) \in U$ und $X = \sum_{i=1}^{n} \xi_i \frac{\partial}{\partial x_i}$ die lokale Basisdarstellung von X bzgl. dieser Karte. Dann gilt für die kovariante Ableitung von X nach t:

$$\frac{\nabla^g X}{dt}(t) := \sum_{i=1}^{n} \xi_i'(t) \frac{\partial}{\partial x_i}(\gamma(t)) + \xi_i(t) \nabla^g_{\gamma'(t)} \frac{\partial}{\partial x_i}.$$

Ist X ein Vektorfeld entlang γ, so ist seine kovariante Ableitung $\frac{\nabla^g X}{dt}$ ebenfalls ein Vektorfeld entlang γ. Insbesondere ist γ' ein Vektorfeld entlang γ. Eine Kurve γ heißt *Geodäte von* (M, g), falls

$$\frac{\nabla^g \gamma'}{dt} = 0.$$

Eine Geodäte ist *maximal*, wenn sich ihr Definitionsbereich nicht fortsetzen lässt. Eine semi-Riemannsche Mannigfaltigkeit (M, g) heißt *geodätisch vollständig*, wenn jede maximale Geodäte von (M, g) auf ganz $\mathbb{R}$ definiert ist.

Für jeden Punkt $x \in M$ und jeden Vektor $v \in T_x M$ existiert genau eine maximale Geodäte $\gamma_v : I_v \longrightarrow M$ mit $\gamma_v(0) = x$ und $\gamma_v'(0) = v$. Die Menge

$$D_x := \{v \in T_x M \mid 1 \in I_v\} \subset T_x M$$

ist offen und sternförmig bzgl. 0_x. Ist (M, g) geodätisch vollständig, so gilt $D_x = T_x M$. Die Abbildung

$$\exp_x : D_x \subset T_x M \longrightarrow M$$
$$v \longmapsto \gamma_v(1)$$

heißt *Exponentialabbildung von (M, g) im Punkt $x \in M$*. Für die Geodäte γ_v gilt dann $\gamma_v(t) := \exp_x(tv)$.

Satz A.18 *Die Exponentialabbildung* $\exp_x : D_x \subset T_x M \longrightarrow M$ *ist ein lokaler Diffeomorphismus um* 0_x. *Mehr noch, es gilt:*

$$(d \exp_x)_{0_x} = \mathrm{Id}_{T_x M}.$$

Ist $V \subset D_x$ eine bezüglich 0_x sternförmige Umgebung, so dass die Abbildung $\exp_x |_V : V \longrightarrow \exp_x(V)$ ein Diffeomorphismus ist, so nennt man $U := \exp_x(V)$ eine *Normalenumgebung von $x \in M$* und die durch $\exp_x^{-1}$ und eine orthonormale Basis in $T_x M$ definierten Koordinaten *Normalkoordinaten auf U*. Die im Mittelpunkt $x \in U$ startenden Geodäten $\gamma_v : [0, 1] \longrightarrow U$ mit $v \in V$ nennt man kurz *radiale Geodäten*.

Eine stetige Kurve $\gamma : [a, b] \longrightarrow M$ heißt *gebrochene Geodäte*, wenn es eine Unterteilung $a = t_0 < \ldots < t_r = b$ des Intervalls $[a, b]$ gibt, so dass die Abschnitte $\gamma|_{[t_{i-1}, t_i]}$ für alle $i = 1, \ldots, r$ Geodäten sind. Mit Hilfe der Normalenumgebungen zeigt man:

Satz A.19 *1. Sei (M, g) eine zusammenhängende semi-Riemannsche Mannigfaltigkeit. Dann kann man zwei beliebige Punkte $x, y \in M$ durch eine gebrochene Geodäte verbinden.*
2. Sei (M, g) eine einfach-zusammenhängende semi-Riemannsche Mannigfaltigkeit, und seien $\gamma, \delta : [a, b] \longrightarrow M$ zwei gebrochene Geodäten mit dem Anfangspunkt x und dem Endpunkt y. Dann gibt es eine stetige Homotopie $H : [a, b] \times [0, 1] \longrightarrow M$ zwischen γ und δ, so dass die Kurven $H_s := H(\cdot, s)$ gebrochene Geodäten sind, die x mit y verbinden, und es eine Unterteilung $a = t_0 < t_1 < \ldots < t_r = b$ von $[a, b]$ gibt, so dass $H_s|_{[t_{i-1}, t_i]}$ glatt für alle $s \in [0, 1]$ und $i = 1, \ldots, r$ ist.

Sei nun $\gamma : I \longrightarrow M$ eine Geodäte von (M, g). Ein Vektorfeld $X \in \mathfrak{X}_\gamma(M)$ heißt *Jacobifeld entlang* γ, wenn die Differentialgleichung

$$\frac{\nabla^g}{dt} \frac{\nabla^g X}{dt} + R^g(X, \gamma')\gamma' = 0$$

gilt. Jacobifelder treten als Variationsvektorfelder geodätischer Variationen auf.

Sei $\gamma : I \longrightarrow M$ eine beliebige glatte Kurve. Eine glatte Abbildung $H : I \times (-\varepsilon, \varepsilon) \longrightarrow M$ mit $H(\cdot, 0) = \gamma$, nennt man eine *Variation von* γ. Für fixiertes $t \in I$ können wir die glatte Kurve $H_t : s \in (-\varepsilon, \varepsilon) \mapsto H(t, s) \in M$ betrachten und nach dem Parameter s ableiten. Wir bezeichnen diese Ableitung mit

$$\frac{\partial H}{\partial s}(t, s) := H_t'(s) \in T_{H(t,s)}(M).$$

Das Vektorfeld $Y \in \mathfrak{X}_\gamma(M)$ mit

$$Y(t) := \frac{\partial H}{\partial s}(t, 0)$$

heißt *Variationsvektorfeld von* H. Sind alle Kurven $H(\cdot, s)$ für $s \in (-\varepsilon, \varepsilon)$ Geodäten, so heißt H *geodätische Variation*. In diesem Fall gilt:

Satz A.20 *Sei* $H : I \times (-\varepsilon, \varepsilon) \longrightarrow M$ *eine geodätische Variation der Geodäten* γ. *Dann ist das Variationsvektorfeld* $Y = \frac{\partial H}{\partial s}(\cdot, 0) \in \mathfrak{X}_\gamma(M)$ *ein Jacobifeld entlang* γ.

Die Jacobifelder charakterisieren das Differential der Exponentialabbildung $\exp_x : D_x \subset T_x M \longrightarrow M$.

Satz A.21 *Sei* $\gamma : [0, l] \longrightarrow M$ *eine Geodäte in* M, $\gamma(0) = x$ *und* $\gamma'(0) = v$. *Dann gilt:*

1. *Für gegebene Vektoren* $u, w \in T_x M$ *existiert genau ein Jacobifeld* Y *entlang* γ *mit* $Y(0) = u$ *und* $\frac{\nabla^g Y}{dt}(0) = w$.
2. *Für das Jacobifeld* $Y \in \mathfrak{X}_\gamma(M)$ *mit den Anfangsbedingungen* $Y(0) = 0$ *und* $\frac{\nabla^g Y}{dt}(0) = w$ *gilt*

$$Y(t) = t \cdot (d \exp_x)_{tv}(w) \in T_{\gamma(t)} M.$$

Einen Beweis findet man in [ON83], Kap. 8.

A.7 Total-geodätische Untermannigfaltigkeiten

Wir betrachten nun eine semi-Riemannsche Mannigfaltigkeit (M, g) und eine Untermannigfaltigkeit $N \subset M$. Wir setzen voraus, dass die Tangentialräume $(T_x N, g_x|_{T_x N \times T_x N})$ für alle $x \in N$ nichtausgeartet und von gleicher Signatur sind. Eine solche Untermannigfaltigkeit $N \subset M$ nennt man *nichtausgeartet*. In diesem Fall ist (N, g^N) mit der induzierten Metrik g^N, definiert durch die Skalarprodukte

$$g_x^N := g_x|_{T_x N \times T_x N}, \quad x \in N,$$

selbst eine semi-Riemannsche Mannigfaltigkeit. Der Tangentialraum von M im Punkt $x \in N$ zerlegt sich in die orthogonale direkte Summe

$$T_x M = T_x N \oplus \nu_x N.$$

Der Raum $\nu_x N := T_x N^\perp$ heißt der Normalenraum von N im Punkt $x \in N$.

$$\nu(N) := \bigcup_{x \in N} \nu_x N$$

ist das Normalenbündel der Untermannigfaltigkeit N. Wir bezeichnen mit ∇^N den Levi-Civita-Zusammenhang von (N, g^N) und mit ∇^M den von (M, g). Seien $X, Y \in \mathfrak{X}(N)$ zwei Vektorfelder auf N. Wir können Y nach X bezüglich des Levi-Civita-Zusammenhangs ∇^M von M ableiten. Dazu betrachten wir in jedem Punkt $x \in N$ lokale Fortsetzungen von X und Y zu Vektorfeldern $\widetilde{X}$ bzw. $\widetilde{Y}$ auf einer Umgebung $U(x) \subset M$ und setzen

$$(\nabla_X^M Y)(x) := (\nabla_{\widetilde{X}}^M \widetilde{Y})(x) \in T_x M.$$

Diese Definition hängt nicht von der Wahl der Fortsetzung ab und definiert eine glatte Funktion $\nabla_X^M Y : N \to TM$. Wir können die kovariante Ableitung $\nabla_X^M Y$ in einen tangentialen und einen normalen Teil zerlegen. Dabei gilt

$$\nabla_X^M Y = \underbrace{\nabla_X^N Y}_{\text{tangentialer Teil}} + \underbrace{\mathrm{II}(X, Y)}_{\text{normaler Teil}}.$$

Das Tensorfeld II, das zwei Vektorfeldern $X, Y \in \mathfrak{X}(N)$ einen Schnitt im Normalenbündel $\nu(N)$ zuordnet, heißt *2. Fundamentalform der Untermannigfaltigkeit $N \subset M$*. Da die Inklusionsabbildung $\iota : N \hookrightarrow M$ glatt ist, ist jede glatte Kurve $\gamma : I \to N$ auch glatt als Kurve in M. Wir wollen nun die Geodäten von (N, g^N) und (M, g) vergleichen. Im Allgemeinen ist eine Geodäte von (N, g^N) keine Geodäte von (M, g).

Definition A.9 *Man nennt $N \subset M$ eine total-geodätische Untermannigfaltigkeit von (M, g), wenn jede Geodäte von (N, g^N) auch Geodäte von (M, g) ist.*

Satz A.22 *Sei (M, g) eine semi-Riemannsche Mannigfaltigkeit und (N, g^N) eine nichtausgeartete Untermannigfaltigkeit mit der induzierten Metrik. Dann sind folgende Bedingungen äquivalent:*

1. N ist eine total-geodätische Untermannigfaltigkeit.
2. $\mathrm{II} = 0$.

3. *Seien $x \in N$, $v \in T_x M$ und γ_v die maximale Geodäte in (M, g) mit dem Anfangsvektor v. Liegt v tangential zu N, so verläuft γ_v für ein offenes Anfangszeitintervall vollständig in N.*

4. *Sei α eine Kurve in N und $w \in T_{\alpha(0)} N$. Dann stimmen die Parallelverschiebungen von w entlang α bzgl. ∇^M und bzgl. ∇^N überein.*

Einen Beweis findet man in [ON83], Kap. 4.

A.8   Semi-Riemannsche Submersionen

Eine surjektive glatte Abbildung $f : M \longrightarrow B$ heißt *Submersion*, wenn das Differential $df_x : T_x M \longrightarrow T_{f(x)} B$ für jeden Punkt $x \in M$ surjektiv ist. Dann ist die Faser $M_b := f^{-1}(b) \subset M$ für jeden Punkt $b \in B$ eine topologische Untermannigfaltigkeit und für den Tangentialraum in $x \in M_b$ gilt $T_x M_b = \text{Ker } df_x$ (Satz A.11). Wir nennen $T_x M_b$ auch den *vertikalen Tangentialraum* der Submersion in $x \in M$ und bezeichnen ihn mit $\mathcal{V}_x$.

Definition A.10 *Seien (M, g) und (B, h) zwei semi-Riemannsche Mannigfaltigkeiten. Eine Submersion $f : (M, g) \longrightarrow (B, h)$ heißt semi-Riemannsche Submersion, wenn gilt:*

1. *Jede Faser $M_b \subset M$, $b \in B$, ist eine nichtausgeartete Untermannigfaltigkeit von (M, g), d. h., für jedes $x \in M$ ist die Metrik g_x auf dem vertikalen Tangentialraum $\mathcal{V}_x \subset T_x M$ nichtausgeartet.*

2. *Sei $\mathcal{H}_x := \mathcal{V}_x^{\perp} \subset T_x M$ der horizontale Tangentialraum der Submersion in $x \in M$. Dann ist die Abbildung $df_x|_{\mathcal{H}_x} : (\mathcal{H}_x, g_x) \longrightarrow (T_{f(x)} B, h_{f(x)})$ eine lineare Isometrie für jedes $x \in M$.*

Für eine semi-Riemannsche Submersion $f : (M, g) \longrightarrow (B, h)$ gilt also $T_x M = \mathcal{V}_x \oplus \mathcal{H}_x$. Die Vektoren aus $\mathcal{V}_x$ nennen wir *vertikal*, die aus $\mathcal{H}_x$ *horizontal*. Die Vektorräume $\mathcal{V}_x$ bilden das *vertikale Tangentialbündel* $\mathcal{V} \subset TM$, die Vektorräume $\mathcal{H}_x$ das *horizontale Tangentialbündel* $\mathcal{H} \subset TM$. Für ein Vektorfeld $Z \in \mathfrak{X}(M)$ bezeichnen wir mit $Z_{\mathcal{H}}$ seine horizontale und mit $Z_{\mathcal{V}}$ seine vertikale Komponente. Für jedes Vektorfeld $X \in \mathfrak{X}(B)$ existiert ein eindeutig bestimmtes Vektorfeld $\overline{X} \in \mathfrak{X}(M)$ mit $\overline{X}(x) \in \mathcal{H}_x$ und $df_x(\overline{X}(x)) = X(f(x))$ für alle $x \in M$. $\overline{X}$ heißt der *horizontale Lift* von X. Der folgende Satz beschreibt geometrische Eigenschaften von semi-Riemannschen Submersionen, die wir in unserem Buch benutzen. Die Beweise dieser und weiterer Formeln für den Levi-Civita-Zusammenhang und die Krümmungstensoren findet man z. B. in [ON66].

Satz A.23 *Sei $f : (M, g) \longrightarrow (B, h)$ eine semi-Riemannsche Submersion und bezeichne ∇^M den Levi-Civita-Zusammenhang von (M, g) und ∇^B den Levi-Civita-Zusammenhang von (B, h). Dann gilt für alle Vektorfelder X, Y, Z, U der Mannigfaltigkeit B:*

1. $[\overline{X}, \overline{Y}]_{\mathcal{H}} = \overline{[X, Y]}$.

2. $\left(\nabla^M_{\overline{X}}\overline{Y}\right)_{\mathcal{H}} = \overline{\nabla^B_X Y}$.

3. $R^M(\overline{X}, \overline{Y}, \overline{Z}, \overline{U}) = R^B(X, Y, Z, U) + 2g\left((\nabla^M_{\overline{X}}\overline{Y})_{\mathcal{V}}, (\nabla^M_{\overline{Z}}\overline{U})_{\mathcal{V}}\right)$

$$+ g\left((\nabla^M_{\overline{X}}\overline{Z})_{\mathcal{V}}, (\nabla^M_{\overline{Y}}\overline{U})_{\mathcal{V}}\right) - g\left((\nabla_{\overline{Y}}\overline{Z})_{\mathcal{V}}, (\nabla_{\overline{X}}\overline{U})_{\mathcal{V}}\right).$$

A.9   Das Cartan-Ambrose-Hicks-Theorem

Eine glatte Abbildung $\phi : (N, h) \longrightarrow (M, g)$ zwischen zwei semi-Riemannschen Mannigfaltigkeiten nennt man *isometrisch*, wenn $\phi^* g = h$ gilt. Ein isometrischer (lokaler) Diffeomorphismus heißt *(lokale) Isometrie*. Gibt es zwischen zwei semi-Riemannschen Mannigfaltigkeiten (N, h) und (M, g) eine Isometrie, so sagen wir, sie sind *isometrisch zueinander*. Isometrien sind durch ihren Wert und ihr Differential in einem Punkt eindeutig bestimmt.

Satz A.24 *Es seien ϕ, $\psi : (N, h) \longrightarrow (M, g)$ zwei lokale Isometrien und N zusammenhängend. Existiert ein Punkt $x \in N$ mit $\phi(x) = \psi(x)$ und $d\phi_x = d\psi_x$, so gilt $\phi = \psi$.*

Beweis   Sei $A := \{y \in N \mid \phi(y) = \psi(y), \; d\phi_y = d\psi_y\}$. Nach Voraussetzung ist A nicht leer. Aus Stetigkeitsgründen ist A abgeschlossen. Wir zeigen noch, dass A offen ist. Sei $y \in A$ und $U(y)$ eine Normalenumgebung von y. Dann gibt es für jeden Punkt $z \in U(y)$ ein $v \in T_y N$ mit $\gamma_v(1) = \exp_y(v) = z$. Lokale Isometrien führen Geodäten in Geodäten über. Es gilt insbesondere

$$\phi(z) = \phi(\gamma_v(1)) = \gamma_{d\phi_y(v)}(1) = \gamma_{d\psi_y(v)}(1) = \psi(\gamma_v(1)) = \psi(z).$$

Folglich ist $\phi|_{U(y)} = \psi|_{U(y)}$ und somit auch $d\phi_z = d\psi_z$ für alle $z \in U(y)$. Also gilt $U(y) \subset A$. Da N zusammenhängend ist, folgt $A = N$. $\square$

Eine weitere Eigenschaft von Isometrien ist die Vertauschbarkeit ihres Differentials mit Parallelverschiebungen.

Lemma A.1 *Sei $f : (N, h) \longrightarrow (M, g)$ eine Isometrie und $\gamma : [a, b] \longrightarrow N$ eine stückweise glatte Kurve. Dann gilt*

$$df_{\gamma(b)} \circ \mathcal{P}^N_\gamma = \mathcal{P}^M_{f \circ \gamma} \circ df_{\gamma(a)}.$$

Dabei bezeichnen $\mathcal{P}^N_\gamma$ bzw. $\mathcal{P}^M_{f \circ \gamma}$ die Parallelverschiebungen entlang γ bzw. $f \circ \gamma$ bezüglich des Levi-Civita-Zusammenhangs von (N, h) bzw. (M, g).

Beweis   Da $f : N \longrightarrow M$ ein Diffeomorphismus ist, können wir einem Vektorfeld $X \in \mathfrak{X}(N)$ das Vektorfeld $df(X) \in \mathfrak{X}(M)$ mit

$$df(X)(y) := df_{f^{-1}(y)}\big(X(f^{-1}(y))\big), \qquad y \in M,$$

zuordnen. Aus der Koszul-Formel (A.5) für den Levi-Civita-Zusammenhang folgt

$$df\big(\nabla_X^N Y\big) = \nabla_{df(X)}^M df(Y) \tag{A.8}$$

für alle Vektorfelder X, Y auf N. Sei nun $Z \in \mathfrak{X}_\gamma(N)$ ein Vektorfeld entlang der Kurve γ. Für das auf M transportierte Vektorfeld $df(Z) \in \mathfrak{X}_{f \circ \gamma}(M)$, definiert durch

$$df(Z)(t) := df_{\gamma(t)}\big(Z(t)\big), \qquad t \in [a, b],$$

erhält man mit (A.8)

$$df_{\gamma(t)}\left(\frac{\nabla^N Z}{dt}(t)\right) = \frac{\nabla^M df(Z)}{dt}(t).$$

Folglich ist Z genau dann entlang γ parallelverschoben, wenn $df(Z)$ entlang $f \circ \gamma$ parallelverschoben ist. Dies ergibt die Behauptung des Lemmas. $\qquad\square$

Das Theorem von Cartan-Ambrose-Hicks gibt ein Kriterium dafür an, wann zwei einfach-zusammenhängende, geodätisch vollständige, semi-Riemannsche Mannigfaltigkeiten isometrisch zueinander sind. Da wir diesen Satz in Kap. 5 an zentraler Stelle benutzen, wollen wir hier den Beweis angeben.

Seien (N, h) und (M, g) zwei zusammenhängende, semi-Riemannsche Mannigfaltigkeiten und $L : T_q N \longrightarrow T_p M$ eine lineare Isometrie zwischen den Tangentialräumen von N und M im Punkt $q \in N$ bzw. $p \in M$.

Zunächst betrachten wir die lokale Situation. Sei $U(q)$ eine Normalenumgebung von $q \in N$, so dass $L\big(\exp_q^{-1}(U(q))\big)$ im Definitionsbereich der Exponentialabbildung $\exp_p$ des Punktes $p \in M$ liegt. Dann ist die Abbildung

$$f := \exp_p \circ L \circ \exp_q^{-1} : \ U(q) \subset N \longrightarrow M$$

korrekt definiert und ein lokaler Diffeomorphismus um q. Sie heißt die durch L definierte *Polarabbildung*. Wir fragen uns als erstes, wann die Polarabbildung isometrisch ist. Wir betrachten dazu eine radiale Geodäte $\gamma : [0, 1] \longrightarrow U(q)$ von q nach x. Ihr Bild $\tilde{\gamma} := f \circ \gamma$ ist dann eine Geodäte in (M, g) mit dem Anfangspunkt p. Mit $\mathcal{P}_t := \mathcal{P}_{\gamma_{[0,t]}}^N$ bezeichnen wir die Parallelverschiebung entlang $\gamma|_{[0,t]}$ bezüglich des Levi-Civita-Zusammenhangs von (N, h) und mit $\widetilde{\mathcal{P}}_t := \mathcal{P}_{\tilde{\gamma}_{[0,t]}}^M$ die Parallelverschiebung entlang $\tilde{\gamma}|_{[0,t]}$ bezüglich des Levi-Civita-Zusammenhangs von (M, g). Dann erhalten wir für jeden Parameter $t \in [0, 1]$ eine lineare Isometrie durch

$$L_t := \widetilde{\mathcal{P}}_t \circ L \circ \mathcal{P}_t^{-1} : \ T_{\gamma(t)} N \longrightarrow T_{\tilde{\gamma}(t)} M.$$

Im Endpunkt bezeichnen wir diese mit

$$L_\gamma := L_1 : \quad T_x N \longrightarrow T_{f(x)} M. \tag{A.9}$$

Des Weiteren sei R^N der Krümmungstensor von (N, h) und R^M der Krümmungstensor von (M, g).

Satz A.25 *Gilt für jede radiale Geodäte* $\gamma : [0, 1] \longrightarrow U(q)$ *von* q *nach* x

$$L_\gamma \left(R_x^N (u, v) w \right) = R_{f(x)}^M \left(L_\gamma(u), L_\gamma(v) \right) L_\gamma(w) \qquad \forall\, u, v, w \in T_x N,$$

so ist die Polarabbildung $f : U(q) \longrightarrow M$ *isometrisch.*

Beweis Wir müssen zeigen, dass für alle $x \in U(q)$ und alle $v \in T_x N$

$$g_{f(x)} \left(df_x(v), df_x(v) \right) = h_x(v, v)$$

gilt. Wir betrachten dazu die radiale Geodäte $\gamma : [0, 1] \longrightarrow U(q)$, die q mit x verbindet, und ihr Bild $\widetilde{\gamma} := f \circ \gamma$. Des Weiteren sei Y ein Jacobi-Feld entlang γ mit $Y(0) = 0$ und $Y(1) = v$. Wir bezeichnen mit $\widetilde{Y} \in \mathfrak{X}_{\widetilde{\gamma}}(M)$ das Vektorfeld

$$\widetilde{Y}(t) := L_t (Y(t))$$

entlang der Kurve $\widetilde{\gamma}$. Wir zeigen zunächst, dass $\widetilde{Y}$ ein Jacobifeld entlang $\widetilde{\gamma}$ ist. Dazu fixieren wir eine orthonormale Basis $(e_1, \ldots, e_n)$ in $T_q N$ und ihre Parallelverschiebung $(e_1(t), \ldots, e_n(t))$ entlang γ. Dann ist $(\widetilde{e}_1(t), \ldots, \widetilde{e}_n(t))$, definiert durch $\widetilde{e}_i(t) := L_t(e_i(t))$, eine parallel verschobene orthonormale Basis entlang $\widetilde{\gamma}$. Wir stellen nun $Y(t)$ in der Basis $(e_1(t), \ldots, e_n(t))$ und $\widetilde{Y}(t)$ in der Basis $(\widetilde{e}_1(t), \ldots, \widetilde{e}_n(t))$ dar. Dann gilt:

$$Y(t) = \sum_{i=1}^{n} \xi_i(t)\, e_i(t) \quad \text{und} \quad \widetilde{Y}(t) = \sum_{i=1}^{n} \xi_i(t)\, \widetilde{e}_i(t).$$

Für die kovariante Ableitung von Y und $\widetilde{Y}$ entlang γ bzw. $\widetilde{\gamma}$ erhalten wir

$$\frac{\nabla^M}{dt} \frac{\nabla^M \widetilde{Y}}{dt}(t) = \sum_{i=1}^{n} \xi_i''(t)\, \widetilde{e}_i(t) = L_t \left(\sum_{i=1}^{n} \xi_i''(t)\, e_i(t) \right) = L_t \left(\frac{\nabla^N}{dt} \frac{\nabla^N Y}{dt}(t) \right).$$

Da Y ein Jacobifeld entlang γ ist, folgt mit der Voraussetzung an die Krümmungen

$$0 = \frac{\nabla^N}{dt} \frac{\nabla^N Y}{dt} + R^N \left(Y, \gamma' \right) \gamma' = L_t^{-1} \left(\frac{\nabla^M}{dt} \frac{\nabla^M Y}{dt} + R^M(\widetilde{Y}, \widetilde{\gamma}')\widetilde{\gamma}' \right).$$

$\widetilde{Y}$ ist also ein Jacobifeld entlang $\widetilde{\gamma}$. Wir zeigen nun

$$\widetilde{Y}(t) = df_{\gamma(t)}\big(Y(t)\big) \quad \forall\, t \in [0, 1].$$

Aus Satz A.21 erhalten wir für das Jacobifeld $\widetilde{Y}$:

$$\widetilde{Y}(t) = t\,(d\exp_p)_{t\widetilde{\gamma}'(0)}\Big(\frac{\nabla^M \widetilde{Y}}{dt}(0)\Big).$$

Für die kovariante Ableitung von $\widetilde{Y}$ in $t = 0$ gilt

$$\frac{\nabla^M \widetilde{Y}}{dt}(0) = \frac{d}{dt}\Big|_{t=0}\big(\mathcal{P}^M_{\widetilde{\gamma}|_{[0,t]}}\big)^{-1}\widetilde{Y}(t)$$

$$= \frac{d}{dt}\Big|_{t=0} L\,\big(\mathcal{P}^N_{\gamma|_{[0,t]}}\big)^{-1} Y(t) = L\,\Big(\frac{\nabla^N Y}{dt}(0)\Big).$$

Mit der Definition der Polarabbildung ergibt sich

$$\widetilde{Y}(t) = t\,(d\exp_p)_{t\widetilde{\gamma}'(0)}\Big(L\,\frac{\nabla^N Y}{dt}(0)\Big)$$

$$= df_{\gamma(t)}\Big(t\,(d\exp_q)_{t\gamma'(0)}\Big(\frac{\nabla^N Y}{dt}(0)\Big)\Big)$$

$$= df_{\gamma(t)}\big(Y(t)\big).$$

Zusammenfassend erhalten wir

$$g_{f(x)}\big(df_x(v), df_x(v)\big) = g_{f(x)}\big(df_x(Y(1)), df_x(Y(1))\big)$$

$$= g_{f(x)}\big(\widetilde{Y}(1), \widetilde{Y}(1)\big)$$

$$= g_{f(x)}\big(L_1(Y(1)), L_1(Y(1))\big)$$

$$= h_x\big(Y(1), Y(1)\big)$$

$$= h_x(v, v). \qquad \square$$

Wir wollen dieses lokale Resultat nun zur Konstruktion globaler Isometrien benutzen. Dazu sei (N, h) eine zusammenhängende und (M, g) eine geodätisch vollständige semi-Riemannsche Mannigfaltigkeit und $L : T_qN \longrightarrow T_pM$ wieder eine lineare Isometrie. Wir betrachten jetzt eine gebrochene Geodäte $\gamma : [0, l] \longrightarrow N$ mit dem Anfangspunkt $q = \gamma(0)$ und den glatten Stücken $\gamma_i := \gamma|_{[t_{i-1}, t_i]}$ für $0 = t_0 < t_1 < \ldots < t_r = l$. Wir ordnen γ eine gebrochene Geodäte $\widetilde{\gamma} : [0, l] \longrightarrow M$ und lineare Isometrien

$$L_i : T_{\gamma(t_i)}N \longrightarrow T_{\widetilde{\gamma}(t_i)}M, \qquad i = 1, \ldots, r,$$

zu. Wir gehen dazu induktiv vor: $\widetilde{\gamma}_1 := \widetilde{\gamma}|_{[0, t_1]}$ sei die Geodäte auf $[0, t_1]$ mit den Anfangsbedingungen

$$\widetilde{\gamma}_1(0) = p \quad \text{und} \quad \widetilde{\gamma}_1'(0) = L(\gamma'(0)).$$

Diese Geodäte existiert, da (M, g) geodätisch vollständig ist. Sei $L_1 : T_{\gamma(t_1)}N \rightarrow T_{\widetilde{\gamma}(t_1)}M$ die lineare Isometrie

$$L_1 := \mathcal{P}^M_{\widetilde{\gamma}_1} \circ L \circ (\mathcal{P}^N_{\gamma_1})^{-1}.$$

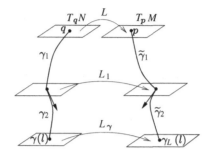

Angenommen, wir haben für $1 \leq i < r$ die gebrochene Geodäte $\widetilde{\gamma}|_{[0,t_i]}$ und eine lineare Isometrie $L_i : T_{\gamma(t_i)}N \longrightarrow T_{\widetilde{\gamma}(t_i)}M$ bereits definiert. Dann setzen wir die gebrochene Geodäte $\widetilde{\gamma}|_{[0,t_i]}$ durch das Geodätenstück

$$\widetilde{\gamma}_{i+1} : [t_i, t_{i+1}] \longrightarrow M$$

mit den Anfangsbedingungen

$$\widetilde{\gamma}_{i+1}(t_i) := \widetilde{\gamma}(t_i) \quad \text{und} \quad \widetilde{\gamma}_{i+1}'(t_i) := L_i(\gamma'(t_i + 0))$$

fort, das wegen der geodätischen Vollständigkeit von (M, g) existiert und eindeutig bestimmt ist. Die lineare Isometrie $L_{i+1} : T_{\gamma(t_{i+1})}N \longrightarrow T_{\widetilde{\gamma}(t_{i+1})}M$ ist dann durch

$$L_{i+1} := \mathcal{P}^M_{\widetilde{\gamma}_{i+1}} \circ L_i \circ (\mathcal{P}^N_{\gamma_{i+1}})^{-1}$$

definiert. Wir erhalten auf diese Weise mit Hilfe der vorgegebenen linearen Isometrie $L : T_qN \longrightarrow T_p M$ zu jeder gebrochenen Geodäten $\gamma : [0, l] \longrightarrow N$ eine gebrochene Geodäte $\gamma_L := \widetilde{\gamma} : [0, l] \longrightarrow M$ und eine lineare Isometrie

$$L_\gamma := L_r : \ T_{\gamma(l)}N \longrightarrow T_{\widetilde{\gamma}(l)}M.$$

Ist γ eine radiale Geodäte in einer Normalenumgebung von q, so stimmt diese Definition offensichtlich mit der oben gegebenen überein.

Satz A.26 (Cartan-Ambrose-Hicks) *Es sei (N, h) eine einfach-zusammenhängende und (M, g) eine geodätisch vollständige semi-Riemannsche Mannigfaltigkeit und die Abbildung*

$$L : T_qN \longrightarrow T_pM$$

eine lineare Isometrie. Für jede gebrochene Geodäte $\gamma : [0, l] \longrightarrow N$ *mit dem Anfangspunkt* $q \in N$ *gelte*

$$L_\gamma(R^N_{\gamma(l)}(u, v)w) = R^M_{\gamma_L(l)}\big(L_\gamma(u), L_\gamma(v)\big)L_\gamma(w) \quad \forall\, u, v, w \in T_{\gamma(l)}N.$$

Dann existiert eine lokale Isometrie $\phi : N \longrightarrow M$ *mit* $\phi(q) = p$ *und* $d\phi_q = L$. *Sind sowohl* (N, h) *als auch* (M, g) *einfach-zusammenhängend und geodätisch vollständig, so ist* ϕ *eine Isometrie.*

Beweis [1] Um $\phi(x)$ für einen Punkt $x \in N$ zu definieren, betrachten wir eine gebrochene Geodäte $\gamma : [0, l] \longrightarrow N$, die q mit x verbindet, und ihre Bildkurve $\gamma_L : [0, l] \longrightarrow M$. Wir wollen dann $\phi(x) := \gamma_L(l)$ setzen. Dazu müssen wir zeigen, dass der Endpunkt $\gamma_L(l)$ unabhängig von der Wahl der gebrochenen Geodäten γ ist. Sei also $\delta : [0, l] \longrightarrow N$ eine weitere gebrochene Geodäte von q nach x. Dann existiert eine Homotopie $H : [0, l] \times [0, 1] \longrightarrow N$ zwischen γ und δ, so dass $H_s := H(\cdot, s)$ ebenfalls gebrochene Geodäten von q nach x sind (Satz A.19). Wir wählen eine Unterteilung $0 = t_0 < t_1 < \ldots < t_r = l$ von $[0, l]$ so fein, dass die Stücke $H_s|_{[t_{i-1}, t_i]}$ glatt für alle $s \in [0, 1]$ und $i = 1, \ldots, r$ sind. Des Weiteren soll um jeden Punkt $H_s(t_i)$, $i = 0, \ldots, r - 2$, eine Normalenumgebung $U(H_s(t_i))$ existieren, die die Kurve $H_s|_{[t_i, t_{i+2}]}$ vollständig enthält. Wir zeigen, dass die Kurve der Endpunkte $(H_s)_L(l)$ in M konstant ist. Es genügt dazu, $(H_{s_0})_L(l) = (H_{s_1})_L(l)$ für zwei gebrochene Geodäten H_{s_0} und H_{s_1} zu zeigen, die hinreichend ‚nahe beieinander' liegen. Wir wählen dazu um jeden Punkt $H_{s_0}(t_i)$ eine so kleine Umgebung V_i, dass man jeden Punkt $y \in V_i$ mit $H_{s_0}(t_{i-1})$ durch eine glatte, vollständig in $U(H_{s_0}(t_{i-2})) \cap U(H_{s_0}(t_{i-1}))$ liegende Kurve verbinden kann. Der Parameter s_1 sei dann so dicht an s_0 gewählt, dass $H_{s_1}([t_i, t_{i+2}]) \subset U(H_{s_0}(t_i))$ und $H_{s_1}(t_i) \in V_i$. Wir wollen $(H_{s_0})_L(l) = (H_{s_1})_L(l)$ zeigen. Zur Abkürzung bezeichnen wir $H_0 := H_{s_0}$, $H_1 := H_{s_1}$, $\widetilde{H}_0 := (H_{s_0})_L$ und $\widetilde{H}_1 := (H_{s_1})_L$. Für $i = 0, 1, \ldots, r$ seien

$$L_i := \mathcal{P}^M_{\widetilde{H}_0|_{[0, t_i]}} \circ L \circ \big(\mathcal{P}^N_{H_0|_{[0, t_i]}}\big)^{-1} : T_{H_0(t_i)}N \longrightarrow T_{\widetilde{H}_0(t_i)}M\,,$$

$$K_i := \mathcal{P}^M_{\widetilde{H}_1|_{[0, t_i]}} \circ L \circ \big(\mathcal{P}^N_{H_1|_{[0, t_i]}}\big)^{-1} : T_{H_1(t_i)}N \longrightarrow T_{\widetilde{H}_1(t_i)}M$$

die durch L induzierten linearen Isometrien. Für $i = 2, \ldots, r$ fixieren wir glatte Kurven $\sigma_i : [t_{i-1}, t_i] \longrightarrow N$, die die Punkte $H_0(t_{i-1})$ mit $H_1(t_i)$ innerhalb von $U(H_0(t_{i-2})) \cap U(H_0(t_{i-1}))$ verbinden. Dabei setzen wir $\sigma_r := H_0|_{[t_{r-1}, t_r]}$. Wir betrachten nun für $i = 0, \ldots, r$ die Polarabbildungen

$$f_i := \exp^M_{\widetilde{H}_0(t_i)} \circ L_i \circ (\exp^N_{H_0(t_i)})^{-1} : U(H_0(t_i)) \longrightarrow M.$$

Nach Satz A.25 wissen wir, dass jedes f_i isometrisch ist. Aus der Definition der f_i folgt

$$\widetilde{H}_0|_{[t_i, t_{i+1}]} = (f_i \circ H_0)|_{[t_i, t_{i+1}]} \quad \text{und} \tag{A.10}$$

---

[1] Unser Beweis folgt dem Skript [Ba3].

$$L_i = (df_i)_{H_0(t_i)}. \tag{A.11}$$

Mit Hilfe von Lemma A.1 erhalten wir damit außerdem

$$
\begin{aligned}
L_i &= \mathcal{P}^M_{\widetilde{H}_0|_{[t_{i-1}, t_i]}} \circ L_{i-1} \circ \left(\mathcal{P}^N_{H_0|_{[t_{i-1}, t_i]}}\right)^{-1} \\
&= \mathcal{P}^M_{\widetilde{H}_0|_{[t_{i-1}, t_i]}} \circ (df_{i-1})_{H_0(t_{i-1})} \circ \left(\mathcal{P}^N_{H_0|_{[t_{i-1}, t_i]}}\right)^{-1} \\
&= (df_{i-1})_{H_0(t_i)}. \tag{A.12}
\end{aligned}
$$

Insbesondere gilt

$$f_i = f_{i-1} \quad \text{auf} \quad U(H_0(t_i)) \cap U(H_0(t_{i-1})),$$

da der Wert und das Differential beider Abbildungen in $H_0(t_i)$ übereinstimmen. Mit $\widetilde{\sigma}_i$, $i = 2, \ldots, r$, bezeichnen wir die Kurven $\widetilde{\sigma}_i := f_{i-2} \circ \sigma_i = f_{i-1} \circ \sigma_i : [t_{i-1}, t_i] \longrightarrow M$.

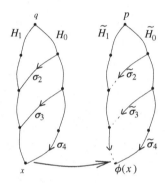

Wir zeigen nun induktiv, dass

$$\widetilde{H}_1(t_i) = \widetilde{\sigma}_i(t_i) \quad \text{und} \tag{A.13}$$

$$K_i = \mathcal{P}^M_{\widetilde{\sigma}_i} \circ L_{i-1} \circ (\mathcal{P}^N_{\sigma_i})^{-1} : \quad T_{H_1(t_i)}N \longrightarrow T_{\widetilde{H}_1(t_i)}M \tag{A.14}$$

für $i = 2, \ldots, r$ gilt. Da $\sigma_r = H_0|_{[t_{r-1}, t_r]}$, folgt dann unsere Behauptung:

$$\widetilde{H}_1(l) = \widetilde{H}_1(t_r) = \widetilde{\sigma}_r(t_r) = f_{r-1}(\sigma_r(t_r)) = f_{r-1}(H_0(t_r)) = \widetilde{H}_0(t_r) = \widetilde{H}_0(l).$$

Sei $i = 2$. Die Kurven $H_0|_{[0,t_2]}$, $H_1|_{[0,t_2]}$ und $\sigma_2|_{[t_1,t_2]}$ sind in $U(q)$ enthalten. Wir können also die Polarabbildung f_0 auf diese Kurven anwenden. Nach Definition von f_0 gilt

$$\widetilde{H}_1(t_1) = f_0(H_1(t_1)).$$

Mit Lemma A.1 erhalten wir

$$\begin{aligned}
\widetilde{H}_1'(t_1 + 0) &= \mathcal{P}^M_{\widetilde{H}_1|_{[0,t_1]}} \circ L \circ (\mathcal{P}^N_{H_1|_{[0,t_1]}})^{-1}(H_1'(t_1 + 0)) \\
&= \mathcal{P}^M_{\widetilde{H}_1|_{[0,t_1]}} \circ (df_0)_q \circ (\mathcal{P}^N_{H_1|_{[0,t_1]}})^{-1}(H_1'(t_1 + 0)) \\
&= (df_0)_{H_1(t_1)}(H_1'(t_1 + 0)).
\end{aligned}$$

Folglich haben die Geodäten $\widetilde{H}_1|_{[t_1,t_2]}$ und $f_0 \circ H_1|_{[t_1,t_2]}$ die gleichen Anfangsbedingungen, sie stimmen also überein. Insbesondere ergibt sich

$$\widetilde{H}_1(t_2) = f_0(H_1(t_2)) = f_0(\sigma_2(t_2)) = \widetilde{\sigma}_2(t_2).$$

Für die lineare Isometrie K_1 gilt

$$\begin{aligned}
K_1 &= \mathcal{P}^M_{\widetilde{H}_1|_{[0,t_1]}} \circ L \circ (\mathcal{P}^N_{H_1|_{[0,t_1]}})^{-1} \\
&= \mathcal{P}^M_{\widetilde{H}_1|_{[0,t_1]}} \circ (df_0)_q \circ (\mathcal{P}^N_{H_1|_{[0,t_1]}})^{-1} \\
&= (df_0)_{H_1(t_1)}.
\end{aligned}$$

Es folgt mit (A.12)

$$\begin{aligned}
K_2 &= \mathcal{P}^M_{\widetilde{H}_1|_{[t_1,t_2]}} \circ K_1 \circ (\mathcal{P}^N_{H_1|_{[t_1,t_2]}})^{-1} \\
&= \mathcal{P}^M_{\widetilde{H}_1|_{[t_1,t_2]}} \circ (df_0)_{H_1(t_1)} \circ (\mathcal{P}^N_{H_1|_{[t_1,t_2]}})^{-1} \\
&= (df_0)_{H_1(t_2)} \\
&= \mathcal{P}^M_{\widetilde{\sigma}_2} \circ (df_0)_{\sigma_2(t_1)} \circ (\mathcal{P}^N_{\sigma_2})^{-1} \\
&= \mathcal{P}^M_{\widetilde{\sigma}_2} \circ L_1 \circ (\mathcal{P}^N_{\sigma_2})^{-1}.
\end{aligned}$$

Damit haben wir (A.13) und (A.14) für $i = 2$ bewiesen. Wir nehmen jetzt an, dass die Bedingungen (A.13) und (A.14) bereits für $i < r$ gelten und zeigen sie für $i + 1$. Nach Konstruktion liegen die Kurven $H_0|_{[t_{i-1},t_i]}$, $H_1|_{[t_i,t_{i+1}]}$, σ_i und σ_{i+1} in $U(H_0(t_{i-1}))$. Man kann also die Polarabbildung f_{i-1} auf sie anwenden. Aus der Induktionsvoraussetzung und (A.11) ergibt sich

$$\begin{aligned}
K_i &= \mathcal{P}^M_{\widetilde{\sigma}_i} \circ L_{i-1} \circ (\mathcal{P}^N_{\sigma_i})^{-1} \\
&= \mathcal{P}^M_{\widetilde{\sigma}_i} \circ (df_{i-1})_{H_0(t_{i-1})} \circ (\mathcal{P}^N_{\sigma_i})^{-1} \qquad \text{(A.15)} \\
&= (df_{i-1})_{H_1(t_i)}.
\end{aligned}$$

Daraus folgt

$$\begin{aligned}
\widetilde{H}_1(t_i) &= f_{i-1}(H_1(t_i)) \qquad \text{und} \\
\widetilde{H}_1'(t_i + 0) &= K_i(H_1'(t_i + 0)) = (df_{i-1})_{H_1(t_i)}(H_1'(t_i + 0)).
\end{aligned}$$

Folglich stimmen die Anfangsbedingungen der Geodäten $\tilde{H}_1|_{[t_i,t_{i+1}]}$ und $f_{i-1}H_1$ $|_{[t_i,t_{i+1}]}$ überein. Es gilt also $\tilde{H}_1|_{[t_i,t_{i+1}]} = f_{i-1}H_1|_{[t_i,t_{i+1}]}$. Insbesondere ist

$$\tilde{H}_1(t_{i+1}) = f_{i-1}(H_1(t_{i+1})) = f_{i-1}(\sigma_{i+1}(t_{i+1})) = \tilde{\sigma}_{i+1}(t_{i+1}).$$

Dies zeigt (A.13) für $i + 1$. Aus (A.15) und (A.12) folgt außerdem

$$\begin{aligned}
K_{i+1} &= \mathcal{P}^M_{\tilde{H}_1|_{[t_i,t_{i+1}]}} \circ K_i \circ (\mathcal{P}^N_{H_1|_{[t_i,t_{i+1}]}})^{-1}\\
&= \mathcal{P}^M_{\tilde{H}_1|_{[t_i,t_{i+1}]}} \circ (df_{i-1})_{H_1(t_i)} \circ (\mathcal{P}^N_{H_1|_{[t_i,t_{i+1}]}})^{-1}\\
&= (df_{i-1})_{H_1(t_{i+1})}\\
&= \mathcal{P}^M_{\tilde{\sigma}_{i+1}} \circ (df_{i-1})_{H_0(t_i)} \circ (\mathcal{P}^N_{\sigma_{i+1}})^{-1}\\
&= \mathcal{P}^M_{\tilde{\sigma}_{i+1}} \circ L_i \circ (\mathcal{P}^N_{\sigma_{i+1}})^{-1}.
\end{aligned}$$

Damit ist (A.14) für $i + 1$ ebenfalls bewiesen. Insgesamt haben wir somit die Gültigkeit von (A.13) und (A.14) für alle $i = 2, \ldots, r$ gezeigt.

Wir wissen also, dass für zwei beliebige gebrochene Geodäten γ und δ in N, die q mit x verbinden, $\gamma_L(l) = \delta_L(l)$ gilt. Wir definieren die gesuchte Abbildung $\phi : N \longrightarrow M$ dann durch

$$\phi(x) := \gamma_L(l),$$

wobei γ eine beliebige gebrochene Geodäte in N ist, die q mit x verbindet. Aus dem obigen Beweis folgt

$$\phi(x) = f_{r-2}(x),$$

wobei $f_{r-2} : U(\gamma(t_{r-2})) \longrightarrow M$ die Polarabbildung zur linearen Isometrie L_{r-2} ist, die durch die Kurve $\gamma_{[0,t_{r-2}]}$ bestimmt ist. Folglich gilt

$$\phi|_{U(t_{r-2})} = f_{r-2}.$$

Die Abbildung ϕ ist somit eine lokale Isometrie. Nach Konstruktion von ϕ gilt $\phi(q) = p$ und $d\phi_q = L$.

Sind (N, h) und (M, g) beide einfach-zusammenhängend und geodätisch vollständig, so kann man die Rollen von M und N vertauschen. Wir erhalten also zur linearen Isometrie $L^{-1} : T_pM \longrightarrow T_qN$ auf die gleiche Weise eine lokale Isometrie $\psi : M \longrightarrow N$ mit $\psi(p) = q$ und $d\psi_p = L^{-1}$. Dann ist $\phi \circ \psi : M \longrightarrow M$ eine lokale Isometrie von (M, g) mit $(\phi \circ \psi)(p) = p$ und $d(\phi \circ \psi)_p = L \circ L^{-1} = \mathrm{Id}_M$. Aus Satz A.24 folgt, dass $\phi \circ \psi = \mathrm{Id}_M$. Analog zeigt man $\psi \circ \phi = \mathrm{Id}_N$. Die Abbildung $\phi : (N, h) \longrightarrow (M, g)$ ist somit ein Diffeomorphismus, also eine Isometrie. $\qquad\square$

Lösungen der Aufgaben

Lösungen zu Kap. 1

Aufgabe 1.1 Sei $V := U \cap U^{-1}$, wobei $U^{-1} = \{a^{-1} \mid a \in U\}$. Dann ist V offen, enthält das neutrale Element und erfüllt $V = V^{-1}$. Folglich ist $H := \bigcup_{k=1}^{\infty} V^k$ eine *offene* Untergruppe von G. Wir betrachten die Zerlegung von G in Linksnebenklassen bezüglich H. Dann gilt

$$G \setminus H = \bigcup_{g \notin H} g \cdot H.$$

Die Teilmengen $g \cdot H \subset G$ sind offen, folglich ist H auch *abgeschlossen*. Da G zusammenhängend ist, folgt $G = H$, d. h. die Menge V und somit auch die Menge U erzeugt G.

Aufgabe 1.2 Sei $\mathfrak{g}$ eine 2-dimensionale reelle Lie-Algebra. Wir zeigen zuerst, dass $\mathfrak{g}$ entweder abelsch ist oder eine Basis (X, Z) mit $[X, Z] = Z$ hat. Sei dazu (A, B) eine beliebige Basis von $\mathfrak{g}$. Dann gilt

$$[x_1 A + x_2 B, y_1 A + y_2 B] = (x_1 y_2 - x_2 y_1) \cdot \underbrace{[A, B]}_{=:Z}.$$

Folglich ist $[\mathfrak{g}, \mathfrak{g}] = \mathbb{R}Z$. Im Falle $Z = 0$ ist $\mathfrak{g}$ abelsch. Im Falle $Z \neq 0$ wählen wir einen zu Z linear unabhängigen Vektor $Y \in \mathfrak{g}$ und erhalten $[Y, Z] = \lambda Z$ für ein $\lambda \in \mathbb{R} \setminus \{0\}$. Dann gilt mit $X := \lambda^{-1} Y$ die Gleichung $[X, Z] = Z$. Für zwei abelsche 2-dimensionale Lie-Algebren ist jeder Vektorraum-Isomorphismus auch ein Lie-Algebren-Isomorphismus. Sind $\mathfrak{g}_i = \mathrm{span}\{X_i, Z_i\}$, $i = 1, 2$, zwei Lie-Algebren mit $[X_i, Z_i] = Z_i$, so ist ein Lie-Algebren-Isomorphismus $\phi : \mathfrak{g}_1 \longrightarrow \mathfrak{g}_2$ durch $\phi(X_1) := X_2$ und $\phi(Z_1) = Z_2$ gegeben. Somit gibt es genau zwei zueinander nicht-isomorphe 2-dimensionale reelle Lie-Algebren. Die Lie-Gruppe $(\mathbb{R}^2, +)$ hat eine abelsche Lie-Algebra. Eine 2-dimensionale Lie-Gruppe mit nicht-abelscher Lie-Algebra ist die affine Gruppe

H. Baum, *Eichfeldtheorie*, Springer-Lehrbuch Masterclass,
DOI: 10.1007/978-3-642-38539-1, © Springer-Verlag Berlin Heidelberg 2014

$$Aff\,(1, \mathbb{R}) := \left\{ \begin{pmatrix} a & b \\ 0 & 1 \end{pmatrix} \,\middle|\, a, b \in \mathbb{R},\, a > 0 \right\} \subset GL\,(2, \mathbb{R}).$$

$Aff\,(1, \mathbb{R})$ ist eine (topologisch) abgeschlossene Untergruppe von $GL\,(2, \mathbb{R})$, also nach Satz 1.21 eine Lie-Untergruppe von $GL(2, \mathbb{R})$. Für die Berechnung der Lie-Algebra (betrachtet als Tangentialraum an die Einheitsmatrix E) nehmen wir eine Kurve γ in $Aff\,(1, \mathbb{R})$ mit $\gamma(0) = E$ und leiten diese in $t = 0$ ab. Dann gilt:

$$\gamma'(0) = \frac{d}{dt} \begin{pmatrix} \gamma_1(t) & \gamma_2(t) \\ 0 & 1 \end{pmatrix} \bigg|_{t=0} = \begin{pmatrix} \gamma_1'(0) & \gamma_2'(0) \\ 0 & 0 \end{pmatrix}.$$

Wir erhalten also für die Lie-Algebra $\mathfrak{aff}(1, \mathbb{R})$ der affinen Gruppe

$$\mathfrak{aff}(1, \mathbb{R}) = \left\{ \begin{pmatrix} v & w \\ 0 & 0 \end{pmatrix} \,\middle|\, v, w \in \mathbb{R} \right\}.$$

Sei nun $X := \begin{pmatrix} 1 & 0 \\ 0 & 0 \end{pmatrix}$ und $Z := \begin{pmatrix} 0 & 1 \\ 0 & 0 \end{pmatrix}$. Wie wir aus Beispiel 1.1 wissen, ist der Kommutator in $\mathfrak{gl}(2, \mathbb{R})$ der Matrizenkommutator. Wir erhalten also $[X, Z] = X \circ Z - Z \circ X = Z$.

Aufgabe 1.3 Dazu betrachten wir den Schiefkörper der Quaternionen

$$\mathbb{H} = \left\{ x = x_0 + i \cdot x_1 + j \cdot x_2 + k \cdot x_3 \mid x_\alpha \in \mathbb{R},\, i^2 = j^2 = k^2 = i \cdot j \cdot k = -1 \right\}.$$

Wir identifizieren $\mathbb{H}$ mit $\mathbb{R}^4$, indem wir einem Quaternion x seine Koordinaten (x_0, x_1, x_2, x_3) zuordnen und betrachten S^3 als topologische Untermannigfaltigkeit von $\mathbb{H}$. Für $x = x_0 + i \cdot x_1 + j \cdot x_2 + k \cdot x_3 \in \mathbb{H}$ sei $\overline{x} = x_0 - i \cdot x_1 - j \cdot x_2 - k \cdot x_3 \in \mathbb{H}$ das konjugierte Quaternion. Auf $\mathbb{H}$ ist eine Norm N durch

$$N(x) = x \cdot \overline{x} = x_0^2 + x_1^2 + x_2^2 + x_3^2$$

gegeben. Damit gilt $S^3 = \{x \in \mathbb{H} \mid N(x) = 1\}$. Für die Multiplikation der Quaternionen erhalten wir

$$N\left(x \cdot y \right) = (x \cdot y) \cdot (\overline{x \cdot y}) = (x \cdot y) \cdot (\overline{y} \cdot \overline{x})$$
$$= x \cdot (y \cdot \overline{y}) \cdot \overline{x} = x \cdot \overline{x} \cdot N(y) = N(x) \cdot N(y).$$

Die Menge $S^3 \subset \mathbb{H}$ ist also abgeschlossen unter der Multiplikation von $\mathbb{H}$ und somit eine Gruppe. Darüber hinaus gilt für jedes $x \in S^3$ die Beziehung $x^{-1} = \overline{x}$. Damit ist die Abbildung

$$S^3 \times S^3 \to S^3$$
$$(x, y) \mapsto x \cdot y^{-1} = x \cdot \overline{y}$$

offensichtlich eine differenzierbare Abbildung. S^3 ist also mit der durch die Quaternionen-multiplikation gegebenen Gruppenstruktur eine Lie-Gruppe.

Falls die Sphäre S^2 eine Lie-Gruppe wäre, dann gäbe es ein nirgends verschwindendes linksinvariantes Vektorfeld auf S^2. Nach dem ‚Igelsatz' hat aber *jedes* globale Vektorfeld auf S^2 eine Nullstelle. Dies ist ein Widerspruch.

Aufgabe 1.4 Die Lie-Algebra $\mathfrak{so}(3)$ von $SO(3)$ besteht aus allen schiefsymmetrischen (3×3)-Matrizen:

$$\mathfrak{so}(3) = \{A \in \mathfrak{gl}(3, \mathbb{R}) \mid A^t + A = 0\}$$

$$= \left\{ \begin{pmatrix} 0 & -z & y \\ z & 0 & -x \\ -y & x & 0 \end{pmatrix} \; \middle| \; x, y, z \in \mathbb{R} \right\}.$$

Die Abbildung $\varphi : \mathfrak{so}(3) \longrightarrow \mathbb{R}^3$, definiert durch

$$\begin{pmatrix} 0 & -z & y \\ z & 0 & -x \\ -y & x & 0 \end{pmatrix} \stackrel{\varphi}{\longmapsto} (x, y, z),$$

ist ein Vektorraum-Isomorphismus. Die Behauptung folgt dann, indem man für $X, Y \in \mathfrak{so}(3)$ die Gleichung

$$\varphi([X, Y]) = \varphi(X \circ Y - Y \circ X) = \varphi(X) \times \varphi(Y)$$

nachrechnet.

Aufgabe 1.5 Für zwei affine Abbildungen $F_{A,v}, F_{B,w} \in Aff(\mathbb{R}^n)$ berechnen wir $F_{A,v} \circ F_{B,w} = F_{AB,Aw+v} \in Aff(\mathbb{R}^n)$. Folglich ist

$$\rho : Aff(\mathbb{R}^n) \longrightarrow GL(n+1, \mathbb{R})$$
$$F_{A,v} \longmapsto \begin{pmatrix} A & v \\ 0 & 1 \end{pmatrix}$$

ein Gruppenhomomorphismus. Die Abbildung ρ ist außerdem injektiv. Wir können somit $Aff(\mathbb{R}^n)$ mit der Untergruppe

$$Aff(n, \mathbb{R}) := \left\{ \begin{pmatrix} A & v \\ 0 & 1 \end{pmatrix} \; \middle| \; A \in GL(n, \mathbb{R}), \, v \in \mathbb{R}^n \right\} \subset GL(n+1, \mathbb{R})$$

identifizieren. Die Untergruppe $Aff(n, \mathbb{R})$ ist (topologisch) in $GL(n+1, \mathbb{R})$ abgeschlossen und folglich nach Satz 1.21 eine Lie-Gruppe. Wie in der Lösung zu Aufgabe 1.2 berechnet man für die Lie-Algebra von $Aff(n, \mathbb{R})$

$$\mathfrak{aff}(n, \mathbb{R}) = \left\{ \begin{pmatrix} X & x \\ 0 & 0 \end{pmatrix} \; \middle| \; X \in \mathfrak{gl}(n, \mathbb{R}), \, x \in \mathbb{R}^n \right\}.$$

Aufgabe 1.6 Wir bezeichnen mit E_{ij} die schiefsymmetrische $(n \times n)$-Matrix

$$(E_{ij})_{kl} = \begin{cases} -1 & \text{für } kl = ij \\ +1 & \text{für } kl = ji \\ 0 & \text{sonst.} \end{cases}$$

Dann ist $\{E_{ij} \mid 1 \leq i < j \leq n\}$ eine Basis der Lie-Algebra der schiefsymmetrischen Matrizen $\mathfrak{so}(n) := \{A \in \mathfrak{gl}(n, \mathbb{R}) \mid A^t + A = 0\}$. Für eine orthonormale Basis $(e_1, \ldots, e_n)$ in $(\mathbb{R}^n, \langle \cdot, \cdot \rangle)$ berechnet man

$$X_{e_i, e_j}(x) = x_i e_j - x_j e_i.$$

Daraus folgt $\phi(e_i \wedge e_j) = E_{ij}$. Dies zeigt, dass ϕ ein Vektorraum-Isomorphismus von $\Lambda^2 \mathbb{R}^n$ auf $\mathfrak{so}(n)$ ist. Wir überprüfen noch die Verträglichkeit von ϕ mit den angegebenen $\mathfrak{so}(n)$-Wirkungen. Die Wirkung von $\mathfrak{so}(n)$ durch $\varphi := (\rho_2)_*$ auf $\Lambda^2 \mathbb{R}^n$ ist durch

$$\varphi(X)(v \wedge w) := Xv \wedge w + v \wedge Xw$$

gegeben. Die Wirkung von $\mathfrak{so}(n)$ durch die adjungierte Darstellung ad auf den schiefsymmetrischen Abbildungen ist gegeben durch

$$\mathrm{ad}(X)L = [X, L] = X \circ L - L \circ X.$$

Wir müssen zeigen, dass für alle $X \in \mathfrak{so}(n)$

$$\phi \circ \varphi(X) = \mathrm{ad}(X) \circ \phi$$

gilt. Sei dazu $v \wedge w \in \Lambda^2 \mathbb{R}^n$ und $z \in \mathbb{R}^n$. Aus der Definition von ϕ folgt

$$\phi\big(\varphi(X)(v \wedge w)\big)(z) = \phi\big(Xv \wedge w + v \wedge Xw\big)(z)$$
$$= \langle Xv, z \rangle w - \langle w, z \rangle Xv + \langle v, z \rangle Xw - \langle Xw, z \rangle v.$$

Andererseits ist

$$\big(\mathrm{ad}(X)\phi(v \wedge w)\big)(z) = X\big(\phi(v \wedge w)(z)\big) - \phi(v \wedge w)(Xz)$$
$$= X\big(\langle v, z \rangle w - \langle w, z \rangle v\big) - \langle v, Xz \rangle w + \langle w, Xz \rangle v$$
$$= \langle v, z \rangle Xw - \langle w, z \rangle Xv - \langle v, Xz \rangle w + \langle w, Xz \rangle v.$$

Da X schiefsymmetrisch ist, stimmen beide Ausdrücke überein.

Aufgabe 1.7 1. Zur Lie-Algebra $\mathfrak{sl}(2, \mathbb{R}) = \{X \in \mathfrak{gl}(2, \mathbb{R}) \mid \mathrm{Tr}(X) = 0\}$:
Die Matrizen $X_1 = \begin{pmatrix} 0 & 1 \\ -1 & 0 \end{pmatrix}$, $X_2 = \begin{pmatrix} 0 & 1 \\ 1 & 0 \end{pmatrix}$, $X_3 = \begin{pmatrix} 1 & 0 \\ 0 & -1 \end{pmatrix}$ bilden eine Basis von $\mathfrak{sl}(2, \mathbb{R})$ mit den Kommutatoren $[X_1, X_2] = 2X_3$, $[X_1, X_3] = -2X_2$ und $[X_2, X_3] = -2X_1$. Für $X = \sum \lambda_i X_i \in \mathfrak{sl}(2, \mathbb{R})$ hat $\mathrm{ad}(X)$ in der obigen Basis die Darstellung

$$\mathrm{ad}\,(X) = \begin{pmatrix} 0 & 2\lambda_3 & -2\lambda_2 \\ 2\lambda_3 & 0 & -2\lambda_1 \\ -2\lambda_2 & 2\lambda_1 & 0 \end{pmatrix}.$$

Sei außerdem $Y = \sum \mu_j X_j \in \mathfrak{sl}(2, \mathbb{R})$. Dann erhält man für die Killing-Form

$$B_{\mathfrak{sl}(2,\mathbb{R})}(X, Y) = \mathrm{Tr}\,(\mathrm{ad}\,(X) \circ \mathrm{ad}\,(Y)) = 8(-\lambda_1\mu_1 + \lambda_2\mu_2 + \lambda_3\mu_3).$$

Die Killing-Form von $\mathfrak{sl}(2, \mathbb{R})$ hat also die Signatur $(-, +, +)$. Insbesondere ist sie nicht ausgeartet, also $\mathfrak{sl}(2, \mathbb{R})$ halbeinfach.

2. Zur Lie-Algebra $\mathfrak{su}(2) = \{X \in \mathfrak{gl}(2, \mathbb{C}) \mid \overline{X}^t + X = 0,\ \mathrm{Tr}(X) = 0\}$:

Die Matrizen $Y_1 = \begin{pmatrix} i & 0 \\ 0 & -i \end{pmatrix}$, $Y_2 = \begin{pmatrix} 0 & 1 \\ -1 & 0 \end{pmatrix}$, $Y_3 = \begin{pmatrix} 0 & i \\ i & 0 \end{pmatrix}$ bilden eine Basis von $\mathfrak{su}(2)$ mit den Kommutatoren $[Y_1, Y_2] = 2Y_3$, $[Y_1, Y_3] = -2Y_2$ und $[Y_2, Y_3] = 2Y_1$. Für $X = \sum \lambda_i Y_i \in \mathfrak{su}(2)$ hat $\mathrm{ad}(X)$ in der obigen Basis die Darstellung

$$\mathrm{ad}\,(X) = \begin{pmatrix} 0 & -2\lambda_3 & 2\lambda_2 \\ 2\lambda_3 & 0 & -2\lambda_1 \\ -2\lambda_2 & 2\lambda_1 & 0 \end{pmatrix}.$$

Sei außerdem $Y = \sum_j \mu_j Y_j \in \mathfrak{su}(2)$. Dann erhält man für die Killing-Form

$$B_{\mathfrak{su}(2)}(X, Y) = \mathrm{Tr}\,(\mathrm{ad}\,(X) \circ \mathrm{ad}\,(Y)) = -8(\lambda_1\mu_1 + \lambda_2\mu_2 + \lambda_3\mu_3).$$

Die Killing-Form von $\mathfrak{su}(2)$ ist also negativ definit. Insbesondere ist sie nicht ausgeartet, also $\mathfrak{su}(2)$ halbeinfach.

Aufgabe 1.8 Die Lie-Algebra $\mathfrak{so}(p, q)$ hat die Basis E_{ij} mit

$$(E_{ij})_{kl} = \begin{cases} -\varepsilon_j & \text{für } kl = ij \\ +\varepsilon_i & \text{für } kl = ji \\ 0 & \text{sonst,} \end{cases}$$

wobei $\varepsilon_i = \langle e_i, e_i \rangle = \pm 1$. Wie in Aufgabe 1.6 kann man $\Lambda^2 \mathbb{R}^{p,q}$ mit $\mathfrak{so}(p, q)$ identifizieren. Dabei geht die Wirkung von $\mathfrak{so}(p, q)$ auf $\Lambda^2 \mathbb{R}^{p,q}$ in die adjungierte Darstellung von $\mathfrak{so}(p, q)$ auf $\mathfrak{so}(p, q)$ über. Man kann die Behauptung der Aufgabe 1.8 entweder mit Hilfe der Basis $\{E_{ij} \mid i < j\}$ von $\mathfrak{so}(p, q)$ direkt nachrechnen, oder man benutzt die Identifizierung mit $\Lambda^2 \mathbb{R}^{p,q}$ und rechnet dort. Wir gehen den zweiten Weg. Ist $(e_1, \ldots, e_n)$ eine (pseudo-) orthonormale Basis in $(\mathbb{R}^{p,q}, \langle \cdot, \cdot \rangle)$, dann ist $\{e_i \wedge e_j \mid i < j\}$ eine (pseudo-)orthonormale Basis in $\Lambda^2 \mathbb{R}^{p,q}$ bzgl. dem kanonisch induzierten Skalarprodukt mit

$$\langle e_i \wedge e_j, e_i \wedge e_j \rangle = \varepsilon_i \varepsilon_j.$$

Dann gilt für die Killing-Form von $\mathfrak{so}(p, q)$

$$B_{\mathfrak{so}(p,q)}(X, Y) = \sum_{i<j} \mathrm{Tr}\left(\varphi(X) \circ \varphi(Y)\right)$$

$$= \sum_{i<j} \varepsilon_i \varepsilon_j \langle \varphi(X)\varphi(Y) e_i \wedge e_j, e_i \wedge e_j \rangle$$

$$= \frac{1}{2} \sum_{i \neq j} \varepsilon_i \varepsilon_j \langle XYe_i \wedge e_j + Ye_i \wedge Xe_j + Xe_i \wedge Ye_j + e_i \wedge XYe_j, e_i \wedge e_j \rangle$$

$$= \frac{1}{2} \sum_{i \neq j} \sum_{k,r} \varepsilon_i \varepsilon_j \Big(Y_{ki} X_{rk} \langle e_r \wedge e_j, e_i \wedge e_j \rangle + Y_{ki} X_{rj} \langle e_k \wedge e_r, e_i \wedge e_j \rangle$$

$$+ X_{ki} Y_{rj} \langle e_k \wedge e_r, e_i \wedge e_j \rangle + X_{rk} Y_{kj} \langle e_i \wedge e_r, e_i \wedge e_j \rangle \Big).$$

Dies ergibt

$$B_{\mathfrak{so}(p,q)}(X, Y) = \sum_{ki} Y_{ki} X_{ik} (n - 1) - \sum_{i \neq j} X_{ji} Y_{ij}$$

$$= (n - 1) \mathrm{Tr}(X \circ Y) - \mathrm{Tr}(X \circ Y)$$

$$= (n - 2) \mathrm{Tr}(X \circ Y).$$

Für die Basiselemente $E_{ij} \in \mathfrak{so}(p, q)$ folgt

$$B_{\mathfrak{so}(p,q)}(E_{ij}, E_{kl}) = -2(n - 2)\varepsilon_i \varepsilon_j \delta_{ki} \delta_{lj}.$$

Die Killing-Form ist also nichtausgeartet. Die Signatur ist $\left(\binom{p}{2} + \binom{q}{2}, pq\right)$.

Aufgabe 1.9 Zu a) Wir identifizieren die Lie-Algebra $\mathfrak{su}(2)$ der Lie-Gruppe $SU(2)$ mit $\mathbb{R}^3$ durch den folgenden Isomorphismus

$$\psi : \quad \mathfrak{su}(2) \quad \longrightarrow \quad \mathbb{R}^3$$
$$\begin{pmatrix} ix & y + iz \\ -y + iz & -ix \end{pmatrix} \longmapsto (x, y, z)^t.$$

Wie wir aus der Lösung von Aufgabe 1.7 wissen, gilt dabei die folgende Beziehung zwischen den Skalarprodukten:

$$\langle X, Y \rangle_{\mathfrak{su}(2)} := -\frac{1}{2} \mathrm{Tr}(X \circ Y) = -\frac{1}{8} B_{\mathfrak{su}(2)}(X, Y) = \langle \psi(X), \psi(Y) \rangle_{\mathbb{R}^3}.$$

Sei h die durch $\langle \cdot, \cdot \rangle_{\mathfrak{su}(2)}$ induzierte linksinvariante Metrik auf $SU(2)$. Die Lie-Gruppe

$$SU(2) = \left\{ \begin{pmatrix} a & -\overline{b} \\ b & \overline{a} \end{pmatrix} \;\middle|\; a, b \in \mathbb{C}, \; |a|^2 + |b|^2 = 1 \right\}$$

identifizieren wir mit S^3 durch

$$\phi: A = \begin{pmatrix} a & -\bar{b} \\ b & \bar{a} \end{pmatrix} \in SU(2) \longmapsto \phi(A) := (a, b) \in S^3.$$

Wir wollen zeigen, dass $\phi^* g_{S^3} = h$ gilt. Dazu benutzen wir für den Tangentialraum in $A \in SU(2)$ die Beschreibung

$$T_A SU(2) = dL_A(\mathfrak{su}(2)) = \{A \circ X \mid X \in \mathfrak{su}(2)\}.$$

$\gamma(t) = Ae^{tX}$ ist eine Kurve in $SU(2)$ mit $\gamma(0) = A$ und $\gamma'(0) = A \circ X$. Die Vektoren (Y_1, Y_2, Y_3) mit $Y_1 = \begin{pmatrix} i & 0 \\ 0 & -i \end{pmatrix}$, $Y_2 = \begin{pmatrix} 0 & 1 \\ -1 & 0 \end{pmatrix}$, $Y_3 = \begin{pmatrix} 0 & i \\ i & 0 \end{pmatrix}$ bilden eine Orthonormalbasis in $(\mathfrak{su}(2), \langle \cdot, \cdot \rangle_{\mathfrak{su}(2)})$. Die Behauptung folgt nun, indem man zeigt, dass das Bild der Orthonormalbasis (AY_1, AY_2, AY_3) von $(T_A SU(2), h_A)$ unter $d\phi_A$ ebenfalls eine Orthonormalbasis in $(T_{\phi(A)} S^3, g_{S^3})$ ist. Für AY_1 ergibt sich

$$\begin{aligned}
\hat{Y}_1 := d\phi_A(AY_1) &= \frac{d}{dt} \phi\left(Ae^{tY_1}\right)\big|_{t=0} \\
&= \frac{d}{dt} \phi\left(\begin{pmatrix} a & -\bar{b} \\ b & \bar{a} \end{pmatrix} e^{tY_1}\right)\Big|_{t=0} \\
&= \frac{d}{dt} \phi\left(\begin{pmatrix} a & -\bar{b} \\ b & \bar{a} \end{pmatrix} \begin{pmatrix} e^{ti} & 0 \\ 0 & e^{-ti} \end{pmatrix}\right)\Big|_{t=0} \\
&= \frac{d}{dt} \phi\begin{pmatrix} ae^{ti} & -\bar{b}e^{-ti} \\ be^{ti} & \bar{a}e^{-ti} \end{pmatrix}\Big|_{t=0} \\
&= (ia, ib).
\end{aligned}$$

Analog erhält man $\hat{Y}_2 := d\phi_A(AY_2) = (\bar{b}, -\bar{a})$ und $\hat{Y}_3 := d\phi_A(AY_3) = (-i\bar{b}, i\bar{a})$. Mit der Eigenschaft $|a|^2 + |b|^2 = 1$ ergibt sich dann schnell $\langle \hat{Y}_k, \hat{Y}_l \rangle_{\mathbb{C}^2} = \delta_{kl}$.

Zu b) Wir gehen wie in Teilaufgabe a) vor. Die Gruppe $SU(1, 1)$ ist gegeben durch

$$SU(1, 1) = \left\{ \begin{pmatrix} a & \bar{b} \\ b & \bar{a} \end{pmatrix} \in GL(2, \mathbb{C}) \,\middle|\, a, b \in \mathbb{C}, |a|^2 - |b|^2 = -1 \right\}.$$

Der 3-dimensionale Anti-de Sitter-Raum $H^{1,2}$ ist gegeben durch

$$H^{1,2} := \{(a, b) \in \mathbb{C}^2 \mid |a|^2 - |b|^2 = -1\}.$$

Folglich ist die Abbildung

$$\phi: A = \begin{pmatrix} a & \bar{b} \\ b & \bar{a} \end{pmatrix} \in SU(1, 1) \longmapsto \phi(A) = (a, b) \in H^{1,2}$$

ein Diffeomorphismus zwischen $SU(1, 1)$ und $H^{1,2}$. Für die Lie-Algebra $\mathfrak{su}(1, 1) = \{X \in \mathfrak{gl}(2, \mathbb{C}) \mid J\bar{X}^t J = -X, \operatorname{Tr}(X) = 0\}$, mit $J = \begin{pmatrix} -1 & 0 \\ 0 & 1 \end{pmatrix}$, ergibt sich

$$\mathfrak{su}(1,1) = \left\{ \begin{pmatrix} ix_1 & x_2 + ix_3 \\ x_2 - ix_3 & -ix_1 \end{pmatrix} \;\middle|\; x_i \in \mathbb{R} \right\}.$$

Damit zeigt man

$$\langle X, Y \rangle_{\mathfrak{su}(1,1)} := \frac{1}{2} \operatorname{Tr}(X \circ Y)$$

$$= \frac{1}{2} \operatorname{Tr}\left(\begin{pmatrix} ix_1 & x_2 + ix_3 \\ x_2 - ix_3 & -ix_1 \end{pmatrix} \circ \begin{pmatrix} iy_1 & y_2 + iy_3 \\ y_2 - iy_3 & -iy_1 \end{pmatrix} \right)$$

$$= -x_1 y_1 + x_2 y_2 + x_3 y_3.$$

Insbesondere bilden die Matrizen $X_1 = \begin{pmatrix} i & 0 \\ 0 & -i \end{pmatrix}$, $X_2 = \begin{pmatrix} 0 & 1 \\ 1 & 0 \end{pmatrix}$ und $X_3 = \begin{pmatrix} 0 & i \\ -i & 0 \end{pmatrix}$ eine Orthonormalbasis in $\mathfrak{su}(1,1)$ bzgl. $\langle \cdot, \cdot \rangle_{\mathfrak{su}(1,1)}$. Analog zum 1. Fall ist $T_A SU(1,1) = \{A \circ X \mid X \in \mathfrak{su}(1,1)\}$. Die Behauptung folgt nun, indem man wieder zeigt, dass die Vektoren $\hat{X}_i = d\phi_A(AX_i) \in T_{\phi(A)}H^{1,2}$ eine Orthonormalbasis bzgl. $g_{H^{1,2}}$ sind.

Aufgabe 1.10 Für eine biinvariante Metrik gilt $R_a^* h = L_a^* h = h$ für alle $a \in G$. Wir betrachten die Maurer-Cartan-Form $\mu_G \in \Omega^1(G, \mathfrak{g})$:

$$\mu_G(X)(g) := dL_{g^{-1}}(X(g)) \quad \text{für jedes Vektorfeld } X \in \mathfrak{X}(G)$$

Ist das Vektorfeld X linksinvariant, so gilt $\mu_G(X) \equiv X(e)$. Im Folgenden setzen wir $\langle \cdot, \cdot \rangle := h_e$. Aufgrund der Linksinvarianz von h gilt für alle Vektorfelder $X, Y \in \mathfrak{X}(G)$

$$h_g(X(g), Y(g)) = (L_{g^{-1}}^* h)_g(X(g), Y(g)) = \langle \mu_G(X)(g), \mu_G(Y)(g) \rangle. \tag{i}$$

Des Weiteren gilt wegen der Rechtsinvarianz von h für $a \in G$

$$\langle \mu_G(X), \mu_G(Y) \rangle \overset{\text{(i)}}{=} h(X, Y)$$

$$= R_a^* h(X, Y)$$

$$= \langle \mu_G(dR_a X), \mu_G(dR_a Y) \rangle$$

$$= \langle \operatorname{Ad}(a^{-1}) \mu_G(X), \operatorname{Ad}(a^{-1}) \mu_G(Y) \rangle.$$

Setzen wir $a = \exp(-tZ)$ mit $Z \in \mathfrak{g}$ ein und leiten nach t ab, so ergibt sich für alle $v, w \in \mathfrak{g}$

$$0 = \frac{d}{dt} \langle \operatorname{Ad}(\exp tZ) v, \operatorname{Ad}(\exp tZ) w \rangle |_{t=0}$$

$$= \langle \operatorname{ad}(Z) v, w \rangle + \langle v, \operatorname{ad}(Z) w \rangle = \langle [Z, v], w \rangle + \langle v, [Z, w] \rangle. \tag{ii}$$

Zu a) Die Koszul-Formel für den Levi-Civita-Zusammenhang von h (siehe Anhang A.5) lautet

$$2h(\nabla_X Y, Z) = X(h(Y, Z)) + Y(h(X, Z)) - Z(h(X, Y))$$
$$- h(X, [Y, Z]) + h(Y, [Z, X]) + h(Z, [X, Y]). \tag{iii}$$

Sind die Vektorfelder X, Y, Z linksinvariant, so ist $h(X, Y)$ konstant. Wir erhalten also für $X, Y, Z \in \mathfrak{g}$

$$2\langle \mu_G(\nabla_X Y), Z(e) \rangle \overset{\text{(i)}}{=} 2h(\nabla_X Y, Z)$$
$$\overset{\text{(iii)}}{=} h(X, [Z, Y]) + h(Y, [Z, X]) + h(Z, [X, Y])$$
$$\overset{\text{(i)}}{=} \langle [X, Y](e), Z(e) \rangle$$
$$+ \langle [Z, X](e), Y(e) \rangle + \langle X(e), [Z, Y](e) \rangle$$
$$\overset{\text{(ii)}}{=} \langle [X, Y](e), Z(e) \rangle$$

Da $\langle \cdot, \cdot \rangle$ nicht ausgeartet ist, folgt $\mu_G(\nabla_X Y) \equiv \frac{1}{2}[X, Y](e)$. Da $[X, Y]$ linksinvariant ist, ergibt sich für den Levi-Civita-Zusammenhang

$$\nabla_X Y = \frac{1}{2}[X, Y], \quad X, Y \in \mathfrak{g}. \tag{iv}$$

Für beliebige Vektorfelder $X, Y, Z \in \mathfrak{X}(G)$ ist der Krümmungstensor R gegeben durch $R(X, Y)Z = \nabla_X \nabla_Y Z - \nabla_Y \nabla_X Z - \nabla_{[X,Y]}Z$. Wendet man für linksinvariante Vektorfelder Formel (iv) sowie die Jacobi-Identität des Kommutators an, so folgt die Behauptung für die Krümmung unmittelbar. Für die Ricci-Krümmung folgt mit $X, Y \in \mathfrak{g}$ und einer linksinvarianten Orthonormalbasis $(e_1, \ldots, e_n)$

$$Ric(X, Y) = \sum_{i=1}^{n} R(X, e_i, e_i, Y) = \sum_{i=1}^{n} h(R(X, e_i)e_i, Y)$$
$$= -\frac{1}{4}\sum_{i=1}^{n} h([[X, e_i], e_i], Y) = -\frac{1}{4}\sum_{i=1}^{n} h(e_i, [Y, [X, e_i]])$$
$$= -\frac{1}{4}\sum_{i=1}^{n} h(e_i, \text{ad}(Y)\text{ad}(X)e_i) = -\frac{1}{4}\text{Tr}(\text{ad}(Y) \circ \text{ad}(X))$$
$$= -\frac{1}{4}B_\mathfrak{g}(X, Y).$$

Zu b) Sei $X \in \mathfrak{g}$ und bezeichne γ die Integralkurve von X durch $e \in G$, d. h. $\gamma(t) = \exp tX$. Dann ist das linksinvariante Vektorfeld X eine Fortsetzung von $\gamma'(t)$ zu einem Vektorfeld auf G. Des Weiteren ist

$$\frac{\nabla \gamma'}{dt}(t) = \nabla_{\gamma'(t)}X = (\nabla_X X)(\gamma(t)) \overset{\text{(iv)}}{=} \frac{1}{2}[X, X](\gamma(t)) = 0.$$

Folglich ist γ ist eine Geodäte von (G, h) durch e. Darüber hinaus lässt sich, wegen der Eindeutigkeit des Anfangswertproblems, jede Geodäte durch e auf solch eine Weise darstellen. Da alle Linkstranslationen Isometrien sind, erhält man durch $\delta(t) := g \cdot \exp tX$, $X \in \mathfrak{g}$, alle Geodäten durch $g \in G$.

Zu c) Wir betrachten zunächst die Abbildung $s_e : g \mapsto g^{-1}$. Für eine Kurve $\gamma(t) = g \cdot \exp tX$ mit $X \in T_e G$ erhalten wir $\gamma'(0) = (dL_g)_e(X)$ und

$$
\begin{aligned}
(ds_e)_g((dL_g)_e(X)) &= \frac{d}{dt}\left(s_e(g \cdot \exp tX)\right)\big|_{t=0} \\
&= \frac{d}{dt}\left(R_{g^{-1}}(\exp -tX)\right)\big|_{t=0} \\
&= -(dR_{g^{-1}})_e(X).
\end{aligned}
$$

Aus $s_a = L_a \circ R_a \circ s_e$ folgt mit $Y = (dL_g)_e(X)$

$$
\begin{aligned}
(ds_a)_g(Y) &= (dL_a)_{g^{-1}a}(dR_a)_{g^{-1}}(ds_e)_g\big((dL_g)_e(X)\big) \\
&= -(dL_a)_{g^{-1}a}(dR_a)_{g^{-1}}(dR_{g^{-1}})_e(X) \\
&= -(dL_a)_{g^{-1}a}(dR_{g^{-1}a})_e(X) \\
&= -(dL_a)_{g^{-1}a}(dR_{g^{-1}a})_e(dL_{g^{-1}})_g(Y).
\end{aligned}
$$

Als Komposition von linearen Isometrien ist ds_a ebenfalls eine lineare Isometrie, d.h. s_a eine Isometrie. Insbesondere ist $s_a(a) = a$ und $(ds_a)_a(Y) = -Y$.

Zu d) Sei nun G eine Lie-Gruppe mit negativ definiter Killing-Form $B_\mathfrak{g}$. Wir betrachten dann die durch die Killing-Form definierte biinvariante Metrik h, d.h.

$$
h_g := -B_\mathfrak{g}\big(dL_{g^{-1}}(\cdot), dL_{g^{-1}}(\cdot)\big).
$$

Dann ist nach a) und b) die Riemannsche Mannigfaltigkeit (G, h) ein geodätisch vollständiger Einsteinraum positiver Skalarkrümmung. Die Behauptung ist dann gerade der Inhalt des Satzes von Bonnet-Myers, siehe [ON83], Kap. 10.

Aufgabe 1.11 Zu a) Es sei $(e_1, \ldots, e_{n+2})$ eine Basis im Minkowski-Raum $\mathbb{R}^{1,n+1}$ bzgl. der $\langle x, x \rangle_{1,n+1} = -x_1^2 + x_2^2 + \ldots + x_{n+2}^2$ gilt. Für einen Punkt $x = [x_1 : x_2 : \ldots : x_{n+2}] \in PC$ gilt $x_1^2 = x_2^2 + \ldots + x_{n+2}^2$, insbesondere ist $x_1 \neq 0$. Den Diffeomorphismus zwischen PC und S^n erhalten wir dann durch

$$
\begin{array}{ccc}
PC & \longrightarrow & S^n \\
x = [x_1 : \ldots : x_{n+2}] & \longmapsto & \left(\frac{x_2}{x_1}, \ldots, \frac{x_{n+2}}{x_1}\right).
\end{array}
$$

Die Sphäre S^n ergibt sich dabei gerade als Schnitt der Hyperebene $x_1 = 1$ mit dem Lichtkegel C.

Zu b) Wir zeigen zuerst, dass $O(1, n+1)$ transitiv auf PC wirkt. Da $O(1, n+1)$ die Invarianzgruppe des Skalarproduktes $\langle \cdot, \cdot \rangle_{1,n+1}$ ist, wirkt $O(1, n+1)$ tatsächlich auf PC.

Seien nun $[x]$ und $[y]$ zwei Elemente aus PC. OBdA können wir $x = (1, x_2, \ldots, x_{n+2})$ und $y = (1, y_2, \ldots, y_{n+2})$ annehmen. Für $\hat{x} = x - e_1$ und $\hat{y} = y - e_1$ gilt $1 = \langle \hat{x}, \hat{x} \rangle = \langle \hat{y}, \hat{y} \rangle$, $\hat{x} \perp e_1$ und $\hat{y} \perp e_1$ (bzgl. $\langle \cdot, \cdot \rangle := \langle \cdot, \cdot \rangle_{1,n+1}$). Wir betrachten nun die Matrix $A \in GL(n + 2)$, die auf $\mathbb{R}e_1$ durch $Ae_1 = e_1$ und auf span$\{e_2, \ldots, e_{n+2}\}$ durch die Drehung von $\hat{x}$ in $\hat{y}$ in der Ebene span$\{\hat{x}, \hat{y}\} \subset$ span$\{e_2, \ldots, e_{n+2}\}$ gegeben ist. Dann gilt $A \in O(1, n+1)$ und $Ax = y$, d. h., $A[x] = [y]$. Folglich wirkt $O(1, n + 1)$ transitiv auf PC.

Wir bestimmen nun den Stabilisator der Geraden $\mathbb{R}(1, 0, \ldots, 0, 1)$. Es sei $f_1 := \frac{1}{\sqrt{2}}(e_1 + e_{n+2})$ sowie $f_{n+2} := \frac{1}{\sqrt{2}}(e_{n+2} - e_1)$. Bezüglich der Basis $(f_1, e_2, \ldots, e_{n+1}, f_{n+2})$ hat $\langle \cdot, \cdot \rangle_{1,n+1}$ die Darstellung

$$S = \begin{pmatrix} 0 & 0 & 1 \\ 0 & E_n & 0 \\ 1 & 0 & 0 \end{pmatrix}.$$

Sei nun $A \in O(1, n + 1)_{\mathbb{R}f_1}$ ein Element des Stabilisators der Geraden $\mathbb{R}f_1$, d. h., es gelte $Af_1 = \lambda f_1$ mit $\lambda \in \mathbb{R}^*$. Aus

$$Af_1 = \begin{pmatrix} a & u^t & b \\ y & B & z \\ c & v^t & d \end{pmatrix} \cdot \begin{pmatrix} 1 \\ 0 \\ 0 \end{pmatrix} = \begin{pmatrix} \lambda \\ 0 \\ 0 \end{pmatrix}$$

mit $a, b, c, d \in \mathbb{R}$, $u, v, y, z \in \mathbb{R}^n$ und $B \in GL(n, \mathbb{R})$ folgt $y = 0$ und $c = 0$. Für $A \in O(1, n + 1)$ gilt aber außerdem $SA^tSA = E_{n+2}$, d. h.

$$\begin{pmatrix} 0 & 0 & a \\ v & B^t & u \\ d & z^t & b \end{pmatrix} \cdot \begin{pmatrix} a & u^t & b \\ 0 & B & z \\ 0 & v^t & d \end{pmatrix} = \begin{pmatrix} 0 & 0 & 1 \\ 0 & E_n & 0 \\ 1 & 0 & 0 \end{pmatrix}.$$

Dies impliziert $B \in O(n)$, $v = 0$, $a = d^{-1}$, $z = -dBu$ und $b = -\frac{d}{2}u^t u$. Insgesamt erhält man damit für den Stabilisator von $\mathbb{R}f_1$ die Untergruppe

$$O(1, n + 1)_{\mathbb{R}f_1} = \left\{ \begin{pmatrix} d^{-1} & u^t & -\frac{d}{2}u^t u \\ 0 & B & -dBu \\ 0 & 0 & d \end{pmatrix} \ \Big| \ B \in O(n), \ d \in \mathbb{R}^*, u \in \mathbb{R}^n \right\}.$$

Aufgabe 1.12 Sei $\pi : TF \longrightarrow F$ die kanonische Projektion im Tangentialbündel von F. Mit $\psi : G \times F \longrightarrow F$ bezeichnen wir die glatte Wirkung von G auf F. Wir zeigen zuerst, dass auch die Abbildung

$$\Psi : (g, X) \in G \times TF \longmapsto dl_g(X) = d\psi_{(g, \pi(X))}X \in TF$$

glatt ist. Dazu betrachten wir ihre Kartendarstellung. Sei $\mathcal{A} := \{(U_i, \varphi_i)\}$ ein Atlas für F. Dann ist $\widetilde{\mathcal{A}} := \left\{ \left(\hat{U}_i = \pi^{-1}(U_i), \phi_i \right) \right\}$ mit

$$\phi_i(X) := (\varphi_i(\pi(X)), (\xi_1, \dots, \xi_n)) \quad \text{für } X = \sum_{i=1}^{n} \xi_i \frac{\partial}{\partial x_i}(\pi(X)),$$

ein Atlas für TF. Seien (V, μ) eine Karte von G und $(\hat{U}_i, \phi_i)$, $(\hat{U}_j, \phi_j) \in \tilde{\mathcal{A}}$ zwei Karten von TF mit $\Psi^{-1}(\hat{U}_j) \cap (V \times \hat{U}_i) \neq \emptyset$. Da $\psi : G \times F \longrightarrow F$ glatt ist, ist die Kartendarstellung $\tilde{\psi} := \varphi_j \circ \psi \circ (\mu^{-1} \times \varphi_i^{-1})$ von ψ glatt. Die Kartendarstellung von Ψ ordnet den Koordinaten

$$(a_1, \dots, a_r, x_1, \dots, x_n, \xi_1, \dots, \xi_n) \in \mu(V) \times \phi_i(\hat{U}_i)$$

die Koordinaten

$$\left(\tilde{\psi}(a_1, \dots, a_r, x_1, \dots, x_n), \sum_{\alpha=1}^{n} \xi_\alpha \frac{\partial \tilde{\psi}}{\partial x_\alpha}(a_1, \dots, a_r, x_1, \dots, x_n) \right) \in \phi_j(\hat{U}_j)$$

zu. Sie ist also ebenfalls glatt. Folglich ist $\Psi : G \times TF \longrightarrow TF$ eine glatte Abbildung. Aus den Eigenschaften der Wirkung von G auf F erhalten wir für $g, a \in G$

$$dl_e = \mathrm{Id}_{TF} \quad \text{und}$$

$$dl_{ga} = dl_g \cdot dl_a.$$

Insbesondere ist $dl_g = dl_{g^{-1}}$, also dl_g ein Diffeomorphismus. Dies zeigt insgesamt, dass Ψ eine Linkswirkung von G auf TF ist.

Aufgabe 1.13 Für eine Linkstransformationsgruppe $[M, G]$ gilt:
Sei $x(t)$ eine Kurve in M mit $x(0) = x$, $g(t)$ eine Kurve in G mit $g(0) = g$ und bezeichne $z(t)$ die Kurve $z(t) = g(t) \cdot x(t)$ in M. Dann gilt für den Tangentialvektor der Kurve $z(t)$ in $t = 0$:

$$\dot{z}(0) = dl_g(\dot{x}(0)) - \widetilde{dR_{g^{-1}}\dot{g}(0)}(g \cdot x). \tag{A.16}$$

Aus der Linkswirkung $(g, x) \mapsto g \cdot x$ erhält man durch $(g, x) \mapsto x \odot g := g^{-1} \cdot x$ eine Rechtswirkung von G auf M. Beide Wirkungen liefern für $X \in \mathfrak{g}$ das gleiche fundamentale Vektorfeld $\tilde{X}$, denn wegen $\exp(tX)^{-1} = \exp(-tX)$ folgt

$$\tilde{X}(x) = \frac{d}{dt}\left(x \odot \exp(tX) \right)|_{t=0} = \frac{d}{dt}\left(\exp(-tX) \cdot x \right)|_{t=0}. \tag{A.17}$$

Mit $z(t) = x(t) \odot g^{-1}(t)$ und $l_g = r_{g^{-1}}$ ergibt sich dann aus Satz 1.27 zunächst

$$\dot{z}(0) = dr_{g^{-1}}(\dot{x}(0)) + dL_g(\widetilde{(g^{-1})}(0))(x \odot g^{-1})$$

$$= dl_g(\dot{x}(0)) + dL_g(\widetilde{(g^{-1})}(0))(g \cdot x).$$

Benutzt man nun noch $dL_g\big((g^{-1})(0)\big) = -dR_{g^{-1}}(\dot{g}(0))$, was aus $\frac{d}{dt}\big(g(t) \cdot g^{-1}(t)\big)|_{t=0} = 0$ folgt, sowie die Linearität der Abbildung $X \in \mathfrak{g} \mapsto \tilde{X} \in \mathfrak{X}(M)$, so erhält man (A.16).

Lösungen zu Kap. 2

Aufgabe 2.1 Wir betrachten die Projektion $\pi_v : TvE \longrightarrow M$, gegeben durch $\pi_v(X) := \pi(e)$ für $X \in Tv_eE$. Um zu zeigen, dass (TvE, π_v, M) eine lokal-triviale Faserung mit Fasertyp TF ist, benutzen wir das Kriterium aus Satz 2.1. Wir konstruieren also formale Bündelkarten von TvE mit glatten Übergangsfunktionen. Wir wählen einen Atlas von Bündelkarten $\{(U_i, \phi_i)\}$ von E. Dann ist für jedes $x \in U_i$ die Abbildung $\phi_{ix} := pr_2 \circ \phi_i$ ein Diffeomorphismus zwischen E_x und F. Insbesondere ist damit $d\phi_{ix} : \bigcup_{e \in E_x} Tv_eE \to TF$ ein Diffeomorphismus. Wir betrachten die Abbildungen

$$\psi_i : \pi_v^{-1}(U_i) \longrightarrow U_i \times TF$$
$$X \longmapsto (\pi_v(X), d\phi_{i\pi_v(X)}(X)).$$

ψ ist offensichtlich bijektiv, die Umkehrabbildung bildet das Element $(x, Z) \in U_i \times TF$ auf $d\phi_{ix}^{-1}(Z) \in \bigcup_{e \in E_x} Tv_eE$ ab. Darüber hinaus sind die Übergangsfunktionen

$$\psi_i \circ \psi_j^{-1} : (U_i \cap U_j) \times TF \longrightarrow (U_i \cap U_j) \times TF$$
$$(x, Z) \longmapsto (x, d(\underbrace{\phi_{ix} \circ \phi_{jx}^{-1}}_{\phi_{ij}(x) \in Diff(F)})(Z))$$

glatte Abbildungen, denn die Differenzierbarkeit der zweiten Komponente folgt aus der Differenzierbarkeit der zweiten Komponente von

$$\phi_i \circ \phi_j^{-1} : (U_i \cap U_j) \times F \longrightarrow (U_i \cap U_j) \times F$$
$$(x, v) \longmapsto (x, \phi_{ij}(x)(v)).$$

Der formale Bündelatlas $\{(U_i, \psi_i)\}$ erfüllt damit alle Voraussetzungen für Satz 2.1, d.h., $(TvE, \pi_v, M; TF)$ ist eine lokal-triviale Faserung.

Aufgabe 2.2 Hierzu gibt es verschiedene Möglichkeiten. Die erste ist eine Anwendung von Satz 2.4. Die Gruppe $O(k)$ wirkt auf $V_k(\mathbb{R}^n)$ durch

$$(v_1, \ldots, v_k) \cdot A := (\sum_i v_i A_{i1}, \ldots, \sum_i v_i A_{ik}).$$

Diese Wirkung ist offensichtlich fasertreu und einfach-transitiv auf den Fasern der Abbildung $\pi : V_k(\mathbb{R}^n) \longrightarrow G_k(\mathbb{R}^n)$. Wir geben nun lokale Schnitte für das Bündel $(V_k(\mathbb{R}^n), \pi, G_k(\mathbb{R}^n))$ an. Sei $E \in G_k(\mathbb{R}^n)$. Dann zerlegt sich $\mathbb{R}^n$ in die orthogonale Summe $\mathbb{R}^n = E \oplus E^\perp$. Die Menge

$$U(E) := \{F \in G_k(\mathbb{R}^n) \mid F \cap E^\perp = \emptyset\}$$

ist eine Kartenumgebung von E in $G_k(\mathbb{R}^n)$. Ist $F \in U(E)$, so liefert die orthogonale Projektion auf E eine bijektive Abbildung $(pr_E)_{|F} : F \longrightarrow E$. Wir fixieren nun eine orthonormale Basis $(a_1, \ldots, a_k)$ in E und definieren einen lokalen Schnitt durch

$$s_{U(E)} : \quad U(E) \quad \longrightarrow \quad V_k(\mathbb{R}^n)$$
$$F \quad \longmapsto \quad \text{ortho}((pr_E)_{|F}^{-1} a_1, \ldots, (pr_E)_{|F}^{-1} a_k),$$

wobei $\text{ortho}(y_1, \ldots, y_k)$ das k-Tupel von orthonormalen Vektoren bezeichnet, das beim Gram-Schmidtschen Orthonormierungsverfahren aus $(y_1, \ldots, y_k)$ entsteht. Es bleibt dann zu zeigen, dass alle betrachteten Abbildungen glatt sind.

Eine zweite Beweisvariante benutzt die homogene Struktur der Mannigfaltigkeiten $V_k(\mathbb{R}^n)$ und $G_k(\mathbb{R}^n)$. Sei $G = O(n)$, H der Stabilisator von $(e_1, \ldots, e_k) \in V_k(\mathbb{R}^n)$ und S der Stabilisator von $\text{span}\{e_1, \ldots, e_k\} \in G_k(\mathbb{R}^n)$ bzgl. der jeweiligen G-Wirkung. Dann gilt

$$S = \left\{ \begin{pmatrix} A & 0 \\ 0 & B \end{pmatrix} \mid A \in O(k),\ B \in O(n-k) \right\} = N \cdot H = H \cdot N,$$

wobei N und H die Untergruppen

$$N = \left\{ \begin{pmatrix} A & 0 \\ 0 & I_{n-k} \end{pmatrix} \mid A \in O(k) \right\} \quad \text{und} \quad H = \left\{ \begin{pmatrix} I_k & 0 \\ 0 & B \end{pmatrix} \mid B \in O(n-k) \right\}$$

sind. Per Definition kommutiert das Diagramm

$$
\begin{array}{ccc}
G/H & \overset{\beta_1}{\underset{\simeq}{\longrightarrow}} & V_k(\mathbb{R}^n) \\
\tilde{\pi} \downarrow & & \downarrow \pi \\
G/S & \overset{\beta_2}{\underset{\simeq}{\longrightarrow}} & G_k(\mathbb{R}^n)
\end{array}
\qquad \text{wobei} \quad
\begin{array}{l}
\beta_1(gH) = (ge_1, \ldots, ge_k), \\[4pt]
\beta_2(gS) = \text{span}\{ge_1, \ldots, ge_k\}, \\[4pt]
\tilde{\pi}(gH) = gS.
\end{array}
$$

Es genügt also zu zeigen, dass $(G/H, \tilde{\pi}, G/S)$ ein Hauptfaserbündel mit der Strukturgruppe $N = S/H$ ist. Sei nun $\{(U_i, \psi_i)\}$ ein Atlas aus S-äquivarianten Bündelkarten im homogenen Hauptfaserbündel $(G, \pi_S, G/S; S)$. Da $\psi_i : \pi_S^{-1}(U_i) \longrightarrow U_i \times S$ mit der H-Wirkung kommutiert, können wir auf beiden Seiten nach H faktorisieren und erhalten dadurch einen N-äquivarianten Bündelatlas $\{(U_i, \overline{\psi}_i)\}$ für das Bündel $(G/H, \tilde{\pi}, G/S; N)$.

Aufgabe 2.3 Sei (p, q) die Signatur der Metriken in der konformen Klasse c. Wir bezeichnen mit $CO(p, q)$ die Gruppe

$$CO(p, q) := \{A \in GL(n, \mathbb{R}) \mid \exists \lambda \in \mathbb{R}^+ : \langle Ax, Ay \rangle_{p,q} = \lambda \langle x, y \rangle_{p,q}\}.$$

P sei die Menge der konformen Repere

$$P := \bigcup_{x \in M} \{s_x = (s_1, \ldots, s_n) \mid s_x \text{ konforme Basis in } T_x M\}$$

und $\pi : P \longrightarrow M$ die kanonische Projektion. Wir zeigen, dass (P, π, M) ein Hauptfaserbündel mit Strukturgruppe $CO(p, q)$ ist. Die Gruppe $CO(p, q)$ wirkt von rechts auf P durch

$$(s_1, \ldots, s_n) \cdot A = (\sum_i s_i A_{i1}, \ldots, \sum_i s_i A_{in}).$$

Sei $s_x = (s_1, \ldots, s_n)$ eine konforme Basis in $T_x M$ und $A \in CO(p, q)$. Dann existiert eine Metrik $g \in c$, so dass s_x orthonormal bzgl. g_x ist und ein $\lambda \in \mathbb{R}^+$, so dass $s_x \cdot A$ orthonormal bzgl. der Metrik $\lambda^{-1} g_x$ ist. $s_x \cdot A$ ist also wieder eine konforme Basis in $T_x M$. Sind andererseits $s_x = (s_1, \ldots, s_n)$ und $\tau_x = (\tau_1, \ldots, \tau_n)$ zwei konforme Basen in $T_x M$, so existiert eine Metrik $g \in c$ und ein $\sigma \in \mathbb{R}^+$ so dass s_x orthonormal bzgl. g_x und τ_x orthonormal bzgl. $\sigma^2 g_x$ ist. Dann ist $\sigma^{-1} \tau_x$ ebenfalls orthonormal bzgl. g_x, d. h. die Übergangsmatrix B mit $\sigma^{-1} \tau_i = \sum_j B_{ji} s_j$ liegt in $O(p, q)$. Folglich gilt $\tau_x = s_x \cdot \sigma B$ mit $\sigma B \in CO(p, q)$. Die Gruppe $CO(p, q)$ wirkt also einfach-transitiv auf den Fasern von P. Um zu zeigen, dass P die Struktur eines glatten $CO(p, q)$-Hauptfaserbündels trägt, reicht es nach Satz 2.1, äquivariante formale Bündelkarten mit glatten Übergangsfunktionen anzugeben. Wir fixieren dazu eine Metrik $g \in c$ und wählen durch Orthonormieren von kanonischen Basen auf Kartengebieten U und V zwei glatte lokale g-orthonormale Basisfelder $s = (s_1, \ldots, s_n) : U \to P$ und $\tau = (\tau_1, \ldots, \tau_n) : V \to P$. Sei $U \cap V \neq \emptyset$. Dann gilt $\tau = s \cdot g$, wobei $g : U \cap V \to O(p, q) \subset CO(p, q)$ glatt ist. Die Basisfelder s und τ liefern formale $CO(p, q)$-äquivariante Bündelkarten über U bzw. V durch

$$\phi_U : P_U \longrightarrow U \times CO(p, q) \qquad \text{und} \qquad \psi_V : P_V \longrightarrow V \times CO(p, q)$$
$$s(x)A \longmapsto (x, A) \qquad\qquad\qquad \tau(y)B \longmapsto (y, B).$$

Für den Kartenübergang gilt über $U \cap V$:

$$\phi_U \circ \psi_V^{-1} : (U \cap V) \times CO(p, q) \longrightarrow (U \cap V) \times CO(p, q)$$
$$(x, B) \qquad\qquad \longmapsto \qquad (x, g(x)B).$$

Dies ist eine glatte Abbildung. Folglich trägt P die Struktur eines glatten $CO(p, q)$-Hauptfaserbündels.

Aufgabe 2.4 Wir betrachten die Hopffaserung $(S^3, \pi, \mathbb{C}P^1; S^1)$ mit der Projektion $\pi((w_1, w_2)) = [w_1 : w_2]$. Die Mengen $U_j = \{[w_1 : w_2] \mid w_j \neq 0\}, j = 1, 2$, überdecken $\mathbb{C}P^1$ und

$$s_1 : [w_1 : w_2] \in U_1 \longmapsto (1, \frac{w_2}{w_1}) \cdot |w_1| \in S^3,$$

$$s_2 : [w_1 : w_2] \in U_2 \longmapsto (\frac{w_1}{w_2}, 1) \cdot |w_2| \in S^3$$

sind glatte lokale Schnitte in $(S^3, \pi, \mathbb{C}P^1; S^1)$. Wir bezeichnen mit H die Hopffaserung, versehen mit der S^1-Wirkung $(w_1, w_2) \cdot z := (w_1 z, w_2 z)$ und H^* die Hopffaserung, versehen mit der S^1-Wirkung $(w_1, w_2) \odot z := (w_1 z^{-1}, w_2 z^{-1})$. Beide S^1-Wirkungen sind offensichtlich fasertreu und einfach-transitiv auf den Fasern des Hopfbündels. Somit sind H und H^* nach Satz 2.4 S^1 Hauptfaserbündel. Wir zeigen nun, dass H und H^* als S^1-Hauptfaserbündel nicht isomorph sind. Angenommen, H und H^* wären isomorph. Dann existiert ein Diffeomorphismus $\phi : S^3 \longrightarrow S^3$ mit $\pi \circ \phi = \pi$ und $\phi(w \cdot z) = \phi(w) \cdot z^{-1}$ für $w \in S^3$ und $z \in S^1$. Folglich ist durch $\phi(w) = w \cdot \mu(w)$ eine glatte Abbildung $\mu : S^3 \longrightarrow S^1$ mit

$$\mu(w) = \mu(w \cdot z) \cdot z^2, \qquad w \in S^3, \, z \in S^1, \tag{A.18}$$

definiert. Eine solche Abbildung kann es aber aus topologischen Gründen nicht geben. Da S^3 einfach-zusammenhängend ist, existiert nämlich eine Abbildung $\widetilde{\mu} : S^3 \longrightarrow \mathbb{R}$ mit $\mu(w) = e^{2\pi i \widetilde{\mu}(w)}$. Wegen (A.18) gilt dann

$$e^{2\pi i \widetilde{\mu}(w)} = e^{2\pi i (\widetilde{\mu}(wz) + 2\alpha)} \qquad \forall \, z = e^{2\pi i \alpha} \in S^1.$$

Die Abbildung $\alpha \in \mathbb{R} \mapsto k(w, \alpha) := \widetilde{\mu}(we^{2\pi i \alpha}) + 2\alpha - \widetilde{\mu}(w) \in \mathbb{Z}$ ist stetig und folglich konstant mit dem Wert $k(w, 0) = 0$. Wir erhalten also

$$2\alpha = \widetilde{\mu}(w) - \widetilde{\mu}(we^{2\pi i \alpha}).$$

Dies ist ein Widerspruch, da die rechte Seite dieser Gleichung nur einen kompakten Bereich von $\mathbb{R}$ durchlaufen kann, während die linke Seite ganz $\mathbb{R}$ durchläuft.

Aufgabe 2.5 Es sei $f^*P = \{(\widetilde{x}, p) \in \widetilde{X} \times P \mid \pi(p) = f(\widetilde{x})\}$ das induzierte Bündel mit der Projektion $\overline{\pi}(\widetilde{x}, p) = \widetilde{x}$. Wir nehmen zuerst an, dass die G-Hauptfaserbündel $\widetilde{P}$ und f^*P isomorph sind. Dann existiert ein G-äquivarianter Diffeomorphismus $\phi : \widetilde{P} \longrightarrow f^*P$ mit $\overline{\pi} \circ \phi = pr_1 \circ \phi = \widetilde{\pi}$. Wir definieren dann

$$F : \widetilde{P} \longrightarrow P$$
$$\widetilde{p} \longmapsto pr_2 \circ \phi(\widetilde{p}).$$

Dies ist eine glatte Abbildung mit $\pi \circ F = \pi \circ pr_2 \circ \phi = f \circ pr_1 \circ \phi = f \circ \widetilde{\pi}$. Aus der G-Äquivarianz von ϕ folgt auch die G-Äquivarianz von F.

Sei andererseits $F : \widetilde{P} \longrightarrow P$ eine glatte G-äquivariante Abbildung und gelte $\pi \circ F = f \circ \widetilde{\pi}$. Dann definieren wir eine glatte G-äquivariante Abbildung zwischen $\widetilde{P}$ und f^*P durch

$$\phi : \widetilde{P} \longrightarrow f^*P$$
$$\widetilde{p} \longmapsto (\widetilde{\pi}(\widetilde{p}), F(\widetilde{p})).$$

Um die Bijektivität von ϕ einzusehen, fixieren wir ein $(\widetilde{x}, p) \in f^*P$. Dann ist $f(\widetilde{x}) = \pi(p)$ bzw. $p \in \pi^{-1}(f(\widetilde{x}))$. Nun ist F als G-äquivariante Abbildung bijektiv zwischen den Fasern $\widetilde{\pi}^{-1}(\widetilde{x})$ und $\pi^{-1}(f(\widetilde{x}))$. Es gibt also genau ein $\widetilde{p} \in \widetilde{\pi}^{-1}(\widetilde{x})$ mit $F(\widetilde{p}) = p$, d.h. so dass $\phi(\widetilde{p}) = (\widetilde{x}, p)$. Wir müssen noch zeigen, dass ϕ^{-1} glatt ist. Dazu wählen wir glatte Schnitte $s : U \to P$ und $\tau : V = f^{-1}(U) \to \widetilde{P}$. Dann gilt $F(\tau(\widetilde{x})) = s(f(\widetilde{x})) \cdot g(\widetilde{x})$ mit einer glatten Abbildung $g : V \to G$. Die Abbildung ϕ^{-1} ist dann lokal gegeben durch

$$\phi^{-1} : f^*P \longrightarrow \widetilde{P}$$
$$(\widetilde{x}, p) \longmapsto \tau(\widetilde{x}) \cdot g(\widetilde{x})^{-1} \cdot a(\widetilde{x}, p),$$

wobei $a(\widetilde{x}, p) \in G$ durch $p = s(f(\widetilde{x})) \cdot a(\widetilde{x}, p)$ definiert ist. Die Abbildung a ist nach Satz 2.4 ebenfalls glatt. Folglich ist ϕ^{-1} glatt.

Aufgabe 2.6 Wir benutzen Satz 2.8. Wir müssen also zeigen, dass die lokal-trivialen Faserungen TvE und $P \times_G TF$ die gleichen Cozyklen haben. Seien $g_{ij} : U_i \cap U_j \to G$ die Cozyklen von P. Dann wissen wir aus Satz 2.8, dass das Bündel $E = P \times_G F$ die Cozyklen $l_{g_{ij}} : U_i \cap U_j \to \mathit{Diff}(F)$ hat und das Bündel $P \times_G TF$ die Cozyklen $dl_{g_{ij}} : U_i \cap U_j \to \mathit{Diff}(TF)$. Dann zeigt aber die Lösung von Aufgabe 2.1, dass auch das Bündel TvE die Cozyklen $dl_{g_{ij}} : U_i \cap U_j \to \mathit{Diff}(TF)$ besitzt. Deshalb sind beide Bündel isomorph.

Aufgabe 2.7 Wir zeigen zuerst $TM \simeq G \times_{\mathrm{Ad}} \mathfrak{m}$:
Dazu betrachten wir die Kartenabbildung

$$\varphi_{[g]} : \mathfrak{m} \xrightarrow{\exp} G \xrightarrow{\pi} G/H \xrightarrow{l_g} G/H = M.$$

Aus Satz 1.24 wissen wir, dass $(d\varphi_{[g]})_e \mathfrak{m} = dl_g \circ d\pi_e(\mathfrak{m}) \simeq T_{[g]}M$. Außerdem gilt

$$dl_h \circ d\pi_e = d\pi_e \circ \mathrm{Ad}(h) \qquad \forall\, h \in H. \tag{A.19}$$

Um das einzusehen, berechnen wir für $h \in H$ und $Y \in \mathfrak{g}$

$$dl_h d\pi_e(Y) = \frac{d}{dt}\, l_h \pi\big(\exp(tY)\big)|_{t=0} = \frac{d}{dt}\, \pi\big(h \cdot \exp(tY)\big)|_{t=0}$$

$$= \frac{d}{dt}\, \pi\big(h \cdot \exp(tY) \cdot h^{-1}\big)|_{t=0} = \frac{d}{dt}\, \pi\big(\exp(t\mathrm{Ad}(h)Y)\big)|_{t=0}$$

$$= d\pi_e(\mathrm{Ad}(h)Y).$$

Da der homogene Raum reduktiv ist, gilt insbesondere $\mathrm{Ad}(h)\mathfrak{m} \subset \mathfrak{m}$. Wir definieren jetzt:

$$F : G \times_{\mathrm{Ad}} \mathfrak{m} \longrightarrow TM$$
$$[g, X] \longmapsto dl_g d\pi_e(X).$$

F ist wegen (A.19) korrekt definiert, des Weiteren fasertreu und auf den Fasern isomorph. Dass die Abbildungen F und F^{-1} glatt sind, sieht man an ihrer Darstellung in Bündelkarten, die wir jetzt angeben. Sei $s_U : U \subset G/H \to G$ ein lokaler Schnitt im homogenen Bündel und $(X_1, \ldots, X_r)$ eine Basis in $\mathfrak{m}$. Dann ist

$$\phi_U : \quad G \times_{\mathrm{Ad}} \mathfrak{m}|_U \longrightarrow U \times \mathbb{R}^r$$
$$\Big[s([a]), \sum_i \xi_i X_i\Big] \longmapsto ([a], (\xi_1, \ldots, \xi_r))$$

eine Bündelkarte von $G \times_{\mathrm{Ad}} \mathfrak{m}$. Die Abbildung

$$\psi_U : \quad TU \quad \longrightarrow \quad U \times \mathbb{R}^n$$
$$d\varphi_{[a]}\left(\sum_i \eta_i X_i\right) \longmapsto ([a], (\eta_1, \ldots, \eta_r))$$

ist eine Bündelkarte von TM. Dann gilt

$$\left(\psi_U \circ F \circ \phi_U^{-1}\right)([a], \xi_1, \ldots, \xi_r) = \psi_U F\left[s([a]), \sum_i \xi_i X_i\right]$$

$$= \psi_U \, dl_a \, d\pi_e\left(\sum_i \xi_i X_i\right) = \psi_U d\varphi_{[a]}\left(\sum_i \xi_i X_i\right)$$

$$= ([a], \xi_1, \ldots, \xi_r).$$

Folglich sind F und F^{-1} glatt.

Wir zeigen nun $GL(M) \simeq G \times_{\hat{\mathrm{Ad}}} GL(\mathfrak{m})$:

Wir definieren diesen Isomorphismus zunächst lokal. Sei $s_U : U \subset G/H \to G$ wieder ein lokaler Schnitt im homogenen Bündel. Dann ist durch

$$s_j([a]) := [s_U([a]), X_j] \in G \times_{\mathrm{Ad}} \mathfrak{m}_{|U} \simeq TU, \quad j = 1, \ldots, r,$$

ein lokaler Schnitt $s = (s_1, \ldots, s_r)$ in $GL(M)|_U$ gegeben. Wir definieren nun

$$\Psi_U^s : GL(M)|_U \longrightarrow G \times_{\hat{\mathrm{Ad}}} GL(\mathfrak{m})$$
$$s(x) \cdot A \longmapsto [s_U(x), A].$$

Dies ist ein Hauptfaserbündel-Isomorphismus. Wir zeigen, dass Ψ_U^s nicht von der Wahl des lokalen Schnittes s_U abhängt. Sei dazu $\tau_U : U \to G$ ein weiterer lokaler Schnitt und $\tau := (\tau_1, \ldots, \tau_r)$ das lokale Reper mit $\tau_j = [\tau_U, X_j]$. Dann gilt $\tau_U = s_U \cdot h$ für eine glatte Funktion $h : U \to H$ und wegen (A.19) gilt $\tau = s \cdot \mathrm{Ad}(h)$. Wir erhalten daraus

$$\Psi_U^\tau\left(\tau(x) \cdot B\right) = [\tau_U(x), B]$$
$$= [s_U(x) \cdot h(x), B]$$
$$= [s_U(x), \mathrm{Ad}(h(x)) \circ B]$$
$$= \Psi_U^s\left(s(x) \cdot \mathrm{Ad}(h(x)) \cdot B\right)$$
$$= \Psi_U^s\left(\tau(x) \cdot B\right).$$

Damit ist Ψ_U^s unabhängig von s_U und wir erhalten einen global definierten Hauptfaserbündel-Isomorphismus $\Psi : GL(M) \longrightarrow G \times_{\hat{\mathrm{Ad}}} GL(\mathfrak{m})$.

Aufgabe 2.8 Sei (P, θ) eine G-Struktur. Für $v \in \mathbb{R}^n$ und $p \in P_x$ ist $d\pi_p(\theta_p^{-1}(v))$ ein Tangentialvektor in $T_x M$. Dabei gilt auf Grund der Invarianzeigenschaft von θ für alle $g \in G$:

$$d\pi_{pg}(\theta_{pg}^{-1}(v)) = d\pi_{pg}\left(dR_g(\theta_p^{-1}(\rho(g)v))\right) = d\pi_p\left(\theta_p^{-1}(\rho(g)v)\right). \tag{A.20}$$

Wir definieren nun eine ρ-Reduktion von $GL(M)$ durch

$$f : P \longrightarrow GL(M)$$
$$p \longmapsto \big(d\pi_p(\theta_p^{-1}(e_1)), \dots, d\pi_p(\theta_p^{-1}(e_n))\big).$$

Die Abbildung f ist per Definition glatt und fasertreu. Aus (A.20) erhält man, dass $f(pg) = f(p) \cdot \rho(g)$ für alle $p \in P$ und $g \in G$. (P, f) ist also tatsächlich eine ρ-Reduktion von $GL(M)$. Sei andererseits (P, f) eine ρ-Reduktion von $GL(M)$. Dann können wir das Tangentialbündel TM nach Satz 2.18 aus dem G-Hauptfaserbündel P erhalten:

$$P \times_{(G,\rho)} \mathbb{R}^n \;\simeq\; GL(M) \times_{GL(n,\mathbb{R})} \mathbb{R}^n = TM$$
$$[p, v] \;\mapsto\; [f(p), v].$$

Für $p \in P_x$ sei $[p] : \mathbb{R}^n \to T_x M$ der durch $[p](v) := [p, v]$ gegebene Faserisomorphismus. Dann definieren wir eine 1-Form $\theta \in \Omega^1(P, \mathbb{R}^n)$ durch

$$\theta_p(X) := [p]^{-1}\big(d\pi_p(X)\big), \quad p \in P, \; X \in T_p P.$$

Da $[p]$ ein Isomorphismus ist, gilt Ker θ_p = Ker $d\pi_p = Tv_p P$. Außerdem erhalten wir

$$\begin{aligned}
\theta_{pg}(dR_g(X)) &= [pg]^{-1}\big(d\pi_{pg}(dR_g(X))\big) \\
&= \rho(g^{-1})[p]^{-1}\big(d\pi_p(X)\big) \\
&= \rho(g^{-1})\theta_p(X).
\end{aligned}$$

(P, θ) ist somit eine G-Struktur.

Lösungen zu Kap. 3

Aufgabe 3.1 Sei $\mathcal{C}(GL(M))$ die Menge der Zusammenhangsformen auf $GL(M)$ und $Kov(TM)$ die Menge der kovarianten Ableitungen auf TM. Wir konstruieren eine bijektive Abbildung $\phi : \mathcal{C}(GL(M)) \longrightarrow Kov(TM)$.

1. Sei zunächst $A : TGL(M) \longrightarrow \mathfrak{gl}(n, \mathbb{R})$ eine Zusammenhangsform. Wir bezeichnen mit $B_{ij} \in \mathfrak{gl}(n, \mathbb{R})$ die Matrix, die an der Stelle (ij) den Eintrag 1 und an allen anderen Stellen den Eintrag 0 hat. $\{B_{ij} \mid i, j = 1, \dots, n\}$ ist eine Basis von $\mathfrak{gl}(n, \mathbb{R})$. Wir können für die 1-Form A also schreiben

$$A = \sum_{i,j} \omega_{ij} B_{ij}.$$

Wir definieren nun mittels A eine kovariante Ableitung ∇^A in TM:
Sei $s = (s_1, \dots, s_n) : U \longrightarrow GL(M)$ ein lokales Reper auf einer offenen Menge $U \subset M$. Mit ω_{ij}^s bezeichnen wir die lokale 1-Form

$$\omega_{ij}^s := \omega_{ij} \circ ds : TU \longrightarrow \mathbb{R}.$$

Dann definieren wir ∇^A zunächst auf TU durch

$$\nabla_X^A s_k := \sum_{i=1}^n \omega_{ik}^s(X)\, s_i$$

und die Fortsetzung

$$\nabla_X^A \left(\sum_{k=1}^n \xi_k s_k \right) := \sum_{k=1}^n \left(\xi_k \nabla_X^A s_k + X(\xi_k)\, s_k \right).$$

Um zu zeigen, dass dadurch eine kovariante Ableitung auf TM definiert wird, müssen wir nur noch die Unabhängigkeit vom gewählten lokalen Reper zeigen. Sei also $\tau = (\tau_1, \ldots, \tau_n) : U \longrightarrow GL(M)$ ein weiteres lokales Reper über U und $s_k = \sum_{j=1}^n \tau_j C_{jk}$ die Basistransformation. $C = (C_{jk}) \in GL(n, \mathbb{R})$ sei die entsprechende Transformationsmatrix, d.h., es gilt $s(x) = \tau(x) \cdot C(x)$. Aus der Transformationsformel für die lokalen Zusammenhangsformen A^s und A^τ folgt

$$\sum_{i,j} \omega_{ij}^s B_{ij} = A^s = C^{-1} A^\tau C + C^{-1} dC$$

$$= C^{-1} \left(\sum_{i,j} \omega_{ij}^\tau B_{ij} \right) C + C^{-1} dC.$$

Wir erhalten also für die Matrix-wertige 1-Form $\omega = (\omega_{ij})$ in Matrizenform

$$\omega^s = C^{-1} \omega^\tau C + C^{-1} dC. \tag{A.21}$$

∇^A ist korrekt definiert, wenn die Vektoren

$$\nabla_X^A s_k = \sum_i \omega_{ik}^s(X) s_i = \sum_{i,l} \omega_{ik}^s(X)\, C_{li} \tau_l \qquad \text{und}$$

$$\nabla_X^A \left(\sum_j C_{jk}\, \tau_j \right) = \sum_j C_{jk} \cdot \nabla_X^A \tau_j + \sum_j X(C_{jk})\, \tau_j$$

$$= \sum_{j,l} C_{jk}\, \omega_{lj}^\tau(X) \tau_l + \sum_l X(C_{lk}) \tau_l$$

übereinstimmen. In Matrizenform ist dies die Bedingung $C \cdot \omega^s = \omega^\tau \cdot C + dC$, die auf Grund von (A.21) erfüllt ist. Folglich ist ∇^A korrekt definiert.

Sei nun andererseits ∇ eine kovariante Ableitung auf TM. Für ein lokales Reper $s = (s_1, \ldots, s_n) : U \longrightarrow GL(M)$ seien 1-Formen ω_{lk}^s auf U durch

$$\nabla_X s_k = \sum_l \omega_{lk}^s(X)\, s_l, \qquad k = 1, \ldots, n,$$

definiert. Wir setzen dann $A^s := \sum_{i,j} \omega_{ij}^s B_{ij}$. Wir wollen nun zeigen, dass die Familie der lokalen 1-Formen $\{(A^s, s)\}$ einen Zusammenhang A^∇ auf $GL(M)$ definiert. Dazu müssen wir das entsprechende Transformationsgesetz nachweisen. Sei $\tau : U \longrightarrow GL(M)$ ein weiteres lokales Reper mit $s = \tau \cdot C$. Da ∇ global definiert ist, gilt für die Matrizen ω^s und ω^τ die Formel (A.21). Dies zeigt aber

$$A^s = C^{-1} A^\tau C + C^{-1} dC.$$

Folglich definiert die Familie der lokalen 1-Formen $\{(A^s, s)\}$ eine Zusammenhangsform auf $GL(M)$.

Die Konstruktion zeigt unmittelbar, dass $\nabla^{A^\nabla} = \nabla$ und $A^{\nabla^A} = A$. Folglich ist die durch $\phi(A) := \nabla^A$ definierte Abbildung eine Bijektion zwischen der Menge der Zusammenhangsformen auf $GL(M)$ und der Menge der kovarianten Ableitungen auf TM.

Aufgabe 3.2 Wir zeigen, dass durch Einschränkung der Abbildung ϕ aus Aufgabe 3.1 eine Bijektion zwischen der Menge der Zusammenhangsformen auf $O(M, g)$ und der Menge der metrischen kovarianten Ableitungen auf TM gegeben ist. Sei ∇ eine kovariante Ableitung und $s = (s_1, \ldots, s_n)$ ein lokales orthonormales Reper mit $\varepsilon_i := g(s_i, s_i) = \pm 1$ und

$$\nabla_X s_k = \sum_l \omega_{lk}(X) s_l, \qquad k = 1, \ldots, n.$$

∇ ist genau dann metrisch, wenn $\varepsilon_j \omega_{ji} + \varepsilon_i \omega_{ij} = 0$ für alle i, j gilt. Sei andererseits A eine Zusammenhangsform auf $GL(M)$ und $A^s = \sum_{ij} \omega_{ij} B_{ij}$ die Basisdarstellung der lokalen Zusammenhangsform A^s. Die Lie-Algebra der (pseudo-)orthogonalen Gruppe ist gegeben durch

$$\mathfrak{o}(p, q) = \{Z \in \mathfrak{gl}(n, \mathbb{R}) \mid Z^t J_{p,q} + J_{p,q} Z = 0\}.$$

Man rechnet dann nach, dass $A^s(X) \in \mathfrak{o}(p, q)$ genau dann gilt, wenn für alle i, j die Bedingung $\varepsilon_j \omega_{ji}(X) + \varepsilon_i \omega_{ij}(X) = 0$ erfüllt ist. Dies zeigt die behauptete Bijektion.

Aufgabe 3.3 1. Sei $e = [p, v] = [pg, g^{-1}v]$. Dann gilt

$$\varphi_{pg}(u) = [u, g^{-1}v] = [ug^{-1}, v] = \varphi_p(ug^{-1}) = (\varphi_p \circ R_{g^{-1}})(u).$$

Wir erhalten also

$$d\varphi_{pg}(T h_{pg} P) = d\varphi_{pg} dR_g(T h_p P) = d\varphi_p dR_{g^{-1}} dR_g(T h_p P) = d\varphi_p(T h_p P).$$

Somit ist die Definition von $T h_e E$ unabhängig von der Auswahl von $p \in P_x$.

2. Sei $X \in T h_e E \cap T v_e E$ und $X = d\varphi_p(Y)$ für ein $Y \in T h_p P$. Dann gilt $0 = d\pi_E(X) = d(\pi_E \circ \varphi_p)(Y) = d\pi(Y)$. Folglich liegt Y auch im vertikalen Tangentialraum von P. Da $T h_p P \cap T v_p P = \{0\}$, gilt $Y = 0$, also auch $X = 0$. Damit ist $T h_e E \oplus T v_e E \subset T_e E$. Da

$$d\pi_E T h_e E = d\pi_E d\varphi_p(T h_p P) = d\pi(T h_p P) = T_x M,$$

ist dim $Th_eE \geq \dim M$. Wegen dim $E = \dim F + \dim M$, folgt aus Dimensionsgründen $Th_eE \oplus Tv_eE = T_eE$.

3. Sei $(s_1, \ldots, s_n)$ ein lokales Basisfeld auf $U \subset M$ und seien $s_1^*, \ldots, s_n^*$ die A-horizontalen Lifte auf $P|_U$. Dann sind $X_1, \ldots, X_n$ mit

$$X_j(e) := d\varphi_p(s_j^*(p)) \subset T_eE, \quad p \in P_{\pi_E(e)},$$

glatte Vektorfelder auf $E|_U$ und es gilt

$$Th_eE = \text{span}\left\{X_1(e), \ldots, X_n(e)\right\}.$$

ThE ist also eine glatte Distribution auf E.

Aufgabe 3.4 Seien $\varphi_e(t)$ der bzgl. ∇^A entlang γ parallelverschobene Schnitt in E mit Anfangspunkt e, $\mathcal{P}^{E,A}_{\gamma(t)} : E_{\gamma(a)} \to E_{\gamma(t)}$ die Parallelverschiebung bzgl. A entlang γ und $\mathcal{P}^{E,A}_{\gamma^-(t)}$ ihre inverse Abbildung. Nach Satz 3.14 gilt für jedes $t \in [a, b]$:

$$0 = \left(\nabla^A_{\dot\gamma(t)}\varphi_e\right)(t) = \frac{d}{ds}\left(\left(\mathcal{P}^{E,A}_{\gamma|[t,t+s]}\right)^{-1}(\varphi_e(t+s))\right)\Big|_{s=0}$$

$$= \mathcal{P}^{E,A}_{\gamma(t)}\frac{d}{ds}\left(\mathcal{P}^{E,A}_{\gamma^-(t+s)}(\varphi_e(t+s))\right)\Big|_{s=0}.$$

Folglich ist die Kurve $t \in [a, b] \mapsto \mathcal{P}^{E,A}_{\gamma^-(t)}(\varphi_e(t)) \in E_{\gamma(a)}$ konstant. Es gilt also

$$\mathcal{P}^{E,A}_{\gamma^-(t)}(\varphi_e(t)) = \mathcal{P}^{E,A}_{\gamma^-(a)}(\varphi_e(a)) = \varphi_e(a) = e.$$

Daraus folgt $\varphi_e(t) = \mathcal{P}^{E,A}_{\gamma(t)}(e)$ für alle $t \in [a, b]$. Die beiden Parallelverschiebungen stimmen somit überein.

Aufgabe 3.5 1. Offensichtlich ist h symmetrisch und bilinear. Zu zeigen ist noch, dass h nicht ausgeartet ist. Wir betrachten dazu die durch die Zusammenhangsform A gegebene Aufspaltung $T_pP = Th_pP \oplus Tv_pP$ des Tangentialraumes von P in $p \in P$. Die 1-Form A verschwindet auf horizontalen Vektoren und die Bilinearform π^*g auf vertikalen Vektoren. Außerdem gilt $d\pi_p : Th_pP \simeq T_xM$ und $A_p : Tv_pP \simeq \mathfrak{g}$. Folglich erhalten wir in der Aufspaltung $T_pP \simeq T_xM \oplus \mathfrak{g}$

$$h \simeq \begin{pmatrix} g & 0 \\ 0 & B \end{pmatrix}.$$

h ist also nichtausgeartet.

2. Um zu sehen, dass es sich bei den Rechtstranslationen R_a um Isometrien handelt, benutzen wir die Invarianzeigenschaft $R_a^*A = \text{Ad}(a^{-1}) \circ A$. Da die G-Wirkung fasertreu ist, gilt zudem $\pi \circ R_a = \pi$ bzw. $R_a^* \circ \pi^* = \pi^*$. Zusammen mit der Ad-Invarianz von B folgt dann:

$$R_a^* h = R_a^*(\pi^* g) + R_a^* B(A(\cdot), A(\cdot))$$
$$= \pi^* g + B(R_a^* A(\cdot), R_a^* A(\cdot))$$
$$= \pi^* g + B(A(\cdot), A(\cdot)) = h.$$

3. Für ein fundamentales Vektorfeld $\widetilde{X} \in \mathfrak{X}(P)$ gilt

$$\widetilde{X}(p) = \frac{d}{dt}\big(p \cdot \exp(tX)\big)|_{t=0}.$$

Somit ist der Fluß $\phi : \mathbb{R} \times P \longrightarrow P$ des Vektorfeldes $\widetilde{X}$ gegeben durch

$$\phi(t, p) =: \phi_t(p) = p \cdot \exp(tX).$$

Es gilt also $\phi_t = R_{\exp(tX)}$ für alle $t \in \mathbb{R}$. Aus Punkt 2. wissen wir dann, dass die Diffeomorphismen $\phi_t : (P, h) \longrightarrow (P, h)$ Isometrien sind. $\widetilde{X}$ ist also ein Killingfeld.

Aufgabe 3.6 Nach Satz 3.5 genügt es, diese Aussagen für die entsprechenden horizontalen Formen auf P und das absolute Differential D_A zu beweisen. Sei also $\overline{\sigma} \in \Omega_{hor}^1(P, \mathfrak{g})^{(Ad, G)}$ die σ entsprechende 1-Form auf P mit Werten in $\mathfrak{g}$.
Für jede p-Form $\overline{\omega} \in \Omega_{hor}^p(P, V)^{(\rho, G)}$ vom Typ ρ und mit Werten in V gilt nach Satz 3.10

$$D_{A+\overline{\sigma}}\overline{\omega} = d\overline{\omega} + \rho_*(A + \overline{\sigma}) \wedge \overline{\omega}$$
$$= d\overline{\omega} + \rho_*(A) \wedge \overline{\omega} + \rho_*(\overline{\sigma}) \wedge \overline{\omega}$$
$$= D_A\overline{\omega} + \rho_*(\overline{\sigma}) \wedge \overline{\omega}.$$

Für die zweite Behauptung benutzen wir die Strukturgleichungen für die Krümmung und die wiederum aus Satz 3.10 folgende Gleichung

$$D_A\overline{\sigma} = d\overline{\sigma} + [A, \overline{\sigma}]$$

und erhalten

$$F^{A+\overline{\sigma}} = d(A + \overline{\sigma}) + \frac{1}{2}[A + \overline{\sigma}, A + \overline{\sigma}]$$
$$= dA + d\overline{\sigma} + \frac{1}{2}\big([A, A] + [\overline{\sigma}, \overline{\sigma}] + [A, \overline{\sigma}] + [\overline{\sigma}, A]\big)$$
$$= dA + \frac{1}{2}[A, A] + d\overline{\sigma} + [A, \overline{\sigma}] + \frac{1}{2}[\overline{\sigma}, \overline{\sigma}]$$
$$= F^A + D_A\overline{\sigma} + \frac{1}{2}[\overline{\sigma}, \overline{\sigma}].$$

Aufgabe 3.7 Zu 1) Sei $p \in P_x$. Da die Abbildung $[p]$ ein linearer Isomorphismus ist, gilt für jeden vertikalen Vektor $X \in T v_p P = \operatorname{Ker} d\pi_p$ die Gleichung

$$\theta_p(X) = [p]^{-1}(0) = 0.$$

Demzufolge ist θ horizontal. Seien nun $a \in GL(V)$ und $v \in V$. Aus

$$[pa]v = [pa, v] = [p, \rho(a)v] = [p]\,\rho(a)v$$

folgt $[pa] = [p] \circ \rho(a)$ und damit

$$
\begin{aligned}
R_a^* \theta_p(X) &= \theta_{pa}(dR_a X) \\
&= [pa]^{-1}\, d\pi_{pa} dR_a(X) \\
&= ([p] \circ \rho(a))^{-1}\, d\pi_p(X) \\
&= \rho(a^{-1}) \circ [p]^{-1}\, d\pi_p(X) \\
&= \rho(a^{-1}) \circ \theta_p(X).
\end{aligned}
$$

Zu 2) Sei U ein Vektorfeld auf M. Nach Definition gilt $\overline{U}(p) = [p]^{-1}U(x)$. Andererseits ist U^* ein Lift von U, d. h. es gilt $d\pi_p(U^*(p)) = U(x)$. Insgesamt erhalten wir also

$$\theta_p(U^*(p)) = [p]^{-1} \circ d\pi_p(U^*(p)) = [p]^{-1}U(x) = \overline{U}(p).$$

Zu 3) Man benutze die Formel für das absolute Differential D_A aus Satz 3.10. Damit gilt

$$
\begin{aligned}
\Theta^A(X, Y) = D_A\theta(X, Y) &= d\theta(X, Y) + (\rho_*(A) \wedge \theta)(X, Y) \\
&= d\theta(X, Y) + \rho_*(A(X))\theta(Y) - \rho_*(A(Y))\theta(X) \\
&= d\theta(X, Y) + A(X)\theta(Y) - A(Y)\theta(X).
\end{aligned}
$$

Zu 4) Es seien $X, Y \in \Gamma(TM)$ Vektorfelder sowie $\overline{X}, \overline{Y} \in C^\infty(P, \mathbb{R}^n)^{(GL(n,\mathbb{R}),\rho)}$ deren invariante Funktionen auf P. Für $p \in P_x$ gilt dann

$$
\begin{aligned}
(\nabla_X Y)(x) &= [p, d\overline{Y}_p(X_p^*)] \\
&= [p, X^*(\overline{Y})(p)] \\
&\overset{2.)}{=} [p, X^*(\theta(Y^*))(p)].
\end{aligned}
$$

Analog zeigt man $(\nabla_Y X)(x) = [p, Y^*(\theta(X^*))(p)]$. Zudem folgt aus der Horizontalität $\theta([X^*, Y^*]) = \theta([X, Y]^*)$. Insgesamt ergibt das

$$
\begin{aligned}
[p] \circ \Theta_p^A(X^*, Y^*) &= [p, d\theta_p(X^*, Y^*)] \\
&= [p, X^*(\theta(Y^*))(p) - Y^*(\theta(X^*))(p) - \theta([X^*, Y^*])(p)] \\
&= [p, X^*(\theta(Y^*))(p)] - [p, Y^*(\theta(X^*))(p)] - [p, \theta([X^*, Y^*])(p)] \\
&= (\nabla_X Y)(x) - (\nabla_Y X)(x) - [p] \circ \underbrace{[p^{-1}] \circ d\pi_p([X, Y]^*)}_{[X,Y](x)} \\
&= T^\nabla(X, Y)(x).
\end{aligned}
$$

Aufgabe 3.8 Zu 1) Es sei A eine Zusammenhangsform und f eine Eichtransformation auf P mit $f(pg) = p \cdot \sigma_f(g)$. Da G abelsch ist, gilt $\mathrm{Ad}(g) = \mathrm{Id}_{\mathfrak{g}}$ für alle $g \in G$. Aus Satz 3.22 folgt dann

$$F^{f^*A} = \mathrm{Ad}(\sigma_f(\cdot)^{-1}) \circ F^A = F^A.$$

Zu 2) Es seien A und $\widetilde{A}$ Zusammenhangsformen auf P mit $F^A = F^{\widetilde{A}}$. Da G abelsch ist, folgt aus den Strukturgleichungen

$$dA = dA + \frac{1}{2}[A, A] = F^A = F^{\widetilde{A}} = d\widetilde{A} + \frac{1}{2}[\widetilde{A}, \widetilde{A}] = d\widetilde{A},$$

also $d(\widetilde{A} - A) = 0$. Die Differenz $\widetilde{A} - A$ ist außerdem horizontal und vom Typ Ad. Da $\mathrm{Ad}(g) = \mathrm{Id}_{\mathfrak{g}}$, ist $\widetilde{A} - A$ horizontal und rechtsinvariant. Wir können $\widetilde{A} - A$ somit als geschlossene 1-Form auf M mit Werten in $\mathfrak{g}$ auffassen, d.h. $\widetilde{A} - A \in H^1_{dR}(M, \mathfrak{g})$. Da M einfach-zusammenhängend ist, gilt $H^1_{dR}(M, \mathfrak{g}) = 0$. Es existiert also eine Funktion $F \in C^\infty(M, \mathfrak{g})$ mit $dF = \widetilde{A} - A$. Wir definieren nun $f : P \longrightarrow P$ durch

$$f(p) := p \cdot \exp(F(\pi(p)), \quad p \in P,$$

und zeigen, dass f eine Eichtransformation mit $f^*\widetilde{A} = A$ ist. f ist per Definition ein fasertreuer Diffeomorphismus. Da G abelsch ist, gilt des Weiteren:

$$\begin{aligned}
f(pg) &= pg \cdot \exp(F(\pi(pg)) \\
&= pg \cdot \exp(F(\pi(p)) \\
&= p \cdot \exp(F(\pi(p)) \cdot g \\
&= f(p) \cdot g.
\end{aligned}$$

Damit ist f eine Eichtransformation von P. Um $f^*\widetilde{A} = A$ zu zeigen, benutzen wir die Formel (3.17) aus dem Beweis von Satz 3.22 und erhalten

$$\begin{aligned}
(f^*\widetilde{A})_p &= \widetilde{A}_p + dL_{\exp(-F(\pi(p)))} d(\exp \circ F \circ \pi)_p \\
&= \widetilde{A}_p + dL_{\exp(-F(\pi(p)))} \circ d\exp \circ d(F \circ \pi)_p.
\end{aligned}$$

Da G abelsch ist, gilt für das Differential von $\exp$

$$\begin{aligned}
d\exp_V(W) &= \frac{d}{dt}\big(\exp(V + tW)\big)|_{t=0} \\
&= \frac{d}{dt}\big(\exp(V) \cdot \exp(tW)\big)|_{t=0} \\
&= dL_{\exp(V)}(W).
\end{aligned}$$

Mit $V = F(\pi(p))$ folgt daraus

$$f^*\widetilde{A} = \widetilde{A} + d(F \circ \pi) = \widetilde{A} + \widetilde{A} - A = A.$$

Aufgabe 3.9 Wir gehen genauso vor wie in Beispiel 3.10. Als Zusammenhangsform auf H^* wählen wir die 1-Form

$$A^*_{(w_1, w_2)} := \frac{1}{2}\left(w_1 d\overline{w}_1 - \overline{w}_1 dw_1 + w_2 d\overline{w}_2 - \overline{w}_2 dw_2\right) = -A_{(w_1, w_2)},$$

wobei A die Zusammenhangsform auf dem Hopfbündel H aus Beispiel 3.3 ist. Dass A^* eine Zusammenhangsform auf H^* ist, beweist man wie in Beispiel 3.3. Dabei beachte man, dass bei der S^1-Wirkung auf H^* für das fundamentale Vektorfeld von $ix \in i\mathbb{R}$

$$\widetilde{ix}(w_1, w_2) = \frac{d}{dt}\left((w_1, w_2) \cdot e^{-itx}\right)|_{t=0} = -(ixw_1, ixw_2)$$

gilt. Für die Krümmungsform erhält man

$$F^{A^*} = -F^A = dw_1 \wedge d\overline{w}_1 + dw_2 \wedge d\overline{w}_2.$$

Folglich ergibt sich für die 1. Chern-Klasse

$$c_1(H^*) = -\frac{1}{2\pi i}F^{A^*} = +\frac{1}{2\pi i}F^A = -c_1(H).$$

Da nach Beispiel 3.10 das Integral von $c_1(H)$ über $\mathbb{C}P^1$ gleich -1 ist, gilt die Behauptung.

Lösungen zu Kap. 4

Aufgabe 4.1 Um zu zeigen, dass $A := pr_{\mathfrak{h}} \circ \widetilde{A}|_{TQ} : TQ \longrightarrow \mathfrak{h}$ eine Zusammenhangsform auf Q ist, prüfen wir die beiden definierenden Eigenschaften nach. Sei $X \in \mathfrak{h} \subset \mathfrak{g}$. Dann gilt für das fundamentale Vektorfeld $\widetilde{X} \in \mathfrak{X}(Q)$

$$A_q(\widetilde{X}(q)) = pr_{\mathfrak{h}}\widetilde{A}_q(\widetilde{X}(q)) = pr_{\mathfrak{h}}X = X \qquad \forall \; q \in Q.$$

Für $Y \in T_qQ$ und $h \in H$ erhält man

$$(R_h^*A)_q(Y) = A_{qh}(dR_hY) = pr_{\mathfrak{h}}\widetilde{A}_{qh}(dR_hY) = pr_{\mathfrak{h}}(R_h^*\widetilde{A})_q(Y)$$
$$= pr_{\mathfrak{h}}\,\mathrm{Ad}(h^{-1})\big(\widetilde{A}_q(Y)\big).$$

Da $\mathrm{Ad}(h)\mathfrak{h} \subset \mathfrak{h}$ und $\mathrm{Ad}(h)\mathfrak{m} \subset \mathfrak{m}$ für alle $h \in H$, kommutiert die Abbildung $\mathrm{Ad}(h)$ mit der Projektion $pr_{\mathfrak{h}}$. Wir erhalten folglich

$$(R_h^*A)_q(Y) = \mathrm{Ad}(h^{-1})\,pr_{\mathfrak{h}}\widetilde{A}_q(Y) = \mathrm{Ad}(h^{-1})\,A_q(Y).$$

Dies zeigt, dass A eine Zusammenhangsform auf dem reduzierten H-Hauptfaserbündel Q ist.

Aufgabe 4.2 Sei A die Zusammenhangsform auf P. Wenn jede A-horizontale Kurve von P mit Anfangspunkt in Q vollständig in Q liegt, gilt $Th_q^A P \subset T_q Q$. Nach Satz 4.2 reduziert sich dann der Zusammenhang von P auf Q. Es gelte andererseits, dass sich der Zusammenhang von P auf Q reduziert. Dann gilt $Th_q^{\hat{A}} Q = Th_q^A P$ für alle $q \in Q$, wobei $\hat{A} := A|_{TQ}$ die reduzierte Zusammenhangsform bezeichnet (siehe Beweis von Satz 4.2). Ist γ eine Kurve in M und $\gamma_q^{\hat{A}}$ ein $\hat{A}$-horizontaler Lift in Q, so ist $\gamma_q^{\hat{A}}$ dann auch A-horizontal. Wegen der Eindeutigkeit der horizontalen Lifte stimmen deshalb die horizontalen Lifte mit Anfangspunkt in Q bezüglich A und $\hat{A}$ überein. Jeder A-horizontale Lift in P mit Anfangspunkt in Q liegt somit vollständig in Q.

Aufgabe 4.3 Wir identifizieren das Bündel $E = P \times_G G/H$ mit P/H und bezeichnen mit $\alpha : P \longrightarrow P/H$ die kanonische Projektion. Aus Satz 2.15 wissen wir, dass die zum Schnitt $\sigma \in \Gamma(E)$ gehörende Reduktion $Q \subset P$ durch die Bedingung

$$p \in Q_x \quad \Longleftrightarrow \quad \sigma(x) = \alpha(p)$$

gegeben ist. Sei nun $e \in E = P/H$ und $p \in P$ ein Element mit $e = \alpha(p)$. Dann gilt für die Abbildung $\varphi_p : P \longrightarrow E$ aus der Definition des Horizontalraumes $Th_e E$ in Aufgabe 3.3 $\varphi_p = \alpha$. Wir erhalten also in unserem Spezialfall

$$Th_e E = d\alpha(Th_p P), \quad \text{wobei } \alpha(p) = e.$$

Insbesondere ist die Kurve $\alpha \circ \gamma^*$ horizontal in E, falls γ^* A-horizontal in P ist. Wir nehmen nun an, dass sich A auf Q reduziert. Sei γ eine Kurve in M und γ^* ein A-horizontaler Lift in P mit Anfangspunkt in Q. Aus Aufgabe 4.2 wissen wir, dass γ^* vollständig in Q liegt. Es gilt also $\sigma(\gamma(t)) = \alpha(\gamma^*(t))$ für alle Parameter t. Folglich ist $\sigma \circ \gamma$ horizontal in E.

Sei andererseits für jede Kurve γ in M die Kurve $\sigma \circ \gamma$ horizontal in E. Wir bezeichnen mit γ^* wieder einen A-horizontalen Lift von γ in P mit Anfangspunkt in Q. Dann ist $\alpha \circ \gamma^*$ horizontal in E mit dem Anfangspunkt $\alpha(\gamma^*(0)) = \sigma(\gamma(0))$. Wegen der Eindeutigkeit der horizontalen Lifte in E gilt dann für die gesamte Kurve $\sigma(\gamma(t)) = \alpha(\gamma^*(t))$. Dies zeigt, dass $\gamma^*(t) \in Q$ für alle Parameter t. Folglich reduziert sich der Zusammenhang A auf Q.

Aufgabe 4.4 Zu a) Sei $\gamma : [0, 1] \to M$ zunächst beliebig (d. h. nicht notwendig geschlossen) und $\gamma_u^* : [0, 1] \to P$ der A-horizontale Lift von γ mit Anfangspunkt $u \in P_{\gamma(0)}$. Dann gilt $\gamma_u^*(t) = \delta(t) \cdot g(t)$ für einen Weg $g : [0, 1] \to G$. Wir bestimmen $g(t)$. Nach der Produktregel für die Ableitung gilt

$$\dot{\gamma}_u^*(t) = dR_{g(t)}(\dot{\delta}(t)) + \widetilde{(g(t)^{-1}\dot{g}(t))}(\gamma_u^*(t)).$$

Folglich ist

$$0 = A(\dot{\gamma}_u^*(t)) = \mathrm{Ad}(g(t)^{-1}) \circ A(\dot{\delta}(t)) + g(t)^{-1}\dot{g}(t) = A(\dot{\delta}(t)) + g(t)^{-1}\dot{g}(t),$$

da die Matrixgruppe G abelsch ist. Der Weg $g(t)$ erfüllt also die Differentialgleichung $\dot{g}(t) = -g(t) \cdot A(\dot{\delta}(t))$ und ist somit von der Form

$$g(t) = g(0) \cdot e^{-\int_0^t A(\dot{\delta}(\tau))d\tau}.$$

Damit ergibt sich für die Parallelverschiebung entlang γ

$$\mathcal{P}^A_{\gamma|_{[0,t]}}(u) = \delta(t) \cdot g_0 \, e^{-\int_{[0,t]} \delta^* A}, \tag{A.22}$$

wobei $u = \delta(0) \cdot g_0$. Sei γ nun geschlossen und $a \in G$ mit $\delta(1) = \delta(0) \cdot a$. Wegen $\delta(1) \cdot g_0 = \delta(0) \cdot a g_0 = u \cdot g_0^{-1} a g_0 = u \cdot a$ liefert (A.22)

$$\mathcal{P}^A_\gamma(u) = \delta(1) \cdot g_0 \, e^{-\int_{[0,1]} \delta^* A} = u \cdot a \, e^{-\int_{[0,1]} \delta^* A}.$$

Die Holonomie von γ ist folglich gegeben durch

$$hol(\gamma) = a \, e^{-\int_{[0,1]} \delta^* A}.$$

Zu b) Sei $\Sigma \subset U$ und $s : U \to P$ ein lokaler Schnitt in P. Da G abelsch ist, kann man die Krümmungsform F^A von A als 2-Form auf M mit Werten in der Lie-Algebra $\mathfrak{g}$ von G auffassen. Dabei gilt über U

$$F^A_x(v, w) = \overline{F^A}_{s(x)}(ds_x(v), ds_x(w)), \qquad v, w \in T_x U,$$

wobei $\overline{F^A} \in \Omega^2(P, \mathfrak{g})$ die Krümmungsform von A auf P bezeichnet. Mit diesen Bezeichnungen folgt

$$F^A = s^* \overline{F^A} = s^*\left(dA + \frac{1}{2}[A, A]\right) = s^* dA = d(s^* A). \tag{A.23}$$

Sei nun γ die glatte Kurve, die den Rand von Σ in Richtung der induzierten Orientierung parametrisiert. Wir benutzen die Formel für $hol(\gamma)$ aus a) für den Lift $\delta := s \circ \gamma$. In diesem Fall ist $\delta(1) = s(\gamma(0)) = \delta(0)$, also a die Einheitsmatrix und

$$hol(\gamma) = e^{-\int_{[0,1]} \delta^* A}.$$

Die Behauptung folgt dann mit dem Satz von Stokes, wegen

$$\int_{[0,1]} \delta^* A = \int_0^1 A(\delta'(t)) \, dt = \int_0^1 A(ds(\gamma'(t))) \, dt = \int_0^1 (s^* A)(\gamma'(t)) \, dt = \int_{\partial \Sigma} s^* A$$

$$= \int_\Sigma d(s^* A) \overset{(A.23)}{=} \int_\Sigma F^A.$$

Aufgabe 4.5 Sei $u \in Q$ und $P^A(u)$ das Holonomiebündel von A bzgl. u.

1. Wir zeigen $P^A(u) \subset Q$: Sei $p \in P^A(u)$. Dann existiert eine A-horizontale Kurve γ^* : $[0,1] \longrightarrow P$ mit $\gamma^*(0) = u$ und $\gamma^*(1) = p$. Da sich der Zusammenhang A auf Q reduziert, liegt die Kurve γ^* in Q (siehe Aufgabe 4.2). Insbesondere ist $p = \gamma^*(1) = \delta^*(1) \in Q$.

2. Da wir hier auf eine Lie-Untergruppe reduzieren, können wir Q als Untermannigfaltigkeit von P betrachten (f und λ aus der Definition der Reduktion sind die Inklusionen). Für $\hat{A}$ gilt dann per Definition $\hat{A} = A|_{TQ}$. Wir wissen aber auch, dass $A|_{TP^A(u)}$ der reduzierte Zusammenhang auf $P^A(u)$ ist. Also gilt $\hat{A}|_{TP^A(u)} = A|_{TQ \cap TP^A(u)} = A|_{TP^A(u)}$.

Aufgabe 4.6 Das Hopfbündel ist ein S^1-Hauptfaserbündel über der einfach-zusammenhängenden Mannigfaltigkeit $\mathbb{C}P^1 \simeq S^2$. Folglich ist die Holonomiegruppe eine zusammenhängende Lie-Untergruppe von S^1. Für die Krümmung von A gilt

$$F^A = dA = -(dw_1 \wedge d\overline{w}_1 + dw_2 \wedge d\overline{w}_2),$$

also $F^A_{(w_1, w_2)} \neq 0$ für alle $(w_1, w_2) \in S^3$. Nach dem Holonomietheorem von Ambrose und Singer ist die Holonomiealgebra deshalb nicht trivial, also 1-dimensional. Folglich gilt $\mathfrak{hol}_{(w_1, w_2)}(A) = i\mathbb{R}$, d. h., die Holonomiealgebra von A stimmt mit der Lie-Algebra von S^1 überein. Somit erhalten wir für die Holonomiegruppe $Hol_{(w_1, w_2)}(A) = S^1$.

Aufgabe 4.7 Die Richtung ($\Longleftarrow$) folgt aus dem Holonomietheorem von Ambrose und Singer:
$$\mathfrak{hol}_u(A) = \text{span}\{F^A_p(X, Y) \mid p \in P^A(u), \, X, Y \in T_p^h P\} \subset \mathfrak{h}.$$

Wir zeigen nun ($\Longrightarrow$). Es gelte also $\mathfrak{hol}_u(A) \subset \mathfrak{h}$. Sei $g \in G$ ein beliebiges Element. Wir wissen, dass die Beziehung $Hol_{ug}(A) = g^{-1} \cdot Hol_u(A) \cdot g$ gilt. Differenzieren wir diese Gleichung, so erhalten wir

$$\mathfrak{hol}_{ug}(A) = Ad(g^{-1}) \, \mathfrak{hol}_u(A) \subset Ad(g^{-1}) \mathfrak{h} \subset \mathfrak{h},$$

da $\mathfrak{h}$ ein Ideal in $\mathfrak{g}$ und G zusammenhängend ist. Dann folgt wiederum aus dem Holonomietheorem und der Horizontalität der Krümmungsform, dass

$$F^A_p(X, Y) \in \mathfrak{h} \qquad \forall \, p \in P^A(ug), \, X, Y \in T_p P.$$

Sei nun $z \in P$ ein beliebiger Punkt in P. Da M zusammenhängend ist, existiert ein Weg $\gamma : [0,1] \longrightarrow M$ mit $\gamma(0) = \pi(z)$ und $\gamma(1) = \pi(u)$. Sei ug der Endpunkt des A-horizontalen Liftes von γ mit dem Anfangspunkt z. Dann gilt $z \in P^A(ug)$ und somit $F^A_z(X, Y) \in \mathfrak{h}$ für alle $X, Y \in T_z P$.

Aufgabe 4.8 Sei $q : \widetilde{M} \to M$ die Überlagerungsabbildung und die Projektion $\hat{\pi} : \widehat{E} \to M$ gegeben durch $\hat{\pi}([\widetilde{x}, v]) = q(\widetilde{x})$. Die Vektorraumstruktur auf den Fasern $\widehat{E}_x$ ist durch die Vektorraumstruktur von V gegeben:

$$\lambda[\widetilde{x}, v] + \mu[\widetilde{x}, w] := [\widetilde{x}, \lambda v + \mu w], \qquad \lambda, \mu \in \mathbb{K}.$$

Sei $U \subset M$ eine korrekt überlagerte Umgebung und $\widetilde{U} \subset \widetilde{M}$ ein Blatt über U. Für $x \in U$ und $e \in \widehat{E}_x$ wählen wir den eindeutig bestimmten Repräsentanten $(\widetilde{x}, v) \in e$ mit $\widetilde{x} \in \widetilde{U}$. Dann ist

$$\varphi_U : \quad \widehat{E}_U \quad \longrightarrow \quad U \times V$$
$$[\widetilde{x}, v] \quad \longmapsto \quad (q(\widetilde{x}), v)$$

eine lokale Trivialisierung von $\widehat{E}$ über U, die einen Vektorraum-Isomorphismus von $\widehat{E}_x$ nach V induziert. Folglich ist $(\widehat{E}, \widehat{\pi}, M)$ ein Vektorbündel über M. Wir betrachten die folgende Abbildung $F : E \to \widehat{E}$:

$$F : \quad E \quad \longrightarrow \quad \widehat{E}$$
$$[p, v] \quad \longmapsto \quad \big[(\widetilde{x}, \tau(h^{\widetilde{A}}(\widetilde{x}, p)) v)\big],$$

wobei $\pi(p) = q(\widetilde{x})$ und $h^{\widetilde{A}} : q^* P \to G$ die im Beweis von Satz 4.7 definierte Abbildung bezeichnet. Die Invarianzeigenschaft (4.6) von $h^{\widetilde{A}}$ zeigt, dass die Klasse $[(\widetilde{x}, \tau(h^{\widetilde{A}}(\widetilde{x}, p)) v)]$ nicht von der Wahl von $\widetilde{x}$ abhängt. Wegen der G-Äquivarianz von $h^{\widetilde{A}}$ hängt die Definition von F auch nicht von dem gewählten Repräsentanten in $[p, v]$ ab. Damit ist F korrekt definiert und offensichtlich ein Vektorbündel-Isomorphismus.

Aufgabe 4.9 Wir wissen, dass d_A mit der durch A induzierten kovarianten Ableitung ∇^A auf dem adjungierten Bündel $\mathrm{Ad}(P)$ übereinstimmt (siehe Definition 3.9). Sei $\phi \in \Gamma(\mathrm{Ad}(P))$ ein Schnitt mit $d_A\phi = \nabla^A\phi = 0$. Sei $x_0 \in M$ beliebig gewählt, $u \in P_{x_0}$ und $\phi(x_0) = [u, X]$ mit $X \in \mathfrak{g}$. Nach Satz 4.9 erfüllt X dann $\mathrm{Ad}(Hol_u(A))X = X$, also $\mathrm{ad}(\mathfrak{hol}_u(A))X = 0$. Da A irreduzibel ist, gilt $\mathfrak{hol}_u(A) = \mathfrak{g}$ und folglich $[\mathfrak{g}, X] = 0$. Somit ist $\mathrm{ad}(X) = 0$ und für die Killingform von $\mathfrak{g}$ ergibt sich

$$B_{\mathfrak{g}}(X, Y) = \mathrm{Tr}(\mathrm{ad}(X) \circ \mathrm{ad}(Y)) = 0 \qquad \forall\, Y \in \mathfrak{g}.$$

Da $B_{\mathfrak{g}}$ nichtausgeartet ist, folgt $X = 0$, also $\phi(x_0) = 0$. Da $x_0 \in M$ beliebig war, gilt $\phi = 0$.

Lösungen zu Kap. 5

Aufgabe 5.1 Der hyperbolische Raum H^n ist diffeomorph zu $\mathbb{R}^n$. Ein Diffeomorphismus ist durch

$$(x_1, \dots, x_n) \in \mathbb{R}^n \quad \longmapsto \quad (\sqrt{x_1^2 + \dots + x_n^2 + 1}, \, x_1, \dots, x_n) \in H^n$$

gegeben. H^n ist also einfach-zusammenhängend und seine Holonomiegruppe folglich zusammenhängend. Wir brauchen somit nur die Lie-Algebra der Holonomiegruppe zu bestimmen. Dazu benutzen wir das Holonomietheorem von Ambrose und Singer. Der hyperbolische Raum H^n ist eine Riemannsche Mannigfaltigkeit konstanter Schnittkrümmung

$K = -1$. Der Krümmungstensor ist also gegeben durch

$$R(X, Y)Z = g(X, Z)Y - g(Y, Z)X$$

(siehe Anhang A.5). Sei nun $x \in H^n$ und $(e_1, \ldots e_n)$ eine orthonormale Basis in $T_x H^n$. Bezüglich dieser Basis gilt dann

$$R_x(e_i, e_j) = E_{ij},$$

wobei E_{ij} die Matrix ist mit -1 an der (ij)-ten Stelle, $+1$ an der (ji)-ten Stelle und Nullen in allen anderen Einträgen. Die Matrizen $\{E_{ij} \mid i < j\}$ sind eine Basis von $\mathfrak{so}(n)$. Folglich spannen die Krümmungsendomorphismen $R_x(e_i, e_j)$ bereits den gesamten Vektorraum $\mathfrak{so}(T_x H^n)$ auf. Da nach dem Holonomietheorem von Ambrose und Singer die Krümmungsendomorphismen in der Holonomiealgebra von H^n liegen, folgt $\mathfrak{hol}_x(H^n) = \mathfrak{so}(T_x H^n)$. Die Holonomiegruppe von H^n ist also isomorph zu $SO(n)$.

Aufgabe 5.2 Da wir lediglich die reduzierte Holonomiegruppe suchen, brauchen wir nur die Holonomiealgebra zu bestimmen. Wir benutzen dazu wieder das Holonomietheorem von Ambrose und Singer. Wir berechnen zunächst mit der Koszul-Formel (Anhang A.5) den Levi-Civita-Zusammenhang von $(M, g) = (\mathbb{R} \times F, ds^2 + e^{-4s} r)$. Für die Vektorfelder $\partial_s := \frac{\partial}{\partial s}$ und $V, W \in \mathfrak{X}(F)$ gilt

$$\nabla^M_{\partial_s} \partial_s = 0,$$
$$\nabla^M_{\partial_s} V = \nabla^M_V \partial_s = -2V,$$
$$\nabla^M_V W = 2e^{-4s} r(V, W)\partial_s + \nabla^F_V W.$$

Für den Krümmungstensor im Punkt $p = (0, x)$ erhält man daraus für Vektoren $v, w \in T_x F$ und $e_0 = \partial_s(p)$

$$R^M_p(e_0, v)w = -4r_x(v, w)e_0,$$
$$R^M_p(e_0, v)e_0 = 4v.$$

Wir fixieren in $(T_x F, r_x)$ eine orthonormale Basis $(e_1, \ldots, e_{n-1})$ und schreiben die Abbildungen $R^M_p(e_0, v)$ als Matrizen bzgl. der Basis $(e_0, e_1, \ldots, e_{n-1})$ in $T_p M$. Dann gilt

$$R_p(e_0, e_i) = 4E_{0i},$$

wobei E_{kl} die Matrix bezeichnet, die an der Stelle (kl) den Eintrag -1, an der Stelle (lk) den Eintrag $+1$ und an allen anderen Stellen den Eintrag Null hat. Es gilt außerdem $[E_{0i}, E_{0j}] = 2E_{ij}$. Die Matrizen $\{E_{ij} \mid i < j\}$ sind eine Basis der Lie-Algebra $\mathfrak{so}(n)$. Folglich wird die gesamte Lie-Algebra $\mathfrak{so}(n) \simeq \mathfrak{so}(T_p M, g_p)$ bereits von den Krümmungsendomorphismen $R_p(e_0, v)$, $v \in T_x F$, erzeugt. Nach dem Holonomietheorem von Ambrose und Singer gilt aber $R_p(e_0, v) \in \mathfrak{hol}_p(M, g)$. Folglich ist $\mathfrak{hol}_p(M, g) = \mathfrak{so}(T_p M, g_p)$. Damit stimmen auch die Zusammenhangskomponenten der zugehörigen Untergruppen von $O(T_pM, g_p)$ überein. Es gilt also $Hol_p^0(M, g) = SO(T_pM, g_p)$.

Aufgabe 5.3 Die einzigen nichtverschwindenden Ausdrücke für den Levi-Civita-Zusammenhang der Mannigfaltigkeit $(M, g) = (\mathbb{R} \times F \times \mathbb{R}^+, 2dsdt + t^2r)$ sind:

$$\nabla_V^M W = \nabla_V^F W - t \cdot r(V, W) \, \partial_s,$$

$$\nabla_V^M \partial_t = \nabla_{\partial_t}^M V = \frac{1}{t} V,$$

wobei $V, W \in \mathfrak{X}(F)$. Das Vektorfeld $\partial_s := \frac{\partial}{\partial s}$ ist also isotrop und parallel. Damit ist die Holonomiegruppe von (M, g) im Stabilisator von ∂_s enthalten. Mit $p = (1, x, 1)$ gilt:

$$Hol_p(M, g) \subset Hol_p(M, g)_{\mathbb{R}\partial_s(p)}.$$

Wir berechnen nun die Parallelverschiebungen. Sei zunächst $\delta(\tau) := (1, \gamma(\tau), 1)$ eine spezielle Kurve und $U(\tau) = a(\tau)\partial_s(\delta(\tau)) + V(\tau) + b(\tau)\partial_t(\delta(\tau))$ ein Vektorfeld entlang δ. Dann gilt für die kovariante Ableitung von $U(\tau)$ entlang δ:

$$\frac{\nabla^M U}{d\tau} = \left(a' - r(V, \gamma')\right)\partial_s + b'\partial_t + b\gamma' + \frac{\nabla^F V}{d\tau}.$$

Dies zeigt, dass die Parallelverschiebung entlang einer in p geschlossenen, auf $[0, 1]$ parametrisierten Kurve der Form $\delta = (1, \gamma, 1)$ bzgl. einer Basis $(\partial_s(p), e_1, \ldots, e_n, \partial_t(p))$ von T_pM die folgende Matrixform hat:

$$\mathcal{P}_{(1,\gamma,1)}^M = \begin{pmatrix} 1 & (a_1, \ldots, a_n) & * \\ 0 & \mathcal{P}_\gamma^F & * \\ 0 & 0 & * \end{pmatrix} \subset Hol_x(F, r) \ltimes \mathbb{R}^n.$$

Dabei ist der Vektor $(a_1, \ldots, a_n)$ gegeben durch

$$a_j = \int_0^1 r(\gamma'(\tau), \mathcal{P}_\gamma^F(e_i))d\tau.$$

Wir müssen uns nur noch davon überzeugen, dass bei Parallelverschiebungen entlang beliebiger in p geschlossener Kurven $\sigma(\tau) = (s(\tau), \gamma(\tau), t(\tau))$ keine weiteren Elemente zur Holonomiegruppe von (M, g) hinzukommen. Um das einzusehen, betrachten wir einen Vektor $V_0 \in T_xF$ und seine Parallelverschiebung $V(\tau) := \mathcal{P}_\gamma^F(V_0)$. Dann überprüft man, dass das Vektorfeld

$$W(\tau) := \frac{1}{t(\tau)}V(\tau) + a(\tau)\partial_s,$$

wobei $a(\tau)$ die Differentialgleichung $a'(\tau) = r(\gamma'(\tau), V(\tau))$ erfüllt, parallel entlang σ ist. Es gilt also $\mathcal{P}_\sigma^M(V_0) = \mathcal{P}_{(1,\gamma,1)}^M(V_0)$. Es kommen somit keine neuen Elemente zur Holonomiegruppe von (M, g) hinzu.

Aufgabe 5.4 Am schnellsten geht das mit Hilfe von Satz 5.12. H^n ist einfach-zusammenhängend und geodätisch vollständig. Außerdem ist die Schnittkrümmung konstant -1. Deshalb ist der Krümmungstensor parallel, d. h. H^n lokal-symmetrisch.

Aufgabe 5.5 Wir stellen $\mathbb{C}P^n$ als Faktorraum bzgl. der transitiv wirkenden Gruppe $U(n+1)$ dar. Die Isotropiegruppe der komplexen Geraden $\mathbb{C}e_0$ ist

$$U(n+1)_{\mathbb{C}e_0} = \left\{ \begin{pmatrix} e^{i\theta} & 0 \\ 0 & B \end{pmatrix} \,\Big|\, \theta \in \mathbb{R}, \; B \in U(n) \right\} \simeq U(1) \times U(n) =: H.$$

$\mathbb{C}P^n$ ist also diffeomorph zum Faktorraum $U(n+1)/\big(U(1) \times U(n)\big)$. Wir betrachten den involutiven Automorphismus $\sigma : U(n+1) \longrightarrow U(n+1)$ gegeben durch

$$\sigma(A) = J_{1,n} A J_{1,n} \quad \text{mit } J_{1,n} = \begin{pmatrix} -1 & 0 \\ 0 & I_n \end{pmatrix}.$$

Die Menge der Fixelemente von σ ist die Gruppe $U(n+1)^\sigma = U(1) \times U(n)$. Aus Beispiel 5.9 wissen wir dann, dass der Faktorraum $U(n+1)/\big(U(1) \times U(n)\big)$ mit jeder $U(n+1)$-invarianten Metrik symmetrisch ist. Wir geben noch eine solche $U(n+1)$-invariante Riemannsche Metrik an. Die symmetrische Zerlegung der Lie-Algebra $\mathfrak{u}(n+1)$ bzgl. σ ist $\mathfrak{u}(n+1) = \mathfrak{h} \oplus \mathfrak{m}$ mit

$$\mathfrak{h} = \mathfrak{u}(1) \oplus \mathfrak{u}(n) = \left\{ \begin{pmatrix} \lambda & 0 \\ 0 & Z \end{pmatrix} \,\Big|\, \lambda \in i\mathbb{R}, \; Z \in \mathfrak{u}(n) \right\},$$

$$\mathfrak{m} = \left\{ \begin{pmatrix} 0 & -\overline{\xi}^t \\ \xi & 0 \end{pmatrix} \,\Big|\, \xi \in \mathbb{C}^n \right\} \simeq \mathbb{C}^n.$$

Man rechnet für den Kommutator auch schnell nach, dass $[\mathfrak{h}, \mathfrak{m}] \subset \mathfrak{m}$ und $[\mathfrak{m}, \mathfrak{m}] \subset \mathfrak{h}$ gilt. Als Bilinearform auf $\mathfrak{u}(n+1)$ betrachten wir ein Vielfaches der Killing-Form, nämlich

$$\langle X, Y \rangle_{\mathfrak{u}(n+1)} = -\frac{1}{2} \operatorname{Tr} X \circ Y = -\frac{1}{4(n+1)} B_{\mathfrak{u}(n+1)}(X, Y).$$

Die Bilinearform $\langle \cdot, \cdot \rangle_{\mathfrak{u}(n+1)}$ ist nach Satz 1.18 $\operatorname{Ad}(U(n+1))$-invariant. Für die Einschränkung $\langle \cdot, \cdot \rangle_{\mathfrak{m}}$ dieser Bilinearform auf $\mathfrak{m}$ gilt

$$\langle \xi, \eta \rangle_{\mathfrak{m}} = \operatorname{Re}(\overline{\xi}^t \cdot \eta).$$

Folglich ist $\langle \cdot, \cdot \rangle_{\mathfrak{m}}$ positiv definit und $\operatorname{Ad}(H)$-invariant und definiert somit eine $U(n+1)$-invariante Riemannsche Metrik g auf $U(n+1)/(U(1) \times U(n))$. Mit dieser Riemannschen Metrik ist $\mathbb{C}P^n$ ein Riemannscher symmetrischer Raum.

Aufgabe 5.6 Da J auf dem orthogonalen Komplement $\xi^\perp$ von $\mathbb{R}\xi$ eine fast-komplexe Struktur ist, ist die Dimension von M ungerade. Wir berechnen den Krümmungstensor der Sasaki-Mannigfaltigkeit (M, g, ξ) und erhalten

$$R(X, Y)\xi = g(\xi, Y)X - g(\xi, X)Y$$

für alle Vektorfelder $X, Y \in \mathfrak{X}(M)$. Insbesondere gilt für $X, Y \in \xi^\perp$

$$R(X, \xi)Y = -g(X, Y)\xi \quad \text{und} \quad R(X, \xi)\xi = X.$$

Bezüglich einer orthonormalen Basis $(\xi(x), e_1, \ldots, e_{2m})$ in $T_x M$ erhalten wir dann für den Krümmungsendomorphismus $R_x(e_i, \xi(x))$ die Matrix

$$R_x(e_i, \xi(x)) = E_{0i} \in \mathfrak{so}(2m+1),$$

wobei $\{E_{ij} \mid i < j\}$ die bereits in den Aufgaben 5.1 und 5.2 betrachtete Basis von $\mathfrak{so}(2m+1)$ ist. Dann folgt wie in Aufgabe 5.1 und 5.2 aus dem Holonomietheorem von Ambrose und Singer, dass $Hol_x^0(M, g) \simeq SO(2m+1)$.

Aufgabe 5.7 Wir zeigen dazu, dass der Kegel über einer Sasaki-Mannigfaltigkeit eine Kähler-Mannigfaltigkeit ist. Dann folgt die Behauptung aus Satz 5.22. Sei also (M, g, ξ) eine Sasaki-Mannigfaltigkeit und $\phi := -\nabla^M \xi$. Auf dem Kegel $K := (\mathbb{R}^+ \times M, \, dt^2 + t^2 g)$ definieren wir eine orthogonale fast-komplexe Struktur J durch

$$J(t\partial_t) := \xi,$$
$$J(\xi) := -t\partial_t,$$
$$J(X) := -\phi(X) = \nabla_X^M \xi \quad \forall X \in \text{span}\{\xi, \, \partial_t\}^\perp.$$

Der Rest der Lösung besteht darin, für den Levi-Civita-Zusammenhang ∇^K des Kegels K nachzurechnen, dass $\nabla^K J = 0$ gilt. Dies folgt durch direkte Rechnung aus den Formeln für den Levi-Civita-Zusammenhang des Kegels

$$\nabla_{\partial_t}^K \partial_t = 0,$$
$$\nabla_{\partial_t}^K X = \nabla_X^K \partial_t = \frac{1}{t} X,$$
$$\nabla_X^K Y = \nabla_X^M Y - tg(X, Y)\, \partial_t$$

und der Bedingung

$$(\nabla_X^M \phi)(Y) = g(X, Y)\xi - g(Y, \xi)X$$

für die Sasaki-Struktur.

Aufgabe 5.8 Wir wissen bereits aus Aufgabe 5.7, dass der Kegel über einer Sasaki-Mannigfaltigkeit eine Kähler-Mannigfaltigkeit ist. Wir müssen also nur noch nachweisen, dass der Kegel Ricci-flach ist, wenn die Sasaki-Mannigfaltigkeit Einstein ist. Dann folgt die Behauptung aus Satz 5.23. Wir berechnen für die Ricci-Krümmung des Kegels aus den Formeln für den Levi-Civita-Zusammenhang (siehe Lösung der Aufgabe 5.7)

$$Ric^K(\partial_t, \partial_t) = 0,$$

$$Ric^K(\partial_t, V) = 0,$$

$$Ric^K(V, W) = Ric^M(V, W) - 2m \cdot g(V, W),$$

wobei V, W Vektorfelder auf M sind und $2m + 1$ die Dimension von M bezeichnet. Sei nun (M, g, ξ) eine Einstein-Sasaki-Mannigfaltigkeit. Aus der Formel für den Krümmungstensor einer Sasaki-Mannigfaltigkeit (siehe Lösung der Aufgabe 5.6) berechnet man für die Skalarkrümmung von (M, g) im Einsteinfall: $scal^M = 2m(2m + 1)$. Für den Ricci-Tensor von M gilt also $Ric^M = 2m \cdot g$. Folglich ist $Ric^K = 0$.

Aufgabe 5.9 Sei $K = (\mathbb{R}^+ \times M^6, dt^2 + t^2 g)$ der Kegel über einer 6-dimensionalen Riemannschen Mannigfaltigkeit. Wir nehmen an, dass K eine G_2-Mannigfaltigkeit ist, d. h. eine parallele zulässige 3-Form ω besitzt. Wir identifizieren M mit der Untermannigfaltigkeit $\{1\} \times M \subset K$. Dann definieren wir eine Abbildung $J : TM \longrightarrow TM$ durch

$$g(X, JY) := \omega(\partial_t, X, Y).$$

Per Definition ist J schiefsymmetrisch bezüglich g. Um zu zeigen, dass J eine fast-komplexe Struktur ist, fixieren wir im Tangentialraum $T_{(1,x)}K$ eine orthonormale Basis $(e_1, \ldots, e_7)$ mit $e_1 := \partial_t$, so dass ω bzgl. dieser Basis in Normalform ω_0 ist (siehe die Definition einer zulässigen 3-Form). Dann erhält man aus der Definition von ω_0 (siehe (5.43)), dass $Je_2 = -e_3, Je_3 = e_2, Je_4 = -e_5, Je_5 = e_4, Je_6 = -e_7$ und $Je_7 = e_6$. Folglich gilt $J^2 = -\text{Id}_{TM}$. J ist also eine orthogonale fast-komplexe Struktur auf (M, g). Durch direkte Rechnung mit Hilfe der Formeln für den Levi-Civita-Zusammenhang eines Kegels, siehe Lösung der Aufgabe 5.7, zeigt man

$$g((\nabla_X^M J)(Y), (\nabla_X^M J)(Y)) = g(X, X)g(Y, Y) - g(X, Y)^2 - g(JX, Y)^2.$$

Daraus ergibt sich $(\nabla_X^M J)(X) = 0$ für alle X sowie $(\nabla_X^M J)(Y) \neq 0$, falls $Y \in \text{span}\{X, JX\}^\perp$ und $X, Y \neq 0$. Folglich ist (M, g, J) eine nearly-Kähler-Mannigfaltigkeit.

Lösungen zu Kap. 6

Aufgabe 6.1 Sei $\phi : P \longrightarrow \tilde{P}$ ein Isomorphismus zwischen den G-Hauptfaserbündeln P und $\tilde{P}$ über M. Ist $\tilde{A}$ eine Zusammenhangsform auf $\tilde{P}$, so ist $A := \phi^* \tilde{A}$ eine Zusammenhangsform auf P mit der Krümmungsform $F^A = F^{\phi^* \tilde{A}} = \phi^* F^{\tilde{A}}$. Für einen Vektor $v \in T_x M$ bezeichne $v^* \in T_p P$ den A-horizontalen Lift. Dann ist wegen $\pi_{\tilde{P}} \circ \phi = \pi_P$ der Vektor $d\phi_p(v^*) \in T_{\phi(p)}\tilde{P}$ der $\tilde{A}$-horizontale Lift von v in $\tilde{P}$. Seien nun $v_1, \ldots, v_{2k} \in T_x M$. Dann gilt

$$(F^A \wedge \ldots \wedge F^A)_x(v_1, \ldots, v_{2k}) = (\phi^* F^{\widetilde{A}} \wedge \ldots \wedge \phi^* F^{\widetilde{A}})_p(v_1^*, \ldots, v_{2k}^*)$$
$$= (F^{\widetilde{A}} \wedge \ldots \wedge F^{\widetilde{A}})_{\phi(p)}(d\phi_p(v_1^*), \ldots, d\phi_p(v_{2k}^*))$$
$$= (F^{\widetilde{A}} \wedge \ldots \wedge F^{\widetilde{A}})_x(v_1, \ldots, v_{2k}).$$

Wir erhalten also für alle $f \in S_G^*(\mathfrak{g})$:

$$\mathcal{W}_P(f) = \left[f(F^A \wedge \ldots \wedge F^A) \right] = \left[f(F^{\widetilde{A}} \wedge \ldots \wedge F^{\widetilde{A}}) \right] = \mathcal{W}_{\widetilde{P}}(f) \in H_{dR}^*(M, \mathbb{C}).$$

Aufgabe 6.2 Sei E ein komplexes Vektorbündel vom Rang r über X und seien $\varphi_1, \ldots, \varphi_r$ linear unabhängige globale Schnitte in E. Dann ist

$$\widetilde{E} := \bigcup_{x \in X} \operatorname{span}_{\mathbb{C}}\{\varphi_1(x), \ldots, \varphi_r(x)\} \subset E$$

ein triviales Teilbündel von E vom Rang r. Die Trivialisierung ist gegeben durch

$$\Phi : \quad X \times \mathbb{C}^r \quad \longrightarrow \quad \widetilde{E}$$
$$(x, (z_1, \ldots, z_r)) \quad \longmapsto \quad \sum_{j=1}^r z_j \varphi_j(x).$$

Wir fixieren eine positiv definite Bündelmetrik auf E und zerlegen E in die direkte Summe von $\widetilde{E}$ und sein orthogonales Komplement: $E = \widetilde{E} \oplus \widetilde{E}^\perp$. Aus der Summenformel für die Chern-Klassen (Satz 6.6) folgt

$$c_k(E) = \sum_{i=0}^k c_i(\widetilde{E}) \cdot c_{k-i}(\widetilde{E}^\perp).$$

Da $\widetilde{E}$ trivial ist, gilt $c_i(\widetilde{E}) = 0$ für $i > 0$ (Beispiel 6.3). Da $\operatorname{rang}(\widetilde{E}^\perp) = n - r$, gilt per Definition $c_k(\widetilde{E}^\perp) = 0$ für $k > n - r$. Wir erhalten also

$$c_k(E) = c_k(\widetilde{E}^\perp) = 0 \quad \text{falls } k > n - r.$$

Aufgabe 6.3 Es seien (E_1, ∇^1) und (E_2, ∇^2) zwei komplexe Vektorbündel über M mit kovarianter Ableitung. Dann ist auf der direkten Summe $E := E_1 \oplus E_2$ eine kovariante Ableitung ∇ durch

$$\nabla_X(\varphi_1 + \varphi_2) := \nabla_X^1 \varphi_1 + \nabla_X^2 \varphi_2, \qquad \varphi_i \in \Gamma(E_i),$$

gegeben. Für den Krümmungsendomorphismus erhält man in der Aufspaltung von E

$$R^\nabla = \begin{pmatrix} R^{\nabla^1} & 0 \\ 0 & R^{\nabla^2} \end{pmatrix}.$$

Wir benutzen jetzt Formel 6.8 für die Chern-Klasse von E und erhalten

$$c(E) = \left[\det \left(\mathrm{Id}_E - \frac{1}{2\pi i} R^\nabla \right) \right]$$
$$= \left[\det \left(\mathrm{Id}_{E_1} - \frac{1}{2\pi i} R^{\nabla^1} \right) \wedge \det \left(\mathrm{Id}_{E_2} - \frac{1}{2\pi i} R^{\nabla^2} \right) \right]$$
$$= c(E_1) \cdot c(E_2).$$

Sei (E, ∇) ein komplexes Vektorbündel mit kovarianter Ableitung. ∇ induziert auf dem dualen Vektorbündel E^* eine kovariante Ableitung ∇^* durch

$$\nabla_X^*(L)(\varphi) := X\big(L(\varphi)\big) - L(\nabla_X \varphi), \qquad \varphi \in \Gamma(E), L \in \Gamma(E^*).$$

Sei $(\varphi_1, \ldots, \varphi_n)$ eine Basis in E_x und R_x^∇ die Matrix des Krümmungsendomorphismus bzgl. dieser Basis. Dann berechnet man für die Matrix des Krümmungsendomorphismus von ∇^* in der dualen Basis $(L_1, \ldots, L_n)$

$$R_x^{\nabla^*} = -\left(R_x^\nabla \right)^t.$$

Mit Formel 6.8 erhalten wir dann wieder

$$c(E^*) = \left[\det \left(Id_{E^*} - \frac{1}{2\pi i} R^{\nabla^*} \right) \right] = \left[\det \left(Id_E + \frac{1}{2\pi i} R^\nabla \right) \right].$$

Daraus folgt durch Vergleich der k-Formen

$$c_k(E^*) = (-1)^k c_k(E).$$

Aufgabe 6.4 Wir benutzen wieder Formel 6.8 und erhalten für die 1. Chern-Klasse eines komplexen Vektorbündels E

$$c_1(E) = \left[-\frac{1}{2\pi i} \operatorname{Tr} R^\nabla \right],$$

wobei ∇ eine beliebige kovariante Ableitung in E ist. Seien nun (E_1, ∇^1) und (E_2, ∇^2) zwei komplexe Vektorbündel mit kovarianten Ableitungen. Dann erhält man eine kovariante Ableitung ∇ im Tensorprodukt $E = E_1 \otimes E_2$ durch

$$\nabla_X(\varphi_1 \otimes \varphi_2) = \nabla_X^1 \varphi_1 \otimes \varphi_2 + \varphi_1 \otimes \nabla_X^2 \varphi_2.$$

Für den Krümmungsendomorphismus von ∇ folgt

$$R^\nabla(\varphi_1 \otimes \varphi_2) = (R^{\nabla^1} \varphi_1) \otimes \varphi_2 + \varphi_1 \otimes (R^{\nabla^2} \varphi_2).$$

Damit ergibt sich für die 1. Chern-Klasse von $E = E_1 \otimes E_2$

$$c_1(E) = \left[-\frac{1}{2\pi i} \operatorname{Tr} \left(R^{\nabla^1} \otimes \operatorname{Id}_{E_2} + \operatorname{Id}_{E_1} \otimes R^{\nabla^2} \right) \right]$$

$$= \operatorname{rang}(E_2) \left[-\frac{1}{2\pi i} \operatorname{Tr} R^{\nabla^1} \right] + \operatorname{rang}(E_1) \left[-\frac{1}{2\pi i} \operatorname{Tr} R^{\nabla^2} \right]$$

$$= \operatorname{rang}(E_2) \cdot c_1(E_1) + \operatorname{rang}(E_1) \cdot c_1(E_2).$$

Aufgabe 6.5 Wir gehen genauso vor wie in Aufgabe 6.4. Sei E ein komplexes Vektorbündel vom Rang n mit kovarianter Ableitung ∇. Auf dem Bündel $\Lambda^2 E$ erhalten wir daraus eine kovariante Ableitung ∇^{Λ^2} durch

$$\nabla^{\Lambda^2}_X(\varphi_1 \wedge \varphi_2) := \nabla_X\varphi_1 \wedge \varphi_2 + \varphi_1 \wedge \nabla_X\varphi_2.$$

Für den Krümmungsendomorphismus R^{Λ^2} von ∇^{Λ^2} folgt

$$R^{\Lambda^2}(\varphi_1 \wedge \varphi_2) = (R^\nabla\varphi_1) \wedge \varphi_2 + \varphi_1 \wedge (R^\nabla\varphi_2).$$

Wir fixieren nun eine positiv definite Bündelmetrik $\langle \cdot, \cdot \rangle$ auf E und eine orthonormale Basis $(e_1, \ldots, e_n)$ in E_x. Dann hat $\Lambda^2 E_x$ eine positiv definite Bündelmetrik $\langle \cdot, \cdot \rangle_{\Lambda^2}$ mit der orthonormalen Basis $\{e_i \wedge e_j \mid 1 \le i < j \le n\}$. Daraus folgt für die Spur von $R^{\Lambda^2}_x$

$$\begin{aligned}
\operatorname{Tr} R^{\Lambda^2}_x &= \sum_{i<j} \langle R^{\Lambda^2}_x(e_i \wedge e_j), e_i \wedge e_j \rangle_{\Lambda^2} \\
&= \frac{1}{2} \sum_{i \ne j} \langle R^{\Lambda^2}_x(e_i \wedge e_j), e_i \wedge e_j \rangle_{\Lambda^2} \\
&= \frac{1}{2} \sum_{i \ne j} \left(\langle (R^\nabla_x e_i) \wedge e_j, e_i \wedge e_j \rangle_{\Lambda^2} + \langle e_i \wedge R^\nabla_x e_j, e_i \wedge e_j \rangle_{\Lambda^2} \right) \\
&= \frac{1}{2} \sum_{i \ne j} \left(\langle R^\nabla_x e_i, e_i \rangle \cdot \langle e_j, e_j \rangle + \langle e_i, e_i \rangle \cdot \langle R^\nabla_x e_j, e_j \rangle \right) \\
&= \sum_{i \ne j} \langle R^\nabla_x e_i, e_i \rangle \cdot \langle e_j, e_j \rangle \\
&= (n-1) \operatorname{Tr} R^\nabla_x.
\end{aligned}$$

Für die 1. Chern-Klasse folgt dann $c_1(\Lambda^2 E) = (n-1)c_1(E)$.

Für das Bündel $S^2 E$ der symmetrischen Tensoren geht man entweder wieder genauso vor mit der Basis $\{e_i \odot e_j \mid 1 \le i \le j \le n\}$ in $S^2 E_x$, oder man benutzt die Zerlegung $E \otimes E = \Lambda^2 E + S^2 E$. Dann erhält man mit der Summenformel für die Chern-Klassen und der Formel aus Aufgabe 6.4

$$2nc_1(E) = c_1(E \otimes E) = c_1(\Lambda^2 E) + c_1(S^2 E) = (n-1)c_1(E) + c_1(S^2 E).$$

Daraus folgt $c_1(S^2 E) = (n+1)c_1(E)$.

Aufgabe 6.6 Wir gehen wie im Beweis von Lemma 6.3 vor. Wir zeigen zunächst, dass für die Pfaffsche Zahl einer Matrix

$$X = \begin{pmatrix} A & 0 \\ 0 & B \end{pmatrix} \in \mathfrak{so}(2m_1) \oplus \mathfrak{so}(2m_2) \subset \mathfrak{so}(2m_1 + 2m_2)$$

die Formel $Pf_{2m_1+2m_2}(X) = Pf_{2m_1}(A) \cdot Pf_{2m_2}(B)$ gilt. Dazu bringen wir die Matrizen A und B wie im Beweis von Lemma 6.3 auf Normalform durch Basistransformation in $\mathbb{R}^{2m_1}$ bzw. in $\mathbb{R}^{2m_2}$:

$$A = \begin{pmatrix} 0 & \lambda_1 & & & \\ -\lambda_1 & 0 & & & \\ & & \ddots & & \\ & & & 0 & \lambda_{m_1} \\ & & & -\lambda_{m_1} & 0 \end{pmatrix} \quad \text{und} \quad B = \begin{pmatrix} 0 & \mu_1 & & & \\ -\mu_1 & 0 & & & \\ & & \ddots & & \\ & & & 0 & \mu_{m_2} \\ & & & -\mu_{m_2} & 0 \end{pmatrix}.$$

Dann gilt $Pf(X) = \lambda_1 \cdot \ldots \cdot \lambda_{m_1} \cdot \mu_1 \cdot \ldots \cdot \mu_{m_2} = Pf(A) \cdot Pf(B)$.

Seien nun (E_1, g_1) und (E_2, g_2) zwei orientierte Riemannsche Vektorbündel. Wir wählen metrische kovariante Ableitungen ∇^1 und ∇^2 in E_1 bzw. E_2 und erhalten wie in Aufgabe 6.3 eine metrische kovariante Ableitung ∇ in $(E_1 \oplus E_2, g_1 \oplus g_2)$ durch

$$\nabla_X(e_1 \oplus e_2) = \nabla^1_X e_1 + \nabla^2_X e_2.$$

Für den Krümmungsendomorphismus R^∇ gilt dann in der Zerlegung $E_1 \oplus E_2$:

$$R^\nabla = \begin{pmatrix} R^{\nabla^1} & 0 \\ 0 & R^{\nabla^2} \end{pmatrix}.$$

Daraus erhalten wir für die Eulerklasse

$$\begin{aligned} e(E_1 \oplus E_2, g_1 \oplus g_2) &= \frac{1}{(2\pi)^{m_1+m_2}} \left[Pf_{2m_1+2m_2}(R^\nabla) \right] \\ &= \frac{1}{(2\pi)^{m_1}(2\pi)^{m_2}} \left[Pf_{2m_1}(R^{\nabla^1}) \right] \cdot \left[Pf_{2m_2}(R^{\nabla^2}) \right] \\ &= e(E_1, g_1) \cdot e(E_2, g_2). \end{aligned}$$

Aufgabe 6.7 Das Linienbündel γ_2^* über $\mathbb{C}P^2$ ist assoziiert zum (dualen) Hopfbündel H_2^*, d. h., zur Hopffaserung $H_2^* = (S^5, \pi, \mathbb{C}P^2, S^1)$ mit der S^1-Wirkung

$$\begin{aligned} S^5 \times S^1 &\longrightarrow \mathbb{C}P^n \\ ((w_1, w_2, w_3), z) &\longmapsto (z^{-1}w_1, z^{-1}w_2, z^{-1}w_3). \end{aligned}$$

Wie in Beispiel 3.3 zeigt man, dass $A : TS^5 \longrightarrow i\mathbb{R}$ mit

$$A_{(w_1,w_2,w_3)} := \frac{1}{2}\left\{ \sum_{j=1}^{3} w_j d\overline{w}_j - \overline{w}_j dw_j \right\}$$

eine Zusammenhangsform auf dem Hopfbündel H_2^* ist. Die Krümmungsform ist

$$F^A = dA = \sum_{j=1}^{3} dw_j \wedge d\overline{w}_j.$$

Für die 1. Chern-Klasse $c_1(\gamma_2^*) \in H_{dR}^2(\mathbb{C}P^2, \mathbb{R})$ gilt per Definition

$$c_1(\gamma_2^*) = \left[-\frac{1}{2\pi i} F^A \right] = \left[-\frac{1}{2\pi i} \sum_{j=1}^{3} dw_j \wedge d\overline{w}_j \right].$$

Wir erhalten folglich

$$\int_{\mathbb{C}P^2} c_1(\gamma_2^*)^2 = -\frac{1}{4\pi^2} \int_{\mathbb{C}P^2} F^A \wedge F^A$$

$$= -\frac{1}{2\pi^2} \int_{\mathbb{C}P^2} \sum_{1 \le j < k \le 3} dw_j \wedge d\overline{w}_j \wedge dw_k \wedge d\overline{w}_k.$$

Wir betrachten den Kartenbereich $U = \{[w_1 : w_2 : w_3] \mid w_3 \ne 0\} \subset \mathbb{C}P^2$ und die Koordinaten

$$\psi : \quad U \quad \longrightarrow \quad \mathbb{C}^2$$
$$[w_1 : w_2 : w_3] \longmapsto (\tfrac{w_1}{w_3}, \tfrac{w_2}{w_3}).$$

Des Weiteren sei ω die 4-Form auf $\mathbb{C}^2$

$$\omega := \frac{dz_1 \wedge d\overline{z}_1 \wedge dz_2 \wedge d\overline{z}_2}{(1 + |z|^2)^3}.$$

Wie in Beispiel 3.10 zeigt man

$$\pi^* \psi^* \omega = \sum_{1 \le j < k \le 3} dw_j \wedge d\overline{w}_j \wedge dw_k \wedge d\overline{w}_k.$$

Wir berechnen das gesuchte Integral mit Hilfe von Polarkoordinaten im $\mathbb{R}^4$:

$$\int_{\mathbb{C}P^2} c_1(\gamma_2^*)^2 = -\frac{1}{2\pi^2} \int_{\mathbb{C}^2} \frac{dz_1 \wedge d\overline{z}_1 \wedge dz_2 \wedge d\overline{z}_2}{(1 + |z|^2)^3}$$

$$= \frac{2}{\pi^2} \int_{\mathbb{R}^4} \frac{d\mathbb{R}^4}{(1 + |x|^2)^3}$$

$$= 4 \int_0^\infty \frac{r^3}{(1 + r^2)^3} \, dr$$

$$= 2 \int_0^\infty \frac{t}{(1+t)^3} \, dt$$

$$= 2 \int_0^\infty \left(\frac{1}{(1+t)^2} - \frac{1}{(1+t)^3} \right) dt$$

$$= 1.$$

Aufgabe 6.8 Für die Chern-Klassen des komplex-projektiven Raumes gilt

$$c(\mathbb{C}P^n) := c(T\mathbb{C}P^n) = (1+a)^{n+1},$$

wobei $a = c_1(\gamma_n^*) \in H_{dR}^2(\mathbb{C}P^n, \mathbb{R})$. Die Pontrjagin-Klassen von $\mathbb{C}P^n$ sind per Definition die Pontrjagin-Klassen des als reelles Bündel aufgefassten Tangentialbündels $(T\mathbb{C}P^n)^{\mathbb{R}}$. Für die Komplexifizierung von $(T\mathbb{C}P^n)^{\mathbb{R}}$ gilt

$$\left((T\mathbb{C}P^n)^{\mathbb{R}} \right)^{\mathbb{C}} \simeq T\mathbb{C}P^n \oplus \overline{T\mathbb{C}P^n} \simeq T\mathbb{C}P^n \oplus T^*\mathbb{C}P^n.$$

Wegen $c_k(T^*\mathbb{C}P^n) = (-1)^k c_k(T\mathbb{C}P^n)$ folgt aus $c(T\mathbb{C}P^n) = (1+a)^{n+1}$

$$c(T^*\mathbb{C}P^n) = (1-a)^{n+1}.$$

Wir erhalten damit

$$c\left(((T\mathbb{C}P^n)^{\mathbb{R}})^{\mathbb{C}} \right) = c(T\mathbb{C}P^n) \cdot c(T^*\mathbb{C}P^n)$$

$$= (1+a)^{n+1} \cdot (1-a)^{n+1} = (1-a^2)^{n+1}.$$

Für die k-te Pontrjagin-Klasse von $\mathbb{C}P^n$ folgt daraus

$$p_k(\mathbb{C}P^n) = (-1)^k c_{2k}\left(((T\mathbb{C}P^n)^{\mathbb{R}})^{\mathbb{C}} \right) = \binom{n+1}{k} a^{2k}.$$

Dies liefert

$$p(\mathbb{C}P^n) = (1 + a^2)^{n+1}.$$

Aufgabe 6.9 Sei E ein Vektorbündel vom Rang n über M, $(\mathbb{P}(E), \pi, M)$ seine Projektivierung und $\mathcal{L}(E)$ das in der Aufgabe definierte kanonische Linienbündel über $\mathbb{P}(E)$. Den Isomorphismus $\pi^*E \simeq \mathcal{L}(E) \oplus \mathcal{L}(E)^{\perp}$ der Bündel über $\mathbb{P}(E)$ erhält man aus der Definition der beiden Bündel. Er ist durch die folgende Abbildung gegeben:

$$\phi((L, e)) = \left(L, \, pr_L(e) \oplus (pr_L(e))^{\perp} \right).$$

Wir setzen $L_1 := \mathcal{L}(E)$ und $E_1 := \mathcal{L}(E)^{\perp}$, d. h., $\pi^*E = L_1 \oplus E_1$. Wir betrachten nun das Vektorbündel E_1 über $\mathbb{P}(E)$ anstelle des Bündels E über M. Seine Projektivierung sei $(\mathbb{P}(E_1), \pi_1, \mathbb{P}(E))$. Wir verfahren mit diesem Vektorbündel auf gleiche Weise. Wir zerlegen das induzierte Vektorbündel $\pi_1^* E_1$ über $\mathbb{P}(E_1)$ in die direkte Summe des kanonischen Linienbündels $L_2 := \mathcal{L}(E_1)$ und seines orthogonalen Komplementes $E_2 := \mathcal{L}(E_1)^\perp$:

$$\pi_1^* E_1 \simeq \mathcal{L}(E_1) \oplus \mathcal{L}(E_1)^\perp = L_2 \oplus E_2.$$

Dann erhalten wir über der Mannigfaltigkeit $\mathbb{P}(E_1)$ die Zerlegung

$$\pi_1^* \pi^* E \simeq \pi_1^* (L_1 \oplus E_1) \simeq \pi_1^* L_1 \oplus \pi_1^* E_1 \simeq \pi_1^* L_1 \oplus L_2 \oplus E_2.$$

Wir betrachten nun das Bündel E_2 über $\mathbb{P}(E_1)$ und verfahren mit ihm analog. Diesen Prozess führen wir $n-2$ mal fort. Auf diese Weise erhalten wir für jedes $i = 1, \ldots, n-2$ ein Vektorbündel E_i über $\mathbb{P}(E_{i-1})$ mit der Projektivierung $(\mathbb{P}(E_i), \pi_i, \mathbb{P}(E_{i-1}))$, dem kanonischen Linienbündel L_{i+1} und seinem orthogonalen Komplement E_{i+1} über $\mathbb{P}(E_i)$. Dann gilt nach Konstruktion

$$
\begin{aligned}
&\pi_{n-2}^* \pi_{n-3}^* \ldots \pi_1^* \pi^* E \\
&= (\pi_{n-2}^* \ldots \pi_1^* L_1) \oplus (\pi_{n-2}^* \ldots \pi_2^* L_2) \oplus \ldots \oplus \pi_{n-2}^* L_{n-2} \oplus L_{n-1} \oplus E_{n-1}.
\end{aligned}
$$

Dies ist eine Summe von Linienbündeln über $\mathbb{P}(E_{n-2})$. Mit $Y := \mathbb{P}(E_{n-2})$ und $f := \pi \circ \pi_1 \circ \ldots \circ \pi_{n-3} \circ \pi_{n-2}$ haben wir also die gesuchte Abbildung $f : Y \longrightarrow M$.

Aufgabe 6.10 Sei (M^2, g) eine orientierte Riemannsche Fläche. Das Tangentialbündel von M^2 hat eine fast-komplexe Struktur durch den Homomorphismus J, der jedem Vektor $v \in T_x M$ seine Drehung um $90°$ in positiver Richtung zuordnet. Das Tangentialbündel TM ist also ein komplexes Vektorbündel von Rang 1. Darüber hinaus ist diese fast-komplexe Struktur integrierbar, die Riemannsche Fläche M ist also eine komplexe Mannigfaltigkeit. Nach Satz 6.11 gilt dann

$$e(M, g) = e(TM^{\mathbb{R}}, g) = c_1(TM) = c_1(M).$$

In Satz 6.12 haben wir gezeigt, dass $e(M, g) = \left[\frac{1}{2\pi} K \, dM_g \right]$. Mit dem Satz von Gauß-Bonnet und der Definition des Todd-Geschlechtes für komplexe Mannigfaltigkeiten der komplexen Dimension 1 folgt dann

$$\chi(M) = \frac{1}{2\pi} \int K dM_g = \int_M e(M, g) = \int_M c_1(M) = 2 \, Td(M).$$

Aufgabe 6.11 Für das Todd-Geschlecht einer komplexen Mannigfaltigkeit M^2 der (reellen) Dimension 2 gilt

$$Td(M^2) = \frac{1}{2} \int_M c_1(M).$$

Wegen $c_1(\mathbb{C}P^1) = 2a$ folgt mit dem Ergebnis von Beispiel 6.6:

$$Td(\mathbb{C}P^1) = \int_{\mathbb{C}P^1} a = \int_{\mathbb{C}P^1} c_1(\gamma_1^*) = -\int_{\mathbb{C}P^1} c_1(\gamma_1) = 1.$$

Für das Todd-Geschlecht einer komplexen Mannigfaltigkeit M^4 der reellen Dimension 4 gilt

$$Td(M^4) = \frac{1}{12} \int_M c_1^2(M) + c_2(M).$$

Wegen $c_1(\mathbb{C}P^2) = 3a$ und $c_2(\mathbb{C}P^2) = 3a^2$ folgt mit Aufgabe 6.7

$$Td(\mathbb{C}P^2) = \int_{\mathbb{C}P^2} a^2 = 1.$$

Aufgabe 6.12 Wir bestimmen zuerst die Pontrjagin-Klasse $p(S^n)$. Die Sphäre S^n ist eine Untermannigfaltigkeit im $\mathbb{R}^{n+1}$. In jedem Punkt $x \in S^n$ gilt

$$\mathbb{R}^{n+1} \simeq T_x\mathbb{R}^{n+1} = T_xS^n \oplus \mathbb{R}x.$$

Das Normalenbündel ist trivial, denn $n(x) := x$ ist ein glattes Normalenvektorfeld. Die Addition eines trivialen Linienbündels θ^1 zum Tangentialbündel der Sphäre liefert also ein triviales Vektorbündel θ^{n+1} vom Rang $n + 1$:

$$TS^n \oplus \theta^1 = \theta^{n+1}.$$

Aus der Summenformel für die Pontrjagin-Klassen folgt

$$1 = p(\theta^{n+1}) = p(TS^n \oplus \theta^1) = p(TS^n).$$

Es gilt somit $p_k(TS^n) = 0$ für $k > 0$. Wir erhalten also $\hat{A}(S^n) = 1$ und $L(S^n) = 1$.

Lösungen zu Kap. 7

Aufgabe 7.1 Da die Vektoren $A_i \in \mathfrak{g}$ konstant sind, erhalten wir für die Krümmung von A:

$$F^A = [A_1, A_2]\, dx_1 \wedge dx_2 + [A_1, A_3]\, dx_1 \wedge dx_3 + [A_2, A_3]\, dx_2 \wedge dx_3,$$

$$*F^A = [A_1, A_2]\, dx_3 - [A_1, A_3]\, dx_2 + [A_2, A_3]\, dx_1,$$

$$\begin{aligned} d^A * F^A &= [A, *F^A] \\ &= \big(-[A_1, [A_1, A_3]] - [A_2, [A_2, A_3]] \big)\, dx_1 \wedge dx_2 \\ &\quad \big(+[A_1, [A_1, A_2]] - [A_3, [A_2, A_3]] \big)\, dx_1 \wedge dx_3 \\ &\quad \big(+[A_2, [A_1, A_2]] + [A_3, [A_1, A_3]] \big)\, dx_2 \wedge dx_3. \end{aligned}$$

Folglich ist die Yang-Mills-Gleichung $d^A * F^A = 0$ äquivalent zu den drei Gleichungen

$$\sum_{i=1}^{3} [A_i, [A_i, A_j]] = 0, \quad j = 1, 2, 3.$$

Aufgabe 7.2 Wir gehen genauso vor wie für die Zusammenhangsform $A_{\mu,b}$ in Beispiel 7.1. Wir betrachten zunächst

$$A^- := \text{Im}\left(\frac{\overline{x}dx}{1 + |x|^2}\right)$$

und berechnen

$$F^{A^-} = \frac{d\overline{x} \wedge dx}{(1 + |x|^2)^2}.$$

Mit dem Diffeomorphismus $\Phi_{\mu,b}(x) := \mu(x - b)$ ergibt sich $A^-_{\mu,b} = \Phi^*_{\mu,b} A^-$. Daraus folgt

$$F^{A^-_{\mu,b}} = \Phi^*_{\mu,b} F^{A^-} = \frac{\mu^2 \, d\overline{x} \wedge dx}{(1 + \mu^2|x - b|^2)^2}.$$

Da $* d\overline{x} \wedge dx = -d\overline{x} \wedge dx$, ist $A^-_{\mu,b}$ anti-selbstdual. Für die Länge der Krümmungsform erhält man

$$\langle F^{A_{\mu,b}}, F^{A_{\mu,b}} \rangle = \langle F^{A^-_{\mu,b}}, F^{A^-_{\mu,b}} \rangle$$

und somit $L(A_{\mu,b}) = L(A^-_{\mu,b}) = 32\pi^2$.

Aufgabe 7.3 Da $A^-_{\mu,b}$ anti-selbstdual ist, gilt $* F^{A^-_{\mu,b}} = -F^{A^-_{\mu,b}}$. Für die Instantonenzahl folgt aus Aufgabe 7.2

$$k(A^-_{\mu,b}) = \frac{1}{32\pi^2} \int_{\mathbb{R}^4} \langle F^{A^-_{\mu,b}}, * F^{A^-_{\mu,b}} \rangle$$

$$= -\frac{1}{32\pi^2} \int_{\mathbb{R}^4} \langle F^{A^-_{\mu,b}}, F^{A^-_{\mu,b}} \rangle = -\frac{1}{32\pi^2} L(A^-_{\mu,b}) = -1.$$

Aufgabe 7.4 In dieser Aufgabe ist die Sphäre S^4 mittels stereographischer Projektion mit $\mathbb{H} \cup \{\infty\}$ identifiziert. Sei $P := (S^7, \pi, S^4; Sp(1))$ die quaternionische Hopffaserung mit der in der Aufgabe angegebenen $Sp(1)$-Wirkung. Dass P ein $Sp(1)$-Hauptfaserbündel ist, beweist man wie in Beispiel 2.7. Wir haben hier lediglich eine andere Gruppenwirkung auf S^7 vorliegen. Wir prüfen nun die beiden Eigenschaften einer Zusammenhangsform für Z nach. Sei $a \in \mathfrak{sp}(1)$. Dann gilt für das fundamentale Vektorfeld $\widetilde{a}$ auf S^7

$$Z_{(z_1, z_2)}\big(\widetilde{a}(z_1, z_2)\big) = Z_{(z_1, z_2)}(\overline{a}z_1, \overline{a}z_2) = \text{Im}\left(z_1\overline{z}_1 a + z_2\overline{z}_2 a\right) = a.$$

Für die Rechtstranslation folgt mit $(v_1, v_2) \in T_{(z_1, z_2)}S^7$ und $q \in Sp(1)$

$$
\begin{aligned}
(R_q^* Z)_{(z_1, z_2)}(v_1, v_2) &= Z_{(\overline{q}z_1, \overline{q}z_2)}(\overline{q}v_1, \overline{q}v_2) \\
&= \operatorname{Im}\left(\overline{q}z_1\overline{v}_1 q + \overline{q}z_2\overline{v}_2 q\right) \\
&= \operatorname{Im}\left(q^{-1}(z_1\overline{v}_1 + z_2\overline{v}_2)q\right) \\
&= q^{-1}\operatorname{Im}(z_1\overline{v}_1 + z_2\overline{v}_2)q \\
&= \operatorname{Ad}(q^{-1})\, Z_{(z_1, z_2)}(v_1, v_2).
\end{aligned}
$$

Z ist also eine Zusammenhangsform auf dem quaternionischen Hopfbündel $P = (S^7, \pi, S^4, Sp(1))$. Wir betrachten in diesem Bündel nun den lokalen Schnitt $s : \mathbb{H} \subset S^4 \longrightarrow S^7$, definiert durch

$$
s(x) := \left((1 + |x|^2)^{-\frac{1}{2}}, x(1 + |x|^2)^{-\frac{1}{2}}\right).
$$

Dann gilt

$$
\begin{aligned}
s^* \operatorname{Im}(z_1 d\overline{z}_1) &= \operatorname{Im}\left((z_1 \circ s)(d\overline{z}_1 \circ ds)\right) = \operatorname{Im}\left((z_1 \circ s)(\overline{d(z_1 \circ s)})\right) \\
&= \operatorname{Im}\left((1 + |x|^2)^{-\frac{1}{2}} d(1 + |x|^2)^{-\frac{1}{2}}\right) = 0 \\
s^* \operatorname{Im}(z_2 d\overline{z}_2) &= \operatorname{Im}\left(x(1 + |x|^2)^{-\frac{1}{2}}(d\overline{x}(1 + |x|^2)^{-\frac{1}{2}} + \overline{x}d(1 + |x|^2)^{-\frac{1}{2}})\right) \\
&= \operatorname{Im}\left(\frac{x d\overline{x}}{1 + |x|^2} + |x|^2(1 + |x|^2)^{-\frac{1}{2}}d(1 + |x|^2)^{-\frac{1}{2}}\right) \\
&= \operatorname{Im}\left(\frac{x d\overline{x}}{1 + |x|^2}\right).
\end{aligned}
$$

Wir erhalten also $s^* Z = A$, wobei $A : \mathbb{H} \longrightarrow \mathfrak{sp}(1)$ die in Satz 7.9 betrachtete selbstduale Zusammenhangsform mit $L(A) = 32\pi^2$ ist. Wir berechnen nun die Instantonenzahl $k(P)$ des quaternionischen Hopfbündels $P = (S^7, \pi, S^4, Sp(1))$. Nach Definition ist

$$
\begin{aligned}
k(P) &= -\int_{S^4} c_2(S^7 \times_{Sp(1)} \mathbb{C}^2) = -\frac{1}{8\pi^2} \int_{S^4} \operatorname{Tr}(F^Z \wedge F^Z) \\
&= -\frac{1}{8\pi^2} \int_{\mathbb{H}} \operatorname{Tr}(s^* F^Z \wedge s^* F^Z) = -\frac{1}{8\pi^2} \int_{\mathbb{H}} \operatorname{Tr}(F^{s^* Z} \wedge F^{s^* Z}) \\
&= -\frac{1}{8\pi^2} \int_{\mathbb{H}} \operatorname{Tr}(F^A \wedge F^A) = \frac{1}{32\pi^2} \int_{\mathbb{H}} \langle F^A, F^A \rangle_x \, dx \\
&= \frac{1}{32\pi^2} L(A) = 1.
\end{aligned}
$$

Aufgabe 7.5 Zunächst berechnet man für die Killing-Form von $\mathfrak{su}(n)$

$$B_{\mathfrak{su}(n)}(X, Y) = 2n \operatorname{Tr} X \circ Y, \quad X, Y \in \mathfrak{su}(n).$$

Dann vergleicht man die Formel für die 2. Chern-Klasse eines $SU(n)$-Bündels in Beispiel 6.4. mit der Formel (7.13) für die 1. Pontrjagin-Klasse des adjungierten Bündels. Man erhält

$$c_2(E) = \frac{1}{8\pi^2}\Big[\operatorname{Tr}(F^A \wedge F^A)\Big]$$
$$= \frac{1}{16n\pi^2}\Big[B_{\mathfrak{su}(n)}(F^A \wedge F^A)\Big] = -\frac{1}{2n} p_1(\operatorname{Ad}(P)).$$

Literaturverzeichnis

[Ad01]   Adams, S.: Dynamics on Lorentzian Manifolds. World Scientific (2001)

[AF01]   Agricola, I., Friedrich, T.: Globale Analysis. Vieweg-Verlag (2001)

[Al68]   Alekseevsky, D.V.: Riemannian spaces with unusual holonomy groups. Funct. Anal. Appl. **2**, 97–105 (1968)

[Am56]   Ambrose, W.: Parallel translation of Riemannian curvature. Ann of Math. **64**, 337–363 (1956)

[A79]   Atiyah, M.F.: Geometry of Yang-Mills fields. Lezioni Fermiane. Accademia Nazionale Dei Licei Scuola Normale Superiore, Pisa (1979)

[ADHM]   Atiyah, M.F., Drinfeld, V.G., Hitchin, N.J., Manin, Y.I.: Construction of instantons. Phys. Lett. A **65**, 185–187 (1978)

[Ba1]   Ballmann, W.: Vector bundles and Connections. Skript. www.math.uni-bonn.de

[Ba2]   Ballmann, W.: Automorphism Groups. Skript. www.math.uni-bonn.de

[Ba3]   Ballmann, W.: Homogeneous Structures. Skript. www.math.uni-bonn.de

[Be08]   Behrndt, T.: On Berger's Holonomy Theorem. Humboldt-Universität Berlin, Diploma Thesis (2008)

[BPST]   Belavin, A., Polyakov, A., Schwarz, A., Tyupkin, Y.: Pseudoparticle solutions of the Yang-Mills equations. Phys. Lett. B **59**, 85–87 (1975)

[BI93]   Berard-Bergery, L., Ikemakhen, A.: On the holonomy of Lorentzian manifolds. In: Differential Geometry: Geometry in Mathematical Physics and Related Topics, 27–40. Proceedings of Symposia in Pure Mathematics, Bd. 54. American Mathematical Society (1993)

[Ber55]   Berger, M.: Sur les groupes d'holonomie homogène des variétés à connexion affine et des variétés riemanniennes. Bull. Soc. Math. France **83**, 279–330 (1955)

[Ber57]   Berger, M.: Les espaces symétriques non compacts. Ann. École Norm. Sup. **74**, 85–177 (1957)

[Be87]   Besse, A. L.: Einstein manifolds. Springer (1987)

[BB85]   Booß, B., Bleeker, D.: Topology and Analysis. Springer-Verlag, The Atiyah-Singer-Index Formula and Gauge-Theoretical Physics (1985)

[Bl81]   Bleeker, D.: Gauge Theory and Variational Principles. Addison-Wesley (1981)

[Bo49]   Borel, A.: Some remarks about Lie groups transitive on spheres and tori. Bull. Am. Math. Soc. **55**, 580–587 (1949)

[Bo50]   Borel, A.: La plan projectif des octaves et les sphères comme espaces homogènes. C. R. Acad. Sci. Paris **230**, 1378–1380 (1950)

[Br92]   Bröcker, T.: Analysis III. BI Wissenschaftsverlag (1992)

[Br04]   Bröcker, T.: Lineare Algebra und Analytische Geometrie. Birkhäuser-Verlag (2004)

[BG72]   Brown, R., Gray, A.: Riemannian manifolds with holonomy group in *Spin*(9). Differential Geometry (in honour of Kentaro Yano), S. 41–59, Kinokuniya, Tokyo (1972)

[Bry96]   Bryant, R.: Classical, exceptional, and exotic holonomies: a status report. Seminars Congress, Bd. 1, Société mathématique de France, S. 93–165 (1996)

[CP80]   Cahen, M., Parker, M.: Pseudo-Riemannian symmetric spaces. Mem. Am. Math. Soc. 24 (1980)

[CW70]   Cahen, M., Wallach, N.: Lorentzian symmetric spaces. Bull. Am. Math. Soc. **76**, 585–591 (1970)

[D92]   Derdzinzki, A.: Geometry of the Standard Model of Elementary Particles. Springer (1992)

[DR52]   De Rham, G.: Sur la réductibilité d'un espace de Riemann. Comm. Math. Helv. **26**, 328–344 (1952)

[DO01]   Di Scala, A., Olmos, C.: The geometry of homogeneous submanifolds of hyperbolic space. Math. Z. **237**, 199–209 (2001)

[DLN10]   Di Scala, A., Leistner, T., Neukirchner, T.: Geometric applications of irreducible representations of Lie groups. In: Cortés, V. (Hrsg.) Handbook of Pseudo-Riemannian Geometry and Supersymmetry, S. 629–651. EMS Publishing House (2010)

[DK90]   Donaldson, S.K., Kronheimer P. B.: The Geometry of Four-Manifolds. Oxford University Press (1990)

[FU84]   Freed, D.S., Uhlenbeck, K. K.: Instantons and Four-Manifolds. Springer (1984)

[G06]   Galaev, A.: Metrics that realize all Lorentzian holonomy algebras. Int. J. Geom. Methods Mod. Phys. **3**, 1025–1045 (2006)

[GL08]   Galaev, A., Leistner, T.: Holonomy groups of Lorentzian manifolds: classification, examples, and applications. In: Alekseevsky, D., Baum, H. (Hrsg.) Recent Developments in pseudo-Riemannian Geometry, S. 53–96. EMS Publishing House (2008)

[Gr90]   Gray, A.: Tubes. Addison-Wesley Publishing Company (1990)

[GH81]   Greenberg, M.J., Harper, J.R.: Algebraic Topology. A First Course. The Benjamin/Cummings Publishing Company (1981)

[H]   Habermann, L.: Geometrie und Feldgleichungen. Skript. Universität Hannover

[Ha90]   Harvey, F.R.: Spinors and Calibrations. Perspectives in Mathematics, Bd. 9. Academic Press (1990)

[He01]   Helgason, S.: Differential Geometry, Lie groups, and symmetric spaces. Graduate Student Mathematics, Bd. 34. American Mathematical Society (2001)

[H59]   Hicks, N.: A theorem on affine connections. Illinois J. Math. **3**, 242–252 (1959)

[HN91]   Hilgert, J., Neeb, K.-H.: Lie-Gruppen und Lie-Algebren. Vieweg-Verlag (1991)

[He90]   Hein, W.: Einführung in die Struktur- und Darstellungstheorie der klassischen Gruppen. Springer (1990)

[H94]   Husemoller, D.: Fibre Bundles, 3. Aufl. Springer (1994)

[Hu72]   Humphreys, J.E.: Introduction to Lie Algebras and Representation Theory. Springer (1972)

[J93]   Jänich, K.: Vektoranalysis. Springer (1993)

[J05]   Jost, J.: Riemannian Geometry and Geometric Analysis, 4. Aufl. Springer (2005)

[Jo00]   Joyce, D.: Compact Manifolds with Special Holonomy. Oxford University Press (2000)

[KO08]   Kath, I., Olbrich, M.: The classification problem for pseudo-Riemannian symmetric spaces. In: Alekseevsky, D., Baum, H. (Hrsg.) Recent Developments in Pseudo-Riemannian Geometry, S. 1–52. EMS Publishing House (2008)

[K02]   Knapp, A.W.: Lie Groups beyond an Introduction. Second edition, Birkhäuser-Verlag (2002)

[KN63]   Kobayashi, S., Nomizu, K.: Foundations of Differential Geometry. Bd. I, II. John Wiley and Sons, Inc. (1963, 1969)

[Kr86]   Kreck, M.: Exotische Strukturen auf 4-Mannigfaltigkeiten. Jahresberichte der DMV **88**, 124–145 (1986)

[Ku10]   Kühnel, W.: Differentialgeometrie, 5. Aufl, Vieweg-Teubner-Verlag (2010)

[LM89]   Lawson, H.B., Michelsohn, M.-L.: Spin Geometry. Princeton University Press (1989)

[L07]   Leistner, T.: On the classification of Lorentzian holonomy groups. J. Diff. Geom. **76**, 423–484 (2007)

[MS99]   Merkulov, S., Schwachhöfer, L.: Classification of irreducible holonomies of torsion-free affine connections. Ann. Math. **150**, 77–149 (1999)

[M90]   Meumertzheim, T.: De Rham decomposition of affinely connected manifolds. Manuscripta Math. **66**, 413–429 (1990)

[MSt74]   Milnor, J.W., Stasheff J.D.: Characteristic Classes. Princeton University Press (1974)

[MSa43]   Montgomery, D., Samelson, H.: Transformation groups on spheres. Ann. Math. **44**, 454–470 (1943)

[N00]   Naber, G.L.: Topology, Geometry, and Gauge Fields. Springer (2000)

[Ne03]   Neukirchner, T.: Solvable Pseudo-Riemannian Symmetric Spaces. arXiv: math.DG/0301326 (2003)

[Ol05]   Olmos, C.: A geometric proof of the Berger holonomy theorem. Ann. Math. **161**, 579–588 (2005)

[ON66]   O'Neill, B.: The fundamental equations of a submersion. Mich. Math. J. **13**, 459–469 (1966)

[ON83]   O'Neill, B.: Semi-Riemannian Geometry. Academic Press (1983)

[Pa57]   Palais, R.S.: A global formulation of the Lie theory of transformation groups. Mem. Am. Math. Soc. 22 (1957)

[Pra88B] Pratt & Whitney: The Aircraft Gas Turbine Engine and its Operation. United Technologies, P & W Oper. Instr. 200, Part No. P & W 182408 (1988)

[R88]   Roe, J.: Elliptic operators, topology and asymptotic methods. Longman Scientific and Technical (1988)

[REU11B] Reuss, T., Seidl, M.: Reuss 2011. Jahrbuch der Luft- und Raumfahrt. Aerospace Manual. Aviatic Verlag GmbH, Oberhaching (2011)

[Ric72B] Rick, H.: Luftatmende Triebwerke und Komponenten (Kap. B.1.1,2, 4, 5, C.1.3, 1.5), in, Flugantriebe" Münzberg HG. Springer, Berlin (1972)

[Ric98B] Rick, H.: Numerische Methoden zur Berechnung des Betriebsverhaltensvon Gasturbinen und Flugantrieben. Vorlesung TU München (1998)

[Ris95B] Rist, D.: Dynamik realer Gase. Springer, Berlin (1995)

[Rol05B] Royce, Rolls: The Jet Engine. Rolls Royce plc, London (2005)

[Rol69B] Royce, Rolls: The Jet Engine. Rolls Royce plc, London (1969)

[Rol86B] Royce, Rolls: The Jet Engine. Rolls Royce plc, London (1986)

[Rol96B] Royce, Rolls: The Jet Engine, Rolls Royce plc, 5. Aufl, London (1995)

[RTO07B] RTO Applied Vehicle Technology, NATO: Performance Predictionand Simulation of Gas Turbine Engine Operation for Aircraft, Marine, Vehicular, and Power Generation. NATO RTO Technical ReportTR-AVT-036 (www.rto.nato.int) (2007)

[Sa89]   Salamon, S.: Riemannian Geometry and Holonomy Groups. Longman Scientific and Technical (1989)

[SAE74]   Society of Automotive Engineers SAE: Gas Turbine Engine PerformanceStation Identification and Nomenclature, Aerospace RecommendetPractice, ARP 755A. Society of Automotive Engineers. Warrandale, USA (1974)

[SAE89]   Society of Automotive Engineers SAE: Gas Turbine EngineSteady-State Performance for Digital Computer Programs, AerospaceStandard, AS681 Rev. E., Society of Automotive Engineers. Warrandale (1989)

[Sar01B] Saravanamuttoo, H.I.H., Rogers, G.F.C., Cohen, H.: Gas Turbine Theory, 5. Aufl. (2001)

[Saw72B] Sawyer, J.W.: Gas Turbine Emergency/Standby Power Plants. Gas Turbine International (1985)

[Saw85B] Sawyer, S.W. (Hrsg.): Gas Turbine Engineering Handbook, Bd. I, 3. Aufl. Turbomachinery International Publications, Norwalk (1985)

[Sch60]   Schell, J.F.: Classification of 4-dimensional Riemannian spaces. J. Math. Phys. 2, 202–206 (1960)

[Sch65B]   Scholz, N.: Aerodynamik der Schaufelgitter, 1, vol. Verlag. G. Braun, Karlsruhe (1965)

[Sch99B]   Schubert, H.: Deutsche Triebwerke, Flugmotoren und Strahltriebwerke von den Anfängen bis 1999, 3, erweiterte edn. Aviatic Verlag, Oberhaching (1999)

[Sed93B]   Seddon, J., Goldsmith, E.L.: Practical Intake Aerodynamic Design.AIAA Education Series, AIAA, Washington (1993)

[Sel75B]   Sellers, J.F., Daniele, C.J.: DYNGEN – Program for Calcuating SteadyState and Transient Performance of Turbojet Engines, NASA TN D-7901.NASA Lewis Research Center (1975)

[SFB05B]   DFG-SFB255: Basic Research and Technologies for Two-Stage-to-Orbit Vehicles, DFG-Sonderforschungsbereich 255. TU München, Wiley-VCH (2005)

[Sh70]   Shaw, R.: The subgroup structure of the homogeneous Lorentz group. Quart. J. Math. Oxford 21, 101–124 (1970)

[Sha53B]   Shapiro, A.H.: The Dynamics and Thermodynamics of CompressibleFluid Flow, Bd. I and II. Ronald Press, New York (1953)

[Si62]   Simons, J.: On the transitivity of holonomy systems. Ann. Math. 76, 213–234 (1962)

[Sig11B]   Sigloch, H.: Technische Fluidmechanik. 2. erweiterte Aufl., 8. Aufl.VDI-Verlag GmbH, Düsseldorf, 1991 (2011)

[Sig13B]   Sigloch, H.: Strömungsmaschinen. Grundlagen und Anwendungen, 5. Aufl. Carl Hanser Verlag, München 1984 (2013)

[Smi50B]   Smith, G.: Gas Turbines and Jet Propulsion, 5th edn. Cliffe & Sons Ltd, London (1950)

[Soa08B]   Soares, C.: Gasturbines. Land and Sea Applications. Buttereworth-Heinemann, Elsevier, A Handbook of Air (2008)

[St81]   Steenrod, N.: The Topology of Fibre Bundles. Princeton University Press (1951)

[SW72]   Sulanke, R., Wintgen, P.: Differentialgeometrie und Faserbündel. Deutscher Verlag der Wissenschaften (1972)

[T78]   Thirring, W.: Lehrbuch der mathematischen Physik, vol. 2. Springer, Klassische Feldtheorie (1978)

[tD91]   tom Dieck, T.: Topology. de Gruyter (1991)

[U82]   Uhlenbeck, K.: Removable singularities in Yang-Mills fields. Comm. Math. Phys. 83, 11–33 (1982)

[W83]   Warner, F.G.: Foundations of Differentiable Manifolds and Lie Groups. Springer (1983)

[W64]   Wu, H.: On the de Rham decomposition theorem. Illinois J. Math. 8, 291–311 (1964)

Sachverzeichnis

H. Baum, *Eichfeldtheorie*, Springer-Lehrbuch Masterclass,
DOI: 10.1007/978-3-642-38539-1, © Springer-Verlag Berlin Heidelberg 2014